KB195123

제3의 식탁

THE THIRD PLATE

제3의 식탁

THE THIRD PLATE

댄 바버Dan Barber 지음 | 임현경 옮김

미래의 요리를 위한 위대한 실험

글항아리

아리아 베스 슬로스에게

차례

제2부

대지 자연의 선물

제3부

바다 심장은 펌프가 아니다

제4부

종자 미래를 위한 청사진

프롤로그

어떻게 '제3의 식탁'을 차릴 수 있을까

2004년, 뉴욕 맨해튼에서 북쪽으로 한 시간 정도 떨어진 곳에 블루 힐 엣 스톤 반스Blue Hill at Stone Barns 레스토랑이 문을 열었다. 그러고 얼마 지나지 않아 약간 오그라든 옥수수 속대가 1000달러짜리 수표와 함께 우편으로 도착했다. 같은 날, 그 옥수수 속대에 대한 설명도 이메일로 도착했는데 희귀 종자를 수집하고 특수 작물을 공급하는 글렌 로버츠로부터였다. 블루 힐 레스토랑이 다목적 농장 겸 교육 센터인 스톤 반스 음식 농업 센터Stone Barns Center for Food and Agriculture의 일부였기에 글렌은 농장의 채소 농부들이 봄에 그 옥수수를 재배해볼 수 있도록 도와달라고 내게 부탁했다. 그 옥수수는 뉴잉글랜드 에이트 로 플린트New England Eight Row Flint라는 품종이라고 했다.

글렌은 에이트 로 플린트 옥수수의 역사가 1600년대까지 거슬러 올라간다고 했다. 그 당시 에이트 로 플린트는 잠깐이나마 기술적 혁신이었다. 통통한 여덟 줄의 알맹이를 안정적으로 생산할 수 있었을 뿐만 아니라(당시에는 네댓 줄이 보통이었고 현대의 옥수수는 열여덟 내지 스무 줄이다) 그 특별한 풍미 때문에 예로부터 북미 지역 사람들이 선호하고 아껴왔던 품종이었다. 1700년대 후반, 에이트 로 플린트는 뉴잉글랜드 서부 지역과 허드슨 계곡 아래쪽에서 폭넓게 재배되었고 나중에는 멀리 남부 이탈리아에서까지 재배되었다. 하지만 1816년의 지독했던 강추위로 에이트 로 플린트는 뉴잉글랜드에서 단 한 톨도 재배되지 못했다. 비축해놓은 옥수수 또한 대부분 식량과 사료로 사용되어 거의 고갈될 위기에 처했다.

글렌이 보낸 옥수수 속대는 이탈리아에서 여덟 줄이라는 뜻의 오토 필레Otto File라는 이름으로 200여 년 동안 끊이지 않고 재배되어온 품종이었다. 그는 그 옥수수를 원산지에서 다시 재배함으로써 "중요하지만 사라져가는 이탈리아의 역사적 풍미를 경작함과 동시에 뉴잉글랜드의 단절된 음식 문화를 되살릴 수 있길 바란다"고 했다. 그리고 "레스토랑이 번창하길 빌며 관심을 가져줘서 고맙다"고 덧붙였다. 그리고 혹시 내가 그 옥수수 속대를 대수롭지 않게 여길까 걱정해, 에이트 로 플린트는 "지구상에서 가장 풍미가 좋은 폴렌타를 만들 수 있는, 미국에서는 결코 구할 수 없는 옥수수"라고 강조했다. 수확할 때가 되면 1000달러를 더 보내겠다는 약속과 함께 자기는 종자로 보존할 옥수수 몇 자루만 받을 수 있으면 된다고 했다.

스톤 반스 입장에서 그 제안은 당연히 홈런과 같은 제안이었다. 북미 지역 토종 품종을 되찾을 수 있는 역사적으로도 중요한 기회였다. 개인적으로도 이는 (어느 요리사라도 좋아할) 다른 어떤 레스토랑에서도 제공할 수 없는 재료로 요리해볼 수 있는 기회이자 최고의 폴렌타polenta를 직접 맛볼 수 있는 기회이기도 했다.

하지만 나는 사실 별 기대 없이 채소 농장으로 그 옥수수 속대를 가져가 잭 알제리에게 보여주었다. 잭의 채소밭은 3만2000제곱미터밖에 되지 않았기 때문에 그가 옥수수처럼 넓은 땅이 필요한 작물 재배에 별 관심이 없다 해도 뭐라고 할 수는 없었다. 그것 말고도 옥수수 재배에는 어려움이 많았다. 예를 들면 옥수수는 엄청난 양의 질소를 빨아들이는 대식가였다. 채소 농부의 관점으로 보자면 옥수수는 생물학계의 맥맨션McMansion(뚜렷한 특징 없이 대량으로 건설된 현대식 주택으로 미국 중산층의 상징이었다. 건축 공법이나 속도가 맥도널드의 패스트푸드처럼 효율적이고 신속하기 때문에 패스트푸드의 대명사인 맥도널드의 맥이라는 접두사가 붙었다—옮긴이)이나 마찬가지였다.

스톤 반스 센터 설립 초, 덜 자란 옥수수를 우리 레스토랑에 공급하는 농부에 대해 잭에게 말한 적이 있었다. 몇 센티미터밖에 안 자라 옥수수 알은 아직 보이지도 않는, 야채 볶음 요리에 흔히 사용하고 통조림으로 많이 판매되는 한입에 쏙 들어가는 어린 옥수수 말이다. 그런데 그 조그만 옥수수가 실제로 맛은 좋았다. 나는 잭도 관심을 가져주길 바랐지만 그는 전혀 아니었다.

"그러니까 옥수수를 키워 아직 자라지도 않은 조그만 옥수수 대를 딴단 말이요?" 그는 갑자기 배를 강타당하기라도 한 듯 얼굴을 구기며 말했다. "말도 안 되는 소리." 그는 허리를 숙여 오른손을 땅까지 내렸다가 발가락으로 서서 눈썹까지 추켜올리며 왼손을 내 머리 위로 높이 뻗었다. 옥수수가 그만큼 크게 자란다는 뜻이었다.

"줄기가 이만큼이나 자라야 겨우 옥수수 대가 자랄까 말까 하는데. 그 커다랗고 물도 많이 먹고 푸르죽죽한 거대한 줄기를 키워서, 옥수수는 또 제대로 자라려면 대자연의 에너지를 얼마나 많이 먹어 치우는데, 그만큼 키워서 뭘 얻는다고? 바로 이거?" 잭은 새끼손가락을 까딱거리며 말했다. "요거밖에 안 된다고요." 심지어 내가 새끼손가락을 잘 볼 수 있게 빙글빙글 돌려가며 보여주었다. "이 작고 맛도 없는 옥수수 한 입이란 말이요."

—∾—

내가 열네 살이던 해 여름, 매사추세츠에 있던 우리 가족의 블루 힐 농장Blue Hill Farm에는 옥수수밖에 없었다. 아무도 그 이유는 모른다. 어쨌든 가장 이상한 여름이었다. 늘 풀이 있던 곳이 갑자기 황금빛 물결로 출렁이던 그 모습은 지금 돌이켜봐도 어리둥절하긴 마찬가지다.

블루 힐 농장이 그해 여름 옥수수 밭이 되기 전에 나는 해마다 초원 여기저기에서 겨울을 대비해 건초 만드는 일을 도왔다. 8월 초에는 건초 더미를 컨베이어 벨트에 올리고 차곡차곡 포장해 경기장만큼 넓은 헛간 2층에 레고처럼 쌓아 올리는 작업을 시작했다. 9월 첫 주 정도 되면 곧 터질 듯 가득 찬 헛간도 장관이었다.

건초 준비는 풀을 베는 것으로 시작했는데, 이는 곧 엄청나게 큰 트랙터 조수석에 매일 몇 시간씩 웅크리고 앉아 농장의 지형을 익힐 수 있다는 뜻이었다. 그래서 특별한 재능도 없이 단순한 반복만으로 나는 풀밭 어디에 구멍이 있고 어디에서 길이 휘어지는지, 어디에 진흙이 있고 침식된 부분은 어디인지, 키 작은 나무가 무성한 곳과 풀이 낮게 자란 곳이 어디인지 익혔다. 트랙터가 언제 얼마 동안 덜컹댈지, 축 늘어진 가지를 피해 고개를 숙여야 할 때는 언제인지.

나는 그 지형의 굴곡과 곡선을 내면화했다. 할머니 앤 스트라우스가 30여 년 동안 블루 힐 로드를 운전하면서 언덕과 굽은 길을 내면화했던 것처럼. 할머니는 늘 (머리를 하거나 이런 저런 일을 처리하러) 시내에 다니시는 것 같았다. 가끔 손자인 데이비드와 나도 데려가셨는데, (결코 '할머니'도 '할미'도 아닌) 숙련된 손가락이 점자 위를 움직이듯 앤이 쉐보레 임팔라를 몰며 엄청난 속도로 모퉁이를 돌 때마다 우리는 뒷좌석에서 같이 웃음을 터뜨렸다. 앤은 가끔 고개를 좌우로 돌리며 이웃의 정원을 살피거나 베란다 마감을 새로 했는지 확인하느라 분주하기도 했다.(가끔은 그 안에서 무슨 일이 일어나는지도 들려주셨다.) 그러는 동안에도 앤은 전혀 속도를 줄이지 않고 모퉁이를 돌았고 빌 리글먼 아저씨네 집을 지나자마자 살짝 방향을 틀어 도로의 구멍도 피했다.

가끔 집에 다 와갈 때면 앤은 1960년대에 어떻게 그 농장을 사게 되었는지도 들려주었는데 그 이야기는 이미 1000번도 더 들은 이야기였다. 옛날에 그 농장은 1800년대 후반부터 그 땅의 주인이던 홀 형제 소유의 낙농장이었다.

"난 말이다. 이 길을 몇 년 동안 매주 걸었다. 어떨 때는 날마다 걸었지." 앤은 늘 처음 이야기하는 것처럼 말했다. "난 블루 힐 농장을 이 세상 어느 곳보다 더 사랑했어." 블루 힐 로드 꼭대기에는 1.6제곱킬로미터의 드넓은 초원이 있었다. "하지만 완전 엉망이었어! 보고도 못 믿을 정도였으니까. 정말이야. 소가 앞마당에서 풀을 뜯고 있었고 집도 쓰러지기 직전이었지. 더럽기는 또 얼마나 더러웠는데. 심지어 앞문도 없었어. 세상에! 부엌 창문으로 넘나들더라니까. 그런데 말이다, 난 여기가 너무 마음에 들었어. 너른 들판도, 뒤로 펼쳐진 푸른 언덕도 말이야. 여기 올라올 때마다 꼭 여왕이 된 것 같은 그 느낌이 얼마나 좋았는지 몰라."

앤은 홀 형제를 볼 때마다 농장을 사고 싶다는 의사를 내비쳤다. "하지만 웃기만 했지. '스트라우스 부인!' 이렇게 날 부르면서, '이 농장은 3대째 내려오는 농장이에요. 절대 안 팔아요.' 그러면 나는 일주일 후에 또 찾아갔고 그 사람들은 또 똑같은 말을 했어. '절대 안 팔아요.' 몇 년 동안 그런 식이었단다. 그런데 어느 날 내가 농장에 도착하니까 형제들 중 한 명이 숨을 헐떡거리며 달려 나오더니 '스트라우스 부인! 농장을 사실 겁니까?' 딱 묻지 뭐야! 믿을 수 없었어. 대답할 시간도 안 주더라니까. '오늘 아침에 동생이랑 대판 싸웠어요. 지금 못 팔면 아마 서로 죽자고 달려들 겁니다.' 나는 살 생각이 있다고 말했지. 당연히 일부만 살 생각이었어. 그런데 이렇게 말하더라니까. '부인, 지금 당장이요. 전부 다. 전부 아니면 안 돼요. 지금 당장이요!' 그래서 그러겠다고 했어. 농가 안에는 들어가 보지도 못하고 말이야. 그리고 그 땅이 정확히 어디서부터 어디까지인지도 몰랐지. 하지만 상관없었어. 무슨 말을 더 하겠니? 내가 찾던 바로 그곳이었으니까."

낙농장은 홀 형제가 이사 가면서 함께 사라졌고 앤은 블루 힐 농장에서 고기용 소를 기르기 시작했다. 들판을 생산적으로 활용하고 싶기도 했고 친구들에게 경치를 자랑하기도 좋았기 때문이었다. 소

떼가 듬성듬성 풀을 뜯고 있는 뉴잉글랜드만의 독특한 풍경은 여전히 한가롭게 넘겨보는 잡지에 꼭 어울리는 풍경이 아닌가.

그 당시 나는 그런 풍경을 보존하는 것이 얼마나 중요한지 잘 몰랐다. 나는 그저 트랙터를 타는 것과 뒤돌아 방금 벤 풀이 길고 부드럽게 쌓여 있는 모습을 바라보는 것, 또 나이가 들어가면서는 겨울을 대비해 건초를 만들어 저장하는 힘든 노동을 즐겼다.

그런데 그 모든 것이 그 여름의 옥수수 때문에 갑자기 끝나버렸다. 옥수수의 침략은 곧 소 떼가 다른 들판에서 풀을 뜯는다는 뜻이었고, 이는 곧 몇 시간 동안 울타리를 수리하거나 소들이 핥을 소금 덩어리를 끌고 다니거나 비바람이 몰아칠 때 소들이 누워 되새김질하는 모습을 볼 수 없다는 뜻이기도 했다. 그리고 집 안에 있는 화분에 그다지 신경 쓸 필요가 없는 것처럼 옥수수 밭도 크게 돌볼 필요가 없었는데, 이는 곧 건초를 뭉치거나 나르는 기계, 농장의 일꾼들과 빨간색 포드 F-150 픽업트럭, 커다란 아이스티 주전자, 그리고 땀을 흘리는 모든 노동 또한 그와 함께 사라졌다는 뜻이었다.

늘 푸르렀던 초원이 갑자기 황갈색 옥수수 밭으로 변해버린 모습을 바라보는 느낌은 퍽 좋지 않았다. 집 안의 모든 가구가 새로 바뀐 느낌이었다. 끝없는 옥수수의 물결은 멀리서 볼 때만 아름다운 풍경 같았다. 바람이 조금만 불어도 크게 물결치는 모습을 보면 아름답고 풍요롭다는 생각이 든다. 하지만 가까이서 보면 전혀 그렇지 않다. 첫째, 풍요로움도 상대적이다. 사료용 옥수수를 먹을 수는 없지 않은가. 그해 여름 한 번 맛을 보긴 했지만. 옥수수 줄기에 줄줄이 매달린 옥수수 대는 꼭 장전된 미사일들 같았고 8월 내내 옥수수를 베어내면서도 달콤함은 조금도 맛보지 못했다. 아름다움의 측면에서도 별 볼 일 없긴 마찬가지였다. 길고 곧게 줄지어 선 옥수수 줄기는 마치 규율 잡힌 군인 같았다. 한때 내가 너무 잘 알았던 들판의 자연스러운 모습을, 옥수수는 각진 모서리에 가장 자리는 쭈글쭈글한 풀도 없는 땅으로 만들어버렸다.

—∾—

나는 글렌에게 받은 에이트 로 플린트 속대를 잭에게 건네며 상황을 설명했다. 옥수수를 기르자는 생각이 그를 불쾌하게 하지는 않을지, 그리고 1000달러짜리 수표가 그를 더 화나게 만들지는 않을지 걱정이 되기도 했다. 하지만 둘 다 아니었다. 잭도 그 생각을 마음에 들어 했다. "자, 봅시다." 잭이 내게 말했다. 한번 '보자'는 잭의 말은 좋은 뜻이다. 말하자면 이런 의미다. '지금까지는 내가 조금 다른 의견을 제시했을지 몰라도, 내 규칙에도 예외는 있는 법이니까. 지금이 바로 그런 경우죠.' 잭은 이렇게 말했다. "이 옥수수는 맛이 월등한, 유전적으로 흔치 않은 종자에요." 그리고 수확량 때문에 재배되고 있는 현대 품종과 달리 월등한 풍미 때문에 대대로 재배되어온 것이라며 이렇게 덧붙였다. "평생 살면서 이런 기회가 자주 오지는 않겠죠?"

일이 잘 풀리고 있었다. 그런데 잭은 한발 더 나갔다. 잭은 이로쿼이Iroquois 족(뉴욕 주에 살았던 아메리칸 인디언 부족—옮긴이)이 옥수수를 심던 방법 그대로 에이트 로 플린트와 콩, 호박을 함께 심었다. 세 자매 농법이라고 불리는 혼식 전략이었다. 다양한 농사법 중에서도 세 자매 농법은 군대처럼 정렬된 단일 경작이나 비료를 뿌려 재배하는 전형적인 옥수수 재배 방식과는 정반대의 방법이었다. 한마디로 말하자면 작물끼리는 물론 토양과 농부에게도 이득이 되는 작물을 골라 같이 재배하는 것이다. 콩은 옥수수에 질소를 공급하고(콩과 식물은 공기 중의 질소를 흡수해 토양으로 보낸다) 옥수수 줄기는 콩 줄기가 타고 오를 수 있는 자연 울타리가 된다.(잭이 말뚝을 박아줄 필요가 없다.) 또한 콩과 옥수수 주위에 둘러 심은 호박은 잡초 번식을 막아주면서 늦가을에 더불어 수확할 수 있는 채소가 된다.

굉장한 아이디어였다. 아메리카 원주민들의 성공적인 전략을 모방하면서 동시에 에이트 로 플린트에게 소소한 보험을 들어주는 것이나 마찬가지였다. 옥수수에서 싹이 트지 않아도 잭은 다른 작물을 수확할 수 있고 동시에 스톤 반스 센터를 찾는 방문객에게 역사적으로 가치 있는 농업 기술을 보여줄 수도 있었다. 하지만 나는 그가 비옥한 흙무덤에 옥수수 알갱이와 다른 씨앗을 함께 심는 모습을 지켜보며 왠지 모르게 회의적인 생각이 들었다. 전통적인 농업 방식을 존중하지 않는 것은 아니었지만 서로 도움이 되는 자매 관계까지 굳이 필요할까 싶었다. 나는 그저 맛 좋은 폴렌타를 원했을 뿐이었다.

운이 좋게도 에이트 로 플린트는 거의 완벽하게 싹이 텄다.(어쩌면 결국 그 자매 관계 때문이었는지도 모른다.) 늦은 9월, 잭은 옥수수를 수확해 그늘에 거꾸로 매달아놓고 말렸다. 그리고 긴 겨울을 날 뿌리채소를 심는 시기인 11월 말 즈음, 마른 옥수수 한 자루를 의기양양하게 내 책상 위에 올려놓았다. 초등학교 때 추수감사절 행사에서 사용하는 옥수수 소품처럼 완벽한 모습이었다.

"자, 어떻습니까?" 잭은 신이 나 물었다. 스스로 너무 자랑스러워 기쁨을 주체하지 못하는 모양이었다. "다 준비됐어요. 언제 필요한지 말만 하세요."

"오늘 당장이요!" 나도 잭의 기운을 받아 외쳤다. "폴렌타를 만들어서……" 바로 그때 미처 생각지 못했던 점을 깨달았다. 옥수수를 갈 제분기가 없었다.

고백컨대 나는 옥수수 대로 옥수수 가루를 만든다는 점에 대해 한 번도 진지하게 생각해본 적이 없었다. 폴렌타를 만들어온 20년 동안 단 한 번도. 폴렌타는 그저 폴렌타였다. 밀로 빵을 만들듯 옥수수로 폴렌타를 만든다고만 생각했다. 그 명백한 사실 이상을 더 알아야 할 필요가 지금까지 한 번도 없었다.

일주일 후 저녁 영업 시간 바로 전, 주문한 탁상용 제분기가 도착했다. 제분기는 윙윙 소리를 내며 옥수수 알갱이를 고운 입자로 갈았다. 나는 옥수수 가루를 살짝 구워 바로 소금을 넣고 끓였다. 아메리카 원주민처럼 진흙 항아리에 담아 나무 국자로 하루 종일 저으며 화덕에서 끓였다고 말하고 싶었지만, 냄비는 탄소 강화 강철이었고 국자는 금속이었으며 화덕은 전기레인지였다. 그래도 상관없었다. 얼마 지나지 않아 폴렌타는 부드럽게 빛나기 시작했다. 나는 계속 저었다. 그러다 갑자기 냄비에서 버터를 곱게 바른 옥수수 향이 진하게 풍겨 나오기 시작했다. 그건 정말이지, 내 인생 최고의 폴렌타 정도가 아니었다. 지금껏 상상조차 해보지 못한 폴렌타였다. 옥수수 향이 얼마나 진한지 첫 술을 넘긴 후 내뱉는 숨조차 옥수수의 풍미가 진하게 배어 있었다. 맛 또한 사라진다기보다는 마지못해 천천히 흐릿해지는 느낌이었다. 완전히 새로운 맛이었다.

하지만 이런 생각이 들었다. 왜? 어떻게 지금까지 폴렌타에서는 그저 말린 가루 향밖에 나지 않는다고 생각해왔을까? 폴렌타에서 진짜 옥수수 맛이 나길 바라는 것이 지나친 요구는 아닐 것이다. 하지만 그 맛을 볼 때까지 나는 그런 일이 가능하리라고 상상조차 못했다. 소네트처럼 예술적이었던 잭의 재배 전략과 옥수수의 완벽한 유전적 특질의 결합은, 좋은 음식이란 그리고 훌륭한 요리란 무엇인가에 대한 내 생각을 바꿔놓았다.

놀랍고 신기하게도 어쩌다 보니 그런 경험을 할 기회가 잦았다. 다른 농장에서, 다른 농부들과 비슷한 경험을 종종 했다. 그리고 정말로 맛있는 요리를 하려면 내가 부엌에서 떠올리는 온갖 복잡한 요리법 그 이상이 필요하다는 사실을 알게 되었다. 감각을 일깨워 오래 기억에 남을 만한 한 그릇의 폴렌타는 높이 쌓인 옥수수 더미처럼 단순했고 이를 가능하게 하는 구조만큼이나 복잡했다. 농작물과 요리사, 농부만으로는 불가능했다. 온전한 풍경도 필요했고 그 모든 것이 서로 잘 어울려야 했다. 바른 농사와 맛있는 음식은 불가분의 관계라고 표현하는 것이 아마 가장 적절할 것이다.

이 책은 바로 그에 관한 이야기다.

—∾—

자, 그렇다면 이제 '팜 투 테이블farm-to-table' 요리사의 연대기가 펼쳐질 것 같은가? 어쩌면 그럴 수도 있다.

블루 힐 레스토랑은 잡지 『구르메Gourmet』의 수석 비평가 조너선 골드가 팜 투 테이블 레스토랑이라 정의한 뒤부터 그렇게 불리고 있다. 2000년 봄 뉴욕 시내에 블루 힐 레스토랑이 문을 열고 몇 달이 지나지 않아서였다. 그가 그리니치빌리지에 있던 블루 힐 레스토랑을 찾은 날은 레스토랑의 모든 메뉴에 아스파라거스가 들어 있던 날이었다. 아스파라거스 철이 안타까울 정도로 짧기도 하고 그때 아스파라거스의 풍미가 가장 좋은 때이기도 해서 그랬을 것이다. 혹시 어쩌면 허드슨 계곡 근처의 가족 농장에서 재배한 아스파라거스가 그날 바로 배달되었기 때문이었는지도 모른다.

사실 그 모든 이유 때문이기도 했지만 그보다 훨씬 단순한 이유가 있었다. 그날 아침 농장에 갔다가 노란 택시 트렁크 안에 산더미 같은 아스파라거스를 싣고 온 나는 그만큼의 아스파라거스가 이미 냉장 창고 안에 쌓여 있는 것을 발견했다. 적어도 일주일은 사용할 수 있는 분량이었다. 그래서 나는 일처리를 이렇게밖에 못 하냐고, 벌써 이만큼 쌓여 있는데 어떻게 또 주문을 넣을 수 있냐고 엄청나게 화를 냈다. 나는 요리사들을 불러 산처럼 쌓여 시들어가고 있는 아스파라거스를 다 꺼내와 담으라고 했다. 그리고 모든 요리에 아스파라거스를 넣으라고 지시했다. 내가 꽤나 진지해 보였는지 그날 밤 정말 모든 요리에 아스파라거스가 들어갔다. 리크와 아스파라거스를 곁들인 넙치 요리, 아티초크와 아스파라거스를 곁들인 오리, 버섯 아스파라거스 치킨 등이었다. 그날 밤 아스파라거스 수프에는 심지어 구운 아스파라거스가 둥둥 떠 있었다.

조너선 골드는 그와 같은 아스파라거스 기습에도 당황하지 않고 우리 원래 의도를 오해한 채 다음과 같이 시작하는 찬사의 글을 남겼다. "뉴욕에서 팜 투 테이블 요리를 지향하는 레스토랑이란 어때야 하는가?" 그는 블루 힐 레스토랑을 팜 투 테이블 요리의 진정한 대표주자로 묘사했다. '팜 투 테이블'은 이제 누구나 사용하는 용어가 됐지만 그 당시만 해도 그 리뷰가 스스로도 몰랐던 우리 정체성을 한마디로 정리해주었다.

그때부터 팜 투 테이블 요리는 비주류 아이디어에서 사회운동의 주류로 변해왔다. 팜 투 테이블 요리의 성공은 오랫동안 세상의 부러움을 받아온, 풍부하지만 늘 같은 모습이었던 미국의 식품 체계가 (한 번에 붕괴되지는 않겠지만) 지속 가능하지도 않다는 증거가 속속 드러난 덕분이었다. 침식되는 토양, 관개로 인한 지하수면 하강, 붕괴되는 어장, 줄어드는 삼림, 훼손되는 목초지는 미국의 식품 체계가 초래한 환경 문제의 아주 일부일 뿐이다. 그리고 그와 같은 환경 문제는 기온 상승에 따라 지속적으로 증가할 것이다.

건강 또한 위협받고 있기는 마찬가지다. 음식으로 인한 질병 발생률 증가, 영양 부족, 비만이나 당뇨 같은 식습관 관련 질병은 어느 정도는 대량 생산 식품 때문이다. 이는 우리 식습관이 (경제적, 사회적 영향은 차치하고라도) 건강을 위협하고 천연자원을 남용하고 있기 때문에 기존의 식품 체계는 지속될 수 없다는 명확한 경고다.

20제곱킬로미터의 단일 곡물 경작과 터지기 직전의 가축 사육장 같은 기업형 농업 구조는 더 이상 농업의 미래가 될 수 없다. 검은 연기를 내뿜는 18세기 공장이 더 이상 제조업의 미래가 아닌 것과 마찬가지다. 우리가 먹는 음식의 대부분이 여전히 그와 같은, 즉 더 많이 뽑아내고 더 많이 낭비해도 된다는 사고방식을 토대로 만들어지지만, 점점 더 많은 사람이 그런 방식으로는 지속될 수 없다고 생각하고 있다. 환경 저술가 알도 레오폴드의 말을 빌리자면 "과함을 자초하다 결국 사망하게 될 것"[1]이다.

미식가들이나 로커보어locavore(지역을 뜻하는 local과 먹을거리를 뜻하는 vore의 합성어로 가까운 거리에서 재배, 사육된 로컬 푸드를 즐기는 사람—옮긴이)들이 앞장서서 지지하는 팜 투 테이블 운동은 기존의 식품 체계에 대안을 제시하는 새로운 음식 문화로 자리잡아 가고 있다. 이는 또한 지역의 다양한 요리 문화를 훼손하는 전 지구적 식량 경제에 대항하는 움직임이기도 하다. 팜 투 테이블 운동은 계절의 변화와 지역적 특성, 농부들과의 직거래를 중시한다. 그리고 재료의 맛에 신경 쓰기 때문에 요리사들이 그 흐름에 어느 정도 영향력을 발휘할 수 있었다. 의사가 임신 기간을 중시하듯 요리사는 농장의 상태와 직거래 장터를 눈여겨본다. 결과물로 말하는 사람이 어떻게 그 과정에 관심을 기울이지 않을 수 있겠는가. 점점 더 많은 요리사가 기존의 식품 체계를 변화시키고자 하는 활동가들의 대열에 동참하고 있다.

—∞—

활동가로서의 요리사는 비교적 새로운 개념이다.

1960년대, 꽉 막힌 부엌에서 벗어나 복잡한 프랑스 요리의 전통을 깨고 현대 미식의 개념을 창시한 누벨 퀴진nouvelle cuisine(무겁고 기름진 요리 대신 가볍고 신선한 요리, 밀가루를 넣은 소스 대신 졸인 소스, 야채는 잠깐 익혀 부드럽고 신선한 맛을 즐긴 새로운 방식의 프랑스 요리—옮긴이) 요리사들이 그 시초였다. 그들은 계절에 맞는 풍미를 중시하고 요리의 양을 줄이고 예술적으로 담아내는 데 관심을 기울이며 새로운 양식의 요리를 창조했다. 동시에 이를 통해 요리사의 권위라는 개념을 확립시키고 요리사가 영향력을 발휘할 수 있는 토대를 제공했다. 그 후로 요리사의 영향력은 지금까지 점점 커져가고 있다.

그로부터 50년 후, 요리사들은 유행을 선도하고 시장을 창조하는 능력을 발휘하고 있다. 어느 날 고급 레스토랑에서 선보인 메뉴가 바로 옆의 평범한 식당으로 전해지고 결국 일상생활의 음식 문화에까지 영향을 끼친다. 1980년대, 볼프강 퍽Wolfgang Puck이 로스앤젤레스에 있는 자신의 고급 레스토랑 스파고Spago에서 토마토 대신 훈제 연어를, 치즈 대신 크림 프레슈를 올린 피자를 선보인 후 그와 같은 고급 피자가 미국 전역으로 퍼졌고 결국 슈퍼마켓 냉동식품 통로까지 차지하게 되었다. 요리사는 지금 특정한 재료나 제품을 재빨리 대중화시킬 수 있는 힘을 갖고 있다. 심지어 어떤 생선을 거의 멸종시켜버릴 수도 있다. 그리고 그 속도와 영향력은 갈수록 커지고 있다. 동시에 요리사는 대중이 자신의 식습관을 다시 한번 살펴보게 만들 수도 있다.

팜 투 테이블 요리사들이 가장 큰 영향력을 발휘해온 지점도 바로 그 부분이다. 오늘날 팜 투 테이블 요리사들은 기존의 식습관이 얼마나 위험한지 강조하고 그러한 식습관이 생태계에 얼마나 큰 영향을 끼치는지 널리 알리고 있다. 또한 학교 급식 프로그램과 영양 교육을 위한 자금을 모으고 가공, 포장 식품의 실질적인 비용을 밝혀주기도 한다. 많은 요리사가 마이클 폴란의 『잡식동물의 딜레마The Omnivore's Dilemma』, 웬들 베리의 『동요하는 미국The Unsettling of America』을 책장에 꽂아놓고 참고하거나 이를 통해 영감을 받고 있다. 베리의 말을 빌리자면, 먹는 행위는 '분명한 농업적 행위[2]이며 어떻게 먹느냐가 세상을 어떻게 활용하느냐에 상당한 영향을 끼친다'. 요리사들이 잘 알고 있는 지점이다.

—∞—

하지만 팜 투 테이블 운동의 성공과 대중의 인식 변화에도 불구하고 그 성과가 미국에서 대부분의 식재료가 재배되는 방식을 규정하는 정치적·경제적 힘을 근본적으로 변화시키지는 못했다.

미국의 요리 문화 역시 바뀌지 않았다. 전통적인 식품 공급 사슬에서 벗어날 수 있는 기회가 그 어느 때보다도 많고 그에 관한 정보도 다양하지만(어디에나 농산물 직거래 장터가 있고 유기농 음식도 폭넓게 구할 수 있다. 수많은 요리 프로그램이 방송되고 있으며 다양한 요리법을 온라인에서 쉽게 찾아볼 수 있다) '무엇'을 먹느냐가 아닌 '어떻게' 먹느냐의 문제인 요리 문화는 대체로 영향을 받지 못하고 있다.

그렇다면 우리는 과연 '어떻게' 먹는가? 보통 격식을 따져 먹는다. 오랫동안 미국인의 전형적인 식사는 최고급 부위 중심이 특징이었다. 200그램 스테이크, 뼈와 껍질을 제거한 닭 가슴살, 저민 연어 스테이크 등에 약간의 채소와 곡물을 곁들이는 식이다. 이와 같은 요리 구성은 수년 동안 거의 변하지 않았다. 미국인은 분명 일주일 내내, 심지어 일 년 내내 그와 같은 저녁 식사를 기대하며 미국이 단백질을 중심으로 한 엄청난 양의 음식을 생산할 수 있다는 사실을 보여주고 있다.

팜 투 테이블 운동을 앞장서서 지지하는 사람도 그런 기대는 쉽게 바꾸지 못한다. 블루 힐 엣 스톤 반스가 문을 연 지 일 년이 지난 어느 여름 날 밤, 나는 그 점을 확실히 깨달았다. 영업 시작 몇 분 전에 부엌에 서서 나갈 준비를 마친 새로운 전채 요리들을 바라보는데 갑자기 머리에서 빛이 번쩍 났다. 나는 몇 가지 질문을 던져보기 시작했고 이는 차츰 추상적인 개념으로 발전해갔다. 그 몇 가지 질문 중 하나는 바로 이것이었다. '레스토랑의 메뉴는 과연 지속 가능한가?'

—∞—

요리사는 가끔 메뉴를 어떻게 만드느냐는, 특히 새로운 요리를 실제로 어떻게 개발하느냐는 질문을 받는다. 어린 시절 가장 좋아했던 음식에서 영감을 받는 경우도 있고 전통 요리법을 새롭게 해석해보기도 한다. 새로운 조리 도구가 번뜩이는 아이디어를 제공하기도 하고 박물관 관람이 도움이 되기도 한다. 창의적인 일이 다 그렇듯 정확한 계기를 밝히기는 쉽지 않지만 보통 아이디어의 뼈대를 먼저 잡고 재료를 조합하는 과정이 뒤따른다.

하지만 역사적으로는 늘 그 반대였다. 먼저 재료를 찾은 다음 오로지 필요에 의해 그 재료를 다른 무언가로 변형시켰다. 더 소화하기 쉽고 저장하기 쉽고 영양도 많고 맛도 더 좋은 요리로 말이다.

팜 투 테이블 레스토랑은 대부분 그와 같은 순서로, 즉 아침 일찍 농산물 시장을 둘러보며 재료를 골라 이를 활용해 요리를 한다고 홍보한다. 그 지역 농산물을 활용하는 범주 안에서 구체적인 메뉴를 만들어낸다는 것이 팜 투 테이블 레스토랑의 다짐이다.

블루 힐 엣 스톤 반스는 식품 공급 사슬을 더 단축시키겠다는 마음으로 문을 열었다. 록펠러 가문을 이끌었던 존 D. 록펠러의 손자 데이비드 록펠러가 갓 짠 따끈한 우유를 핥아먹던 기억을 잊지 않기 위해 설립한 곳이 바로 블루 힐 엣 스톤 반스다.(뉴욕에서 북쪽으로 32킬로미터 떨어진 곳에 있는 노르망디 스타일의 레스토랑 건물은 1930년대 32만 제곱미터에 달했던 가문의 농장 일부에 세워진 것이다.) 그는 또한 농장에서 번식용 소를 기르고 아메리칸 팜랜드 트러스트를 설립해 생산적인 농지 보존을 위해 일하다가 세상을 떠난 아내 페기를 기리는 징표를 세상에 길이 남겨놓고 싶어했다.

스톤 반스 음식 농업 센터는 블루 힐 엣 스톤 반스 레스토랑과 함께 2004년 봄에 문을 열었다. 데이비드 록펠러가 땅을 기증하고 헛간을 교육 센터로 개조하기 위한 자금도 지원했다. 그와 그의 딸 페기는 그 교육 센터에서 성인과 아동을 위한 다양한 프로그램으로 지역 농업을 홍보하고자 했다. 실제로 농사를 지을 수 있는 땅도 그의 도움으로 마련되었다. 2000제곱미터의 온실과 3만2000제곱미터의 밭에서 잭이 채소와 과일을 재배하고 있으며 8만 제곱미터가 넘는 초원과 수풀을 돌아다니는 돼지, 양, 닭, 거위, 꿀벌 등의 가축은 크레이그 헤이니가 관리하고 있다.

블루 힐 엣 스톤 반스는 부엌 창문만 열면 바로 보이는 스톤 반스 농장이나 반경 160킬로미터 이내의 농장에서 공급받은 재료로 메뉴를 선정한다. 이보다 더 팜 투 테이블에 적합할 수 있을까?

—ww—

하지만 그 여름날 밤, 팜 투 테이블의 한계가 갑자기 명확해졌다. 미국의 팜 투 테이블 운동이 대부분의 식재료 재배 방식을 변화시키지 못한 것도 아마 그 때문일 것이다. 분주한 저녁 영업이 시작된 지 몇 분 만에 풀 먹인 양고기로 개발해 선보인 전채 요리가 동이 났다.

그 달 내내 나는 우리 농장에서 가장 먼저 키우기 시작한, 풀만 먹인 핀도싯Finn-Dorset 품종 양에 대해 웨이터들을 교육시켰다. 웨이터들은 크레이그가 얼마나 꼼꼼하게 초원을 관리하는지 배웠고 양 떼는 하루에 두 번씩 정해진 초원에서 풀을 뜯고 닭이 그 뒤를 쫓으며 양이 다음에 더 좋은 풀을 뜯을 수 있도록 돕는다고 배웠다. 그것이 농장에서 일어나는, 가장 맛있지는 않지만 가장 흥미로운 일 중 하나였다.

마침내 양고기를 메뉴에 추가하기 위해 우리는 새로운 요리의 윤곽을 신중하게 그려보았다. 구운 호박과 양 껍질로 만든 박하 향 퓌레를 곁들이기로 했다. 나는 잭이 수확한 호박이 떨어질 때를 대비해 그날 아침 일찍 농산물 직거래 시장도 방문했다.

그날 밤 웨이터들은 (좋은 뜻에 동참할 때 그렇듯 열정을 발휘해) 모든 테이블에서 양고기 주문을 받았다. 한 테이블 손님 전부가 양고기를 주문하기도 했다. 양 1마리당 16조각이 나오고 양이 3마리였으니까 전부 48조각이 구워질 준비를 마치고 있었다. 1접시당

3조각이었다. 몇 년의 초원 관리와 몇 달의 노동, 네 시간의 정육점 왕복과 외과 의사의 실력과 인내로 도축된 양을 핫도그 하나 먹을 시간에 전부 팔아버렸다.

—∿∿—

크레이그의 양고기는 다른 농장에서 풀만 먹여 키운 양고기로 대체되었다. 레스토랑 손님들은 아무것도 모른 채 행복해했다. 그렇다면 과연 문제가 있을까? 스톤 반스가 문을 연 후 일 년 동안 농장 수확물의 질은 기대 이상이었고 생각보다 더 많은 사람이 레스토랑을 찾았으며 지역 농장과의 네트워크 또한 확장되고 있었다. 그저 내가 레스토랑의 운영 방식에 갑자기 의문을 제기하면서 문제의 본질을 찾아야 한다는 생각에 사로잡힌 것뿐인지도 모른다.

하지만 순식간에 양고기가 동이 났던 그날 밤, 나는 그 문제의 본질이 메뉴 자체일지도, 혹은 여전히 기존의 단백질 중심 식습관을 고수하는 서양의 사고방식 때문일지도 모른다는 생각이 들었다. 물론 우리는 풀만 먹인 고기로 요리하고(놓아 기른 닭과 낚시로 잡은 물고기를 제공한다) 지역에서 생산된 채소를 사용한다. 심지어 전부 유기농이다. 하지만 우리는 여전히 일등급 부위 중심인 기존의 요리 문화를 따르려고만 하고 있었다. 우리는 풀을 먹인 양으로 요리하고 지역 농부를 지원하며 기존의 식품 공급 사슬을 탈피해 재료의 이동 거리를 줄이고 더 맛있는 음식을 만든다. 하지만 더 중요한 문제에 대해서는 신경 쓰지 못하고 있었다. 그 중요한 문제는, 내가 깨달은 것처럼, 팜 투 테이블 운동이 종종 생태학적으로 재배하는

데 손이 많이 가고 돈이 많이 드는 재료를 까다롭게 고르거나 더 나아가 즐길 수 있게 해주는 데 그친다는 것이다. 팜 투 테이블 요리사는 농부가 그날 재배한 재료로 요리한다고 주장할 수 있겠지만(물론 나도 종종 그렇다) 그날 농부가 재배하는 재료는 그날 어떤 재료를 판매할 수 있을 것인가에 대한 예측을 토대로 한다. 다시 말해 우리가 기대하는 식단에서 크게 벗어나지 않는다는 뜻이다. 그렇기 때문에 농부는 (넓은 땅과 비옥한 토양이 필요한) 호박이나 토마토를 재배할 수밖에 없고 부위별로 판매할 수 있는 양을 기를 수밖에 없다. 그렇지 않으면 요리사나 까다로운 소비자는 그저 다른 농장으로 가버리고 말 테니까.

팜 투 테이블 운동은 농장과의 직거래를 중시하는 올바른 흐름이지만 결국 농업이 먼저가 아니라 요리가 먼저인 상황이다. 이런 상태로는 올바른 농업을 지속할 수 없다.

일 년 후에 우리는 메뉴를 없앴다. 그리고 손님에게 재료의 목록을 보여주었다. 콩 같은 채소는 모든 요리에 다양하게 사용되었고 귀한 품종의 양상추는 코스 요리에 활용되었다. 오븐에 구운 양고기 6인분, 양 뇌와 배 2인분 같은 식으로 손님이 선택하게 했다. 어떤 제약도 없었고 기존의 단백질 야채 비율도 따르지 않았다. 우리는 단지 가능한 요리의 윤곽만 제시해주었다. 재료의 목록을 제시한다는 것은 곧 농부가 메뉴를 결정한다는 뜻이었다. 나는 신이 났다.

그런데 몇 년이 지나자 더 이상 신이 나지 않았다. 블루 힐 엣 스톤 반스의 요리는 패러다임의 획기적인 변화를 조금도 이끌어내지 못했다. 나는 메뉴를 개발할 때 여전히 아이디어를 먼저 떠올린 다음 식료품점에서 쇼핑하듯 농장에서 어떤 재료를 공급받을 수 있는지 확인했다.

시간이 흐르면서 나는 메뉴를 포기하는 것만으로는 충분하지 않다는 사실을 깨달았다. 나는 긴 재료 목록 대신 일련의 요리를, 농업 구조 전체를 반영하는 체계적인 원칙, 즉 새로운 퀴진cuisine을 창조하고 싶었다.

—~—

프랑스, 이탈리아, 인도, 중국 등 세계 최고의 퀴진은 바로 그와 같은 아이디어를 토대로 만들어진 것이다. 소작농이 가져다주는 제한된 식재료로 곡물이나 야채 중심에 목이나 정강이 같은 저급 부위의 고기를 조금 곁들인 요리가 대부분이었다. 프랑스의 포토푀Pot-au-feu, 이탈리아의 폴렌타, 스페인의 파에야paella 같은 전통 요리는 그 땅에서 구할 수 있는 재료를 최대한 활용해(라고 쓰고 '맛있게 요리해'라고 읽는다) 만들어진 요리다.

하지만 다양하게 섞인 미국의 음식 문화는 그러한 원칙을 토대로 발전하지 않았다. 많은 역사가의 의견이 서로 다르지만 풍부한 자연에도 불구하고, 어쩌면 바로 그 풍부함 때문에 우리는 더 나은 요리법을 개발해야 할 필요를 전혀 느끼지 못했다. 식민지 시대 농업의 뿌리는 착취였다.[3] 자연과의 조화를 꾀하기보다는 자연을 정복하고 길들였다. 그와 같은 착취는 비옥하고 광대한 토양이 있었기에 가능했다.

그렇기 때문에 미국의 음식 문화 또한 애초부터 그 과함이 특징이었다.[4] 과일과 채소의 양에 비해 고기와 탄수화물의 양이 지나치게 많았다. 물론 의도적인 것은 아니었다. 1877년, 뉴욕 요리 학교 교장 줄리엣 코슨은 비경제적인 미국 요리에 대해 이렇게 한탄했다. "다른 어떤 땅에도 이만큼 풍부한 음식은 없으며, 동시에 단순한 무지와 형편없는 요리로 이만큼 버려지고 낭비되는 음식도 없다."[5] 진정한 음식 문화, 즉 식습관은 눈에 띄게 발전하지 않으며 눈에 띄는 부분은 지속되지 않는다. "당신이 무엇을 먹는지 말해달라. 그러면 당신이 어떤 사람인지 말해주겠다"라는 유명한 말을 남긴 최고의 미식가 장 앙텔므 브리야사바랭도 아마 미국에서는 그렇게 말하지 못했을 것이다.

미국은 아마 전 세계에서 음식 문화의 전통이 가장 빈약한 나라일 것이다. 유행에 쉽게 흔들리고 다른 나라의 영향을 크게 받는다. 어떻게 보면 축복이기도 하다. 우리는 새로운 맛을 시도해보고 새로운 요리법을 개발하는 데 더 자유로웠다. 불행했던 점은 농사의 황금기가 없었기에, 그리고 훌륭한 식습관에 대한 확실한 본보기가 부족했던 역사 때문에 진정으로 지속 가능한 가치가 우리 음식 문화에 스며들지 못했다는 점이다. 오늘날 요리사들은, 누구나 바라보지만 쉽게 무시해버리는 신호등처럼 순식간에 바뀌는 규칙을 창조하고 이를 따른다. 그것이 바로 팜 투 테이블 요리가 우리 미래를 위한 음식 문화를 창조하기 힘든 이유다.

과연 어떤 요리가 이를 가능하게 할 수 있을까?

—ɯ—

얼마 전에 그와 유사한 질문에 답해볼 기회가 있었다. 한 음식 잡지에서 몇 명의 요리사, 편집자, 예술가들에게 35년 후에 우리가 어떤 음식을 먹고 있을지 한 접시의 요리로 미래의 음식 문화를 알기 쉽게 그려달라고 요청한 것이다.

결과는 우리의 이상과는 반대였다. 대부분 너무나도 황폐한 풍경을 예측해 마치 우리가 식품 공급 사슬의 맨 아래로 내려가 곤충이나 해초 혹은 알약 따위를 섭취하게 될지도 모른다고 생각했다. 하지만 나는 그보다는 희망적인 미래를 그렸다. 내가 그린 한 접시의 요리는 세 폭짜리 병풍처럼 최근 (그리고 미래의) 미국 식습관의 진화를 세 단계로 보여주는 형태였다.

첫 번째 접시에는 옥수수를 먹인 200그램 스테이크에 채소를 곁들였다.(어린 당근을 쪘다.) 다시 말하자면 지난 반세기 동안 미국인이 저녁 식사로 기대할 만한 요리였다. 결코 새롭지도, 특별히 맛있는 요리도 아니었으며 다행히 요즘은 사라져가고 있는 요리였다.

두 번째 접시에는 팜 투 테이블 흐름의 이상이 스며들기 시작한 현재 우리 상황을 담았다. 풀을 먹인 고기 스테이크와 유기농 토양에서 재배한 지역 토종 품종 당근이었다. 지난 10여 년 동안 미국 음식 문화의 발전을 반영했지만 첫 번째 접시와 전혀 달라 보이지 않는다는 것이 두 번째 접시의 두드러진 특징이었다.

마지막 세 번째 접시 역시 스테이크 중심이었다. 하지만 비율이 달랐다. 나는 거대한 단백질 덩어리 대신 소고기 이등급 부위를 끓여 만든 소스를 당근 스테이크에 곁들였다.

내가 하고 싶었던 말은 앞으로 소스를 통해서만 고기를 섭취하게 될 것이라든가, 야채 스테이크가 미래의 음식이 될 거라는 말이 아니었다. 나는 미래의 요리가 패러다임의 변화, 즉 미국인의 뿌리 깊은 기대에서 벗어난, 요리와 음식에 대한 새로운 사고방식을 대변하게 될 거라고 생각했다. 나는 식재료에 대한 인식 증가를 넘어 모든 위대한 퀴진이 그랬던 것처럼 자연이 제공하는 것을 반영하는 새로운 요리를 꿈꿨다.

어떻게 하면 수천 년의 세월 동안 깊이 있는 문화적 전통과 더불어 진화해온 최고 요리에 견줄 새로운 퀴진을 개발할 수 있을까? 다시 말하자면 어떻게 그 세 번째 접시를 실제로 식탁 위에 올릴 수 있을까? 어떻게 '제3의 식탁'을 차릴 수 있을까?

그 질문이 이 책을 집필하게 된 계기는 아니었다. 그 질문은 사실 이 책을 집필하는 과정에서 생겨났다. 이 책은, 정말 맛있는 요리는 농업 구조 전체에 달려 있다는 깨달음을 준 에이트 로 플린트 폴렌타 같은 경험(요리사로서 내 기존의 사고방식을 흔들어놓았다)을 반복하고 이를 실천하는 농부들을 만나면서 시작되었다.

나는 어떤 종류의 요리가 이에 가장 부합하는지 밝혀내기 위해 더 근본적인 문제를 파헤쳐볼 필요가 있었다. 즉, 어떤 방식의 농업인가? 지역 영농인가? 유기농인가? 생명 역동 농법인가? 하지만 그와 같은 분류가 전부가 아니었다. 이를 이해하기 위해서는 더 폭넓은 시각이 필요했다. 유기 농법 선구자 중 한 명인 이브 밸푸어는 가장 훌륭한 농업은 일련의 규칙으로 단순화할 수 없다고 말했다. 앞을 내다본 조언이었다. 밸푸어는 유기 농법이 바로 그 일련의 규칙으로 정의되기 전에, 그리고 농업 방식이 마케팅 수단으로 활용되기 전에 살았다. 정말로 먹고 싶은 음식을 생산하는 농업이 '농부의 태도'[6]에 달려 있다고 그녀는 믿었다.

이는 황당할 정도로 모호한 조언이지만, 훌륭한 농업의 궁극적인 목표는 '자연을 기르는' 것이라던 어떤 농부의 혜안이 담긴 말을 듣고 밸푸어 부인의 생각을 이해할 수 있었다. 태도와 세계관이 담겨 있던 그 농부의 말이 아마 이 책에 등장하는 모든 농부의 생각을 대변한다고 할 수 있을 것이다.

자연을 기른다는 것은 자연 그대로를 존중한다는 뜻이다. 쉬운 일은 아니다. 자연을 존중한다는 것은 덜 통제한다는 뜻이다. 덜 통제하기 위해서는 어떤 신념이 필요하고 신념은 세계관의 영향을 받는다. 자연 세계를 바꾸고 개선해야 한다고 생각하는가? 아니면 관찰하고 해석해야 할 대상으로 여기는가? 인간은 믿을 수 없을 만큼 복잡하고 미묘한 구조의 일부일 뿐인가 아니면 지휘관인가? 이 책에 등장하는 농부들은 관찰자들이었다. 그들은 귀를 기울였다. 그들은 통제력을 행사하지 않았다.

그런 농부를 한마디로 규정하기는 쉽지 않다. 밸푸어 부인의 뜻과도 일맥상통하는 그 '태도'를 규정하기 힘들기 때문이다.

리어 왕이 눈먼 글로스터에게 어떻게 세상을 보는지 물었을 때 셰익스피어는 그에게 다음과 같은 대답을 주었다. "느낌으로 봅니다." 이 책에 등장하는 농부들 또한 그 느낌으로 세상을 바라보는 농부들이었다.

—ııı—

맛있는 음식의 미래가 '자연을 기르며' 자연의 신호에 따르는 농부의 손에 달려 있다면 우리는 그 말이 무슨 뜻인지 이해할 필요가 있다. 우리는 보통 표면적인 속성을 토대로 농업의 지속 가능성을 계산하는 경향이 있다. 측정 가능한 부분에 (농약과 비료 사용 증가, 가축 사육장의 비인간적인 환경 등) 대안을 제시한다.(유기농을 구입하거나 풀을 먹인 소를 선택하는 등이다.) 수치화해 눈으로 확인하기 쉽기 때문이다.

하지만 이 책에 등장하는 농부들은 그보다 한 단계 낮은 농사를 짓는다. 그들은 한 가지 작물을 재배한다고 생각하지 않는다. 모든 것이 서로 연결되어 있다고 생각한다면 그럴 수 없지 않겠는가? 그들은 농업 구조 전체의 조화를 생각하며 '자연을 기른다'. 이를 통해 맛있는 음식은 물론 우리가 쉽게 측정하거나 눈으로 확인할 수 없는 많은 것을 생산한다. 나는 초원에서도 습지에서도 이를 여러 차례 깨달았다. 나는 책에서 읽었지만 결코 제대로 이해하지 못했던 토양 안팎의 빽빽한 다양성에 대해 알게 되었다. 그 다양성은 농장마다는 물론 초원끼리도 엄청나게 달랐다. 각각의 유기체는 거대하고 복잡했으며 그보다 더 큰 유기체의 건강에 중요한 역할을 했다.

내가 옥수수만 심었던 그해 여름의 블루 힐 농장만 알고 있었다면, 혹은 이 세상 어느 곳에서든 단일 경작지만 둘러보았다면 책으로 엮을 만한 것을 거의 발견하지 못했을 것이다. 단일작물 재배가 그렇다. 삶의 질을 떨어뜨리고, 작지만 환상적인 생태계를 빈곤하게 만든다. 풍경 또한 단순하게 만든다.

나는 재료가 어떻게 길러지고 재배되는지 알기 위해 이 책에 나오는 농장들을 여러 차례 방문했다. 플린트 옥수수든 통밀이든, 살찐 거위 간이든 뼈를 바른 생선 살이든 가리지 않았다. 나는 실질적인 질문에 대한 답을 찾아다녔다. 하지만 그와 같은 경험을 통해 얻은 가장 큰 깨달음은 바로 내 질문 자체가 틀렸다는 것이었다. 어떤 재료가 어떻게 재배되는지 구체적으로 밝히려고 노력할 때마다 자꾸 다른 방향으로 이끌려갔다. 말하자면 농장의 모든 요소 간의 관계와 상호 작용 그리고 나아가 그 지역 역사와 문화의 작용과 역할에 대해 고민하게 되었다.

한 세기 전 미국의 환경주의자 존 뮤어는 이렇게 말했다. "무엇이든 그것 자체를 추출해 내려고 할 때마다 우리는 그것이 이 우주의 다른 모든 것과 얽혀 있다는 사실을 깨닫게 된다."[7] 나 역시 그와 같은 깨달음을 얻었다. 동시에 웬들 베리가 농업의 '문화'[8]라고 일컬었던 농장의 자연스러운 풍경과 함께 일하는 농부, 트랙터, 건초 더미를 없애버리고 내 많은 경험을 앗아가버린 그해 여름 옥수수 밭에서 배운 것을 다시 배우게 되었다.

과학은 대상의 복잡성을 이해하기 위해 전체를 부분으로 쪼개야 한다고 가르친다. 전통적인 요리법에서처럼 모든 부분이 정확히 측정되어야 한다고 고집한다. 하지만 상호 작용과 관계, 뮤어가 얽혀 있다고 표현했고 우리가 생태학이라고 부르는 그 관계는 정확히 측정할 수 없다. 예를 들어보자. 스페인 남부의 양식장 상태는 미국에서 토양을 어떻게 관리하는지에 달려 있으며 미국에서 토양을 관리하는 방법은 우리가 곡물을, 특히 밀을 어떻게 재배하는지에 따라 엄청나게 달라진다. 그리고 이는 또한 우리가 빵을 선택하는 방법과 분리할 수 없는 문제다.

우리가 알고 있는 '식품 공급 사슬'의 시작과 끝, 즉 농장에서 한 접시의 요리까지는 결코 사슬이 아니다. 식품 공급 사슬은 사실 다섯 개의 원이 맞물려 있는 올림픽 깃발과 더 비슷하다. 그것이 바로 내가 올바른 요리와 올바른 농사가 분리될 수 없는 관계임을 이해한 방식이다. 좋은 재료를 신중하게 골라 지속 가능한 식단을 창조할 수 있다는 우리 믿음은 틀렸다. 이는 편협한 사고일 뿐이다. 사슬의 일부만 개선할 수는 없다. 사슬 전체를 재구성해야 한다.

이를 위해서는 가장 먼저 한 접시의 요리에 대한 새로운 인식이 필요하다. '제3의 식탁'은 한 접시의 요리 자체가 아니라 지금까지와는 다른 요리법, 혹은 요리의 조합이거나 메뉴 개발과 재료 수급, 혹은 그 전부를 포함한 개념이 되어야 한다. '제3의 식탁'은 관습을 따르기보다는 재료를 공급하는 환경을 보존하는 데 도움이 되는 방향으로 맛을 조합해야 한다. '제3의 식탁'을 위해서는 지속 가능한 농업의 중요성과 이를 실천하는 농부에 대해 새롭게 이해해야 한다. '제3의 식탁'은 우리 음식이 관계의 그물망 전체의 일부이며 단 한 가지 재료에만 집중해서는 안 된다는 사실을 깨닫게 해준다. 동시에 가장 맛있는 요리를 위해 필요하지만 아직 인정받지 못하고 있는 모든 종류의 곡물과 고기를 중시한다. 모든 위대한 퀴진처럼 '제3의 식탁'은 자연이 제공할 수 있는 최상의 재료를 반영하며 끊임없이 변화하고 발전한다.

그리고 이를 실현시키기 위해서는 부분적으로나마 요리사의 역할이 필요하다. 요리사는 지휘자처럼 그 과정에서 중심적인 역할을 하게 될 것이다. 요리사가 오케스트라를 지휘하듯 부엌의 중심에서 신호를 주고 설득하고 협상하면서 각각의 재료를 조합해 완전한 요리를 만든다고 이해하면 쉬울 것이다. 내가 가장 먼저 요리사를 지휘자에 비유한 것은 아니지만 지휘자로서의 요리사가 능력을 발휘할 수 있는 더 깊이 있고 흥미로운 일이 분명 존재할 것이며 그것이 바로 미래의 요리사가 맡게 될 역할일지도 모른다. 이는 눈앞에 드러나지 않는, 작품의 역사와 의미, 배경에 대해 연구하는 사전작업이라고 할 수 있다. 사전 작업이 마무리되면 드디어 작품의 내용이 중심이 되고 지휘자의 역할은 음악을 통해 그 이야기를 해석하는 것이다. 요리사에게 퀴진이란 지휘자에게 악보와 같다. 퀴진이나 악보는 직접적인 결과물을, 기억의 편물에 촘촘히 엮여 길이 남을 한 번의 콘서트를, 한 끼의 식사를 창조해낼 수 있는 지침이다.

오늘날의 음식 문화는 요리사에게 소소하지만 혁신할 수 있는 힘과 영향력을 발휘할 토대를 제공해왔다. 맛을 결정하는 사람으로서 우리는 전체를 고려하는 새로운 음식 문화, 즉 '제3의 식탁'을 만들어나가는 데 앞장서야 한다.

이는 요리를 즐기는 사람은 물론 요리사에게도 쉽지 않은 요구겠지만 동시에 직관적인 요구이기도 하다. 왜냐하면, 이 책에서도 밝히겠지만, 결과는 늘 맛있는 음식으로 드러날 것이기 때문이다. 진정으로 위대한 맛은, 그야말로 입이 떡 벌어지는 그런 맛은 자연세계를 향한 강력한 렌즈다. 맛은 우리가 보거나 인식할 수 없는 미묘한 것을 통해 드러나기 때문이다. 맛은 예언자이자 진실을 말하는 사람이다. 또한 우리의 식품 체계와 식습관을 처음부터 다시 그려볼 수 있도록 도와주는 길잡이이기도 하다.

제1부

토양

보고 있는 것을 보라

1장
현대 농업의 문제

1994년 늦은 봄 어느 날 아침, 옥수수 밭 농약 살포 작업을 마친 클라스 마틴은 갑자기 농약 살포기를 들어 올릴 수 없었다. 이상한 일이었다. 수년 동안 아무 일 없이 들어왔던 농약 살포기였는데 말이다. 계속 시도해봐도 마찬가지였다.

"오른팔이 전혀 말을 듣지 않았습니다." 그로부터 20년이 지난 어느 날 밤, 식탁에 앉은 그가 말했다. "한 시간 전만 해도 건초 더미를 한 손으로 머리 위까지 들어 올렸으니까요."

"맞아요." 그의 아내 메리하월이 거들었다. "정말 그랬죠. 처음 클라스한테 반한 것도 그런 모습 때문이었어요. 막 연애를 시작하고 나서 그를 만나러 농장에 찾아갔을 때였죠. 헛간 쪽으로 걸어가는데 멀리서도 클라스가 누구보다 더 힘이 세 보였어요. 45킬로그램이나 되는 곡물 사료 부대를 정말이지 깃털처럼 가볍게 번쩍 들어 던지고 있었거든요. 사람이 그렇게 힘이 셀 수 있는지 처음 알았

어요."

클라스는 부끄러운 듯 집에서 만든 버터를 향해 식탁 반대편으로 손을 뻗었다. 흰색 용기에 담긴 버터를 두 사람은 식사 때마다 즐겨 먹었다. 그는 버터를 부드럽게 한 스푼 듬뿍 떴다.

"근육 경련이 시작됐어요." 메리하월이 구워낸 빵에 버터를 바르며 그가 말을 이었다. "몸 오른쪽 전체에 심각한 경련이 오더라고요."

"우리가 멋쟁이 작업복이라고 불렀던 거대한 타이벡Tyvek(미국 듀폰사가 개발한 합성 고밀도 폴리에틸렌 섬유. 가볍고 불에 잘 타지 않으며 화학물질에 내성이 강하다—옮긴이) 작업복을 입고 초록색 플라스틱 장갑까지 끼고 저 사람이 집으로 들어올 때 저는 가스레인지 옆에 서 있었어요." 메리하월이 말했다. "그를 보자마자 무슨 문제가 생겼다고 직감했죠."

"아마 '뭔가 정말 잘못된 것 같아'라고 말했을 거예요." 클라스가 부드럽게 말했다.

"저는 몇 주 전부터 이상한 낌새를 느꼈어요." 메리하월이 거들었다. "6월 언제였던가, 날씨가 좋았던 어느 날 오후에 아들과 마당에 있었어요. 딸아이는 오고 있는 중이었고요. 그런데 제가 싫어하는 냄새가 났어요."

"2,4-D였어요." 클라스가 말했다. 잡초를 제거하기 위해 흔히 사용하는 화학 제초제였다.

"맞아요. 확실히 2,4-D였어요. 그런데 그날은 냄새가 좀 달랐던 게 기억나요. 보통은 막 가공한 가죽 냄새 같거든요. 그때는 왠지 생고기 냄새 같은 게 희미하게 깔려 있었던 것 같아요."

메리하월은 건너편에 앉은 클라스를 바라보며 말했다. "그래서 정형외과로 갔어요. 그런데 생각을 한번 해보세요. 농약을 뿌리는 6월이었고 곡물을 재배하는 농부가 찾아갔는데 의사는 팔에 감각이 없다는 걸 그다지 대수롭지 않게 여긴 거예요. 그냥 근육 이완제하고 진통제만 처방해 돌려보냈다니까요." 메리하월은 일어서서 빈 접시를 들고 싱크대로 가더니 우리를 향해 돌아서며 말했다. "사실 그때 의사의 진단은 필요도 없었어요. 남편은 농약에 중독되고 있었던 거예요."

—‿‿—

클라스는 누나 힐케, 두 남동생 얀, 파울과 길 아래쪽에 있는 농장에서 자랐다.

클라스의 아버지는 열네 살의 나이로 독일에서 엘리스 섬(허드슨 강 어귀에 있는 섬으로 미국으로 들어가려는 이민자들이 입국 심사를 받던 곳으로 유명하다—옮긴이)로 건너왔다. 그가 할머니를 모시고 여섯 남매와 함께 건너온 때가 1927년이었다.(그의 부모님, 즉 클라스의 조부모는 이미 돌아가신 뒤였다.) 깊어가는 정치적 혼란을 피해 그들은 유럽의 농장을 팔고 새로운 미래를 찾아 미국으로 왔다. 제1차 세계대전 이후 독일인은 미국 동부에서 땅을 소유할 수 없었기 때문에 가족은 노스다코타로 건너가 땅을 임대해 밀을 키웠다. 하지만 수확이 좋지 않았고, 1931년 모래 폭풍이 점점 심각해지는 것에 놀라 다시 뉴욕 주 베인브리지의 낙농장으로 이사해 마침내 그곳에서 성공했다. 하지만 땅에 비해 형제자매가 너무 많았다.

1957년 클라스의 아버지와 그의 어린 아내는 가족들과 분가해 펑거 호 주변의 작은 마을 펜 얀으로 이주했다. 그때 클라스는 두 살이었다. 클라스의 부모는 첫 해부터 수익을 남겼고 새로운 농업 기술을 적용하면서 수확량은 점점 늘었다. 교배종 옥수수와 수확량 좋은 밀 등 작물 종류를 다양화한 것도 한몫했지만 화학비료를 폭넓게 사용한 덕을 톡톡히 봐 수확은 상상 이상으로 늘어났다. 클라스는 자라면서 농장에서 점차 더 많은 일을 맡게 되었고 수확량은 매해 기록을 갱신했다. "아버지는 곡물 저장 통 옆에서 종종 생각에 잠기셨어요." 그가 말했다. 한 해 사이에 두 배가 된 수확량은 폭발적인 이윤을 창출했다. 마법 같은 시기였다.

"모든 일이 순식간에 일어나 완전히 취해 있었어요." 클라스가 말했다. "마치 마약 중독처럼 말이죠. 첫 해에 화학비료 덕을 엄청나게 봤지만 그만큼의 양을 수확하려면 점점 더 많은 화학물질이 필요하다는 사실은 몰랐어요."

곧 잡초 저항성이 생겼고 그에 따라 더 많은 제초제가 필요했으며 그럴수록 더 질긴 잡초가 생겨났다. 몇 년이 지나기 전에 클라스는 처음 보는 잡초를 제거하려고 여러 제초제를 섞어 뿌려야 했다. 클라스의 아버지는 썩 달가워하지 않으셨다. 수익은 계속 확보할 수 있었지만(클라스가 점점 더 기발한 방법으로 화학비료를 섞어 뿌렸기 때문이었다) 그렇게 수확량을 유지하기는 힘들 거라고 생각했다. 자식들의 미래가 위험해질 수 있다고 판단한 그는 아들들에게 농장에서 돈을 벌 수 있는 다른 방법을 찾아보라고 조언했다. 클라스는 이를 '평생 꿈꿔왔던' 제빵용 밀을 재배할 수 있는 절호의 기회라고 생각했다.

"그때까지는 동물 사료만 재배했었죠." 클라스가 말했다. "저는 정말 사람들이 '바로' 먹을 수 있는 곡물을 재배하고 싶었어요."

그는 가축 사료 재배의 비효율성이 달갑지 않았다. 소고기 450그램을 위해 대략 6킬로그램의 곡물이 필요했으니 그럴 만도 했다.[1] 클라스는 한정된 자원을 쥐어짜는 식으로 농사를 짓고 싶지는 않았다. 그리고 이제는 아내가 된 메리하월이 바로 빵을 구울 수 있는 밀을 재배하고 싶었다. 하지만 형제들은 이를 무모한 도전이라고 생각했다. 그 당시 동북부 지역의 농장에서는 재배하기 쉬운 가루 반죽용 밀만 재배하고 있었다.

클라스는 마음을 굽히지 않고 땅 한구석에 실험을 시작했다. 효과가 있었다. 수확량은 놀랄 정도였다. 하지만 그에 따라 더 큰 문제에 봉착했다. 누가 뉴욕 주 구석에서 빵 밀을 산단 말인가? 그 지역에서 빵 밀을 재배해 공급하는 사람이 없었기 때문에 이를 취급하는 도매업자도 없었다. 하지만 클라스는 결국 빵 밀을 구입하겠다고 나선 메노파Menno派 교인 이웃을 찾았다. "그들은 빵을 만들 밀을 가까운 곳에서 구할 수 있다는 데 환호했어요." 클라스가 말했다. 그들은 밀의 풍미와 제빵 적성適性에 대해 클라스와 이야기를 나누었다. "소가 아닌 사람을 위한 곡물을 재배하고 싶다는 제 생각에 큰 힘이 되었죠."

1981년 클라스의 아버지가 돌아가셨고 그 후로 몇 년 동안 수확량 부족과 잦은 의견 충돌을 겪은 형제들은 결국 땅을 나누기로 결심했다. 쉽지 않은 과정이었다. 클라스는 성경의 아브라함과 롯 이야기에서 현명한 결정을 내릴 지혜를 얻었다. 아브라함과 롯은 가나안 지방으로 떠났는데 목초지가 충분하지 않아 두 사람 모두 양을 기를 수 없었다. 롯과의 갈등을 피하기 위해 아브라함은 각자 다른 곳에 정착하자고 롯에게 제안했다. 연장자였던 아브라함이 먼저 원하는 땅을 고를 수 있었지만 그는 롯에게 선택권을 넘겼다. 롯은 아름다고 비옥한 계곡을, 아브라함은 식수조차 부족한 거친 언덕을 차지하게 되었다.

어느 일요일 교회에서 그에 관한 설교를 들은 클라스는 자신이 공평하다고 생각하는 방법대로 땅을 나눠달라고 더 이상 요구하지 않기로 했다. 그는 자신이 원했던 땅의 3분의 1도 안 되는 거친 불모지를 차지했다. 그 땅이 바로 지금은 수확량을 자랑하는, 클라스와 메리하월의 집이 있는 땅이다.

—∾—

디저트로 메리하월은 대황rhubarb(고대 그리스·로마 시대부터 식용으로 사용했던 채소. 주로 설탕과 함께 졸여 잼, 푸딩, 파이, 케이크 등에 넣거나 간혹 샐러드에 섞기도 한다—옮긴이) 케이크를 내왔다. 몹시 부드럽고 가벼워 틀림없이 박력분 밀가루로 구운 케이크라고 생각했다. 하지만 메리하월은 모르실 줄 알았다는 듯 아니라고 대답했다. 통밀가루로 구운 케이크였다. 프레더릭이라는 품종의 밀로 농장에서 재배해 그날 아침 부엌에서 직접 갈았다고 했다. 메리하월은 전자레인지 옆에 있는 오븐 겸용 토스트만 한 작고 오래된 제분기를 가리켰다.

케이크를 한 입 먹을 때마다 밀의 풍미가 느껴졌다. 설탕의 달콤함과 대황의 톡 쏘는 맛처럼 밀 자체의 맛도 케이크의 풍미를 살려주고 있었고 그 맛이 단조로운 디저트에 풍부한 질감과 신선함을 더해주었다.

"두려웠어요." 메리하월이 마비된 클라스의 팔 이야기를 이어갔다. "여기에 정말 우리 둘밖에 없었는데 클라스가 오른팔을 못 쓰게 된 거잖아요."

나는 언제 화학비료를 그만 쓰기 시작했는지 물었다. "바로 그날이요." 두 사람이 대답했다.

1990년대 초, 유기 농법에 대한 관심은 이미 높아지고 있었지만 이를 곡물에 적용하는 부분에 대해서는 여전히 아무것도 알려진 바가 없었다. "의지할 사람이 정말 단 한 명도 없었어요." 메리하월이 말했다. "유기농 채소 재배로 성공한 농부는 널려 있었죠. 훌륭한 유기 낙농장도 물론 많았고요. 유기농 시장은 점점 커지고 있었지만 '유기농 곡물?' 그런 농부는 단 한 명도 없었어요."

"그때가 바로 사람들이 우리한테 경매를 하기 시작한 때입니다." 클라스가 말하자 메리하월이 옆에서 너무 과장하지 말라며 웃었다. "아니, 정말 그랬다니까요." 클라스도 굽히지 않았다. "드레스덴의 커피숍에서 강연이 있었어요. 가서 직접 들었죠. 그리고 또 테드 스펜스라는 영감이……."

"오, 테디……" 메리하월이 고개를 절레절레 흔들며 말했다.

"그가 어느 날 우리를 찾아왔어요. 바로 집 앞으로요." 클라스가 현관문을 가리키며 말했다. "차에서 창문을 내리고 이렇게 소리쳤죠. '클라스! 자네 농사짓는 꼴을 보면 자네 아버지가 얼마나 노여워하실까!'"

"그렇게 말했죠." 메리하월도 거들었다. "정확히 그렇게 말했

어요."

운 좋게도 몇 주 후 지역 농업 신문에 유기농 인증을 받은 빵 밀을 구입하고 싶다는 큰 제분소의 광고가 실렸다. 식탁에 앉은 클라스와 메리하월은 그 우연의 일치를 믿을 수 없었다.

"마치 신이 우리를 향해 손을 내밀어주신 것 같았어요." 클라스가 말했다. "우리는 뛰어올라 그 기회를 잡았고요."

비옥한 땅을 위한 열두 사도

나는 2005년 조디 섹터가 주선한 모임에서 클라스를 처음 만났다. 별난 운전 습관과 포퓰러 원 역사상 최악의 사고를 당한 것으로 유명한 논란 많은 전직 자동차 경주대회 세계 챔피언 조디는 유기 농업으로 관심을 돌려 영국 햄프셔에 8제곱킬로미터의 농장 레이버스토크를 설립해 이를 세계 최고로 만들겠다고 다짐했다. 한다면 하는 사람이었던 조디는 레이버스토크를 정말 최고로 만들어야 했다. 그래서 그는 엘리엇 콜먼에게 손을 내밀었다.

널리 존경받는 유기농 채소 농부이자 메인 주 출신의 작가 엘리엇은 지속 가능한 농업 운동에서 간디와 같은 인물이다. 물론 간디가 비폭력 저항운동을 창시하지 않은 것처럼 그가 유기 농법을 창시한 것은 아니다. 하지만 소규모 농사를 짓는 수많은 농부와 열정적인 원예가들이 그의 가르침을 통해 그 철학을 흡수했다. 나는 대학에 다닐 때 엘리엇의 실용 안내서 『새로운 유기 농부The New Organic Grower』를 읽었고 이십대 초반에 제과점에서 견습생으로 일하기 위해 캘리포니아로 갈 때도 그 책을 들고 갔다.

조디는 엘리엇에게 세상에서 가장 훌륭한 농부 열두 명을, 절반은 미국에서 절반은 유럽에서 찾아낸 다음, 자기 돈을 들여 그들을 영국으로 데려와 자신의 땅을 활용하는 최고의 방법에 대해 3일간 토론을 벌이는 임무를 맡겼다. 엘리엇은 그 행사를 세계 최고의 농부들이 모인, 일생에 한 번 있을까 말까 한 자리로 만들었다. 그는 그 열두 명을 '비옥한 땅을 위한 열두 사도'라고 불렀다.

그 당시 내 친구이기도 했던 엘리엇(나중에 스톤 반스 센터의 농장을 만들 때는 믿음직한 조언자가 되기도 했다)은 모임이 열리기 몇 주 전에 내게 전화를 해 혹시 내가 마지막 만찬을 준비할 의향이 있는지 물었다. 이미 결정되어 있었으니 딱히 질문이라고 할 수는 없었다.

나는 그날 레이버스토크의 부엌과 열두 명의 사도가 (아서 왕의 원탁 테이블이 떠오르는) 오래된 영국식 탁자에 둘러 앉아 있는 큰 방의 구석을 분주히 오가며 보냈다. 자기만의 농사법과 철학을 설명하는 그들은 영민했고 매력적이었으며 열정이 넘쳤고 평생 잊지 못할 감동을 주었다.

마이클 폴란의 『잡식동물의 딜레마』를 통해 유명해지기 전의 조엘 샐러틴이 에너지 교환과 초원 중심 농법에 대해 말했다. 전통적인 생명역동농법과 수확량을 증가시키는 현대의 기술을 결합시킨 덴마크 출신의 빌렘 킵스가 있었고, 자신이 개발한 새로운 품종의 채소로 미국의 샐러드를 조용히 변화시키고 있던 오리건 출신의 품종 개량자 프랭크 모턴도 참가했다. 토마스 하르퉁은 선구적인 지역 기반 농업 프로그램을 통해 오늘날 덴마크와 스웨덴에서 4만 5000여 가구에 유기농 채소를 공급하고 있으며, 네덜란드에서 온

폰스 페르베이크는 동물과 채소의 관계에 대해 설명했다. 영양학자이자 혁신적인 유기농 정원사 조앤 다이 거소는 지역 먹을거리 운동에 관한 목소리를 가장 먼저 낸 사람으로 널리 알려져 있었다. 캘리포니아의 유기 농부이자 생태농업회의 설립자인 아미고 밥 캔티사노의 이력은 영화배우 톰 셀렉 스타일의 은회색 콧수염만큼이나 인상적이었다. 그들은 어떤 가식이나 과장도 없이 한 명 한 명 자기만의 독특한 철학에 대해 설명했다.

자기 작업이 어떻게 더 맛 좋은 작물 수확으로 연결되는지 직접 설명한 사람은 아무도 없었다. 그저 자연스럽게 이해될 뿐이었다. 나는 거기 앉아 있기만 해도 배가 고파졌다.

바로 그때 클라스 마틴이 자리에서 일어나 자기 이야기를 시작했다. 190센티미터가 넘는 키에 존 디어(트랙터, 농기구 등을 생산하는 미국의 산업 장비 제조업체—옮긴이) 야구 모자를 비스듬하게 쓰고 작업복을 완전히 걷어 올린 그는 농부라기보다 차라리 고머 파일Gomer Pyle(1960년대 미국에서 방영된 군대 시트콤에 등장하는, 천하의 사고뭉치 병사—옮긴이)에 더 가까워 보였다. 내가 막 부엌으로 돌아가려고 했을 때 마침 그가 그곳에 모인 사람들에게 한 가지 질문을 던졌다. "언제 아기를 키우기 시작합니까?" 그게 끝이었다. 평생 일궈온 작업에 대한 이야기를 시작하기에는 어울리지 않는 질문이었지만 클라스의 겸손하고 차분한 어조가 모든 사람의 이목을 집중시켰다. 나는 대답을 들어보기로 했다.

클라스는 오랫동안 알고 지내며 존경해온 메노파 공동체 사람들에게 그 질문을 들었다고 했다. 그리고 메노파 공동체에서는 농장 트랙터에 고무 타이어 사용을 금지한다고 덧붙였다. 열두 사도는 거의 동시에 고개를 저었다. 클라스도 심한 규칙이기는 하다며 웃었다. 강철 타이어는 기동성이 떨어졌고 소만큼 느렸다.

그는 어느 날 용기를 내 메노파 주교에게 왜 고무 타이어를 금지하는지 물었다고 했다. 그런데 주교가 대답 대신 던진 질문이 바로 그것이었다. “언제 아기를 키우기 시작합니까?” 아기의 양육은 아기가 태어난 시점부터나 수정된 시점부터가 아니라 아기가 태어나기 100년 전부터 시작된다는 것이 주교의 설명이었다. “그때부터 아기가 살게 될 환경이 만들어지니까요.”

고무 타이어 트랙터의 역사를 살펴보면 한 세대도 지나기 전에 실패의 교훈을 찾을 수 있다고 메노파 교인들은 믿었다. 고무 타이어는 쉬운 이동을 보장하고 이동이 쉬워지면 필연적으로 농장의 규모가 커지며 이는 곧 수익이 많아진다는 뜻이다. 수익이 많아지면 더 많은 땅을 차지하게 되고 이는 다시 작물의 다양성을 감소시키고 더 많은 기계를 사용하게 만든다. 얼마 안 가 농장에 대한 농부의 애착이 줄어들고 애착이 줄어들면 무지가 들어선다. 결국 농사는 실패하게 된다.

탁자에 둘러앉은 사람들이 말없이 고개를 끄덕였다. 클라스가 말한 것이 바로 미국 농업의 문제였다.

2장
우리가 잘 몰랐던 밀의 재배

대자연 앞에서 경외감을 느끼고 싶다면 그랜드캐니언으로 가지 말고 광활한 밀밭으로 가라. 끝없이 이어지는 곡물 밭도 좋다. 드넓은 대지에서 익어가는 곡식의 풍경은 우리를 압도하는 데 그치지 않는다. 우리를 삼켜버린다. 초라하게 만든다. 언젠가 환경 전문 변호사이자 활동가인 로버트 케네디 주니어에게 깨달음의 순간에 대해 들은 적이 있다. 신은 다양한 매개체를 통해 인간에게 말을 걸지만 밀밭처럼 명료함과 우아함, 질감과 기쁨을 동시에 경험할 수 있는 곳은 없다고 그는 말했다.

레이버스토크에서 클라스를 처음 만나고 몇 년이 지난 후 나는 뉴욕 주 펜 얀에 있는 그의 밀밭 한가운데 서 있었다. 그리고 케네디의 그 말이 무슨 뜻인지 깨달았다. 나는 한 번도 펜 얀에 가본 적이 없었고 클라스를 만나기 전까지는 그런 곳이 존재하는지도 몰랐다. 하지만 이타카 시내와 코넬대의 왁자지껄함을 뒤로 하고 45분만 달리면 뉴욕 주 시골이 아니라 캔자스 주 한가운데 같은 곳이 나타난다.

그 풍경을 보니 초등학교 때 보았던 그림이 떠올랐다. 지구가 평평하다고 믿던 시절, 천천히 수평선으로 다가가는 배 위에서 두려움에 떨며 무릎 꿇고 기도하던 선원들의 모습이었다. 곧 지구의 끝 낭떠러지에서 떨어지리라 생각한다면 당연히 그처럼 절망스럽겠지만 크게 공감이 가지는 않았다. 어린 마음에 그저 그들이 어리석다거나 아니면 그들의 두려움이 과장된 것 같다고 생각했다.

하지만 그 밀밭을 바라보며 나는 어쩌면 그 선원들도 그럴 수밖에 없었을 거라는 생각이 들었다. 그 당시 지구가 평평하지 않다는 생각은 꽤나 급진적인 생각이었으니까. 나는 그 광활함과 풍요로움을 앞뒤로 사방으로 찬찬히 훑어보았다. 방금 비가 그쳐 공기 중에 아직도 빗물의 냄새가 남아 있었다. 동쪽으로 클라스의 밭 너머 이웃의 밭이 보였다. 트랙터에 탄 농부가 메뚜기 한 마리만큼 작아 보였다. 그 너머에 또 밭이 있었고 끝없이 이어지던 밭은 결국 점점 희미해지다가 어느 순간 사라졌다.

클라스는 몸을 숙여 신석기 시대부터 재배해온 에머emmer 밀 줄기를 꺾어 맛을 보았다. 입안에서 알맹이를 이리저리 굴려 껍질을 벗겨 씹으며 골똘히 생각에 잠겼다. 가끔 클라스의 신체 일부가 돋보이는 것 같을 때가 있다. 말을 할 때 흔드는 손이 꼭 빈 스키 장갑 같고 어깨는 어찌나 넓은지 혹시 겉옷 목덜미에 아직도 옷걸이가 걸려 있는 건 아닌지 확인하고 싶어진다. 또한 클라스만의 탄탄한 모습이 있다. 오직 끈기와 결심만으로 미국의 중심부를 일구어온 독일 출신 농부의 전형적인 모습이다. 그럼에도 불구하고 클라스는 천성적으로 유쾌하고 아량이 넓으며 겸손한 남자였다.

나는 클라스에게 왜 밀 재배에 그렇게 관심을 기울이는지 물었다. 그는 다른 줄기 하나를 더 살펴보느라 잠시 멈췄다가 말을 이었다. "밀은 서양 문명과, 문명의 발상지와 불가분의 관계잖아요. 밀의 역사가 곧 사회적 작물의 역사죠."

그의 말이 맞았다. 수 세기 동안 밀을 중심으로 공동체가 꾸려졌다. 밀은 오직 협력과 효율적인 사회 조직을 통해서만 거두어 먹을 수 있는 곡물이었다. 밭에서 밀을 기르고 제분소에서 밀을 갈고 빵가게에서 이를 먹을거리로, 즐거움으로 변화시켰다. 피터 톰프슨은 자신의 저서 『종자, 성, 그리고 문명Seeds, Sex & Civilization』에서 세계 3대 곡물인 밀, 옥수수, 쌀이 전부 문명의 토대를 제공했다고 말했다. 하지만 "옥수수와 쌀로 문명의 토대가 건설된 곳에는 전부 벽이 세워졌다." 밀의 본질적인 공동체적 특성은 "도시 문명이 수립되는 데 꼭 필요한 주춧돌이 되었다."[2]

밀의 역사가 곧 우리 역사다.

클라스는 밀 알맹이를 벗겨 자신의 큰 손 위에 올려놓으며 말했다. "이것이 아마 룻(성경에서 보아스와 결혼하여 다윗의 조상이 된 여자—옮긴이)이 살았을 때 누군가가 탈곡하던 밀일 겁니다." 그리고 에머 밀은 세계 최초로 재배된 곡물 중 하나라고 덧붙였다. 마지막으로 고개를 흔들며 이렇게 말했다. "손에 들고만 있어도 내가 작아지는 기분이 들어요."

신이 밀을 통해 우리에게 말을 걸 수도 있고 아닐 수도 있지만 '우리'는 분명히 엄청난 대지를 밀로 수놓으며 함께 살아간다. 펜얀의 밀밭 한가운데는 미국 중서부의 옥수수 지대Corn Belt(미국 중서부에 형성된 세계 최대 옥수수 재배 지역—옮긴이)나 갈아엎은 대초원에 비하면 초라하기 짝이 없다. 오늘날 미국 농지의 80퍼센트 이상에서 곡물을 재배한다. 옥수수, 밀, 쌀이 대부분이다. 세계적으로 다른 어떤 곡물보다 더 많은 면적을 차지하고 있는 밀은 미국에서만 22만 제곱킬로미터를 차지하며 재배되고 있다. 그에 비해 요리사를 비롯한 대부분의 사람이 집착하고 있는 채소와 과일이 차지하는 면적은 8퍼센트밖에 되지 않는다.

그런데도 왜 지금까지 밀에 대해 이토록 관심이 없었던 것일까? 우리가 기록적인 옥수수 수확량에만 관심을 기울이고 있을 때에도, 물론 실제로 인상적이고 대단한 기록이기는 했지만, 밀이 여전히 미국 중서부 대부분의 면적을 뒤덮고 있었다. 밀은 또한 식생활에서도 큰 비중을 차지한다. 1인당 매해 59킬로그램 이상의 밀을 소비한다. 이는 소와 송아지, 양과 돼지를 모두 더한 것보다 더 많은 양이다. 닭과 오리, 생선을 합친 것보다도 많다. 옥수수 감미료를 제외한다면 우리는 다른 모든 곡물을 합친 것보다 더 많은 밀을 소비한다.[3]

하지만 밀이 어떻게 재배되는지에 대해서는 도무지 관심이 없다. 식품 체계를 개선하고 다양한 재료를 최대한 활용하는 음식 문화의 전통을 창조하고 싶다면서 과일과 채소에만 관심을 기울이는 것은 마치 집을 지으면서 문과 창문만 설계하는 것과 다를 바 없다. 큰 그림을 보지 못하는 것이다.

클라스는 그와 같은 단절에 대해 이렇게 말했다. "사람들은 온갖 불편을 감수하며 농산물 직거래 시장을 찾아가죠. 그리고 가장 맛있어 보이는 복숭아를 꼼꼼하게 고르고 풀만 먹인 소고기 스테이크를 사기 위해 줄을 서요. 원래 풀만 먹이는 게 당연하다는 건 말도 맙시다. 그리고 집으로 돌아가는 길에 슈퍼에 들러서 포장된 빵을 사죠." 그는 모자를 벗고 땀으로 젖어 가라앉은 머리카락을 손질했다. "진짜 밀이 아닌 죽은 밀로 만든 빵을 산단 말입니다. 그건 30분 전에 고르고 골라 피했던 과일과 채소보다 더한 겁니다. 밀이 죽었다는 건 썩은 토마토처럼 정말 먹지 못할 상태라는 거예요."

클라스가 나를 보며 말했다. "어쩌다 이렇게 된 걸까요? 어떻게 우리가 자진해서, 심지어 좋아하면서까지 썩은 토마토 같은 걸 먹는 지경이 된 걸까요?" 그는 잠시 말을 멈추고 산들바람에 한 몸이 되어 흔들리는 밀밭을 바라보았다. "그렇게 될 수밖에요. 곡물의 맛을 잃어버렸으니까."

—ℳ—

내 사무실은 블루 힐 엣 스톤 반스의 부엌 구석에 있다. 책상의 안락의자가 바깥을 향하고 있어서 요리사들을 관찰하거나 실수를 잡아내고 가끔 소소한 재앙을 방지하기도 한다.

클라스와 운명적인 대화를 하고 얼마 지나지 않은 어느 날 밤 나는 책상에 앉아 영업이 끝나가며 다소 한산해지는 부엌을 바라보고 있었다. 수도 없이 봐왔던 풍경이었다. 요리사들도 늦은 주문의 리듬에 맞춰 속도를 줄이고 있었다. 하지만 무슨 이유에서인지 그날 밤 나는 그때까지 의식하지 못했던 무언가를 깨달았다. 어디에나 밀이 있었다.

한쪽 구석에서 웨이터가 그날 저녁에 사용했던 빵 접시를 정리하며 남은 빵을 돼지 먹이로 챙기고 있었다. 그 뒤 가스레인지 옆에서는 생선 요리사 덩컨이 마지막으로 주문이 들어온 송어를 굽기 전에 밀가루를 뿌리고 있었다. 반대편에서 육류 요리사가 돼지고기 등심에 허브 밀가루 반죽을 입하고 있었고 인턴 한 명이 갓 만든 라비올리와 굵은 스파게티를 정리하고 있었다. 그리고 제과 주방장 알렉스가 화이트 초콜릿 카르다몸cardamom(생강과에 속하는 식물 종자에서 채취한 향신료—옮긴이) 케이크에 말린 과일 슈트르델strudel(얇게 늘여 편 반죽에 과일을 얹어 말아 구운 오스트리아 전통 명과—옮긴이)을 곁들이고 있었다. 후식으로 나갈 쿠키와 작은 과자들이 재빨리 지나갔다.

갑자기 23킬로그램이나 되는 다목적 밀가루 포대를 끌고 오는 제과 부주방장 제이크가 시야에 들어왔다. 제이크는 밀가루 포대를 힘들게 들어 올려 내 사무실 바로 바깥에 있는 밀가루 통에 부었다. 그날 두 번째 포대였다. 방금 흔든 스노 글로브snow globe(투명한 구형 유리 안에 투명한 액체와 잘게 조각난 입자들이 들어 있는 장식품으로, 흔들면 입자가 유리 안에 퍼졌다가 마치 눈이 내리는 것처럼 서서히 아래로 떨어진다—옮긴이) 안에서처럼 흰 가루가 피어올랐다. 흰 가루가 사무실 창문 쪽으로 날아오다 떨어지는 모습을 보니 클라스와 수평선 끝까지 펼쳐져 있던 밀밭을 바라보던 때가 떠올랐다. 그때 나는 농업에서 곡물이 차지하는 비중이 얼마나 큰지 알고 충격을 받았었다. 그리고 그날 밤 부엌의 풍경을 바라보며 블루 힐 레스토랑의 메뉴에서도 곡물, 특히 밀이 큰 비중을 차지한다는 사실을 깨달았다.

직거래 장터에서 과일과 채소를 산 다음 슈퍼마켓에서 아무 생각 없이 빵을 사는 사람에 대한 클라스의 불만은 어쩌면 나를 향한 불만이었는지도 몰랐다. 팜 투 테이블 레스토랑, 실제로 농장 '한가운데' 있는 레스토랑의 요리사로서 지역에서 생산한 과일과 채소에 대해서는 야구장의 땅콩 장수처럼 미안한 줄도 모르고 끝없이 말하고 또 말해왔다. 대부분의 요리사처럼 나는 온갖 토마토의 품종과 풀을 먹였을 때 가장 맛이 좋은 소의 품종을 줄줄이 읊을 수 있다. 우리는 더 맛이 좋기 때문에 그리고 생산자와 생산 방식을 알고 있기 때문에 강박적으로 이 모든 것을 찾아다닌다. 하루에 두 번씩 밀가루 통에 담기는 그 부드럽고 흰 가루는 우리 레스토랑 부엌에서 가장 널리 쓰이는 재료지만, 나는 그 흰 가루가 어떻게 만들어지는지보다 가스레인지의 구조에 대해 더 많이 알고 있었다.

나는 밀의 맛을 (어쩌면 다시) 배우고 싶었다. 그리고 이를 위해 밀의 역사를 공부해야 했다. 레스토랑의 모든 메뉴에서 사용되고 있지만 내가 거의 모르고 있는 바로 그 곡물. 그 터무니없는 이중성을 어떻게 해결할 수 있을까?

3장

밀의 맛이 죽어버린 밀가루

피그말리온 신화에서 조각가는 자신이 조각한 여인과 사랑에 빠져 그녀에게 숨결을 불어넣는 데 일조한다. 밀의 역사는 그와 정반대다. 더 완벽한 곡물을 생산해내기 위한 1만 년의 노력이 무색하게 우리는 밀의 숨결을 점점 더 빼앗는 데 성공해왔다.

'더' 생명이 없는 상태가 과연 가능한가? 기술적으로 말하자면 불가능하다. 하지만 내가 파고들었던 역사에 따르면 밀이 바로 그와 같은 고통을 받아왔다. 밀은 단계를 거치며 변해갔고 죽어갔다. 누가 밀의 죽음에 책임이 있는가? 무엇이 미국 밀의 역사를 흥미로우면서도 비극적으로 만들었는지는 그 확실한 역사만큼이나 명백하다. 요리 역사가 캐런 헤스는 이를 "상관없어 보이는 사건들의 작용"[4]이라고 했다. 누구도 아무도 밀을 죽이지 않았다. 하지만 완벽한 살인이었다.

처음부터 나쁜 의도가 있었던 것은 아니었다. 콜럼버스가 도착했을 때 옥수수는 이미 잘 자라고 있었지만 밀은 재배되지도 않고 있었다. 스페인 사람들이 새로운 땅으로 가장 먼저 밀을 가져왔고[5] 다른 유럽 이민자들도 식민지에 정착하면서 밀을 재배하기 시작했다. 처음에는 처참하게 실패했지만 초기 정착민이 쏟아 부은 엄청난 노력으로 결국 밀은 자리를 잡았다. 중서부 하면 밀이 떠오르기 오래전에는 동쪽 해안이 미국의 빵 바구니였다. 제분소가 시골 풍경을 장식했고 1840년 미국인 700명 중 한 명이 제분소를 경영했다.[6] 일단 빻으면 밀가루는 일주일밖에 저장할 수 없었고 빵을 먹고 싶으면 직접 구워야 했다. 다시 말하면 밀을 제분소로 가져가거나 직접 갈아야 했다는 뜻이었다.

농부들의 노력으로 밀은 특정한 지역에서 자리를 잡아갔다. 하지만 중부 대서양 연안, 즉 펜실베이니아, 메릴랜드, 뉴욕의 온화한 기후에서 특히 더 잘 자랐다. 1845년에는 뉴욕 주 구석구석에서 밀이 재배되고 있었고 맨해튼에도 1만6000제곱미터 가량의 밀밭이 있었다.[7] 밀의 독특한 특성과 풍미, 굽는 기술은 (매사추세츠의 '레드 라마스Red Lammas'[8]와 메인의 '배너 밀Banner wheat'처럼) 주마다 달랐을 뿐만 아니라 농장마다 달랐고 해마다 달라졌다. 다양성이 폭발적으로 증가했다. 농부들은 밭에서 생 밀 알갱이를 맛보고 단백질 함량을 평가했고 언제 수확할지 결정했다. 여자들은 밀가루의 상태에 따라 요리법을 조절했다. 밀에게 좋은 시절이었다. 씨앗이 새로운 땅에서 번창하는 것 말고 무엇을 더 바라겠는가?

1825년, 이리 운하가 개통되면서 동쪽 해안 지대와 중서부가 곧장 연결되는 새로운 교역로가 만들어졌고 제분업의 중심지가 된 뉴욕 주 로체스터는 곧 밀가루의 도시로 불리게 되었다. 잇달아 철도가 개설되었고 마침 우연하게도 더 싸고 덜 붐비는 농지에 대한 국가적 요구가 있었다. 밀도 그 흐름에 동참했다. 재앙은 아니었다. 피할 수 없는 일일 뿐이었다. 하지만 여기서 다가올 시대의 전조가 되는 중요한 문제가 발생한다. 밀이 최초로 소비지역에서 멀리 떨어진 곳에서 재배되기 시작한 것이다.

1800년대 후반 밀밭과 식탁 사이의 거리가 늘어난 시기에 맞춰 롤러 제분기가 등장했다. 이는 한 세기 전에 면 산업에 혁신을 일으킨 조면기처럼 밀 산업에 대변혁을 가져온 신기술이었다. 롤러 제분기가 광범위하게 사용되기 전에 사람들은 맷돌 제분기를 사용했다. 블루 힐 레스토랑에서 사용하는 것과 비슷한 맷돌 제분기는 두 개의 큰 돌덩이가 어금니처럼 작용해 밀 알갱이를 부수는 방식이었다. 효과적이지만 속도가 느려 오래 걸렸고, 밀가루의 산업화 과정에서 가장 중요한, 밀 알갱이를 각각의 부분으로 나누는 기술은 발휘하지 못했다.

몇 년 전, 클라스의 아내 메리하월이 내게 밀 알갱이 단층 촬영 사진을 보여주었다. 임신 6주 내지 7주 정도의 자궁 초음파 사진 같았다. 썩 나쁜 비유는 아니다. 밀 알갱이도 결국 씨앗이 아닌가. 곡물의 태아, 즉 '배아'는 공급될 영양분을 저장하고 나중에 정제되면 흰 밀가루가 되는 내배유內胚乳로 둘러싸여 있다. 탄수화물로 이루어진 내배유는 또 습도와 온도가 적당해져 발아할 시기가 될 때까지 배아를 보호하는 밀겨로 둘러싸여 있다.(나중에 클라스와 다시 밭으로 나가 밀대가 모여 마치 횃불처럼 배아를 높이 치켜들고 있는, 이제 막 발아한 밀의 색다른 모습을 확인했다.)

맷돌 제분기가 작은 배아를 으깨 밀가루에서 며칠 만에 고약한 냄새가 나게 만드는 기름까지 함께 갈았다면 롤러 제분기는 배아와 밀겨를 내배유에서 분리한다. 내배유를 분리하는 이 새로운 기술 덕분에 오래 보관할 수 있고 멀리 이동할 수 있는 저장성 좋은 백밀가루 생산이 가능해졌다. 밀가루는 하룻밤 만에 상품이 되었다.

조그만 배아를 제거하는 그 까다로운 기술만으로 곡물 상품의 대변혁이 일어났다고 보기는 힘들다. 그냥 그렇게 되었다. 대평원에 정착하고 롤러 제분 기술이 도래하면서 갑자기 누구나 백밀가루를 저렴하고 손쉽게 구할 수 있게 되었다. 뉴욕의 밀밭 같은 소규모 농장은 경쟁이 불가능했다. 농부가 밭에서 알갱이를 씹거나 띄엄띄엄 제분소가 있는 풍경은 동화책에나 나오는 것이 되었다. 미국 밀 산업의 균질화가 시작되었다.

백밀가루의 수요는 점차 늘어났다. 간단히 말하자면 그것이 수천 년 동안 이어진 밀의 역사다. 하지만 효율성만 제외한다면 롤러 제분 기술은 두 가지 핵심적인 면에서 전통적인 맷돌 제분 기술을 따라잡을 수 없었다. 밀 알갱이에서 가장 중요한, 살아 있는 부분인 배아와 밀겨를 내배유에서 완전히 분리하는 과정에서 롤러 제분기는 밀을 죽일 뿐만 아니라 밀에 있는 거의 모든 영양소를 파괴한다. 밀겨와 배아는 밀 알갱이 전체 무게의 20퍼센트 이하지만 섬유질을 비롯한 영양소의 80퍼센트를 함유하고 있다. 한 연구에 따르면 그 정제하지 않은 곡물의 영양학적 효과[9]는 곡물의 먹을 수 있는 모든 부분, 즉 배아와 밀겨, 내배유까지 함께 섭취할 때만 얻을 수 있다. 하지만 새로운 제분 기술은 정확히 바로 그 부분을 놓치고 있었다.

밀이 치르게 된 끔찍한 대가는 더 있었다. 맷돌로 제분한 밀가루는 으깨진 배아의 기름에서 나온 황금 빛깔과 밀겨에서 나는 견과류 향도 약간 남아 있었다. 롤러 제분기는 마침내 눈처럼 하얀 밀가루를 만들어낼 수 있게 되었는지 모르겠지만, 그것은 어쩌면 더 이상 밀의 맛도 나지 않는, 어쩌면 아무것도 아닌 죽은 가루일 뿐인지도 모른다. 우리가 죽인 것은 그저 밀이 아니라 바로 밀의 맛이었다.

대초원

미국의 대초원은 그 과정에서 부수적인 피해를 입었다.

밀에 관심을 갖기 전까지 내가 대초원에 대해 무엇을 알고 있었을까? 아무것도 몰랐다. 심지어 지도에서 대초원이 어디인지 가리키지도 못했을 것이다. 얼마 전까지만 해도 나는 미국 땅의 40퍼센트 이상이, 미주리 주에서 몬태나 주를 거쳐 남쪽 끝 텍사스 주까지 이어지는 넓고 푸른 대초원으로 이루어져 있다는 사실을 몰랐다. 설사 알고 있었다 해도 그것이 요리사에게 왜 중요한지는 몰랐을 것이다.

그때 웨스 잭슨을 만났다. 달변가이면서도 소탈했던 웨스는 캔자스 주 설라이나 토지 협회를 공동 설립해 그곳에서 곡물, 특히 밀 재배 방식에 대한 연구를 이끌고 있었다. 그는 한 번 씨를 뿌려 매년 밀을 수확할 수 있는 방법을 찾고 있었다. 우리가 먹는 길들여진 밀은 해마다 씨를 뿌려야 하는 한해살이 작물이었다.

밀이 야생에서처럼 다년생 작물이 될 수 있다면, 즉 밀이 "원래 모습대로 자랄 수 있다면,"[10] 웨스의 말대로 농업 최악의 범죄 행위라고 할 수 있는 밭갈이와 화학비료 사용을 피할 수 있을지도 모른다.

2009년, 웨스와 나는 캘리포니아에서 열린 식품의 미래에 관한 콘퍼런스에 토론자로 참가했다. 하고 있는 일에 대해 설명해달라는 사회자의 요청에 웨스는 간단히 이렇게 대답했다. "1만 년 동안 해결되지 못한 농업의 문제를 해결하고 있습니다." 그에게 농업의 문제는 대규모 농장이나 가축 사육장이나 화학비료가 아니었다. 웨스가 생각하는 농업의 문제는 바로 농업 자체였다.

그날 밤 호텔로 돌아오면서 나는 웨스에게 다년생 밀 재배가 언제쯤 가능할지 물었다. 나중에 알고 보니 너무 자주 들어 웨스가 몹시 싫어하는 질문이었다. 하지만 그는 대초원 특유의 느린 말투에 속도를 붙이면서도 겸손하게 대답했다. "이번 생에서 해결할 수 있는 문제를 붙잡고 있다면 충분히 멀리 내다보지 못하고 있는 겁니다." 그리고 자기 말이 무슨 뜻인지 보여주고 싶다고 했다.

그의 방으로 따라 들어가자 그가 내게 원형 통을 하나 내밀며 말했다. "처음 보여주는 겁니다." 내가 '왜 나한테?'라는 표정을 지었는지 그가 이렇게 덧붙였다. "도착한 날 바로 여기로 보냈어요. 자세히 살펴보지 않으면 오늘 밤 분명 잠을 설칠 테니까요." 내가 원형 통의 마개를 열려고 하자 그가 이렇게 말했다. "복도에 나가서 꺼내보는 게 좋을 겁니다. 방 안에서는 다 펼칠 수 없을 거예요."

나는 길게 말린 사진을 복도 카펫 위에 펼쳤다. 길이가 7미터나 되어 다른 방문 두 개 너머까지 차지했다. 웨스가 엎드려 구겨진 부분을 폈다. 가장 먼저 실물 크기의 다년생 야생 밀의 뿌리와 줄기 부분이 보였다. 땅 위로 자라는 줄기와 잎, 씨앗 머리가 사진의 절반 이하를 차지하고 있었고 땅속으로 자라는 뿌리 조직이 적어도 2.4미터는 되어 보였다. 라푼첼 머리카락처럼 뒤엉켜 있는 굵은 수염뿌리가 땅속 깊이 뻗어 있었다.

나는 한 걸음 뒤로 물러섰다. 아래쪽으로 자란다는 것만 빼면 뿌리가 마치 세쿼이아 나무의 몸통 같았다. 한때 초원의 토양을 깊이 파고들었을 그 뿌리를 바라보고 있을 때 웨스가 이렇게 말했다. "자연의 투자죠. 땅속으로 파고들어 양분과 수분을 흡수하려고요."

바로 옆에 또 다른 밀의 줄기와 뿌리 사진이 있었다. 해마다 씨를 뿌려야 하는 현대의 밀로 웨스가 다음과 같은 설명을 덧붙였다. "미국에서만 24만 제곱킬로미터의 땅을 차지하고 있죠." 줄기가 다년생 사촌보다 훨씬 더 짧았다. 얇고 성긴 뿌리도 겨우 팔 길이 정도밖에 되지 않았다. 다년생 밀과 비교해보면 웃음이 나올 정도로 빈약해 마치 여러 가닥으로 꼰 레게 머리와 바늘에 꿰인 실이 나란히 있는 것 같았다. 초원을 뒤덮고 있다가 백밀가루 부대에 담겨 다시 내 사무실 앞의 밀가루 통에 부어지는 바로 그런 밀의 뿌리였다. 나는 내가 사용하는 요리 재료의 뿌리를 바라보고 있었다.

"저 작고 연약한 것들이 바로 댄의 문제예요." 웨스가 웃으며 말했다.

—∞—

1800년대까지 대초원을 본 사람들은 초원 자체가 문제라고 생각했다. 사람들은 그 광활한 땅을 '미국의 대 사막Great American Desert'[11]이라고 불렀다. 나무나 숲에 익숙한 사람들에게는 용서할 수 없는 첫인상이었을 것이다. 하지만 잘못된 첫인상이기도 했다.

사실 초원에는 엄청난 다양성이 존재한다. 풀 외에도 200여 가지가 넘는 활엽 화초와 초본 식물, 관목 식물, 사초과 식물이 다채롭게 존재한다. 모든 풀과 식물이 살아남기 위해 서로 의지하고 있는 풍부한 생태계가 바로 초원이다.

하지만 초원의 진정한 가치는 그 토양에 있다. 수많은 생물 자원이 초원의 토양에 깃들어 있다.(그 풍부한 생물 자원이 대부분 지표면 위에 존재하는 열대우림의 생태와는 다르다.) 웨스는 토양의 비옥함이 지질학적 변화 덕분이었다고 즐겨 말했다. 수백만 년 전 대륙의 북쪽 끝에서 빙하가 만들어졌다. 빙하가 흘러내린 물로 캐나다 북부의 단단한 토양이 드러났고 고대부터 쌓였던 흙이 미국 중앙부의 이미 비옥한 토양 위에 뿌려졌다. 초원의 거센 바람에 날리는 흙에 풀이 엉겨 붙어 덩어리가 되어 오랜 시간에 걸쳐 토양과 하나가 되었다. 굵은 뿌리 조직은 토양에서 영양분을 흡수하며 토양을 더욱 단단히 결합시켰다.

초원의 입장에서 보자면 이는 급격한 기후 변화나 지표면의 침식에 대비한 최고의 보험이나 마찬가지였다. 대초원의 기후는 예나 지금이나 예측하기 힘들고 사납고 파괴적이었다. 사막화가 진행되다가도 순간적으로 홍수에 휩쓸리기도 했다. 하지만 초원의 풀은 에너지와 영양분을 저장하는 뿌리 조직의 능력 덕분에 언제든 다시 자라날 수 있었다. 그래서 수백만 마리의 들소 떼가 수천 년 동안 토양을 비옥하게 만드는 동안 토양을 단단히 붙들고 있으면서 더 많은 영양분을 자연 상태의 기름진 토양이라는 계좌에 차곡차곡 쌓아놓았다.

그리고 초기 정착민들이 쟁기로 땅을 갈아엎기 시작했을 때부터 우리는 그 계좌에서 영양분을 인출해왔다. 줄기 입장에서는 어처구니없는 짓이었을 것이다.(어쩌면 뿌리 입장에서 더 중요한 사건이었는지도 모른다.) 뿌리 조직이 너무 빽빽해 쟁기질이 쉽지 않았다. 다년생 밀 한 줄기의 이리저리 얽힌 뿌리만 봐도 금방 이해할 수 있을 것이다. 초원 0.8제곱미터의 흙덩어리에는 그처럼 거대하고 굵은 뿌리가 40킬로미터나 들어 있다. 석탄처럼 까만 상층토의 깊이가 3.6미터에 달한다.(웨스는 동쪽 해안가의 상층토 평균 깊이가 15센티미터 정도밖에 되지 않는다고 신이 난 듯 말해주었다.)

1837년 존 디어라는 일리노이 출신의 한 대장장이가 그 문제를 해결했다. 깊이 뻗은 뿌리를 잘라내고 풀밭을 파헤쳐 씨를 뿌릴 수 있는 주강鑄鋼 쟁기를 발명한 것이다. 롤러 제분기와 마찬가지로 강철 쟁기 또한 예기치 않았던 순간에 도래했다. 수천 명이 대초원을 갈아엎고 있던 바로 그때였다. 게다가 1862년, 링컨 대통령이 홈스테드 법Homestead Act을 승인해 누구든지 0.65제곱킬로미터의 땅을 먼저 차지해 5년 동안 농사를 지으면 그 땅을 소유할 수 있게 되었다.

생물학자 재닌 베니어스는 저서 『생체모방Biomimicry: Innovation Inspired by Nature』에서 초원의 다년생 풀을 한해살이 밀로 바꿔 심은 정착민들을 영웅시하는 태도에 대해 다음과 같은 일침을 날렸다. "농부들이 뿌리를 하늘로 갈아엎는 것을 본 수Sioux 인디언들은 고개를 흔들며 이렇게 말했다. '방향이 틀렸네.' 지혜를 거꾸로 발휘했던 정착민들은 한 뿌리가 갈아엎어져 나올 때마다 발사되는 경고 사격을 무시하며 인디언들의 말을 비웃었다."[12] 초원의 파괴에 대해 더 많이 알게 될수록 지금의 밀밭을 바라볼 때 아름다움을 느끼기 힘들다. 벌목된 숲에서 아름다움을 찾기 힘든 것과 마찬가지다.

새로운 밀은 처음에 대초원에서 잘 자라지 못했다. 동쪽에서 재배되던 품종은 강수량이 부족하고 기온 변화가 극심한 지역에 적응하지 못했다. 질병도 잦았다. 수확량도 줄어들었다. 완전한 실패였다. 1870년대에 메노파 이민자들이 전통적인 연질 밀soft wheat 대신 강추위를 견딜 수 있고 가뭄에도 강한 '터키 레드Turkey Red' 품종을 도입해 기르며 자리를 잡기 전까지는 그랬다. 경질 밀hard wheat은 새로운 강철 제분기에도 적당해 지금의 생산 라인과 비슷한 밀가루 정제 과정을 더 효율적으로 만들어주었다.

방으로 들어가려던 두 사람이 복도에 펼쳐진 웨스의 사진 때문에 머뭇거리자 웨스가 기운차게 말했다. "안녕들 하세요. 미국에서 고갈된 자원에 대해 분석 중입니다. 같이 하시겠습니까?" 두 사람은 어색하게 웃으며 두 뿌리 옆으로 조심조심 지나갔다.

웨스가 한해살이 밀을 가리키며 말했다. "물론 이 밀이 승리했죠. 스스로 자라지 못해 비료를 줘야만 하는 초라한 뿌리가 24만 제곱킬로미터나 차지하고 있단 말입니다. 질소를 내뿜어 뉴저지만 한 땅을 침식시켜 죽게 만든 장본인이기도 하죠." 웨스는 잇몸까지 드러나게 환히 웃으며 말했다. "이 밀이 이겼어요. 하지만 댄이 보고 있는 건 바로 성공의 실패작[13]입니다."

1900년대 초까지 8만 제곱킬로미터 이상의 서부 지역이 개간되

었다.

그리고 밀은 계속 자랐다. 제1차 세계대전을 겪으며 유럽에 밀이 부족해지자 미국 정부가 개입해 밀 가격을 보상했다. 1909년, 무상으로 제공하는 땅이 두 배로 늘어나 1.3제곱킬로미터가 된 개정 홈스테드 법이 발효되어 사람들이 서부로 해일처럼 몰려들었다.[14] 1917년, 밀밭은 18만 제곱킬로미터까지 늘어났고 1919년에는 30만 제곱킬로미터에 달했다. 대부분 토양이 빈약하고 끌어들일 물이 부족한 노스다코타 지역과 대초원 남쪽 지역의 불모지 개간을 통해서였다. 하지만 당장은 아무 문제도 되지 않았다.

역사가 도널드 워스터는 전쟁이 끝나갈 무렵 중서부의 곡물 경제는 산업 경제와 불가분의 관계가 되었다고 주장한다. "전쟁은 초원의 농부들을 그 어느 때보다 더 철저하게 국가 경제에 종속시켰다. 농부들은 제방과 철도, 제분소와 농기구 제조사, 에너지 기업 등과 불가분의 관계가 되었으며 더 나아가 국제 시장체제로 흡수되었다."[15] 초원은 다시 태어났다. 돌이킬 수 없는 변화였다.

그와 같은 불모지 개간은 갑자기 가뭄이 들 때까지 계속되었다. 1930년, 깊게 뿌리내리지 못한 헐벗은 토양은 가뭄으로 건조해져 먼지가 피어오르기 시작했다.[16] 먼지가 모든 것을, 간절한 얼굴과 이불과 다락방을 뒤덮었다.(먼지에 파묻힌 다락방은 결국 무너지기 일쑤였다.) 엄청난 모래 폭풍이 울타리와 자동차, 트랙터를 묻었다. 하지만 이는 시작일 뿐이었다. 더 두터운 흙먼지가 사방에 휘몰아치며 담을 무너뜨렸고 전봇대를 넘어뜨렸다. 모래 폭풍이 심할 때는 아무것도 보이지 않았고 모래 폭풍이 일으킨 전기로 채소와 과일도 죽었다. 가뭄 때문에 성경에서처럼 해충이 출몰해 살아남은 밀을 전부 먹어치웠으며, 산토끼가 서식지를 떠나 음식을 찾아 떼지어 내려오는 재앙이 벌어졌다.

클라스는 숙모가 들려준 모래 폭풍 이야기를 기억하고 있었다. 먼지가 너무 많이 불어와 접시를 식탁 위에 뒤집어놓아야 했다. 저녁을 차릴 때쯤 식탁보에는 동그란 먼지바람 자국이 앉아 있었다. 가족들은 농사가 완전히 망하기 전까지 힘든 시절을 보냈다.

그 후로 10여 년 동안 미국의 중심부는 수만 년 동안 퇴적되어온 비옥한 토양을 공기 중으로 날려보냈다. 상층토의 75퍼센트 이상을 잃은 지역도 있었다. '비참한 30년대Dirty Thirties'라고 불리게 된 그 10년은 미국 역사상 최악의 환경 재앙으로 기록되었다. 티머시 이건은 저서 『가장 힘들었던 시절: 미국의 모래 폭풍에서 살아남은 자들의 알려지지 않은 이야기The Worst Hard Time: The Untold Story of Those Who Survived the Great American Dust Bowl』에서 그 모래 폭풍을 이렇게 묘사했다.

지표면에서 하늘까지 3킬로미터 높이의 구름이 나타났다.[17] (…) 하늘은 원래의 흰색을 잃고 갈색으로, 다시 잿빛으로 변해갔다. (…) 아무도 그것을 뭐라고 불러야 할지 몰랐다. 먹구름은 아니었다. (…) 태풍도 아니었다. 동물의 거친 털처럼 두터웠고 살아 있었다. 모래 폭풍 가까이 있던 사람들은 마치 눈보라 한가운데 있는 것 같다고 했다. 가장자리가 마치 철 솜 같은 새까만 눈보라, 그들은 그렇게 불렀다.

1935년 봄, 최악의 모래 폭풍이 불었다. 일명 블랙 선데이. 폭풍은 초원에서 그치지 않고 동쪽으로 이동하며 점점 강력해졌다.

금요일, 휴 베넷이라는 과학자가 미국 상원에서 토양보존사무국이라는 상설기구를 설치하자고 주장했다. 블랙 선데이에 찍힌 사진이 그날 아침 전국의 신문에 실렸음에도 상원 의원들 대부분 초원 정착민을 위해 할 일은 충분히 했다고 생각하고 있었다. 베넷이 발언을 마무리해갈 무렵 한 측근이 연단으로 다가와 이렇게 속삭였다. "조금만 더 시간을 끄십시오. 오고 있습니다." 베넷은 연설을 계속했다. 몇 분 후, 그가 입을 다물었다. 회의장이 어두워졌다. 거대한 적갈색 먼지 구름이 한 시간 동안 워싱턴을 뒤덮었다.

"여러분, 제가 말씀드린 것이 바로 이것입니다."[18] 베넷이 창문을 가리키며 말했다. "지금 오클라호마의 상황입니다." 8일 후 의회는 토양보존법Soil Conservation Act을 통과시켰다. 미국 환경운동의 시초라고 할 수 있는 사건이었다.

레스토랑 부엌의 밀가루 통에서 피어올라 내 사무실 창문으로 천천히 날아왔던 흰 버섯구름이 어쩌면 현대의 모래 폭풍이며 다목적 밀가루가 바로 초원의 상층토일지도 모른다. 다시 말하자면, 한 세기 전 휴 베넷의 주장대로 초원의 황폐화는 여전히 진행 중이다. 그가 해결해야 한다고 주장했던 문제가 여전히 우리에게도 중요한 문제인 것이다.

현대의 대초원

저술가들은 모래 폭풍의 시대가 인간의 오만함을 일깨워주었다고 주장해왔다. 웬들 베리는 「자연초와 그 의미The Native Grasses and What They Mean」라는 제목의 글을 통해 이렇게 말했다. "숲을 깎고 불태운 것처럼 우리는 초원을 불태우고 갈아엎고 훼손했다. 우리는 앞은 보았지만 내다보지는 못했다.[19] 우리는 우리가 어디에 있는지, 거기에 무엇이 있는지 알지도 이해하지도 못한 채 우리가 원하는 것을 위해 그곳에 있던 것을 파괴했다."

그와 같은 무지는 미국에 가장 먼저 정착한 유럽 이민자들로부터 시작되었다. 대부분 유럽에서 땅을 소유해본 적도 없고 농사 경험도 없는 사람들이었다. 혹시 나처럼 과거 신생 국가 시절에 대한 동경이 있다면, 즉 농사가 소규모 가족 단위로 유지되고 관리되며 지속 가능한 농업에 대한 인식도 존재했던, 농사가 농사 본연의 모습을 유지하던 시절을 갈망한다면 다시 한번 생각해보라. 오늘날의 산업화된 식품 체계가 나무를 베어 없애고 토양을 메마르게 하고 있다지만 사실 선조들도 크게 다르지 않았다. 단지 그들은 마력이 약했을 뿐이었다.

조지 워싱턴조차도 비옥한 토양과 풍부한 천연자원에 취해 "개간한 땅을 비옥하게 만들 수 있는 모든 수단과 방법을 무시했던 게으른"[20] 농부들의 행태를 비판했다.

식민지 농지는 빠른 속도로 황폐해져갔다. 처녀지에 대한 갈망으로 숲마저 잘려나갔다. 역사가 스티븐 스톨은 『마른 토양을 기름지게Larding the Lean Earth』라는 책에서 미국 농업을 규정하다시피 한 해로운 전례에 대해 다음과 같이 말했다.

> 20년 내지 30년 정도만 농사를 지으면 토양에서 비옥한 영양분이 다 빠져나가 더 이상 농사를 지을 수 없게 되는 것이 보통이었다. 아니면 정착한 땅에서 기대했던 것만큼 수확량이 나오지 않아 새 땅을 찾아 나서기도 했다. 숲이 잘려 탄산칼륨으로 유출되었고 해마다 밀이 수확되며 상층토가 쓸려나갔다. 미합중국에서 개간할 수 있는 땅은 1820년까지 지독한 착취의 소동을 겪었다.[21]

이러한 태도는 서부 개척과 함께 더욱 견고해졌다. 알렉시스 드 토크빌의 미국에 대한 유명한 연구에서도 드러났듯이 농부들은 자연보호론자라기보다는 자본주의자의 관점으로 농사에 접근했다. 토크빌은 『미국의 민주주의』에서 이렇게 말했다. "미국의 거의 모든 농부는 농업에 상업적인 요소를 결합시켰다. 대부분은 농업 자체를 상업으로 만들었다. 미국 농부들이 당시 농사짓던 땅에 영원히 정착하는 일은 몹시 보기 드문 일이었다." 미국인들은 저마다의 이유로 서부에 정착하기 위해 초원으로 갔다. 그리고 순응하기보다는 정복했다. 새로운 생태의 요구에 주의를 기울일 의지도 능력도 없었다. 광활하고 비옥한 땅이 넘쳐 나는데 토양을 주의깊게 살핀다는 것은 고리타분한 사고에 불과했다.

그 부분까지는 나도 오랫동안 알고 있었다. 하지만 그와 같은 무지가 무엇을 초래했는지 웨스와 호텔 복도에서 뿌리 사진을 보던 그날 밤까지는 이해하지 못했다. 우리는 다년생 밀의 깊은 뿌리 조직을 보잘것없는 한해살이 뿌리로 바꿔치기한 것만이 아니었다. 우리는 세상에서 가장 다양한 생태계 중 하나였던 초원을 22만 제곱킬로미터의 단일 경작지로 만들어버렸다. 오늘날 초원에서 재배되는 경질 밀 품종은 딱 두 가지밖에 없다. 작가 리처드 매닝의 말을 빌리자면 이는 "유전학적 가능성의 분포가 A에서 B까지"[22]밖에 되지 않는다는 뜻이다.

캔자스 주나 노스다코타 주 중심부의 들판을 한번 둘러보라. 어딜 봐도 똑같은 모습의 곡물 밭은 마치 한 장의 풍경 사진 같다. 무덤으로 전락해버린 초원의 모습이다. 클라스가 말했던 것처럼 사회적 곡물로서 공동체를 형성하고 우리 정체성을 대변했던 밀은 더 이상 존재하지 않는다. 적어도 우리가 농사를 짓는 방식으로는 혹은 밀을 섭취하는 방식으로는.

웨스와 저녁을 함께 보내고 얼마 지나지 않아 나는 미국 지도를 찾아보았다. 빵 바구니 주, 그러니까 그때까지 수없이 들어왔지만 실제로 어디에 존재하는지 몰랐던 "밀 곡창 지대Wheat Belt"를 찾아보고 싶었다. 밀 곡창 지대는 노스다코타에서 텍사스까지, 다시 사우스다코타와 네브래스카, 캔자스를 지나 오클라호마까지 넓고 길게 이어져 있었다. 밀은 그 여섯 주의 가장 중요한 작물이었다.

그러다가 우연히 21세기 초 인구 변화 분포도까지 찾아보게 되었다. 밀 곡창 지대 지도와 인구분포도를 나란히 놓고 살펴보던 나는 웨스의 사진을 보았을 때만큼이나 깜짝 놀랐다. 인구분포도에 따르면 그 여섯 주의 인구는 가파르게 감소했다. 다른 지역의 인구 밀도가 높아질 때에도 밀 곡창 지대는 텅텅 비어가고 있었다.[23] 모래 폭풍이 시작되기 전부터 시작된 극심한 인구 감소는 사실 여전히 진행 중이었다. 그와 같은 인구 감소 현상이 전적으로 그 여섯 주에 국한되어 있다는 점에 주목할 만하다. 실제로 미국의 인구는 지속적으로 증가해왔지만 한때 곡물 생산의 요지였던 곳의 인구는 아직도 계속 줄어들고 있다. 캔자스 주에서만 지난 80년 동안 6000개의 마을이 사라졌다. 인구 밀도가 마치 성긴 한해살이 밀의 뿌리 같았고 19세기 말 서부 개척 당시보다 지금이 더 희박한 수준이었다.

농업 기술의 발전과 그에 따른 농지 통합도 인구 감소에 영향을 끼친 요인일 것이다. 트랙터를 비롯한 농기계는 짧은 시간에 더 많은 일을 했다. 1830년대에 도입된 콤바인의 예를 들어보자. 그 전까지 농부들은 몇 시간에 걸쳐 추수를 하고 낟알에서 먹을 수 있는 부분과 껍질을 분리한 다음 깨끗이 털어내 제분 준비를 했다. 하지만 콤바인은 이름에 걸맞게 그 모든 과정을 한 대의 기계로 해결했다. 결국 메노파 교인들의 예측대로 더 적은 수의 농부가 더 넓은 땅을 경작할 수 있게 되었다.[24] 1950~1975년 사이 농장의 개수와 농장의 일꾼 수는 절반으로 줄어들었다. 반대로 농장의 평균 크기는 1950년 0.87제곱킬로미터에서 1974년 1.68제곱킬로미터로 거의 두 배가 되었다. 그와 같은 현상이 가장 두드러졌던 곳이 바로 밀 곡창 지대였다.

하지만 무엇보다 더 중요한 문제는 바로 생물학적 다양성의 감소였다. 가끔 농업 문제에 대한 글을 쓰는 작가이가 편집자 베를린 클링켄보그는 생물학적 다양성이 사회적·문화적 견고함과 직접적인 관련이 있다고 주장한다. 다시 말하면 밀 곡창 지대의 인구 감소는 황폐해진 풍경, 즉 "자연의 인간 수용과 인간의 자연 활용"[25] 결과를 반영한 것이었다.

아무리 의식하지 못했다 해도 요리사와 제빵사 또한 그 다양성의 감소에 어느 정도 책임이 있다. 우리는 산처럼 쌓인 저렴한 밀가루로 이윤을 남기면서 그 과정에 일조했다. 우리는 초원 황폐화의 공범자였다. 두 손에 밀의 피를 묻히고 있는 것과 마찬가지로.

❑

4장

흙의 언어, 잡초가 하는 말

뜨거웠던 6월의 어느 날 늦은 아침, 나는 클라스의 농장을 다시 찾았다. 처음 방문한 지 일 년 반 만이었다. 내게 다양한 풀에 대해 알려주고 싶었던 클라스는 나를 데리고 밭 한쪽 구석으로 갔다. 클라스는 그 주변을 조금씩 움직이며 내게 풀의 이름을 하나하나 알려주었다.

"이게 달래고 이건 나도냉이. 저기 있는 건 바로……" 클라스는 쭈그리고 앉아 들쥐의 시선으로 다른 풀을 치우며 말했다. "맞아요. 무아재비. 바로 아래에 이거요." 나도 그를 따라 고개를 숙였다. 그렇게 광활한 곳에서 이미 뜯겨 있는 온갖 풀까지 하나하나 신경 쓰는 우리 모습이 어쩌면 우스워 보였을지도 모른다.

"자, 봅시다." 클라스가 특히나 무성한 곳에 멈춰 천천히 말했다. "이건 귀리. 그리고 저건 개망초, 끈끈이대나물, 강아지풀, 민들레, 붉은 토끼풀, 캐모마일, 그리고 이건 영국에서 온 유럽 잔디."

"전부 잡초죠?" 내가 물었다.

"풀과 콩, 활엽초. 맞아요. 잡초죠. 하지만 '잡초'라는 말은 인간이 멋대로 붙인 말일 뿐입니다. 기본 농업경제학을 들을 때 잡초의 정의는 어떤 곳에 자라지 않길 바라는데 자라는 풀이라고 했어요. 이 얼마나 터무니없는 말입니까?"

알도 레오폴드 역시 1943년에 쓴 에세이 「잡초란 무엇인가?」에서 같은 질문을 던지고[26] 우리가 그 가치를 제대로 알아보지 못한다는 이유만으로 어떤 풀에 잡초라는 딱지를 붙이지 말아야 한다고 경고했다.

"잡초 때문에 수확량이 줄어든다면 문제는 잡초가 아니라 사람이에요. 사람이 뭔가 잘못하고 있다는 거죠." 클라스가 말을 이었다. "실제로 잡초는 아무런 해도 끼치지 않아요. 사실 그 반대죠. 잡초는 '우리'가 뭔가 잘못하고 있다고 말해줘요." 그가 어떤 풀을 가리키며 말했다. 아까 말했던 대로 잡초라고 무시하지 않는 태도였다. "새발풀이네요. 난 새발풀이 너무 좋아요. 보고만 있어도 기분이 좋아지거든요. 오, 안녕! 헤어리 베치! 베치 알죠? 훌륭한 피복작물이에요. 방가지똥도 있네요. 방가지똥 같은데, 아, 맞아요, 방가지똥! 확실해요."

화학비료를 그만 쓰기 시작했던 해, 클라스는 잡초를 자연스럽게 없애는 방법을 배우기 위해 농사에 관한 고전들을 읽기 시작했다. "1945년 이전에는 잡초 제거에 관한 책이 많지 않았거나 아니면 누군가 전부 갖다 버렸나 봐요." 그가 말했다. 오랜 조사 끝에 그는 코넬대 도서관에서 베르나르트 라데마허Bernard Rademacher라는 독일의 농사 연구원이 쓴 책을 한 권 발견했다. 라데마허는 1930년대의 잡초 권위자였고 화학 제초제에 관한 초기 연구들에 참가했었다.

"라데마허의 책은 우리 사고를 뒤집어놓죠. 그는 잡초를 잘 관리하는 게 전부 수확을 늘리기 위해서라고 했어요. '튼튼하게 잘 자란 식물이 잡초를 제거하는 가장 좋은 방법'이라고요." 그리고 클라스는 나를 보며 바보처럼 웃었다. "튼튼하게 잘 자란 식물이 잡초를 제거하는 가장 좋은 방법이라는 구절을 집사람한테 읽어주고 우리는 마주보며 이렇게 외쳤어요. '그래! 맞아! 식물의 상태에만 집중하면 돼! 왜 그 생각을 못 했을까?'"

클라스는 건강한 식물을 기르기 위한 가장 좋은 방법은 토양을 건강하게 만드는 것이라는 사실을 깨달았다. 식물의 요구를 보살펴주면 식물이 스스로 자신을 보살핀다.

—~~—

내가 식물의 건강에 대해 맨 처음 배운 것은 종종 그 주제에 대해 글을 썼던 엘리엇 콜먼을 통해서였다. 나의 라데마허였던 그는 식물의 건강과 잡초보다는 식물의 건강과 해충 관리에 대해 연구했다.

엘리엇은 건강한 토양에 사는 건강한 식물은 해충을 없애줄 필요가 없다고 주장했다. 해충은 건강한 식물을 공격하지 않기 때문이다. 단순하지만 명쾌한 주장이다. 흙과 흙에 사는 미세한 생명체를 잘 돌보면 해충이 식물에 해를 끼칠 가능성은 거의 없다. 그런 의미에서 '어머니 대지'라는 개념은 뒤바뀌어야 한다. 사실 '인간'이 대지의 어머니가 되어 토양을 잘 보살펴야 한다. 그렇지 못하면 식물은 병이 든다. 혹은 엘리엇의 말대로, 스트레스를 받는다. 병이 걸리는 것은 나중이다.

식물이 받는 스트레스를 이해하는 가장 쉬운 방법은 과로했을 때나 잠이 부족할 때 우리 몸에 어떤 변화가 일어나는지 생각해보는 것이다. 면역 체계가 약해지고 감기에 잘 걸리게 되고 그 상태가 지속되면 병에 걸린다. 식물에게는 작은 진디의 공격이 감기와 같다. 벼룩잎벌레의 공격을 받으면 병에 걸린 것이다. 식물의 건강이 나빠질수록 해충은 식물의 자연 방어력을 압도한다.*27 화학비료를 쓰는 농부들이 그렇듯 살충제를 뿌리면 해충은 없어지지만 근본 원인은 사라지지 않는다. 감기 증상을 완화시키는 약을 먹으면 상태가 좋아지고 친구들도 감기에 걸렸는지 모를 테지만 그렇다고 건강한 것은 아닌 것과 마찬가지다.

엘리엇은 젊었을 때 메인 주의 한 유기 농장에서 일하다가 벼룩잎벌레의 공격을 목격했던 일에 대해 들려주었다. 넓은 양배추 농장에 어쩌다 황색 순무 한 뿌리가 섞여 자라고 있었다. 양배추는 '건강하고 튼튼'했지만 순무는 벼룩잎벌레가 뒤덮고 있었다. 그리고 며칠 후 시들어 죽었다. 자세히 살펴보니 순무는 너무 많이 자라 뿌리가 줄기에서 분리되어 있었다.

순무가 시든 이유가 무엇이든 벼룩잎벌레는 가시적인 증상이 나타나기 3일 전부터 순무가 스트레스를 받고 있다는 사실을 알고 있

* 벌레는 어떻게 병든 식물을 찾아내는가? "아픈 식물은 냄새가 다르다"고 엘리엇이 내게 말했다. 과학적으로도 일리가 있다. 곤충학자이면서 전자제품과 라디오 전문가이기도 했던 필립 캘러핸 박사는 곤충의 더듬이에 있는 미세한 털이 식물이 뿜어내는 파장의 변화를 감지한다는 사실을 발견했다. 식물의 온도에 따라 냄새의 파장이 달라진다. 캘러핸 박사는 저서 『자연에 귀 기울이기 Tuning in to Nature』에서 스트레스를 받은 식물이 건강한 식물과 엄청나게 다른 냄새 분자를 만들어 벌레가 쉽게 '볼' 수 있는 파장을 뿜어낸다는 사실을 보여주었다.

었다. 순무가 죽은 후에도 벼룩잎벌레는 양배추로 옮겨가지 않았다. 양배추는 스트레스를 받지 않았기 때문이었다. 해충은 스트레스를 받지 않는 식물에서는 절대로 살아남을 수 없다. 해충에게 영양이나 번식이 가능한 상태를 제공하지 않기 때문이다. 양배추는 해충의 피해를 입지 않았다. 유기 농부라면 원인을 찾아볼 것이고 화학비료에 의지하는 농부라면 증상을 발견하고 그저 농약을 칠 것이다.[28]

증상이 아닌 원인을 제거하는 것은 중요하지만 말처럼 쉽지 않다. 원인을 규명하기 위해서는 근본적인 문제가 무엇인지 찾아봐야 한다. 즉 특정한 세계관이 필요하다는 뜻이다.

자연이 가장 잘 안다는 믿음이 세계관의 일부라면 도움이 될 것이다. 식물이 해충의 습격으로 힘들어하고 있는 것은 자연이 부족해서가 아니다. 우리가 잘 돌보지 못했기 때문이다. 토양의 영양 균형이 깨져서일 수도 있고 작물을 제대로 순환시키지 않았거나 재배하고 있는 품종이 그 지역에 적절하지 않기 때문일 수도 있으며 그 밖의 수많은 다른 이유 때문일 수도 있다. 우리가 할 일은 그 이유를 찾아내는 것이다. 화학 농부들은 문제를 그저 눈앞에서 밀어내 버릴 수 있기 때문에 그다지 신경을 쓰지 않는 경향이 있다.

울타리 보수

할머니 앤은 잡초나 식물의 건강에 대해 아무 말씀도 하지 않으셨다. 아마 잘 모르셨을 것이다. 하지만 봄마다 블루 힐 농장에서 풀을 뜯는 소 떼의 주인 미첼 씨와 커피를 마시면서 미첼 씨한테 늘 같은 말을 들었다. "스트라우스 부인, 우리 소들이 부인 농장에 오기 전에는 도통 잘 먹지 않아요. 그런데 여기 풀이 좋은지 여기만 와서 풀을 뜯으면 바로 살이 올라요." '바로 살이 오른다'는 말을 들을 때마다 앤은 마치 거대한 아이스크림을 들고 있는 아이처럼 좋아했다. 앤은 풀의 건강 상태나 효용에 대해 아무것도 몰랐지만 블루 힐 농장의 풀을 자랑스러워했다.

미첼 씨의 칭찬은 나처럼 감수성이 예민한 아이에게도 효과가 좋았다. 블루 힐 농장이 세상에서 가장 특별한 곳이라는 건 알고 있었지만 이제 그에 대한 증거까지 확보한 셈이었으니까. 결국 자랑 같은 건 하지 않았지만(누가 신경이나 쓴다고?) 자랑해도 될 권리가 주어졌던 것이다.(소가 살이 오른다지 않는가?)

그런데 농장에 변화가 생겼다. 그 당시 나는 그 변화를 거의 눈치 채지 못했다. 소 떼가 울타리를 따라 줄지어 서서 울타리 주변의 풀을 뜯으려고 하기 시작한 것이다. 소들은 울타리 밑으로 목을 길게 빼고 잘 닿지 않는 풀을 무리해서 뜯으려고 했다. 가시 철조망도 넘으려고 덤볐다. 곧 소들이 울타리를 밀어붙여 우리 땅을 돌아다니기 시작했다. 정원까지 내려와 잔디밭을 헤집고 다녔다. 8월 즈음에는 일주일에 두세 번씩이나 그랬다. 나는 앤이 창문으로 허둥지둥 달려가 "오, 이런, 세상에!"라고 외치는 소리에 잠에서 깨곤 했다.(소들이 벌써 아끼는 꽃밭에 들어와 있으면 앤은 "오, 이런, 제기랄!"이라고 외쳤다.) 거기까지 애써 내려온 소들은 만족스러워 보였다. 앤은 불같이 화를 냈다.

늦은 아침이 되면 미첼 씨의 두 아들 로버트와 데일이 와서 소들을 초원으로 다시 몰고 갔다. 그리고 나면 우리는 몇 시간 동안 형들 말대로 '울타리 보수'를 했다. 울타리를 따라 걸으며 소들이 넘어뜨릴 수 있을 약한 부분을 찾아내 수리하는 것이다. 앤의 분노도 누그러뜨리고 소도 못 오게 하는 의미 있는 작업 같았지만 여름이 끝날 즈음에는 전혀 쓸모없는 짓이라는 것이 명확해졌다. 베를린 장벽을 세우지 않는 한 소를 초원에만 묶어둘 방법이 전혀 없었다.

할머니가 돌아가시고도 한참이 지난 후에 토양과 동물, 그리고 인간의 건강이 어떤 관계가 있는지 연구했던 프랑스의 생화학자 앙드레 부아쟁의 글을 읽었다. 18세기 프랑스의 한 시골에 자기 땅이 없어 길가의 풀을 먹여 소를 키운 한 여성이 있었다. 그녀의 소는 초원에서 풀을 뜯는 다른 소보다 훨씬 더 많은 양의 우유를 만들어냈다. 그래서 한 농부가 그 여성의 소를 큰돈을 주고 구입했는데 초원으로 데려갔더니 우유가 그만큼 나오지 않았다. 소의 품종이 좋다고 생각해서 구입했지만 사실 그 소를 다르게 만든 것은 누구나 뜯을 수 있는 길가의 풀이었다. 제대로 관리되지 못하는 초원의 풀보다 길가에 있는 다양한 풀이 소의 영양학적 요구를 더 충족시켜 준 것이다.

어쩌면 블루 힐 농장의 소도 우리에게 비슷한 말을 했던 것인지 모른다. 우리 풀이 좋다던 미첼 씨의 칭찬 역시 진심이 아니라 앤의 환심을 사서 소가 자유롭게 풀을 뜯을 수 있길 바랐던 선의의 거짓말이었는지도 모른다. 아니면 초원의 건강 상태가 시간이 흐르면서 실제로 나빠졌던 것일 수도 있다. 어느 쪽이든 소가 우리에게 '신호'를 주었지만 우리는 그 신호가 무슨 뜻인지 생각해보지 않고 울타리만 고쳤다. 문제의 증상(엉성한 울타리)을 해결하는 것이 근본 원인(배가 고픈 소)을 해결하는 것보다 훨씬 더 쉬웠기 때문이었다.

토양의 언어

클라스는 잡초 관리에 관한 라데마허의 지혜를 제대로 이해해 어떤 농부도 완수할 수 없는, 잡초를 없애야 한다는 일생일대의 목표를 버렸다. 그리고 식물을 튼튼하게 만들기 위해 서로 관련 있는 여러 가지 전략에 착수했다.

"농사는 분야별로 딱딱 나눠질 수 있는 게 아니에요." 클라스가 말했다. "토양의 비옥함 따로, 작물 순환 따로, 잡초 제거 따로…… 그렇게는 아무리 해도 효과가 없어요. 모든 선택의 기준은 식물의 건강이 되어야 해요." 식물의 상태가 좋으면 잡초는 살아남을 수 없다. 그것이 클라스의 생각이었다. 식물을 넘볼 수 없는 잡초도 과연 잡초라고 할 수 있겠는가?

클라스와 다른 밭으로 갔다. 고대부터 재배해온 품종으로 지금 클라스의 농장에서 가장 수익성 좋은 스펠트 밀이 자라고 있는 밭이었다. 나는 스펠트 밀을 어떻게 재배하는지 알고 싶었지만 클라스는 여전히 잡초 생각뿐이었다.

"시간이 지나면 흐름이 보여요. 어떤 풀이 자란다거나 어떤 풀이 시든다거나 하는 흐름이 보이면 그건 흙이 말을 거는 거예요. 유치하게 들릴지도 모르지만 흙도 언어가 있어요. 어떤 잡초가 자라고 어떤 잡초가 자라지 않는지, 뭐가 강하고 뭐가 약한지도 흙이 하는 말의 일부죠. 흙의 언어를 배워야 해요. 그래야 잡초가 하는 말을 알아들을 수 있어요."

어떤 잡초가 무성한지는 흙에 무엇이 필요한지에 따라 달라진다. 치커리나 야생 당근은 흙에 양분이 부족하다는 뜻이다. 토양에 영양분을 계속 공급하지 않고 수확만 할 때 전형적으로 나타나는 문제다. 밀크위드는 토양에 아연이 부족하다는 뜻이며, 산마늘은 황이 부족하다는 뜻이다. 강아지풀은 물이 제대로 정화되지 않는 흙에서 잘 자라고 엉겅퀴는 흙이 너무 빽빽해 싹을 틔우기 위해 필요한 공기가 제대로 순환되지 못할 때 잘 자란다.

클라스의 말대로라면 토양은 자신의 뜻을 꽤나 명확하게 전달하는 셈이다. 어쩌면 사람보다 더 확실하게 전달하는지도 모른다. 돌려 말하지도 않고, 배가 고프거나 화가 났을 때도 소극적이거나 공격적이지 않다. 필요한 것이 '무엇'인지 정확하게 드러낸다. 무엇이 '얼마나' 필요한지는 토양의 특성과 위치에 달려 있다. 클라스는 그와 같은 다양한 변수를 계산하며 토양의 요구를 만족시키는 작업을 단계별로 수행했다.

그렇다고 토양이 욕심 많다는 뜻은 아니다. 화학비료를 너무 많이 뿌리면 토양은 쉽게 상하기도 한다. 나는 엘리엇 콜먼에게서 그 교훈을 배웠다. 토양의 건강은 해충과도 관련이 있기 때문이다. 영양이 넘치면 토양은 과다하게 비옥해져 균형을 잃는다. 결국 해충이 균형이 깨져 약해진 부위를 공격한다.

"작물은 술을 너무 많이 마셔 길거리에 나앉은 노숙인을 닮아가기 시작한다"고 엘리엇은 언젠가 말했다. "그가 천천히 다가오면 뭔가 이상하다는 느낌이 들지만 그 시점에서 우리가 문제를 해결할 수는 없다. 작물도 해충의 공격을 받기 전까지 꼭 집어 이야기할 수는 없지만 뭔가 이상한 상태가 되어간다."

클라스도 그럴듯한 비유라며 이렇게 말했다. "농사에서 가장 배우기 힘든 교훈 중 하나가 바로 좋은 게 너무 많아도 좋지 않다는 겁니다." 토양이 비옥해지면 성장이 얼마나 촉진되는지 눈으로 확인한 농부는 종종 보험 삼아 비료를 과하게 주고 싶어한다. 하지만 그 결과는 참담할 수 있다. 소규모 농부들이 대부분 두려워하는 별꽃아재비속은 탄소가 부족한 땅에서 자란다. 과도한 영양에 취했다가 다시 균형을 찾아야 하는 땅이다. 토양은 그런 식으로 넘쳐나는 영양의 균형을 맞추기 위해 싸운다.

나는 클라스에게 별꽃아재비속을 발견하면 곧 전쟁을 선포하고 이를 없애기 위해 모든 풀을, 심지어 콩과 당근까지 전부 갈아엎어 버린다고 했던 한 농부 이야기를 들려주었다. 그 말을 듣고 클라스는 분명 비료를 너무 많이 뿌렸을 거라고, 그리고 유기 농사를 짓는 사람은 아닐 거라고 정확히 짚어 말했다.

"소규모 농장에서는 계속 뽑아주거나 농약을 뿌려 잡초나 해충 문제를 해결하게 되죠." 클라스가 말했다.

클라스의 곡물 밭 같은 대규모 농장에서 손으로 잡초를 제거한다는 것은 불가능하다. 그렇기 때문에 잡초 관리는 (농약을 뿌리는 방법 말고는) 곧 토양의 말을 듣고 식물의 건강 상태를 유지시키는 방식으로 해야 한다. 농장이 커져서 온갖 풀을 구별하고 그들이 토양의 상태에 대해 어떤 신호를 보내고 있는지 알아차릴 수 없다면 농사를 제대로 지을 수 없다. 적어도 올바른 척도로는 말이다. 선택에 의해서든 메노파 교인처럼 강철 타이어에 대한 규칙을 정해서든, 눈에 보이는 것에만 집중하는 것이 꼭 그렇게 낡은 사고방식만은 아니다.

어저귀 사건

그렇다면 좋은 밀은 어떻게 기를 수 있을까?

나는 내가 그 방법을 배우고 있는 거라고 생각했다. 하지만 확신할 수 없었다. 6월의 바로 그날 늦은 오후까지 클라스와 두 군데의 밭을 돌아보며 나눈 이야기는 전부 (내가 그때까지 잡초라고 알고 있었던) 들풀에 관한 이야기였기 때문이다. 내가 간단한 셈에서 헤매고 있을 때 클라스 같은 농부는 미적분을 풀고 있는 느낌이었다. 클라스는 질문에 답하기보다는 연관 관계를 찾으며 하루를 보냈다. 델포이 신전에서 신탁을 듣는 것보다 그의 의견을 구하는 것이 훨씬 나을 것 같았다.

마침내 나는 수익성 좋은 또 다른 작물인 콩밭을 걷다가 그 답을 찾았다. 클라스는 어디에나 있어 보이는, 그리고 초보자인 내 눈에는 주변의 콩만큼 건강해 보이는 잎이 넓은 초록 식물을 가리켰다. 어저귀라고 그가 말했다. 그는 잎 하나를 뒤집어보더니 활짝 웃었다. 잎 아래쪽은 조그만 해충으로 뒤덮여 있었다. 몇 백 마리는 되어 보였다. 어쩌면 몇 천 마리였을지도 모른다. 그 잎 하나에! 클라스는 해충이 득실한 또 다른 잎을 뒤집어보고 또 뒤집어보았다. 이랑을 따라 걸으며 그는 카드를 보여주는 마술사처럼 계속 잎을 뒤집어 내게 보여주었다.

"이게 바로 제가 이룬 성공입니다." 그가 말했다.

어저귀가 해로운 풀이고 (맞다, 정말 잡초다) 작은 벌레가 가루이라는 골치 아픈 해충이라는 사실에 클라스는 성가셔하기는커녕 기뻐 날뛰고 싶어하는 것 같았다. 그렇게 만족스러워하고 좋아하는 클라스의 모습은 처음이었다.

왜 무성한 밭 한가운데 해충과 잡초가 득실거리게 되었을까? 클라스는 또 다른 토양과학자로부터 그 해답을 얻었다. "유기 농법을 시작했을 때 윌리엄 알브레히트 박사의 글을 읽기 시작했어요. 왜 가끔 어떤 글을 읽고 바로 생각이 완전히 뒤바뀌는 때가 있잖아요? 알브레히트 박사의 글이 그랬어요. 그는 '보고 있는 것을 보라'고 말했어요. 그 구절이 참 마음에 들어요. 생각해보세요. 편견 없이 자세히 관찰하라는 말이잖아요. 사실 우리는 진짜로 보지 않을 때가 훨씬 많죠."

클라스는 해충으로 뒤덮인 어저귀 잎을 꺾어 손에 들었다. "어저귀가 무성하고 가루이가 몰려들었다는 건 좋은 뜻이에요. 사실 엄청난 성공이라고 할 수 있죠. 하지만 보는 것을 진짜로 볼 수 있어야만 이해할 수 있을 겁니다."

—~~—

오랫동안 미주리대 토양학과 학과장을 지냈던 알브레히트는 1888년 일리노이 주 중심부의 한 농장에서 태어났다. 알브레히트는 몇 년 동안 대학에서 라틴어를 가르치다가 다시 일리노이대에서 생물학과 농학을 공부했다. 농부들이 주변의 대초원을 갈아엎고 있을 때였다. 그는 의학을 공부해 학위를 땄지만, (엘리엇 콜먼처럼) 병을 물리치는 것이 그 원인을 탐구하는 것보다 훨씬 더 재미도 없고 효과도 덜 하다는 사실을 깨닫고 정규 의학의 길을 포기했다. 알브레히트는 원인을 파고들었다.

그는 간단한 관찰부터 시작했다. 결국 그 관찰은 그가 평생 해온 일의 토대가 되었다. 알브레히트는 옛날 블루 힐 농장에서 내가 보았던 것처럼 목을 길게 빼고 울타리 너머의 풀을 뜯으려고 하는 소들을 보았다. 그리고 마음껏 뜯어먹을 수 있는 풀이 널려 있는데 소가 왜 굳이 철조망에 다칠지도 모르는 위험을 무릅쓰는지 곰곰이 생각해보았다. (내가 어렸을 때 우리 농장 소들에 대해 한 번도 생각해보지 않았던) 그 질문을 통해 알브레히트는 '멍청하다는 동물'[29]인 소가 주는 대로만 먹는 것이 아니라 더 영양가 높은 풀을 찾기 위해 몹시 애를 쓴다는 사실을 발견했다. 소는 풀끝에 얼굴의 털을 문지르며 다음에 어떤 풀을 뜯을지 결정했다. 털은 풀의 영양가를 예민하게 알아채는 안테나였고 소는 간단한 계산을 했다. 저 풀이 에너지를 소비해 뜯어먹을 만큼 영양가가 높은가? 물론 늘 그런 것은 아니었다.

알브레히트는 까다롭게 가려먹는 소의 선택 기준은 특정한 풀에서 얻을 수 있을지도 모르는 무기질이라고 생각했다. 다시 말하면 화학성분이 소의 선호도를 좌우할지도 모른다는 뜻이었다. 알브레히트는 소가 보통 '좋은 풀'이 자란다는 풀밭을 지나[30] 탄산칼슘, 마그네슘, 인산염이 풍부한 열일곱 가지 서로 다른 잡초를 뜯는 모습을 보았다. 소가 그 잡초를 놔두고 다른 풀밭에서 풀을 뜯는 건 에너지 낭비라고 생각하는 것도 무리는 아니었다.

"소는 다양한 이름이나 면적당 수확량이나 보기 좋게 잘 자란 모습으로 뜯어 먹을 풀을 구분하지 않는다"[31]고 그는 말했다. 하지만 소는 어떤 생화학자보다 능숙하게 풀의 진짜 가치를 잘 판단했다. 알브레히트는 육안으로만은 건강한 풀을 가려낼 수 없다는 조심스러운 결론에 도달했다. 정말로 자세히 '봐야' 했다. 그리고 이를 위해서는 깊이 있는 이해가 필요했다.

"알브레히트는 그 답을 찾기 위해 화학을 공부했어요." 클라스가 말했다. "그리고 토양의 건강과 해충과 잡초의 직접적인 상관관계를 밝혔죠. 토양에 어떤 영양소가 부족한지, 그리고 더 대단하게는 토양에서 어떤 영양소의 균형이 깨져 있는지 측정해서요. 그는 늘 이렇게 말했어요. '토양을 보살펴라. 그러면 토양이 식물을 보살필 것이다.' 그리고 그 전체를 측정하고 반복할 수 있는 과정으로 여겼어요."

어쩌면 소가 사람보다 더 똑똑하거나 더 미식가인지도 모른다.

어저귀 박멸 작전

"그때 밭은 완전히 엉망이었습니다." 여전히 어저귀 잎을 든 채 클라스가 말했다. 클라스와 메리하월은 1994년 한 농부가 좌절해 포기한 바로 옆의 땅을 빌렸다. 원래 주인이 쟁기질을 '너무 많이' 했다고 클라스가 설명했다. 상층토가 거의 없어 하층토가 드러나 있던 곳도 몇 군데 있었다.

"꼭 미제 사건을 해결하는 과학수사연구소 같았어요." 클라스가 말했다. "전 주인이 쓸모없는 땅이라며 제대로 된 농사는 지을 수 없을 거라고 말했어요. 자세히 살펴보니 그 말이 맞는 것 같더라고요. 잡초 천지였어요. 어저귀는 이만큼 컸고요." 클라스는 손을 머리 위로 높이 들어올렸다. "나무처럼 3.6미터까지 자란 놈도 있었으니까요. 뿌리 조직도 나무처럼 굵고 튼튼해서 손으로는 뽑아낼 수도 없었어요."

첫해 여름, 자세히 보아야 한다는 알브레히트의 조언대로 클라스는 땅을 거닐며 자세히 관찰했다. 그리고 척박한 땅에 서로 다른 작물을 연달아 심어 땅의 생식력을 회복시키기로 했다.

30여 년이 넘는 기간 전 주인은 옥수수만 심었다. "그의 옥수수 농사가 잘 안 되기 시작했던 때가 기억나요." 클라스가 말했다. 옥수수는 더 작아졌고 클라스는 당도도 떨어졌을 거라고 생각했다. "알브레히트는 늘 말했어요. 땅의 비옥함이 사라지면 가장 먼저 재배하는 작물의 질로 드러난다고."

"상태가 안 좋아지는 게 맛으로 드러난다고요?" 내가 물었다.

"맞아요. 가능해요. 수확이 줄어들기 전에, 잡초와 해충이 나타나기 전에 맛으로 알 수 있어요. 불행의 전조죠." 전 주인이 사료용 옥수수를 길렀다는 점을 고려해볼 때 맛이 좋아야 한다는 클라스의 말이 약간은 과장되었을지도 모른다고 생각했다. 하지만 또 우리가 소고기를 먹는다면 그 소가 더 맛있는 사료를 먹길 바랄 수도 있지 않겠냐는 생각이 들었다. 그것이 바로 알브레히트가 하고 싶었던 말이었다.

클라스는 가장 먼저 스펠트 밀을 심었다. 하지만 그가 심으려고 했던 것은 꼭 스펠트가 아니었다. 1990년대 중반에는 스펠트 밀을 내다 팔 시장도 변변치 않았으니까. 클라스는 스펠트 밀을 심어 클로버가 자랄 수 있는 환경을 만들려고 했다. 스펠트는 토양을 다지는데 최고의 작물이었다. 길고 넓게 뻗은 뿌리 조직이 땅속 깊이 들어가 토양이 숨을 쉴 수 있는 공기층을 만들면 클라스 말대로 '토양 청소'를 시작하기 때문이다. 그리고 나중에 땅에 묻을 줄기와 잎은 풍부한 탄소를 제공한다.

이른 봄, 클라스는 이제 막 땅을 뚫고 올라오기 시작하는 스펠트 사이에 클로버를 심었다. 클로버는 질소 '흡수'에 뛰어난 능력을 발휘한다. 클로버는 공기 중의 풍부한 질소를 흡수해 이를 뿌리에 저장한다. 또한 토양에 당분과 단백질, 무기질을 제공하고 지렁이를 불러 모아 토양이 더 잘 숨을 쉴 수 있게 만든다. 그 모든 과정이 원래 땅 주인의 화학 농법에서는 빠져 있었다. 합성 비료에도 질소가 포함되어 있어 옥수수가 빨리 자랄 수 있었지만 토양 자체는 무시되었다. 결국 토양은 한 번도 수확의 덕을 보지 못했다. 클라스에 따르면 이는 "집을 따뜻하게 하기 위해 해마다 집을 태우는 꼴"이었다.

나중에 클라스는 화학 질소보다 클로버가 흡수하는 질소가 더 낫다고 말해주었다. 탄소가 질소를 안정된 형태로 보존하기 때문이다. "탄소가 없으면, 그리고 토양에 미생물의 활동이 없으면 질소를 붙잡아놓을 수 없어요." 클라스가 설명했다. "순식간에 빠져나가버리죠."

그는 돌아 서서 세니커 호수를 가리켰다. 우리가 서 있던 곳에서 1.6킬로미터도 안 되는 거리였다. 그림처럼 평화로운 풍경이었지만 클라스는 나 혼자였다면 몰랐을 사실을 알려주었다. "옛날에 세니커 호수는 너무 맑아 꼭 유리잔에 담긴 물 같았어요. 하지만 그렇게 토양에서 빠져나간 질소가 오랫동안 쌓여 탁해진 거예요. 펜 얀의 토양이 비옥한 상태를 유지하지 못해 질소가 저렇게 멋진 호수를 오염시키고 있는 거죠."

봄 날씨가 따뜻해지기 시작하면서 스펠트와 클로버는 부지런히 자랐다. 먼저 나온 스펠트 싹이 클로버보다 더 웃자라 곧 수확할 수 있게 되었다.(그 반대였다면 우리는 클로버를 해로운 잡초라고 불렀을 것이다. 그것이 바로 클라스가 '잡초'라는 말을 인간이 멋대로 붙인 말이라고 했던 이유다.) 햇볕과 영양분을 가지고 다툴 스펠트가 사라지자 클로버가 번창하기 시작했다.

"그 시점에서 선택을 해야 했습니다." 클라스가 말했다. "소가 있었다면 클로버를 뜯어먹게 했을 겁니다. 클로버가 풍성한 밭에 있는 모습을 본 적이 있나요? 얼마나 아름다운지 몰라요. 되새김동물한테 완벽한 영양분이죠. 더 좋은 점은 토양에 거름이 뿌려지기 때문에 무기질 손실도 전혀 없다는 겁니다." 클라스의 소 떼가 열심히 풀을 뜯고 있는 모습을 상상해보았지만, 클라스는 소도, 다른 가축도 전혀 키우지 않는다는 사실이 곧 떠올랐다.

"아내가 가축은 절대 안 된다고 했어요." 클라스는 이렇게 말하고 재빨리 다음과 같은 말을 덧붙였다. "물론 탓하는 건 아닙니다만."

하지만 클라스와 메리하월은 토양 생물을 가축으로 여겼다. "그러니까 우리도 가축을 기르는 셈이에요. 얼마나 많은지 몰라요. 다만 작을 뿐이죠." 메리하월도 언젠가 내게 말했다. "하지만 큰 가축에게 들이는 정성과 노력으로 돌봐야 하는 건 마찬가지에요. 그러니까 먹여 살려야 한다는 말이죠."

클라스는 클로버를 파묻었다. 스펠트를 수확하고 남은 줄기도 짚으로 팔지 않고 함께 묻었다. 클로버의 질소가 토양으로 스며들었고 짚도 계획했던 대로 탄소를 공급했다. 그 모든 과정이 토양의 '아주 작은' 가축들에게 풍부한 식단을 제공했다. 병든 땅이 살아나기 시작했다.

—ɯ—

클라스는 다시 알브레히트의 도움을 받아 토질 시험을 했다. "여기서부터 이야기가 재밌어집니다." 그가 말했다.

"재밌는" 이야기라는 말은 화학을 전공하지 않은 사람에게는 복잡한 이야기라는 뜻이다. 토질 시험은 알브레히트가 그 분야에 남긴 수많은 업적 중 하나로 토양의 무기질 농도를 측정하는 것이었다. 질소, 인, 칼륨, 칼슘, 마그네슘, 황을 지칭하는 다량 영양소는 물론 아주 적은 양만 필요한 구리, 철분, 망간 등의 미량 영양소도 측정한다. 전부 건강한 식물을 위해, 그리고 맛있는 음식을 위해 꼭 필요한 요소들이다.

토질 검사 결과는 놀라웠다. 질소 수치가 완전히 회복되었다. 그래서 클라스는 옥수수를 심기로 했다. "더 기다릴 생각이었는데……" 클라스가 설명했다. "토질 검사 결과가 괜찮아서요. 돈도 벌어야 했고. 게다가 유기농 옥수수는 비싼 가격에 팔 수 있으니 한번 해보기로 했어요." 여전히 어저귀가 자라고 있었지만 옥수수도 잘 자랐고 당도도 다른 밭에서 재배한 옥수수보다 크게 떨어지지 않았다. 해볼 만한 도박이었던 셈이다.

그렇다면 그다음에는? 대부분의 농부는 옥수수가 성공하면 다음에 콩을 심거나 운이 좋다고 생각한다면 옥수수를 한 번 더 심을 것이다. 즉 토양이 허락하는 한 가장 많은 수익을 올릴 수 있는 작물을 심는 것이다.

"그다음에 황 겨자를 심었어요." 클라스가 말했다. 그리고 고개를 뒤로 젖히며 짓궂게 웃었다. 그런데 내 표정에 변화가 없자 약간 당황한 것 같았다. 황 겨자를 심는 것이 어처구니없는 일이라는 걸 알았다면 나는 이렇게 외쳤을 것이다. "세상에, 클라스! 이미 잡초 천지인 밭에 또 잡초를 심는다고?" 실제로 클라스에게 펜 얀의 한 이웃이 한 말이기도 했다. 왜 돈도 안 되는 잡초를 심는지 그들은 이해할 수 없었다.

답은 알브레히트의 토질 검사에서 나왔다. 검사 결과 다량 영양소 중 하나인 황이 부족했다. 황은 식물에 비타민을 공급하는 필수 요소이자 뿌리의 성장에 중요한 역할을 한다. 사실 토질 검사 결과는 클라스가 이미 알고 있던 사실을 입증하는 것뿐이었다. 밭은 황 겨자로 가득 차 있었고 클라스는 밭에 황이 부족하면 황 겨자가 자란다는 말을 나이 많은 농부들에게 지겹도록 들어왔었다.

"'보고 있는 것을 잘 봐야' 하는 전형적인 경우였어요." 클라스가 말했다. "토질 검사에서 황이 부족하다는 결과가 나오고 나서야 왜 황 겨자가 자랐는지 알았으니까요. 황 겨자는 황을 공급해달라고 요구하는 시민단체였던 겁니다."

엘리엇 콜먼은 훌륭한 유기 농부를 노련한 암벽 등반가에 비유했다.[32] 둘 다 "바로 전 움직임보다 더 우아하고 더 단순한 방법을 찾으려고 노력합니다." 처음에는 그 비유가 약간 부적절하다고 느껴졌다. 암벽 등반가가 우아하지 않은 한 발을 내딛으면 큰 사고가 날 수 있지만 유기 농부가 작물 순환 결정을 잘못한다 해도 밭에 황 겨자가 조금 자라기밖에 더 하겠는가. 하지만 실수가 쌓이면 농부가 얻는 결과도 재앙이 될 수 있다. 훨씬 더 맛없는 작물을 수확하는 것도 그 재앙의 일부다.

바로 여기서 중요한 문제가 발생한다. 어떤 작물을 심어도 별 문제가 없다고 농부가 믿게 되면, 즉 바위 위에서의 '다음 한 걸음'이 별로 중요하지 않다고 믿게 되면 수익성 좋은 작물을 포기하고 황 겨자를 심을 생각은 전혀 할 수 없게 된다는 것이다.

클라스는 황 겨자를 갈아엎어 황이 최대한 효과를 발휘하게 했다. 하지만 질소 수치도 회복해야 했다. "그 시점에서 질소를 위해 콩을 심을 수도 있었죠. 어쨌든 콩과 식물이 질소를 흡수하니까. 하지만 솔직히 말하자면……" 그는 주변 작물의 기분이 상할까 걱정하듯 내게 다가와 말했다. "콩은 좀 게으르잖아요. 수익성은 좋은데 게을러요. 그래서 더 수익성 좋은 작물을 심었어요. 바로 강낭콩이죠. 통조림용으로 최고가를 받았어요. 큰돈은 아니었지만 무슨 상관이에요. 안 그래요? 다음 작물을 위해 질소를 저장해놓은 셈이니까."

강낭콩 다음에는 다시 옥수수를 심는 게 자연스러웠을 것이다. "하지만 밀을 심었어요." 클라스가 그 말을 하고 돌아서기 전에 나는 그의 함박웃음을 봤다. "실제로 사람이 먹을 수 있는 작물을 심는 데 너무 오래 기다리기는 싫었거든요. 다시 옥수수를 심는 것도 완전히 가능했어요. 질소가 충분했으니까. 하지만 결국 내가 키운 작물을 사람들이 먹는 모습을 보고 싶었어요."

식용 작물보다 사료용 작물의 수익성이 더 높은 것도 시장의 문제라고 클라스는 말했다. 그 전에도 내게 몇 번씩 하던 말이었다. "사료용 옥수수를 많이 심을수록 내가 (소와 양 같은) 초식 동물에게 곡식을 먹이는 구조를 장려하는 셈이잖아요." 그는 잠시 생각에 잠겼다가 말을 이었다. "그 생각만 하면 소화가 잘 안 돼요."

그렇다면 이제 문제는 어떤 밀을 심을 것인가이다. 현대의 밀은 스펠트 밀처럼 땅을 복원시키기보다는 착취해 땅에 무리가 많이 간다. 그래서 클라스는 고민을 많이 했다. "새로운 품종이 확실히 수익성은 더 좋아요. 하지만 대가도 분명 있죠. 제대로 계산하려면 땅이라는 은행에서 무엇을 인출해 쓸 것인지까지 고려해야 해요." 클라스는 에머 밀을 선택했다. 한때 미국 동북부 전역에서 재배되던 고대 품종이었다. 거대한 뿌리 조직으로 유명한 에머 밀은 거름을 많이 주지 않아도 충분한 수확을 보장했다.

에머 밀을 수확하자마자 클라스는 어저귀의 변화를 알아챌 수 있었다. "아직 많이 남아 있었지만 예전만큼 크게 자라지는 않았어요. 건강해 보이지도 않았고요. 환경이 변한 겁니다."

클라스의 어저귀 실험에 대해 들은 한 무리의 농학자들이 연구를 위해 그의 농장을 방문했다. "그들은 매주 와서 어저귀의 상태가 나빠지는 이유가 탄저병이라고 결론짓고 갔어요." 클라스가 말했다. "하지만 탄저병은 유기 농장에서 그 어떤 것도 죽이지 않아요. 균을 연구하는 사람들이라 그랬는지 그냥 그렇게 믿고 싶었던 것 같아요. 곰팡이 전문가에게 어저귀는 곰팡이의 공격 때문에 죽은 거죠." 클라스가 웃었다. "결국 그들이 옳았어요. 어저귀가 진짜 탄저병에 걸렸으니까요. 하지만 틀린 점도 있어요. 직접적인 사인은 탄저병이 아니었어요. 가루이가 있었잖아요. 가루이는 전혀 고려하지 못했어요." 클라스는 내가 잘 볼 수 있도록 한 번 더 잎을 뒤집어 보여주었다. 가루이를 놓친다는 건 불가능해 보였다.

"맞아요. 어느 날 갑자기 보니까 어저귀가 시들고 병들어 있었어요. 어쩌다 곰팡이 바이러스에 걸린 건강한 식물이 아니라요. 그때 깨달았어요. '보고 있는 것을 보라'는 알브레히트의 말을요. 갑자기

가루이가 눈에 들어오기 시작했죠. 가루이는 가장 튼튼하지 못한 식물을 공격하는 자연의 청소부에요."

나는 (클라스가 가장 최근에 심은) 콩 줄기를 보았다. 콩 줄기는 어저귀보다 약 8센티미터 정도밖에 더 크지 않았다. 하지만 가루이가 한 마리도 없었다. 토양의 상태가 엄청나게 변해 한때 3.6미터까지 자라고 두꺼운 뿌리가 1.6킬로미터나 뻗어 있던 어저귀가 약해지고 콩이 공격에서 살아남을 수 있는 우세한 종이 되었다. 어저귀는 말 그대로 숨도 못 쉬며 시들어가고 있었다.

5장
토양마다 개성도 다르다

왜 요리사가 농부의 잡초와 해충 관리에 신경을 써야 하는가? 제초제와 살충제를 통한 문제 해결이 환경에 엄청난 해를 끼치기 때문이라면 물론 맞는 말이다. 그리고 요리사는 음식을 준비하기 때문에, 말하자면 변호사나 회계사보다 농사와 더 가까운 사람이기 때문이다. 하지만 누구나 먹는다. 즉 요리사가 변호사나 회계사보다 토양 관리를 잘못한다고 더 화를 낼 필요는 없을 거라는 뜻일 수도 있다. 건강하지 못한 토양과 그로 인한 잡초와 해충 문제, 그리고 이를 해결하기 위한 화학약품이 요리사에게 끼치는 영향이란 다른 사람에게 끼치는 영향과 비슷할 뿐이다.

하지만 과연 정말 그럴까? 클라스에게 더 많은 것을 배울수록 그와 같은 사고방식의 문제가 두드러져 보였다. 그리고 그런 문제가 요리사에게 훨씬 더 중요했다. 토양 관리와 잡초와 해충 관리가 음식의 맛을 좌우하는 결정적인 변수이기 때문이다.

과일과 채소, 고기, 그리고 곡물까지도 나쁜 토양에서 자란 재료로는 맛있는 음식을 만들기 힘들다. 내가 태어나서 처음 맛본 것 같았던 에이트 로 플린트 옥수수 폴렌타처럼 '정말' 맛있는 음식 말이다. 토양이 제대로 기능하지 못하면 훌륭한 요리란 존재할 수 없다. 불행한 일이 아닐 수 없다. 미국 토양의 역사 또한 밀의 역사와 마찬가지로 또 다른 쇠락과 죽음에 대한 이야기이기 때문이다.

토양의 아주 간략한 역사

흙은 살아 있다.[33] 추상적인 개념만으로 살아 있는 것은 아니다. 흙은 숨을 들이쉬고 내쉬고 생식력을 발휘하며 소화하고 끊임없이 온도가 변한다. 잘 자라고 있는 토양 유기체는 사람처럼 숨을 쉰다. 산소를 들이마시고 이산화탄소를 내뿜는다. 그런 의미에서 넓게 펼쳐진 초원은 경기가 끝나가는, 흥분한 관중으로 가득 찬 축구 경기장과 마찬가지다.

그리고 우리 몸처럼 흙에도 수많은 미세한 생명체가 살고 있다. 흙은 박테리아, 미생물, 세균, 벌레, 유충, 곤충, 괄태충 등이 함께 사는 복잡한 유기체다. 내가 클라스의 농장을 처음 방문했을 때 그는 무릎을 꿇고 흙을 한 줌 들어 올리며 이렇게 말했다. "바로 여기에, 이 흙 안에 펜 얀의 인구보다 더 많은 생명이 살고 있어요! 전부 먹여 살리기에는 조금 많죠." 나는 놀란 것처럼 보이려고 눈썹을 추켜올려 보았지만 별 효과는 없었다. 하지만 클라스의 말은 결코 과장이 아니었다. 흙에 사는 생명체의 수는 그보다 훨씬 더 많다. 티스푼 하나만큼의 양질의 흙에는 100만 이상의 생명체가 살고 있다고 전해지는데, 오늘날 과학자들은 그 수조차도 몹시 보수적이라며 10억은 훨씬 넘을 거라고 생각한다. 흙은 그야말로 살아 꿈틀대는 생명체다.

클라스가 집어 든 한 줌의 흙에는 1만 종이 넘는 미생물이 살고 있었을 것이다. 개별 생명체가 아니라 '종'이다. 모든 종은 공격적으로 서식지를 자신에게 맞춰간다. 하지만 동시에 다른 생명체와, 그리고 주변 생태계와 너무 깊이 연결되어 있기 때문에 그들을 현미경 아래 놓고 개별적으로 연구한다는 것은 아주 최근까지도 불가능에 가까웠다. 그들은 이웃이 없으면 살아남지 못했다.

흙마다 개성도 다르다. 흙은 필요한 것을 얻기 위해 환경을 조정한다.(잡초를 생각해보라.) 그리고 클라스에 따르면 흙은 우리에게 말을 건다. 다만 우리가 이해하지 못할 뿐이다. 콜린 터지는 『나무The Tree』라는 책에서 복잡한 구조 안에서 끝없이 스스로 재생 가능한 살아 있는 조직인 나무를 '하나의 존재가 아닌 하나의 공연'[34]이라고 묘사했다. 흙도 마찬가지다. 음식의 맛은 토양의 건강에 달려 있으며 토양의 건강은 그 안에 얼마나 많은 생명체가 살고 있는지에 달려 있다는 사실을 알고 나니, 그 공연이 어떻게 진행되는지 대충이라도 알고 싶었다.

—ɯ—

흙은 자신을 보호한다. 한 구역이라도 비어 있으면 즉시 식물과 잡초의 초록 카펫을 깔아 비바람으로부터 자신을 보호한다. 인도의 갈라진 틈으로 고개를 내미는 풀의 속삭임은 콘크리트에 파묻힌 도

심의 흙조차도 그와 같은 보호를 갈망하고 있다는 증거다.

식물이 자라면서 뿌리는 땅속으로 뻗는다. 결국 뿌리는 분해되어 흙이 된다.(죽은 식물의 잔해도 마찬가지다.) 식물의 잔해가 유기 물질로 전환되는 그 마법 같은 과정은 지렁이와 벌레부터 흙의 최하 계급인 박테리아까지 토양의 모든 유기체에 의해 이루어진다. 그렇게 만들어진 흙은 소금이 된다. 우리가 음식에 뿌리는 소금이 아니라 식물이 자라는 데 필요한 질산염과 인산염이다. 동물의 경우도 마찬가지다. 동물의 거름도 같은 과정을 겪지만 속도가 훨씬 더 빠르다. 몇 년이 아니라 몇 달이면 충분하다. 부패도 빠르고 전환도 빠르다.

복잡한 과정을 대략 설명하자면 위와 같지만, 핵심은 흙이 그 모든 과정을 통해 자신을 돌본다는 것이다.(그리고 스스로 상태를 개선한다.) 살아 있는 뿌리는 죽은 뿌리가 된다. 죽은 뿌리는 토양 유기체의 먹이가 된다. 먹히지 않은 부분은 새로 나는 풀에 영양을 공급하거나 부식되어 나중에 식물이 필요할 때 사용할 수 있는 장기 저축 예금이 된다.

그와 같은 과정에 농사가 개입되면 어떤 일이 일어날까? 균형이 깨진다. 우리는 작물을 재배하면서 토양의 생식력을 추출하고 내보낸다.(결국 먹는다.) 그래서 비슷하거나 훨씬 큰 생식력을 흙에 보충해주어야 한다. 영국의 과학자이자 유기 농업의 아버지인 앨버트 하워드 경은 이를 반환의 법칙Law of Return[35]이라고 했다. '법칙'이라는 단어는 협상의 여지가 없다는 뜻이다.(실제로도 그랬다.) 생식력이 회복되지 않으면 흙은 고통받는다. 생식력이 흙의 건강에 가장 중요한 요소이며 이는 곧 맛있는 음식에 있어서도 가장 중요한 요소라는 뜻이다.

클라스는 성공하는 회사의 예를 들며 흙의 생식력을 세 가지 부분으로 나누어 설명했다. 첫 번째는 이윤이다. 우리는 수확을 통해 이윤을 얻는다. 두 번째는 운전 자본이다. 운전 자본은 모든 사업의 엔진으로, 흙의 생식력에서는 땅에 직접 뿌리는 동물의 거름이나 퇴비다. 마지막은 회사의 장기적인 생산성 담보를 위해 은행에 예치해놓는 예비 자금이다. 흙의 경우는 부식토가 이에 해당된다. 알브레히트가 말했듯이 그 세 가지가 모든 흙의 '조직'36을 구성한다. 세 가지가 각자 제 역할을 다하지 못하면 회사는 결국 파산한다.

농부들은 설명은 못 해도 토양의 생식력에 대해 잘 알고 있었다. 그리고 동물의 거름이 없거나 법칙을 어떻게 적용해야 할지 몰라 반환의 법칙이 깨지면 처녀지로 옮겨 갔다. 처녀지는 생식력이 넘쳐 결핍에 대해 고민할 필요가 없었다. 물론 식민지 시대 농부들이 금방 깨달았던 것처럼 언젠가는 결국 결핍된다.

에번 프레이저와 앤드루 리마스는 『음식의 제국: 음식은 어떻게 문명의 흥망성쇠를 지배해왔는가Empires of Food: Feast, and the Rise and Fall of Civilizations』를 통해 역사적으로 고대 로마와 그리스, 중세 유럽 음식의 제국은 그와 같은 부주의한 자금 운용을 토대로 성공했다고 주장했다. 그들은 작물을 재배해 먼 거리를 이동시켜 늘어나는 인구를 먹여 살렸다. 하지만 토양의 생식력을 인출하기만 하고 다시 예금하지 않았다. 처음에는 문제가 없었지만 결국 토양은 생산을 멈췄다.37

화학적 접근

비옥한 토양을 위해 꼭 필요한 요소 하나는 질소다. 식물은 질소를 필요로 한다. 질소가 없으면 자라지 못한다. 질소는 두 가지 방법으로 토양에 저장될 수 있다. 첫 번째는 공기 중의 질소를 '흡수'하는 완두콩이나 강낭콩 같은 콩과 식물을 통해서다.(클라스처럼 클로버를 활용할 수도 있다.)

두 번째는 동물의 거름을 통해서다. 거름에는 (암모늄이나 유기물질의 형태로) 질소가 함유되어 있을 뿐만 아니라 다른 유용한 영양분도 많다. 역사적으로 1900년대까지만 해도 농장에서 거름의 가치는 매우 컸고, 그래서 프랑스 시골에서 결혼하려는 소녀의 지참금은 가족 농장의 거름 생산량에 의해 정해졌다.[38] 하지만 거름으로 땅을 기름지게 하는 방법에는 몇 가지 단점이 있었다. 거름에 있는 모든 질소가 흙에 유용한 것은 아니었다. 그리고 시간도 오래 걸렸다. 가축은 천천히 풀을 뜯었고 풀을 뜯는 동안에는 땅에서 아무것도 재배할 수 없었다.

1840년, 농부들은 해결 방법을 찾았다. 독일의 화학자 유스투스 폰 리비히는 『농업과 생리학에의 화학 적용Chemistry in Its Application to Agriculture and Physiology』이라는 책을 통해 영양분을 재순환시키는 대신 특정한 화학적 토양 개량제를 흙에 뿌릴 수 있다고 주장했다. 그는 식물의 성장에 꼭 필요한 토양의 생식력을 단 세 가지 영양소로 압축시켰다. 바로 질소와 인, 칼륨, 간단히 줄여 N-P-K였다.

토양의 풍부한 생식력이 단 세 가지 화학 요소만으로 해결될 수 있다는 것은 사실 말도 안 되는 생각이다. 하지만 농부들의 입장에서는 구미가 당기는 주장이었다. 거름에 있는 무기질이 비옥함을 공급한다면 왜 그 무기질만 뿌려주면 되지 않겠는가. 영양을 직접 공급하는 것이 가능할 뿐만 아니라 효율성까지 높다면 고대로부터 내려온 힘든 농업 기술은 더 이상 중요해 보이지 않았을 것이다.

데이비드 몽고메리는 『흙: 문명이 앗아간 지구의 살갗Dirt: The Erosion of Civilizations』에서 리비히의 발견은 우주에 대한 인간의 이해에 중추적 역할을 했다고 주장하며 우리가 어떻게 자연을 조종해왔는지 보여주었다.

> 이제 농부들은 흙에 적당한 화학약품을 섞은 다음 씨를 뿌리고 뒤로 물러서서 작물이 자라는 것을 지켜보기만 하면 되었다.[39] 화학약품이 식물의 성장을 촉진시킬 수 있다는 믿음이 농업을 대신하게 되었고 작물 순환이나 토양에 맞는 농업 방식의 적용과 같은 개념은 구시대의 산물이 되었다. 대규모 화학 농법이 농사의 전형이 되었다.

밀의 죽음을 야기한 요소가 무엇인지 단 하나만 찾아낼 수 없다면, 즉 밀의 죽음이 "상관없어 보이는 사건들의 작용" 때문이었다면 그에 비해 토양의 사망 원인은 확실하다. (최대한 많은 수확을 원한다는) 동기가 있었고 (토양이 점점 비옥함을 잃어간다는) 변명거리도 있었다. 그리고 (과학이라는) 수단이 있었다. 리비히의 발견은 식물의 성장에 필요한 몇 가지 요소가 건강한 토양을 위해 필요한 자연의 복잡성을 대신할 수 있다고 생각하게 해주었다.

—~—

리비히의 N-P-K 모델은 농부들의 사고방식에 대변혁을 일으켰지만 그 변화가 하룻밤 만에 일어난 것은 아니었다. 초기에는 그 가격 때문에 아무나 무기질을 구입할 수 없었다.

하지만 독일의 화학자 프리츠 하버가 그 문제를 해결했다. 1909년, 하버는 대기 중의 질소 가스를 흡수해 이를 살아 있는 생명체에게 유용한 분자로 변환시키는 데 성공했다. 그의 새로운 발견도 콩과 식물처럼 공기 중의 질소를 '흡수'했지만 고농축의 단순한 화학적 형태로 흡수해 농부들이 토양에 쉽게 뿌릴 수 있었다. 하버-보슈법Haber-Bosch process(1913년, 공장에서 대량생산을 가능하게 한 카를 보슈Carl Bosch의 공로를 인정해 하버-보슈법이라고 한다)이라고 불리는 그 과정을 통해 질소 비료를 만드는 데 필요한 원료인 액상 암모니아의 대량 생산이 가능해졌다. 제2차 세계대전이 끝날 무렵, 대량으로 전쟁 물자를 생산했던 군수 공장 일부가 화학비료 공장으로 바뀌었다. 그야말로 하룻밤 만에 바뀐 공장도 있었다.(질산암모늄은 폭발물의 핵심 원료이기도 하다.) 사람들의 관심이 갑자기 세계대전 승리에서 자연과의 전쟁 승리로 바뀐 것이다.

토양을 살해한 확실한 무기가 있다면 바로 화학비료일 것이다. 작물 성장의 자연적 한계는 당치 않은 말이 되었다. 질소가 있는 한(공기 중의 질소는 무한했다) 그리고 암모니아 공장을 경영할 에너지가 있는 한(석유 산업의 성장 덕분에 에너지도 있었다), 농부들은 더 이상 농장에 가축을 풀어놓거나 작물을 순환시킬 필요가 없었다. 갑자기 전문화가 가능해진 것을 넘어 실용화되었다.

산업화된 식품 공급 사슬의 함정에 대해 종종 글을 썼던 작가이자 기자 마이클 폴란은 단일 경작을 향한 그 가차 없는 질주를 농업의 '원죄'[40]로 바라보았다. 단일 경작은 더 많은 단일 경작을 불러온다. 효율성의 의미를 체감하면, 그리고 이를 위한 기술이 있으면 왜 소를 몰아내고 건초 만들기를 집어치우고 그저 옥수수만 키우지 않겠는가.

바로 그런 일이 일어났다. 1900년, 다양성[41]이 (적어도 어느 정도에서는) 농업 본래의 특성이었다. 98퍼센트의 농장에서 닭을 길렀고 82퍼센트의 농장에서 옥수수를 심었으며 80퍼센트가 젖소와 돼지를 길렀다. 그로부터 100년도 채 지나기 전에 닭을 기르는 농장은 4퍼센트로 떨어졌고 옥수수는 25퍼센트, 젖소는 8퍼센트, 돼지는 10퍼센트의 농장에서만 기르게 되었다. 그리고 대부분의 농장이 한 가지 주력 상품으로 집중해갔다.

합성 비료와 (점점 더 많은 질소를 흡수하도록 개량된) 새로운 품종으로 무장한 농부들은 곡물 수확에서 믿을 수 없는 결과를 목격했다. 밀 수확량이 1900년과 1960년대 사이에 최소 두 배로 뛰었다. 옥수수는 심지어 그보다 더 어마어마한 증가를 보였다. 오늘날 옥수수 밭은 훨씬 더 적어졌지만 수확량은 네 배 가까이 증가했다 (1900년의 6858만 톤에서 2012년의 2억7432만 톤으로).

단일 경작의 등장과 함께 육류 생산 또한 변화되었다. 소는 더 이상 토양의 생식력을 위해 들판을 거닐며 거름을 제공할 필요가 없어졌다. 결국 헛간에서 나갈 이유가 없어진 셈이다. 농부가 소에게 들판을 가져다주었다. 그와 같은 방식이 뿌리를 내리고 동물의 생활 반경이 제한되어가면서 단백질 생산에서 농부의 통제력이 크게 증가했다. 사료 공장, 가축 사육장, 도살장 등 육류 공급 사슬 전체가 산업화되었다.

그 시점에 자연스럽게 음식의 맛 또한 감소했다. 폴란이 언급했던 농업의 원죄, 즉 단일 경작은 취사의 측면에서도 원죄의 단초를 제공했다. 대규모 식품 가공이 가능해진 것이다. 농업의 전문화와 작물 가격 하락이 식품 가공 산업의 발전을 가져왔다. 제2차 세계대전 중에 군용 식품을 공급하기 위해 개발된 기술이 식품 가공 산업으로 이양되어 여성을 요리에서 해방시키고 요리 시간을 절약해주었다.

미국의 가공 식품 산업 발전은 보통 편리함이라는 렌즈를 통해 평가된다. 물론 필요한 일이기도 했다. 하지만 그와 같은 변화의 중심에는 하버의 발명이 있었다. 즉 농사가 자연의 구속으로부터 자유로워졌기 때문에 식품 산업이 번창할 수 있었다. 하버의 발명이 인류를 구원했다고 보는 사람도 있다. 오늘날 대략 30억 명의 인구가 인공 질소 비료의 힘을 빌려 작물을 기르고 있으며 앞으로 그 수치는 결코 줄어들지 않을 것이다.[42] 하버의 과학이 식물에 질소를 과다 공급해 농업의 화학 의존도를 심각할 정도로 높이고 그 과정에서 토양 침식, 지구 온난화, 하천과 강의 오염부터 전 세계 해양의 오염까지 오늘날 우리가 마주한 가장 골치 아픈 환경 문제들이 초래되었다고 주장하는 사람도 있다.

좋든 나쁘든 이 세상에 그보다 더 큰 영향을 끼친 과학적 발견은 찾아보기 힘들 것이다. 음식의 맛에서도 그보다 더 비참한 발견은 아마 없었을 것이다.

토양을 대변하다

모든 사람이 토양의 질을 악화시킨 공범은 아니었다. (오늘날 우리가 현대적인 농법이라고 부르는) 화학적 접근법의 문제는 처음부터 거의 명확했다. 오스트리아의 철학자이자 생명역동농법의 아버지인 루돌프 슈타이너는 1924년부터 먹을거리 재배라는 편협한 시각으로 농사를 바라봐서는 안 된다고 경고했다. 그는 화학적 접근법이 우리가 아직 온전히 이해하지 못하고 있는 미묘한 생태학적 관계에 해를 끼칠 거라고 믿었다.

하지만 토양 보호론자들이 찾은 가장 영향력 있는 대변인은 바로 영국의 식물학자 앨버트 하워드 경이었다. 윌리엄 알브레히트와 마찬가지로 하워드는 온 우주가 하나로 연결되어 있다는 관점으로 토양의 건강을 바라보면서 땅 위에서 재배 가능한 모든 것의 답은 땅 아래에 있다고 주장했다. 하워드는 "토양과 식물, 동물과 인간의 건강 문제 전체를 하나의 상위 주제로 다루어야 한다"[43]고 주장했다. 그는 토양과학을 공부했지만 모든 분야가 궁극적으로는 서로 연관되어 있다고 생각해 식물의 생태와 식물과학, 동물과학, 의학, 나중에는 경제학까지 공부했다.

"분야를 좁혀가며 점점 더 많이 배우는"[44] 대학 연구가 숨이 막힌다고 생각했던 하워드는 대학 연구의 편협함에서 벗어나 배움을 현실에 적용하기로 결심했다. 그래서 서른둘의 나이에 인도로 가 인도의 농부들에게 현대적인 농법을 가르치게 되었다. 결국 25년 동안 인도에 머물며 인도의 농부들이 '자신'을 가르쳤다는 사실을 깨달았다. 자연은 "최고의 농부"라는 것이 그가 현장을 자세히 관찰하며 깨달은 점이었다. 잡초와 해충은 그의 "농업 교수진"[45]이었다.

1940년, 인도에서의 경험을 통해 탄생한 그의 책 『농업성전An Agricultural Testament』은 나중에 유기농 운동의 성경이 되었다. 토양의 건강이 지속되려면, 즉 현대적인 용어로 토양이 '지속 가능'하려면, 끊임없이 생식력을 보충해주어야 한다. 토양에 사는 미세한 땅속 가축의 입장을 대변했던 하워드는 충분한 영양이 공급되면 땅속 가축은 땅의 생식력을 유지해 더 맛있는 음식은 물론 더 많은 수확을 가져오는 임무를 완수한다고 주장했다. 하워드에 따르면 N-P-K 식단을 먹고 자란 채소는 "거칠고 질기며 맛은 떨어진다."[46] 하지만 좋은 토양에서 자란 채소는 "부드럽고 아삭하며 풍부한 맛이 있다."

하워드의 연구는 위선적이지도 않았고 이기적이기도 않았다. 그는 침착하고 꾸준하게 자연에 대한 믿음을 유지했으며 그의 글은 무척 객관적이었다.(과학 실험실에서 일했던 덕분이었다.) 그래서 결국 유기 농법의 고전이 되었지만 당시에도 쉽게 읽히면서 생각할 거리도 많아 많은 사람에게 널리 읽혔다.

"토양의 생식력 유지는 건강과 질병 저항력의 기본이다"[47]라고 그는 『농업성전』에서 말했다. 하지만 농업은 그 반대 방향으로 가고 있다는 것이 하워드의 생각이었다. 그는 화학비료의 유행을, 좋게 말해서 근시안적이고 나쁘게 말하면 토양의 생식 능력을 무너뜨릴 수 있는 어리석은 행위라고 생각했다. 인공 거름은 "필연적으로 인공 영양소, 인공 음식, 인공적인 동물, 결국에는 인공적인 남성과 여성을 만들 수밖에 없다"[48]고 그는 믿었다.

건강한 토양은 튼튼한 식물을, 더 건강하고 현명한 사람을, 문화적 능력을, 그리고 국가의 부를 가져온다. 간단히 말하자면, 나쁜 토양은 문명을 위협한다. 우리는 좋은 음식, 즉 건강하고 지속 가능하고 맛있는 음식을 먹을 수 없다. 생명으로 가득 찬 토양이 없이는.

6장

지금까지 없던 당근

2004년 봄, 스톤 반스 센터가 문을 열었을 때 블루 힐 농장의 채소밭 흙은 이미 생명으로 가득 차 있었다. 운이 좋았던 것만은 아니었다. 건강한 식물 재배에 관한 엘리엇 콜먼의 글을 읽은 지 10년 만에 우리는 그를 고용해 센터 설립에 관한 조언을 들었다. 엘리엇의 임무는 센터 부지 내에서 채소를 재배하기에 가장 좋은 땅을 골라내는 것이었다.

그가 처음 땅을 보러 온 것은 2002년의 상쾌한 가을 오후였다. 한낮의 별이 11월 말의 하늘에서 천천히 차갑게 타들어가는 동안 엘리엇은 불안해 보였다. 그는 세로로 길게 뻗은 비교적 평탄하고 건강해 보이는 들판으로 결정했다. 하지만 2만4000제곱미터의 다른 땅을 보더니 그 자리에 멈춰 서서 넓은 땅을 자세히 살펴보았다. 1930년대와 1940년대에 젖소의 우유를 짜던, 돌로 지은 가장 큰 헛간(나중에 블루 힐 레스토랑이 된다)에서 위쪽으로 이어지는 긴 땅이었다.

"소가 여기서 풀을 뜯었겠군요." 그가 나직이 중얼거리듯 말했다. 내가 그를 향해 돌아섰을 때 엘리엇은 가방을 내려놓고 벌써 달리고 있었다. 그는 바위와 엉겅퀴를 피해가며 옛 초원을 지그재그로 가로질렀다. 그러면서 가끔 고개를 돌려 저물어가는 태양의 위치를 살폈다. 그는 나중에 토마토와 오이, 잠두, 파스닙, 그리고 결국 에이트 로 플린트 옥수수를 재배하게 될 곳을 지나 달려 가장 높은 곳에 도착했다. 그리고 그곳에서 손가락을 태양 쪽으로 들었다. 그런 다음 다시 달리기 시작해 들판의 동북쪽 구석으로 가 허리춤에 손을 얹고 땅을 자세히 살펴보았다. 육십대 초반이었지만 그는 (오늘날까지도) 늘 유쾌하고 긍정적인 모습으로 일했다. 마치 야생마 같았다. 호기심 많고 관찰력 좋고 조금도 방심할 수 없는, 자연과 하나 되어 뿜어져 나오는 에너지로 가득한 사람이었다. 나는 경외감에 휩싸여 그를 바라보았다.

"죽여줍니다." 그가 돌아와 말했다. 그의 더러운 금발 머리카락이 어슴푸레한 빛에 빛났다. 그의 큰 눈은 마치 두 눈으로 숨을 쉬듯 고동치고 있었다. 그는 흙 한 주먹을 들어 올려 내게 보여주었다.

"충분히 시커멓죠?" 그가 물었다. "여기가 바로 채소밭이네요. 아까 거긴 잊어요. 여기에 뭘 기른다고 생각만 해도 배가 고파지는데요?" 나는 들판의 위치와 태양의 관계를 생각해서 마음을 바꾼 것이냐고 물었다.

"태양이요? 그럴 리가요. 지금 태양이 죽이게 멋있어서 보고 있었던 겁니다." 그는 눈을 찌푸리며 멀리 저물어가는 마지막 남은 빛을 음미했다. "그게 아니라 여기서 소가 풀을 뜯었는지 확인해보고 싶었어요."

엘리엇은 소가 젖을 짜는 헛간에서 가장 가까운 들판에서 주로 풀을 뜯기 때문에 (새벽 다섯 시에 왜 소를 굳이 더 먼 곳까지 데려가겠는가?) 그곳 거름의 무기질이 가장 풍부하다고 말해주었다. 그렇다면 그의 말이 옳았다. 나중에 확인해보니 그 들판은 록펠러 가문의 젖소가 풀을 뜯던 곳이었다.

"틀림없이 유기 물질이 두텁게 쌓여 있을 겁니다." 엘리엇이 말했다. "아주 튼튼하고 끝내주게 맛 좋은 식물이 자랄 거고요."

토지 계획이 수립된 후 엘리엇이 맡은 두 번째 임무는 농부를 찾는 일이었다. 여기서도 그는 아미고 밥 캔티사노에게 조언을 구해 꼭 필요한 인물을 찾는 능력을 발휘했다. 그는 캘리포니아 유기 농업의 전설이자 영향력 있는 현자였다. 나는 레이버스토크에서 그를 처음 만났다. 그 역시 엘리엇의 열두 사도 중 한 명이었다. 턱만 남기고 기른 구레나룻에 콧수염까지 기른 그는 잿빛 머리카락을 두텁게 꼬아 등까지 기르고 있었으며 씹는 담배를 질겅이며 말하는 모습이 그냥 평범한 밥이 아니라 멕시코의 혁명가 판초 비야 같았다.(그런 이유로 그는 고등학교 때 여자친구가 붙여 준 별명 '아미고'로 불린다.)

아미고는 잭 알제리를 추천했다. 유기농 올리브 농장에 대해 조언을 구하다가 존경하게 되었다는 젊은 농부였다. "오랫동안 많은 농부와 함께 일했는데 아무도 기억을 못 해요." 그가 말했다. 하지만 나는 그가 늘 질겅이던 바로 그것 때문에 그렇게 몽롱해진 건 아닌지 궁금했다. "가끔 원했다면 로켓 과학자가 될 수도 있었을 법한 사람들하고도 일을 하죠. 왜, 있잖아요. 여기가 정말 빨리빨리 돌아가는 사람들이요." 그가 검지로 머리 옆쪽을 톡톡 치며 말했다. "잭이 바로 그런 사람입니다."

16.9

잭은 아미고 밥이 장담했던 대로 타고난 인물이었으며 최고의 맛을 내는 음식을 재배하는 데 있어서 엘리엇만큼 호기심이 많았다.

블루 힐 엣 스톤 반스가 문을 열고 몇 년이 지난 후인 2006년, 강추위가 한창이던 겨울의 어느 날, 잭이 싱글벙글 웃으며 부엌으로 달려왔다. 덥수룩하게 긴 턱수염에 특히 뒷머리가 곱슬거렸던 잭은 자연과 하나 되어 일하는 남자의 모습이었다. 잭을 보면 누구라도 (그는 인정하지 않지만) 폴 버니언과 젊은 시절의 밥 딜런을 섞어 놓은 것 같다고 말할 것이다.

바로 그날, 그는 커다란 당근 두 다발을 들고 왔는데 당근 머리의 초록 잎사귀가 마치 총채처럼 대롱대롱 흔들리고 있었다. 잭이 새로운 품종을 선보이거나 완벽하게 잘 익은 채소를 보여주는 그런 순간에 그의 자극적인 흥분에 휩쓸리지 않기란 쉬운 일이 아니다.

농장과 연결된 레스토랑 부엌에서 그런 모습을 종종 볼 수 있을 거라고 생각하겠지만 사실 농부와 요리사는 서로 신경 쓰지 않는 편이다. 정확히 말하자면 너무 가깝기 때문이다. 아침 수확 작물이 도착하면 다듬어 냉장고에 저장하고 저녁 영업시간이 끝나갈 무렵이면 다 소진하고 없다.

"결혼 생활하고 비슷하죠." 잭은 언젠가 이렇게 말했다. "일주일에 한 번 데이트하듯 밤에 시간을 내야 이야기할 수 있는 것처럼 말입니다."

잭은 당근을 도마 위에 올려놓고 한 걸음 물러서며 우리가 자신의 작품에 감탄할 시간을 주었다. 잭이 지난번에 가져온 작품은 외국산 생강이었고 그 전에는 딱 내 손바닥만 했던 '땅꼬마' 청경채였다. 그런데 당근이라고? 당근은 늘 자라고 있었다. 봄여름 내내 들판에서, 그리고 겨울 대부분과 초봄에는 온실에서. 당근은 보통 상태가 좋았고 가끔 특별히 좋을 때도 있었지만 과연 이만큼 호들갑을 떨 가치가 있는지는 의문이었다.

"16.9예요." 잭이 마침내 입을 열었다. "16.9까지 나왔다고요."

"16.9요?" 나는 무슨 말인지 몰라 다시 물었다.

"브릭스Brix(미국에서 포도와 와인에 들어있는 당을 재는 단위—옮긴이) 말이에요." 잭이 작은 굴절계를 주머니에서 꺼내며 말했다. 최첨단 망원경처럼 생긴 굴절계는 과일이나 채소의 브릭스 혹은 당도를 측정하는 데 널리 쓰이는 도구다. 와인을 만들 때 포도의 당도를 측정해 최적의 수확 시기를 결정하는 때에 오랫동안 사용되어 왔다.

하지만 브릭스는 건강한 지방과 아미노산, 단백질, 무엇보다 중요한 무기질 수치 또한 알려준다. 알브레히트는 무기질 성분이 바로 풍미의 결정적 요인이라고 말했다. 16.9라는 수치의 의미는 당근의 16.9퍼센트가 당분이라는 뜻이자 무기질이 풍부하다 못해 넘쳐난다는 뜻이었다. 잭은 일을 하러 허둥지둥 되돌아가는 내가 그 당근을 요리할 사람으로서 그게 엄청나게 높은 수치라는 것만은 확실히 이해하게 만들었다.

"지금까지 없던 수칩니다." 잭이 한입 베어 무는 나를 보며 말했다. 농담이 아니었다. 잭이 부엌으로 달려오기 전에 찾아본 바에 의하면 모쿰mokum이라는 품종의 당근은 지금까지 브릭스 수치 12가 최고라고 했다. 그날 내가 맛본 놀랄 만큼 맛있는 모쿰 당근은 정말로 지금까지 없던 당근이었다.

잭 알제리

잭은 로드아일랜드 주 남쪽에 있는 포카턱 강을 따라 1.6킬로미터 정도 뻗은 도로 끝의 외진 농장에서 자랐다. 아침마다 잭의 어머니는 부엌문을 열고 아들을 숲으로 들판으로 내보내 저녁 먹을 시간까지 돌아오지 못하게 했다. 아무 걱정 없던 그때의 탐험을 통해 잭은 자연에 대한 열정을 배웠다. 비슷한 어린 시절을 보냈던 생물학자 에드워드 윌슨은 이를 "생명애" 혹은 "삶에, 삶과 같은 과정에 집중하려는 타고난 경향"[49]이라고 했다.

고등학교를 졸업할 즈음 잭은 농사를 업으로 삼기로 결심했다. 그해 여름, 그는 집 근처의 대규모 온실에서 채소와 관목, 나무, 여러 가지 꽃을 기르는 일을 했다. 전부 씨앗보다는 조직 배양을 통해 기르는 식물들이었다.

"온실은 보통 그렇게 굴러가요." 잭이 내게 설명해주었다. "5000개의 완전히 똑같은 식물을 기르는 거죠." 닫힌 공간에서의 그와 같은 유전적 통일성, 즉 초 단일 경작은 식물이 질병에 몹시 민감해지게 만든다. 그것이 바로 온실에서의 유기 농법이 드문 이유다.

잭은 그와 같은 방식의 단점을 아주 가까이에서 지켜보았다. "어느 날 아침 제라늄에 물을 주러 갔어요." 그가 말했다. "줄기 하나에 아주 작은 까만 점이 있더라고요. 그 말은 곧 엄청난 뒤처리가 기다리고 있다는 뜻이죠." 까만 점은 곰팡이의 한 종류 때문에 생긴 것이었다. 그리고 작물의 통일성 때문에 자연적인 방어 능력을 갖고 있는 식물이 하나도 없다는 사실을 잭은 알고 있었다. 그날 정오 즈음, 까만 점이 모든 줄기를 뒤덮었다.

잭은 농장주인 버드 스미스에게 조언을 구했다. "당시 여행 중이었던 버드는 화학약품 창고로 가서 가장 강력한 살균제를 다 가져오라고 말했어요. 이렇게 말하면서요. '잭, 절대 함부로 다루면 안 돼.' 버드가 그렇게 말했다면 그건 엄청나게 독한 물질이라는 뜻이에요." 버드는 특수 보호장비를 입으라고 했고 강력 접착테이프로 마개를 꼭 막으라고 당부했다.

"온실로 갈 때 내 모습을 잠깐 봤는데 마치 우주 괴물 같았어요." 잭이 말했다. 그리고 그는 제라늄이 자라고 있는 온실 네 군데 전부에 살균제를 뿌렸다. "첫 번째 온실 절반쯤 살포를 마쳤을 때 저는 울고 있었어요. 그리고 화학물질로도 불가능하다는 걸 깨닫고 속으로 또 한 번 울었죠." 잭이 말했다. "살아남은 제라늄은 모양이 너무 이상해져서 결국 근처 공동묘지로 갔어요. 웃기죠. 겨우 살려놓았더니 결국 묘지로 갔다는 게. 하지만 살균제를 뿌렸던 그 기억은 사라지지 않았어요. 의미 없는 전쟁에 휘말려 전쟁터 한가운데 서 있는 느낌이었다고 하면 가장 비슷할까요. 저는 그곳을 나오며 이렇게 중얼거렸어요. '다시는 하고 싶지 않아.' 그리고 어떻게 되었을까요? 다시는 하지 않았어요."

잭은 일을 그만둘 생각이었지만 온실을 가꾸는 버드의 뛰어난 능력이 존경스러워 쉽게 결정을 내릴 수 없었다. 그래서 버드와 이야기를 나누기 위해 그의 사무실을 찾았다. "들어갔더니 책상에 앉아 있던 버드가 고개를 들어 저를 보더군요." 잭이 말했다. "그도 이미 알고 있었어요. 무슨 일이 벌어진 건지. 그렇게 약해 보이는 어른의 얼굴은 처음이었어요. 그래서 나는 그만두는 대신 불쑥 이렇게 말했죠. '다른 방법은 없습니까?' 그리고 그 순간 깨달았어요. 버드도 약을 치고 싶어하지는 않았다는 사실을. 버드도 싫어했어요. 농부는 아마 다 그럴 거예요. 버드가 한 말이라고는 '이제 어떻게 해야 하지? 제라늄을 원하는 고객이 많은데? 엄청나게 많아. 그런데 제 값을 받긴 글렀어'뿐이었어요."

잭은 자기가 온실 몇 개를 맡아 유기농으로 전환해보고 싶다고 버드를 설득했다. "실수를 '100만 번'은 했습니다." 잭이 말했다. "하지만 그 경험이 제 인생을 완전히 바꿔놓았어요. 버드가 시도해보라고 허락하지 않았다면, 유기농으로도 온실을 가꾸는 것이 정말 가능하다는 것을 확인해볼 기회를 주지 않았다면 저는 아예 농사를 그만두었을지도 몰라요."

잭은 더 많이 배워야겠다는 생각이 들어 로드아일랜드대에서 원예학을 공부했다. 그리고 2학년 때 또 다른 깨달음의 순간을 맞았다. "학과 사람들, 교수들 전부 말만 번지르르 했지 사실은 화학 산업에 일조하고 있었어요. 그 산업을 반드시 유지시켜야 한다고 믿는 누군가가 분명 있었을 테니까." 잭이 말했다. "학교에서 곰팡이를 예방하는 방법이 아니라 제라늄을 더 잘 죽이는 방법을 배우고 있는 것 같았어요."

그때 그는 도서관에서 농업에 관한 책들을 읽었다. 그중에는 앨버트 하워드 경과 루돌프 슈타이너의 책도 있었다. "그 책들을 읽고 나니 알겠더라고요." 잭이 말했다. "갑자기 모든 게 이해되었어요. 슈타이너는 1920년대 중반부터 '화학약품에 속지 말라!'고 농부들에게 외치고 있었어요. 꼭 저한테 하는 말 같았죠. 그게 바로 내가 버드에게 하려고 했던 말이었거든요. '이 모든 것에 속지 말라'고. 당시에는 내가 옳다고 생각할 만큼 아는 게 많지 않았어요. 하지만 슈타이너의 책을 읽으면서 갑자기 그때까지 한 번도 경험해보지 못했던 어떤 자신감을 얻었어요."

아미고 밥이 스톤 반스에서 일해보지 않겠냐고 연락했을 때 잭과 그의 아내 섀넌은 코네티컷에 있는 땅을 빌려 행복하게 농사를 짓고 있었다. 그가 이 일을 수락한 가장 큰 이유는 하워드와 슈타이너의 사상을 결합시켜 토양과 그 주변의 모든 것, 즉 그의 말을 빌리자면, 식물군과 동물군 전부 그리고 그 지역의 문화까지 연결시키고자 하는 자신의 구상을 실현시킬 수 있는 기회라고 생각했기 때문이었다.

하지만 처음부터 순조로웠던 것은 아니었다. "스톤 반스가 문을 열기 바로 전, 첫 출근 날 아침 아홉 시에 차를 몰고 부지로 가니 제초제를 뿌리는 거대한 트럭 한 대가 문 앞에 서 있더군요." 잭이 내게 말했다. "스프레이 더 프라블럼 어웨이Spray the Problems Away Inc.인가 뭔가 하는 트럭이었어요. 차 안에서 문이 열리길 기다리며 이렇게 생각했어요. '저 사람들 도대체 뭐지?' 그래서 경적을 울리고 차에서 내려 말을 걸었어요. '실례합니다. 지금 여기서 뭐하시는 겁니까?' 그러자 그는 혼란스럽다는 표정으로 날 보며 이렇게 답했어요. '농약 치러 왔는데요.' 뭐야, 유기 농장이라고 했던 거 아니야? 그때 문이 열렸고 저는 차를 몰고 들어갔어요. 그 트럭도 같이요. 저는 자동차 계기판을 내리치며 이렇게 외쳤어요. '이러면 안 되지!' 이제 막 좋은 직장을 버리고 아내와 전혀 모르는 곳으로 이사했는데, 내가 일해야 할 농장에서 첫날 아침부터 제초제를 맞고 서 있어야 하다니. 오! 이제 40년을 어떻게 보내야 하지?"

"우리는 사무실 앞에 주차를 했고 나는 그 사람한테 잠깐만 기다려보라고 했어요. 300명 정도 되는 사람이 안전모를 쓰고 돌아다니고 있었지만 아무도 그 일을 해결하려고 나서지 않더라고요. 결국 나는 현장 책임자를 찾아 그 트럭에 실려 온 화학약품이 도대체 뭔지 물었어요. 그가 그날 작업 일지를 들여다봤죠. 예상했던 대로 일정표에 아침 9시, 온실 부지와 야외 채소밭 부지 사이의 연못에 로데오(제초제의 일종—옮긴이) 살포 예정이라고 적혀 있더군요. 아마 쓸모없는 갈대 같은 게 웃자라 있었을 겁니다. 스톤 반스 센터가 아직 공식적으로 설립되지 않았기 때문에 공사 관계자는 그저 맡은 일을 하는 것뿐이었고요. 저는 마치 황량한 서부로 걸어 들어가는 느낌이었어요."

"내가 말했어요. 그만두라고. 유기 농장이 될 곳이라고. 저 약품을 뿌리면 끝이라고. 공사 책임자가 공감하듯 바라보더군요. 로데오가 뭐고 그게 농장에 얼마나 독이 될지는 몰랐겠지만, 그리고 내가 첫 출근한 지 10분도 안 된다는 사실도 전혀 몰랐겠지만 말입니다. 이미 트럭을 돌려보낼 준비를 마치고 있는데 공사 책임자가 다음 달까지 모든 살포 일정이 이미 계약되어 있다고 말해주더군요. 3만5000달러였답니다. 이미 계약서에 사인도 되어 있고. 그래서 제임스에게 전화를 했어요. 센터 설립이사 제임스 포드에게요. 그리고 그 자리에서 계획을 짰죠. 회사는 예정대로 돈을 받는다. 하지만

약품은 뿌리지 않는다. 결국 그렇게 되었어요. 3만5000달러가 공중으로 날아간 겁니다. 저는 심지어 아직까지도 이런 생각을 해요. 만약 내가 조금만 늦게 출근했다면 어떻게 되었을까?"

토양과 맛

당도 16.9 모큼 당근은 주문 몇 번 만에 동이 났지만 그 적은 양의 수확은 내게 깊은 인상을 남겼다. 그래서 바로 다음 주 찬바람이 부는 1월의 어느 이른 아침, 잭과 함께 온실의 비옥한 토양에서 미래의 16.9가 싹을 틔우고 있는 모습을 바라보며 당근이 어떻게 그런 맛을 내게 되는지 잭의 설명을 듣기로 했다.

2000제곱미터의 온실은 조용하고 차분했다. 머리 위에서 윙윙거리며 돌아가는 선풍기의 부드러운 소리만 들렸다. 잭은 자랑스러움이 넘치는 표정으로 온실에 가득한 비옥하고 새까만 흙을 살펴보았다. 스톤 반스 주차장 땅을 파서 가져온 흙이었는데 그것도 잭이 그 흙에 애정을 갖고 있는 이유 중 하나였다. 공사 인부들이 땅을 파낸 후 대형 쓰레기통에 버렸던 흙을 가져온 것이다. 그런 다음 흙에 유기물질이 잘 만들어질 수 있도록 섞어 최고의 품질을 자랑하는 배양토를 개발했다. 그는 그 혼합물을 새로 심은 모든 채소 이랑에 외바퀴손수레로 뿌렸다.

나는 그 혼합물의 위력을 잘 알고 있었다.(배양토도 결국 혼합물이 아닌가!) 그리고 잭이 직접 만든 배양토의 질에 깜짝 놀랐다. 그래서 나는 이제 몇 년간 비옥해진 흙이 브릭스가 16.9까지 나오는 당근을 키운다는 사실을 알고 있었다. 하지만 정확히 어떻게?

잭이 흙을 가리키며 말했다. "저 안에서 지금 전쟁이 벌어지고 있습니다."

'전쟁'이라는 단어가 다소 어울리지 않는다는 생각이 들었다. 나는 늘 그 과정을 협동적인 과정으로 생각했기 때문이었다. 잎과 풀은 결국 죽어 상층토에 갈색 탄소층을 형성한다. 소 같은 초식동물과 닭 같은 조류가 정기적으로 상층토를 뒤집어놓으면서 토양 유기체(벌레들)가 바깥으로 나오고 그와 같은 유기물질이 흙 속 깊이 들어간다. 그곳에서 죽은 뿌리 같은 다른 유기물질과 함께 식물이 흡수할 수 있는 양분으로 분해된다.

그 전쟁에 대한 잭의 설명을 듣다 보니 (모든 구성원이 토양 공동체의 개선을 위해 함께 일한다는) 토양 유기체의 공동 목표가 무엇인지 알 것 같았다. 토양 유기체에는 완벽한 계층이 존재했다. 가장 수가 많고 가장 크기가 작은 1단계 소비자(미생물)는 유기물질 덩어리를 작은 찌꺼기(원생동물 같은)로 분해한다. 2단계 소비자는 1단계 소비자를 먹거나 그들의 찌꺼기를 먹는다. 그리고 (지네, 개미, 딱정벌레 등의) 3단계 소비자가 2단계 소비자를 먹는다. 잭의 설명을 들으면 들을수록 그 공동체는 생각보다 복잡하고 생각보다 위험한 것 같았다. 각 단계의 소비자는 같은 단계의 동료도 공격할 수 있다.(세균이 선충류를 먹거나 그 반대일 수도 있다.) 그리고 어느 단계에서든 같은 종을 공격하는 일도 가끔 있다.

이 지하 세계의 삶은 "협력적이기도 해야 하지만 동시에 살아 움직이는 구조를 유지하기 위해 공격적이고 잔혹하게" 상호 작용할 수밖에 없다고 잭이 설명했다.

이를 전쟁이라 하는 것은 약간 과장일지도 모른다. 내가 토양과학자 프레드 매그도프에게 잭의 비유에 대해 말하자 그는 그 과정을 상호 견제와 균형의 구조에 비유했다. "저는 그 모든 과정이 몹시 아름답다고 생각합니다." 그가 말했다. "먹을거리가 충분하면 유기체는 자연스럽게 행동합니다. 진화가 제공하는 음식을 먹으며 '생계를 꾸려가죠.' 물론 유기체는 서로 먹고 먹히지만 그게 전쟁입니까? 우리가 당근을 먹는다고 당근에게 전쟁을 선포합니까? 그저 왕성하고 복잡한 유기 공동체일 뿐이죠."

그것이 바로 더 맛 좋은 음식을 위해 우리가 원하는 바다. 전쟁이든 협력이든 그 모든 활동의 결과로 용해되지 않는 분자가 잘게 쪼개져 식물이 흡수할 수 있는 형태로 전환된다. 커피를 만드는 과정과 비슷하다. 콩으로 여과시킨 커피와 콩을 미세한 입자로 갈아 여과시킨 커피 맛의 차이를 상상해보라.

그 미세한 영양분의 일부가 결합되어 식물 영양소를 형성한다. 맛을 구성하는 화합물이다. "칼슘이라고 해봅시다." 잭이 말했다. "맛은 칼슘에서만 나오지 않아요. 적어도 직접 나오지는 않죠. 맛은 흡수되고 분해되어 다른 형태로 다시 합쳐진 더 복잡한 분자에서 나옵니다. 식물은 그 모든 분자를 흡수해 식물 영양소로 전환시켜요. 맛은 분자의 조합에서 나오지 않아요. 분자의 합성에서 나오지요."

아미노산, 에스테르, 플라보노이드 같은 식물 영양소는 모큼 당근을 비롯해 우리가 기르고 있는 모든 채소와 곡물, 과일 맛의 핵심이라고 잭이 말했다. 그는 바닥에 엎드려 흙을 고르게 다졌다. "그리고 중요하지 않은 건 아닌데, 아니 사실 가장 중요하다고도 할 수 있는데……" 잭이 말을 이었다. "식물 영양소가 식물의 면역 체계를 세우는 데도 꼭 필요한 요소라는 겁니다. 생명력의 기본이죠."

살충제와 살균제는 식물의 자연 방어 능력을 빼앗는다. 이는 곧 식물이 식물 영양소를 덜 만들어낸다는 뜻이다. 연구에 따르면 유기농 과일과 채소는 산화방지제를 비롯한 다른 방어능력 관련 합성물을 그렇지 않은 과일과 채소보다 보통 10~50퍼센트 정도 더 많이 함유하고 있다.[50]

어떤 과학자들은 그렇기 때문에 유기농 음식의 맛이 더 좋다고 설명한다. 토양생물학자 일레인 잉엄은 이렇게 말했다. "식물 영양소는 온갖 맛을 조합하는 기본 요소다. 그 복잡하고 다양한 맛을 만들어내려면 상당한 에너지와 다양한 요소가 필요하다. 그렇기 때문에 좋은 맛을 내려면 영양소를 아주 잘 제공해줘야 한다. 정말 맛좋은 음식을 만드는 것은 그렇게 간단한 일이 아니다. 단맛을 내는 것은 훨씬 쉽지만 정말 미묘하고 복잡한 맛은? 그런 맛을 내려면 식물이 정말로 건강해야 한다."

나는 클라스와 어저귀가 떠올랐다. 클라스가 재배했던 콩의 저항력은 건강한 토양의 징표이자 뛰어난 맛의 보증수표였다.

"바로 그겁니다." 내가 클라스의 작업에 대해 언급하자 잭이 한 말이다. "맛 좋은 음식과 건강한 식물은 같은 말이에요. 하나가 없이 다른 하나를 얻을 수는 없어요. 토양 유기체를 제대로 대접하면, 다시 말해 그들이 잘 살아가기 위해 필요한 모든 것이 갖추어져 있다면 유기체는 우리를 위해 각자 할 일을 다 해냅니다. 그러면 우리는 그걸 접시에 담기만 하면 되죠."

온실을 나서면서 잭은 맛을 형성하는 정확한 원리는 아직 밝혀지지 않았다고 말했다. 그리고 수년 전에 올리브를 소금에 절여보며 이를 깨달았다고 덧붙였다. 처음에는 증류된 식초를 소금물 대신 사용했는데 맛은 있었지만 전부 맛이 똑같았다. "그다음에는 생식초를 사용했어요." 잭이 말했다. "그 후로 6개월에서 1년 사이에 세균과 박테리아가 득실거리면서 어떤 올리브는 과일처럼 달콤하게 어떤 건 거무칙칙하게 또 어떤 건 거의 구운 맛으로 변하지 뭡니까. 완전 제멋대로였죠! 토양도 마찬가지예요. 여러 가지 일이 벌어지고 서로 다른 분자가 움직이면서 새로운 맛을 만들어내요. 식물 최상의 상태에 도달하는 과정이죠. 아주 중요한 작용입니다. 하지만 저 안에서 무슨 일이 벌어지는지 제대로 아는 사람이 과연 얼마나 있을까요?"

나는 잭의 고백을 듣고 놀랐다. 잭은 늘 '그 안에서 무슨 일이 벌어지는지 정확히' 알고 있는 것처럼 보였으니까. 하지만 나도 결국 그의 말이 옳다는 것을 깨달았다. 생각해보면 1940년에 글을 쓴 앨버트 하워드 경도 미생물 전체의 명단 같은 건 갖고 있지 않았다. 식물 영양소에 대해서도 몰랐을 것이고 잘 배합된 토양의 화학 작용도 묘사할 수 없었을 것이다. 화학자이자 배합토의 아버지였다고 해도. 사실 그럴 필요가 없었다. 잭처럼 하워드 역시 몰라도 괜찮다고 생각했을 것이다. 약간의 비밀이 남아 있는 곳에 존경과 경외가 들어서는 법이니까.

그 약간의 무지가 모든 수확물의 상태를 조절할 수 있다는 그릇된 생각에서 벗어나게 해준다. 그 비밀을 내버려두는 겸손이 필요하다. 결국 그것이 더 건강한 것이다. 생태학자 프랭크 이글러의 말을 빌리자면 "자연은 우리 생각보다 더 복잡하지 않다. 하지만 우리가 생각할 수 있는 것보다 훨씬 더 복잡하다."[51]

—𝔪—

최고의 맛을 내는 당근이 토양 유기체의 풍부함 때문이라면 맛이 없는 당근은 토양의 생명이 부족하기 때문이다. 그것이 바로 유기 농법과 화학 농법의 결정적인 차이다. 배합토의 영양소는 살아 있는 생태계의 일부다. 살아 있는 생태계는 서로 영양을 공급하는 하나의 유기체로 끊임없이 흡수되고 빠져나오면서 식물에게 필요한 형태로 지속적으로 공급된다. 식물에 공급되는 양은 화학비료가 제공하는 양보다 더 적다. 하지만 꾸준히 지속된다. 느리지만 지속적으로 흡수하느냐, 한꺼번에 많은 양을 공급받느냐의 차이다. 그 차이는 엄청나다.

많은 양을 한꺼번에 공급하는 경우에는 토양을 무시하게 된다. 용해 상태의 합성 비료는 식물의 뿌리에 직접 분사된다. "빠릅니다." 잭이 말했다. "쫘 하고 물과 영양분이 한꺼번에 쏟아지죠. 식물이 아주 빨리 크게 자랍니다."

그것이 바로 우리가 흔히 먹는 샐러드용 양상추, 예를 들면 캘리포니아 살리나스밸리Salinas Valley에서 자란, 잎이 공처럼 말려 있는 양상추에서 사실상 아무 맛도 나지 않는 이유다. 거의 수분으로 이루어진 그런 양상추는 질산염이 물을 포화 상태로 흡수해 무기질을 흡수할 공간이 남지 않는다.

레이버스토크에 모인 열두 사도 중 한 명이자 유럽에서 가장 큰 유기 농장 그룹을 설립한 토마스 하르퉁은 이를 요리에 비교했다. "온갖 허브와 신선한 재료로 훌륭하게 준비한 이탈리안 요리가 있어요.[52] 그런데 마지막에 소금을 갖다 부어요. 먹을 수 없는 상태가 되죠. 다른 맛의 색이 전부 '죽어버려요.'" 산업화된 농업으로 생산된 곡물과 채소와 과일은 거의 아무 맛도 나지 않는다. 질산염이 무기질을 밀어내버리기 때문이다.

살아 있는 생태계를 무시하는 것은 토양이 제공하는 주기율표상의 모든 원소를 식물의 뿌리에서 빼앗는 것이다. 하지만 이는 토양 생태계의 먹을거리를 빼앗는 것이기도 하다. 클라스는 한 주먹 집어 든 흙에 펜 얀의 인구보다 더 많은 유기체가 산다며 이렇게 말했었다. "먹여 살려야 할 거대한 공동체죠." 자신의 의무라는 뜻이었다. "토양 생태계에 쓰레기만 먹인다면 우리 밭에 어떤 유기체가 살게 되고 우리는 과연 어떤 맛을 느낄 수 있을까요?"

왜 다양한 먹을거리를 제한하는가? 엘리엇 콜먼은 언젠가 이렇게 말했다. "생태계 전체를 몇 가지 용해된 요소로 대체할 수 있다는 생각[53]은 마치 정맥 주사가 맛있는 음식을 대신할 수 있다는 생각과 마찬가지다."

땅속 풍경

다음 해 11월 어느 날 늦은 오후, 잭은 가을에 수확한 모쿰 당근밭 옆의 채소밭에서 약 90센티미터 길이의 도랑을 파며 당근 강의를 끝냈다. 우리는 밭두둑으로 올라가 검은 흙의 단면을 살펴보았다. 7학년 생물학 시간에 유리병에 담았던 개미 농장이 떠올랐다. 하지만 어둑한 빛 아래의 그 흙은 전부 보여주는 것 같기도 했고 뭔가 숨기고 있는 것 같기도 했다. 나의 지하 세계 안내인 잭이 작은 막대기로 드러나 있는 흙을 가리켰다. 맛이 땅속에서부터 어떻게 만들어지기 시작하는지 한 번 더 설명하고 싶어하는 눈치였다.

"이걸 봐야 합니다." 잭이 벽에 손을 문지르며 말했다. "모든 사람이 토양의 화학 작용이나 생물학에 대해 말하지만 정확한 물리적 구조를 모르면 화학이든 생물학이든 아무 소용이 없어요. 집어치우라고 하세요."

뿌리 조직은 국도와 시골길을 만들어 유기물질이 자유롭게 돌아다닐 수 있도록 한다. 마치 잘 구워진 빵 한 덩어리의 내부 같았다. 촉촉하고 풍부한 질감에 불규칙한 기포가 가득한 빵 같았다. 잭의 채소밭 흙을 움켜쥐고 있는 희고 연약하고 긴 뿌리 조직은 마치 오븐 안에서 빵을 부풀게 만드는 글루텐 섬유 같았다. 반대로 건강하지 못한 토양은 케이크 믹스와 비슷하다. 건조하게 포장되어 있어 공기가 순환할 공간이나 유기물질이 돌아다닐 공간이 없다.(클라스가 스펠트 밀을 심은 것도 무리는 아니다. 깊게 뻗은 그 굵은 뿌리 조직이 토양 생명체가 번성할 수 있는 공간을 만들어낸다.)

잭은 다시 한번 막대기로 뿌리 근처, 즉 근권根圈(rhizosphere, 식물의 뿌리가 영향을 미치는 범위—옮긴이)에 동그라미를 쳤다. 그 부분이 바로 토양의 가장 경쟁적인 환경으로 그곳에서 살아가는 유기체의 밀도는 토양의 다른 부분에 사는 유기체의 밀도보다 100배나 더 높다. 뿌리는 주변에 있는 영양분을 감지하고 흙을 뚫고 들어가 그 풍부한 영양분을 흡수한다. 건강한 상태에서는 균근 균과 뿌리 조직이 그야말로 하나가 되어 누구도 넘볼 수 없는 힘을 발휘하며 흙 속으로 더 깊이 들어가 흙의 영양분을 빨아들인다.

"정유회사처럼 균근 균을 만드는 식물이 있어요." 잭이 말했다. "정유회사는 자원이 풍부하다고 생각하는 지역에 많은 돈을 투자해

석유를 찾잖아요. 뿌리도 비슷한 작용을 해요. 경제적 유인 제도라고 할 수 있죠." 잭은 식물이 많게는 에너지의 30퍼센트까지 사용해 균근을 확장시켜 토양에 조금만 자리가 있으면 파고들어가 영양분을 얻는다고 했다.

그와 같은 과정은 훌륭한 와인을 만드는 데도 꼭 필요하다. 나는 그것을 캘리포니아 샌타크루즈에 있는 와인 제조업체 보니 둔 비니어드Bonny Doon Vineyard에서 전통을 혁신하며 와인을 만들었던 랜들 그람에게서 배웠다. "균근은 미생물의 조물주예요. 무기질을 식물로 흡수하죠." 랜들의 말이다. "어떤 맛이 날까요? 사라지지 않는 맛이 나요. 최고의 와인은 맛이 쉽게 변하지 않아요. 숨을 내쉴 때도 와인의 맛이 느껴지고 마개를 따서 일주일 동안 놔두어도 여전히 맛이 살아 있어요. 맛이 날아가지도 않고 산화하지도 않아요. 바로 무기질의 맛이기 때문이죠."

잭은 흙에 손가락을 집어넣어 무기질이 모이는 곳을 보여주었다. "여기가 바로 식물이 인이나 구리, 아연을 빨아들이는 곳이에요. 토양에 저장된 물과 함께 뿌리를 타고 올라가죠." 그가 고개를 흔들며 말했다. "대단하지 않습니까? 무슨 말인지 아시겠죠? 이건 단순한 화학이나 생물학이 아니에요. 유기체와 균류가 작용할 수 있는 물리적 구조가 있어야 해요. 결국 식물은 좋은 음식을 원하기도 하지만 이를 스스로 찾아 먹을 수도 있어야 합니다."

고개를 들어보니 사라지기 직전의 황금빛 노을이 채소밭 윗부분을 비추고 있었다. 그때 8년 전 가을 오후가 떠올랐다.(거의 그날, 그 시간까지.) 엘리엇 콜먼이 그 땅을 이리저리 뛰며 발밑의 두터운 유기물질 층을 예상했던 바로 그때가. 결국 그의 말이 옳았다.

잭이 손을 흔들어 주변의 모든 채소를 가리키며 말했다. "건강한 구조 안에서는 우리가 보고 있는 모든 것만큼이 뿌리와 땅속 유기체에도 존재합니다. 보고 있는 것 전부만큼 말입니다."

보고 있는 것 전부만큼? 상상조차 할 수 없을 것 같았다. 생태학자 데이비드 울프가 말했듯이 인간은 "지하 세계에 대한 장애"[54]가 있다. 우리는 발아래 무엇이 있는지 보지 못한다. 나는 풍경을 다르게 보기 위해 사고방식부터 바꿔야 했다.(특히 밭고랑에서는 땅속을 바라보는 선충류의 시선도 필요했다.) 즉 우리가 땅 위에서 보는 것, 채소와 나무, 들꽃과 관목, 그리고 모든 풀은 땅속의 뿌리 조직을 그대로 반영한다. 나는 갑자기 웨스 잭슨이 보여준, 빙산과 같은 비율의 다년생 밀 뿌리 사진이 생각났다. 초록으로 무성하거나 햇빛을 온몸으로 흡수하지도 않고 화가나 시인에게 영감을 주지도, 소풍가고 싶다는 생각이 들게 하지도 않지만 자연의 땅속 세계 역시 절반의 주인공이다.

0.0: 산업화된 당근

잭은 부엌으로 돌아가 굴절계를 꺼내 다른 모쿰 당근 한 다발의 당도를 측정했다. 이번에도 수치가 잘 나왔다. 브릭스 수치가 12~14였다. 누군가 냉장고에서 당근 상자를 가져왔다. 그 평범한 멕시코산 당근은 크기도 크고 모양도 균일하고 빨리 자라 고기나 야채 육수를 내는 데 저렴하게 사용할 수 있었다.

나는 잭에게 모쿰 당근에 용해된 질소를 첨가하면 더 빨리 자랄지 물었다. 잭은 이렇게 대답했다. "말도 안 돼요. 결국 전부 망할 겁니다. 질소 비료를 뿌리는 건 폭탄을 던지는 것과 마찬가지에요. 내 말은, 폭탄도 질소잖아요. 같은 원료죠. 밭 한가운데 폭탄을 떨어뜨리면 토양 유기체에 어떤 일이 벌어질지 생각해보세요."

"만약 내가 균근 균[55]이라면……."

"작별 인사를 해야죠." 잭이 목을 치는 시늉을 하며 말했다. "끝이에요. 잘 가요! 질소는 암모니아예요. 바닥 닦는 세제처럼 강력한 암모니아죠. 심지어 그 강도가 두 배, 세 배나 돼요. 우리가 만약 균이라면 걸음아 날 살려라 도망가야 할 겁니다."

멕시코산 당근은 대규모 유기농장에서 재배한 것이었다. 마이클 폴란이 언급했던 '유기농 산업'과 엘리엇 콜먼도 언젠가 언급했던 '흉내만 낸 유기농'의 산물이었다.[56] 그런 대규모 유기 농장은 화학 비료와 살충제를 사용하지 않는다는 유기 농법의 규정은 따르고 있지만 그것만 제외하면 일반 농법과 크게 다르지 않다. 단일 경작은 물론이고 원인을 파악하지 않고 증상에 대처하며 가장 심각하게는 토양을 돌보지 않는다.

"이런 당근은 전부 거친 토양에서 자라요." 잭이 말했다. "모래와 물 그리고 비료죠." 유기농 거름은 유기농 흉내만 내는 농부들의 필수품이다. 화학비료처럼 유기농 비료 역시 용해된 형태로 토양이 아니라 식물에 바로 뿌려진다.

멕시코산 당근의 즙을 짜 굴절계를 확인한 잭이 말했다. "와우,"

"얼마나 나왔어요?" 그의 얼굴을 보니 20.9 정도 나온 표정이었다.

그는 굴절계를 흔들더니 다시 더 많은 즙을 짜 액정을 확인했다. "세상에! 0이에요."

"0이라고요?"

"0.0!" 그가 액정을 보여주며 말했다. "당도가 전혀 없어요."

"당도가 0인 당근이 가능한지 몰랐어요." 내가 말했다.

잭은 잠시 동안 말이 없었다. 당근을 전등에 비춰보며 혹시 모형은 아닌지 확인하는 것 같았다. "나도 몰랐어요."

잭은 브릭스 차이가 몇 가지 요소 때문일 수 있다고 말했다. 모쿰 당근은 원래부터 뛰어난 풍미를 자랑하는 품종으로, 수확량을 높이고 더 오래 판매할 수 있도록 개량된 멕시코산 유기농 당근에 비해 유전적으로 더 뛰어나기는 했다. 그래서 모쿰 당근을 멕시코산 당근과 비교하는 것은 사실 같은 당근을 비교하는 것이 아니었다. 스트레스에 대한 반응도 달랐다. 예를 들면 갑자기 한파가 몰아치는 경우다. 당근은 기온이 떨어지면 녹말을 당분으로 전환한다. 이 적절한 생리적 특징이 내부 온도를 높이고 얼음 결정화를 방지해 당근이 살아남을 수 있도록 돕는다. 그에 반해 멕시코산 당근은 섭씨 15도에서 하루도 살아남지 못한다.

하지만 그 모든 변명도 두 당근의 근본적인 차이를 숨길 수는 없다. 잭의 당근은 영양이 풍부했고 다른 당근은 굶어죽기 직전이었다. 잭과 함께 보냈던 그 추운 가을 오후가 저물어갈 무렵 나는 토양에 대한 또 다른 깨달음으로 머리가 번쩍 했다. 그때까지 나는 현대의 농업 방식에 대한 몹시도 단순한 오해에 사로잡혀 있었다. 나는 화학 농법이 토양에 독을 뿌려 토양을 죽인다고 생각했다.(물론 그럴 수 있다.) 그리고 화학약품을 섭취하는 것은 맛도 없을 뿐만 아니라 몸에도 해롭다고 생각했다.(아마 그럴 것이다.) 하지만 브릭스 수치가 16.9인 당근을 원한다면 그 두 가지는 더 큰 그림의 지극히 일부일 뿐이었다. 화학 농법은 그리고 흉내만 내는 유기 농법은 거대하고 시끌벅적한 토양 공동체에 먹을거리를 제공하지 않음으로써 토양을 죽이고 있었다.

—∞—

알브레히트는 "잘 먹는 것이 건강한 것이다"[57]라고 말했다. 그의 말은 과일이나 채소를 먹으라는 말이 아니었다. 그는 과일과 채소가 무엇을 먹는지 또한 알고 싶어했다.(마이클 폴란의 말대로 우리는 우리가 먹는 것만이 아니다. "우리의 식재료가 먹는 것이, 곧 우리가 먹는 것이다."[58])

알브레히트라면 브릭스 수치 0.0 당근에 놀라지 않았을 것이다. 그는 토양 미생물이 "가장 먼저 식사를 하며" 그렇기 때문에 무기질이 풍부한 식사를 해야 한다고 진작 경고했기 때문이다. 그렇지 못하면 식물은 진짜 건강해질 수 없다. 우리도 마찬가지다.

1942년, 알브레히트는 자신의 주장을 증명했다. 대부분의 미국인이 근처에서 재배한 음식을 먹고 있던 제2차 세계대전 직전, 그는 미주리 주 신병 모집 관련 기록을 통해 군 입대에 적절하지 못하다고 판명된 청년들과 무기질이 부족한 토양의 연관관계[59]를 밝혔다. 알브레히트는 미주리 지도를 참조하며 입대가 거부된 청년이 많은 곳을 표시했다. 미시시피 강에서 가까워 침식이 많이 된 동남쪽 토양이 남성의 신체적 능력을 열등하게 만든 데 비해 비교적 건조한 (그래서 무기질이 풍부한) 서북쪽 지방의 남성은 더 건강하고 튼튼할 거라는 그의 예측은 정확히 들어맞았다. 동남쪽 출신 1000명 중 대략 400명이 입대를 거부당한 데 반해 북쪽에서는 1000명 중 약 200명만 입대를 하지 못했다. 그리고 그의 예상대로 토양의 상태가 그럭저럭 괜찮았던 그 두 지역 사이에서는 300명가량이 입대를 하지 못했다.

제2차 세계대전이 끝날 무렵 토양의 생식력이 크게 훼손되고 있는 것에 놀란 알브레히트는 국가의 미래가 위험에 처해 있다고 경고했다. 그리고 토양의 생식력과 건강을 되찾기 위해 국가가 앞장서야 한다고 주장했다. 하지만 우리는 농업을 산업화시키며 그 반대 방향으로 갔다. 당연하게도 채소와 과일의 질이 떨어졌다.(곡물과 우유, 동물성 식품도 마찬가지였다.) 지난 50년에서 70년 사이 채소의 영양소가 5퍼센트에서 많게는 40퍼센트까지 감소했다.* 연구자들은 지금 대규모 "생물현존량 희석"이 이루어지고 있다고 말한다.[60] 식물의 영양소 농도가 너무 낮아 이를 섭취하는 사람에게 적절한 영양을 제공하지 못한다는 뜻이다.

—∞—

언젠가 지속 가능한 음식에 관한 토론회에 토론자로 참석한 적이 있었는데 그곳에서 영양소 밀도가 이처럼 줄어드는 것, 특히 토양의 무기질 농도가 줄어드는 것이 다양한 식습관 관련 질병을 초래한다고 말했다. 그러자 뒤쪽에 있던 한 영양학자가 다음과 같은 반

* 이에 대해 분석한 도널드 데이비스에 따르면 영양소 감소는 어느 정도는 유전 때문이다. 수확량을 높이기 위해 종을 선택한 결과다. "수확량을 높이기 위해 품종을 선택하는 것은 사실상 탄수화물은 많지만 식물이 자람에 따라 수십 가지 다른 영양소와 수천 가지 다른 식물 화합물의 비율도 증가할 거라는 확신이 없는 종을 선택한다는 뜻이다."

론을 제기했다. 음식에서 미량 무기질이 조금 손실되기는 했지만 우리 몸이 많은 양을 필요로 하지 않기 때문에 어차피 방출하는 것 아니냐? 아연, 셀렌, 구리 같은 미량 무기질은 그다지 많은 양이 필요하지 않기 때문에 애초에 그런 이름이 붙었지 않느냐?

그는 이렇게 말했다. "나쁜 음식의 비율이 높아져가는 현대의 식습관이라는 당면 문제에 대해 논하기보다 결국 소변으로 배출될 몇 가지 무기질을 희생함으로써 손쉽고 저렴하게 구할 수 있는 과일과 채소, 즉 다양한 신선식품, 냉동식품, 캔류, 가공식품 등을 제조하는 데 성공한 식품 산업에 대해 한탄하고 계십니다. 저는 정확히 무엇이 불만이신지 모르겠으며 아마 토론자 분께서도 모르실 거라고 생각합니다."

그의 말이 맞는 부분도 있었다. 전 세계 8억4000만의 인구가 끔찍한 기아로 고통받고 있을 때,[61] 식재료의 주된 에너지원이 풍부한 탄수화물과 지방인 나라에서 음식에 미량 영양소가 조금 부족하다고 몹시 흥분하기도 쉽지 않은 일이다. 질산염과 수분뿐인 당근도 어쨌든 영양가가 있고 열량도 있다. 그런 당근을 당도 16.9인 모쿰 당근과 비교하는 것은 좋은 것이 너무 많아 하나만 고르기 힘들다는 투정일지도 모른다.

하지만 어떤 미량 영양소가 소량만 필요하다고 말하는 것은 애초에 우리를 문제에 빠뜨리는 식습관에 대한 환원주의자들의 조언과 정확히 일치한다.

그 영양학자의 질문을 받고 몇 년 후에 나는 컬럼비아대의 영양학자 조앤 거소를 만났다. 그녀가 그 질문에 답하는 데 도움을 주었다. 산업화된 식품 체계를 오랫동안 분석하고 비판해온 조앤은 이렇게 말한 걸로 유명하다. "나는 마가린보다 버터를 더 좋아한다. 화학자보다 소를 더 믿기 때문이다." 조앤 역시 레이버스토크의 열두 사도 중 한 명이었으며 스톤 반스 센터 설립의 자문위원 중 한 명이었다.

조앤은 토양의 무기질이 인간에게 꼭 필요한 영양소이자 건강한 식습관의 핵심이라고 단언했다. "우리는 어떤 이유에선지 한 가지 구체적인 영양소만, 건강의 특효약만 찾고 있어요. 하지만 진짜 영양소는 다양한 음식의 조합을 통해 얻어야 합니다. 우리는 그것을 식습관이라 부르죠."

조앤이라면 그 영양학자에게 뭐라고 대답했을까? 조앤은 다시 질문을 던졌을 것이다. 우리가 이 영양소는 얼마만큼, 저 영양소는 또 얼마만큼 필요하다는 사실을 어떻게 아느냐? 그리고 나머지는 배설한다는 사실은 또 어떻게 아느냐? 어쨌든 요즘 우리는 더 이상 비타민 C라는 특효약으로 정복할 수 있는 괴혈병 같은 영양소 결핍 질병에 대해서만 걱정하지는 않는다.

조앤은 이렇게 말했다. 지금 "우리는 퇴행성 질환에 대해 걱정합니다. 진행 속도가 몹시 느리죠. 특효약도 없어요. 방법은 오직 먹을거리와 건강한 삶을 동일시하는 식습관뿐입니다."

하지만 서양의 식습관은 그와는 거리가 멀다. 지난 세기 갑자기 증가한 식습관 관련 질병 중 비만 증후군이 아마 가장 예측하기 힘들었을 것이다. 하지만 1930년대에 알브레히트는 이미 알고 있었다. 무기질이 풍부한 토양에서 풀을 뜯는 소는 균형 잡힌 영양을 섭취하지만 헛간에 가두고 정해진 사료만 먹이는 소는 사료에서 얻지 못하는 영양을 채우기 위해 계속 먹는다는 사실을. 알브레히트는 우리도 부족한 미량 영양소를 채우려고 계속 먹게 될 거라고 생각했다.

물론 비만의 원인은 그 밖에도 많지만 알브레히트의 모교인 미주리대 농업학과와 응용경제학과 명예교수인 존 이커드는 무기질 결핍과 비만에 대한 알브레히트의 결론이 한 번도 진지하게 고려된 적이 없다며 이렇게 말했다.

"우리 인간이 다른 동물과 기본적으로 비슷하다면[62] 알브레히트가 말했던 것처럼 음식에 대한 선택의 폭이 제한될 때 우리는 기본 영양학적 요구를 충족시키기 위해 다른 영양소를 필요 이상으로 많이 섭취하게 될 것이다. 몇 가지 필수 영양소의 부족은 건강 유지에 필요한 것보다 훨씬 많은 칼로리를 섭취한 후에도 여전히 배가 고프게 만들 수 있다."

이커드는 1900년부터 1950년까지 미국인의 신체 활동은 감소했지만 칼로리 소비는 증가했다는 확실한 통계 자료를 증거로 제시했다. 1900년대 후반에는 그보다 덜 움직이고 더 많이 먹었다. "많은 미국인의 앉아 있는 생활 습관도 비만 증가에 분명히 기여했다"[63]고 그는 말했다. "하지만 과도한 음식 섭취와 그로 인한 과체중은 또다시 앉아 있는 생활 습관을 부추겼다. 많은 미국인이 음식에서 영양분을 충분히 얻지 못하기 때문에 과식하는 경향이 있다. (…) 인간이라는 종은 지난 100년 동안 그다지 진화하지 않았지만 식품 체계는 분명히 진화했다."

토양의 결핍과 비만 사이의 관계는 좀처럼 고려되지 않는 문제다. 그리고 과학자들도 이제 무기질이 풍부한 토양에서 건강한 식물이 자란다는 사실은 알아가고 있지만 식물이 어떻게 그 무기질을 활용하는지에 대해서는 여전히 아무것도 모르고 있다.

"무기질이 어떻게 분자로 합성되는지 아는 사람은 없습니다. 아무도요." 존이 말했다. 하지만 바로 그 합성이 건강한 식물과 건강한 인간의 비결이다. "음식은 분자의 대사와 합성의 결과입니다. 식습관은 그 전체를 아우르죠. 식단에서 영양소를 분리하는 것은 영양학적으로도 영양소를 아무 쓸모없게 만드는 것입니다." 그것이 바로 대부분의 영양학자들이 하는 일이다. 영양학자들은 채소나 과일, 빵 한 덩어리에서 비타민 성분까지 분해한다. 이것은 비타민A를 제공하고 저것은 칼슘을 제공하고 이것은 미국의 1일 영양소 권장 섭취량에 해당하는 엽산을 함유하고 있다면서.

하지만 알브레히트는 반대였다. 그는 거꾸로 건강한 사람부터 관찰했다. "알브레히트는 건강한 식단이 어때야 하는지 고민하기보다 건강한 사람이 무엇 때문에 건강해졌는지 밝혀냈어요." 클라스가 말했다. "결론은 거의 언제나 건강한 토양으로 귀결되었죠."

음식이 다양한 분자의 합성을 모두 아우르는 것이라는 조앤의 말은 곧 식물이 어떻게 맛을 생성하는지에 대한 언급이나 마찬가지였다. 잭도 말했듯이 맛은 개별 무기질이 만들어내는 것이 아니다. 칼슘이나 망간, 코발트나 구리의 맛이 아니라 그 모든 요소의 종합이다. 식물이 합성할 무기질이 더 많을수록 맛이 좋아질 가능성도 커진다.

정말 맛있는 음식에서 느낄 수 있는, 혀끝에서 사라지지 않는 그런 맛은 분명 무기질이 풍부하고 생물학적 다양성이 넘쳐나는 토양에서 자란 재료의 맛일 것이다. 우리 혀의 맛봉오리는 어떤 화학 도구보다 민감하다고 하지 않은가.

엘리엇 콜먼도 이에 동의할 것이다. 엘리엇은 내게 “아내와 밭에서 갓 수확한 당근을 먹던 그날 밤을 결코 잊을 수가 없다”고 말한 적이 있다. “정신없이 먹었어요. 그러다 갑자기 멈췄죠. 포크를 들고 말입니다. 당근에서 빛이 나고 있었어요. 믿을 수 없었죠. 그런데 정말 빛이 났어요. 속에서 불이 켜진 것처럼. 가만히 쳐다봤죠. 이건 달라. 어떻게 빛을 증명하지? 영양학자들은 아마 이렇게 말할 겁니다. ‘그럴 리가요. 당근이 그냥 당근이지 뭐겠어요.’ 과학자들은요? ‘차이는 없을 겁니다.’ 뭐 이러겠죠. 하지만 먼저 먹어나 보고 말하라고 하세요.”

제2부

대지

자연의 선물

❑

7장
강제로 찌우지 않으면 푸아그라가 아니다?

오늘날 미국 어느 곳이든 시골의 지붕 위에 올라가볼 수 있는 풍경은 넓은 땅에 전부 같은 작물이 자라고 있는 모습일 것이다.(세계 어디를 가든 점차 마찬가지가 되어가고 있다.) 그 높은 곳에서 바라보면 인간이 제2차 세계대전이 끝난 이래로 수행해왔던 자연과의 전쟁에서 승리했다는 느낌이 들 것이다. 자연이 항복한 것처럼 보이기 때문이다. 어디나 마찬가지다. 아이다호의 블랙풋 지붕 위에서 바라보면 적갈색 감자밭이 끝도 없이 펼쳐져 있다. 플로리다 이모칼리에는 토마토, 캘리포니아 캐스트로빌에는 아티초크, 텍사스 헤리퍼드에는 앵거스 소 떼, 캔자스 섬너 카운티에는 밀이다. 아이오와라면 어딜 가도 옥수수와 콩밖에 보이지 않는다.

물론 이는 기업식 농업의 극단적인 예다. 한 가지 작물의 대규모 재배 덕분에 현대 미국의 식습관이 가능해졌다. 소규모 농장의 생산 규모는 그것과 정반대다. 주로 가족 단위로 이루어지는 그와 같은 소규모 농장은 지역 먹을거리를 중시하는 사람들의 사랑을 받으며 직거래 장터에 수확물을 내다 팔거나 공동체의 일원으로 지역사회에 먹을거리를 제공한다. 그와 같은 소규모 농장은 20제곱킬로미터의 단일 경작이나 답답한 가축 사육장과 비교해보면 야채의 가짓수도 가축의 종류도 훨씬 많다. 하지만 그들도 종종 작물의 특수화에 죄책감을 느낀다. 그들은 채소나 과일, 몇 가지 곡물을 재배하거나 고기용 가축을 기른다. 네 가지 모두 취급하는 농장은 거의 없다.(다양한 작물을 훌륭하게 순환시켜 재배하는 클라스의 농장이 이례적인 경우다. 가축이 아예 없는 것도 마찬가지다.)

그런데 나는 클라스의 농장을 방문하기도 전에, 그리고 잭과 함께 스톤 반스의 채소밭 고랑에서 땅속 세계에 대해 배우기도 전에 지구를 반 바퀴 돌아 스페인의 엑스트레마두라Extremadura 지붕 꼭대기에서 몹시 다른 풍경을 바라보고 있었다. 농업이 풍경을 정복하기보다는 어떻게 조각해야 하는지 보여주는 장면이었다. 낮게 깔린 두터운 돌담으로 그물처럼 이어진 서닐 침대보 같은 밭이 내 발 아래 펼쳐져 있었다.

내가 바라보고 있는 풍경은 스페인의 그 지역에서 2000년 넘게 보존되어온 목초지 데에사였다. 3만3670제곱킬로미터의 초원에 오크 나무가 듬성듬성 서 있는 그 풍경은 수천 년 동안 그 모습 그대로였음에도 전 세계에서 가장 사랑받는 음식 하몬 이베리코Jamón Ibérico, 즉 까만 발 돼지 스페인 햄의 발생지가 아니었다면 아직까지도 별로 알려지지 않았을 것이다. 적갈색에 가까운 붉은 소금 절임 햄은 블랙 이베리안 피그라는 특별한 품종의 돼지를 지금 내 발 아래 펼쳐진 유명한 오크 나무 숲에서 전통 방식으로 자유롭게 방목시킨 결과다.

자연 그대로의 땅을 세심하게 손봐 지금 같은 대초원의 모습이 된 데에사가 어떻게 돼지에게 완벽한 서식지가 되는지는 나도 대충 알고 있었다. 그리고 그 화창했던 날 내 두 눈으로 직접 확인했다. 초기 농부들은 500년 된 거대한 오크 나무를 간헐적으로 남겨놓고 원래 있던 숲을 손질했다. 풍성한 초원에 사는 행복한 이베리안 피그는 엄청난 도토리 더미 위에서 뒹굴며 독특한 견과류 맛이 나고 지방 무늬가 완벽한 맛 좋은 햄이 된다.

하지만 그 지붕 위에서 새의 눈으로 데에사를 바라보기 전까지 내가 몰랐던 것이 하나 있었다. 바로 돼지의 천국 데에사가 단지 행복한 돼지만의 집은 아니라는 사실이었다. 광활한 초원에는 풀을 뜯는 양 떼와 소 떼도 있었다. 길게 뻗은 빽빽한 숲이 초원을 가르고 있었고 저 멀리 밭에는 보리와 귀리, 호밀이 자라고 있었다. 작은 스페인 풍 가옥이 점점이 초원을 장식하고 있었다. 텃밭에는 채소가 자라고 마당에는 빨래가 널려 있었다. 어쩌면 그것이 가장 진귀한 풍경이었는지도 모른다. 일상적인 농업의 한가운데 있는 진짜 공동체 말이다.

스페인의 정체성을 단박에 드러낸다고까지 말하기는 힘들겠지만 데에사는 나이 많은 오크 나무들과 전통적인 하몬에 걸맞은 찬사를 받고 있었다. 하지만 내 눈앞에 펼쳐져 있는 풍경은 그보다 훨씬 대단했다. 우리는 소규모의 다양한 농업 공동체가 산업화된 식품 체계의 최고 대안이라고 추상적이고 희망적으로 이야기해왔다. 하지만 그와 같은 대안을 실제 눈으로 확인할 일은 거의 없다. 지속가능한 농업의 청사진이라고 할 수 있는 지붕 위에서의 그 풍경을 말이다. 그 풍경은 어쩌면 우리 요리의 미래일지도 모른다.

—ɯ—

사실 나는 엑스트레마두라를 몇 번이나 보고 나서야 그와 같은 깨달음을 얻었다. 엑스트레마두라는 대부분 데에사로 이루어진 스페인 서부 지역이다. 나는 완벽한 햄을 찾기 위해 그곳에 간 것도 아니었고 2000년 된 풍경을 조사하기 위해 그곳에 간 것도 아니었다. 나는 천연 푸아그라를 먹으러 그곳에 갔다.

요리사가 할 일은 아닌 것 같다면 사실 그렇다. 첫째, 푸아그라를 먹으려고 스페인까지 날아간다는 것은 맛있는 바비큐를 먹으려고 캐나다로 여행을 떠나는 것만큼 말도 안 되는 일이기 때문이다. 그리고 어쩌면 더 중요할지도 모르는 두 번째 이유는 바로 '천연' 푸아그라라는 생각 자체가 모순이기 때문이다.

미식가들은 선망하고 반대자들은 비난해 마지않는 푸아그라는 프랑스어로 '살찐 간'이라는 뜻이다. 적절한 묘사다. 도살하기 전에 엄청난 양의 곡물을 거위의 식도에 집어넣어 간을 평소보다 열 배 정도 부어오르게 만들기 때문이다. 거위나 오리는 평생 먹을 양보다 더 많은 양을 몇 주 만에 먹게 된다. 79킬로그램의 사람이 약 20킬로그램의 파스타를 매일 먹는 것과 비슷하다.[1] 푸아그라가 맛있을지는 모르겠지만, 천연 푸아그라? 과연 그런 게 있을까?

적어도 나는 그렇게 생각했다. 그런데 어느 날 블루 힐의 공동 소유주인 형 데이비드가 내 책상 위에 『뉴스위크』에서 오린 세 단락 정도의 기사를 놓고 갔다. 에두아르도 소사Eduardo Sousa라는 엑스트레마두라의 한 농부에 관한 기사였다. 그 기사에 따르면 에두아루도는 거위를 강제로 먹이지 않고 푸아그라를 생산했다. 거위가 자유롭게 돌아다니며 계절적 본능에 따라 먹고 싶은 것을 먹게 놔두는 것이 그의 푸아그라 생산 방식이라고 했다. 이주하는 동물이 다 그렇듯 거위도 추위에 본능적으로 반응한다. 그래서 기온이 떨어지면 이동 준비를 위해 지방을 저장하려고 게걸스럽게 먹는다. 그 결과가 바로 '자연스럽게' 살이 붙은 에두아르도의 푸아그라다. 내가 가능하다고 생각해보지 못했던 방법이었다. 나는 나중에 더 자세히 알아보려고 책상 앞 메모판에 그 기사를 붙여놓았다.

그 당시 푸아그라에 관한 언론의 관심은 평소와 달리 급속히 커져가고 있었다. 시카고는 이미 푸아그라 판매를 법적으로 금지했고 캘리포니아와 뉴욕에서도 그에 관한 입법이 진행 중이었다.* 동물권리 옹호론자들이 푸아그라를 적극적으로 반대하는 이유는 (그리고 푸아그라 지지자들이 적극적으로 반박하는 점은) 바로 강제 급식, 즉 가바주gavage(위관 영양법)의 잔인함과 그로 인해 거위가 받는 고통이다. 가바주는 금속관을 거위의 목구멍에 삽입해 음식을 집어넣는 방식으로 간을 살찌게 만들기 위해 꼭 필요한 과정이다. 힘없이 위만 비대해져가는 거위의 비디오를 보면 가바주가 왜 그런 논란을 불러일으키는지 이해할 수 있을 것이다. 동물 복지와는 거리가 먼 장면이다.

물론 도덕적 잣대로 푸아그라를 비난하기는 쉽지만 푸아그라 요리를 거부하는 것은 결코 쉬운 일이 아니다. 우리 요리사들에게 문

* 하지만 시카고의 푸아그라 금지법은 나중에 철회되었고 캘리포니아에서는 2012년 푸아그라 금지법이 발효되었다.

제는, 결코 사소하지 않은 그 문제는 바로 푸아그라가 너무나도 맛있다는 것이다. 정말로, 누구도 따지지 못할 만큼 감미로운 맛이다. 기름지고 매끄러우며, 가장 초라한 요리마저도 멋지게 탈바꿈시킬 수 있는 맛이다. 다시 말하면 푸아그라는 요리사를 더 훌륭한 요리사로 보이게 만들어준다.

—ııı—

내가 처음 맛본 푸아그라는 통조림 푸아그라였다.

1970년대 중반이었다. 사업가였던 아버지에게 프랑스 사업가 두 명이 아이들을 위한 새로운 보드 게임 사업을 제안했다. 그 모임이 우리 집 거실에서 열렸는데 프랑스 사업가 두 명이 선물로 작고 까만 푸아그라 통조림을 가져왔다. 아버지는 바삭하게 구운 얇은 토스트를 준비하더니 형과 내게 텔레비전을 그만 보고 와서 귀한 음식을 맛보라고 하셨다. 프랑스 남자 중 한 명이 환호성을 지르며 촉촉하고 걸쭉한 잿빛 간을 깡통에서 꺼냈다. 나머지 한 명은 화려한 푸아그라 요리의 전통과 프랑스에서의 우월한 삶에 대한 예찬을 늘어놓았다. 나는 한입 베어 물었다. 끔찍했다. 그 냄새와 질감은 물론 거위 간이라는 생각까지. 하지만 불쾌함이 금방 사라진 데 반해 그 이상한 음식에 대한 알 수 없는 경외감은 오래 남았다.

12년 후, 나는 푸아그라를 다른 각도에서 바라보게 되었다. 로스앤젤레스의 최고급 레스토랑에서 처음 견습 요리사 일을 시작한 지 일주일도 채 되지 않았을 때, 장루이 팔라댕Jean-Louis Palladin이 초빙되어 저녁 특별 메뉴를 준비했던 날이었다.

"팔라댕이 누구예요?" 내가 소스 전문 요리사 맷에게 물었다.

"셰프 팔라댕이지." 그가 믿지 못하겠다는 표정으로 대답했다. "셰프 팔라댕은 미국 최고의 요리사야."

결코 과장이 아니었다. 팔라댕은 스물여덟 살 때 미슐랭 별을 두 개 단 가장 젊은 프랑스 요리사가 되었다. 피레네 산맥에서 자란 양고기와 최고급 양젖으로 만든 치즈, 특히 푸아그라가 유명했던 프랑스 서남부 가스코뉴에 있는 자기 레스토랑 라 타블 데 코르델리에La Table des Cordeliers에서였다. 그리고 다른 요리사들이 여전히 자리를 잡으려고 애쓰고 있는 나이에 원하던 세 번째 별까지 거머쥐었다. 그 당시 이는 전 세계에서 가장 위대한 요리사 중 한 명이 되었다는 뜻이었다. 하지만 팔라댕은 갑작스럽게 프랑스를 떠나 워싱턴 디시의 워터게이트에 장루이 레스토랑을 열었다.

팔라댕이 미국으로 진출했던 1979년은 미국 요리의 가장 절망적인 순간이었다. 1930년대에 처음 등장한 대규모 식품 회사들은 냉동식품, 가공식품, 패스트푸드, 제철 아닌 식품들을 성공적으로 팔아치웠고 그런 식품이 곧 현대사회의 위대한 발전으로 인식되었으며 1970년대에 이르러서는 우리 식생활을 규정하게 되었다. 그즈음 정착된 슈퍼마켓의 가격 경쟁력은 따라잡을 수 없었다. 슈퍼마켓들은 어떻게든 이윤을 늘리기 위해 음식이 어떻게 판매되는지뿐만 아니라 재료가 어떻게 재배되는지에까지 영향을 끼쳤다. 결국 다양성이 사라지고 음식의 질이 떨어졌으며 맛이 급격히 감소했다. 농업 효율성을 강조하는 그 새로운 시대를 맞아 소규모 농부들의 판로는 대폭 축소되었다. 조직화된 직거래 장터는 이제 막 생겨나는 수준이었고 소비자에게 직접 판매할 길을 찾지 못한 많은 농부가 농장을 팔아 현금을 챙겼다.

하지만 팔라댕은 미국 요리가 암울한 시기를 맞았다고 생각하지 않았다. 그는 미국 땅 자체가 요리의 불모지라고 생각했다. 프랑스 요리사의 일반적인 태도였다. 뉴욕에서 레스토랑을 경영하는 드루 니포렌트는 전통 프랑스 레스토랑에서 착실히 경력을 쌓아가며 일하던 시절에 대해 내게 이렇게 말했다. "그때는 매일 이런 말을 들었어요. '프랑스에서 버터는 버터야, 그리고 콩도 버터야.' 최상급 프랑스 요리의 독재 시절이었죠. 프랑스 요리에 대한 신화가 넘쳐 났어요."

팔라댕은 그 신화를 깬 첫 번째 인물 중 하나였다. 그는 버지니아 햄이나 스위트 콘 같은 미국의 상징적인 제품을 찬양했고 엄격한 프랑스 요리법을 적용해 구운 감자나 크랩 케이크 같은 단순한 요리를 예술로 승화시켰다. 그리고 따개비나 피를 섞어 만든 소시지, 돼지 귀 같은 저급한 (그래서 무시되기 일쑤인) 재료도 선보였다.

하지만 그가 가장 아꼈던 재료인 푸아그라는 그 당시 미국에서 구할 수 없었으며 수입도 불법이었다.(미식가가 아니라도 좋아하지 않을 만한 통조림 푸아그라만 가능했다.) 물론 팔라댕은 단념하지 않았다. 그는 프랑스로 날아가 아귀의 식도에 거위 간을 밀어 넣어 가져왔다. 생선은 반입 금지 제품으로 걸리지 않을 거라고 생각했던 그의 예상은 들어맞았다. 팔라댕은 가장 많을 때는 일주일에 대략 스무 개까지 간을 밀반입해 진짜를 맛보고 싶어 안달이 난 사람들에게 메뉴에 없는 특별 요리로 공급했다.[2]

그와 같은 대담함이 그를 요리사 중의 요리사, 요리계의 스타로 만들었다. 요리사들은 물론 미국 전역의 미식가들이 장루이 팔라댕의 새로운 미국 요리를 맛보기 위한 순례에 나서기 시작했다.

—∾—

물론 그 당시에 나는 아무것도 몰랐다. 하지만 자신이 중요한 사람이라는 것이 몸에 밴 태도로 팔라댕이 우리 레스토랑에 성큼성큼 걸어 들어올 때 감동받지 않기란 쉽지 않은 일이었다. 팔라댕은 큰 키에 호리호리했고 엄청나게 곱슬거리는 머리카락이 큰 머리에 왕관처럼 얹혀 있었다. 그는 작은 부엌에서 남성미를 뽐내며 무서운 속도로 움직였고 낮은 불호령 소리는 마치 슬개골에서 나오는 소리 같았다. 지나치게 큰 안경 너머로 날카롭게 상황을 판단하는 두 눈이 빛나고 있었으며 잠시도 쉬지 않고 움직였다. 특히 닭 요리 소스를 준비하는 혼란의 시기에 그랬다. 닭의 목과 발을 과감하게 잘라 내 레드 와인으로 냄새를 잡고 끓이고 젓고 또 냄새를 맡고 몇 초마다 맛을 보는 것 같았다.

오후 여섯 시 즈음 모든 준비가 끝나고 손님이 들어서기 시작하자 장루이는 길게 늘어선 가스레인지 앞에서 서성거리다가 크게 손뼉을 치며 빨리빨리 움직이라고 재촉했다. "주문서!" 그가 외쳤다. 바로 주문이 들어왔고 나는 갑자기 분주해진 부엌의 움직임을 고스란히 느낄 수 있었다.

그 와중에 그가 준비한 두 가지 요리가 기억에 오래 남았다. 하나는 맛을 봤고 다른 하나는 맛을 보지 못했다. 내가 맛보지 못한 요리는 가장 저급한 부위만 사용한 닭 요리였다. 모래주머니, 닭 볏, '오이스터'라고 부르는 골반 속의 살 등에 아까 그 소스를 곁들인 요리였다. 그리고 내가 맛본 요리는 푸아그라와 밤 수프였다. 마법 같은 맛이었다.

프랑스 전통

누구나 알다시피 프랑스 전통 푸아그라[3]는 농부들로부터 시작되었다. 프랑스 남부 시골에서 집 거위는 할머니의 관리 대상이었다. 하루에 세 번, 할머니들은 거위 배를 부드럽게 마사지하고 원을 그리듯 꾹꾹 눌러주며 따뜻하게 갠 사료를 식도에 집어넣었다. 그리고 크리스마스를 축하하는 의식의 일종으로 거위를 잡았다.

1778년, 송로로 향을 낸 간을 파이 껍질 안에 넣은 '파테 드 콩타드pâté de Contades'를 처음 요리한 사람은 알자스 주지사의 요리사 장조제프 클로즈Jean-Joseph Clause였다. 그 맛에 놀란 주지사는 아마 왕의 관심을 받고 싶었는지 그 파테를 루이 16세에게 보냈고 루이 16세는 이를 '왕의 요리'라 칭했다. 주지사는 그대로 주지사로 남았지만 요리사 클로즈는 금화 스무 개를 수여받았고 (오늘날 별 네 개쯤?) 푸아그라는 요리계의 목표가 되었다.

푸아그라는 프랑스에서 가장 선망 받는 음식일 것이다. 프랑스에서는 오늘날까지도 크리스마스 파티에 빠지지 않고 푸아그라가 등장한다. 하지만 모든 전통이 그렇듯 푸아그라는 급격하게 변했다는 가장 큰 이유로 지금까지 살아남을 수 있었다. 기술적인 변화와 심리적인 변화 두 가지 덕분이었다. 산업혁명을 거치며 개선된 생산 기술, 즉 식품 살균 기술과 보리와 기장을 대신할 옥수수 사료 덕분에 규격화와 빠른 체중 증가가 가능했다. 하지만 산업혁명은 사고방식의 변화에도 영향을 끼쳤다. 미묘한 변화일지도 모르지만 바로 그때부터 가축 또한 상품으로 인식되기 시작했다.

"거위는 아무것도 아니다."[4] 1862년 샤를 제라르는 알자스 요리에 대한 자신의 저서 『옛 알자스 지방의 테이블L'Ancienne Alsace a Table』에서 이렇게 말했다. "하지만 인간은 거위를 최고의 상품을 만들어내기 위한 도구로, 요리의 가장 아름다운 꽃이 피는 온상으로 만들었다." 거위는 아무것도 아니다. 과정이 전부다. 식품 생산의 기계화 능력이 발전하면서 자연에 대한 인간의 조작도 그에 맞춰 증가했다.

1960년대에 이르러 그와 같은 과정은 더욱 산업화되고 집중화되었으며 농업의 다른 분야와 함께 전문화되었다. 그리고 거위보다는 새로운 대규모 시설에 적합한 오리가 더 '인기' 있는 도구가 되었다. 거위는 예민한 조류라서 스트레스에 민감했다. 거위 간을 살찌울 수는 있었지만 이를 위해서는 엄청난 노력과 돌봄이 필요했다. 하지만 오리는 더 유순했다.

1970년대 새로운 혼혈 오리 품종의 등장으로 오리 간 푸아그라는 더 대중화되었다. 머스코비Muscovy 수컷 오리와 페킨Pekin 암컷 오리를 교배시킨 물라드Moulard 오리로 흔히 '뮬Mule'이라고 불렸다. 서로 다른 품종의 교차 수정은, 오리뿐만 아니라 어떤 동물이든, 종종 더 나은 특성을 가진 새로운 품종을 만들어낸다. 이를 '잡종 강세hybrid vigor'라고 한다. 새로운 품종은 더 건강하고 빨리 자라며 운이 좋다면 부모 종보다 맛도 더 뛰어나다. 잡종 강세는 물라드 오리를 통해서도 드러났듯이 더 높은 수익을 뜻하기도 했다. 물라드 오리는 공장의 열악한 환경을 머스코비나 페킨 오리보다 훨씬 더 잘 견뎠다. 질병 저항력도 강했고 더 유순했다. 살도 빨리 올랐고 그 결과 간도 더 커졌다. 그리고 인공 수정을 활용했기 때문에 필요할 때 번식시킬 수 있었다.

그 새로운 품종은 요리사에게도 포기하기 힘든 장점이 있었다. 입자가 미세해 뜨거운 팬 위에서 지방이 대부분 녹아버리는 거위나 머스코비 오리 간과 달리 물라드 오리 간은 뜨거운 열에서도 상태를 유지해 누구나 쉽게 구워 맛있게 먹을 수 있었다.(그때까지 두꺼운 푸아그라 조각을 스테이크처럼 굽는다는 것은 상상도 할 수 없는 일이었다.) 농부는 그 흔한 감기로 조류 수익의 3분의 1을 잃을 필요가 없어졌고 요리사도 80달러짜리 오리 간 덩어리가 팬 위에서 절반 크기로 줄어드는 모습을 지켜볼 필요가 없어졌다.

2007년까지 프랑스에서만 3500만 마리의 물라드 오리가 푸아그라를 위해 생산되었다. 거위는 80만 마리뿐이었다.[5] 오늘날 프랑스, 미국, 헝가리 등 전 세계 어디에서나 푸아그라는 그렇게 생산된다.(2006년 푸아그라 생산이 금지되기 전까지 이스라엘에서도 마찬가지였다.) 하지만 스페인 한구석에서 에두아르도 소사는 그와 전혀 다른 방식을 사용하고 있었다.

1812년 가족 전통으로 소리 없이 시작된 에두아르도의 푸아그라가 2006년 신문의 머리기사를 장식했다. 에두아르도의 푸아그라가 수천 명의 참가자를 제치고 파리 국제 음식 박람회의 음식올림픽에서 대상을 거머쥔 것이다. 프랑스인이 아닌 푸아그라 생산자는 역사상 그가 처음이었다. 몇 개월 후, 그에 대한 질문에 에두아르도는 이렇게 대답했다. "스페인 사람이 푸아그라로 상을 탔다고? 프랑스 사람들이 열 좀 받았겠죠."

프랑스 사람들은 에두아르도의 푸아그라를 비난했다. 처음에는 심사위원에게 뇌물을 먹였다고, 그리고 나중에는 그것은 푸아그라도 아니라고! "그 요리는 푸아그라라고 할 수 없다"[6]고 프랑스 전문 푸아그라 생산자협회 사무총장 마리피에르 페는 말했다. "푸아그라는 강제로 살찌운 동물을 사용한 요리라고 정확히 규정하고 있기 때문이다."

즉, 강제 급식을 하지 않으면 푸아그라가 아니라는 뜻이다.

반추동물의 눈으로 바라보기

나는 에두아르도에 관한 기사를 책상 앞 메모판에 붙여놓고 몇 달 동안 거의 잊고 있었다. 블루 힐 레스토랑 메뉴에 늘 푸아그라가 있는 것도 아니었고 있다 해도 한 번도 푸아그라를 논쟁거리로 생각해본 적은 없었다. 뉴욕 북쪽 허드슨밸리의 솜씨 좋은 푸아그라 공급자가 미국 전역의 요리사들에게 늘 흠잡을 데 없는 훌륭한 푸아그라를 제공하고 있었다. 내게 푸아그라에 관한 논쟁이라면 대부분의 요리사에게 그렇듯 최고의 푸아그라 요리법에 관한 것이 전부였다.

그런 내 생각을 바꾼 것은 거세져가는 정치적 논란이나 동물인권보호위원회의 잔인한 비디오가 아니었다. 내가 우리 레스토랑의 푸아그라 메뉴에 대해 다시 생각해보게 된 계기는 7월의 어느 날 이른 아침, 양 떼와 시간을 보내면서였다.

그날 아침, 나는 초원으로 나가 스톤 반스의 가축 조수 패드레익이 양 100여 마리를 새로운 초원으로 모는 모습을 지켜보았다. 패드레익은 꼭 '말보로 맨' 같았다. 195센티미터의 키에 조각 같은 외모, 번뜩이는 눈으로 카우보이 모자를 하늘로 들어 올리는 모습은 맥주 캔이나 가죽 채찍과 어울릴 법했지만 그는 부드럽게 휘파람을 불며 울타리를 열고 첫 번째 양 한 마리를 새 초원으로 몰았다. 양은 신이 나서 풀을 뜯으러 뛰어갔다.

"암컷답죠." 그가 양 궁둥이를 툭툭 치며 말했다. 나머지 양도 우르르 몰려나와 새로운 풀밭으로 향하는 모습이 마치 작은 들소 떼 같았다.

바로 그 순간까지 나는 좋은 양에 대해 좀 안다고 생각했다. 오랫동안 지역 농부에게 많은 양을 공급받고 있었고 양 갈비 요리나 정강이뼈를 오래 끓이는 요리도 충분히 해보아 잘 자란 양의 맛도 구분할 수 있었다. 하지만 그때는 클라스가 윌리엄 알브레히트를 소개시켜주기 전이었기 때문에 그때 내가 몰랐던 것은, 그리고 한 번도 생각해보지 못했던 것은 바로 이것이었다. 양은 뭘 먹고 싶어 할까?

우스운 질문이긴 했지만 강제로 밀거나 꾀를 쓰지 않아도 새로운 풀로 신이 나 달려가는 양 떼를 보면 양도 먹는 것에 꽤나 신경을 많이 쓴다는 사실을 금방 알 수 있다. 어쩌면 더 까다로운지도 모른다. 내가 블루 힐 농장에서 할머니와 함께 관찰했던 소 떼처럼 양 떼도 도깨비가지나 김의털을 피해 이 풀밭에서 저 풀밭으로 부지런히 옮겨 다니며 클로버와 겨자 풀을 뜯었다. 양은 라스베이거스에서 뷔페를 찾는 배고픈 손님처럼 약간 공격적이었다. 뷔페라는 것이 중요하다. 풀을 뜯는 양은 풀을 뜯는 수고에 비해 그리 많이 먹지 못한다. 그리고 그 차이는 작지 않다.

예전에 보조 요리사로 일할 때 유명한 요리사 질베르 르 코즈Gilbert Le Coze가 자신의 해산물 전문 레스토랑 르 베르나르댕Le Bernardin에 대해 자랑스럽게 이야기하는 것을 들은 적이 있다. "소보다 더 멍청한 동물은 없습니다."[7] 그는 되새김질 하는 반추동물을 폄하하며 이렇게 말했다. "한 곳에 서서 하루 종일 풀을 뜯는 행위에는 영혼이 없습니다. 하지만 물고기는 야생적인 피조물이죠. 소와는 차원이 다릅니다." 하지만 그 여름날 아침, 어미 양 주위에서 빙빙 도는 어린 양의 밝게 빛나는 두 눈과 윤기 나는 털을 보며 르 코즈의 주장에 동의하기는 어려운 일이었다.

패드레익이 근처에서 풀잎에 주둥이를 대고 뛰어다니는 어린 양 한 마리를 가리켰다. 아침으로 무엇을 먹을지 신속하게 살피는 모습이었다. 턱 바로 아래 난 털이 풀을 찾는 레이더 역할을 했고 어떤 풀을 찾는지는 날짜, 일 년 중 어느 시기인지, 그리고 하루 중 어느 때인지 등의 여러 가지 요소에 따라 달라졌다. 사람처럼 양도 단백질과 에너지를 섭취하고 식단의 균형을 맞추기 위해 어떤 풀을 뜯을지 신중하게 선택한다.(단, 알브레히트가 70년 전에 들판에서 소를 관찰한 바에 따르면 그들이 우리보다 균형을 더 잘 맞춘다.)

가축 관리자 크레이그 헤이니의 지시에 따라 패드레익이 하는 일은 그 놀이를 준비하는 것이었다. 양 떼가 영양가 많은 다양한 풀을 뜯을 수 있도록 언제 풀밭으로 나가 어떤 풀을 뜯게 할지 결정하는 것이다. "반은 먹고 반은 남긴다"는 것이 방목의 규칙이다.[8] 어린 풀이 고개를 내밀기 바로 직전, 풀이 최상의 상태일 때 양 떼를 보내 뜯게 한다. 부드럽고 당분이 많을 때다. 하지만 재빨리 다시 몰아 다음 번 양 떼가 오기 전에 풀이 다시 자랄 수 있게 한다.

물론 양 떼는 풀이 정성껏 돌봄받고 있다는 사실도, 다양한 품종의 씨를 뿌리고 다른 동물도 뜯게 해 토양에 천연 비료를 제공해가면서 그 맛있는 풀을 준비했다는 사실도 전혀 모르지만 패드레익과 양 떼를 보면서 나는 확실히 알 수 있었다. 처음으로 맛뿐만이 아니라 눈으로도 차이를 확인한 것이다. 양 떼가 즐거워하는 가장 주된 이유는 풀을 찾는 과정 자체가 재미있기 때문이었다. 양은 직접 찾아 먹어야 했다.(그리고 그것을 원했다.) 그게 바로 양 떼가 활기차 보였던 이유였을 것이다. 낚시 고리를 피하는 물고기처럼 야생적이지는 않았지만 양 떼에게도 르 코즈가 인식하지 못했던 의욕이 넘쳤다.

엄밀히 말하자면 르 코즈의 말은 지난 수십 년 동안 우리가 반추동물에게 해왔던 행동에 대한 비판이었는지도 모른다. 우리는 반추동물이 스스로 먹이를 찾아 나서게 놓아두지 않고 먹이를 가져다 바쳤다. 옥수수를 비롯한 곡물을 먹이고 식단의 폭을 제한하며 그들의 요구를 묵살했다. 미국에서 대부분의 반추동물은 초원에서 풀을 뜯기 시작하지만 동물 사육장의 제한된 공간에서 삶을 마감한다. 우리는 그들의 활기를 가두었다. 결국 그들을 멍청하게 만들었다.

늘 두툼한 지방으로 유명한 콜로라도 양을 예로 들어보자. 지방이 맛과 수분을 함유하고 있기 때문에 사육장에서 삶을 마감하는 양도 촉촉하고 육즙이 풍부한 고기로 만들기 쉽다. 하지만 개리슨 케일러Garrison Keillor가 말했듯이 현대의 양은 어느 부위를 먹어도 "끔찍한 맛"[9]이 난다. 훌륭한 요리사라면 그 끔찍한 맛이 기름기 많은 지방 때문이라고 할 것이다. 기름기 많은 지방은 입을 마비시킨다. 달콤하고 부드럽고 견과류의 맛이 나지만 먹고 있는 고기의 맛은 전혀 나지 않는다. 그리고 그 지방의 안쪽은 수분으로 흐물흐물해진 양의 살코기다. 그 거대한 크기를 생각해보면 몹시 아이러니하다.

그걸로 끝이 아니다. 양고기 요리법은 대부분 '지방을 제거'하라고 한다. 마치 비닐 봉투에서 사온 것을 꺼내듯 우리는 아무 생각 없이 지방을 버린다. 뉴욕에 있는 한 레스토랑에서 고기 자르는 법을 배울 때 저녁 시간에 쓸 양 갈비 40대를 손질하는 것도 내 몫이었다. 프랑스 출신의 나이 많은 정육 담당자가 살코기를 둘러싸고 있는 단단한 지방을 벗기라고 했다. 뼈 주위로 조심스럽게 칼자국을 내 재빨리 썰어내면 지방이 벗겨졌다. 마치 포도알이 껍질에서 빠져나오는 것처럼. 쓰레기통에 그 지방을 버리러 가면서 나는 그 아이러니에 대해 생각했다. 많은 돈을 주고 그 부위를 사서 결국 10퍼센트를 쓰레기통에 버리다니?(그 지방은 기본적으로 옥수수 사료 덩어리이기 때문에 내가 아이오와 주를 쓰레기통에 버리고 있었던 것이 아닌가?)

내가 지방을 제거해야 하는 이유를 묻자 그는 아무렇지도 않게 이렇게 대답했다. "느끼하잖아. 지방이 너무 많아." 그가 옳았다. 프랑스에서 자란 그는 분명 양 갈비에 지방이 조금이라도 붙어 있는 모습을 한 번도 보지 못했을 것이다. 초식동물에게 곡물을 먹이는 것(그것도 몹시 많이 먹이는 것)은 최근에 시작된 일이고 그러한 관습이 너무나도 당연한 일이 되었으며 콜로라도 양 같은 경우는 아주 유명해지기도 했지만 그런 고기가 사실 그렇게 맛있지는 않다.

패드레익이나 크레이그 같은 농부가 초원에서 양 떼를 모는 모습은 사라져버린 과거의 농장을 담은 한 폭의 그림 같을지도 모른다. 하지만 그들은 양이 원하는 것을 제공하면서 맛있는 고기를 위한 새로운 요리법을 창조하고 있다. 다양하고 풍부한 질감에 군살도 없고 느끼한 뒷맛도 남지 않는, 그리고 일 년 내내 맛이 변하는 그런 고기 말이다.

—ʍ—

팔라댕은 언젠가 이렇게 말했다. "미국 요리의 당면 과제[10]는 주마다 다른 최고의 재료를 찾아내는 것이다. 메인의 어린 뱀장어와 칠성장어, 오리건의 신선한 달팽이, 캐롤라이나의 복어와 캘리포니아의 굴, 그리고 그 모든 재료를 자기 요리에 통합시키는 것이다."

하지만 팔라댕은 지역적 특색을 자기 요리에 통합시키는 것으로 그치지 않았다. 그는 이를 위한 시장 또한 창조했다. 보조요리사 시절 워터게이트에 몇 차례 순례를 하고 지금은 미국의 유명한 요리사가 된 토머스 켈러Thomas Keller는 팜 투 테이블이란 말이 만들어지기 전부터 팔라댕은 그런 요리를 했다고 말한다. 그리고 몹시 전문적이고 최신식이며 예술적인 팔라댕의 요리 스타일이 요리 산업 전체에 영향을 끼쳤다고 말한다.

켈러는 이렇게 말했다. "전문성이 생기면 모든 사람에게 스며든다."[11] 점점 더 많은 미국의 요리사들이 재료를 공급하는 농부들과 관계를 쌓아나가는 데 요리의 중점을 두고 있다. 팔라댕 이전에 "요리사는 농부, 정원사, 어부 들과 관계를 쌓지 않았다"고 켈러는 말했다.

요리책 저자이자 전 『워싱턴포스트』 기자였던 조앤 네이선Joan

Nathan은 팔라댕이 가진 최고의 재능은 새로운 농부와 관계를 쌓아 갈 수 있는 기회를 단 한 차례도 낭비하지 않은 것이라고 내게 말했다. "뭔가 새로운 것이나 대단한 것을 기르는 농부 이야기를 들으면, 그게 맛있는 햄이든 신선한 호박꽃이든 상관없었어요. 바로 오토바이를 타고 몇 킬로미터든 달려 그 농부를 찾아갔어요. 그리고 저녁 식사 시간에 메뉴에 올렸죠." 팔라댕은 필요한 재료가 없을 때는 그걸 길러보라고 농부들을 설득하기도 했다.

팔라댕이 존과 서키 제이미슨에게 양을 방목하라고 설득한 것은 아니었지만 그들을 세상에 알린 점에 대해서는 인정받을 만했다. 크레이그나 패드레익 같은 농부가 등장하기 오래전부터 존과 서키는 펜실베이니아의 자기 농장에서 집약 방목의 예술을 완성시키고 있었다. 그들은 일찍부터 양고기의 맛이 '늘 변하는 것'이 좋다는 사실을 알고 있었다.

존은 자기 양에 대해 언젠가 내게 이렇게 말했다. "그럼요. 맞아요. 맛이 달라요. 나이에 따라서도 다르고 식단에 따라서도 다르죠. 5월과 6월에 어린 달래와 양파를 먹은 양 맛이 가장 강해요. 늦여름에는 야생화 때문에 맛이 약해지죠. 가을에 겨울을 나는 풀이 나기 시작하면 일 년 중 가장 성숙하고 맛있는 지방을 얻을 수 있어요."

존을 처음 만났을 때 나는 어떻게 그 일을 시작하게 되었는지 물었다. "우리는 우드스톡이 끝나지 않길 바라는 히피 커플이었어요." 그가 말했다. 1970년대 오일쇼크의 영향을 받고 있을 때였다. 휘발유 가격이 몇 달 만에 네 배로 뛰었고 공급 부족과 국제 사회의 불안으로 곡물 가격도 두세 배로 뛰었다.

그와 함께 혼자서 세우고 옮길 수 있는 간편한 전기 울타리가 개발되었다.(가축을 완전히 방목만 하는 뉴질랜드산 제품이었다.) "그때가 바로 '집약적'인 순환 방목의 시작이었어요." 동물이 광활한 들판에서 좀처럼 이동하지 않고 풀을 뜯는 완전 방목과의 차이를 언급하며 그가 말했다. 간편한 울타리 덕분에 소규모 농부들도 들소 떼가 수천 년 동안 대륙을 넘나들며 풀을 뜯던 방식을 흉내낼 수 있게 되었다.[12]

제이미슨 부부는 펜실베이니아 서부에서 0.8제곱킬로미터의 초원을 관리하는 데 성공했지만 그들의 철학은 결코 주류가 되지 못했다. 석유 파동이 끝나고 저렴한 연료와 곡물의 시대가 되돌아왔다. 그 결과 가축을 가둬 기르는 현재의 방식이 시작되었다. 그때부터 우리는 반추동물을 점점 더 멍청하게 만들어오고 있다.

제이미슨 부부는 오랫동안 곡물 사료를 먹는 가축과 힘들게 경쟁해야 했다. 심지어 미국에서 양은 팔기도 쉽지 않았다. 하지만 1987년 두 사람에게 행운이 찾아왔다. 장루이 팔라댕이 워터게이트 호텔에서 열릴 의회 만찬에 쓸 양 몇 마리를 주문한 것이다.

"양고기를 짊어지고 부엌으로 들어갔죠." 존이 말했다. "팔라댕이 자기소개를 하더군요. 조다슈 청바지를 입고 발목까지 올라오는 운동화를 신고 있었어요." 팔라댕이 양고기를 테이블 한쪽에 올려놓았다. 요리사들이 우르르 몰려가 팔라댕을 둘러쌌고 그가 팔을 거칠게 흔드는 모습이 보였다. 마침내 팔라댕은 존을 불러 양고기 내부를 살펴보았다. 그는 신장 주변의 지방층 두께를 토대로 양의 나이를 맞혔다.(3일 정도 빗나갔다.) 그런 다음 몸통을 훑으며 열린 곳 깊이 코를 넣어 냄새를 맡았다. "그 어수선한 머리카락에 크고 두꺼운 안경을 쓰고도 그는 머리 전체를 몸통 속에 집어넣고 숨을 들이

마셨어요. 꼭 빈티지 보르도 와인 향을 맡는 것처럼요."

그날부터 팔라댕은 제이미슨 부부의 양고기를 레스토랑 메뉴에 올렸고 곧 존과 서키는 미국 전역의 요리사들로부터 주문을 받게 되었다. 제이미슨 부부의 방법을 배워 자기 농장에 적용해보고 싶은 농부들이 찾아가봐도 되냐고 물어오기 시작했다.

"웃기는 일이었죠." 존이 최근에 내게 말했다. "우리는 60년대부터 단순하게 살며 땅을 돌보고 세상을 더 나은 곳으로 만들려는 우리의 이상을 고수하고 있었는데, 그리고 위대한 프랑스 농부들의 전통대로 농사를 지으려고 노력하고 있었는데, 미국에서 가장 돈 많고 가장 영향력 있는 사람들에게 음식을 대접하는 요리사 한 명 때문에 우리가 하는 일이 갑자기 유명해진 거잖아요."

장루이 팔라댕이 요리계에 끼친 공헌은 대단하고 또 잘 알려져 있다. 하지만 가장 지속적이면서도 가장 덜 알려진 그의 유산 중 하나는 아마 바로 이것일 것이다. 곡물 사료 없이 가축을 기르는 농부들의 소규모 네트워크를 만들려는 제이미슨 부부의 노력을 성공으로 이끈 것.(여기서 '소규모'라는 단어가 중요하다. 진짜 풀을 먹인, 곡물 사료는 핥지도 않는 양은 미국에서 기르는 모든 양의 2퍼센트도 채 되지 않으니까.)

존 역시 팔라댕이 의식 있는 요리사 세대를 만드는 데 도움이 되었다고 인정했다. "처음 양고기를 배달했던 날, 요리사들이 각자 자리로 돌아간 뒤에 서키와 나는 팔라댕과 함께 양고기 앞에 서 있었어요. 그의 눈에 눈물이 고여 있더군요." 팔라댕은 도살 서류를 작성해주면서 프랑스 지도를 대충 그려 지역별로 풀에 따라 양고기 맛이 어떻게 다른지 설명해주었다. 곡물 사료가 양고기 맛을 어떻게 단조롭게 만드는지 이해하고 있는 요리사를 존이 처음 만난 순간이었다. 팔라댕은 그 다양한 맛을 찬양했다.

"팔라댕은 가장 좋은 풀과 야생 허브 덕분에 프랑스에서 가장 맛있는 양고기를 생산하는 지역을 가리키며 다시 활기차졌어요. 그리고 방금 살펴본 양고기가 어디서 왔는지 지도를 찾아보았죠. 지역에 따라 서로 다른 맛이 그의 기억에 선명히 남아 있었고 또 새로운 맛을 찾았다는 사실에 잔뜩 흥분해 있었어요."

팔라댕은 곡물로 살찌우는 가축 사육을 인정하지 않았다. 비인간적이거나 환경 파괴적이기 때문이 아니었다. 결코 맛있는 음식을 만들어낼 수 없었기 때문이다.

—ɯ—

패드레익과 양 떼의 산책을 지켜보고 몇 달 후, 나는 부엌에서 유난히 큰 푸아그라를 손질하는 요리사를 보았다. 그때 갑자기 7월의 그 이른 아침, 풀을 찾아 뛰어다니던 스톤 반스의 양 떼가 떠올랐다. 농부가 필요한 식사를 제때 제공하고 양 떼가 아침으로 무얼 먹을지 찾아다니는 전원적은 풍경은, 콜로라도 양 갈비에 붙은 2.5센티미터의 지방을 연상시키는 살찐 간과는 정반대의 모습이었다.

물론 그 두 가지가 완전히 비슷하지는 않다. 거위와 오리는 잡식이기 때문에 반추동물보다 곡물을 더 잘 소화시킨다는 점도 다르다. 그리고 나는 사랑하는 내 푸아그라를 쓰레기통에 버릴 생각도 없었다. 하지만 그 순간 그 자리에서 나는 그 차이가 무엇인지 곰곰이 생각해보았다. 방목을 해야 한다고 주장하면서 어떻게 동시에 같은 메뉴에서 옥수수를 먹이기만 하는 것도 아니고 강제로, 그것도 엄청나게 많이 먹이는 방식 또한 지지할 수 있단 말인가?

마침 그로부터 얼마 지나지 않아 『타임』의 스페인 특파원이던 내 친구 리사 아벤드가 에두아르도 소사라는 남자에 대해 들어보았냐고 전화로 물어왔다. 나는 고개를 돌려 메모판에 붙어 있던 『뉴스위크』 기사를 바라보았다. 리사는 요리사와 함께 에두아르도의 천연 푸아그라가 진짜인지, 맛은 얼마나 좋은지 평가해보라는 기사를 맡았다고 했다.

미국 최고의 푸아그라 챔피언 팔라댕은 말도 안 되는 (그리고 가스코뉴 출신에게는 무례하기도 한) 그 제안에 어쩌면 그냥 전화를 끊어버렸을지도 모른다. 아니면, 그의 농장을 둘러보고 푸아그라 맛을 보겠냐는 리사의 질문에 나처럼 간단히 이렇게 대답했을지도 모른다. "당연히 가야죠."

8장

자유롭게 거닐며 풀을 뜯는 거위

나는 뉴욕을 출발해 밤새 비행기를 타고 늦은 아침 에두아르도의 농장에 도착했다. 마드리드 공항에서 나를 기다리고 있던 리사를 만나 엑스트레마두라를 가로지르며 바다호스 주를 향해 서남쪽으로 차를 몰았다. 엘 파소에 겨울이 있다면 아마 그런 모습일 것 같은 건조한 지역이었다.

엑스트레마두라는 남쪽으로 바다호스와 북쪽으로 카세레스 두 지역으로 나뉜다. 두 지역 모두 인구 밀도가 낮다. 전직 유럽사 교수였던 리사는 중세 시대에 무슬림에게 땅을 되찾은 기독교인들이 그 지역을 엑스트레마도리, 즉 라틴어로 '두에로 강 건너편'이라고 부른 것이 현재의 지명이 되었다고 설명해주었다. 말 그대로 미국인이 열세 개 식민지 주를 제외한 모든 지역을 '서부'라고 불렀던 것처럼.

엑스트레마두라는 또한, 개연성은 낮지만 실제로는 더 정확한,

'척박한extra-hard' 환경이라는 뜻일 수도 있다. 끔찍하게 건조하고 더운 여름과 추운 겨울, 가파른 계곡이 가로지르고 있는 높은 평원이라는 척박한 환경에도 불구하고, 아니 어쩌면 바로 그와 같은 환경 때문에 그 땅은 정복자들, 미국을 찾아 나선 유명한 모험가들의 고향이었다. 어렸을 때 텔레비전에서 보던 거친 카우보이를 떠올려보면 리사의 비유가 그렇게 동떨어진 것 같지는 않았다.

창밖으로 보이는 풍경은 하나같이 스페인의 거친 서부 모습이었다. 광활한 대지에 무어인의 영향을 받은 도시들이 서 있었다. 회반죽을 칠한 흰 벽에 두꺼운 아치가 있는 집들이었다. 우리가 차를 몰고 지나갔던 곳은 대부분 메마른 땅이었지만 푸엔테 데 칸토스를 지나 팔라레스에 있는 에두아르도의 땅에 가까워져갈 무렵 풍경은 갑작스럽게 변했다. 초원이 더 푸르고 나무가 더 무성한 것만 빼면 마치 아프리카의 서배너에 와 있는 느낌이었다.

특색 없는 비포장도로가 에두아르도의 농장으로 이어져 있었다. 아니 어쩌면 이어져 있을 거라고 생각하고 싶었는지도 모른다. 주변에 아무도 없었다. 헛간 한쪽에 묶여 사납게 짖는 개 한 마리만 우리를 반겼다. 버려진 곳 같았다. 우리는 넓지 않지만 탁 트인 풀밭에서 휴대전화를 높이 치켜들고 누워 있는 에두아르도를 발견했다. 스무 마리 정도의 거위가 시끄럽게 꽥꽥 거리고 날개를 퍼덕이며 에두아르도 주위를 빙빙 돌고 있었다.

"보니따!" 밝은 오렌지색 울타리로 다가가니 그의 말소리가 들렸다. "올라, 보니따!" 통화 중이라고 생각해 걸음을 늦췄는데 알고 보니 거위 사진을 찍고 있었다. 까만 독수리 한 마리가 위협적으로 낮게 날고 있는 것도 모르는 모양이었다.

"안녕하세요, 에두아르도 씨?" 리사가 불렀다. 에두아르도는 사진을 조금 더 찍었다. 더 가까이 다가가 보니 그는 웃고 있었다.

"에두아르도 씨?" 리사가 더 큰 목소리로 다시 한번 불렀다. 거위들이 날카롭게 비명을 지르며 울타리 반대편으로 달아났고 에두아르도는 즐거웠던 기분이 사라졌는지 걱정스러운 표정으로 재빨리 일어섰다. 그리고 거위들에게 뭐라고 속삭이더니 다시 환히 웃으며 우리를 향해 돌아서서 부드럽게 손을 흔들었다. 에두아르도는 몸집이 컸지만 뚱뚱하지는 않았다. 눈은 작고 광대뼈가 컸으며 머리카락은 몹시 두껍고 까맸다. 둥그런 배와 초록색 조끼, 갈색 로퍼 차림이 마치 공사장 감독관 같았다.

리사가 우리를 소개했다. "뉴욕에서 온 요리사 댄이에요." 에두아르도가 나를 보며 눈썹을 치켜 올렸다.

"만나 뵙게 되어 영광입니다." 나는 어색할 정도로 예의바르게 말했지만 에두아르도의 눈썹이 추켜올라간 그 순간 속았다는 생각이 강하게 들었다. 가바주 없는 푸아그라? 농담해? 아니, 저 사람이 뻥을 친 거겠지. 에두아르도가 가짜라는 건 콜롬보가 아니라도 단번에 알아챌 수 있을 것 같았다. 그는 농부처럼 보이지도 않았고 그곳도 전혀 농장 같지 않았다. 트랙터도 헛간도 흙도 없었다. 초록색 조끼를 입고 아침 내내 거위 사진만 찍으며 웃고 있는 약간 통통한 남자뿐이었다.

긴 침묵이 이어졌다. 나는 퉁명스럽게 말하고 싶은 욕구를 애써 눌렀다. 요리사들은 종종 그런 순간을 겪는다. 유감스럽지만 레스토랑 부엌에서 수년 동안 일하면서 얻게 된 요리사들의 전형적인 특징이다. 대화는 짧다. 핵심을 위해 자세한 이야기는 생략한다. 핵심은 뜨거운 요리가 식기 전에 '핵심을 이해'하는 것이다. 생존 기술이다. 그리고 효과도 있었다. 하지만 부엌 바깥에서도 가끔 통제하기 힘들 때가 있다.

"거위를 새로운 풀밭으로 얼마나 자주 모나요?" 내가 불쑥 물었다. 깜짝 놀란 리사가 애써 정중한 말을 골라가며 스페인어로 통역했다.

에두아르도가 고개를 흔들며 말했다. "거위의 뜻을 따르죠. 먹고 싶어하는 것을 줍니다." 우리는 울타리 주변을 걷기 시작했다.

"무엇을 먹이죠?" 내가 물었다.

"먹여요? 먹이지 않아요." 그가 대답했다.

"거위를 안 먹인다고?" 내가 리사를 보며 물었다. 고작 말도 안 되는 이야기나 듣자고 지구 반 바퀴를 날아왔나? 강제 급식 없이 푸아그라를 생산해? 전혀 먹이를 안 주는 농장? 그런 게 있기나 해?

에두아르도는 마치 '천천히 합시다. 이해하려면 시간이 걸려요'라고 말하듯 손바닥을 바닥을 향하게 내밀어 잠시 흔들며 웃었다. "거위는 먹고 싶은 걸 먹어요. 땅에서 알아서 찾아 먹죠." 그가 말했다. "아주 간단합니다."

우리는 울타리 주변을 계속 걸었다. 거위들이 처음에는 알게 모르게 천천히 뒤따라오다가 얼마 안 가 우리가 서 있는 곳 가까이까지 신이 나 날개를 퍼덕이고 꽥꽥 거리며 떼로 몰려왔다.

에두아르도는 오렌지색 울타리의 전원 장치를 가리켰다. 태양 에너지를 전기로 바꿔주는 장치였다. "거위가 울타리 아주 가까이는 다가가지 않아요. 어색한가 봐요. 뭐, 상관없긴 해요. 어차피 울타리

안쪽에는 전기가 안 흐르니까."

"안쪽에는 안 흐른다고요?"

"네, 바깥쪽에만 전기가 흐르고 안쪽에는 안 흘러요."

나는 리사를 보고 웃으며 말했다. "전기가 안 흐르는 울타리? 그러면 나가고 싶을 때 나갈 수 있다는 말이잖아?"

"자유죠!" 에두아르도가 얼마나 자유로운지 보여주려고 양팔을 힘차게 퍼덕이며 말했다.

에두아르도는 거위가 원하는 것을 주는 것이 자기 할 일이며 그 일을 잘하면 거위는 도망가지 않는다고 설명했다. 갇혀 있다는 느낌을 받지 않는 것도 거위가 원하는 것 중 하나일 것이다. 갇혀 있다고 느끼면 온전히 자유롭다고 느끼지 못하기 때문이다. "자유가 제한되어 있다고 느끼면 덜 먹어요." 에두아르도가 말했다.

"그래도 울타리 안에 있는 건 마찬가지잖아요. 아무리 전기가 안 흐른다고 해도." 내가 핵심을 건드려 말했다. 리사는 에두아르도의 기분을 상하게 만들지 않으려고 부드럽게 통역하려고 애썼지만 그가 질문을 대충 이해했는지 리사의 말을 자르고 끼어들었다.

울타리는 거위가 너무 어려 침입자로부터 보호가 필요할 때만 사용된다고 했다. 그리고 그렇더라도 "거위는 갇혀 있다고 느끼지 않아요. 보호받고 있다고 느끼죠." 울타리에 가두는 것은 사실 에두아르도의 농장에 존재하지 않는 일이었다. 지금까지 나는 울타리를 통제와 감시의 도구 이상으로 생각해본 적이 없었다. 하지만 에두아르도에게 울타리는 보호의 수단이었다. 신체적으로는 물론 심리적으로도 보호해주는 장치였다. 아무 조건도 없을 때 거위는 자유를 느끼고 자유를 느끼는 거위는, 에두아르도에 따르면, 더 많이 먹는다.

나는 패드레익과 스톤 반스의 양 떼가 생각났다. 완벽한 순간에 풀을 뜯기 때문이 아니라 자유롭게 풀을 뜯을 수 있기 때문에 고기가 그렇게 맛있는 것일까? 어쩌면 천연 푸아그라의 비밀은 최상급 양고기의 비밀과 비슷할지도 모른다. 거위가 자유를 느끼게 만들어 먹고 싶은 것을 먹을 수 있게 해주면 나머지는 자연이 알아서 돌볼 것이다.

—ꟺ—

에두아르도는 농장의 다른 곳도 둘러봐야 한다고 말했다. 그리고 울타리도 중요하지만 거위가 자유롭게 거닐며 풀을 뜯을 수 있는 상태가 푸아그라의 성공에 중요하다고 덧붙였다. 그는 풀을 뜯고 있는 다 큰 거위를 보여주고 싶어했다.

에두아르도는 뒷길을 따라 차를 몰았다. 너무 천천히 달려 혹시 자동차 바퀴에 바람이 빠진 건 아닌지 걱정스러웠다. 의도하지는 않았겠지만 그 덕분에 주변 경치를 감상할 수 있었다. 거대한 오크 나무가 듬성듬성 서 있는 넓은 초원을 달리다 보니 처음으로 그 유명한 스페인의 데에사를 가로지르고 있다는 사실이 새삼 다가왔다.(리사나 에두아르도에게 오기 전에 스페인 지도조차 찾아보지 않았다고는 털어놓지 못했다.) 데에사를 사진으로 보고 그 땅의 역사에 대해서도 들어보았지만 대부분의 요리사에게 (그리고 스페인 사람에게도) 데에사 방문은 그 유명한 하몬 이베리코의 본고장을 찾는 신성한 장소로의 순례였다.

요리 저술가들은 요리사들이 최상급 재료에 사로잡혀 있다고 말한다. 특히 요리가 춤을 추게 만드는 재료, 예를 들면 페리고르의 송로, 이탈리아의 예술적인 올리브 오일, 브르타뉴의 바다소금 등에 요리사들은 정말로 열광한다. 누구나 자기 일에 헌신하듯 우리 요리사들은 요리를 향상시켜주는 재료에 끌린다. 다시 말하면 음식을 더 맛있게 만들어주는 재료에 끌린다. 하지만 우리를 완전히 꼼짝 못하게 만드는 재료는 아주 극소수밖에 없다. 부엌으로 들어왔다가 특별한 장식 없이 그 모습 그대로 테이블로 나가는 재료들이다. 그와 같은 요리는 요리사의 도마 위에 놓인 재료라기보다 이미 완성된 예술 작품이다. 예를 들면 완벽하게 익은 치즈, 아직 햇살의 기운이 남아 있는 방금 딴 따뜻한 에얼룸 토마토(에얼룸heirloom은 세대를 거치며 전해져 내려온 고대 품종을 일컫는 말—옮긴이), 그리고 하몬 이베리코다. 최고의 요리사들조차 (어쩌면 그런 요리사들이 특히 더) 그런 재료는 그대로 두는 편이 낫다는 데 동의할 것이다.

하지만 대부분의 지역에서 최상급 상태로 생산해낼 수 있는 완벽한 치즈나 에얼룸 토마토와 달리 하몬 이베리코의 맛은 그 누구도 똑같이 복제할 수 없다. 하몬 이베리코는 의심의 여지없는 세계 최고의 햄이다. 풍부하면서도 담백하고 스페인의 아몬드나 오래 묵은 화이트와인처럼 견과류 맛이 나는 하몬 이베리코는 어떻게 말로 표현할 수도 없을 만큼 감미로운 맛을 낸다.

나는 로스앤젤레스를 떠나 파리로 가서 위대한 프랑스 요리사 미셸 로스탕 밑에서 보조 요리사로 일할 때 하몬 이베리코를 처음 보았다. 로스탕은 전통 프랑스 요리의 현대적 해석으로 유명했다. 하지만 요리계에서는 스트레스를 많이 받으면 불같이 화를 내는 성질로 유명하기도 했다. 어찌나 화를 내는지 어린 보조요리사들의 눈물을 쏙 빼는 일도 잦았다. 나도 그가 불같이 화를 내는 모습을 한 번 본 적이 있는데 20년이 지난 지금까지도 기억이 생생하다. 사랑스럽지만 건망증이 심했던 야채요리사 기욤이 분명히 여러 번 해봤을 프리카세(주로 닭고기를 버터에 볶은 다음 야채와 함께 크림소스에 넣어 만든 요리—옮긴이)를 엉뚱한 감자로 요리해 테이블로 내보내는 것을 보고 셰프 로스탕은 머리 뚜껑이 열렸다. 그는 벼락같은 목소리로 기욤을 불러 그의 태도와 지능, 외모에 온갖 저주와 모욕을 연타로 날렸다. 인신공격의 수준이 너무 심해 나는 로스탕의 심장이 엄청나게 빠른 속도로 온 몸에 분노를 실어 나르다가 조만간 참지 못하고 포기해버릴 거라고 확신했다.(사실 그는 벌써 두 번이나 심장마비를 겪은 적이 있었다. 두 번 다 저녁 영업시간 도중이었다.)

그의 분노가 얼마나 오래 갔는지 식당 전체가 고요해졌다. 바로 그때 호텔 지배인 브루노가 햄을 잘 자를 수 있게 만들어진 금속 집게로 하몬 이베리코의 다리를 들고 주방에 나타났다. 그때까지 나는 사진으로밖에 하몬 이베리코를 보지 못했고 하몬 이베리코와의 첫 만남이 프랑스의 유명한 레스토랑에서 이루어질 거라고도 생각해보지 못했다. 하몬 이베리코가 진정제 역할을 할 수 있다는 사실도 그때 처음 알았다. 브루노는 정신을 잃은 셰프 옆에 햄을 내려놓았다.(나중에 들어보니 일부러 그랬다고 했다.) 로스탕은 햄을 보자마자 거의 반사적으로 다리 앞쪽에 오른손을 올렸다. 그는 고함을 멈추고 갓난아기가 요람에서 자는 모습을 바라보듯 햄을 바라보았다. 마치 너무나도 완벽한 존재의 갑작스러운 출현에 자신의 행동이 부끄러워진 것 같은 모습이었다.

나는 차 안에서 창밖의 오크 나무를 동경의 눈빛으로 바라보았다. 이베리안 피그의 그 유명한 도토리 식단의 원천이었다. 초록색과 회색에 기둥이 울퉁불퉁한 오크 나무는 나이는 많지만 힘이 넘쳐 보였다. 마치 오로지 의지만으로 두꺼운 초원의 흙을 뚫고 우뚝 솟아난 것 같았다.

나는 마침내 데에사를 두 눈으로 직접 볼 수 있어 무척 신이 난다고 말했다. "사진보다 훨씬 아름답네요. 정말 멋져요."

"그런데 일 년 중 가장 안 예쁠 때예요!" 에두아르도가 오른손 검지를 치켜들며 안타깝다는 듯 말했다. "초록이 무성할 때, 그리고 해가 지고 있을 때 다시 와야 해요. 지금은, 그러니까, 상태가 이래서 안타깝네요."

리사가 스페인 사람들은 데에사에 애정이 넘쳐 늘 풍경이 최고를 자랑할 때 보지 못하는 점에 대해 한탄한다고 설명해주었다. "데에사에 자주 와봤는데도 내가 풍경에 감탄할 때마다 늘 똑같은 반응이에요. 마치 처음 누군가의 집에 갔는데 집 상태가 말이 아니라고 사과하는 사람들처럼 말이에요."

우리는 오른쪽으로 확 꺾어 나무가 무성한 비포장도로를 천천히 달려 너른 땅에 도착했다. 갑자기 푸르른 초원 위에 듬성듬성 흩어진 오크 나무가 시야에 들어왔다. 나는 에두아르도에게 그 유명한 이베리안 피그도 기르고 있는지 물었다.

"돼지요? 물론이죠. 몇 마리 있어요." 그는 마치 농장의 고양이에 대해 얘기하듯 심드렁하게 대꾸했다.

갑자기 에두아르도가 소리쳤다. "저길 봐요!" 급히 브레이크를 밟아 몸이 앞쪽으로 확 쏠린 에두아르도는 두 손을 앞 유리에 갖다 댔다.(나는 속으로 이렇게 생각했다. '공룡이라도 나타났나?') 에두아르도는 저 멀리 사랑하는 거위들이 풀숲에서 뒤뚱거리며 먹이를 찾아 헤매는, 그가 틀림없이 매일 봤을 법한 풍경을 바라보고 있었다. 적어도 240미터는 떨어져 있었는데도 그는 재빨리 차에서 내려 몸을 약간 숙이고 알아들을 수 없는 소리를 웅얼거리며 천천히 걷기 시작했다. 나도 그의 뒤를 바짝 따랐다. 갑자기, 멀리서 봤다면 틀림없이 연극의 한 장면으로 착각했을, 사랑에 빠진 주인공의 몸짓으로 에두아르도가 땅에 엎드려 기기 시작했다.

"올라, 보니타스!" 그가 말했다. 리사가 그의 뒤를 따르며 통역해주었다. "예쁜 것들"이라는 뜻이었다. "오, 예쁜 이들. 기분이 어때, 우리 예쁜 이들?"

에두아르도는 멈춰 서서 거위가 올리브를 먹고 있다고 알려주었다. 에두아르도는 잘 차려진 식탁에 아이와 함께 앉아 있는 아빠의 미소를 지었다. 값비싼 점심이라는 걸 그도 인정했다. 거위 간을 내다 파는 것보다 고급 올리브 오일 용으로 올리브를 내다 파는 편이 더 돈벌이가 될 거라면서.

"따지고 보면 거위가 반을 먹고 제가 반을 팔아요." 초식동물을 싱싱한 풀밭에 순환 방목시킬 때의 "절반은 먹고 절반은 남기는" 규칙이었다. 여기서는 거위가 그 시기를 정한다는 것만 달랐다. 에두아르도는 잠깐 계산을 해보려다가 그냥 간단히 이렇게 덧붙였다.

"거위들도 꽤나 공정한 편이에요."

"거위를 편안하고 행복하게 해주면 통통한 간을 선물받아요. 그것이 거위에게 훌륭한 음식을 제공해준다고 신이 우리에게 감사하는 방식이죠." 신비스럽지도, 괜히 복음을 전파하는 것 같지도 않은 간결한 확신이었다.

아니면 그냥 겸손한 척하는 것일까? 나는 그가 언급하지 않은 또 다른 요소에 대해 물었다. 에두아르도는, 그리고 그의 아버지와 할아버지는 환경의 도전은 받지 않았을까? 에두아르도는 고개를 저었다. 환경은 전혀 자신을 힘들게 하지 않았다고 그는 말했다. 문제는 시장이었다. 노란 푸아그라만 원하는 요리사와 도매상, 소비자가 문제였다.

—∞—

간의 질은 몇 가지 요소에 의해 결정된다. 그중에서도 가장 중요한 요소는 바로 간의 색이다. 더 노랄수록 좋다. 회색빛 간은 훨씬 낮은 가격에 팔린다.

요리사는 일찍부터 회색에 가까운 간은 피해야 한다고 배운다. 나도 마찬가지였다. 요리학교에 다닐 때 유명한 특수 식품 도매 회사 다르타냥을 찾아가 아리안 다갱에게 캐비어, 송로, 당연히 푸아그라까지, 최고의 재료가 어떻게 수입되고 미국 최고의 레스토랑에 어떻게 공급되는지 배울 때였다. 우리는 저장 창고로 가면서 냉장 처리가 된 작은 방을 지났다. 안을 들여다보니 A, B, C 세 글자가 간격을 두고 벽에 붙어 있었다. 간은 각각의 등급 아래 긴 탁자 위에 놓여 있었다. 그리고 구석에 있는 작은 탁자 위에 급하게 A++이라고 쓴 종이가 있었고 그 아래에 열두서너 개의 간이 있었다. 나는 자세히 보려고 가까이 다가갔다. 지금껏 본 모든 간 중에서 가장 부드럽고 가장 밝은 노란색이었다.

나는 아리안에게 A++ 등급을 받은 그 황금빛 간은 가장 유명한 요리사에게 가는 거냐고 물었다. 그녀가 나를 보며 대답했다. "천만에요. 차이를 아는 요리사에게 가죠."

에두아르도에게 문제는 모든 사람이 좋아하는 그 노란색이 옥수수에서 나온다는 것이었다. 사료의 옥수수 농도가 진할수록 더 밝은 색 간을 얻을 확률도 높아진다. 에두아르도의 거위는 옥수수를 먹고 싶을 때만 가끔 먹었기 때문에 간이 당연히 옅은 회색에 가까울 수밖에 없었다. 수년 동안 에두아르도는 그게 바로 거위를 잘 기르고 있다는 뜻이라고 스스로 위안해보려고 노력했다. 에두아르도는 이렇게 말했다. "거위에게 간을 더 노랗게 만들라고 할 수는 없죠." 하지만 거위를 잘 기르는 것은 중요하지 않았다. 사람들은 노란 간을 원했고 노란 간을 위해 더 많은 돈을 지불할 용의가 있었다. 에두아르도는 힘들게 경쟁해야 하는 시절을 보냈다.

그런데 몇 년 전, 에두아르도의 거위가 도살되기 몇 주 전에 우연히 루핀이 무성한 지역에서 풀을 뜯게 되었다. 루핀은 훌륭한 단백질 공급원으로 가축 사료로 널리 쓰였다. 루핀은 데에사 전체에 야생으로 자라며 가끔 특정 지역에 밀집되어 있기도 했다. 그런데 루핀 색은 밝은 노란색이었다. 에두아르도의 거위는 루핀이 다 자라 열매를 맺기 전까지 특별히 루핀을 좋아하지는 않았는데 어느 날 갑자기 공격적으로 열매를 찾으며 풀 전체를 먹어치우기 시작했다고 그가 말했다.

"거위가 완전히 거칠어졌어요!" 에두아루도가 다정한 표정으로 그 광경을 떠올리며 말했다. 에두아르도는 도살하기 전까지 거위가 루핀을 얼마나 많이 먹었는지조차 잊고 있었다. 그런데 도살하고 보니 간이 마치 옥수수를 엄청나게 먹은 것처럼 노랬다. 다음 해, 그는 루핀이 무성한 들판으로 거위를 데려갔고 이번에도 밝은 노란색 간을 얻었다. 그때부터 루핀은 빠지지 않는 먹이가 되었다.

나는 하몬 이베리코를 생각하며 에두아르도에게 거위가 그 맛좋은 도토리만 먹는 게 더 좋지 않겠냐고 물었다. 간이 밝은 노란색이 되지는 않겠지만 분명히 맛이 이를 보상하고도 남을 거라고. 에두아르도는 어깨를 으쓱하며 말했다. "거위가 결정할 일이지요."

그리고 갑자기 다급해진 듯 이렇게 덧붙였다. "도토리 말입니다. 왜 하몬 이베리코가 꼭 도토리 때문이라고 생각하나요? '세계 최고의 사료'인 도토리는 곧 '세계 최고의 지방'이에요! 세계 어디에나 도토리가 있는데 아무도 하몬 이베리코를 똑같이 만들 수 없다는 점에 대해 생각해본 적 있나요?" 그는 대답이 너무 확실하다는 의미로 잠시 말을 멈췄다. "거위가 도토리를 엄청나게 먹어도 돌아다니지 않으면, 이 모든 풀을 뜯지 않으면……" 이 부분에서 그는 팔을 들어 올려 푸르른 초원을 가리켰다. "풀이 없으면 도토리는 아무 소용이 없어요."

에두아르도는 풀이 도토리를 더 달콤하게 만들어준다고 설명했다. 그래서 거위가 풀을 더 많이 뜯을수록 도토리도 더 많이 먹게 된다. 이는 간단히 말하면 풀과 도토리가 일으키는 화학 작용 때문이다. 에두아르도는 그와 같은 작용 덕분에 거위가 도토리만 먹을 때보다 몸무게가 훨씬 더 빨리 증가한다고 말했다.

바로 그때, 스무 마리 남짓 되는 돼지가 시야로 들어왔다. 온몸을 쿵쿵거리며 움직이는 이베리안 피그는 어쩐지 다리가 달린 맥주 통을 닮았다. 야구 모자챙처럼 튀어나온 큰 귀가 따가운 지중해의 태양으로부터 눈을 보호해주었다. 도토리를 찾기 쉽게 코도 긴 편이었다.

이베리안 피그를 그렇게 가까이 본 건 처음이라 나는 정말 신이 났다. 세상에서 가장 유명한 돼지를 가까이서 보고 있다는 이유 때문이기도 했지만, 나는 그때까지 이베리안 피그와 그 유명한 햄이 도토리만 주로 먹는 식습관 때문에 생긴 두꺼운 물결 모양의 지방과 동의어라고 생각했었기 때문에 그 새로운 사실이 놀랍기도 했다. 나는 이베리안 피그가 가만히 앉아 텔레비전이나 보는 사람과 비슷할 거라고 생각했었다. 하지만 근육이 딴딴하고 발 빠른 돼지를 가까이서 보니 그건 완벽한 착각이었다. 유기농 곡물을 먹고 자유롭게 거닐며 새끼를 낳고 사는 축복받은 돼지를 스톤 반스에서 오래 봤으니 그렇게 놀랄 일이 아니었는지도 몰랐다. 하지만 그런 돼지의 모습은 완전히 처음이었다. 나는 '당당한' 돼지를 보고 있었다.

에두아르도는 별 동요가 없어 보였다. 사실 약간 짜증이 난 듯 했다. "내 거위가 저 돼지들보다 도토리를 더 많이 먹어요." 그가 그 유명한 이베리안 피그를 향해 손을 흔들며 말했다. "크기는 반밖에 안 되면서!"

혁명을 위한 세금

점심을 먹으러 가려고 막 돌아섰을 때 에두아르도가 거위 몇 마리만 더 보고 가는 게 좋겠다고 했다. 그리고 근처에 몇 마리가 있을 거라며 주변을 여기저기 찾아보더니 도대체 다 어디에 있는지 모르겠다고 했다.

이해하기 힘든 또 다른 순간이었다. 어떻게 자기 가축이 어디 있는지 모를 수 있지? 그 유명한 이베리안 피그를 키우는 김에 그냥 취미로 거위를 기른다면 그럴 수 있다. 하지만 간이 어딜 돌아다니고 있는지 모르는 푸아그라 회사? 게다가 그 무지를 자랑스러워하기까지?

우리는 계속 찾았다. 에두아르도는 등 뒤로 두 손을 깍지 낀 채 걸었다. 그 모습이 꼭 거위 같았다. 고개는 앞뒤로 움직였고 냄새를 쫓듯 코를 치켜들고 있었다. 하지만 40분 동안 우리는 단 한 마리의 거위도 보지 못했다.

까만 매 한 마리가 언덕 꼭대기로 갑자기 낮게 내려왔다. 나는 에두아르도에게 매에 대해 물었다.

"매가 많아요." 그가 대답했다. "먹을 게 많으니까."

"예를 들면요?"

"거위 알이요!" 그가 신이 나 외쳤다. "거위 알 절반 이상을 매가 먹어치우죠."

"절반이요?" 나는 리사를 보며 말했다. "말도 안 돼."

"맞아요! 거위는 일 년에 한 번 마흔 개 내지 마흔 다섯 개의 알을 낳아요. 운이 좋으면 열여덟 개나 스무 개 정도가 살아남는다고 할 수 있겠네요. 그러니까, 절반 이상이네요."

새끼는 늘 죽는다. 병에 걸려서, 잡아 먹혀서, 홍수 때문에. 하지만 알의 절반을 (그리고 잠재 수익의 50퍼센트를) 알이 깨기도 전에 잃는다는 것은 어마어마한 손실이 아닐 수 없다. 고개를 들어보니 매 두 마리가 더 날아와, 내가 알기로 에두아루도의 거위가 알을 품고 있는 방향으로 날아가고 있었다.

"그럼 매가 가장 큰 장애물이라고 할 수도 있겠네요?" 내가 물었다.

"그렇지는 않아요." 그가 예의바르게 대답했다. "그래서 자연이 거위에게 그렇게 많은 알을 낳게 만든 겁니다. 자유롭게 사는 대가로 세금을 낼 수 있을 만큼 충분해야죠."

우리는 두터운 수풀을 지나 넓은 초원으로 갔다. 가슴이 밝은 노란 새 한 마리가 근처의 오크 나무 가장 높은 가지 위에서 한창 노래를 부르고 있었다. 지평선에서 황금빛으로 타오르는 태양이 초원을 부드럽게 비추고 있었다. 오크 나무가 드리운 긴 그림자가 꼭 죽어 누워 있는 군인 같았다.

에두아르도를 보니 다시 저 멀리 왼쪽 하늘을 바라보고 있었다. 이번에는 매가 아니라 야생 거위 몇 마리가 우리 쪽으로 날아오고 있었다. 야생 거위가 다가올수록 에두아르도의 거위들이 더 큰 소리로 꽥꽥거리기 시작했다. 45미터 근처까지 다가온 걸 보니 야생 거위도 같이 꽥꽥거리고 있었다. 거위 소리가 익숙하지 않은 내게는 마치 서로 싸우는 소리 같았다. 어느 쪽 목소리가 더 큰지 구분할 수 없었다.

"야생 거위도 가끔 옵니까?" 내가 물었다.

에두아르도는 고개를 저었다. "가끔 와서 지내기도 해요."

"지낸다고요?"

"어떨 때는 아예 눌러 살지요." 그가 말했다.

나는 미국에서도 어쩌다 야생 돼지가 사육장에 와서 머무르기도 한다며 믿기 힘들다는 내 뜻을 전달하려고 노력했다. 그런데 에두아르도는 내 말이 무슨 뜻인지 이해하지 못하는 것 같았다. 통역 때문이 아니었다. 에두아르도는 만 마리의 돼지가 사육장에 갇혀 지낸다는 개념 자체를 이해하지 못했다. 처음에는 말도 안 된다고 생각하더니 나중에는 그 문제에 대해 더 이상 알고 싶어하지 않는 것 같았다.

"하지만 에두아르도!" 내가 말했다. "거위는 유전자에 따라 겨울에는 남쪽으로, 그리고 여름에는……."

"아닙니다." 그가 고개를 저으며 끼어들었다. "아니에요. 거위의 유전자는 살아남을 수 있는 환경을, 행복을 찾게 되어 있어요. 이곳에 와서 그걸 찾는 거죠."

—~—

20분 후, 나는 세비야 바로 북쪽의 조용한 도시 모네스테리오에 있는 레스토랑 구석에 앉아 있었다. 모네스테리오는 엄밀히 말하자면 도시라고 할 수 없는 도시였다. 작은 가게 몇 개가 전부였다.

빛이 환한 레스토랑 실내는 한산했다. 가짜 컨트리 웨스턴 스타일 가구가 있었고 텔레비전에서는 스페인 드라마가 방영되고 있었다. 에두아르도는 주머니에 두 손을 넣고 텅 빈 테이블에 털썩 앉았다. 그는 약간 상기되어 있었다. 가끔 턱을 치켜들며 추워도 밖에 있는 것이 낫다 싶어 몸을 들썩이는 것 같았다. 거위 간이 나오기를 기다리는 동안 그는 마치 상쾌한 바람을 즐기듯 두 눈을 살짝 감고 불안하게 웃고 있었다.

웨이터가 빈손으로 몇 차례 우리 테이블을 지나가다가 결국 '제가 요리사가 아니에요'라는 뜻으로 어깨를 약간 들썩였다. 에두아르도는 그가 존경의 의미로 고개를 숙이며 지나가는 모습을 바라보았다. 고개를 돌려가면서까지 에두아르도를 바라보는 웨이터의 눈길을 보니 늘 있는 일인 것 같았다.

마침내 웨이터가 푸아그라를 들고 나타났다. 에두아르도가 "왔군요!"라고 외치며 나를 보고 최선을 다해 또박또박 영어로 말했다. "자유 푸아그라입니다." 흰 접시 위에 푸아그라 파테(거위 간 80퍼센트에 돼지 간이나 달걀 등을 섞어 퓌레 형태로 만든 요리—옮긴이)가 놓여 있었고 골파 세 가지가 한가운데에 꽂혀 있었다.(에두아르도는 그 쓸데없는 장식에 기분이 상했는지 아니면 당황했는지 손으로 재빨리 뽑아버렸다.) 웨이터가 접시 옆에 작은 바다소금과 흑 후추병, 얇게 자른 바게트 접시를 내려놓았다. 그리고 마치 비싼 와인이라도 한 병 가져오라는 에두아르도의 지시를 기다리듯 가지 않고 서 있었다.

에두아르도는 푸아그라 접시를 들어 크게 냄새를 맡았다. 다시 테이블 위에 내려놓나 싶더니 갑자기 다시 코앞으로 가져갔다. 이번에는 코를 어찌나 가까이 들이댔는지 콧구멍이 거의 닿을 뻔했다. 그는 푸아그라가 향을 낼 수 있도록 접시를 시계 방향으로 재빨리 돌리며 살짝살짝 흔들었다.

그 모습이 약간 우스웠다. 그래봤자 간 아닌가. 하지만 그 파테가 지난겨울 에두아르도가 몇 안 되는 직원과 함께 준비했던 것이기 때문에 더더욱 이상하다고 느꼈다. 거위를 도살한 다음 간은 지금 우리 앞에 놓여 있는 파테로 보관하거나 콩피(간 자체의 지방으로 서서히 익힌 뒤 지방에 담아 상하지 않도록 봉인한 음식—옮긴이)로 유리병에 하나씩 간 자체의 지방에 담아 보관한다. 에두아르도는 단순히 간을 평가하지 않고 스스로 간을 얼마나 잘 준비했는지 평가했다.

에두아르도가 한 번 더 숨을 아주 크게 들이마셨다. 그의 어깨가 하늘로 치솟았다. 그리고 웨이터에게 고개를 끄덕였고 웨이터는 그제야 자리를 비켜주었다.

"지난겨울 푸아그라입니다." 에두아르도가 접시를 테이블 위에 올려놓고 미안한 듯 코를 비비며 말했다. "이게 전부네요." 레스토랑 분위기와 장식이 위대한 요리의 등장에 어울리지 않았던 것처럼 에두아르도가 준비한 상온의 푸아그라 파테 역시 썩 훌륭해 보이지 않았다. 다들 별로 기대하지 않는 분위기였다.

푸아그라를 약간 덜어 접시에 담는 내게 에두아르도는 다시 한 번 웃으며 말했다. "작년 간이에요."

한입 맛보았다. 처음 나를 사로잡은 것은 바로 향이었다. 씹을 때 고기 향이 나 몹시 놀랐다. 무엇보다 간 자체의 향이 났다. 대부분의 사람들이 푸아그라를 맛있는 '간'으로 묘사하지 않는다. 흰 송로버섯을 향이 좋은 버섯이라고 하지 않는 것과 마찬가지다. 하지만 그 순간 나는 분명 간의 맛을 느꼈다. 나는 금속성 맛도 나지 않고 진하면서도 달콤하고 풍미가 강한 '정말 간 같은' 간을 맛보았다.

한입 더 먹으면서 나는 푸아그라가 기본적으로 엄청난 지방으로 맛을 낸 작은 간 한 조각이었다는 생각이 들었다. 다른 푸아그라가 존재하는지조차 몰랐기 때문에 나는 푸아그라를 한 번도 그런 식으로 생각해본 적이 없었다. 하지만 에두아르도의 푸아그라는 정말 달랐다. 적은 양의 지방으로 맛을 살린 간 덩어리였다.

에두아르도에게 그 말을 하면서 보니 그는 먹지 않고 있었다. 에두아르도가 고개를 끄덕이며 동의했다. "지방만 먹는 건 아무것도 안 먹는 것과 같죠. 지방은 풍미를 위해 가미되어야 해요." 다시 한입을 먹었다. 이번에는 그 질감에 놀랐다. 상온에 놓아둔 버터처럼 부드럽게 씹혔지만 맛은 또 풍미가 강한 육류의 맛이었다. 말로 표현할 수 없을 만큼 맛있었다.

웨이터가 또 한 접시를 들고 등장했다. 이번에는 유리병에 담긴 에두아르도의 푸아그라 콩피였다. 스푼으로 떠올려보니 노랗게 빛나는 지방이 최고급 갈비 살에서처럼 물결치고 있었다. 한입 맛보았다. 그리고 또 한입. 정향 맛이 났다.

"에두아르도, 정향 맛이 환상이네요." 내가 말했다.

"정향이요?" 그가 되물었다. "아니에요. 정향이 아니에요."

"정말요?" 내가 믿지 못하겠다는 듯 말했다. 아니, 사실 정말로 믿을 수 없었다. "그럼 팔각?"

"아니요. 팔각도 아니에요."

요리사를 짜증나게 하고 싶다면 그의 미각을 실험해라. "정향도 아니고 팔각도 아니라……." 내가 약간 퉁명스럽게 말했다.

에두아르도가 바게트 조각에 간을 펴 바르며 고개를 저었다. "양념은 안 했어요." 에두아르도는 가끔 소금과 후추는 사용하지만 거위가 잘 먹기만 한다면 그것조차 필요 없다고 말했다. 그리고 염도를 제공하는 풀과 후추 맛이 나게 하는 풀의 목록을 재빨리 읊었다.

"그 풀의 비율만 적당하면, 고기도 마찬가지예요." 그가 말했다.

"초원에서 간을 양념한다고요?" 내가 물었다.

"거위는 심장이 시키는 대로 먹어요." 에두아르도는 심장이 얼마나 동물적인지 이해하기 쉽게 보여주려는 듯 손가락을 가슴에 대고 경쾌하게 튕기며 말했다. "저는 그저 거위가 원하는 걸 확실히 제공해줄 뿐이죠."

나는 몇 입을 더 먹고 에두아르도가 먹는 모습을 지켜보았다. 씹지 않고 있을 때조차 그의 입술은 조용히 움직였다. 생각에 잠겼거나 기도를 하고 있는 것 같았다.

"에두아르도, 얼마나 많은 요리사가 당신 푸아그라를 요리합니까?" 한 스푼 더 뜨며 내가 말했다. 그가 어깨를 으쓱하며 고개를 저었다.

"어떤 요리사들이죠?" 나는 한 스푼 더 뜨며 다시 물었다. "스페인 요리사들만 받나요?"

그가 강한 부정의 표시로 아랫입술을 내밀며 다시 고개를 저었다. "요리사들은 없어요."

나는 포크를 내려놓았다. 스페인에도 세상에서 가장 유명한 요리사 몇 명이 있다. 그들은 최고의 재료만 고집한다. 그리고 이것이 바로 최고의 푸아그라다. 어떻게 그들에게 푸아그라를 제공하지 않을 수 있단 말인가? 말도 안 되는 일 같았다.

"요리사들이요?" 에두아르도가 부드럽게 입을 닦으며 말했다. "요리사들은 내 푸아그라를 받을 자격이 없어요."

9장
"마스의 복숭아로 제가 만든 이 디저트를 맛보세요"

요리사의 자질은 크게 훌륭한 재료를 어떻게 활용하느냐에 따라 좌우된다.

1994년, 셰 파니스의 부엌에서 막 일을 시작했을 즈음, 페이스트리 부서를 나서는 디저트 하나가 내 눈길을 끌었다. 사실 너무 놀라 믿을 수 없을 정도였다. 디저트가 너무 아름다워서 그랬다거나(정말 아름다웠다) 그런 디저트를 처음 봐서 그런 것이 아니었다.(정말 처음이었다.) 내가 놀란 이유는 디저트가 정말 어처구니없었기 때문이었다. 접시 위에 놓인 복숭아 한 조각. 그게 다였다. 박하 가지도 없었고 래즈베리소스를 휘날려 뿌리지도 않은 그냥 '복숭아' 그대로였다.

나는 호기심 많은 뉴욕 시민답게 페이스트리 셰프에게 다가갔다. 셀로판으로 곱게 싼 복숭아가 부대 배치를 기다리는 군인들처럼 조리대 위에 정렬되어 있었다. 요리사는 복숭아를 사랑스러운 듯 곱게 들어 올려 접시 위에 놓았다. 웨이터는 마치 수플레를 들고 가듯 조심스럽게 접시를 날랐다. 모두 아무렇지도 않은 듯 움직였다. 마치 캘리포니아 사람들만 신선한 과일이나 날씨에 그런 반응을 보일 수 있다는 듯.

나는 웃기 시작했다. 그리고 페이스트리 셰프에게 말했다. "와우, 힘든 밤이네요." 그녀는 나를 슬쩍 보더니 아무 반응도 하지 않았다. 그래서 나는 디저트 메뉴를 펼쳤고 거기서 내 첫 번째 캘리포니아 농부를 만났다. "마스 마스모토Mas Masumoto, 선 크레스트 복숭아Sun Crest Peach"라고 쓰여 있었다. 그뿐이었다.

상상하기 힘들겠지만 요리사가 재료를 공급하는 농부의 이름을 언급하지 않던 시절이 있었다. 그렇게 오래전 일도 아니다. '유기농'이나 '지역 생산'이라는 말은 레스토랑 메뉴에 별로 등장하지 않는 단어였다. 고급 레스토랑의 상징은 1월 중순에 말도 안 되게 큰 수입 래즈베리를 제공할 수 있느냐였다. 그 당시 요리 훈련을 받는 요리사는 보통 캘리포니아로 가지 않고 프랑스로 갔다. 나도 보조 요리사 시절 캘리포니아를 거쳐 프랑스로 가 다양한 레스토랑에서 경험을 쌓았다. 캘리포니아의 마지막 레스토랑이 바로 그 유명한 앨리스 워터스의 셰 파니스였다. 몇 주 동안 요리 실습을 하려던 계획이 몇 달 동안 레스토랑 식자재를 공급하는 농장에서 탐험을 하는 것으로 변경되었다.

내가 오래 머문 가장 큰 이유는 바로 그 복숭아 때문이었다. 그날 밤 나중에 그 복숭아를 한입 베었을 때 빛이 어둑해지며 경건한 기운이 나를 감쌌던가? 아니다. 하지만 그렇게 복숭아 같은 복숭아는 처음이었다. 어떻게 보면 10년 후 에이트 로 플린트 폴렌타를 맛본 경험과 크게 다르지 않았다고 할 수 있다.

나는 복숭아를 씹으면서 이런 생각을 했다. 복숭아 맛이 꽉 차 있다. 고기 스튜처럼 맛이 진해서 입속에 과일보다 더 진한 무언가가 있는 것 같다. 나는 그 달콤함만큼이나 그 신맛에도 깜짝 놀랐다. 맛이 마치 균형 잡힌 와인 같았다. 과즙이 얼굴과 턱으로 흘러내렸다. 한 입 먹고 또 몇 입을 먹고 나니 남은 것은 내 얼굴에 달라붙은 과육 몇 조각이었다.

내 생애 최고의 복숭아였다. 덧붙이자면 나는 복숭이가 어떤 맛이어야 하는지 몰랐다. 사실 지난 50년 동안 태어난 대부분의 미국인이 다 그럴 것이다. 1970년대와 1980년대 농부들은 맛이 아니라 기능을 위해 새로운 품종을 개발했다. 아직 단단할 때 따서 전국을 가로질러 배달될 때의 혹독한 환경도 견딜 수 있는, 산도가 낮고 당도가 높은 품종이었다.

마스모토의 복숭아는 엄청나게 맛있었다. 하지만 맛이 전부가 아니었다. 그 복숭아는 복숭아라면 당연히 그래야 한다는 듯 사람들로 하여금 좋은 음식은 곧 좋은 농사와 다르지 않다고 생각하게 만들었다. 다 아는 사실이라고 생각할지 모르겠지만 요리사는 그렇게 생각하지 않을 때가 종종 있다. 요리사는 복숭아든 푸아그라든 다른 무엇이든 요리하면서 재료를 변화시킨다. 푸아그라는 신속하게 구워 망고와 셰리와인 식초와 함께 내고 복숭아는 껍질을 벗기고 데쳐 레몬그라스와 바닐라로 향을 낸다. 요리법, 혹은 맛의 조합은 놀랍고 맛있을 수 있다.(요리법이 더 공격적일수록, 혹은 더 색다른 맛을 배합할수록 그저 놀랄 맛이 되기 쉽다.) 어느 쪽이든 요리에서 모든 힘은 요리사로 수렴된다. 과정이 결과를 지배한다.

하지만 앨리스는 이렇게 말하고 있었다. '마스 마스모토의 복숭아를 맛보세요. 그것이 최상입니다.' 하지만 대부분의 요리사는 이렇게 말한다. '마스의 복숭아로 제가 만든 이 디저트를 맛보세요.'

누벨 퀴진

최근까지도 요리사의 특권이 존재하지 않았다는 사실은 몹시 놀랍다. 오늘날 고급 레스토랑에서 당연하게 여겨지는 요리사의 권위는 (그리고 명성은) 지난 세기에는 요리사가 아니라 손님이 메뉴를 좌우했다는 사실을 무색하게 만든다. 레스토랑은 집에서 누릴 수 없는 사치를 익숙한 요리와 함께 즐기는 공공의 영역이었다. 사람들은 즐기기 위해서도 레스토랑을 찾았지만 편리함과 안락함을 위해서도 레스토랑을 찾았다. 레스토랑은 결국 기력을 회복시켜주는 restorative 수프 한 그릇에서 유래한 단어가 아닌가.[13]

옛날 노래처럼 전통 요리 역시 주인 없이 전해져왔다. 전통의 무게에 눌린 익명의 요리사만 존재했다. 물론 지나친 단순화이기는 하다. 페르낭 푸앵, 오귀스트 에스코피에, 세자르 리츠 같은 유명한 요리사도 있긴 하지만 과거에 요리사가 된다는 것은 예로부터 전해져 내려오는 요리법을 충실히 따르는 사람이 된다는 뜻이었다. 프랑스 최고의 레스토랑을 소개하는 훌륭한 길잡이 미슐랭 가이드는 1926년부터 별점 제도를 도입해 훌륭한 요리를 발굴하기 시작했지만 그때도 요리사는 결코 관심의 대상이 아니었다.

전설적인 프랑스 요리사 폴 보퀴즈는 언젠가 이렇게 말했다. "1950년대 요리사는 결국 연기가 가득한 지하실에 갇히는 신세가 된다. (…) 창조할 수 있는 어떤 힘도 없이 명령에 따라 움직였다."[14] 주체성을 발휘하지도 못하고 대중의 인정도 받지 못하는 요리사의 삶은 고난의 연속이었다.

고난은 일이 많고 억압적이며 대부분 복잡하고 위험했던 부엌에서 특히 두드러졌다. 조지 오웰은 회고록 『파리와 런던의 밑바닥 생활Down and Out in Paris and London』에서 요리 지옥으로 떨어졌던 자신의 경험을 다음과 같이 훌륭하게 묘사했다. "부엌은 내가 한 번도 보거나 상상해보지 못했던 공간이었다. 숨 막힐 듯 낮은 천장에 붉은빛이 어른거렸고 들려오는 욕설에 귀가 먹을 지경이었으며 냄비와 그릇 쨍그랑거리는 소리가 멈추지 않는 지옥이었다."[15]

식당 부엌은 더럽고 무섭고 형편없는 공간이었다. 잡지나 텔레비전, 기금 모금 행사에서 주목받고 칭찬받는 오늘날의 요리사와 이름 없이 술에 절어 고된 노동을 해야 했던 과거의 요리사를 비교해보면 생활양식의 변화뿐만 아니라 직업의 변천사까지 확인할 수 있다.

그렇다면 그 변화는 어떻게 가능했을까? 변화의 계기로 한 사람이나 한 가지 사건을 지목하기는 힘들다. 요리사의 영향력과 명성은 계속 진화해오고 있기 때문에 더 그렇다. 하지만 격조 높은 프랑스 요리는 물론 요리사가 된다는 것이 무슨 뜻인지까지 재정의했던 폴 보퀴즈의 공은 인정해야 할 것이다.

푸드 네트워크 방송국이 생기고 유명인사가 방송에 나와 잘 나가는 냉동식품을 광고하기 오래전부터 보퀴즈는 거침없이 자신을 드러냈다. 그는 이름도 없이 고생만 하기를 거부하고 자기 이름을 딴 레스토랑을 열었다. 오늘날처럼 흔한 일은 아니었다. 보퀴즈는 식당 지배인 역할을 겸한 총감독이었다. 너무 급진적인 아이디어라 그가 자신을 홍보하는 데 그만큼 출중한 능력을 발휘하지 못했다면 아마 실패했을지도 모른다.

1960년대와 1970년대의 상황에서 (그리고 오늘날의 기준으로도) 보퀴즈는 세계적인 요리사의 선구자였다. 최초로 프랑스 제품을 일본으로 수출하기까지 하며 1975년 『뉴스위크』의 표지를 장식했다. 그는 세상에서 가장 유명한 요리사가 되었다.

보퀴즈의 화려한 등장은 새로운 프랑스 요리의 탄생과 동시에 일어났다. 미셸 게라르, 트루아그로 형제, 알랭 샤펠 같은 요리사들은 보퀴즈를 필두로 이른바 그랑 퀴진이라고 불렸던 프랑스 고전 요리의 화려함과 한계에 대항해 새로운 프랑스 요리la nouvelle cuisine française[16]를 탄생시켰다.

1973년, 그 흐름을 가장 먼저 인지하고 널리 알린 사람은 요리 비평가 앙리 고와 크리스티앙 미요였다. 두 사람은 레스토랑 가이드 『르 누보 가이드 고 미요』에서 이렇게 말했다. "인생을 즐긴다며 육중한 몸으로 냅킨을 턱에 대고 고기 국물과 베샤멜소스, 볼로방(고기, 생선 등을 넣어 조그맣게 만든 파이—옮긴이) 파이의 피낭시에르소스를 흘리는 사람의 옛 사진은 버려라. (…) 그 끔찍한 갈색 소스와 흰색 소스, 에스파뇰소스(대표적인 갈색 소스로 육류와 잘 어울린다—옮긴이), 송로버섯으로 만든 페리괴소스, 그 베샤멜소스와 맛도 없는 음식에 수없이 끼얹으며 수많은 간을 암살했던 모르네소스(베샤멜소스에 치즈를 넣어 만든 소스—옮긴이)는 잊어라. 그것들은 금지되었다!"17

누벨 퀴진은 반대로 가벼움과 단순함을 강조했다. 요리사들은 전 세계 요리에서 영감을 얻었지만 자기 지역만의 전통 요리법을 (전자레인지와 진공 포장 요리 같은) 새로운 요리 기술, 개선된 요리법과 결합시키며 자기만의 요리를 만들었다.

무엇보다 소스를 만드는 방법이 달라졌다. 프랑스가 전 세계 요리에 끼친 가장 큰 공헌이 바로 (뼈나 고기 같은 무거운 재료와 야채를 끓여 만든) 소스였다. 소스는 양념이나 조미료와 달리 먹고 있는 음식을 단순하게 형태만 바꾼 것으로 맛을 보완하거나 균형을 맞추기 위해 제공되었다. 소스는 맛을 풍부하고 깊고 진하게 만든다. 누벨 퀴진 이전에는 베샤멜소스나 베어네이즈소스가 아무 때나 쉽게 사용되었다. 하지만 새로운 요리사 군단은 그 오래된 소스가 요리의 단백질 풍미를 흐린다고 주장했다. 그리고 단백질의 맛을 살리기 위해 더 가벼운 소스를 만들었다. 버터와 크림을 줄이고 소스를 걸쭉하게 만드는 밀가루 양도 줄였다. 사소한 변화 같지만 당시 프랑스 사람들은 이를 요리의 전통을 깨고 고기 패티와 함께 번을 내놓는 미국 요리만큼 어처구니없는, 요리와 문화유산에 대한 도전으로 여겼다.

재료에 대한 인식 또한 달라졌다. 많이 알려지진 않았지만 누벨 퀴진은 최초의 팜 투 셰프farm-to-chef 운동이기도 했다. 알랭 샤펠 같은 요리사는 아침에 시장에 나가 농부에게 직접 재료를 구입해 메뉴를 개발했고 가끔 필요한 재료를 농부에게 구체적으로 요구하기도 했다. 목표는 재료 본연의 맛을 살리는 것이었다. 테이블 옆에서

고기를 써는 형식이나 정교한 접시도 사라졌다. 그리고 몇 가지 독특한 맛의 조합에 관심을 기울이며 요리를 각각 접시에 담기 시작했다.(누벨 퀴진은 몇 가지 특별한 요리를 조금씩 맛보는 시식 메뉴, 메뉴 데귀스타시옹menu dégustation의 탄생에도 기여했다.)

그 결과 현대적이고 혁신적이며 개성이 강한 요리가 등장했다. 재료 수급부터 요리 준비, 완성된 결과물까지 누벨 퀴진은 손님이 앞에 놓인 음식의 아름다움과 향에 집중하게 만들었다. 누벨 퀴진을 통해 대중은 새로운 맛을 경험하게 되었고 그 결과 요리의 대변혁만큼이나 요리사에 대한 인식 또한 크게 변했다. 요리사는 예술가이자 자기 창작물의 주인이 되었다.

그 파장은 전 세계에 미쳤다. 그와 같은 레스토랑이 바로 볼프강 퍽, 장조지 봉게리히텐, 다니엘 불뤼, 데이비드 불레이, 장루이 팔라댕 같은 1980년대와 1990년대 위대한 요리사들의 산실이었다. 그들은 보퀴즈처럼 능력을 발휘해 명성을 쌓아가며 요리사도 부엌 바깥으로 나올 수 있다는 것을 보여주었다. 또한 요리사가 요리와 문화에 대해 폭넓게 대중을 설득할 수 있다는 것도 보여주었다. 그리고 전 세계에 다수의 레스토랑을 열며 이를 증명했다.

다양한 요리를 융합하고 입맛을 돋우는 식전 과일을 제공하고 가끔 요리에 화려한 장식을 곁들이기도 했던 장루이 팔라댕은 자기 요리를 '누벨'이라 칭하는 것을 달가워하지 않았다. 하지만 그는 최고의 재료에 탐닉하고 상상력을 발휘해 그 재료를 가장 돋보이게 만들었던 프랑스 누벨 퀴진 요리사처럼 미국 요리를 최초로 현대화한 장본인이었다.

팔라댕이 그날 밤 로스앤젤레스에서 하찮은 재료로 준비했던 닭 요리가 아마 가장 확실한 예일 것이다. 그 요리가 탁월했던 이유는 사람들이 싫어하는 부위를 사용해서도 아니었고 팔라댕의 정확한 지침에 따라 길러진 닭을 사용해서도 아니었다. 그 요리가 훌륭했던 이유는 팔라댕이 오후 내내 공들여 만든 소스 때문이었다. 하찮았던 재료는 오직 그의 뛰어난 능력과 결합되었기 때문에 빛날 수 있었다.

—∞—

요리 역사가 폴 프리드먼은 이렇게 말했다. "누벨 퀴진은 어떻게 보면 단순함과 예술성의 양극단으로 뻗어나갔다. 한 편으로 신선함과 재료 자체를 강조했다면 '모든 것은 허용된다'와 '금지하는 것을 금지한다'라는 1968년 프랑스의 외침에 따라 요리사의 상상력 또한 확장하고자 했다."[18] 그것이 바로 진정으로 위대한 요리의 전부다.

요리사들은 자기 푸아그라를 받을 자격이 없다는 에두아르도의 말은 곧 자기 푸아그라를 앨리스 워터스의 복숭아처럼 내 가지 않는다면, 그리고 마스 마스모토의 선 크레스트 복숭아라고 제대로 부르지 않는다면 이는 곧 재료의 탈바꿈이 원재료보다 더 낫다고 주장하는 것과 다르지 않다는 뜻이다. 에두아르도의 간은 이미 훌륭하기 때문에 요리사들은 이를 받을 자격이 없다.

하지만 자연의 선물을 존중하고 싶다면 꼭 간만 제공할 필요는 없다.(복숭아든 접시 위의 어떤 재료든 마찬가지다.) 보퀴즈나 팔라댕 같은 요리사는 훌륭한 재료를 그 이상의 무엇으로 변화시킴으로써 자연의 선물을 훨씬 훌륭하게 만들 수 있다는 것을 보여주었다.

10장

닭, 가장 인기 있는 음식의 위험스러운 변형

엑스트레마두라에서 돌아온 지 얼마 되지 않았을 때, 나는 블루 힐 부엌의 배달 문 앞에 서 있었다. 크레이그 헤이니가 스톤 반스에서 매주 150마리씩 도계하는 닭을 가져온 참이었다. 왕복 아홉 시간이 걸리는 가장 가까운 도계장에서 지금 막 도착한 크레이그는 헝클어진 옷차림에 몹시 지쳐보였고 당연하게도 심기가 불편해 보였다.
"늦었나요?" 내가 물었다.

"빈털터리죠." 옛날 노래를 부르듯 그가 대답했다.

크레이그는 닭 이야기만 꺼내면 순간 기분이 안 좋아진다. 닭을 기르는 게 즐겁지 않아서가 아니다. 혹은 내다 팔 시장이 없어서도 아니다. 150마리 중 블루 힐 레스토랑에서 100마리를 산다. 크레이그만 좋다고 하면 가끔 더 살 때도 있다. 나머지는 스톤 반스 직거래 장터에 내다 파는데 맛이 좋기 때문에 늘 수요는 넘쳤다.

문제는 이윤이다. 닭 150마리를 소매가격으로 450그램당 3달러에 넘긴다. 닭 한 마리의 평균 무게가 대략 1.6킬로그램이니 닭 한 마리 당 얻을 수 있는 총수입은 대략 10달러다.

하지만 농사라는 사업에서는 총수입을 정확히 계산하지 않으면 큰 착각을 하게 될 수도 있다. 병아리를 구입하는 비용(1달러)과 7주 동안 먹일 사료(크레이그의 경우에는 유기농), 전기, 가스, 도계 비용 2.25달러와 (끝이 없는) 기타 등등을 계산하면(자동차 연비와 감가상각비용, 크레이그의 정신노동에 대한 보상은 계산하지도 않았다) 노동력을 제외한 크레이그의 순수입은 닭 한 마리 당 대략 3달러다. 닭을 길러 일주일에 450달러를 버는 셈이다.

내가 종이에 부지런히 계산을 하고 있을 때 크레이그가 말했다. "노동력도 더해야죠. 아마 비영리사업하고 비슷한 수준일 겁니다."

"닭을 더 기르면 어때요?" '혹시 그런 생각은 해 보았느냐'는 뉘앙스로 내가 물었다.

"더 기를 수 있지만 그럼 다른 걸 포기해야 할걸요."

아마 산란용 닭일 거라고 나는 생각했다. 1200마리의 산란용 닭이 농장을 위해 하는 일은 육계가 하는 일과 기본적으로 똑같기 때문에, 즉 양 떼를 따라다니며 거름을 나르고 벌레나 곤충을 잡아먹고 풀에 질소를 제공하는 것이기 때문에, 그 수를 줄이는 것도 혹은 아예 산란용 닭을 전부 없애는 것도 한 가지 방법이 아닐까?

"음, 저도 그 생각을 안 해본 건 아닌데요." 크레이그가 말했다. "하지만 그렇게 되면 달걀 수가 줄어들 테고……."

나는 고개를 끄덕이면서도 재빨리 육계 1000마리를 더해 다시 계산해보았다. 갑자기 닭 한 마리 당 순수입이 거의 50센트 가량 올랐다. 나쁘지 않았다.

그리고 이동식 울타리에 닭을 열 마리씩 더 넣으면 어떻겠냐는 식의 몇 가지 다른 제안도 했다. 그 전날 크레이그와 이동식 울타리 안에 들어가 보았는데 전혀 복잡하지 않았다. 뉴욕 시 표준에 비하면 생활 공간이 후하다고 할 수 있을 정도였다. 순이익을 위해서 닭이 날개를 퍼덕일 공간을 조금만 줄일 수 있지 않을까? 충분히 그럴 수 있겠다는 생각이 들었다. 크레이그가 짐을 다 내려놓을 즈음 울타리 하나에 닭을 열 마리씩 더해 스프레드시트에 입력해보니 순수익이 급격하게 올랐다.

언젠가 데이비드가 레스토랑 사업은 항공 사업과 비슷하다며 레스토랑 경영에 대해 설명해준 적이 있었다. 비행기는 어차피 이륙하고 비용은 대부분 정해져 있다. 그렇기 때문에 일단 꼭 필요한 좌석을 채워 비용을 충당하고 나면 그 이후의 좌석은 전부 순수입이다. 그렇다면 농장에도 항공사의 휴가 패키지나 레스토랑의 얼리버드 스페셜과 비슷한 방법이 있지 않을까? 스프레드시트에 따르면 있었다. 바로 닭을 더 많이 기르는 것이었다.

“양은 어때요?” 크레이그가 돌아갈 준비를 하고 있을 때 내가 물었다. 농담으로 한 말이었는데 어느 순간 갑자기 진지해져버렸다.

풀만 먹여 양을 기르기 위해서는 몹시 넓은 땅이 필요하다. 그리고 크레이그가 일주일에 몇 차례 도축해 수익을 남길 수 있을 만큼 양을 기를 거라면 그 돈을 차라리 다른 데 투자하는 편이 더 나을 것이다. 스톤 반스가 문을 연 이래로 우리가 받은 양은 한 달에 한 마리 꼴이었다. 그 분주했던 날 밤, 그 양 한 마리는 한 시간 만에 동이 났다. 최상급 양이었지만 다른 농부가 기른 양도 품질이 좋기는 마찬가지였다. 계산해보면 이런 질문을 하게 될 수밖에 없다. 하지 못할 이유는 또 뭔가? 나는 양을 없애고 닭을 열 배로 늘리자고 제안하고 싶었다. 어쩌면 그보다 훨씬 더 많이.

나는 퇴근하려고 짐을 싸는 크레이그를 붙잡고 조류를 기르는 비용에 대해 이것저것 더 물어보았다. 항공사는 최대한 많은 승객을 확보하기 위해 노력하지만 동시에 비용도 절감한다. 그리고 어쨌든 이미 계산을 다 해보았으니 더 파헤쳐볼 수 있었다. 도대체 돈이 나올 구멍은 어디인가?

노동력을 제외한 가장 큰 비용은 분명 유기농 사료와 도계비용 같았다. 닭에게 유기농 곡물을 먹여 발생하는 40퍼센트의 비용 상승은 얼핏 과하다는 생각이 들지도 모른다. 하지만 유기농 닭이라는 인증 덕분에 크레이그는 킬로그램 당 가격을 올릴 수 있다. 그것으로 상쇄할 수 있다고 생각했다.

하지만 병아리를 사는 데 1달러? 그리고 도계비용 2.25달러? 수치를 살펴보면 그 비용이 단거리 비행에서 제대로 된 식사를 제공하는 것과 비슷한 측면이었다. 과한 지출이었다. 나는 농장에서 직접 산란을 시키는 것과 도계 과정에 대해 더 알아봐야겠다는 메모를 남겼다. 나중에 데이비드가 "수직통합vertical integration(원료 기업이 말단 제품 분야까지 생산 영역을 넓히는 것—옮긴이)"이라고 설명해주었다. 그리고 최대한 이윤을 남기려고 태어난 사람처럼 메모지에 숫자를 갈겨쓰며 이렇게 말했다. "하지만 닭 몇 백 마리를 기르는 비영리 농장에서 수직 통합은 말도 안 되지. 우리가 쓸 수 있는 방법은 다른 농부와 계약을 하고 지금 크레이그가 하고 있는 방법대로 닭을 기르는 거야. 그게 유일한 방법이야. 골치 아플 일도 적고 위험 요소도 훨씬 적어."

나는 시간 가는 줄 모르고 숫자들과 씨름했다. 비용을 더 들이지 않고 더 많은 수익을 남길 수 있다는 생각만으로도 기분이 좋아졌다. 내가 한 쪽에 비용, 한 쪽에 이윤으로 간단히 작성한 표는 산업화된 가축 사육장에서 컴퓨터로 사용하는 엑셀 스프레드시트와 전혀 다르지 않았다. 비용을 입력하면 수익이 나온다. 자연의 골치 아프고 복잡한 문제를 일부러 계산하지 않은 것은 아니었지만 (예를 들면 질소가 풍부한 닭의 거름이 급격히 많아질 때 풀의 상태는 얼마나 나빠질까?) 덕분에 계산은 훨씬 쉬웠다. 나는 나도 모르게 그 숫자 놀이를 정말 즐기고 있었다.

즐긴다는 것이 중요했다. 왜? 왜 내가 크레이그와 10여 분 즉흥적인 대화를 나누다가 갑자기 스프레드시트를 통해 닭의 세계를 바라보는 덫에 걸렸을까? 나는 농장 주인도 아니다. 그 계산을 한다고 내가 얻는 수익도 전혀 없다. 더 맛있는 닭에 대한 고민도 아니었다. 어떻게 보면 더 맛없는 닭에 대한 이야기라고 하는 편이 더 정확할 것이다. 요리사의 입장에서 그 점이 내 호기심을 더 자극했다. 내가 원했던 것은, 지금 생각해보면 엉뚱하게도, 육계를 길러 상당한 이윤을 얻는 것이었다. 주주를 위해서도, 투자자를 위해서도, 결국 크레이그를 위해서도 아니었다. 그 스프레드시트는 오직 나만을 위한 것이었다.

웬들 베리는 『동요하는 미국』에서 '현대 농업의 거대함'에 대해 언급했던 한 기자를 두고 이렇게 말했다. "그가 현대 농업의 거대함[19]을 인정했던 이유는, 누구나 그랬겠지만 바로 그 거대함에 사로잡혔기 때문이었다." 나는 단 몇 분 동안이었지만 스톤 반스를 닭 공장으로 만들려는 아이디어에 빠져 있었다. 숫자가 나를 사로잡았기 때문이었다.

나는 스프레드시트를 크레이그에게 건넸다. 그는 표를 살펴보더니 웃었다. "그러니까 규모를 아예 키우거나 그만두거나 둘 중 하나네요." 1970년대 닉슨 대통령 재임 당시 농무부 장관 얼 버츠의 말을 인용하며 그는 이렇게 말했다. "지난 60년간 미국 농업이 걸어온 길을 다시 한번 확인한 거네요."

역사에 대한 모독

그로부터 며칠 뒤 나는 에두아르도의 농장을 방문했을 때 적었던 노트를 다시 살펴보았다. 느낌표가 있었고 밑줄이 그어진 문장이 있었고 농장 스케치도 있었다. 마지막 부분에는 판매 수익에 대해 적혀 있었다. 나는 에두아르도에게 보통 푸아그라에 대해 어떻게 생각하는지 물었었다. 전 세계 살찐 거위 간의 99.99퍼센트가 가바주를 통해 생산되기 때문에 나는 그가 평범한 푸아그라 대해 어떻게 생각하는지 궁금했다.

그의 대답에 밑줄이 그어져 있었다. "역사에 대한 모독이죠."

푸아그라 생산 방식을 '역사에 대한 모독'이라고 한다는 것이 몹시 추상적으로 다가왔다. 그래서 나는 조금 더 연구를 해보면 그의 말을 해독하는 데 도움이 될까 해서 푸아그라의 역사에 대해 살펴보았다. 알고 보니 내가 알고 있는 푸아그라의 역사는 그리 오래 된 역사가 아니었다. 미국인의 사고방식에 맞게 나도 수백 년의 역사밖에 거슬러 올라가지 못했다. 하지만 푸아그라의 역사는 5000년 이상이었다. 나일 강 주변의 야생 거위가 멀리 날아가기 전에 무화과 열매를 게걸스럽게 먹었고 고대 이집트 사람들이 이를 발견했다.[20] 그 거위 고기는 당연히 더 맛있었고 지배계급 사이에서 재빨리 퍼졌다.

하지만 불행하게도 자연은 인간의 요구를 따라잡지 못했다. 그래서 답은 강제 급식이었다. 결국 일 년 내내 같은 결과를 얻을 수 있었다. 이집트 지배계급의 무덤에서 발견된 고대 프레스코화에는 곡식을 뭉쳐 거위에게 강제로 먹이는 하인의 모습이 그려져 있다. 강제 급식이 특별히 간만 크게 만들기 위해서였는지 아니면 고기 자체를 맛있게 만들기 위해서였는지는 알기 힘들다.(로마 시대까지 간은 먹지 않았다고 주장하는 역사학자도 있다.) 하지만 그와 같은 방식은 곧 유럽 전역에 퍼졌다. 대부분 거위나 오리의 정제된 지방을 슈말츠(유대인들이 양고기나 쇠고기를 굽거나 튀길 때 사용한 거위나 닭의 지방으로, 잘게 다진 베이컨이나 닭 껍질, 견과류 등을 섞어 빵에 발라 먹기도 했다—옮긴이)로 사용했던 유대인 덕분이었다.

어쨌든 에두아르도의 말에는 일리가 있었다. 나일 강변의 순수한 풍경을 관찰하다가 살찐 거위 간을 발견했고 그 자연스러움을, 즉 장거리 비행을 위해 많이 먹어 살이 붙었던 거위의 그 간을 일 년 내내 생산 가능한 산업으로 변화시킨 것이 바로 에두아르도에게는 역사에 대한 모독이었다.

닭의 변형

미국 닭의 역사[21]가 바로 에두아르도가 언급한 역사에 대한 모독의 가장 생생하고 적확한 예일 것이다.

그리 멀지 않은 과거에는 거의 모든 농장에서 다양한 품종의 닭을 조금씩 키웠다. 고기용이 아니라 산란용 닭이었다. 달걀이 쏠쏠한 수입의 원천이기도 했고 육계 산업이 아직 발전하기 전이었기 때문이기도 했다. 한때는 미국 전역에서 알려진 것만 해도 최소 60종이 넘는 닭을 길렀다. 한 가지 품종만 기르는 것이나 다른 가축 없이 오로지 닭만 기르는 것은 완전히 새로운 방식이자 산업화된 방식이었다. 100여 년 전에 닭만 기르는 농장은 오늘날 다양한 종의 가축을 기르는 스톤 반스의 농장만큼 특별하고 흔치 않았다.

변화의 계기는 순전히 우연이었다. 1923년 델마버 반도의 델라웨어 주에 살던 세실 스틸 부인[22]이 병아리 50마리를 주문했는데 주문이 잘못 전달되어 500마리가 배달되었다. 엄청난 달걀을 처리할 준비가 되지 않았을 때 산란용 닭 500마리로 무엇을 할 수 있겠는가? 다시 병아리를 돌려보내거나 스틸 부인처럼 작은 헛간을 지어 육계로 기를 수 있다. 18주 후, 그녀는 450그램당 62센트에 닭을 팔았다. 오늘날 450그램당 5달러 이상에 해당하는 가격이다. 다음 해에는 남편이 직장을 그만두고 농장에서 일을 하며 주문한 병아리 1000마리를 길렀다. 이번에는 우연이 아니었다. 3년도 되기 전에 그들은 매해 1만 마리의 닭을 기르게 되었고 얼마 안 가 이웃도 따라 하기 시작했다. 10년 후, 델라웨어 주가 있는 320킬로미터 정도의 그 작은 반도에서 매해 700만 마리의 육계를 생산하게 되었다.

그 성공 덕분에 더 많은 농부가 닭만 기르기 시작했다. 제2차 세계대전 이후 미국 지도를 살펴보면, 델마버 반도에서 노스캐롤라이나를 거쳐 남쪽으로 미시시피와 아칸소 주까지 공식적인 '육계 지대'가 뻗어 있다. 닭 산업 또한 이웃의 성공을 보고 함께 뛰어드는 방식으로 도미노처럼 퍼졌다. 역시 남에게 뒤지고 싶지 않았던 것이다.

특수화는 분명 농부의 수익에 도움이 되었다.(내가 작성한 스프레드시트를 봐도 확실했다.) 하지만 오래 가지 못했다. 생산량의 급작스러운 증가로 공급이 수요를 능가해 결국 가격이 하락했다. 수익이 떨어지자 농부들은 비용을 절감할 수 있는 더 효율적인 방법을 찾게 되었다.

메릴랜드 주 솔즈베리에 있는 더 퍼듀 닭 가공 회사가 바로 그 효율성을 집약적으로 보여주었다. 설립자 아서 퍼듀는 1920년 가금류 사업에 뛰어들었다.[23] 처음에는 달걀을 팔면서 부수적으로 닭을 파는 정도였다. 그런데 1939년, 그의 아들 프랭크가 사업에 뛰어들면서 몇 가지 중요한 결정을 내리고 큰 변화를 맞게 된다. 첫 번째는 달걀 판매 중단이었다. 1940년, 당시 흔치 않던 백혈병으로 산란용 닭이 전부 죽자 아서와 프랭크는 육계 가격이 상승할 거라는 데 도박을 걸고 육계 판매에 나섰다. 가격은 엄청나게 뛰었다.

육계 산업의 급성장은 고기의 질이 좋아졌기 때문이기도 했다. 1930년대에 더 빨리 자라면서 곡물 사료는 덜 먹는 품종의 닭이 개발되었다. 푸아그라 산업을 뒤바꾼 것처럼 이번에도 유전학이 고기용 닭과 산란용 닭 산업의 엄청난 성공에 기여했다. 크레이그도 오늘날 그 덕을 보고 있다. 크레이그의 육계는 7주 만에 병아리에서 시장에 내다 팔 만큼의 무게로 엄청나게 빨리 자란다. 스틸 부인의 닭에 비하면 자라는 기간도, 사료의 양도 전부 절반 이하다.

하지만 스티브 스트리플러가 『닭: 미국에서 가장 인기 있는 음식의 위험스러운 변형』이라는 책에서 언급했듯이 그것이 꼭 발전만은 아니었다. 이를 통해 우리가 가축을 기르는 방식이 근본적으로 변했다. "농가에서 자라던 닭은 곡물 사료를 저렴한 육질 단백질로 변화시키는 몹시 효율적인 기계가 되었다."[24]

프랭크는 이 새로운 기계의 이윤을 극대화하기 위해 직접 사료를 섞어 먹여보는 실험에 착수했다. 곧 더 높은 수익이 증명되었다. 그가 섞어 만든 사료는 시중에서 파는 어떤 사료보다 저렴했고 닭의 무게는 더 빨리 증가했다. 10년 안에 퍼듀는 미국 동부 해안에서 가장 큰 곡물 저장 설비를 갖춘 사료 공장을 세웠다. 가공비용으로 다른 회사에 너무 많은 돈을 지불하고 있다고 생각해 닭을 도계하고 씻어 포장하는 가공 설비까지 갖추었다.(닭 한 마리를 도계하는 데 2.25달러가 든다고 생각하면 나라도 같은 결론을 내렸을 것이다.)

하지만 프랭크 퍼듀의 가장 중요한 혁신은 아직 시작도 되기 전이었다. 1968년, 퍼듀는 고유 브랜드를 가진 미국 최초의 가공육 회사가 되었다.[25] 현대 농업의 몇 가지 중요한 변화 중 하나였다. 누벨 퀴진 요리사들이 전통을 깨고 자기만의 독특한 요리법을 개발해 요리계에 영향을 끼친 것과 같은 맥락이었다. 프랭크는 소비자들이 특별한 닭을 선호하고 기꺼이 더 많은 돈을 지불할 거라고 확신했다. 그 당시에는 꽤나 앞서간 생각이었다. 폴 보퀴즈가 고급 레스토랑 시장을 형성하는 데 힘을 보탰다면 프랭크 퍼듀는 음식 산업의 궁극적인 대변혁을 일으켰다.

그렇다면 프랭크는 닭을 평범한 상품에서 훌륭한 브랜드로 어떻게 변화시켰을까? 알고 보니 메인 주의 가공 회사들이 노란 닭은 450그램당 3센트를 더 받고 있었다. 노란 닭의 품질이 더 좋다는 것이 시장의 분위기였다. 요리사들이 노란 푸아그라를 선호했던 것과 마찬가지였다.* 그래서 프랭크는 사료에 옥수수 글루텐과 금잔화를 추가했다. 그러자 닭고기 색이 노랗게 변했지만 맛은 거의 그대로였다.

전술은 통했다. 판매량이 증가하기 시작했고 1970년대에 프랭크는 퍼듀의 공식 대변인이 되었다. 20여 년 동안 수백 개의 광고에 출연하며 "부드러운 닭을 기르려면 거친 남자가 필요하죠"라는 유명한 말을 남긴 프랭크 퍼듀는 가금류 사업의 틀을 또 한 번 뒤집었다. 많은 기업 리더는 브랜드 이미지가 실추될까 두려워 자기 제품을 대놓고 홍보하고 다니지 못했다. 하지만 프랭크의 솔직한 태도는 (그리고 어쩌면 그가 닭과 비슷하게 생겼다는 사실이) 사람들의 이목을 끌었다. 『애드버타이징 에이지』의 시장 분석가는 『피플』과의 인터뷰에서 이렇게 말했다. "프랭크에게는 그의 육계가 정말 특별하다고 믿고 싶게 만드는 독특한 진정성이 있다."[26]

퍼듀의 수익 증가에는 더 건강한 식단의 유행도 한몫했다. 육류가 영양 관련 질병의 원인이라는 인식 때문에 육류의 인기가 줄어들고 있었다. 1980년대와 1990년대가 절정이었다. 소고기와 돼지고기 소비가 줄면서 닭고기 판매량은 50퍼센트 가까이 상승했다.[27]

* 노란 색에 대한 선호는 오직 그 색의 상징성 때문이기도 했다. 요리 역사가이자 인류학자 마거릿 비서는 자신의 권위 있는 저서 『저녁 식사를 좌우하는 것들Much Depends on Dinner』에서 우리가 어떻게 처음부터 '황금빛' 요리의 매력에 빠져왔는지 다음과 같이 묘사했다. "중세 시대부터 사람들은 음식을 사프란과 금잔화 소스에 담갔다. 육류에 달걀 노른자를 바르고 빵을 노랗게 굽고 심지어 고기에 붙은 뼈와 커다란 캔디까지 금빛으로 치장했다. 금은 우리 신화에서 여전히 중요한 위치를 차지하고 있다. 금의 매력은 너깃(원래는 땅속에서 발견되는 금 덩어리라는 뜻—옮긴이)이라는 단어로 닭고기 가루를 홍보하는 데도 화려하게 활용되어왔다." 금에 대한 선호가 약리학적 효과 때문이기도 하다는 과학적 증거도 있다. 닭고기와 달걀의 노란 색은 엽황소(식물의 잎사귀 등에 엽록소와 함께 존재하는 황색 색소—옮긴이)에서 나온다. 특정한 과일이나 채소, 사람들이 선호하는 저지종 젖소의 노란색 우유에 함유되어 있는 카로티노이드와 같은 물질이다. 전부 항산화 물질임이 증명된 음식이다.

당시 가금류 생산 기업 3위가 되어 있던 퍼듀는 닭 한 마리를 부위별로 포장해 판매함으로써 그와 같은 요구를 충족시키고 또 창조했다. 새로운 아이디어는 아니었다. 오랫동안 퍼듀의 경쟁사였던 타이슨 푸즈의 돈 타이슨은 1960년대에 이미 부위별로 미리 조리된 닭고기를 미국 군대에 납품하고 있었다. 더 간편하고 비용 면에서도 효율적이었다.[28] 그 또한 가금류 산업에 있어서 또 다른 질적 변화의 순간이었다. 부위별 닭고기 판매는 무한한 기회를 창조했다. 1980년대에 이르러 닭 한 마리를 통째로 팔던 방식에서 벗어난 가금류 회사들은 부가가치가 있는 수천 가지 제품을 생산했다. 미리 조리된 닭고기부터 냉동 닭고기, 양념 닭고기, 가루로 빻은 닭고기까지 생산되었고(그 과정에서 탄생한 최악의 제품이 바로 맥너겟이다) 부위별 닭고기는 마리로 팔 때보다 훨씬 더 큰 수익을 창출했다.

더 재미있는 점은 퍼듀가 닭의 마리당 판매를 포기한 것으로 그치지 않았다는 점이다. 퍼듀는 닭 사육 자체를 포기했다. 프랭크가 처음 사업에 뛰어들 당시부터 확신했던 것은 양계 사업 자체가 한 가지 문제에 봉착해 있다는 점이었다. 스프레드시트를 직접 작성해 보니 나도 조금은 알 것 같아서 하는 말이기도 하다. 가금류 사업은 수익성 좋은 사업은 아니었다. 오늘날 퍼듀의 연간 판매량은 45억 달러가 넘는다. 웹사이트에 따르면 퍼듀는 "2200개가 넘는 독립 농장과 협력을 맺고 있다." 이는 곧 퍼듀가 닭 사육을 농장에 하청함으로써 기본적으로 위험 요소를 제거하고 있다는 뜻이었다. 이를 통해 퍼듀는 간접 경비를 줄이고 땅을 소유하는 데 자본을 묶어두지 않았다. 농장 자체를 없애버렸으니 질병이나 기상 악화로 인한 고민은 할 필요가 없었다.

가금류를 기르는 농부 입장에서는 규모를 키우거나 아예 그만두어야 한다는 크레이그의 말이 맞았다. 가금류 회사들은 규모가 다양한 여러 농장과 계약을 한다. 하지만 수치를 살펴보면 정확히 파악할 수 있다. 소규모 농장은 일 년에 1만8500달러의 순수익[29]을 얻고 크기가 두 배 정도 되는 대규모 농장은 네 배에 가까운 수익을 얻어 일 년 순수익이 7만1000달러에 육박한다.

그리고 데이비드의 말도 맞았다. 퍼듀처럼 가금류 산업 전체를 수직 통합한다는 것은 곧 사육과 가공, 판매까지 통제한다는 뜻이다. 모든 것을 통제하되 농장만 소유하지 않는다.

❏

11장
과도한 육류 섭취, 요리의 책임

얼마 전 몹시 유명한 아방가르드 레스토랑을 찾은 적이 있다. 메뉴는 세련되었고 요리의 양은 적었지만 공들인 흔적이 엿보였다. 서른 가지 코스 요리를 다 먹은 후 나는 요리사를 따라 부엌을 둘러볼 수 있었다.

그는 통로에 서서 갓 털을 뽑은 닭 한 마리를 면보에 싸 들고 가는 요리사를 가리켰다. 그가 말하길, 유전학적으로 뛰어난 귀한 품종의 가금류를 보호하기 위해 운영되는 프랑스의 한 농업 협동조합에서 받은 닭이라고 했다. 그는 그 닭이 아마 지금까지 맛본 닭 중 최고였을 거라고 했다. 그리고 나를 보더니 마치 사과하는 듯한 말투로 이렇게 말했다. "닭 한 마리를 통째로 두고 도대체 뭘 해야 되는지 모르겠습니다."

요리사마저도 그런 질문을 던질 수 있게 된 것은 말하자면 가금류를 잘게 쪼개 파는 데서 수익을 창출하고 가장 먹고 싶은 부위만 까다롭게 고르라고 가르쳐주었던 프랭크 퍼듀 같은 사람 때문이다. 동시에 이는 프리츠 하버의 유산이기도 하다. 그가 만든 합성 비료를 통해 값싼 곡물 사료를 무한정 제공할 수 없었다면 오늘날 우리가 고기를 섭취하는 방식은 결코 가능하지 않았을 것이다.

미국은 바야흐로 예전에는 상상조차 할 수 없었던 시대에 도달했다. 오늘날 우리가 소비할 수 있는 육류의 양에는 그 어떤 제한도 없다. 어떤 부위를 먹을지가, 예를 들어 다리 살 대신 가슴살을 (혹은 이등급 대신 일등급 부위를) 먹겠다는 선택이 얼마나 많은 가축을 기를지 결정하기 때문이다. 우리가 어떤 동물에서든 가장 비싼 부위를 사치스럽게 소비할 때 다른 부위의 상대적인 가치는 급격히 떨어진다. 그리고 기를 수 있는 가축의 수에는 한계가 없다. 공급자 입장에서는, 다시 말해 생산자, 가공업자, 소매업자, 그리고 물론 우리 요리사까지 나머지 부위는 그저 버리면 그만이기 때문이다.

어디서든 마찬가지다. 미국의 슈퍼마켓에서는 엄청난 양의 커틀릿과 스테이크, 등심이 판매되고 요리사는 이를 200그램 기준으로 요리해 제공하지만, 간이나 심장, 내장 같은 부위는 이를 취급하는 특별한 시장을 찾아가지 않는다면 (혹은 전통 식당에서 식사를 하지 않는다면) 맛보기가 쉽지 않다.

예로부터 부엌에서 높은 지위를 누려왔던 정육 담당자의 업무는 육류의 주요 부위만 주문할 수 있는 편리함으로 점차 줄어들어왔다.(내가 그 프랑스 출신 정육 담당자 밑에서 처음 실습을 할 때도 내 일은 양 한 마리 전체를 자르는 것이 아니라 양의 갈비를 세척하는 일이었다.) 정육 담당자는 동네 슈퍼마켓 정육 냉장고 뒤에 서 있는 직원과 비슷하다. 그는 송아지를 막 도살하고 온 사람처럼 보일지 모르겠지만 스테이크용 고기를 주문한 당신에게 가공업자가 배달해준 고기의 포장을 벗겨주기만 할 뿐이다.

이는 폴 로버츠가 『식량의 종말The End of Food』에서 언급했던 '단백질 역설protein paradox'[30]의 정확한 예다. 육류 생산량은 인구 증가량을 뛰어넘었다. 가축 사육과 곡물사료의 아찔한 발전 덕분에 육류 450그램의 가격은 지금 역사상 그 어느 때보다 더 저렴하다. 하지만 이는 전 세계의 기아 문제를 해결하지도, 육류 섭취의 민주화를 이루어내지도 못했다. 사실 저렴한 육류가 가능하게 한 것이 있다면 바로, 그리고 지금 이 시점에서 조장하고 있는 것이 있다면 바로 미국인의 사치스러운 식생활과 일종의 육류 중심주의다.(흰 고기 지상주의라고도 할 수 있다.) 우리는 너무 많은 육류를 섭취한다. 심지어 엉뚱한 부위의 섭취 비율이 심각할 정도로 높다.

농업의 고효율성 또한 이에 대한 책임에서 자유롭지 못하다. 어마어마한 양의 육류를 너무 쉽게 생산할 수 있게 되었다. 아니 어쩌면 엄청난 양의 육류를 너무 저렴한 가격에 생산할 수 있게 되었는지도 모른다. 하지만 소비자의 책임도 있다. 일하는 여성이 늘어나면서 부엌의 책임은 양도되기보다는 포기되었다. 오늘날 미국인의 하루 평균 요리 시간은 약 33분이다.[31] 이는 프랭크가 맨 처음 부드러운 닭고기 홍보에 나섰던 시절의 절반이다. 1970년대와 1980년대에 판매되던 닭고기의 80퍼센트는 '가공 전'의 형태였다.(즉 뼈와 껍질이 붙어 있는 자연스러운 상태였다.) 그리고 16퍼센트가 다양한 가공 식품의 형태로 판매되었다. 1990년대 말까지 그 수치는 완전히 뒤집혔다.[32]

미리 조리되고 심하게 가공된 식품이 시장에 넘쳐나면서 부엌은 회의실과 비슷한 장소가 되었다. 즉 포장을 뜯어 튀겨 먹을 수 있는 감자튀김이 가능함과 동시에 꼭 필요하게 되었다. 우리는 미리 조리된 음식을 먹는 나라가 되었다기보다는 요리하지 않고 먹는 나라가 되었다.

요리하는 사람, 즉 요리사도 이에 대한 책임이 있다. 요리사는 특히 육류를 요리하는 데 있어서 주요 부위를 가장 중요한 단계에 사용함으로써 미국 요리를 형성하는 데 기여해왔다. 단백질 덩어리 200그램 저녁 식사는 미국인의 발명이었던 것만큼 미국인의 기대치가 되었다. 고기를 사용하더라도 적당히 사용하는 전통 요리와 비교해보라.

그와 같은 지나침은 농업의 과도한 산업화 덕분에 가능했다. 하지만 그중 어느 것도 반드시 불가피한 것은 아니었고 결국 진짜 맛있는 음식은 거의 남지 않게 되었다. 최고의 부위는 바로, 대부분의 요리사가 보여주듯, 흔히 말하는 저급 부위다. 그런데 그처럼 천대받는 부위에는 천대받을 수밖에 없는 불리한 조건이 있다. 바로 씹어야 한다는 것이다. 어쩔 때는 씹고 또 씹어야 한다.

닭 가슴살, 양 등심, 필레미뇽, 돼지 갈비, 즉 우리가 가장 선망하는 부위는 동물이 살아 있을 때 거의 사용하지 않는 근육에서 나온다. 그것이 바로 먹고 싶게 만드는 부드러움을, 동시에 무미건조함을 만든다. 그런 부위는 활동이 거의 없기 때문에 근간 지방을 거의 발달시키지 못한다. 지방이 없으면 향도 낼 수 없다. 반대로 값싼 근육이 감내하던 모든 힘든 노동, 즉 다리에 필요한 운동, 간과 신장의 세척 작용, 꼭 필요한 심장의 박동 등은 음식을 먹는 우리 또한 일을 하게 만든다. 제대로 준비된 고기는 향이 진하고 풍부하며 질기다. 그리고 당연히 부드럽기도 하다. 하지만 그런 고기를 위해서는 오랜 시간의 '요리'와 풍부한 솜씨가 필요하다.

"필레미뇽을 요리하고 스스로 요리사라 칭하기는 쉽다"[33]고 요리사 토머스 켈러는 언젠가 말했다. "그것은 진정한 요리가 아니다. 그것은 가열이다. 하지만 창자를 요리하는 것은 위대한 행위다."

우리는 예술가에게 기대하듯 요리사에게도 그와 같은 위대함을 기대할 수 있고 또 기대해야 한다. 우리가 알고 있는 것에 대한, 사물에 대한 평범한 이해를 한 단계 높일 수 있도록. 그것이 바로 그날 밤 로스앤젤레스의 한 레스토랑에서 값싸고 인기 없는 부위로 팔라댕이 준비했던 닭 요리가 종종 생각나는 이유일 것이다. 미국인이 사랑하는 닭고기가 담에서 떨어져 깨져버리는 험티덤티와 같다면 팔라댕은 우리에게 이를 아주 맛있게 다시 붙일 수 있는 한 가지 방법을 보여주었다.

물론 말하기는 팔기보다 훨씬 더 쉽다. (닭의 먹이가 위로 들어가기 전에 이를 잘게 빻는 두껍고 억센 장기인) 닭의 모래주머니는 조금만 먹어도 가슴살 전부를 먹을 때보다 더 풍부한 맛을 느낄 수 있지만 나 역시 누군가에게 모래주머니를 주문하라고 하기는 힘들다.* 그러니 닭 한 마리를 통째로 사는 요리사가 적은 것도 놀랄 일은 아니다.

가금류 업계는 그게 무슨 문제냐고 따질 것이다. 미국인이 먹고 싶은 부위만 먹는 것이 뭐가 문제냐? 그것이 바로 음식 서비스 업

* 요리 역사가 베티 퍼셀은 언젠가 내게 미국인은 아무런 풍미도 없는 상태, 단 한 가지만 좋아한다고 말한 적이 있다. 그녀의 연구에 따르면 사람들은 소고기에서 맡을 수 있는 어떤 냄새도 거북하다는 단어로 묘사했다. 우리는 음식의 자연스러운 상태를 먹지 못할 정도까지는 아니더라도 불쾌하다고 여기면서 점점 그 상태에서 멀어져왔다고 그녀는 주장했다.

종에 종사하는 의미가 아니냐? 만약 누군가 뼈도 없고 껍질도 없는 닭 가슴살을 저녁으로 먹고 싶다면 그가 그럴 수 있도록 방법을 찾아내는 것이 바로 미국식 사업 문화다. 맞는 말일지도 모른다. 어느 정도까지는. 우리는 이미 그 지점에 도달했다.

지난 30여 년 동안 닭 생산량은 500만 톤에서 1600만 톤으로 세 배 증가했다.[34] 하지만 우리는 1600만 톤의 닭을 먹지 않는다. 그리고 남는 닭은 결국 어딘가로 가게 된다. 예를 들면, 가공 식품 치킨 너깃이 일정 기간 남아도는 그 엄청난 양을 흡수했다. 애완동물 사료 역시 마찬가지였다.

더 최근에는 남아도는 닭고기를 소에게 먹였다.(초식 동물인 소에게 닭을 먹이다니!) 심지어 이제는 물고기에게도 닭을 먹이고 있다. 왜? 양식의 먹이였던 야생 어류 가격이 지난 10여 년 동안 급격하게 오른 데 반해 닭고기의 가격은 떨어졌기 때문이다. 닭을 먹이는 것이 더 싸다. 악몽으로 변한 빵과 물고기의 기적이라고 할 수 있겠다. 농업 구조가 통제 불가능하게 되고 그 안에서 빵이 (이런 경우 닭 사료로 쓰이는 곡물이) 과도하게 생산되어 심지어 물고기에게까지 먹이게 된다. 언젠가 나는 양식 생물학자에게 물고기에게 닭을 먹이는 것이 어떤 점에서 지속 가능한지 물어본 적이 있었다. 그는 오랫동안 뜸을 들였다. "그러니까 말입니다." 그리고 이렇게 대답했다. "이 나라에 닭고기가 너무 많지 않습니까."

또 다른 해결책은 해외로 눈을 돌리는 것이다. 원하지 않는 부위를 다른 나라에 팔아넘긴다. 미국은 중국에 가장 많은 닭고기 제품을 수출하는 나라다. 퍼듀를 비롯한 가금류 회사에게는 다행이게도 중국 사람들은 닭고기의 진한 색 부위를 선호한다. 1990년대까지 미국은 중국이 수입하는 모든 닭고기의 90퍼센트를 생산했다. 이에 중국 정부가 미국의 가금류 회사들이 남는 제품을 터무니없이 낮은 가격[35]에 팔아넘기고 있다고 따졌다. 부위별 닭고기를 '부시의 다리'라고 불렀던 러시아도 마찬가지였다. 당시 미국 대통령 조지 H. W. 부시는 러시아에 공격적인 닭고기 수출 정책을 폈다.

최근에는 멕시코가 미국의 넘쳐 나는 닭고기를 해결할 인기 있는 나라가 되었다. 2008년, 멕시코는 수입품목에 대한 관세보호를 철폐하며 수십만 톤의 닭다리를 수입하기 시작했다. 이에 멕시코의 가장 넓은 가금류 농장이 있는 할리스코 같은 작은 주들이 즉각 타격을 받기 시작했다. 멕시코의 가금류 생산업체들은 할 수 없이 비용을 줄일 수밖에 없었고 그 결과 1960년대 퍼듀가 밟았던 전철을 그대로 밟게 되었다. 그 와중에 직장을 잃고 살던 곳에서 쫓겨난 할리스코 주의 가금류 산업 종사자의 많은 수가 미국으로 불법 입국을 시도했다.[36] 그들은 미국에서 가진 기술을 발휘할 수 있는 일자리를 찾았다. 바로 퍼듀와 같은 가금류 가공 업체였다.

이러니 차라리 닭 한 마리를 통째로 요리하는 것이 훨씬 쉽지 않겠는가?

하지만 결국 우리는 루브 골드버그(간단한 일을 복잡하게 만드는 현대인을 풍자하는 그림을 그린 만화가—옮긴이)를 향한 찬사를 멈춰서는 안 될 식품 체계를 갖게 되었다. 곡물의 과잉 생산은 닭고기의 과잉 생산을 가능하게 했고 결국 닭고기의 가격이 떨어졌다. 이에 가금류 회사는 줄어드는 수입을 보충하게 위해 더 많은 닭을 길러야 했다. 결국 닭의 과잉 생산이 야기되었고 닭고기는 물고기처럼 닭을 먹지 말아야 할 동물의 사료로까지 사용되었다.(어류는 과도한 곡물 생산으로 야기된 연안의 오염 때문에 점차 양식으로 전환되는 추세에 있다.) 남아도는 닭고기는 또한 멕시코 같은 나라로 수출되었다. 이에 멕시코는 경쟁력을 높이기 위해 미국과 같은 구조, 즉 규모를 키우거나 아예 사업을 포기하며 제 살을 깎아먹는 구조에 의존하게 된다. 즉 더 많은 닭고기를 더 낮은 가격에 생산하게 된다. 이에 해고된 가금류 산업 종사자들은 미국에서 일자리를 찾는다. 불법일 경우도 많다. 불법 노동자들은 곧 낮은 임금으로 가금류 회사를 돕게 된다. 더 많은 닭고기를 생산할 수 있도록.

12장
데에사, 미래 농업의 모델

10월 초, 리사가 내게 에두아르도가 거위 도계 과정을 보여주고 싶다는 연락을 해왔다고 전화로 알려주었다. 11월 10일에 스페인에 와서 '가스를 활용한 의식'을 볼 수 있냐고.

간을 살리기 위해 도계가 얼마나 중요한지 에두아르도가 강조했던 게 떠올랐다. 도계를 잘못하면 간이 상한다. 에두아르도는 한순간에 거위를 죽인다면서 '마치 욕조 안에서 손목을 긋는 것처럼 스트레스가 전혀 없는 죽음의 가장 달콤한 형태'라고 조용히 덧붙였었다. 그의 비유가 선뜻 다가오지는 않았지만 확실히 흥미는 생겼다.

하지만 출발하기 며칠 전, 리사가 도계가 예정대로 치러지지 못할 것 같다고 전화로 알려주었다. 에두아르도가 이유는 말하지 않았다고 했다. 일정을 취소하기에는 너무 늦어 어쨌든 가기로 했다. 도계할 만큼 지방이 충분히 붙지 않았다 해도 다 자란 거위도 볼 만한 가치가 있다고 생각했으니까.

농장에 도착하자 에두아르도가 마치 소꿉친구라도 만난 것처럼 반갑고 따뜻하게 맞아주었다. 나는 아마 도계 날짜를 바꾼 것이 미안해서 그랬나 보다고 생각했다.

"에두아르도, 거위는 걱정 말아요." 그의 기분을 풀어주려고 내가 말했다. "도계는 내년에 보면 되죠."

리사가 통역을 마치자 그가 눈썹을 치켜 올리며 말했다. "네, 네." 설명도 사과도 아니었다. 그리고 아마 내가 직접 보지는 못하지만 자세히 알고 싶어 한다고 생각했는지 갑자기 도계 과정을 묘사하기 시작했다. "잠을 자요." 에두아르도는 오른손을 부드러운 베개 삼아 눈을 감고 고개를 기울였다.

"다 같이요?" 내가 흥미롭다기보다는 회의적인 태도로 물었다.

"아니에요. 정말입니다." 그가 대답했다. "다 같이 잠을 자서 아무것도 못 느껴요. 아무것도요."

에두아르도는 격리된 커다란 방 앞에 세운 섬유유리 울타리의 미로 같은 시스템에 대해 묘사했다. 그리고 내게 거위를 유혹하기 위해 어떻게 옥수수를 뿌리는지, 그리고 박수를 치며 어떻게 거위를 모는지 보여주었다. 그런 다음 뒤뚱거리는 거위를 똑같이 흉내 내며 보이지 않는 미로를 통과했다.

"한 마리가 들어가면 나머지도 괜찮다고 생각해요. 먹어도 괜찮다고 생각하고 다 같이 따라 들어가죠." 그리고 이렇게 덧붙였다. "하지만 반드시 자유 의지로 들어가야 해요." 거위는 서로 들어가려고 애쓰지 않는다. 절대 정신 줄을 놓지 않는다. 그 자유 의지가 바로 간이 그렇게 달콤한 이유라고 에두아르도는 내게 침착하게 설명해주었다.

하지만 거위가 고통 받지 않는다고 어떻게 그렇게 확신할 수 있을까?

"맛이죠!" 그가 말했다. "저번에 먹었던 그 간이 고통을 느꼈던 거위 간 맛 같던가요?" 물론 아니었다. 그 간은 마치 맛있는 음식을 많이 먹고 죽을 때까지 안마를 받다가 죽은 거위의 간 맛 같았다. 하지만 내가 어떻게 그 차이를 안단 말인가? 에두아르도를 만나기 전까지 나는 최소한의 고통조차 없이 푸아그라를 생산하는 것이 가능하다는 것조차 몰랐다. 나는 그에게 증거를 요구했다.

그가 고개를 끄덕이며 말했다. "아들이 태어났던 해, 그때는 확신이 약간 부족했어요. 양심의 가책을 느끼기 싫었죠. 그래서 가스를 주입해놓고 얼른 문을 열어 공기를 순환시켰어요. 이십 분 후 거위들이 깨어나더군요. 멍한 상태였어요." 그는 고개를 뒤로 약간 젖히고 아주 천천히 좌우로 흔들었다. 확실히 멍해 보였다. 그런 다음 고개를 똑바로 세운 다음 한참 눈을 감고 있었다. 갑자기 다시 눈을 뜨더니 신나는 표정으로 나를 바라보았다. "거위들이 바로 먹이를 찾아 나섰어요! 마치 아무 일도 없었던 것처럼 행동했다니까요!"

에두아르도의 방법이 엉뚱하게 들릴지 모르겠지만 동물이 받는 고통과 고기 질의 상관관계는 많은 연구를 통해 이미 드러났다. 동물이 살면서 받는 스트레스, 특히 죽기 바로 직전에 받는 스트레스는, 에두아르도의 주장대로, 고기의 맛과 질에서 확실히 드러난다.

처음 블루 힐 엣 스톤 반스를 열었을 때 나 역시 이를 직접 체험했다. 그때 크레이그는 버크셔 돼지를 일주일에 한 마리씩 도살했는데 고기 맛이 대부분 엉망이었다. 우리 정육 담당자 조제도 붉은 줄이 보이는 근육이 있다고 말했고 내가 먹어봐도 고기가 퍽퍽하고 질기고 맛도 기대보다 훨씬 덜 했다. 크레이그는 돼지가 혼자 도살장으로 끌려가면서 엄청난 스트레스를 받는다고 생각했고 그래서 몇 가지 변화를 주었다. 우선 돼지를 두 마리씩 데려갔다.(섬뜩한 2인 1조였다.) 그리고 실컷 먹을 수 있게 했다. 트레일러 안에는 농장의 숲 사진을 확대해 걸어주었다. 요즘도 도살은 일주일에 한 마리만 한다. 나머지 한 마리는 다시 농장으로 데려온다. 그리고 다음 주에 트레일러에 익숙해진 바로 그 돼지가 또 다른 돼지 한 마리와 함께 도살장으로 마지막 여행을 한다. 근육의 붉은 줄이 사라졌고 버크셔 품종의 뛰어난 풍미도 되살아났다.

나는 에두아르도에게 그의 노력이 최고급 간을 얻기 위한 것인지 거위의 복지를 위한 것인지 물었다. 그는 고개를 살살 흔들며 웃었다. 질문을 이해하지 못했다는 뜻이었다. 나는 다시 물었다. "왜 그렇게 하는 겁니까? 만약 하나만 선택해야 한다면 달콤한 간입니까, 아니면 고통 없는 죽음입니까?"

에두아르도가 눈썹을 치켜 올리며 대답했다. "뭐가 다르죠?"

에두아르도는 그날도 점심 먹을 곳을 준비해두었지만 (당연히) 도계 준비가 거의 다 된 거위를 먼저 보고 가자고 했다.

우리는 20여 분 동안 목초지를 헤매다가 마침내 도토리를 찾느라 머리를 땅에 처박고 있는 이베리안 피그 무리를 만났다. 에두아르도는 거위가 분명 근처에 있을 거라며 차의 시동을 끄라고 했다.

우리는 차에서 내려 오크 나무 아래에서 기다렸다. 땅 위에는 마치 발사된 탄피 같은 까진 도토리 껍질이 가득했다.

"돼지가 지나간 흔적이에요." 에두아르도가 몸을 숙여 흔적을 조사하며 말해주었다. 나는 돼지가 놓치고 간 도토리 알맹이 하나를 주워 손에 들었다. 크기가 엄청났다.

"거위가 이렇게 큰 걸 먹나요?" 내가 물었다.

에두아르도는 웃으며 먼 곳을 가리켰다. 스무 마리 남짓 되는 거위가 길게 자란 풀밭 너머에서 시끄럽게 꽥꽥거리며 일렬 종대로 다가오고 있었다.

"엄청나게 크네요!" 리사가 놀라 외쳤다.

정말 그랬다. 마치 선사시대의, 그러니까 꼭 작은 공룡 같았다. 봄에 본 이후로 크기가 세 배는 더 커진 것 같았다. 시끄럽게 울던 거위가 갑자기 한데 모여 날개를 퍼덕이며 돼지가 남기고 간 도토리가 있는 곳으로 몰려왔다.

"돼지하고 도토리를 두고 다투기도 합니까?" 내가 물었다.

"돼지가 심술궂게 굴면 거위가 날개로 얼굴을 한 대 쳐줘요." 에두아르도가 팔꿈치를 내밀어 위아래로 흔들며 말했다. "돼지들이 무서워하죠." 그리고 몸을 숙여 이렇게 외쳤다. "올라, 올라, 내 새끼들!"

거위가 도토리를 찾아 머리를 처박았다. 에두아르도는 손가락으로 거위를 가리키며 말했다. "보세요! 매달린 지방 덩어리가 얼마나 큰지!" 목둘레에 붙은 두툼한 지방층이 보였다. "그리고 아래를 봐요." 그가 내 팔을 잡아내려 무릎을 꿇리고 말했다. "뱃살은 땅에 질질 끌리고 있어요."

에두아르도는 도계 준비가 다 되었는지 판단하는 또 다른 방법은 비가 올 때 거위를 관찰하는 것이라고 했다. "거위가 기름을 줄줄 흘려요." 그가 거위의 가슴을 가리키며 말했다. "바로 여기에서요. 부리로 기름을 깃털로 나르죠. 마치 비옷을 입는 것처럼. 그러니까 방수가 얼마나 잘 되는지 살펴보면 간에 지방이 얼마나 붙었는지 알 수 있어요."

비옷이든 아니든 나는 거위가 이미 뚱뚱해 도계해도 될 것 같다고 말하고 싶었다. 어쨌든 지구 반 바퀴를 날아 그걸 보러 온 것이 아닌가. 하지만 에두아르도는 한숨을 내쉬며 말했다. "올해는 도토리 상태가 정말 안 좋았어요. 하지만 최악은 아니었죠. 도계할 가치마저 없을 때도 있었으니까."

에두아르도는 몇 년 전 영양 보충을 위해 마지못해 곡물을 먹인 적이 있다고 했다.("자유롭게 먹게 내버려뒀지 억지로 뭐 그러진 않았어요." 거위 목구멍에 주먹을 집어넣는 시늉을 하며 그가 말했다.) 에두아르도가 팔 수 있는 제품을 만들기 위해 곡물을 먹였는지 아니면 아직도 곡물까지 먹는 거위를 더 선호하는 도매업자를 만족시키기 위해서였는지는 알 수 없었다. 에두아르도에 따르면 도매업자들은 그 간을 보고 예전에 팔던, 가장 최고급 간이라고 알고 있는 프랑스 간과 비슷하다고 말했다고 한다.

"나는 이렇게 말했어요. 평생 살면서 어디서 최악의 푸아그라를 맛보았는지 압니까? 파리예요! 최악의 푸아그라를 맛본 곳은 파리예요. 쓰레기였어요."

에두아르도는 질 나쁜 간이 가바주 때문이 아니라 옥수수 때문이라고 했다. 그는 옥수수가 간을 예측할 수 있게 만든다고 했다.

물론 좋은 방향으로는 아니었다.

"구조는 전부 비슷하지만 간은 결국 다 달라요. 맛이 다를 수밖에 없어요." 그가 말했다. 마치 풀만 먹여 키운 자기 양도 다 다르다는 점을 찬양했던 존 제이미슨 같았다. 나는 에두아르도에게 요리사는 대부분 그와 정반대를, 즉 늘 같은 것을 찾는다고 말했다. 에두아르도는 다시 땅에 무릎을 꿇더니 두 주먹을 쌍안경처럼 눈앞에 갖다 대고 멀어져가는 거위 떼를 다시 한번 살펴보았다. 그리고 이렇게 말했다. "요리사들은 엉터리예요."

하몬에 진 빚

그날 오후 우리는 다시 모네스테리오를 찾았다. 8개월 전에 에두아르도의 푸아그라를 맛보았던 바로 그 레스토랑이었다. 점심을 먹고 겉옷과 가방을 챙기고 있을 때 에두아르도가 리사에게 하는 말을 듣고 고개를 돌려보니 그가 오른팔을 치켜들고 있었다. 엄지와 검지로 얇게 잘린 하몬을 들고 있었다. 황금빛으로 널리 퍼진 저물어가는 태양빛이 레스토랑 창문으로 스며들어와 마치 엑스레이처럼 햄에 역광을 비추고 있었다.

그제야 에두아르도는 돼지에게 진 빚을 인정했다. "내 삶의 목표는 사람들이 내 간을 보고 바로 이걸 떠올리는 겁니다." 그가 말했다. 거미줄 같은 햄의 지방 무늬가 확실히 보였다. 에두아르도는 마치 데에사의 구불구불한 도로를 조심히 운전하듯 왼쪽 검지로 햄의 빛나는 흰 정맥을 앞뒤로 따라 그렸다. 놀라웠다. 그 순간까지 돼지는 별로 중요하지 않다는 것이 에두아르도의 입장인 줄 알았기 때문이었다.

"아시겠지만," 손가락에 매달린 반투명의 하몬을 바라보며 에두아르도가 말했다. "하몬 이베리코는 최고의 햄입니다. 대지의 완벽한 표상이니까요."

리사가 나중에 에두아르도가 일부러 '대지'라는 단어를 사용했을 거라고 말해주었다. 스페인어로 '대지tierra'는 우리가 밟고 서 있는 것 이상을 뜻한다. 대지는 토양과 뿌리, 물과 공기, 태양까지 전부 아우르는 단어다.

하몬 이베리코는 음식으로서도 중요하지만 스페인의 정체성과 깊이 연관된 만큼 문화적으로도 중요하다고 리사가 설명해주었다.[37] 스페인 역사에서 오랜 기간 가톨릭은 돼지고기를 먹음으로써 무슬림 통치 계급과 번성하는 유대인 집단과 스스로를 구분했다. 돼지고기 섭취가 바로 유대인도 무슬림도 아니라는 (즉 이교도가 아니라는) '증거'였다.

언젠가 젊은 스페인 출신 요리사가 자신이 생각하는 하몬 이베리코의 의미에 대해 이렇게 말했던 것이 떠올랐다. 그는 활짝 웃으며 이렇게 말했었다. "햄이요? 햄은 신의 언어예요."

"그러니까요." 리사가 내게 말했다. "에두아르도나 거위와 함께 있는 내내 그의 간이 2000년 전통을 자랑하는 하몬의 등 위에 올라타 있다는 생각이 끊이질 않았어요. 그가 결국 그걸 인정하는 말을 들으니 얼마나 반가웠는지 몰라요."

하몬 이베리코에 대한 스페인 사람들의 집착은 음식에 대한 애정의 수준을 훨씬 넘어선다. 하몬은 너무 오래되어 잊혀져가고 있는, 스페인 사람이라는 것이 무슨 뜻인지 되새길 수 있는 한 가지 방법이다. 에두아르도가 돼지의 공을 인정하길 꺼려했던 이유는 어쩌면 리사가 한 말을, 거위가 공짜로 덕을 보고 있다는 그 말을 내뱉기 힘들었기 때문인지도 몰랐다. 에두아르도의 푸아그라를 이해하기 위해서는 하몬 이베리코에 대해 더 자세히 알아야 했다. 그리고 하몬에 대해 알기 위해서는 데에사에 대한 공부가 필요했다.

—~~—

다음 날 아침 리사는 미겔 울리바리에게 연락을 했다. 그는 하몬 이베리코를 홍보하는 조직 레알 이베리코의 전 관리자였다. 사십대의 나이에 목소리가 나긋나긋했던 미겔은 에두아르도 소사의 일에 흥미를 느꼈고 리사처럼 에두아르도의 간이 하몬에 큰 빚을 지고 있다고 생각하고 있었다. 미겔은 하루 동안 우리의 가이드가 되어주기로 했으며, 리사와 에두아르도와 내가 플라시도와 로드리고 카르데노 형제를 방문할 수 있도록 준비해주었다. 두 사람은 그 지역에서 가장 오래된 최고의 하몬을 생산하는 기업 카르데노를 경영하고 있었다.

미겔이 설명했듯이 하몬에도 여러 가지 종류가 있다. 하몬 이베리코는 엄밀히 말하자면 이베리안 피그로 만든 소금에 절인 모든 햄을 지칭할 수 있지만 그 안에도 몇 가지 등급이 있다. 진짜 하몬 이베리코는 내가 알고 있었던 것처럼 하몬 이베리코 데 베요타(도토리)나 하몬 이베리코 데 몬타네라라는 명칭이 필요하다. 그 두 가지는 (더 저렴한 식단인) 곡물을 먹인 돼지의 햄이나 소금에 절이는 기간이 더 짧은 다른 등급의 하몬 이베리코보다 훨씬 더 비싸다.

플라시도와 로드리고는 오직 최고의 하몬 이베리코 데 베요타만 생산한다. 두 사람의 업무는 명확히 나뉘어 있다. 플라시도가 절이는 과정을 감독하고 로드리고는 돼지 사육을 책임진다.

우리가 카르데노에 도착했을 때 먼저 우리를 반겨준 사람은 플라시도였다. 색안경을 쓰고 콧수염 자국이 어렴풋이 남아 있던 플라시도는 2.8제곱킬로미터의 농장을 둘러보자는 우리 제안을 무시하고 우리를 오크 나무가 듬성듬성 서 있는 그림 같은 풍경으로 데려갔다. 서배너 같은 광활함이 마치 데에사를 담고 있는 엽서의 한 장면 같았다.(실제로 같은 날 나중에 나는 우리가 서 있던 바로 그곳의 풍경이 담긴 카르데노 엽서를 받았다.)

"장관이네요." 내가 말했다.

"오, 아닙니다." 플라시도가 고개를 흔들고 땅을 바라보며 말했다. "데에사의 가장 초라한 풍경이죠. 초록이 더 풍성할 때 다시 와야 해요."

플라시도는 카르데노가 1910년부터 하몬을 생산했다고 말했다. 외할머니가 소유했던 땅에서였다. "어머니는 귀족이셨어요. 땅이 있었으니까요." 작은 마을에서 자란 그녀는 초등학교 때 플라시도와 로드리고의 아버지를 만났다. 두 사람은 사랑에 빠졌고 플라시도에 따르면 그 때문에 일이 복잡해졌다. 그는 비록 하몬을 소금에 절이는 사업을 하고 있었음에도 땅이 없다는 이유로 결혼상대로 부족하다고 여겨졌다. "어찌 보면 로미오와 줄리엣과 비슷한 처지였지요." 그리고 플라시도는 이렇게 덧붙였다. "하지만 두 사람은 사랑했고 결국 이겼어요."

플라시도와 로드리고의 아버지는 1960년대 두 아들이 사업에 동참해 일을 나누기 전까지 직접 돼지를 키우고 햄을 소금에 절였다. 형제들의 헌신적인 노력 덕분에, 어쩌면 형제들의 경쟁 심리까지 작용해 햄은 새로운 도약을 맞았다.

우리는 둑으로 걸어가 이베리안 피그 50여 마리가 연못에서 놀다가 풀밭을 뛰며 몸을 말리는 모습을 바라보았다. 나이 많은 돼지는 햇볕 아래서 꾸벅꾸벅 졸고 있었다. 일요일 오후 튀일리 궁에 돼지들이 모인다면 아마 그런 풍경이었을 것이고 그 장면을 가장 흡족해 한 사람은 아마 플라시도였을 것이다.

"웃기지 않습니까?" 그가 마치 그런 광경은 처음이라는 듯 말했다. 모두 돼지를 가리키며 웃었다. 에두아르도만 예외였다. 그는 주변의 오크 나무를 관찰하러 가고 없었다. 그의 거대한 체구가 굵은 나무 몸통에 가려 사라지고 없었다.

미겔과 리사는 나무 주변을 걸으며 데에사의 역사에 대한 이야기를 나누었다. 내가 발견한 바에 따르면 데에사는 최근까지도 햄보다 양털 생산지로 더 유명한 곳이었다.

데에사

데에사는 중세 시대에 자리를 잡았다.[38] 1300년까지 기독교인들은 스페인 재정복을 통해 무슬림을 몰아내고 엑스트레마두라 지역을 되찾았다. 막 번성하기 시작했던 양털 산업에게 광활한 초원은 곧 수천 제곱킬로미터의 목초지라는 뜻이었다. 갑자기 거둔 승리에 취한 기독교인들은 선호하던 메리노 양을 기를 수 있는 새롭고 광대한 땅을 갖게 되었다. 그에 따른 가축의 유입은 빽빽한 숲의 파괴를 초래했고 그 결과 오늘날 우리가 보고 있는 오크 나무가 듬성듬성한 풍경이 되었다. 소작농들은 목초지 주변에 돌담을 세웠다. 방어하다는 뜻의 데펜사defensa에서 파생된 데에사라는 단어는 곧 야생동물과 약탈자로부터 보호받는 땅이라는 뜻이었다.

그 당시 스페인에서 양을 친다는 것은 곧 정책을 생산하는 데 엄청난 영향력을 발휘하는 강력한 조합에 속한다는 뜻이었다. 15세기부터 18세기 사이, 데에사의 양은 250만 마리에서 500만 마리로 증가했다. 양모의 경제적 중요성 덕분에 양치기 조합은 메스타라는 고급 길드로 성장할 수 있었다. 목초지를 보호하는 법률이 통과되었고 데에사 어느 곳에서든 풀을 베는 것은 불법이 되었다. 메스타의 경제적·정치적 능력을 반영했던 그와 같은 법은 조합의 자산을 보호하기 위한 법적 장치 마련 이상을 뜻했다. 그 법은 그 땅에 대한 존중을 가르치는 데도 큰 역할을 했다.

1548년, 오크 나무의 권리를 성문화한 법이 통과되었다. 가지 하나를 꺾는 것조차 불법이었다.

> 데에사에서 털 가시나무 오크나 어떤 나무라도 베어 나르거나 외부로 유출하다 잡히는 사람은 누구나 의회에 의해 500마라데비스(스페인의 옛 금화—옮긴이)의 벌금형에 처해질 것이다. 사람의 몸만큼 큰 가지에 대해서는 300마라데비스, 넓적다리만 한 가지는 200마라데비스, 종아리만 한 가지는 100마라데비스, 손목만 한 가지는 25마라데비스, 그보다 더 작은 가지는 10마라데비스다.[39]

그 철저한 관리 철학이 스페인 사람들로 하여금 그 지역을 살아 있는 유기체로, 자신의 일부로 바라보게 만들었다. 데에사의 성공이 곧 그들의 성공이었다. 대지를 훼손하는 것, 아주 일부라도 이를 개인적인 용도로 사용하는 것은 스페인 사람들에게 다가오는 행운을 감소시키는 것이었다.

스페인의 신대륙 탐험을 장려한 것도 결국 데에사의 양모 산업 번창이었다. 곧이어 강력한 식민지 건설이 시작되었다. 아메리카뿐만 아니라 오스트레일리아, 뉴질랜드, 남아프리카까지 모든 식민지는 재빨리 양모 생산의 중심지로 성장했다. 결국 새로운 식민지가 더 저렴한 가격에 양모를 생산하게 됨으로써 스페인의 양모 산업은 무너지기 시작했다. 하지만 데에사의 생태계를 유지하려던 투자는 계속해서 큰 수익으로 되돌아왔다. 데에사는 다른 가축을 받아들이며 변화하는 시대에 적응했다. 그 땅에 완벽하게 적응했던 가축이 바로 블랙 이베리안 피그였다.

~

"돼지가 가을까지 굶주리지 않으면 이 모든 게 아무 소용이 없을 겁니다." 미겔이 그 지역의 길고 건조한 여름에 대해 묘사하며 말했다.

아주 적은 먹이에도 살아남을 수 있도록 진화한 이베리안 피그는 풀과 씨앗, 데에사에서 자연스럽게 찾을 수 있는 곡물을 먹고 산다. 몸집이 자라기는 하지만 보통 돼지보다 훨씬 적은 칼로리만 섭취한다. 그리고 10월 말 즈음부터 게걸스럽게 먹기 시작한다. 마침 그때가 바로 대략 11월부터 3월 사이에 도토리가 나무에서 떨어지는 몬타네라 시기의 시작이다. 그 넉 달 동안 돼지는 도살 적정 몸무게의 40퍼센트를 찌우며 오리털 이불만큼 두꺼운 지방을 축적한다.

에두아르도는 마치 '익숙한 이야기죠?'라고 말하듯 두 눈을 치켜떴다.

"사실 아주 간단합니다." 미겔이 말했다. 그리고 오크 나무가 무성한 풍경을 바라보며 이렇게 덧붙였다. "하지만 동시에 매우 복잡하기도 하죠." 그 과정의 수수께끼를 풀어주려고 하면서도 그는 햄의 아우라를 폭로하지 않기 위해 조심했다.

덤불에 살면서 도토리를 게걸스레 찾아 먹는, 까맣고 뻣뻣하고 땅딸막한 동물은 단순히 배고픈 돼지가 아니다. 바로 게걸스럽게 먹을 수 있는 완벽한 조건을 갖춘 돼지다. 그리고 그 완벽한 조건이 바로 데에사만의 특징이다.

데에사의 특성은 도토리의 질로 시작된다고 미겔이 설명해주었다. 데에사에는 주로 두 가지 종류의 오크 나무가 있다. 털가시나무와 굴참나무다. 털가시나무의 도토리가 더 달콤하고 돼지들도 더 좋아한다. 굴참나무의 도토리는 더 나중에 열려 도토리 공급 기간을 늘려준다. 두 도토리 모두 엄청난 크기가 특징이자 데에사 생태계의 또 다른 자랑거리다. 간격을 두고 오크 나무를 심은 이유는 아마 그늘을 만들기 위해서였을 테지만, 덕분에 뿌리가 깊이 뻗을 수 있었다. 그래서 오크 나무들은 토양의 영양과 수분을 두고 경쟁할 필요가 없었는데 전반적으로 물이 부족한 지역이었기 때문에 그 점이 몹시 중요했다. 결국 오크 나무들은 튼튼하고 거대하게 자라 더 크고 더 달콤한 도토리를 생산하게 되었다. 도토리를 더 많이 생산하기 위해서는 정기적으로 나무의 가지를 쳐주어야 한다.

돼지들이 달콤한 도토리 밭에서 뒹굴며 정신없이 먹는 시기가 바로 오랜 준비 기간의 마지막 단계다. 하지만 축제를 위해서는 돼지도 일을 해야 한다. 나무의 간격이 넓어 이동 중에 풀을 많이 뜯어 먹게 되면 도토리의 맛이 훨씬 달콤해진다.

"생리적 측면이 작용하죠." 미겔이 말했다. "풀과 도토리가 섞이면 도토리가 훨씬 더 달콤해져요. 그래서 돼지가 도토리를 더 많이 먹게 됩니다."

에두아르도가 고개를 저으며 말했다. "돼지만 그런 건 아니겠지, 거위도 마찬가지거든."

이 나무에서 저 나무로 풀을 한가득 뜯으며 이동하는 그 꼭 필요한 수렵의 과정이 돼지에게는 격렬한 운동이다. 미국의 일반적인 돼지 사육 방식의 기준으로 보자면 이는 곧 에너지 낭비다. 운동을 하면 칼로리가 소모되고 그럴수록 더 많은 사료를 먹여야 한다는 뜻이기 때문이다. 돼지를 가두어 키우는 생산자에게는 다행스럽게도, 미국인은 건조하고 힘줄이 많은 햄의 단점을 달콤한 젤라틴과 파인애플 설탕조림으로 극복하는 영웅적인 근면 정신을 갖고 있다. 하지만 데에사에서는 산화된 근육과 더 진한 풍미를 만드는 것이 바로 그 운동이다.

이는 데에사를 직접 체험하기 오래전에 크레이그 헤이니에게 배운 교훈이기도 했다. 스톤 반스가 문을 열던 해, 나는 크레이그에게 내가 좋아하는 지역 생산자가 공급한 돼지고기의 맛을 봐달라고 부탁한 적이 있었다. 아주 훌륭한 농부 부부가 키운 돼지였다. 나는 크레이그가 스톤 반스에서 그보다 더 맛 좋은 돼지를 키우겠다고 결심하길 원했다.

"글쎄요." 크레이그가 다양한 부위를 천천히 맛보더니 마지못해 이렇게 말했다. "부드럽고 좋은 것 같은데 내 돼지 맛이 더 좋아요." 나는 그날 밤 요리사 몇 명을 불러 모아 그 전 같았다면 결코 하지 않았을 일을 했다. 스톤 반스의 돼지와 그 돼지를 나란히 놓고 비교한 것이다. 크레이그 말이 맞았다. 그 맛을 감히 따라오지 못했다. 부드러운 그 고기는 흐늘흐늘해 칼 없이도 자를 수 있었지만 종종 고기의 질이 좋다고 오해하게 만드는 그 버터 같은 질감만 뺀다면 맛은 거의 없었다. 반대로 크레이그의 고기는 깊고 풍부한 돼지의 풍미가 가득했다.

수년 후, 나는 그 지역 농부들이 일부러 돼지의 운동을 방해해 산소화가 덜 된 근육을 만든다는 사실을 알게 되었다. 그렇게 얻은 고기는 씹는 맛이 덜했다. 그것이 바로 스톤 반스 주변의 숲에서 자라는 크레이그의 돼지가 월등히 나은 이유였다.

운동은 풍미를 더해줄 뿐만 아니라 근육 내에 지방이 차지할 자리 또한 만들어준다. 도토리에서 올레산을 흡수할 수 있는 것도 전부 그 모든 운동을 통해 생성된 공간과 근육 덩어리 덕분이다.* 에두아르도가 빛을 향해 하몬을 들어 올리며 그것이 자기 푸아그라의 원천임을 선언했을 때, 그가 감탄한 것은 바로 지방이 고기에 흡수되는 그 과정이었다. 그 화려한 지방과 근육의 무늬가 누구도 따라

* 수많은 연구에서 하몬 이베리코의 지방 함량 절반 이상이 (올리브 오일의 지방과 같은 종류인) 올레산임이 밝혀졌다. 지방만 보자면 섭취하기 더 좋은 지방이다. 이는 전체 콜레스테롤 수치, 특히 ('나쁜' 콜레스테롤이라고 알려진) LDL 수치를 낮춰주고 심장 질환의 발생도 늦춰준다는 것이 증명되었다.

올 수 없는 햄 맛의 필수조건이다.

—ɯ—

돌아오는 길에 로드리고의 아들이자 플라시도의 조카 링고를 만났다. 들판을 성큼성큼 가로질러 우리 앞에 나타난 링고는 키가 크고 호리호리했으며 긴 갈색 곱슬머리에 큼지막한 가방을 걸치고 있었다. 숲이 배경이다 보니 꼭 중세 시대의 사냥꾼 같았다.

"안녕하세요. 링고입니다." 링고가 가까이 다가오며 말했다. "카르데노로 모시러 왔어요."

나는 내 소개를 하고 맞아줘서 고맙다고 말했다. 에두아르도도 같은 인사를 했는데 링고가 그의 이름을 듣더니 어깨를 바짝 펴고 그를 가만히 쳐다보았다. "에두아르도 소사? 푸엔테스 데 레온에서 오신?"

리사가 에두아르도의 딱딱한 대답을 통역해주면서 웃었다. "네, 맞습니다. 제가 그 사람입니다."

카르데노의 공식 시식장으로 가는 길에 미겔은 링고가 플라시도 밑에서 하몬을 소금에 절이는 기술을 배우고 있으며 현재 수의학교에서 공부하고 있는 플라시도의 아들은 나중에 돼지 사육 기술에 대해 로드리고에게 배울 예정이라고 설명해주었다. 나는 링고에게 아버지보다 삼촌에게 더 오래 배울 수 있을 거라고 생각하는지 물었다.

링고는 솜씨 좋게 질문을 피해가며 이렇게 대답했다. "제가 아는 건 제가 세계 최고의 선생님한테 배우고 있다는 것뿐이에요."

미겔이 고개를 끄덕이며 나를 바라보았다. "그게 바로 데에사의 전통이에요. 전체 구조의 장기적인 지속 가능성을 위해 반드시 필요한 전통이죠."

그때 로드리고가 나타났다. 로드리고는 플라시도보다 체구가 더 컸다. 바깥 날씨에 탄탄히 단련된 피부가 오랫동안 뙤약볕에서 일한 사람 같았다. 플라시도가 친절하고 말수가 적다면 로드리고는 무뚝뚝하고 직설적인 사람 같았다. 그는 자기 동료들은 물론 방에 있는 모든 사람과 일일이 악수를 하고 맥주를 한 잔 따른 다음 소파 구석에 앉아 담배를 피웠다. 우리는 커피 테이블 위의 조그만 흰 접시에 놓인 하몬 주위로 모여 섰다.

우리가 어떻게 그런 위대한 햄을 만드는지 알고 싶어할 거라고 생각하며 로드리고가 말문을 열었다. "먼저 최고의 다리가 필요하죠!" 특별한 대상 없이 그가 불쑥 말했다. 그리고 담배를 아주 천천히 오래 빨았다.

동생의 갑작스러운 발언에 당황한 플라시도가 부드럽게 말을 이었다. "맞아요. 훌륭한 다리가 없으면 최고의 하몬을 절일 수가 없죠. 불가능해요."

로드리고가 플라시도의 말을 무시하며 다시 입을 열었다. "파프리카 약간 그리고 소금만 있으면 됩니다. 그래야 원래 풍미가 사라지지 않아요." 에두아르도가 아무 말 없이 잔을 치켜들고 연대의 건배를 제의했다. 로드리고가 덧붙였다. "잘 들어요. 훌륭한 돼지가 태어나 우리가 잘만 기르면 플라시도의 여덟 살짜리 조카도 맛있는 햄을 만들 수 있습니다!"

플라시도가 언짢은 듯 웃었다. 로드리고가 돼지를 사육하는 방식이 얼마나 중요한지 열변을 토하고 있을 때 그가 내 쪽으로 몸을 기울이며 말했다. “꼭 그렇진 않아요. 한 45년 배운다면, 그리고 날씨 조건만 완벽하면, 그러면 맞아요. 쉽죠.”

하몬은 보라색에 가까웠고 에두아르도가 모네스테리오에서 들어 올렸던 햄보다 대리석 무늬도 더 많았다. 미겔이 지방이 특히 많은 부위를 건네며 내게 만져보라고 했다. 블루 힐 엣 스톤 반스에서 절이는 버크셔 품종의 지방과 달리 그 지방은 즉시 녹기 시작했다. “70퍼센트가 불포화 지방이에요.” 그가 말했다. “이베리안 피그는 다리가 네 개 달린 올리브 나무라고 할 수 있죠.”

나는 지방이 혀에서 잠깐 녹길 기다렸다가 삼켰다. 지방의 풍미가 독특했다. 견과류 맛이 엄청 진했고 향이 풍부했다. 마치 최고급 보르도 와인 라피트 로쉴드 판 하몬을 맛보고 있는 것 같았다. 하지만 주변 상황은 호화로움과 거리가 멀었다. 시식장은 어두웠고 퀴퀴한 냄새가 났다. 담배 연기가 공기 중에 떠돌았고 우리는 플라스틱 컵에 미지근한 맥주를 마시고 있었다. 하몬도 보잘것없는 흰 접시 위에 대충 놓여 있었다. 햄은 맛있었지만 약간 건조하기도 했다. 사소한 불만이겠지만 어쨌든 그랬다.

나는 고개를 돌려 부젓가락에 끼워져 있는 하몬을 보았다. 누군가 뼈 주변의 햄을 제대로 썰려고 애쓰고 있었다. 우리가 맛보고 있는 것은 다리의 맨 마지막 부위였다. 그 다리는 아마 몇 주 동안, 어쩌면 몇 달에 걸쳐 이미 수십 번 잘려졌을 것이다. 온전한 다리 하나가 누군가 더 맛보고 싶어하면 바로 자를 수 있도록 준비된 채 옆에 놓여 있었다.

내 표정에 기분이 다 드러났는지 미겔이 내 다리를 툭툭 치며 말했다. “그게 핵심이에요.” 미겔이 모두 웃으며 맥주를 마시는 방 안을 가리키며 조용히 말했다. "그가 사는 삶이요. 겉모습이나 행동이 누가 봐도 농부잖아요. 돈이 많아 보이지는 않지만 사실 돈도 많아요. 정말이에요. 그리고 또 한 가지 확신할 수 있는 건 심지어 후안 카를로스(국왕)가 와도 마지막 한 조각이 다리에 남아 있다면 그걸 대접할 겁니다. 정말이에요. 하몬은 호화로움과 거리가 멀거든요. 하몬은 보잘 것 없는 햄일 뿐이에요. 보잘 것 없는 땅에서 나왔으니까요. 그래서 하몬이 살아남을 수 있었다고 저는 믿습니다."

다시 지붕 위에서

투어는 지붕 위에서 끝났다. 그때가 바로 내가 새의 눈높이로 데에사의 풍경을 바라봤던 때였다.

플라시도의 독특한 지중해 풍 집은 주변의 오래된 오크 나무처럼 가문의 땅 위에 우뚝 솟아 있었다. 그날은 날씨가 몹시 화창해 아주 멀리까지 보였다. 에두아르도는 곧장 지붕 구석으로 가 다시 한번 두 주먹으로 망원경을 만들었다. 그는 거위를 찾고 있었다. 나는 돼지를 찾았지만 돼지 대신 풀을 뜯고 있는 송아지 떼만 발견했다. 나는 돼지가 소를 따라 다니는지 물었다.

"여기는 스페인이에요." 미겔이 대답했다. "돼지는 아무도 안 따라다녀요. 앞장서죠."

그 정도면 많이 절제한 표현이었다. 돼지 한 마리가 한동안 도토리를 충분히 먹을 수 있으려면 한 마리당 약 1만6000제곱미터의 데에사가 필요하다. 어떤 도토리를 먹을 수 있는 계절인지에 따라 그보다 더 넓거나 좁을 수도 있다. 도토리가 평소보다 덜 열린 해에는 살찌울 돼지의 수를 제한한다. 이를 통해 최고의 하몬 이베리코 가격을 높은 수준으로 유지할 수 있지만 이는 또한 데에사의 균형을 유지하기 위한 보험이기도 하다.

플라시도가 설명을 덧붙였다. 돼지가 움직이지 않으면 나무 사이사이의 풀이 고생한다. 어차피 돼지는 풀을 많이 뜯지 않는다. 도토리를 찾으러 가는 길의 간식일 뿐이다. 돼지를 뒤따르며 실제로 풀을 뜯는 것은 바로 소다. 어쨌든 소는 초식동물이니 행복하게 돼지 뒤를 따르며 돼지가 남긴 풀을 뜯는다. 양도 마찬가지다. 양모 생산이 더 이상 중요한 산업은 아니지만 (그리고 플라시도의 농장에도 양은 없지만) 양은 여전히 데에사의 저지대에 흩어져 있다. 양은 돼지나 소가 원하지 않거나 주둥이 크기 때문에 먹지 못해 남긴 풀을 뜯는다.

스톤 반스에서와 마찬가지로 그 순환 방목이 실제로 풀의 질을 높인다. 다양한 동물의 배설물이 들판을 비옥하게 하고 동물의 발걸음이 떨어진 나뭇잎 같은 유기물질을 잘게 부순다. 토양으로 흡수된 그 유기물질은 수십억 토양 유기체가 지속될 수 있도록 도우며 그토록 맛있는 풀의 만찬을 준비하기 위해 힘을 모은다. 동물의 건강은 물론 더 큰 생태계의 건강을 위해 꼭 필요한 것이 바로 그 다양성이다. 그 다양한 풀이 나비, 딱정벌레, 개미, 벌 등의 개체 수를 증가시키고 그 개체 수 증가는 또 그 곤충을 먹고 사는 도마뱀이나 뱀 같은 동물을 돕는다.

저 멀리 보이는 빽빽한 숲은 야생 조류의 서식지를 제공한다. 새도 데에사의 식구다. 붉은 솔개, 흰점어깨수리, 개구리매는 전부 곤충과 설치류의 개체 수를 조절하는 숲의 일부다. 새는 또한 데에사의 씨앗을 퍼트리기 위해서도 꼭 필요하다. 새는 벌레 유충을 사냥하면서 초식동물이 남기고 간 배설물을 쪼아 들판에 뿌려 땅을 비옥하게 한다. 이는 곧 다음에 돼지가 풀을 뜯으러 올 때 더 건강한 풀을 뜯을 수 있다는 뜻이다.

바로 그것이 그 유명한 하몬 이베리코의 본질이다. 하몬은 그저 햄이 아니다. 대지가 우리가 밟고 있는 땅 이상을 뜻하는 것과 마찬가지다.

"참 우스워요." 미겔이 말했다. "여기 서서 바라보면 이렇게 확실한데 세상은 아직 몰라요. 하몬 이베리코는 데에사의 한 가지 제품일 뿐인데 말이에요."

그리고 그는 그 지역에서 풍부한 양젖으로 만든 치즈 두 가지를 언급했다. 신 맛이 나고 향이 진하며 약간 구운 맛도 나는 토르타 델 카사르는 스페인 전역에서 소비되고 있으며 라 세레나는 세계 최고의 양젖 치즈로 손꼽힌다. 두 가지 모두 메리노 양의 젖으로 만든다.(메리노 양은 젖의 양이 너무 적어 딱히 젖을 얻기 위한 품종이라고 할 수는 없지만 스페인 남부의 문화와 데에사의 건강에 너무 중요하며 양모 가격이 떨어질 때는 양젖이 양모를 대신한다.) 하지만 미겔의 생각대로 나는 데에사에서 그런 것까지 생산한다는 사실은 전혀 모르고 있었다.

미겔은 비교적 덜 알려진 모루차 품종 소를 언급하며 아마 미국의 어떤 소보다 더 맛있을 거라고 말했다. 모루차는 한때 투우 소로 활약했는데(아이들이 좋아하는 책 『페르디난드』의 주인공이다) 원래 블랙 이베리안 품종에서 갈라져 나왔기 때문에 데에사에서 풀을 뜯을 수 있도록 진화했다. 그 소는 이베리안 피그처럼 끊임없이 움직이며 근육에 산소를 보내 튼튼하고 풍미가 좋고 일반 스테이크용 고기보다 더 색이 진한 고기로 탄생한다.

에두아르도는 모루차 소고기에 대한 언급에 주먹을 꽉 쥐어 입에 갖다 대며 이렇게 말했다. "환상이에요!" 내가 한 번도 맛보지 못했다는 사실이 안타까운 모양이었다.

"스페인에서 특히 이 지역에 교통이 불편하고 현대적인 상업 네트워크가 부족했던 때가 있었습니다." 미겔이 말했다. 그와 같은 제품이 널리 알려지지 못한 이유는 역사적으로 개인적 소비를 위해 생산되었기 때문이라는 설명도 덧붙였다. "하지만 이제 전부 변하고 있어요. 댄만 봐도 그렇지 않습니까. 댄도 에두아르도의 푸아그라를 이제야 알게 되었지만 그의 푸아그라는 사실 아주 오래된 거거든요."

나는 데에사의 경제를 지탱하는 또 다른 요소가 더 있는지 물었다. 그러자 두 사람이 오크 나무를 가리켰다. "도토리 말고 코르크도 있죠. 데에사 전체의 경제 엔진이 바로 그겁니다." 미겔이 말했다. 나무를 해치지 않으며 껍질을 벗기려면 몹시 숙련된 기술과 엄청난 정교함이 필요하다. 바나나처럼 벗겨진 어두운 오렌지색 나무기둥은 수확 후에 익숙하게 볼 수 있는 풍경이다. 전 세계 모든 와인 코르크의 거의 4분의 1이 데에사에서 생산된다.

플라시도는 저 멀리 더 확 트인 지역을 가리켰다. 보리와 귀리, 호밀이 자라고 있었다. 동물 사료로도 쓰지만 사람도 먹는 곡물이었다. "수익성 좋은 사업이라고는 할 수 없을 겁니다. 이 땅은 방목에 더 적합해요. 그래도 우리는 곡물을 생산하고 그것이 사료 수입양을 줄여줍니다."

빽빽한 숲이 탁 트인 초원을 가르고 있었다. 숯 생산을 위해 벌목한 흔적이 보였다. 데에사에 존재하는지 몰랐던 또 다른 '산업'이었다. 그리고 가장 놀라웠던 풍경, 그러니까 가정집이 드문드문 흩어져 있고 빨래가 널려 있고 아이들이 뛰노는 소리가 들리는 풍경이 코르크나 돼지만큼 중요해 보였다.

웬들 베리는 언젠가 그 땅을 "헤아릴 수 없는 은혜의 땅"[40]이라고 묘사했다. 음식에 국한된 언급은 아니었다. 농업이 빠른 속도로 산업화되면서 우리는 농사의 시작과 함께 내재해왔던 합의를 저버렸다. 바로 음식은 과정이자 관계의 거미줄이며 개별적인 재료나 일용품이 아니라는 것이다. 베리가 언급했던 농업의 '문화'는 토양이나 태양만큼 그 과정이 중요하다. 이곳 데에사에서 문화와 농업은 한마디로 같은 뜻이었다.

—w—

나는 종종 '지속 가능한 농업'이 무슨 뜻이냐는 질문을 받는다. 나는 아직도 쉬운 답을 찾지 못했다.

몇 년 전 캘리포니아에서 웨스 잭슨과 토론자로 참가했던 그때, (한해살이 밀과 다년생 밀의 뿌리 조직에 대해 아직 배우기 전이었다) 웨스는 지속 가능한 농업의 예를 들어달라는 질문을 받았다. 그는 아무런 예도 들어주지 않았다.

대신 이렇게 답했다. "작은 집단이 여기저기서 성과를 내고 있지만 농업은 대부분의 인류가 제대로 농사를 지으며 수 세기 동안 확장해왔던 문화를 이미 넘어섰습니다." 그의 답변이 회의실에 패배

감을 불어넣었다. “농업 자체가 잘못이라는 생각부터 하는 것이 좋을 겁니다.” 대초원과 같은 자연스러운 생태계를 모방해 농업을 다년생으로 전환하려는 웨스의 노력은 한해살이 농사는 물론 멀리 내다보지도 못하면서 날뛰는 인간의 오만을 없애려는 시도다.

그날 밤 저녁 식사 도중 나는 웨스에게 클라스와 메리하월의 이야기를 들려주었다. 유기 농법으로 전환하고 복잡한 순환 재배를 통해 토양의 비옥함을 살리고 예로부터 내려온 밀 품종을 전파하고 있으며 그 전부를 통해 올바른 농사의 가능성을 실험하고 있다고. “그런 농업에서 지속 가능하지 않은 점은 무엇일까요?” 내가 물었다.

“지속할 수 없으니까요.” 그가 대답했다. “클라스는 잘하고 있는 것 같습니다. 그의 아들은 아마 더 잘하겠지요. 하지만 언제든 누군가 멍청한 짓으로 그 땅을 망칠 수 있어요. 농업의 역사가 바로 그랬죠.”

클라스와 같은 유기 농부의 등장은 중요하고 또 고무적인 사건일지도 모른다. 그리고 그는 비옥한 토양에서 맛있는 음식을 생산할 수 있을지도 모른다. 그렇다고 그가 짓는 농사가 지속 가능하다고 할 수는 없다고 웨스는 말했다. 생물학적으로 말하자면 그는 돌연변이나 마찬가지다. 역사적 일탈과 더 비슷하다. 오늘은 존재하지만 내일은 없다.(“제가 무슨 말을 할 수 있겠습니까?” 그가 말했다. “우리는 이미 타락한 세상에 살고 있지 않습니까?”)

카르데노의 지붕에서 내려오기 전, 나는 지붕 끄트머리에 서서 데에사를 바라보았다. 오후의 태양이 두꺼운 구름 뒤에 숨어 있었다. 그때, 우리가 막 내려가려는 찰나, 화려한 빛 한 줄기가 들판 전체를 뒤덮었다. 마지막으로 한 번 더, 나는 각양각색의 풍경 전체를 바라보았다. 하지만 그 순간 깨달은 것은 그 다양성보다는 그 풍경의 영속성이었다. 나는 플라시도의 할아버지가 바라보았을 바로 그 풍경을 바라보고 있었다. 그것은 생각해보면 플라시도의 할아버지의 할아버지도 바라보았을 풍경이었고, 웨스의 확신에 의문을 제기할 근거가 되기에도 충분했다. 2000년 동안 지속되는 농업의 풍경은 결코 일탈이 아니다. 풍경이 어떻게 돌연변이일 수 있겠는가.

데에사는 그 척박함에도 불구하고 살아남았다.(심지어 번영을 누렸다.) 사실 미겔의 말처럼 데에사는 어쩌면 그 척박함 때문에 살아남았는지도 모른다.

"이베리코의 땅은 지난 수십 년 전까지만 해도 스페인에서 몹시 가난한 지역이었어요." 미겔이 말했다. "자연을 이해하고 존중했던 건 선택이 아니라 생존을 위해서였습니다."

대륙의 풍부한 천연자원으로 버릇이 없어진 아메리카 정착민과 달리 스페인 사람들은 그저 쟁기를 내던지고 옮겨갈 다른 땅이 없었다. 농산업은 한 번도 데에사 자원의 덕을 보지 못했다. 활용할 자원이 충분하지 않았기 때문이었다.*

하지만 그 척박함이 전부는 아니었다. 하몬 이베리코처럼 훌륭한 제품을 생산하는 곳을 바라보면서, 열대 우림만큼 생물학적 다양성이 넘쳐나는 그 반건조지역을 지붕 위에서 바라보면서도 나는 풍부하다 못해 넘쳐나는 자원이, 그 풍부함이 어떻게 지속되고 있는지 확실히 다가오지 않았다.

나는 다시 존 뮤어를 생각했다. 그리고 자연에서 "무엇이든 그것 자체를 추출해내려고 할 때마다 우리는 그것이 이 우주의 다른 모든 것과 얽혀 있다는 사실을 깨닫게 된다."던 그의 말을 떠올렸다. 지붕 위에서도 그것만큼은 확실했다. 양이 풀을 뜯지 않으면 돼지는 영양가 없는 풀을 뜯게 된다. 결국 하몬도 변하게 된다.**

하지만 그 모든 것이 어떻게 연결되어 있는지, 즉 서로 얽혀 있는 구조가 중요하다. 그 연관성의 강도를 측정하는 한 가지 방법은, 말하자면 한 장소의 지속 가능성을 측정하는 방법은 연결되어 있는 그 구조가 그곳의 문화에 얼마나 깊이 스며들어 있는지 들여다보는 것이다.

1900년대 중반 미국에 대해 고민했던 알도 레오폴드는 미국의 문화가 그 역할을 다하지 못하고 있다고 믿었다. 1949년 그가 사망한 직후 출간되어 미국 환경 보호론자들의 경전이 된 그의 명문집 『모래땅의 사계A Sand County Almanac』에 이제는 유명해진 그의 에

* 그럼에도 그들은 계속 시도했다. 하몬 이베리코가 세계적으로 유명해진 최근 들어 특히 그랬다. "정육 회사들은 더 싼 햄을 생산할 수 있는 기회를 포착했죠. 그리고 이를 실행에 옮겼어요." 미겔이 말했다. "물론 나무 아래서가 아니었죠. 좁은 공간에 돼지를 가둬놓고 사료를 먹였어요. 도토리뿐만 아니라 곡물까지 먹이기 시작했죠." 다행히 프랭크 퍼듀는 아직 하몬에 대적할 햄을 만들지 못했다. 하몬의 풍부한 지방층 무늬는 대규모 사육으로는 절대 만들어지지 않기 때문이다. 내가 하몬 이베리코의 대규모 사육에 대해 물었을 때 미겔은 이렇게 대답했다. "그렇게는 안 됩니다. 운동을 덜 한다는 것은 곧 근육 내 지방이 더 적다는 뜻이고 이는 곧 독특한 맛이 덜 하다는 뜻입니다. 대규모 정육 회사가 시도하지만 실패하는 이유는 데에사의 다양성을 돼지를 살찌우기 위해 먹여야 할 도토리의 양으로 단순화시키기 때문입니다. 돼지를 가둬놓고 포르투갈에서 도토리를 사다 먹이고 싶다면 그렇게 할 수는 있겠죠. 하지만 그걸 하몬 이베리코라고 부를 수는 없어요. 하몬 이베리코가 아니니까요."

** 데에사처럼 외진 곳에서조차 이 세계가 점점 더 강하게 연결되어가고 있다는 사실을 확인할 수 있었다. 코르크 와인 마개가 돌려 따는 마개로 점차 전환되는 추세 때문에 엑스트레마두라 농부들의 수익이 줄어 그들의 삶이 위협당하고 있었다.

세이 「대지 윤리The Land Ethic」가 실려 있다. 그 에세이에서 그는 공동체에 대한 우리의 관념이 인간 사이의 상호 작용만 중시하는 지극히 제한적인 개념이라고 주장했다. 지속 가능한 공동체는 토양과 물, 식물과 동물까지 "혹은 이를 통틀어 대지"까지 포함해 더 폭넓게 정의되어야 한다.

다시 말하면 그는 스페인 사람들이 대지라는 단어를 사용하는 방식으로 공동체를 정의했다. 클라스가 잡초를 바라보는 관점, 즉 서로 꼭 필요해 마치 살아 있는 피라미드처럼 딱 들어맞는 전체 구조 안의 개별 요소로 바라보았다.

> 가장 아래층은 토양이며[41] 식물 위에 곤충이, 곤충 위에 새와 설치류가 그리고 위로 올라가며 다양한 육식 동물이 자리한다. (…) 서로 이어지는 각각의 층은 바로 아래층에서 음식을 비롯한 다른 서비스를 제공받으면서 동시에 위층에 음식과 서비스를 제공한다.

하지만 레오폴드는 이 비유도 썩 만족스러워하지 않았다. 대지에 대한 완벽한 이해에는 반드시 윤리적 요소 또한 포함되어야 한다고 그는 주장했다.

"대지가 공동체라는 사실이 생태학의 기본 개념이라면 대지를 사랑하고 존중해야 한다는 생각은 윤리학으로의 확장이다"[42]라고 그는 말했다. 레오폴드는 자연의 위대한 선물을 보호하는 것, 즉 자연의 자가 재생능력을 보호하는 것이 공동체 구성원인 우리의 책임이라고 생각했다. "그렇다면 대지에 대한 윤리는 생태주의적 양심의 존재를 반영하고 이는 또 대지의 건강을 위한 개인의 책무라는 신념을 반영한다."

윤리가 적용되지 않으면 관계가 약해질 수밖에 없다. 레오폴드의 미국인 독자에게는 급진적인 개념이었지만 그와 같은 윤리 의식이 데에사의 문화에는 내포되어 있었다. 농부는 자라면서 대지를 신성하게 여기며 존중하는 법을 배운다. 리사가 언급했듯이 스페인 사람들은 기본적으로 데에사가 아름답다고 생각한다. 미국인이 요세미티나 로키 산맥이 아름답다고 생각하는 것과 마찬가지다. 이는 데에사가 정말 아름답기 때문이기도 하지만 역사와 교육을 통해 그렇게 배워왔기 때문이기도 했다.

"한 가지 가치가 아니라 다양한 가치에 관한 문제죠." 미겔이 설명해주었다. "그것이 바로 예로부터 농부와 생산자들이 수 세대에 걸쳐 그처럼 행동해온 이유입니다. 그리고 왜 오늘날까지도 더 많은 제품이 아니라 더 나은 제품을 선택하며 전통과 자연 혹은 본질을 기술보다 우선하는지 설명해줍니다."

지금도 데에사의 농부들은 자연 손실을 보강하기 위해 정기적으로 오크 나무를 심는다. 개인의 이득을 위해서가 아니다. 어차피 지금 심는 나무는 그들이 죽기 전까지 도토리를 맺지 못할 것이다. 그저 부모님과 조부모님이 늘 해왔던 일을 계속하는 것이다. 아기가 태어나기 100년 전부터 아기를 기르기 시작하는 것이라는 메노파 교인들의 믿음과 일맥상통하는 전통이다.

그러한 가치가 문화에 얼마나 깊이 뿌리내리고 있는지 확실히 파악하기 위해서는 그들이 무엇을 먹는지 살펴보면 된다. 엑스트레마두라의 음식은 농부라는 태생과 척박한 대지를 반영하듯 단순하

고 소박하다.[43]

햄부터 보자.(스페인 사람들은 늘 햄부터 시작한다.) 미겔의 설명대로 하몬은 본질적으로 보잘것없는 제품이다. 고기는 종이처럼 얇게 썰고 알뜰하게 아껴 먹는다. 그리고 돼지고기의 한 가지 조리법일 뿐이다. (다양한 형태로 돼지 피를 섞어 만든 소시지) 모르시야와 (안심을 절인) 로모, 그 유명한 초리조 등 지역적으로 다양한 엠부티도(절인 고기)가 있다. 갈비는 지역마다 다른 미가스(하루 지난 빵을 잘게 부숴 튀긴 스페인 전통 요리)와 함께 먹는다. 어깨뼈 근처의 최고급 부위를 강한 불에 구워 먹는 세크레토 이베리코도 있다.

훌륭한 하몬은 양 없이는 존재할 수 없기 때문에 (그 유명한 토르타 델 카사르나 라 세레나 치즈처럼) 양젖을 맛있게 활용하는 방법도 있다. 더 이상 풀을 뜯지 않는 늙은 양 고기는 마늘과 감자를 넣고 약한 불에 서서히 끓여 칼데레타 데 코르데로로 만든다. 엑스트레마두라의 찬파이나는 뇌, 심장, 신장, 간 등 이등급 부위를 삶은 계란, 빵가루와 섞어 살짝 튀긴 후 약한 불에 끓인 요리다.

자고새, 토끼, 사슴, 멧돼지 등 엑스트레마두라의 풍부한 야생동물 역시 그 지역에서 나는 버섯이나 녹색 채소와 함께 요리한다. 식물의 다양성을 즐기는 벌의 개체수가 폭발적으로 늘어나 최고로 달콤한 꿀이 만들어지고 거의 모든 요리에 활용되는 올리브 오일도 생산된다.

그 땅에는 자신의 식습관을 생태계에 강요했던 개척자들이 없었다. 미국의 대지가 비옥한 처녀지를 향한 무시무시한 서부 개척으로 황폐해진 것과 정반대다. 사람들의 식습관은 (돼지의 식습관 역시) 생태학으로부터 혹은 생태학과 함께 발전했다.

에두아르도의 푸아그라가 그 지역에서 대대로 생산되어온 것은 아니었지만 그 지역의 가치가 고스란히 적용되었다. 초라한 제품이라고 하기는 힘들 것이다. 에두아르도의 간 중에는 700달러까지 나가는 것도 있다. 내가 사는 80달러짜리 물라드 간과 비교하면 엄청난 가격이다. 하지만 에두아르도는 보통 간을 통째로 팔지 않는다고 했다. (루이 16세로부터 금화 스무 개를 수여받은 프랑스의 천재 요리사 장조제프 클로즈가 발명한 기술인) 파테로 만들거나 푸아그라 자체의 지방으로 요리한 조각을 콩피로 만들어 판다. 싱싱한 간의 수명은 며칠밖에 되지 않지만 이런 방법으로는 몇 주나 몇 달까지 간을 보관할 수 있다. 더 중요한 점은 여러 차례에 걸쳐 간을 제공할 수 있다는 것이다. 에두아르도는 오랜 시간 거위를 돌보고 엄청난 양의 천연 먹이를 제공한다. 그러니 간 하나를 몇 주에 걸쳐 조금씩 나눠 제공한다는 것은 간을 오랫동안 음미할 수 있다는 뜻이다.

이를 일반 레스토랑의 요리 준비와 비교해보자(특히 물라드 오리 간). 푸아그라가 더 빨리 쉽게 생산 가능해짐에 따라 푸아그라를 즐기는 방식이 급격히 변했다. 오늘날 미국 요리사들은 대부분 커다란 간 덩어리를 잘라 200그램 스테이크처럼 팬에서 익힌다.(하지만 지방이 부드럽게 잘 녹아 숟가락으로 떠먹을 수 있다.) 토머스 켈러의 말을 빌리자면 그것은 요리가 아니다. 가열일 뿐이다. 훌륭한 요리사의 "위대한 행위"는 그저 음식을 준비하는 행위가 아니다. 생태학적 행위이기도 하다.

—∞—

지붕 위에서 데에사를 바라보며 나는 에두아르도에 대해 완전히 이해하지 못했던 점을 이해할 수 있었다. 에두아르도의 푸아그라가 훌륭한 이유는 오늘날 우리가 알고 있는 농업과 거의 정반대인 농업 구조, 즉 데에사에 지고 있는 빚 때문이었다.

"거위가 먹고 싶어하는 것만 잘 제공해주면 거위가 보답할 것이다"라는 에두아르도의 신념이 다소 감상적으로 들렸지만 그의 말에 자연에 관한 보편적인 진실이 담겨 있었다. 자연이 일하도록 내버려두면, 곧 그 모든 골치 아픈 비효율성을 감내하며 농사를 지으며 '자연을 기르면' 결국 이를 대신하는 그 어떤 방식으로 생산할 수 있는 것보다 더 많은 것을 얻을 수 있다. 데에사처럼 완벽하게 조화를 이루고 있는 구조는 하몬과 소고기와 치즈와 무화과, 올리브를 제공하고 거위까지 충분히 살찌울 수 있다. 자연스럽게 내버려만 둔다면.

현대의 푸아그라는 역사에 대한 모독이라던 에두아르도의 말은 단지 강제 급식에만 해당하는 건 아니었다. 그는 자연 세계에 대한 무례함을, 자연이 제공할 수 있는 것에 대한 파괴를 지적했다. 규칙을 지키기만 한다면 자유롭게 취해도 좋다. 규칙을 지킨다는 것은 대지 위에서 얌전히 행동한다는 뜻이다. 올리브와 무화과에서 얻는 수익의 일부를 거위를 위해 희생하고 거위 몇 마리는 매를 위해 희생한다. 소와 양은 돼지와 풀을 나눠 먹고, 돼지는 거위와 도토리를 나눠 먹는다. 하지만 미국의 현대식 농업은 대부분 규칙을 지키지 않는다. 더 높은 수익을 위한 가차 없는 공세, 더 많은 옥수수,

더 많은 비료, 더 많은 단일 경작이 게임을 좌우한다. 이는 자연에서 자연스러움을 빼앗는다. 그것이 바로 모욕이다. 우리가 받은 선물을 조롱하는 것이다.

웨스의 말이 옳았다. 우리는 타락한 시대에 살고 있다. 아무리 열심히 노력한다 해도, 아무리 토양을 잘 돌보고 클라스의 순환농법을 아무리 잘 따라한다 해도, 농업 자체는 우리가 통제하려 든다면 반드시 자연과의 어떤 분쟁에든 말려들게 된다. 그렇다면 자연을 지배하는 대신 자연과 함께 존재한다면 어떨까? 자연을 교란시키지만(데에사에 돼지를 밀어넣고 오크 나무에서 코르크를 벗긴다), 동시에 신중하게 행동하는(도토리 수확량에 따라 돼지의 수를 제한하고 코르크를 듬성듬성 벗기며 미래 세대를 위해 다시 나무를 심는다) 데에사의 모델이 농업의 미래를 위한 청사진이 될 수 있을까?

내 앞에 펼쳐진 땅이 바로 알도 레오폴드가 말한 대지 윤리의 핵심 질문에 대한 답이었다. 즉 어떻게 하면 최고의 경제적 보상을 위해 대지를 남용하고자 하는 욕구를 억제하고 '대지 공동체의 정복자'에서 '대지의 평범한 구성원이자 시민'으로 변해갈 수 있을까? 그는 농사와 식사의 구분을 없애는 것부터 시작해야 한다고 생각했다. 현재 내 위치에서도 그 정도는 확실했다. 하지만 미국인들은 대지에게 우리가 가장 먹고 싶은 것을 생산하라고 요구하며 그와 정반대의 식습관을 형성해왔다.

그와 같은 구조를 바꾸기 위해 우리가 지금 할 수 있는 일은 일단 그 구조에서 빠져나오는 것이다. 가능한 한 계절 음식을 먹고 지역 생산품을 구입하고 유기농을 선택한다. 물론 그와 같은 팜 투 테이블 흐름이 가치 있긴 하지만 지붕 위에서 데에사를 바라보니 동시에 그 흐름이 얼마나 근시안적이었는지 쉽게 알 수 있었다. 우리는 농부만 도와서는 안 된다. 농부가 의지하고 있는 대지에 힘을 보태야 한다. 그 차이는 생각보다 더 크다. 지속 가능성을 가장 중시하는 농부도 소비자의 요구에 따라 작물을 심고 가축을 기른다. 그리고 소비자는 보통 대지가 적절하게 생산할 수 있는 양 훨씬 이상을 요구한다.

고기를 종이처럼 얇게 썰어 먹는 문화가 아니었다면, 혹은 하몬이 그 지역의 유일한 생산품이었다면 하몬도 그와 같은 곡절을 겪었을 것이다. 하지만 데에사의 요리 문화는 환경과의 협상을 통해 발전했으며 그 과정에서 민감한 생태학적 균형을 유지하는 데 제 역할을 해왔다.

지붕 위에서 데에사의 풍경을 바라보며 나는 이런 질문을 하지 않을 수 없었다. 우리 식습관이, 단지 한 접시의 요리뿐만 아니라 요리의 전체적인 양식이 우리를 둘러싼 대지와 완벽한 균형을 맞출 수 있다면 어떨까?

자기 푸아그라의 본보기로 빛을 향해 하몬을 들어 올렸던 에두아르도가 그 답에 대한 힌트를 주었다. 그때까지 나는 하몬의 흰 지방 무늬가 도토리를 마음껏 먹을 수 있는 축복받은 돼지만 뜻한다고 생각하고 있었다. 하지만 그때 깨달았다. 에두아르도가 들어 올린 것은 데에사 생태계 전체이자 '제3의 식탁'의 로드맵이었다. 요리사도 그와 같은 메시지를 전달할 수 있다. 지방의 그 줄무늬가, 그리고 그 줄무늬 바탕의 붉은 고기가 복잡하게 얽히고 서로 연결되어 있는, 그리고 그것을 만든 대지만큼 (토양의 작용에 관한 책의 말대로) '신비한' 이야기를 들려주고 있는 것처럼.

13장
"거위는 우리가 기르는 게 아니에요. 알아서 자라요"

카르데노를 떠나 공항으로 가기 전에 나는 에두아르도에게 하루 종일 마음속에 담고 있던 질문을 했다. 데에사가 아닌 곳에서는 아무리 노력해도 하몬 이베리코를 똑같이 만들어낼 수 없다. 그렇다면 다른 지역에서 그의 천연 푸아그라를 똑같이 만들어낼 수 있다고 생각하는가?

"그럼요. 물론입니다." 그가 대답했다. 하지만 맛이 똑같지는 않을 거라고 강조했다.

나는 맛이 어떻게 다를지 물었다. "맛은 거위가 무엇을 먹느냐에 따라 달라져요. 거위가 결정하죠. 영국에는 바닷가에서 거위를 기르는 사람이 있는데 그 간은 정말 맛이 없어요! 간에서 생선 맛이 난다니까요!"

"도토리가 없는 건 어떤가요?" 내가 물었다. "그게 문제가 되지는 않나요?"

"꼭 그렇지는 않아요. 반드시 도토리를 먹일 필요는 없으니까. 덴마크에는 도토리가 없어요. 거위는 야생 감자 비슷한 덩이줄기를 먹어요. 간 맛이 환상이에요. 뿌리채소 향이 풍부하죠. 커피 농장에서 거위를 제대로 기르면 간에서 커피 맛이 날 겁니다."

나는 스톤 반스에서 거위를 기르면 어떤 맛일지 궁금해졌다. 그리고 그 궁금증이 생기자마자 어떻게 크레이그를 설득해 그 실험에 착수할지 계획을 세우기 시작했다.

—ɯ—

며칠 후, 스톤 반스 앞마당에서 크레이그를 만난 나는 이렇게 말했다. "정말 놀라운 스페인 농부에 대해 해줄 이야기가 있어요!" 크레이그도 입을 벌리고 두 눈을 크게 뜨며 잔뜩 흥미를 보였다. 마침내 푸아그라에 대해 말하고 있을 때 크레이그는 마치 에드바르 뭉크의 그림 속 인물 표정을 지었다.

"우리도 거위를 기를 수 있을까요?" 내가 물었다. 그 질문에 크레이그는 마음이 놓인 듯했다.

"사실 거위 50마리가 곧 도착할 겁니다." 그가 대답했다. 알고 보니 크레이그는 그해 초에 이미 스톤 반스의 순환 방목에 거위가 필요하다고 생각했고, 간을 살찌울 생각까지는 하지 않았지만 크리스마스 즈음 직거래 장터에 거위 고기 수요도 많을 거라고 판단하고 있었다.

나는 에두아르도의 농장과 그의 천연 푸아그라에 대해 자세히 설명해주었다. "흥미롭네요." 그가 고개를 숙이고 잦은 헛기침으로

스트레스가 가득한 목소리를 가다듬으며 말했다. "시도는 해볼 수 있겠어요." 그가 말했다. '시도해볼 수 있겠다'는 말은 손해가 클 거라는 뜻이었다. 그래도 시도는 해볼 것이다.

작업은 8월에 시작되었다. 크레이그와 나는 일거리를 나누기로 했다. 크레이그 팀이 물을 주고 요리사와 매니저들이 하루에 두 번 먹이를 주기로 했다. 나는 에두아르도의 방법대로 거위가 알아서 찾아 먹게 하고 싶었지만, 크레이그가 스톤 반스의 초원은 에두아르도의 거위가 즐겨 먹는 도토리, 무화과, 올리브, 루핀 등을 다양하게 제공하기 힘들다는 사실을 상기시켜주었다. 추가로 먹이를 주지 않으면 간에 살이 붙을 가능성이 거의 없을 뿐만 아니라 거위가 배를 곯을 수밖에 없다고. (크레이그가 체계적으로 잘 관리한 다양한 풀이라 해도) 샐러드만 먹고 미식축구에서 태클을 막을 수 없듯, 풀만으로는 거위를 살찌우기 힘들다. 크레이그는 옥수수를 먹이겠다고 했지만 강요하지는 않고 알아서 먹게 했다.

첫날, 나는 크레이그를 따라 넓은 초원 구석에 격리되어 있는 조그만 풀밭으로 갔다. 거위들이 머리를 치켜들고 드문드문 모여 새로운 환경을 탐색하고 있었다. 나는 먹이 줄 때 주의해야 할 점을 받아 적었다. 크레이그가 내게 울타리의 전류 조절 장치와 곡물을 부어야 할 큰 통을 보여주며 할 일이 많지는 않을 거라고 말했다.

"필드그라field gras네요!" 크레이그의 조수 패드레익이 거위들을 지나가며 말했다. "들어본 말은 아니지만 맛있을 것 같아요!"

그 후로 몇 주 동안 먹이 주기는 큰 문제없이 잘 진행되었다. 요리사들이 큰 양동이 두 개에 옥수수를 가득 담아 거위 여물통에 부어주고 돌아온다. 특별히 신경 써야 할 점은 없었는데 어느 날 정육 담당자 조제가 내 사무실로 찾아왔다. 그는 내 방 문을 단단히 닫으며 아주 진지하게 '불안한 흐름'에 대해 이야기할 수 있냐고 물었다.

"셰프, 거위는 말이죠. 거위는 곡물을 싫어해요." 그가 고개를 숙인 채 말했다.

조제의 머리칼은 늘 흐트러져 있었고 어깨는 자주 처져 있었다. 작은 체구에 수줍음이 너무 많은 그는 건장한 체격에 테스토스테론이 넘치는 전형적인 젊은 정육 담당자들과 정반대였다. 부엌의 배달 문 근처에서 일하는 조제는, 고기를 끌고 와 쳐내고 자르고 작은 칼로 커다란 고기 덩어리 근육 주변과 사이사이에서 뼈를 바를 때 추위를 방지하기 위해 요리사 상의 안에 옥스퍼드 셔츠를 입었다. 그는 근면하고 생각이 깊고 능력 있는 청년이었다.

조제가 말했다. "거위가 예전 같지 않아요. 울타리 안으로 들어가면 따뜻한 음식 냄새를 맡은 것처럼 막 달려오고 곡물 통으로 몰려가 서로 좋은 자리를 차지하려고 싸웠는데 이제는 제가 가도 뭐랄까, 저를 무시하는 것 같아요."

그날 몇 시간 뒤 패드레익도 내게 거위가 변한 것 같다고 같은 말을 했다. "맞아요. 골치 아픈 일이죠." 그가 모자를 벗고 머리를 긁적이며 말했다. "제가 거위 학자는 아니지만 거위가 돼지처럼 단

것만 먹으려 하는 것 같아요. 혹시 날씨가 갑자기 추워지면 더 먹을 수도 있겠죠. 셰프가 말한 그 거위 전문가라는 사람도 그랬다면서요?" 그는 대답할 시간도 주지 않고 말을 이었다. "거위들이 꼭 화려한 일본 식당에서 밥을 먹는 것 같아요. 맨 마지막에 흰 밥 한 공기까지 질리게 주잖아요. 거위가 지금 곡물을 그렇게 먹고 있어요. 그냥 심심풀이 같아요."

다음 날 나는 직접 거위를 관찰하러 갔다. 가는 길에 한 달에 한 번 곡물 6800킬로그램을 배달하러 온 트럭을 지났다. 여느 때처럼 거대한 곡물 포대 그늘에서 크레이그와 이야기를 나누었다. 그 전에도 배달 트럭은 많이 봤었다. 몇 년 동안 돼지와 닭이 상당한 양을 먹어 왔으니까. 하지만 그날 아침, 크레이그의 어깨 너머로 트럭 안을 들여다보았다. 샛노란 옥수수 산이 보였다. 어마어마했다. 블루 힐 부엌 한가운데서 흰 밀가루 더미를 처음 인식했을 때와 비슷한 느낌이었다. 밀가루처럼 옥수수 역시 나름대로 장관이었고 그 수많은 알맹이 중 단 한 톨도 우리 농장에서 자란 것은 없었다. 나는 양동이 두 개를 한 손에 하나씩 들고 거위가 있는 곳으로 갔다. 옥수수 알맹이가 내 뒤로 한 알씩 떨어져 점선을 만들었다.

알도 레오폴드는 대지가 '토양과 식물, 동물 사이를 회전하며 흐르는 에너지의 샘물'[44]로 정의되어야 한다고 믿었다. 하지만 다른 농부가 수확해 보낸 에너지를 운반하는 내 역할은 샘이라기보다는 에너지 차단기와 더 비슷했다. 우리가 거위에게 그리고 닭과 돼지에게도 멀리서 자란 곡물을 준다면, 내가 지금 발 딛고 있는 곳과 전혀 상관없는 땅에서 자란 곡물을 준다면 도대체 에너지가 어디서 흐를 수 있겠는가?

나는 옥수수 두 양동이를 여물통에 부었다. 거위들이 천천히 다가왔다. 마치 하루 지난 중국 요리를 보듯, 먹어도 그만 안 먹어도 그만인 한 끼 식사를 대하듯 대충 옥수수를 먹었다.(거위의 입맛에 곡물은 사탕이나 마찬가지인데) 만약 선택권이 주어진다면 거위는 스스로 찾아먹는 편을 택할 것이다. 나는 늦은 오후 두 양동이를 더 들고 다시 거위한테 갔다. 아침에 배달한 양은 거의 다 먹었지만 나를 반기는 눈치는 전혀 아니었다. 심지어 몇 마리는 날개를 퍼덕이며 반대 방향으로 갔다. 옥수수를 먹긴 했지만 약에 중독된 사람처럼 달려들지는 않았다. 어쩌면 식도에 넣어주는 게 나을지도 몰랐다.

그건 분명 '필드그라'는 아니었다. 강제 급식만 안 한다 뿐이지 곡물그라grain gras였다. 얼마나 고상한 철학을 토대로 했는지, 얼마나 원대한 이상으로 시작했는지는 중요하지 않았다. 우리는 결국 내가 최대한 피하려고 했던 바로 그 방식으로 거위를 기르고 있었다. 초원에 헛간을 짓고 거위를 살찌워 아마 퍼듀의 닭고기와 똑같은 방식으로 요리할 것이다.

—∞—

"에두아르도라는 그 사람 말을 도대체 왜 듣는 겁니까?" 그로부터 몇 주 후 유니언 스퀘어 직거래 장터에서 순무를 고르고 있을 때, 이지 야나이의 익숙한 목소리가 들렸다.

이지는 푸아그라 옹호론자 중에서도 가장 적극적인 축에 속했다. 가장 설득력 있는 사람이기도 했다. 이스라엘에서 자란 이지는 1980년, 농업학 학위를 활용하겠다는 결심으로 미국으로 건너왔다. 그는 요리를 전공한 마이클 지노와 손을 잡고 허드슨밸리 푸아그라를 열어 미국에서 가장 먼저 신선한 오리 간을 제공하기 시작했다. 그 전까지 요리사들은 (팔라댕처럼 아귀를 통해 신선한 간을 밀수하지 않는다면) 보통 깡통에 담긴, 캐나다나 프랑스에서 수입한 푸아그라를 사용했다.

60대 초반의 이지는 몸에 달라붙는 검정 티셔츠를 입고 있었다. 떡 벌어진 어깨에 탄탄한 팔 근육, 가는 허리가 마치 미국 피트니스 대부 잭 라레인이 젊은 시절 이스라엘 정보기관 모사드 요원으로 활약하고 있는 모습 같았다. 그는 허드슨밸리 푸아그라가 생산하는 제품의 인간적인 측면에 관한 모든 질문에도 척척 대답했다. 푸아그라 애호가들과 언젠가 푸아그라를 맛보고 싶은 사람들은 이지가 그들의 권리를 보호하고 있다는 사실이 반가울 것이다. 그는 푸아그라가 거위를 고통스럽게 한다는 주장을 반박하는 데 열정과 확신, 끈기가 넘쳤다.

이지는 언젠가 이렇게 말했다. "내가 하는 일이 비인도적이라면 누구든 우리 농장에 와서 우리가 하는 일 중 비인도적인 면을 단 한 가지만 찾아내보십시오. 내가 가장 먼저 문을 박차고 나갈 겁니다. 나는 오리를 고통스럽게 만들지 않아요. 괴로운 오리에서는 훌륭한 푸아그라를 얻을 수 없으니까요."

이지는 내게 푸아그라 반대자들이 농장을 방문했던 이야기도 들려주었다.(이지는 푸아그라 생산에 관심 있는 사람이라면 누구라도 농장을 방문할 수 있게 한다.) 오리를 보러 간 사람들 중 많은 수가 아기 오리를 쓰다듬으며 귀여워했다. 그는 손님들에게 오리는 쓰다듬는 걸 좋아하지 않는다고 말해주었다. 개나 고양이와는 다르다고. 그가 하고 싶었던 말은 이것이었다. 가금류와 포유류는 다른 종이다. "목구멍에 튜브가 들어올 때 사람이 느끼는 것과 오리가 느끼는 것이 같을 거라고 생각하지 마십시오."

에두아르도의 천연 푸아그라 기적을 널리 알리며(그리고 스톤 반스에서 푸아그라 실험을 하며), 나는 무심코 이지의 적이 된 듯한 태도를 취하고 있었다. 그것이 바로 그 토요일 이른 아침에 이지가 나를 찾아온 이유였다.

"그렇게 푸아그라에 관심이 많으면 아예 프랑스로 가지 그래요?" 인사를 하려고 일어서는데 그가 한마디 더 했다. "왜죠? 왜 하필 스페인 사람이죠? 좋은 차에 대해 알고 싶으면 터키로 갑니까? 독일로 가야죠. 안 그래요? 내 말이 틀렸습니까?"

"안녕하세요, 이지." 내가 말했다.

"됐고, 이유를 말해봐요. 푸아그라에 대해 알고 싶다면서 프랑스가 아닌 이유가 뭐요? 내가 말하지만 나는 프랑스에 갔을 때 울고 싶었소. 프랑스에 가서 마르셀 과키 같은 사람의 푸아그라 농장을 찾아갔지. 어디든 찾아갔어. 그런데 울고 싶었어. 하지만 참아야 했지. 왜냐? 신이 감히 내가 눈물을 흘리지 못하게 했으니까. 성스러운 곳이야, 그런 곳이. 그 사람들이 신이야. 푸아그라를 안다고! 아기 오리를 보고 어떤 푸아그라가 나올지 말해줄 수 있다고! 에두아르도가 안다는 전부를 그들은 진작 잊었어. 그들은 그것만 알아. 나? 그들과 비교하면 나는? 나는 아무것도 아니야. 나는 점이야. 그냥 먼지야! 그 사람들이 왕이야. 나는 손가락 쪽쪽 빠는 애기지. 아무것도 아니야!" 이지가 엄지손가락을 입에 넣고 쪽쪽 소리를 내며 빨았다. "아무것도 아니라고!" 지나가던 사람들이 우리를 쳐다보았다.

"말해봐요, 댄 바버 씨. 실내에서 거위를 기르는 게 뭐가 문젭니까? 그 덕택에 이제 나는 꿈에 그리던 푸아그라를 만들 수 있게 되었다고. 그게 우리가 하는 일이야. 우리는 모든 이에게 꿈의 푸아그라를 만들어준다고. 거위를 한 곳에, 실내에 몰아넣고 말이야!"

"왜 그게 더 낫죠?" 내가 물었다.

"통제하니까!" 목구멍에 깨진 유리 조각이 박혀 있는 것 같은 소리로 그가 외쳤다. "아침에 일어나자마자 거위를 볼 수 있으니까. 에두아르도는 거짓말쟁이야. 완전 엉터리! 허풍쟁이라고! 내 말이 맞아. 왜냐고? 이유를 말해주지. 야생 거위? 그게 이유야."

"하지만 제가 직접 봤는걸요." 내가 응수했다.

이지는 내 말을 무시하고 계속 떠들었다. "야생 거위!" 그리고 고개를 뒤로 젖히더니 큰 소리로 웃었다. "뭐 하나 말해줄까? 거위들은 죽어. 여기서 죽고 저기서 죽지. 웃다가 죽어. 슬퍼도 죽고. 만져도 죽는다고." 그가 검지로 내 어깨를 툭툭 치며 말했다. "죽는다고."

"그래서, 자, 이해했소? 이렇게 되는 거지. 에두아르도가 이렇게 말했다며. 거위가 도토리를 먹는다고. 맞아. 엄청나게 먹지. 노란 풀도 먹어. 그리고 자유롭게 돌아다닌단 말이야. 이렇게 랄랄라 노래를 부르면서 숲을 돌아다녀." 이지는 양팔을 뻗고 발레리나처럼 발가락으로 서서 춤을 췄다. "이렇게 말이지. 야생에서. 그리고 거위들은 말이야, 아주 행복하다고!" 이지가 여전히 양팔을 벌린 채 억지로 활짝 웃어 보였다. "그리고 웃지. 슈베르트를 들으면서. 그러다가 어느 날! 짜잔! 푸아그라가 된다고!"

그는 우리 옆에 서 있던 농부 한 명을 불렀다. "이보쇼. 내 말 좀 들어보쇼. 노란 먹이를 주면 거위 간이 노래진다는데 알고 있소? 그렇답니다. 그렇대요! 노란 걸 먹여봐요. 짠! 간이 노래진대!" 농부는 어리둥절한 표정이었다. "정말이라니까. 진짜래!" 이지는 멈추지 않았다. "아, 내가 이것도 말했나? 어느 날 닭에게 팝콘을 먹였지. 어떻게 됐게? 요리를 하려고 하니까 팬 위에서 혼자 확 뒤집더라니까! 확 확! 요리를 하려고 했는데 말이야! 혼자 뒤집어!" 그는 손을 앞뒤로 뒤집으며 스스로 뒤집히는 닭 가슴살 흉내를 냈다. "요렇게, 요렇게 확 확!"

이지의 비난과 거위의 권태 사이에서 나 역시 우리 '필드그라'의 운명이 희망적일 거라는 생각은 들지 않았다. 사실 나 자신도 권태와 싸우고 있었다. 그러던 어느 날 오후, 리사가 전화해 실험이 어떻게 진행되고 있는지 물었다. 내 암담한 예측을 들은 리사는 에두아르도를 스톤 반스로 불러보는 건 어떻겠냐고 제안했다. 그가 거위를 살펴보고 또 이지의 허드슨밸리 푸아그라도 찾아가볼 수 있지 않겠냐고.(리사도 나처럼 보통 푸아그라에 대한 에두아르도의 반응을 궁금해했다.)

나는 이지에게 그 의견에 대해 물었다. 그가 답장을 보내왔다. "물론입니다. 와서 우리 작은 작업장을 보세요. 에두아르도 씨가 오신다니 재미있겠군요." 그러고 나서 그는 전화를 해 한 가지 조건을 덧붙였다. 혹시 그 분께서 우리 모두에게 보여줄 간 한 조각을 갖다 줄 수 있겠느냐고. 간을 보여달라고? 나는 맛은 보고 싶지 않느냐고 물었다. "보고 싶고. 물론 맛도 봐야죠. 왜 아니겠습니까?"

3주 후, 새벽 세 시에 농장을 출발한 에두아르도는 어둠을 뚫고 달려 세비야 공항에 도착했다. 그리고 리스본을 거쳐 뉴욕으로 가는 비행기에 올랐다. 세관을 통과하는데 보안 요원이 냉장 팩을 열어보라고 요구했다. 그들은 내용물을 보더니, 에두아르도에 따르면, 비상경계에 돌입해 어리둥절해 있는 농부에게 소리를 질러댔다. 그리고 서류를 제대로 준비하지 않았으니 체포하겠다고 위협했다. 에두아르도는 이렇게 말했다. "테러리스트 취급을 하더라니까요. 그냥 간 몇 덩이 가지고." 그들은 결국 간을 쓰레기통에 버리는 조건으로 에두아르도의 탑승을 허락했다.

에두아르도와 리사는 다음 날 이른 아침 스톤 반스에 도착했다. 두 사람은 앞마당 구석에 서 있었다. 스톤 반스의 역사에 대한 내 설명을 들으며 에두아르도는 예의 바르게 웃고 있었지만 몇 분 후 리사가 내게 넌지시 말했다. "에두아르도는 빨리 거위나 보고 싶을 거예요."

우리는 크레이그와 패드레익을 만나 초원을 향해 걸었다. "딱이네요. 땅은 좋아요. 완벽해요." 에두아르도가 고개를 뒤로 젖히고 초원 주변 숲의 키 큰 나무들을 감상하며 말했다. "거위뿐만이 아니라 저 숲에 원숭이도 살겠는걸요!"

나는 내 뒤에서 크레이그가 이렇게 말하는 소리를 들었다. "제발 댄한테 새로운 아이디어를 제공하지 말아요."

거위가 보이자 에두아르도는 엑스트레마두라에서 내가 그를 처음 만났을 때처럼 무릎을 꿇고 거위를 불렀다. "올라, 보니타! 올라!"

거위에 대한 그의 애정에도 불구하고 우리 프로젝트에 대한 에두아르도의 평가는 썩 희망적이지 않았다. 먼저 담장을 없애라고 했다. 그는 거위가 벌써 적응해버렸다고 무심하게 말했다. 크레이그와 패드레익은 에두아르도의 지적에 황당한 표정이었다.

에두아르도가 말했다. "람보를 키우고 싶다면 다 받아주고 안달하면 안 되죠." 그리고 또 이렇게 덧붙였다. 우리가 인간의 성향을 버리지 못해 힘든 거라고. 사람들은 (어쩌면 특히 미국인들은) 칼로리를 무제한 섭취하기도 하지만 거위는 그렇지 않다. 잘 돌봐주면 특히 더 그렇다. 우리는 거위가 날씨가 추워지면 오랜 겨울을 대비하기 위해 옥수수를 마구마구 먹을 거라고 기대하며 하루에 두 번씩 먹이를 주었다.

"하지만 6개월 동안 먹이를 받아먹은 거위에게 겨울이 무슨 의미겠습니까?" 그가 말했다. "거위는 무척 똑똑해요. 다음 끼니를 또 갖다준다는 걸 알고 있는데 왜 배 터지게 먹겠습니까? 길들이면 안 돼요. 야생을 느껴야 해요. 미친 듯이 먹는 그 본능을 일깨우려면."

에두아르도는 거위를 살찌우려면 초원에서뿐만 아니라 숲에서 먹이를 찾게 해야 한다며 숲을 가리켰다. "환상적인 간이 나올 겁니다. 우선 날씨가 변하면 강박적으로 먹기 시작할 거예요. 붐! 붐!" 그가 먹이 쪼는 시늉을 하며 말했다.

크레이그가 숲에 도토리가 조금 있지만 데에사만큼은 아니라고 설명하자 에두아르도가 손을 내저으며 말했다. "문제는 무엇을 먹느냐가 아니에요. 문제는 거위에게 이건 야생이라고 설득하는 거예요. 적당한 환경만 조성해주면 살은 알아서 붙을 겁니다."

—~~—

우리는 이지를 만나러 가기 위해 출발했다. 크레이그와 패드레익 그리고 블루 힐의 요리사 몇 명도 함께 가기로 했다. 나는 자동차 뒷좌석에 앉은 에두아르도가 신이 나서 다리를 떠는 모습을 보았다.(나중에 알고 보니 에두아르도는 미국이 처음이었으며 스페인 바깥으로 여행을 가는 것도 거의 없는 일이라고 했다. 그러니 아무것도 아닌 자동차 여행에 그렇게 신나 했던 거다.)

키 큰 나무숲을 지날 때 에두아르도는 고개를 뒤로 돌려 목을 길게 빼고 무성한 숲을 다시 한번 보며 외쳤다. "와!" 에두아르도는 지금 보고 있는 것이 바로 우리의 생태적 장점이라고 리사에게 여러 차례 말했다. "여기 농장이 있으면 진짜 훌륭한 푸아그라를 만들 수 있겠어요."

우리는 뉴욕 펀데일이라는 작은 마을에 있는 허드슨밸리 푸아그라에 도착해 흰 막사가 줄지어 서 있는 곳 앞에 주차했다. 이지가 우리를 맞으러 나와 에두아르도에게 자기소개를 했다.

"반갑습니다. 소사 씨. 모시게 되어 영광입니다." 그가 에두아르도의 어깨에 손을 올리며 부드럽게 말했다. "하지만 우리 거위에 대해서는 아무 말씀 말아주십시오. 단 한마디도요." 에두아르도는 주의 깊게 듣고 있었다. "누군가 찾아올 때마다 나쁜 일이 있어났어요. 올 때마다 그랬어요. 정말입니다. 한번은 거위를 1200마리 샀죠. 그런데 헛간이 무너졌지요. 1200마리에서 간은 6개밖에 못 건

졌답니다." 에두아르도는 알겠다는 표시로 엄지를 치켜세우며 미소 지었다.

우리는 농장 관리자 마커스 헨리와 함께 투어를 시작했다. 그가 우리를 아기 오리가 가득한 좁은 건물로 안내했다. 그리고 방 한쪽에 높이 설치되어 있는 관을 가리켰다. "저 위에 물을 보관합니다. 그리고 먹이는 반대쪽에 있습니다. 그래서 오리가 운동을 하게 되죠." 그리고 이렇게 덧붙였다. "에두아르도 씨의 농장에서처럼요." 리사와 나는 에두아르도를 바라보았다. 그는 영화배우 그루초 막스처럼 눈썹을 위아래로 씰룩이고 있었다.

가바주가 실시되는 방에 도착할 때까지 우리가 만난 직원은 다들 행복해 보였다.(내가 보기에는 그랬다.) 환경도 청결했고(마커스는 어떤 균이라도 나타나면 "호각을 불어 즉각 농장 전체를 폐쇄시킬 수 있습니다"라고 자랑스럽게 말했다) 동물에게 고통을 주지 않는다는 이지의 확신을 증명하는 오리들도 만났다.

논란이 많은, 21일간의 강제 급식이 실행되는 가바주 방에서도 오리들은 브런치 후의 나른한 일요일 오후 같은 편안한 모습이었다. 에두아르도는 한 직원이 오리의 목구멍에 튜브를 깊이 집어넣어 곡물을 붓는 모습을 아무 표정 없이 바라보았다. 그 직원은 마치 군인처럼 절도 있게 일하고 있었는데, 한 5초 만에 작업을 끝내고 줄지어 서 있는 다음 오리에게 갔다.

나는 지난 몇 주 동안 이 순간을 상상했었다. 두 세기 동안 자유롭게 풀을 뜯던 가금류의 대변인 에두아르도가 지금 역사에 대한 모독을, 많은 동물 권리 옹호론자가 고통스럽고 비인간적이라고 부르는 그 과정을 직접 목격하고 있는 것이다. 과연 에두아르도는 어떤 반응을 보일 것인가? 분노? 아니면 눈물? 나는 그가 마커스에게 달려들고 뛰어가 문을 열어젖히고 오리를 밖으로 내모는 모습을 상상했었다. 하지만 그는 어깨를 슬쩍 들썩일 뿐이었다.

"급식은 문제가 아니에요." 오리가 고통받고 있을 거라는 의견에 그가 고개를 저으며 말했다. "문제는 오리가 자기가 오리라는 걸 모른다는 사실이죠." 그뿐이었다. 심오한 표정으로 오랫동안 관찰하지도 않았고 거센 비난을 하지도 않았다. 그저 사실만 언급했다. 오리에게는 자각이 부족했다.

마커스가 다가왔다. 우리 표정을 보고 못마땅해한다고 오해한 게 틀림없었다. "여기서 동물에게 인간의 감정을 이입하지 않도록 아주 조심해야 한다고 생각합니다." 그가 나를 보며 말했다. "인간의 취향을 확대 적용하는 것에 대해서도 마찬가지로 신중해야 하고요."

굳이 못마땅해하는 건 아니라고 변명하지 않았다. 그리고 이런 생각이 들었다. 우리가 오리와 거위를 사람처럼 대하며 가바주의 잔인함에 초점을 맞추면 그들의 작업은 용납할 수 없는 것이 된다. 하지만 그보다 더 중요한 것이 있었다. 용납할 수 없는 것은 바로 가바주가 드러내는 농업 구조 자체였다.

돌아오는 길에 보니 에두아르도는 조수석 창문을 내다보며 웃음을 참고 있었다. 에두아르도는 휘파람을 불며 쇼핑몰의 가득 찬 주차장을, 차를 몰고 업무를 볼 수 있는 은행의 놀라움을, 허드슨밸리

의 상징인 초원의 무성한 숲을 가리키며 환호했다. 그는 계속 몸을 돌리며 스페인어로 '저것 좀 봐요. 저것도, 저것도!' 좀 보라며 나를 다그쳤다. 도토리로 돌진하는 거위를 가리킬 때와 똑같은 모습이었다.

그때 나는 깨달았다. 에두아르도의 작업은 대부분 새로운 인식을 창조하는 일이었다. 거위는 물론 우리 안에서도 말이다. 그의 푸아그라를 먹는 것은 거위에 대한 이해(거위의 자연스러운 본성)와 이를 뒷받침하는 생태계(데에사), 그리고 그 생태계를 뒷받침하는, 수세기 동안 전해져 내려오는 문화(엑스트레마두라의 생활 방식과 그 지역의 다양한 요리)에 대해 줄줄이 이해할 수 있는 첫걸음이었다.

하지만 오늘날 우리의 식습관은 그 반대를 지향한다. 자연을 지나치게 단순화한다. 오리의 간을, 양의 허리고기를, 닭의 가슴살을 혹은 치즈버거를 스카즈데일에 있든 스코츠데일에 있든, 6월이든 1월이든 전부 같은 맛으로 만든다. 어떻게 보면 우리 인간까지 단순화시키는 것인지도 모른다. 나는 허드슨밸리 푸아그라에서 차를 몰고 나와 패스트푸드 식당의 자동차 주문로를 지나면서 그 사실을 깨달았다. 점심시간이었다. 주문을 하기 위해 줄을 서 있는 자동차들이 조립 라인 위의 작은 부품처럼 조금씩 앞으로 나아가고 있었다. 차 안의 사람들은 말없이 앞만 보며 차례를 기다리고 있었다. 허드슨밸리 푸아그라에서 줄을 서 있던 오리만큼, 어쩌면 그보다 더 무덤덤해 보였다. 어쩌면 몇 주 전에 내가 곡물을 갖다주었던 스톤 반스의 거위와 더 비슷했는지도 모른다.

—ɯ—

나는 그날 늦은 오후 시내에 있는 블루 힐 레스토랑으로 가봐야 했다. 에두아르도는 정말 뉴욕도 구경하고 우리 레스토랑에도 가보고 싶다고 했다. 그러면서 크레이그와 더 많은 시간을 보내면 정말 좋겠지만 자기와 리사도 시내에 같이 가도 되냐고 물었다. 에두아르도는 크레이그와 헤어지면서 악수를 하고 행운을 빌어주며 다정하게 말했다. "기억하세요. 우리가 거위를 기르는 게 아닙니다. 우리는 거위를 돌보는 사람이 아니에요. 우리한테 거위가 있을 뿐입니다. 거위는 알아서 자라요."

우리는 네 시가 다 되어 워싱턴 궁전에 도착했다. 리사와 에두아르도가 웨스트 빌리지를 충분히 둘러보고 다섯 시 반에 바에서 저녁을 먹기로 했다.

리사는 나중에 이렇게 말해주었다. "에두아르도는 카메라를 꺼내 몇 초에 한 번씩 사진을 찍었어요. '진짜 뉴욕 경찰'도 찍고 웨스트 포스 스트리트 코트에서 '진짜 뉴욕 농구 선수'도 찍었죠." 에두아르도는 리사와 함께 블루 힐로 돌아온 후에도 계속 들떠 있었다. 두 사람은 바에 앉아 목을 축였고 리사가 에두아르도에게 저녁을 먹을 준비가 되었는지 물었다.

"리사……" 에두아르도가 리사에게 부드럽게 말했다. "지금 내가 먹고 싶은 건 '진짜' 미국 음식이에요. 햄버거가 먹고 싶어요."

두 사람은 내게 '산책 다녀올게요'라는 쪽지를 남기고 사라졌다. 그리고 길을 건너 웨이벌리 다이너로 갔다. 에두아르도는 햄버거와 감자튀김, 콜라를 주문했다.

"정말 맛있게 먹더라고요." 리사가 에두아르도와 함께 스페인으로 돌아간 다음 내게 전해주었다. "거기 분위기에 완전히 반했어요. 조잡한 조명에 시끄러운 음악까지 좋아했죠. 카운터에서 주문하고 번호가 불리길 기다리는 것도 얼마나 신나 했는지 몰라요. 음료수 자판기에서 직접 음료수를 담는 것까지 전부요. 껍질 채 구운 땅콩에도 열광했어요. 하지만 가장 좋아했던 건 역시 햄버거였어요. 손가락까지 쪽쪽 빨아 먹더라니까요. 그리고 이렇게 말했어요. '댄이 한 요리도 나쁘지 않았겠지만 이건 정말 끝내주는 맛이네요'라고요."

리사가 본 에두아르도의 가장 행복한 모습이었다.

실패한 푸아그라

크레이그는 그해 12월, 거위를 잡았다. 조제가 간을 재빨리 우유와 소금에 담가 핏자국을 없애고 저녁 영업을 위해 부엌으로 가져왔다. 요리사들이 빙 둘러 모여 마치 막 발굴한 고대 유물을 보듯 간을 바라보았다. 간의 크기는 탁구공만 했다.

"'실패그라failed gras'네요." 그중 한 명이 침묵을 깨고 말했다. 조제는 실망으로 고개를 저었고 보조 요리사 한 명이 '다음번엔 괜찮을 거야, 힘내'라는 몸짓으로 그의 어깨를 토닥여주었다.

그 후로 몇 년 동안 크레이그는 쭉 거위를 길러왔다. 크레이그는 천연 푸아그라에 대한 내 얼토당토않은 집착에도 아랑곳하지 않았고 커지지 않는 간의 크기에도 동요하지 않았다. 그는 순환 방목에서 제 역할을 잘 하고 또 수익도 나쁘지 않았기 때문에 거위를 좋아했다. 코요테의 습격으로 닭과 칠면조 수백 마리를 잃은 이후로 그는 추워지기 전에 강박적으로 먹는 본능을 일깨우려면 전기 울타리를 없애라고 했던 에두아르도의 조언을 절대 수용하지 않았다. 크레이그는 이렇게 말했다. "더 많이 먹게 만들기는요. 여기서는 죽기밖에 더하겠어요."

그러는 동안 에두아르도의 거위는 엑스트레마두라에서 몇 년 동안 힘든 시기를 보냈다. 야생 동물의 습격이 뚜렷이 증가해 많은 거위를 잃었고 최근에는 세계적인 지구 온난화 때문에 겨울이 더 따뜻해졌다. 본능을 일깨워줄 추위가 갑자기 찾아오지 않으면 거위는 살이 붙어야 하는 그 중요한 몇 주 동안 먹이에 덜 집착하게 된다.

"참 이상해요. 왜 그렇게 느긋한지 모르겠어요." 에두아르도가 내게 말했다. "게을러요, 게을러. 그냥 가만히 앉아서, 그걸 뭐라고 하죠? 아, 카우치 포테이토? 그거 같아요. 거의 먹지도 않고 말이에요."

그럼에도 내가 에두아르도에게 가장 최근에 들은 소식은 그가 푸아그라를 남아메리카에, 가능하다면 미국에도 팔 길을 찾고 있다는 것이었다. 또한 자신이 아는 천연 푸아그라에 대한 모든 것을 두 아이에게 체계적으로 가르치고 있다는 것이었다.

에두아르도는 이렇게 말했다. "날마다 가르쳐요. 하지만 15분은 이상은 안 돼요. 거위나 데에사, 할아버지 할머니에 대한 이야기를 주로 해주지요. 시간이 길어지면 부담을 느끼고 싫어할 거예요. 제 생각에 가장 중요한 건 뭔가 새로운 이야기를 날마다 해주는 거예요."

—ꟺ—

5년이나 실패그라를 겪다 보니 에두아르도의 전통을 이어갈 수 있다는 희망이 사라지는 것도 사실이었다. 그러던 어느 날 오후, 크레이그의 새 조수 크리스 오블렌니스가 툴루즈Toulouse라는 전통 품종의 거위를 살펴보러 캔자스에 있는 한 농장을 찾아간다는 소식을 들었다. 우리가 기르던 현대 품종보다 덜 길들여진 그 거위는 크기가 크고 사나울 정도로 방어적이며 아직 거위의 본능을 그대로 갖고 있다고 했다. 3개월 후, 스톤 반스 뒤뜰에서 그 거위를 처음 본 나는 에두아르도의 거위를 보는 줄 알고 깜짝 놀랐다.

하지만 그 흥분을 가라앉히고 진지해진 건 그로부터 한참 지난 후였다. 9월, 날이 막 추워지기 시작할 때 크리스가 내게 왔다. 거위를 울타리 밖으로 내보내 초원을 거닐게 하자고? 물론 훌륭한 아이디어였다. 하지만 크리스는 정말 진지하게 물었다. 만약 코요테가 거위를 잡아먹으면 그 손실을 보상해줄 수 있냐고.

"미리 보상해야 하나요?" 내가 물었다.

"네." 그가 대답했다. "게임 비용이죠." 나는 그러겠다고 했다.

다음 주, 거위들은 울타리 없이 초원을 거닐었다. 거위들이 전에 없던 활기를 보였지만 그다지 큰 의미는 부여하지 않았다. 자유가 더 배고프게 만들지는 않았겠지만 자신감 유전자는 발현시킨 것 같았다.

크리스는 거위의 식욕을 자극하려고 옥수수 사료를 풀밭 여기저기에 몰래 뿌렸다. "거위가 갑자기 달라졌어요." 새로운 방법을 시도한지 며칠 만에 크리스가 내게 와서 말했다. "완전 날뛰고 있어요. 진짜 뭔가를 직접 찾아먹고 있다고 생각하나 봐요."

1월 초, 크리스는 가장 큰 거위 세 마리를 골라 그 해 처음으로 도계했다. 그 엄청난 크기를 보고 신나 하던 조제가 작업에 돌입했다. 푸아그라? 꼭 푸아그라는 아니었다. 탁구공에서 작은 전구만큼 커졌다. 몹시 붉고 특이했다. 지난해 간과 비교하면 제왕다운 모습이었다. 노란 지방이 붙어 있었다. 완벽하지는 않았지만 지방이 두툼해진 것이 더 푸아그라 같았다.

하지만 이지의 생각은 달랐다. 전화로 간에 대한 내 설명을 듣고 이지는 이렇게 말했다. "한 가지만 말합시다. 그건 푸아그라가 아니에요. 그냥 좋은 간이라고 합시다. 굉장히 맛있는 간이라고 합시다. 뭐라고 불러도 좋지만 푸아그라라고는 부르지 마세요. 아니니까요."

나는 푸아그라를 평소처럼 살짝 구워 운 좋은 손님 몇 명에게만 대접하는 대신 파테로 만들어 더 오래 제공하기로 했다. 수백 년 동안 그래왔던 전통에 따라 거위 지방을 녹여 파테 위에 두껍게 붓고 작은 유리병에 담아 밀봉했다. 며칠 후, 유리병을 열어 별 기대 없이 간과 번들거리는 지방을 한 스푼 듬뿍 떠 따뜻한 빵 위에 발랐다.

요리사로서 가장 기억할 만한 순간, 깨달음과 환희를 동시에 만끽할 수 있는 순간은 바로 훌륭한 음식을 맛볼 때다. 그런 순간이었다. 에두아르도의 푸아그라를 처음 맛본 모네스테리오의 그 작은 레스토랑으로 되돌아 간 느낌이었다고 말하고 싶었지만 그 정도는 아니었다. 간은 그만큼 달콤하지도 않았고 초원에서 에두아르도의 천연 양념 혜택도 받지 못했다.(내가 소금과 후추를 조금 치긴 했다.)

하지만 그럼에도 맛이 깊고 뚜렷했으며 지방 자체도 살살 녹고 전혀 기름지지 않았다. 인간의 감정을 대입한다고 할 소지가 있겠지만 간은 지난해보다 더 확신에 차 있었고 자신감이 넘쳤다. 그리고 더 간다웠다.

결국 이지의 말이 맞았다. 푸아그라에 대한 내 맹목적인 집착이 가장 중요한 것을 가리고 있었다. 왜 그것을 꼭 푸아그라라고 부르고 싶어했을까? 나는 나도 모르게, 하지만 분명히, 거위가 우리를 실망시키게 만들었다. 하지만 거위가 나를 실망시킨 것이 아니라 내가 거위의 실패를 조장한 것이었다. 이상적인 간의 모습을 요구했던 것은, 혹은 풍요로운 데에사의 기준에 부합하기를 요구했던 것은 불가능했을 뿐만 아니라 바보 같은 짓이었다. 스톤 반스에서 크레이그가 기른 돼지로 만든 햄은 맛있다. 그것이 하몬 이베리코일까? 아니다. 하지만 그렇다고 해서 실패한 햄은 아니다.

파테를 보며 나는 에두아르도가 빛을 향해 들어 올렸던 멋진 무늬 햄을 다시 한번 떠올렸다. 어떻게 보면 두 가지 모두 자연의 선물이 훌륭한 음식 문화에 스며들 때 무엇이 가능한지 보여준다고 할 수 있다. 하몬은, 훌륭한 파테처럼, 이 세상의 온갖 진미처럼, 일정한 수준에 도달한 단순한 기술로 얻은 것이다. 그럼에도 가끔 운이 좋다면 그 기술을 넘어선다. 결국 부분의 조합을 뛰어넘는다.

에두아르도가 거위의 자기 인식을 자극했던 것처럼, 요리법이, 혹은 한 끼의 식사가, 심지어 한 접시의 요리가 우리의 인식을 일깨울 수 있다. 우리가 먹는 동물에 대해, 그 동물의 식습관을 뒷받침하는 구조에 대해, 그리고 그 구조를 변화시킬 수 있도록 요리사가 해야 하는 음식에 대해서 말이다.

제3부

바다

심장은 펌프가 아니다

14장
해산물의 지속 가능성

자연계에는 주변효과edge effect라는 현상이 존재한다. 자연의 두 가지 서로 다른 요소가 부딪히며 번성하는 주변부에서 관찰할 수 있는 현상이다. 육지의 해안선이 좋은 예다. 가장 다양한 해양 생물이 번식하고 서식하는 곳은 바로 광대한 바다가 마침내 해안과 만나는 곳이다. 이와 같은 가장자리 지역은 에너지와 물질 교환이 활발한 곳으로 깊은 바다나 넓게 펼쳐진 땅이 상대적으로 따분해 보일 정도로 생명체가 풍부하다. 그런 지역은 종종 "취약한 생태계Fragile ecosystems"라고 불리는데 이는 적절하지 않은 표현이다. 취약하다면 아마 생명체가 너무 많기 때문일 것이다.

넓은 초원의 경계 지역을 생각해보자. 빽빽한 숲이 시작되기 바로 직전의 부위다. 그 넓지 않은 공간의 땅에 다른 곳보다 더 많은 종이 더 잘 자란다. 아름답게 자라는 것은 아니다. 덤불, 가시나무, 거대하고 덥수룩한 양치류가 자라는 그 주변 지역은 키 큰 풀이 자라는 그림 같은 풍경에 비하면 아름답다고 하기는 힘들다. 하지만 그 볼품없는 모습에도 불구하고 다양성과 비옥함이 넘쳐난다.

내가 주변 효과를 처음 목격한 것은 어렸을 때 블루 힐 농장에서 매시 퍼거슨 트랙터 위에 앉아 들판을 관찰하면서부터였다. 새로운 곳의 풀을 베기 시작한다는 것은 들판 둘레를 빙빙 도는 트랙터 위에서 한동안 들썩이느라 고생해야 한다는 뜻이었다. 이는 또한 그 주변부를 더 오랫동안 관찰할 수 있다는 뜻이기도 했다. 건초를 위해 베어내야 할 곳, 즉 부드럽고 살랑거리는 풀이 줄을 맞춰 가지런히 길게 자라는 곳과 뿌리 깊은 야생 사이의 그 경계 지역을 말이다. 그곳은 숲도 아니고 누구의 땅도 아니며 덥수룩한 덤불과 야생 열매 식물이 자라는 곳이다. 숲과 들판이 서로 만나 부딪치는 곳이다.

두 가지 생태계가 상호 작용하며 번성하는 절반의 야생인 그 경계를 생태학에서는 추이대推移帶라고 부른다는 사실을 나는 클라스에게 배웠다. 하지만 그때 트랙터에 앉아 들판을 빙빙 돌면서 아래를 내려다볼 때 나는 풀과 숲이 서로 주도권을 차지하기 위해 대대적인 영역 싸움을 하고 있다고 상상했다.

레스토랑에도 추이대와 비슷한 공간이 있다. 보통 패스pass라고 불리는 그곳은 레스토랑의 테이블들과 부엌 사이의 넓지 않은 경계 지역으로 서로 다른 두 생태계가 만나는 곳이다. 패스는 고요한 저녁 식사와 부엌의 분주함이 만나는 곳이다.

손님의 주문서는 패스로 먼저 전달되고 그곳에서 정리되어 부엌으로 전해진다. 그렇기 때문에 패스에는 종종 긴박감이 넘치고 어떻게 보면 내가 어렸을 때 상상했던 그 대대적인 주도권 다툼이 일어나는 장소와 비슷하다. 홀과 부엌의 주도권 다툼이라고나 할까.

구르메 대참사

몇 년 전, 『구르메』의 편집자와 작가 몇 명이 블루 힐 엣 스톤 반스에서 저녁 식사를 예약했다. 영향력 있는 요리 저술가를 위해 요리한다는 것은 드문 일이자 신나는 일이지만 겁나는 일이기도 했다. 패스 앞에서 주문서를 기다리면서 나는 『구르메』에 좋은 인상을 남기고 싶은 마음이 간절했다. 어떤 요리사가 안 그렇겠는가? 편집자 루스 라이실은 현대 미국 요리계의 대모 격이었으며 그녀의 관찰과 비판이 요리사와 요리 저술가 세대의 형성에 영향을 끼쳤다.

그때 블루 힐 엣 스톤 반스는 루스에게 큰 감동을 주지 못했다. 스톤 반스가 문을 연 지 얼마 되지 않았기 때문에 살짝 일찍 온 감이 없지는 않았다. 우리는 아직 자신감이 부족했고 요리도 대담하지 못했다. 『구르메』는 우리를 지면에 언급하거나 소개하지 않았고, 루스를 알고 있는 내 지인을 통해 그녀가 더 농장 분위기가 물씬 나는 요리였다면 좋았을 거라고 말했다는 사실을 전해 들었다. 시내 최고급 레스토랑의 정형화된 모습이라기보다는 우리 농장에서 수확한 재료를 널리 알리는, 그런 레스토랑이길 바랐다는 것이다. 사실 식사 후 부엌에서 루스를 봤을 때 이미 파악한 사실이었다. 루스는 우리에게 실망했었다. 그리고 2년 후인 지금, 다시 두 번째 기회가 찾아왔다.

스톤 반스가 문을 열 때부터 총 지배인을 맡아온 필리프 구즈는 45번 테이블을 골랐다. 가장 큰 채소밭이 곧바로 내다보이는 독립적인 테이블이었다. 그리고 만능 웨이터 밥을 배정했다. 밥은 인간적이고 매력적인 동시에 변덕스럽고 엉뚱하기도 했다. 한번은 나란히 앉은 두 테이블의 손님에게 완전히 정반대의 모습을 보이기도 했다. 밥은 먼저 젊은 남부 신사가 되어 느린 말투로 웨스트체스터에서 온 나이 많은 부인들을 사로잡았다.(밥은 뉴저지 주 티넥 출신이었다.) 부인들은 엄청난 팁을 남겼고, 필리프에게 파티가 있을 때 밥을 고용해도 되냐고 물었다. 그리고 밥은 바로 옆 테이블에 앉은 젊은 브루클린 히피들과 작은 소란을 일으켰다. 그 손님들은 밥이 자기 일은 윌리엄스버그 개념 예술가의 일이나 마찬가지라는 이야기로 계속 식사를 방해한다고 필리프에게 불평했다. 그리고 조용히 식사할 수 있도록 내버려둬 달라고 부탁했다. 밥은 부탁대로 했지만 계산서를 갖다줄 때 일행 중 한 명에게 앞뜰에서 한판 붙자고 도전했다.

하지만 『구르메』의 편집자들이 오는 그날 저녁은 일손이 부족했기 때문에 밥이 최선의 선택이었다. 밥은 요리에 대해 잘 알고 있었고 점점 자신감도 얻어가고 있었으며 변덕도 차츰 안정되어가고 있었다. 필리프는 내게 저녁 내내 밥을 지켜보며 모든 일이 순조롭게 진행될 수 있도록 확실히 하겠다고 약속했다. 밥이 주문서를 들고 와 패스에서 기다리고 있는 내 앞에 섰을 때 필리프는 밥의 한 걸음 뒤에 마치 비밀 경호요원처럼 서 있었다.

"좋아요! 벌써 신이 났어요!" 밥이 패스 앞에서 방방 뛰며 말했다. "경치에 완전히 반했고 메뉴를 고를 필요가 없다고 너무 좋아해요. 완전 흥분했어요! 뭐든 다 좋답니다!"

—~~—

블루 힐 엣 스톤 반스에서 식사를 한다는 것은 메뉴를 선택할 수 있는 자유를 포기한다는 뜻이다. 우리는 메뉴를 제공하지 않는다. 적어도 틀에 박힌 메뉴를 제공하지는 않는다. 크레이그 헤이니의 풀만 먹인 양고기가 순식간에 동이 나버렸던 사건을 겪고 얼마 지나지 않아서부터였다.

그 대신 우리는 일본식 오마카세 스시 바 스타일의 코스 요리만 제공하기 시작했다. 그날 수확한 재료를 중심으로 요리사가 어떤 요리를 할지 선택한다. 손님들은 요리가 테이블에 당도하기 전까지 무엇을 먹게 될지 알 수 없다. 너무 우리 마음대로라는 생각이 드는가? 다들 그렇게 생각한다. 많은 손님이 비슷하게 느꼈고 여전히 그렇다. 레스토랑 요리사가 그날 가장 신선한 야채와 고기를 골라주는 것은 최고급 스시 요리사가 그날 잡은 최고의 생선을 선택하는 것과는 또 다른 일이다.

어떻게 다를까? 스시 요리사는 가장 신선한 생선만 고르는 것이 아니다. 그는 손님과 대화를 하고 손님이 가장 마음에 들어 할 요리가 무엇인지 분석하기도 한다.(그리고 손님이 특정한 요리를 먹어봐야 한다고 판단하기도 한다.) 스시 바에 가서 일본 애호가 근처에 앉아보았다면 그의 음식과 내 음식의 차이에 입이 떡 벌어져본 적이 있을 것이다.

블루 힐 엣 스톤 반스에서는 밥과 같은 웨이터가 각각의 테이블에서 그와 같은 탐정의 역할을 수행한다. 그들은 사용하면 안 되는 재료와 알레르기에 대해, 좋아하는 것과 싫어하는 것에 대해 질문한다. 운이 좋다면 대화 초반에 손님에 대해 얼추 파악할 수 있다. 모험을 즐기는 사람인가, 만약 그렇다면 어느 정도까지인가? 푹 삶은 양 등심을 요리해주면 좋아할 1단계 모험가인가? 아니면 양의 뇌처럼 어떤 부위도 마다하지 않고 또 시도해볼 준비가 된 3단계 모험가인가? 농장에서 수확한 재료를 잔뜩 쓴 메뉴를 선호할 사람인가, 아니면 (푸아그라, 랍스터, 캐비어 같은) 고급스러운 요리를 기대할 사람인가? (그럴 경우 주문서에는 각 요리의 머리글자 "FLC"라고 쓴다.) 선택하라면 농장에서 방금 캔 당근을 고를 사람인가, 아니면 필레미뇽을 고를 사람인가?

그와 같은 무모한 접근이 과연 괜찮냐는 문제 제기가 있기도 했다. 한 블로거는 언젠가 이를 짧은 순간의 인상을 토대로 손님이 무엇을 먹고 싶어할지 추측하는 "미식 프로파일링gastronomic profiling"이라고 언급했다. 물론 비난받을 여지도 크다. 하지만 우리는 전반적으로 예전보다 나아졌다. 책임감에서 자유로워진 손님들은 메뉴를 잘못 선택할 수 있다는 불안감을 느낄 필요가 없어졌다.(양고기를 시킬걸, 왜 연어를 시켰을까?) 한 가지 코스가 기대에 못 미쳐도 죄책감은 들지 않는다. 잘못 골랐다는 자책도 없다. 나는 그것이 손님들을 덜 비판적으로 만들어준다고 확신한다.

손님은 더 편해진 반면 부엌은 더 정신없어졌다. 일행 네 명 중 한 명은 3단계 모험가일 수도 있고 또 한 명은 보수적일 수 있다. 나머지 두 명은 갑각류에 알레르기가 있을 수 있고 또 그중 한 명은 육류를 싫어할 수도 있다.(연어로 만든 생선 요리 한 가지만 원할 수도 있다.) 주문서가 고요와 혼돈의 경계인 패스에 도착하고 손님이 가장 원하는 요리가 무엇일지 예측하는 과정에서 그 순간의 긴장과 영감이 이끄는 대로 즉흥적으로 맛을 조합하거나 새로운 요리를 구상하기도 한다. 가끔 특별 손님에게 그런 즉흥 메뉴를 제공하는 요리사 데이비드 불레이는 이를 "임기응변의 기술"이라고 했다. 불레이는 자기가 만든 최고의 요리는 막다른 골목에 다다랐던 순간에 나온 것이라고 했다.

메뉴를 선정해야 하는 그 긴박한 몇 초 동안, 그 순간 옳다고 느낀 요리를 선택하지만 결국 처참하게 실패하기도 한다.

―ꟿ―

『구르메』 일행이 방문했을 때 스톤 반스에는 아직 메뉴가 남아 있었지만 점차 미식 프로파일링을 지향하는 방향으로 가고 있었다. 웨이터가 손님에게, 메뉴를 선택하는 대신 '요리사가 알아서 요리' 해도 괜찮을지 물었다.

결국 『구르메』 팀의 주문서는 6단계 코스를 알아서 요리해달라는 여섯 개의 빈칸으로 패스에 도착했다. 밥은 다음과 같은 메모를 덧붙였다. "모험가들. 3단계. 채소를 사랑함. 농장에서 수확한 것은 뭐든지 좋음. 알레르기 없음. 깜짝 놀라고 싶어함."

"깜짝 놀라고 싶어한다"는 표현을 보니 슬슬 밥이 걱정되기 시작했다. 나는 그를 똑바로 쳐다보며 이렇게 말했다. "밥, 장난 아니죠? 정확히 갑시다."

"당연하신 말씀!" 그가 똑바로 서서 나를 노려보며 대답했다. 그리고 오른손으로 공기를 가르며 이렇게 덧붙이고 사라졌다. "화살처럼 정확합니다." 틀림없이 남부 억양이었다.

나는 주문서에 6단계 코스 요리를 작성하기 시작했다. 후텁지근한 7월 초의 저녁이었다. 그래서 온갖 녹색 채소로 만든 가스파초(스페인 남부 안달루시아 지방에서 유래한 신선하고 찬 여름 수프—옮긴이)로 시작했다. 나는 채소 목록을 밥에게 불러주었고 밥은 부지런히 받아 적었다. "제이드 오이, 제퍼 호박, 말라바르 시금치……" 나는 첫 단계 요리에서부터 주제를 확실히 드러내고 싶었다. 그 당시에는 온갖 채소가 바로 블루 힐 엣 스톤 반스의 주제였다. 잃어버린 다양한 품종과 맛을 부활시키고 이를 새로운 현대 요리로 통합하는 것이었다.

"농장이 곧 레스토랑이라는 뜻이에요." 나는 밥에게 말했다. 내 목소리는 텔레비전에 나오는 전도사 목소리처럼 긴장되어 있었다. "하지만 단지 팜 투 테이블 레스토랑이 아니라 그동안 잊혀왔던 다양한 품종의 채소를 찾아내 알리려고 하는 겁니다. 수 세기 동안 선조들이 맛을 위해 길러왔던 품종, 거대한 식품 공급 사슬로 사라져버렸던 품종들을 말입니다." 밥은 내가 가스파초를 그릇에 담으며 하는 말을 부지런히 받아 적었다. 밥이 신이 나서 수프 안에 있는 농장 채소의 가짓수를 큰 소리로 세는 동안 밥 바로 뒤에 서 있던 필립은 아무 말 없이 눈썹만 추켜올렸다.

일행 중 한 명으로 오랫동안 요리 관련 글을 써왔던 캐럴라인 베이츠는 월요일 아침 루스에게 틀림없이 이렇게 보고할 것이다. 농장이, 그리고 우리 메시지가 모든 단계의 요리에 녹아들어 있었다고. 그리고 나는 실력을 다 발휘하지 않았다는 비난도 받지 않을 것이었다.

~

"수프는 홈런입니다!" 밥이 텅 빈 그릇을 자랑스럽게 내보이며 외쳤다. "상석에 앉은 여성분이 모든 요리를 농장에서 수확한 재료로 한다면 정말 좋겠다고 말했어요."

다음은 잭이 어렵게 구한 씨로 기른 가장 오래된 아이스버그 양상추 품종 레지나 데이 기아치를 주재료로 한 샐러드였다. "아이스버그의 맛은 원래 이래야 합니다." 나는 짙은 초록색 양상추 잎 하나를 밥에게 건네주며 말했다. "색이 빠지고 아무 맛도 안 나게 되었지만 예전에는 이런 맛이었어요."

밥은 마치 고급 와인 향을 맡듯 양상추 냄새를 맡았다. 그리고 한 입 씹으며 골똘히 생각에 잠겼다가 말했다. "약간 쓰네요."

"정확해요. 가서 그렇게 말해요. 이것이 바로 아이스버그의 원조라고. 향이 진하고 씁쓸하면서도 달콤하고, 그리고 다시 소개할 수 있어 우리가 정말 신나 하고 있는 품종이라고."

나는 밥에게 샐러드를 들려 보내고 연필로 이마를 톡톡 치며 주문서를 바라보았다. 네 단계가 더 남아 있었다. 농장에서 기른 달걀과 크레이그가 기른 닭과 버크셔 돼지고기 맛을 선보일 계획이었다. 하지만 생선 요리가 아직 비어 있었다.

하루 전, 우리 생선 공급자가 특별한 참치 뱃살을 구했다고 신이나 전화를 해 혹시 관심이 있는지 물었다. 먼 거리를 이동하는 참치는 일 년에 딱 한 번 롱아일랜드 근해를 경유한다. 나는 손님들에게 그 귀한 생선을 선보일 수 있다면 그만한 돈을 주고 구입해도 괜찮다고 그 순간 나 자신을 설득했다. 참치는 그날 아침 도착했다.

밥은 싹 비운 샐러드 접시를 들고 자신만만한 미소를 띠며 나타났다. "완전히 반했어요. 전부 다요!" 밥이 말했다. 주문서가 몰려들어 한창 바빠지고 있었다. 웨이터들이 자기 손님에 대해 의논하려고 패스에 줄을 서 있었다. 빨리 생선 요리를 결정하고 다음 단계로 넘어가야 했다. 나는 참치 뱃살로 가기로 했다.

뱃살은 중간 부위 토로toro였다. 전 세계에서 가장 비싼 부위인 머리에 가까운 뱃살 오 토로o toro보다 한 단계 더 낮은 부위였다. 최고의 하몬 이베리코와 견줄 수 있을 정도로 놀랄 만큼 균일하고 두툼하게 쌓인 달콤한 지방이 특징이었다. 나는 도마 위에 뱃살을 올려놓고 작게 한 조각 잘게 잘라 입에 넣었다.

나는 토로를 버터처럼 부드럽다고 묘사했었다. 적당한 표현이라고 생각했는데 나중에 참치 뱃살에 대한 제프리 스타인가튼의 훨씬 그럴듯한 묘사를 읽게 되었다. "처음에는 마치 입속에 혀가 하나 더 있는 느낌이다.[1] 더 시원한 혀다. 그리고 맛이 느껴지기 시작한다. 풍부하고 미세하게 육류의 질감도 난다. 전혀 생선 같지 않다. 질감은 더 묘사하기 쉽다. 너무 부드러워 순식간에 녹아 사라지고 촉촉하고 시원하다. 사람들이 종종 말하는 듯 버터나 벨벳 같은 느낌은 아니다. 벨벳을 먹어본 적이나 있는가?"

나는 지방이 잘 그려진 부위를 작게 잘랐다. 보라색에 가까운 진한 붉은색이었다. 길게 자르는 동안 지방이 손가락에서 녹았다. 나는 참치를 재빨리 팬에 구워 양파와 콩으로 만든 스튜 약간에 얹었다. 생선이 주 재료였지만 농장도 접시에 담고 싶었다. 나는 접시를 패스로 가져갔다. "밥, 이건 근해 참치 뱃살이에요." 내가 말했다.

"오, 예스! 바로 이거예요!" 밥은 신이나 얼굴이 발개지며 외쳤다.

나는 밥의 두 눈을 똑바로 보며 다시 한번 말했다. "근해에서 잡은 참치, 그리고 농장에서 기른 초여름 야채."

밥이 접시를 들고 사라졌다. 그리고 몇 분 후, 부루퉁하고 혼란스러운 표정이었지만 태연한 척하며 돌아왔다. "손님들이 진지한 대화를 나누고 있어요." 밥은 이렇게 말하고 느닷없이 다시 사라졌다. 밥이 다시 참치 여섯 접시를 들고 돌아왔을 때 곁들인 야채는 다 사라져 손도 대지 않은 참치가 더 두드러져 보였다. 나는 무엇이 문제인지 알고 있었다.

간혹 접시에 올라가면 안 되는 요리가 부엌에서 나가기도 한다. 시커멓게 탄 스테이크, 굳어버린 소스, 시들고 지저분한 야채 등이다. 바쁠 때 하게 되는 실수다. 그리고 그 형편없는 요리가 좀처럼 다시 돌아오지 않는다 하더라도 (어쩌면 그렇기 때문에) 요리사는 밤에 편히 자지 못한다. 그런 실수는 실행의 착오라기보다는 판단의 착오다. 어쩌면 그냥 멍청한 짓일지도 모르겠다. 나는 밥에게 책임을 돌리려고도 해보았다. 뭔가 이상하거나 무례한 말을 해서 손님들 입맛을 떨어뜨렸나? 그러자 밥은 '어떤 말이요?'라고 내게 천진하게 되물었다. 하지만 사실 나는 그 작은 재앙이 순전히 내 잘못이라는 사실을 알고 있었다. 지속 가능성이라는 드높은 이상을 노골적으로 드러내면서, 사라져가는 전통 품종의 양상추를 자랑스레 내놓으면서, 참치 요리를 내놓아서는 안 된다.

벨루가 철갑상어나 왕 연어처럼 참치도 멸종 위기에 처해 있기 때문이다.

—ᨓ—

1990년대 중반, 해양 보호론자 칼 사피나는 참치를 향한 대서사시를 썼다. 참치를 따라 전 세계 바다를 돌며 참치의 종말에 대해 기록했다. 살충제가 환경에 끼치는 영향에 대해 충격적으로 폭로한 레이철 카슨의 『침묵의 봄Silent Spring』에 필적할 만한, 소리 높여 행동을 촉구하는 획기적인 책이었다.

나는 『푸른 대양을 위한 노래Song for the Blue Ocean』라는 그 책을 뉴욕 시내에 있는 데이비드 불레이의 레스토랑에서 주방 보조로 일할 때 읽었다. 그 책을 읽은 이유는 막 환경에 눈을 뜨기 시작했기 때문이 아니라 불레이 밑에서 일하고 있었기 때문이었다. 장루이 팔라댕, 질베르 르 코즈, 장조지 봉게리히텐 같은 요리사들과 느슨하게 묶여 있던 불레이는 누벨 퀴진 요리사들마저도 전통적이고 진부한 상태로 남겨놓았던 생선 요리를 재창조했다. 하지만 그보다 더 중요한 업적은 바로 잡는 순간부터 레스토랑으로 배달될 때까지 신선한 생선을 어떻게 다루어야 하는지 다시 생각하게 만든 것이었다. 그의 집요한 노력에 영감을 받아 나는 해산물 요리책을 읽기 시작했고 낚시와 해양에 관한 책까지 읽게 되었다. 『푸른 대양을 위한 노래』는 그중에서도 가장 기억에 남는 책이었다. 모든 어종이 대대적으로 감소하고 있다는 설득력 있는 증거를 제시하고 있었기 때문이었는데 그 원인은 주로 피할 수 있는 것들이었다. 어종이 감소하는 이유는 여러 가지였지만 그중에서도 가장 큰 이유는 바로 참치의 수요, 특히 토로에 대한 요리사의 수요였다.

얼마 전까지만 해도 참치는 풍요롭다고 알려진 생선이었다. 하지만 냉장 항공 운송의 발전으로 가능해진 해산물의 국제 무역과 함께 이야기는 달라졌다. 일본 사람들이 (1980년대 비약적인 경제 성장의 덕을 보면서) 참치에 대한 탐욕스러운 입맛을 만족시키기 위해 전 세계에 손을 뻗칠 수 있게 되자 엄청난 양이 어획되기 시작했다. 미국의 스시 열풍 또한 더 큰 수요 창출에 한몫했고 조업 기술의 발전과 유통망 확장으로 이는 더욱 가속화되었다. 결국 대서양의 참치 개체 수는 90퍼센트까지 감소했다.[2] 사피나가 제시한 증거는 놀라웠다. 참치를 위해 바다를 계속 약탈한다면 한 세대 안에 참치는 멸종할지도 모른다. 나는 그 모든 사실을 알고 있었다. 아니 그 이상도 알고 있었다. 그럼에도 참치를 요리해 내놓았다.

—∾—

나는 마지막 코스까지 분주하게 움직였지만 밥은 손님들의 식어가는 열정만 전해주었다.("거짓말은 안 하겠어요. 다들 입이 얼어붙었나 봐요.") 마침내 모든 요리가 마무리되었을 때 나는 손님들을 부엌으로 초대했다. 초대를 받아들인 사람은 캐럴라인 베이츠뿐이었다. 그녀는 패스 근처까지만 겨우 와서 이렇게 말했다. "참치를 내놓으시다니 충격이었어요."

나는 비난을 예상하고 있었으므로 간단히 사과하고 공급자에게 어제 받은 전화와 정신없는 부엌에 대해, 그리고 나의 판단 착오에 대해 이야기할 생각이었다. 몹시 후회하는 모습을 보여줄 생각이었다.

"근해 참치였어요." 하지만 불쑥 그렇게 내뱉고 말았다. 멸종 위기에 처한 생선 요리를 정당화하기에는 궁색한 변명이었다. 그리고 나는 '그러니까, 캐럴라인, 아시는지 모르겠지만,'이라는 뉘앙스로 이렇게 덧붙였다. "롱아일랜드 연안입니다."

캐럴라인은 어리둥절한 표정으로 나를 바라보며 물었다. "무슨 뜻이죠?"

"참치는 남대서양으로 이동합니다." 내가 말했다.(사실이었다.) "그 거대한 물고기 떼를 근해에서 낚을 수 있게 되는 겁니다."(어느 정도 사실이었다.) "보세요. 일 년 중에 참치 떼가 지나가는 시기가 있어요. 그때 잡는 것은 용인된다는 말입니다."(사실이라고 하기 힘들었다.)

"과연?" 그녀는 이제 믿지 못하겠다는 표정이었다. "그럴 것 같지 않은데요."

"맞아요. 사실입니다. 칼 사피나라는 해양 보호론자가 있어요. 참치 전문가로 유명하죠. 그가 해준 말입니다." 내가 말했다.(거짓이었다.)

"칼이요?" 그녀가 웃으며 물었다. "해산물의 지속 가능성과 요리사에 대한 특집 기사를 쓰려고 요 며칠 동안 그와 함께 있었어요. 그가 그런 말을 했을 것 같지는 정말 않네요."

패스 건너편에 서서 고개를 젓고 있는 베이츠를 보면서도 나는 쉽게 생각을 바꾸고 싶지 않았다. 과연 나는 어떤 생각을 붙들고 싶었을까? 나는 사피나가 어장이 잘 관리되고 통제만 된다면 정해진 양 내에서의 어획만으로 삶을 꾸려가야 하는 소규모 어부들을 지원해야 한다고 꽤 설득력 있게 주장했다고 믿고 싶었다. 하지만 그가 참치를 뜻했던 것은 아니었다.

나는 '해산물의 지속 가능성과 요리사에 대한 특집 기사'를 작성하고 있다는 말을 되새기며 말없이 서 있었다. 주변에서는 늘 있어왔던 부엌의 혼란이 재연되고 있었고 패스 담당 직원이 웨이터에게 다음과 같이 다급하게 외치는 소리도 더해져 있었다. "41번 테이블 참치 뱃살 준비 완료! 참치 완료!" 베이츠는 빛나는 참치 조각이, 잊을 수 없을 만큼 맛있지만 사라져가고 있는 그 참치가 위풍당당한 모습으로 눈앞에서 손님에게 나가는 모습을 보고 분노했다.

—∞—

그해 여름 내내 나는 『구르메』 기사에 대한 두려움에 떨었다. 뉴욕의 다른 요리사들도 참치를 요리하고 있고 또 미국의 훌륭한 스시 레스토랑은 대부분 엄청난 양의 토로를 취급한다는 사실도 큰 위안은 되지 못했다. 그들은 지속 가능한 요리의 미래를 위해 헌신하는 비영리 교육 센터가 아니었다.

그 기사는 그해 가을 "해양 변화Sea Change"라는 제목으로 발행되었다.[3] 베이츠는 내 이름은 언급하지 않았지만 참치가 모든 요리사에게 '달콤한 유혹'과도 같다며 자신도 한때는 참치를 좋아했지만 칼 사피나의 『푸른 대양을 위한 노래』를 읽은 후 (꼭 나처럼!) 마음을 바꿨다고 고백했다.

나는 그 기사를 읽고 나서 사피나의 책을 다시 펼쳐보다가 마지막 부분에서 거의 10여 년 전에 내가 아주 눈에 잘 띄게 밑줄을 그어 놓은 부분을 발견했다.(그러고 완전히 잊어버렸다.) 사피나는 내가 (우리가 밟고 서 있는 지표면 이상을 뜻하는) 스페인어 대지tierra와 데에사에 대해 이해할 수 있도록 도와준 알도 레오폴드에 대해 언급했다. 레오폴드가 그 철학을 (그가 대지라 칭하고 우리가 환경이라 칭하는) '대지 윤리'라고 규정했을 당시 이는 완전히 새로운 개념이었다. 그 후로 반세기를 거치며 이는 환경 보호운동에서 가장 중요한 개념이 되었다. 그리고 사피나는 이를 '만조선 아래'까지 더 광범위하게 확장하기를 요구했다. 그는 그 새로운 '해양 윤리'[4]에 대해 이렇게 설명했다. "해양 생물을 우리 삶의 확대 가족으로 여기기만 한다면 우리는 그들을 없애거나 관리하지 않으면서도 우리 자신을 확장할 수 있다. 그와 같은 사고방식, 즉 새로운 '자기'에 대한 인식만으로도 우리는 대지 윤리와 함께 시작되는 지구에서의 삶에 온전히 접근할 수 있다."

사피나는 다음과 같은 말로 『푸른 대양을 위한 노래』를 마무리했다. 그 부분에도 밑줄이 그어져 있었다. "약속한다. 자연의 본성에 대한 어떤 진정한 탐구도 우리 자신과 인간 영혼의 생동하는 환경에 대한 통찰력을 제공할 것이다."[5]

그가 옳았다. 자연의 본성에 대한 진정한 탐구 후에 나는 정말로 내 자신에 관한 통찰을 얻었다. 그럴 수밖에 없었다. 기분 좋은 깨달음은 아니었다. 사피나의 글이 젊은 보조요리사였던 내게 영향을 끼치고 가르침을 주었음에도, 즉 특정한 음식에 대한 수요를 창출할 수 있는 요리사의 힘에 대해 알려주고 그와 같은 수요가 생태계에 얼마나 커다란 영향을 끼치는지 보여주었지만, 어쩌다 보니 나는 사피나가 경고하던 바로 그런 사람이 되어 있었다. 바다를 '별개'라고 생각하는 소비자가 되어 있었다.

사피나는 우리가 '바닷물의 연한 혈관soft vessels of seawater'[6]이라고 했다. 정확한 표현이다. 물은 인간의 몸 3분의 2 이상을 구성하고 있다. 바다가 지구 표면을 덮고 있는 비율과 정확히 똑같다. 그는 이렇게 말했다. "우리는 우리 안의 바다에 둘러싸여 있다."

육지로 둘러싸인 그리니치빌리지의 거리에서, 그리고 숲으로 둘러싸인 스톤 반스의 초원에서, 나는 바다와 바다에 서식하는 생물의 어려운 입장을 내 자신과 그리고 지속 가능한 농업을 위한 우리의 임무와 별개로 취급해왔었다. 캐럴라인 베이츠는 기사에서 나에 대해 언급하지 않음으로써 내가 무임승차를 할 수 있게 도와주었다. 나는 수년 동안의 무지를 바다의 상태에 대한 진정한 탐구로 보강하겠다고 내 자신과 약속했다.

15장

바다를 대하는 요리사의 문제는 바로 상상력의 부재

1883년 다윈을 가장 먼저 소리 높여 옹호했던 영국의 생물학자 토머스 헉슬리는 이렇게 말했다. "우리의 어떤 행동도 물고기 개체 수에 큰 영향을 끼치지 않는다."[7] 자연이 벌떡 일어나 한 대 치고 싶을 것 같은 독단적이고 충격적인 발언이었다.

또 한 가지 충격적인 사실은 그게 그리 오래전 일도 아니었다는 점이다. 그 점이 정말로 중요하다. 지구의 3분의 2에 그토록 짧은 시간에 너무나도 많은 일이 벌어졌는데 많은 사람이 그 피해 정도에 대한 예측을 말도 안 되는 허풍으로만 여겼다. 참치 대량 남획은 전 세계 어류의 전반적인 감소의 일각일 뿐이다.

그 감소에 대해 들려줄 세 가지 이야기가 있다.

첫 번째는 수산업에 관한 이야기다. 지난 60년 동안 우리는 바다에서 너무 많은 생선을 잡아들이기 시작했다. 1950년 1900만 톤에서 2005년 8700만 톤으로 한 해 어획량이 네 배 이상 증가했다. 간단히 말하자면 우리는 물고기가 번식하는 속도보다 더 빨리 물고기를 잡아들이고 있다.[8] 그 결과 상업적인 어획량은 1988년 이래로 매 해 50만 톤씩 감소하고 있다. 전 세계 어류의 85퍼센트 이상이 지금 완전히 착취당하고 과도하게 어획되고 감소되거나 겨우 멸종위기에서 벗어나고 있다고 보고된다.

가장 심각한 피해의 원인은 제2차 세계대전 이후 미국 농업의 산업화 원인과 같다. 그렇다고 제2차 세계대전 이전에는 바다가 전 세계적으로 잘 보존되고 관리되어 왔다는 말은 아니다. 고대로부터 파괴적인 농업 관행이 농사의 일부였던 것처럼 어부들 또한 수 세기 동안 특정 어류의 개체 수를 감소시켜왔다.[9] 하지만 제2차 세계대전 이전에는 단지 입맛을 충족시키기 위해 바다를 정복한다는 것은 불가능에 가까웠다. 접근 가능한 지역에서 특정한 종만 취할 수 있을 뿐이었다.

제2차 세계대전 중에 세워진 군수 공장이 나중에 대규모 농약과 비료 생산 공장으로 전환되면서 마이클 폴란이 언급했던 농업의 '원죄,' 단일 경작의 길이 열린 것처럼 군수 기술은 바다의 생태 또한 급격하게 변화시켰다. 농업의 원죄에 해당하는 현대 수산업의 원죄는 아마 물고기를 찾기 위해 (바다에서 적의 위치를 찾아내기 위해 개발된) 수중음파탐지기를 도입한 것일지도 모른다. 그 기술 덕분에 고기가 어디 몰려 있는지 쉽게 찾아낼 수 있게 되면서 어획량과 수익성이 즉각 증가했다. 그와 같은 발전 이전에 수산업은 바다가 '너무 멀고' 또 '너무 깊다'[10]는 한계 때문에 자연스럽게 제한되어 있었다고 사피나는 말했다. 음파탐지기와 함께 대형 어선이 등장해 그 전까지 다가갈 수 없었던 지역에서 어획을 할 수 있게 되었고 잡은 생선을 신선하게 보관할 수 있는 선박 내 냉장 시설 또한 발전했다.

장애물이 사라지자 수산업은 바다를 더 효율적으로 난도질할 수 있는 수많은 방법을 고안해냈다. 농업에서와 마찬가지로 그중 몇 가지 발전은 적절한 한계 내에서 이루어졌다. 하지만 수산업은 (혹은 산업화된 농업은) 대부분 그 한계를 인지하지 못했다. 정복하고자 하는 욕구에 기술적 노하우가 더해지면 적절한 사고는 쉽게 부적절한 극단으로 치닫게 된다.

예를 들어보자. 1300년대 이래 다양한 방법으로 실행되어온 그물 낚시의 한 형태인 저인망(트롤) 어업은 바다에 치명적인 방식임이 드러났다. 오늘날 해저 생물을 끌어올리는 그물(축구 경기장만큼 큰 것도 있다)은 다양하고 꼭 필요한 해저의 생태를 싹쓸이해 단조롭게 만들거나 뒤집어엎어 교란시킨다. 해저의 많은 부분이 손상되거나 심하게는 파괴되어 바다의 생식 능력 또한 줄어든다. 해저 초토화 정책이다.

"사냥꾼들이 어떤 지형에도 적응하는 거대한 자동차 두 대 사이에 어마어마한 크기의 그물을 걸고 고속으로 아프리카의 초원을 달린다면 사람들이 뭐라고 할까."[11] 찰스 클로버는 자신의 저서 『텅 빈 바다The End of the Line』에서 이렇게 말했다. "이 어처구니없는 무리는 (…) 지나가는 길에 있는 모든 것을 뿌리 뽑는다. 사자와 치타 같은 포식자, 코뿔소와 코끼리, 임팔라와 누 떼, 흑 멧돼지와 들개 무리 등 멸종 위기에 처한 초식 동물을 몰살시키고 (…) 서배너를 훑으면 모든 열매가 떨어지고 온갖 나무와 덤불, 종자식물의 뿌리가 뽑히고 새가 집을 잃는다. 약탈당한 들판 같은 초라하고 낯선 풍경만 남을 뿐이다." 우리는 과거에 대초원을 갈아엎었던 것처럼 바다를 뒤엎고 있다.

저인망 어업은 해양 서식지를 파괴할 뿐만 아니라 더 골치 아픈 문제 또한 야기한다. 원치 않는 엄청난 양의 해양 생물이 낚였다가 다시 버려지는 것이다. 그 '부수어획물'[12]은 종류도 다양하지만 전체 양이 무려 1800만 톤에서 4000만 톤 사이로 바다에서 어획하는 모든 수산물의 4분의 1이다. 왜 4분의 1일을 다시 버릴까? 살 사람이 없기 때문이다. 배 위에서 생선을 가공하는 데에는 시간과 공간의 제약이 있다.(그리고 정부의 규제에 따라 양에도 제한이 있을 수 있다.) 팔 수 없는 것을 잡아 올리는 것은 팔 수 있는 것을 포기해야 한다는 뜻이다. 달갑지 않은 죽은 생선이나 죽어가는 생선은 다시 바다로 던지거나 어분으로 가공하는 편이 훨씬 저렴하다.

몇 년 전, 참치 그물에 걸려 죽은 돌고래에 대한 기사가 부수어획물에 대한 국제적인 관심을 불러일으켰다. 그 놀라운 뉴스는 부수어획물에 대한 전 세계적인 호소를 촉발해 더 놀라워졌을 뿐만 아니라(돌고래가 해삼보다 더 사진 찍기 좋은 대상이기는 하다), 돌고래 방생 절차의 개선을 가져오고 대규모 조업으로 야기되는 살상을 감소시키는 데에도 전진을 이루었다. 하지만 부수어획물의 문제는 결코 사라지지 않는다. 파괴적인 조업 기술이 불법으로 규정되고 활용가치가 떨어지는 어종을 위한 시장이 만들어지기 전까지는.

—᯾—

두 번째는 환경 문제에 관한 이야기다. 옛날 옛적 헉슬리를 비롯한 대부분의 사람은 바다가 너무 광대하고 회복력이 강해 너무 많은 물고기를 잡는다는 개념 자체가 불가능하다고 믿었다. 하지만 사실이 아니었다. 우리가 버리는 쓰레기가 바다에 짐이 된다고도 전혀 생각하지 않았다. 그 또한 사실이 아니었다. 다시 말하자면, 바다의 문제는 우리가 바다에서 무엇을 취하느냐가 전부가 아니었다. 우리가 바다에 무엇을 넣느냐의 문제이기도 했다.

단일 경작을 가능하게 하는 비료와 농약은 결국 바다로 흘러 들어간다. 열여덟 개의 구멍이 있는 단일 경작지 골프장이나 뒤뜰을 가꾸기 위해 사용하는 화학제품도 마찬가지다. 우리가 대지에 뿌리는 많은 유해 물질이 결국 바다로 흘러간다.

그로 인해 체서피크 만부터 발트 해까지, 산소가 부족해 생물이 살 수 없는 데드존dead zones이 전 세계적으로 400여 곳이 넘게 생기는 등 수많은 문제가 발생해왔다.[13] 그 통제 불가능한 조류 무리는 바다 속의 과다 질소와 인을 먹고 증식한다. 데드 존은 클라스가 집 근처에서 목격했던, 질소 침출로 영향을 받은 세니커 호수의 극단적인 예라고 할 수 있다. 조류가 죽어 분해되면서 바닷물의 산소를 고갈시키고 해양 생물의 삶을 서서히 질식시킨다.

조류 피해로 가장 악명 높은 곳은 대략 2만720제곱킬로미터에 달하는 멕시코 만의 데드 존이다. 지리적 위치를 보면 이는 결코 우연이 아니다. 미시시피 강 어귀에 자리한 멕시코 만은 미국의 단일 경작 곡물 지대에 뿌리는 모든 화학 물질이 흘러들어가는 곳이다. 여름마다 치명적인 조류가 뉴저지만큼 큰 지역을 뒤덮는다. 물고기와 새우 등 대부분의 어류는 산소 수치의 변화를 느끼고 더 안전한 물로 헤엄쳐 가기 때문에 그 지역은 사실상 어업이 불가능한 불모지가 된다. 게나 홍합처럼 이동이 수월하지 않은 생물은 도망갈 수도 없다. 30여 년 동안 그 지역에 대해 연구하고 있는 루이지애나대의 해양생태학자 낸시 라발라이스는 산소가 부족한 그곳에서의 스쿠버 다이빙 경험에 대해 이렇게 말했다. "물고기는 한 마리도 안 보였습니다. 퇴적물에 가라앉아 분해되고 있는 시체뿐이었죠."[14]

바다로 흘려보내는 것만 해양 생물의 목숨을 위협하는 것은 아니다. 우리가 공기 중에 내뿜는 것 또한 문제가 된다. 이는 또 다른 환경 문제, 즉 생물학적 관점으로 보자면 이제 막 시작된 기후 변화에 관한 문제이기도 하다.

기후 변화를 감지하는 한 가지 방법은 태곳적부터 바다의 주인공이었던 식물 플랑크톤을 살펴보는 것이다. 식물 플랑크톤은 아주 작은 동물인 동물 플랑크톤과 구별되는 미세 식물로 물속에 떠다닌다. 너무 작아 볼 수 없고 무리로 모여 있는 모습으로만 확인할 수 있다. 녹조가 진할수록 식물 플랑크톤이 더 많다는 뜻이다. 식물 플랑크톤은 해양 생물에게 더없는 선물이다. 토양이 미생물로 비옥해진다면 바다는 식물 플랑크톤으로 건강해진다. 바다에서 나는 코를 쏘는 냄새나 우리가 좋아하는 해산물의 풍미는 식물 플랑크톤이 생성하는 황 가스에서 나온다. 사실 해양 생물의 먹이 그물은 식물 플랑크톤에서 시작되고 바다의 다른 모든 유기체는 직접 혹은 간접적으로 식물 플랑크톤에 의지하고 있다.[15] 식물 플랑크톤은 모든 바다 생명의 엔진으로 미세 유기물(동물 플랑크톤), 거대 어류(고래 등) 그리고 그 사이의 모든 생명체를 먹여 살린다.(초식 물고기는 식물 플랑크톤을 먹고 육식 물고기는 초식 물고기를 먹으며 먹이 그물이 이루어진다.)

식물은 성장을 위해 특정한 조건을 필요로 하기 때문에 식물 플랑크톤이 환경 변화의 좋은 신호가 된다. 그것이 바로 식물 플랑크톤의 미래에 대한 암울한 예언을 쉽게 들어 넘길 수 없는 이유다. 최근의 연구에 따르면 1950년 이래로 지구 온난화 때문에 식물 플랑크톤이 40퍼센트 감소했다.[16] 그것이 뜻하는 바는 어마어마하다. 과학자들은 그것이 바로 오늘날 지구에서 일어나는 가장 큰 변화가 될 것이라고 예측한다.

연구에 따르면 엘니뇨 기후 사이클[17]의 영향을 받아 식물 플랑크톤이 급격하게 줄어들 때 수많은 바다 조류와 해양 포유동물이 굶주리다 죽게 된다. 식물 플랑크톤의 역할은 그뿐만이 아니다. 식물 플랑크톤이 내뿜는 황 가스는 바다 특유의 냄새를 구성할 뿐만 아니라 구름을 형성하는 데도 중요한 역할을 한다. 즉 태양 에너지를 차단해준다는 뜻이다. 우리가 들이마시는 대부분의 산소도 플랑크톤이 만든다. 식물 플랑크톤은 나뭇잎처럼 광합성을 하면서 태양 에너지를 흡수해 화학 에너지로 변화시키는데 그 과정에서 산소를 내뿜는다. 실제로 지구 산소의 50퍼센트를 식물 플랑크톤이 생성하고 있다. 식물 플랑크톤은 탄소 순환에도 중요한 역할을 하며 가장 치명적인 온실 가스인 이산화탄소가 공기 중에 얼마나 남게 될지 결정한다.

과학자들은 바다가 대기 중의 이산화탄소를 흡수해 수천 년 동안 탄소 상태로 보관하는 거대한 창고라고 일컫기도 한다. 그 바다 창고 서비스 또한 식물 플랑크톤의 일이다. 40퍼센트의 식물 플랑크톤 감소와 비교하면 열대우림의 파괴는 하찮게 느껴질 정도다. 탄소를 보관할 식물 플랑크톤이 줄어들면 지구 온난화의 완충 작용 또한 줄어든다. 뿐만이 아니라 따뜻해진 바닷물이 식물 플랑크톤을 감소시키고 결국 대기 중의 이산화탄소를 덜 흡수하게 되어 온실 효과로 인해 해수 표면의 온도가 더 따뜻해지는 악순환의 재앙을 피할 수 없게 된다.*

마지막은 요리사에 대한 이야기다. 1970년대 이후 미국 내 생선 수요 증가는 대부분 (비록 일부라 할지라도) 요리사들이 야기했기 때문이다. 미국에서 소비되는 해산물의 3분의 1 이상이 레스토랑에서 소비된다.[19] 양이 아니라 전체 지출 금액으로 보자면 3분의 2다. 요리사가 바다에서 무엇을 취할지 통제하고 있다는 뜻이다.

게다가 우리는 부적절한 생선을 먹고 있다. 우리는 연어, 넙치, 대구 등 영양 단계가 가장 높고 큰 생선을 원한다. 영양 단계는 먹이 사슬에서 생선의 위치를 판단하는 한 가지 기준이다. 육식성이 강하고 크기가 클수록 단계가 높고 환경을 더 고갈시킨다. 그런 생선은 마치 스테이크를 먹고 자동차를 세 대씩 갖고 있는 바다의 미국인이라고 할 수 있다. 그러고도 만족하지 못한다. 노스웨스트 수산과학센터는 최근에 지난 125년 동안의 요리책에 대한 연구서를 발간했는데 요리에 사용되는 생선의 영양 단계가 지속적으로 높아

* 이산화탄소 수치 증가[18]는 특정한 해양 생물체에게 더 직접적인 또 다른 위험을 제기한다. 이산화탄소는 바다에서 용해되어 탄산을 형성하는데 이는 시간이 지나면서 점차 쌓여 바다의 수소 이온 농도pH를 낮춘다. 오늘날 전례 없는 속도로 그와 같은 산성화가 일어나고 있다. 산호와 갑각류, 그리고 연체동물 등 골격 구조를 형성하는 데 칼슘에 의지하고 있는 모든 유기체 입장에서 이는 곧 바닷물이 점점 부식해 서식할 수 없는 상태가 되어간다는 뜻이다.

져왔음을 발견했다.[20]

요리사들이 그 악순환의 고리를 만든 것인지도 모른다. 요리사는 그런 생선으로 요리를 하면서 그 생선의 가치를 널리 알리고 유명하게 만들어 수요를 증가시키고 가격을 상승시켰다. 높은 가격 덕분에 소비자는 그 생선이 더 값어치가 있다고 느끼게 되고 수요는 더 증가하며 요리사는 다시 그 생선을 더 많이 확보해야 한다는 부담을 느낀다. 연어, 넙치, 황새치, 대구, 그루퍼, 홍어, 가자미 그리고 당연히 참치까지, 그와 같은 생선이 지난 수십 년 만에 90퍼센트 정도 감소한 것도 어찌 보면 당연한 일이다.

클로버는 『텅 빈 바다』에서 사라져가는 어류에 대한 요리사의 영향력에 대해 이렇게 물었다. "그것이 중요한가?"[21]

> 맞다. 그렇다고 생각한다. 훌륭한 것에 대한 태도는 유행의 산물이기 때문이다. 유명한 요리사가 멸종 위기에 처한 생선을 하룻밤에 몇 십 마리씩 요리하면서 단 한마디의 비난도 받지 않는데 왜 화학 산업 지도자가 해양 생물에게 치사량에 가까운 폐수 몇 그램을 버렸다고 해양 환경오염에 책임을 져야 하는가?

여기서 아이러니한 점은 정어리가 (영양 단계가 낮고 가격이 저렴하지만) 결코 저급한 생선이 아니라는 것이다. 사실 정어리는 가장 맛있는 생선 중 하나다. 요리사들이 닭의 모래주머니가 가슴살보다 더 맛있다고 하는 것처럼 아주 신선한 정어리는 참치 한 덩어리보다 더 맛이 뛰어나다.

그렇다면 왜 정어리는 닭의 모래주머니만큼만 팔리는가? 미국 저녁 식탁의 오래된 전통 때문이다. 우리는 그릴에 구운 두툼한 참치 뱃살, 즉 참치 '스테이크'를 더 좋아한다. 소고기와 마찬가지로 익숙하기 때문이다.

하지만 요리사 때문이기도 하다. 결국 맛을 좌우하는 사람은 요리사이며 최고의 재료를 가려내는 것이 요리에서 가장 중요한 부분이기 때문이다. 바다가 겪고 있는 모든 복잡한 문제 중에서 남획은, 특히 영양 단계가 높은 어류의 남획은 가장 직접적인 위협임과 동시에 어쩌면 가장 손쉬운 해결책일 것이다. 바다가 고갈되어가고 있다는 수산업의 문제가 인간의 탐욕 때문이라면, 혹은 칼 사피나가 언급했던 '해양 윤리'의 부재 때문이라면, 바다를 대하는 요리사의 문제는 바로 상상력의 부재다.

16장
최고의 요리는 없다

나는 가끔 가장 좋아하는 요리가 무엇이냐는, 가장 최고라고 생각하는 요리가 무엇이냐는 질문을 받는데 그럴 때마다 대답하기가 곤혹스럽다. 질문을 하는 사람에 따라 다른 대답을 내놓기 때문이다. 내가 아파 누워 있을 때 목구멍을 타고 미끄러지며 내 고통을 덜어주던 이모의 중탕 스크램블 에그, 그 부드러운 달걀을, 예를 들면 파리의 한 레스토랑에서 1년 동안 고된 인턴십을 끝내고 모나코에 있는 알랭 뒤카스의 레스토랑 루이 15세에서 맛보았던 환상적인 코스 요리, 모든 요리가 너무 맛있어 결국 테이블에서 혼자 눈물을 흘렸던 그 코스 요리와 어떻게 비교할 수 있겠는가? 에두아르도 소사의 천연 푸아그라, 전 세계 모든 사람이 불가능하다고 생각했음에도 불구하고, 아니 그랬기 때문에 더더욱 음식에 관한 내 사고방식을 바꿔준 그 간은 도대체 어떻게 하란 말인가?

답은 어떤 요리가 최고인지 따질 수 없다는 것이다. 최고의 요리는 없다. 모든 요리에 적용 가능한 완벽한 기준은 없다. 하지만 판을 흔들었다고 할 만한 요리는 떠올릴 수 있다. 근본적으로 독창적이고 훌륭해 음식에 관한 사고방식을 영원히 바꿀 수 있는 그런 요리는 있다. 지금부터가 바로 그런 요리에 관한 이야기다.

—∞—

두 번째로 에두아르도를 만나러 가는 길에 리사와 나는 엘 푸에르토 데 산타 마리아라는 도시에 30명 정도를 수용할 수 있는 작은 레스토랑 아포니엔테로 순례를 갔다. 엘 푸에르토 데 산타 마리아는 지브롤터 해협에서 그리 멀지 않은 이베리아 반도의 서남쪽 끝에 위치해 있었다. 레스토랑 주인은 별명이 '바다의 요리사'인 앙헬 레온이었는데 그는 그 별명을 웃어넘기면서도 널리 알리려고 했다.

예전에 앙헬을 잠깐 본 적이 있었다. 그가 뉴욕에서 냉소적인 도시 요리사들의 입을 떡 벌어지게 만든 강연을 했을 때였다. 그는 요리계에서 겁 없이 경계를 넘나드는 요리사로 유명했다. 서로 다른 음식을 과감하게 조합한다거나 다양한 화학적 시도를 하기 때문이 아니라 자신의 요리를 규정하기 위해 자연으로, 특히 바다로 시선을 돌렸기 때문이었다. 결과는 놀라웠다. 예를 들어 그는 생선 소스를 걸쭉하게 만들기 위해 버터 대신 (대부분의 요리사가 쓰레기라고 생각하는) 생선 눈알로 퓌레를 만들어 요리에 바다의 풍미를 더했다. 해저에서 건진 돌에 붙어 있는 조류와 해초로 만든 '돌 수프'도 있다.

그날 강연에서 앙헬은 그가 가장 최근에 개발한 것을 자랑했다.

다양한 조류를 말려 섞은 것으로 꼭 모래 같았다. 그리고 그것을 열을 가하지 않고, 심지어 더 놀랍게는 풍미를 전혀 없애지 않고 수프를 깔끔하게 만들기 위해 사용했다. 두 시간에 걸친 시연에서 앙헬은 바다가 처한 곤경에 대해 두서없이 말했고 특정한 참치 조업에 대해 모호하게 변명하는 듯한 말도 했지만 그의 비범한 창조물을 눈앞에 두고 있으면 그가 주변 세계를 받아들이는 열정적이고 시적인 방식에 금방 적응하게 된다.

나는 그의 요리를 한 번도 먹어본 적이 없었기 때문에 엄청난 기대를 갖고 아포니엔테에 도착했다. 그곳을 찾은 이유는 앙헬과 그의 요리에 대한 개인적인 호기심 때문이기도 했지만 동시에 『구르메』의 캐럴라인 베이츠 때문이기도 했다. 그 참치 사태를 바로잡기 위한 첫걸음으로 바다의 생태를 꿰뚫고 있는 요리사에게 생선 요리에 대해 배우는 것보다 더 좋은 방법이 있을까? 놀랍게도 앙헬은 우리와 같이 앉아 점심을 함께했다.

여기서 잠깐 짚고 넘어가야 할 점이 있다. 요리사는 절대 그러지 않는다. 요리사는 절대 자기 식당에서 식사를 하지 않는다. 콘서트 도중 지휘자가 관객석에 앉지 않는 것과 마찬가지다. 앙헬이 함께 앉자 나는 황송해서 어쩔 줄 몰랐는데 알고 보니 다른 점심 예약이 하나도 없었다. 모든 테이블이 비어 있었다. 다른 남부 해안 도시처럼 엘 푸에르토 데 산타 마리아는 여름 휴가철에만 붐비는 곳이었다. 7월과 8월이 되면 사람이 열 배나 늘어나고 그때가 아포니엔테가 전체 수익의 80퍼센트를 올리는 때다. 나머지 열 달은, 특히 내가 찾았던 3월은 적자를 피하기 힘든 달이었다.

"생선에 관한 모든 것은 아버지에게 배웠습니다." 웨이터가 오기를 기다리는 동안 앙헬이 포크를 만지작거리며 말했다.(그는 영어를 할 줄 몰랐다. 이번에도 리사가 다리가 되어 주었다.)

"어느 날 고기를 잡으러 갔어요. 아버지하고 둘이서요. 그런데 그 루퍼가 기가 막히게 잘 잡히는 곳을 찾아낸 겁니다. 엄청나게 잡았어요. 그날에만 다섯 마리를 잡았죠. 대단했어요." 앙헬은 달콤한 기억을 떠올리며 천천히 담배를 한 모금 빨았다. "하지만 우연은 아니었어요. 우리가 찾은 그곳 말이에요. 고기를 잡을 때마다 아버지는 가장 먼저 생선 배를 가르라고 시켰어요. 만약 그 안에 맛 조개나 어떤 갑각류가 들어 있으면 곧바로 그놈들이 모여 있는 곳으로 배를 끌고 가 거기서 낚시를 시작했어요. 아마 여덟 살이나 아홉 살 정도일 때였으니까 저는 관심도 없었죠. 그저 '어디서 고기를 잡아야 하는지 아는 방법이구나' 정도로 생각했어요. 하지만 철저한 조사를 통한 작업이었던 거예요. 그 드라마 주인공 형사 퀸시(1976년 미국에서 방영된 드라마 시리즈의 주인공—옮긴이)처럼 말입니다. 저도 그 방법에 빠졌어요. 생선에 대해 잘 알아야 하니까. 그걸 통해 많은 걸 배웠어요. 그 안에 모든 요리의 의미가 담겨 있었거든요. 우리가 먹을 요리가 무엇을 먹는지 관심을 기울여야 한다는 그것 말입니다." 그는 담뱃불을 끄려고 잠시 말을 멈추었다가 부엌을 향해 손을 흔들어 식사할 준비가 되었다고 알렸다.

그와 점심을 함께 하고 몇 년이 지난 후, 나는 앙헬의 동생 카를로스를 만났다. 그는 형과의 관계가 무척 좋았지만 아버지와 셋이서 낚시를 할 때는 결코 아니었다고 했다. "같이 낚시를 했는데, 아버지, 형이랑 셋이서요. 앙헬은 건져 올린 생선에 손도 못 대게 했어요." 카를로스가 말했다. "손가락 하나도요. 늘 이렇게 소리쳤죠.

'만지지 마!' 내가 증거를 망쳐놓을 거라고 생각했겠죠, 아마? 내 지문이 생선을 더럽힌다거나 뭐 그럴까 봐 걱정이 태산이었어요. 그리고 배 구석으로 가서 생선 배를 갈랐어요. 아주 조심조심 천천히. 그리고 내게 보여주며 이렇게 말했어요. '봤지?' 그럼 저는 '뭘 봐?'라고 대꾸했죠. 형의 대답은 '스트레스 받았잖아'였어요. 하지만 내가 보기엔 그냥 죽은 생선일 뿐이었어요. 형은 내가 보지 못하는 걸 이미 보기 시작했던 거예요."

앙헬은 자세를 고쳐 앉으며 말을 이었다. "그리고 다음 날 새벽 다섯 시에 일어나 바로 그곳으로 고기를 잡으러 갔어요. 아버지가 너무 신나하셨던 모습이 기억나요. 그런데 도착해보니 그곳에 저인망이 쳐져 있었고 고기가 다 잡혀 있었어요. 그 사람들이 생선을 다 잡아가고 있었어요! 아버지는 엄청 화를 내셨죠. 그렇게 완전히 꼭지가 도셨을 때는 근처에 가지 않는 게 좋았어요." 앙헬은 그때를 생각하며 눈썹을 치켜 올리고 휘파람을 불었다. "그래서 아버지는 커다란 칼을 꺼내 그물을 막 자르기 시작했어요. 쉭쉭쉭!" 앙헬은 주먹을 쥐고 공기를 수직으로 가르며 말했다. "그물을 친 사람들은 배 위에서 망원경으로 아버지를 볼 수 있었죠. 꽁무니에 큰 엔진이 달린 커다란 배였어요. 그 배가 당장 우리를 쫓아오기 시작했어요. 아버지는 차분하게 육지에 가까워질 때까지 저랑 열심히 노를 저었어요. 어머니는 우리를 발견하고 몹시 화를 내며 한동안 아버지가 저를 낚시에 못 데려가게 하셨어요. 아버지 때문에 내가 죽게 될 거라면서요. 아버지는 그저 이렇게 말씀하셨어요. '너무 많이 잡고 있었어.' 적어도 그 말이 무슨 뜻인지는 저도 이해할 수 있었어요."

앙헬은 자칭 바다학자였다. 단단한 체격의 삼십 대였던 그는 목이 두껍고 두 눈은 움푹 들어가 있었다. 타인의 접근을 쉽게 허용하지 않는 태도가 은연중에 드러났고 만약 섣불리 다가가려 하면 언제든 버럭 화를 낼 것 같았다.

피노(스페인산 셰리주의 일종—옮긴이)를 한 잔 마시고 나자 따뜻한 빵이 나왔다. 바다의 향이 물씬 풍기는 진한 초록색 빵이었다. "플랑크톤 빵입니다." 웨이터가 말했지만 꼭 그럴 필요는 없었다. 식물 플랑크톤을 직접 키워 구운 앙헬만의 독특한 빵에 대해서는 이미 들어 알고 있었다. 앙헬은 플랑크톤을 기르는 실험실도 있었다. "플랑크톤과 이스트를 섞어요." 앙헬이 말했다. "그럼 반죽이 70퍼센트나 더 잘 부풀죠."

그는 아포니엔테를 개업할 때 처음에는 빵을 제공하지 않을 생각이었다고 했다.("도대체 뭐 하러?") 자신이 구현하고 싶은 요리에서 빵은 아무 의미도 없다고 생각했으니까. 하지만 손님들이 빵을 요구하자 마음이 약해졌다. "이렇게 생각했죠. '그래, 좋아. 빵도 제공하지. 하지만 바다의 맛을 느껴야 할 거야. 왜냐하면 손님들이 여기서 가장 처음 봐야 하는 맛은 바로 바다의 맛이니까.'"

두 번째 요리도 마찬가지였다. 두 번째 요리는 조개 한 마리였다. 거의 아무 맛이 없다고 알려져 있어 인기도 없고 이름도 없는 종이라고 앙헬이 설명해주었다. 조개 자체의 즙으로 살짝 데쳐 식물 플랑크톤 소스에 얹은 모습이 마치 익히지 않은 조개 같았다. 나는 따뜻한 식물 플랑크톤 빵에 식물 플랑크톤 소스를 가득 찍어 향을 맡았다. 바다 냄새가 났다.

"아주 기본적인 요리입니다. 소박하지만 맛은 최고죠. 바다의 맛, 그리고 바다의 가장 기본 재료이자 생명의 기원을 맛보고 있는 겁니다." 그가 잠시 말을 멈췄다. "모든 요리는 생명의 기원으로 시작되어야죠. 안 그렇습니까? 생명의 기원으로 요리를 할 수 있으니 저는 운이 참 좋은 편이에요."

나는 앙헬에게 어떻게 실험실에서 생명의 기원을 만들 수 있게 되었는지 물었다. "제게 그건 늘 스타워즈 같은 모험이었어요." 앙헬이 말했다. "저는 늘 태초의 형태를 요리에 사용해보고 싶었어요. 그런데 같은 꿈을 꾸는 사람이 단 한 명도 없는 겁니다. 그래서 더 이상 말을 꺼내지 않기로 했어요. 하지만 그렇다고 꿈까지 포기한 건 아니었어요."

결국 앙헬은 용기를 내 카디스대에 연락을 취했다. 그리고 그곳에서 지브롤터 해협의 오염 정도를 측정하기 위해 식물 플랑크톤을 채취했던 그물에 대해 배웠다. "이렇게 생각했어요. 좋아. 그리 어렵지 않아. 결국 내 부엌에서 플랑크톤을 키우고 말 거야." 앙헬은 배를 타고 나가 네 시간 동안 그물질을 했다. 결국 작은 빵 한 덩이를 만들 수 있는 2그램 정도의 플랑크톤을 채취했다. 그는 실험에 착수했고 결국 그 2그램 안에 주기율표 전체가 거의 통째로 들어 있다는 사실을 발견했다.

"그래서 어떻게 되었을까요? 더 달려들어도 괜찮다는 확신을 얻었습니다. 어차피 꿈은 포기하지 않았을 겁니다. 다행히 저는 바다 근처에 살고 있었고 주변에 바다를 알고 있는 사람도 많았어요." 앙헬은 과학자들과 팀을 꾸려 특수 조명과 산소가 풍부한 물로 일종의 바다 정원을 만들었다. 거기서 오염되지 않은 고농축 플랑크톤을 재배했다. 앙헬은 이제 다섯 달마다 20킬로그램의 플랑크톤을 채취할 수 있었다.

웨이터가 접시를 치워갈 때까지 식물 플랑크톤 향이 사라지지 않는다는 사실이 놀라웠다. 앙헬이 기분 좋은 듯 고개를 끄덕이며 말했다. “그 맛, 그 향기가 끝까지 남죠. 그게 바로 제가 원하는 겁니다. 저는 그 향이 식사를 하는 내내 사라지지 않길 원해요. 곧장 생선을 선보이는 것과 마찬가지죠. 근본으로 바로 달려드는 겁니다. 저는 손님들에게 이렇게 말하고 싶어요. 식물 플랑크톤이 없으면 생명도 없다고.”

—~—

다음 요리는 참깨 겨자와 레몬 캐비어를 곁들인 전갱이 요리로 김밥처럼 김에 싸여 있었다. 전갱이는 뼈가 제거되어 동그랗게 눌려 있었고 김은 꼭 생선 껍질 같았다. 그날 아침 배에서 바로 가져온 생선을 샀는데 대부분 상태가 안 좋았다고 앙헬이 말해주었다. 최고의 해산물에 몹시 집착하는, 그리고 그에 대한 지식도 풍부한 요리사가 상태가 안 좋은 생선을 직접 구입했다는 사실이 놀라웠다.

“물론 사죠.” 앙헬이 말했다. “내가 살 줄 알았으니 나한테 가져온 겁니다. 왜 안 삽니까? 생선은 늘 멍이 들어요. 우리처럼. 그렇다고 더 나쁜 건 아니에요. 더 나쁜 건 누군지 아십니까? 바로 어부들이에요. 어부들이 나빠요.”

전갱이를 압착해 김밥처럼 요리함으로써 앙헬은 버려졌을지도 모르는 재료를 멋지게 탈바꿈시켰다. 그는 어부들이 쓸모없다고 치부해버릴 재료를 위한 시장을 창조하고 싶다고 설명했다.

내가 안 좋은 재료로 요리하면서 한 끼 식사에 그렇게 많은 돈을 받아도 된다고 생각하는지 부드럽게 묻자 앙헬은 재빨리 이렇게 답했다. "요리사가 된다는 게 그런 뜻 아닙니까? 사용할 수 있을까 싶은 재료로 맛있는 음식을 만드는 거 말입니다."

다음 요리는 한 번도 들어본 적 없는 토나소라는 생선이었다. 앙헬의 말에 따르면 그것 역시 거의 사용할 수 없는 수준이었다고 했다. 그 생선은 상어 그물에 잘 걸리는 그야말로 쓰레기 생선이었다. 주로 어분으로 갈리거나 자신과 거래를 하는 어부들은 보통 바다로 다시 던져버린다고 했다. 하지만 앙헬과 관계가 돈독해진 어부들이 종종 앙헬의 기분을 생각해 그나마 상태가 좋은 몇 마리를 따로 두었다가 식당으로 가져다준다고 했다.

쪄서 얇게 썬 그 생선은 커스터드 같은 질감이 꼭 두부 같았다. 새우 껍질과 생선뼈를 몹시 진하고 걸쭉하게 달인 소스와 발효된 흑마늘이 함께 나왔다. 버터와 오일이 안 들어간 소스를 보고 나는 앙헬의 그 유명한 생선 눈알 퓌레로 만든 소스라고 생각했지만 그는 고개를 저으며 천천히 오래 끓여 그렇게 윤기가 나고 향이 좋아진 거라고 말했다. 맛도 보기 전에 빨려들 것 같은 소스였다. 마치 내가 젊은 보조요리사였을 때 로스앤젤레스에서 팔라댕이 만들었던 바로 그 소스 같았다. 토나소 자체는 다소 평범했지만 역시 두부처럼 소스의 맛을 보기 위해서는 완벽한 재료였다. 팔라댕이 제대로 평가받지 못하고 버려지는 부위를 돋보이게 만들기 위해 소스를 활용했던 것처럼 앙헬 역시 뛰어난 솜씨로 보잘 것 없는 생선을 빛나게 만들었다.

앙헬이 토나소를 비롯해 그의 메뉴에는 있지만 나는 잘 모르는 다른 많은 생선을 발견한 것은 어렸을 때 소규모 어선을 몰아내는 모습으로 익숙했던 커다란 배를 타면서였다. 저인망 어업을 하며 바다 밑바닥을 황폐하게 만드는 대규모 상업용 쾌속선은 아니었다. 그보다는 인간적인 배였다. 그럼에도 앙헬은 그 배 위에서 오늘날까지도 자신을 괴롭히는 파괴와 낭비의 현장을 목격했다.

"마침내 처음 배에 탔을 때 얼마나 신이 났는지 아직도 기억납니다." 웨이터가 빈 토나소 접시를 치워 갈 때 앙헬이 말했다. "몇 달 동안 졸랐지만 어부들은 낯선 사람을 태우고 고기를 잡으러 가기 싫어했어요. 하지만 계속 부탁하고 사정해 결국 허락을 받았죠. 그리고 두 번째 날부터 완전히 소름 끼치는 장면을 목격하기 시작했습니다. 물고기 1톤을 잡으면 어느 정도가 배에 남겨지는지 아십니까?" 그는 생각해볼 시간도 주지 않았다. "600킬로그램이에요! 나머지는, 죽거나 상한 건 바로 다시 버려요." 앙헬은 담배에 불을 붙이고 다시 말을 이었다. "저는 그 순간 결심했습니다. 내가 어떤 삶을 살든, 아주 최소한이라도, 그 삶에는 반드시 그 나머지 400킬로그램의 물고기를 지키는 것이 포함되어야 한다고 말입니다."

앙헬은 선장에게 선박의 요리사로 자신을 고용해달라고 부탁했다. 그리고 어느 날 배 밖으로 던져버리려고 하는 생선 중 일부로 요리를 해도 되는지 물었다. "선원들은 그 생선 맛에 감동을 받았지만 크게 놀라지는 않았어요. 그리고 같은 말만 되풀이했어요. 아무도 사지 않을 거라고." 앙헬은 몇 년 동안 여러 배에서 요리사로 일하면서 수산업에 대해 하나하나 배워갔다.

—∾—

인간의 탐욕으로부터 물고기를 지키기 위해 목숨 걸고 나섰던 아버지, 그 아버지의 모습을 목격한 어린 소년의 마음이 앙헬을 움직였다고 생각하기 쉬울 것이다. 하지만 앙헬은 직접 맞서는 대신 배로 잠입해 선원들의 태도를 내면으로부터 변화시켰다. 물론 그것이 그의 철학이 전부는 아니었다. 엘 푸에르토 데 산타 마리아에서 나고 자란 앙헬은 어부의 입장을 누구보다 잘 아는 사람이었다.

“생선들보다는 어부들 편이죠.” 일에 대한 원칙이 있는지 내가 묻자 앙헬은 테이블 위로 손을 내저으며 이렇게 말했다. “그건 느낌이에요.” 그리고 마치 너무 자기중심적으로 이해하지 말라는 듯 이렇게 덧붙였다. “팔지 못하기 때문에 물고기를 다시 바다로 던지며 우는 어부들을 보면서 느끼는 겁니다.”

앙헬은 어부들에게 영웅과 같은 인물이었다. 아포니엔테가 처음 문을 열었을 때 그 동네에 살던 사람이 세계적으로 유명한 요리사가 되었는데, 그는 다른 요리사들이 원하지 않는, 너무 하찮아서 이름도 없는 멍든 생선도 사들인다는 소문이 돌았다. 앙헬이 손님들에게 그런 생선을 먹어보라고 막 설득하기 시작했을 때였다. 하지만 생각보다 쉽지 않은 일이었다.

“우리는 멋져 보이는 생선만 먹으려는 습관에 길들여져 있어요. 이름 있는 생선들 말입니다.” 앙헬이 말했다. “하지만 그 이름도 진짜가 아닐지 몰라요. 마케팅을 위해 만들어진 이름이니까요. 바다는 지구의 70퍼센트를 차지합니다. 그런데 우리는 그 바다에서 스무 가지 정도의 생선만 먹고 있어요. 저는 그것을 바꾸고 싶었습니다."

나는 다음 요리가 나오기 전에 화장실에 가다가 포토숍으로 작업된 앙헬의 사진을 발견했다. 그의 육중한 체구가 오징어 몸에서 인어처럼 솟아나 있는 것 같았다. 앙헬은 기쁘게 웃고 있었다. 그 사진 바로 반대편, 부엌 입구의 왼편에는 이렇게 쓰인 작은 은 명판이 걸려 있었다. '선장이 있으면 선원은 책임이 없다.' 그 말을 부엌의 위계질서에 대한 앙헬의 신조로 해석할 수도 있을 것이다. 요리사는 명령하고 보조요리사는 복종한다. 하지만 어쩌면 앙헬은 손님들에게 그 말을 하고 싶었는지도 모른다. 그렇지 않다면 왜 모든 사람이 읽을 수 있도록 부엌 입구에 걸어놓았겠는가?

그것을 보니 앙헬이 손님을 같은 배에 탄 선원으로 여긴다는 생각이 들었다. 아포니엔테에서 식사를 한다는 것은 바다에 대한 일종의 항복이다. 내가 블루 힐 엣 스톤 반스의 메뉴를 없애면서 손님들이 자연이 제공하는 것에 대한 복종의 느낌을 갖길 바랐던 것처럼. 누벨 퀴진 요리사들이 '금지하는 것은 금지되었다'는 기치를 들고 전통적인 요리법과 파인 다이닝이라는 관습에서 벗어났던 것처럼 앙헬도 바다의 무한한 재료를 통해 같은 일을 하고 있었다. 그와 같은 배에 탄 선원으로서 독자들 또한 지금까지 먹어왔던 그 스무 가지 생선 중 하나만 기대하는 것은 금지된다.

―ꟺ―

웨이터가 다음 요리는 "일종의 노즈 투 테일nose-to-tail 요리"라고 알려주었다. 세 마리 작은 새우였는데 갑각류나 조개를 갈아 끓인 걸쭉한 크림수프 비스크 위에 떠 있었고 새우 껍질은 약간 훈제한 다음 튀겨져 있었다. 아이올리 한 스푼을 얹어 옆에 놓은 식물 플랑크톤 크래커가 두드러져 보였다.

일부러 아이러니하게 만든 요리였다. 동물의 모든 부위를 먹는다는 뜻으로 지속 가능한 요리에 대해 언급할 때 늘 사용되는 어구 '노즈 투 테일'을 새우에 적용한 엉뚱함에 웃음이 나왔다. 새우는 두툼한 일반 새우보다 크기가 작았고 솔직히 말하자면 별로 맛있을 것 같아 보이지 않았으며 (추측컨대 '꼬리' 부분에 해당할) 튀긴 껍질도 마찬가지였다. 맛있는 요리라기보다는 정치적 발언을 위한 시도 같았다.

그때 앙헬이 입을 열었다. 그 새우는 사실 그물을 끌어올리는 과정에서 머리가 잘린 부수어획물이라고 했다. 앙헬은 머리가 달린 새우로는 요리를 하지 않는다고 했다. 스페인 전통 새우 요리법과는 반대이고 머리가 새우의 상태를 가장 잘 드러낸다고 알려져 있지만 앙헬이 카디스대 실험실에서 직접 연구해본 바에 따르면 그의 의심이 맞았다. 스페인 갑각류의 80퍼센트 이상에서 붕산이 검출된 것이다. 신선하다고 착각하게 만드는 새우의 선명한 붉은 색은 화학 물질 때문이었다.

"붕산에 절어 있는 머리를 누가 먹고 싶겠습니까?" 앙헬이 말했다. 앙헬은 저렴한 가격으로 머리가 잘린 새우를 산다고 했다. 앙헬이 사지 않으면 멍든 전갱이처럼 어분으로 갈리게 될 재료였다.

"제가 사용하는 대부분의 재료는 원 상태가 너무 안 좋아 보여줄 수가 없습니다. 하지만 이제 신경 쓰지 않기로 했습니다. 보기에도 좋으면 좋겠지만 요리는 모양보다 맛이 더 중요하니까요."

같이 새우를 먹는 동안 앙헬이 물었다. "맛있죠. 안 그렇습니까?" 정말 맛있었다. "9일에 한 번씩 머리 잘린 새우와 여러 가지 다른 갑각류를 배달받아요. 식당이 문을 열었을 때부터 재료를 공급해주는 배가 한 척 있지요. 대부분은 상태가 너무 안 좋아서 사용할 수 없어요. 그런 재료로는 수프를 끓입니다."

'비스크'는 고급 수프는 아니다. 사실 나는 수프 자체가 고급 요리인지도 잘 모르겠다. 하지만 그 수프를 보니 '벨루테(조개류로 육수를 내고 밀가루와 버터를 사용해 어떤 종류의 해산물 요리와도 잘 어울리는 깊고 풍부한 맛의 소스—옮긴이)'가 떠올랐다. 진하고 풍부한 맛이 최고의 벨루테와 견줄 만했기 때문이었다. 이는 내가 해산물을 통해 낼 수 있으리라고 생각지 못했던 맛을 창조하는, 그리고 버터와 크림 없이 그렇게 부드럽고 매끄러운 요리를 만들어낼 수 있는, 요리사로서 앙헬의 능력을 뜻했다.

다시 한번 나는 수프를 그 유명한 눈알 퓌레로 졸였는지 물었다. "아시다시피 그 아이디어 역시 실험실에서 나왔습니다. 생선 눈알은 67퍼센트가 단백질이에요. 네, 맞아요. 수프를 진하게 하는 데 사용했습니다." 그가 '댄도 알았다면 그렇게 하지 않았겠습니까?'라는 뉘앙스로 말했다. "언론의 주목도 많이 받았어요. 좋았습니다. 하지만 이제 그만뒀어요. 효과를 보려면 물고기를 잡아 올려 몇 시간 안에 사용해야 하거든요. 생선이 배달되면 모든 요리사가 눈알을 채취하려고 달려들었습니다. 웃기는 일이었죠." 앙헬은 또 이렇게 덧붙였다. "보세요. 저도 결국 실용주의자입니다." 그는 이제 부수어획물에서 얻은 단백질로 수프를 졸인다. 그는 그 또한 맛있다고 했다.

앙헬은 그 수프 같은 요리를 꿈꾸었다고 했다. "늘 공상에 빠져 있었어요. 어렸을 때는 훨씬 심했죠. 늘 이런저런 상상에 빠져 있다가 말썽도 많이 일으켰어요. 부모님이 무척 힘드셨을 겁니다. 학교 성적도 별로였고요. 가만히 앉아 있는 걸 끔찍이 싫어했으니까요. 사실 정말로 가만히 앉아 있을 수가 없었어요. 한번은 아버지가 몹시 화를 내며 저를 식탁 의자에 묶어 놓고 이렇게 말씀하셨어요. '좋아. 공부는 안 해도 돼. 하지만 가만히 앉아 있을 수는 있어야 해.'"

그러던 어느 날이었다. 열 살이던 앙헬은 집 밖 해변에 조개 가판대를 세웠다. 그리고 여러 가지 생선과 갑각류를 요리해 지나가는 사람에게 팔았다. 앙헬만의 레모네이드 판매대였던 셈이다.

"그렇게 요리의 세계가 저를 구원해주었습니다." 앙헬이 말했다. "온갖 상상을 현실로 만들 수 있는 공간이 되어주었죠. 어쨌든 잠깐 동안이었지만요."

앙헬은 스무 살 때 주의력결핍과잉행동장애 진단을 받았다. "그 후로 상황이 훨씬 나아졌습니다. 부모님은 두 분 다 병리학자셨는데 그랬기 때문에 제가 그저 멍청하기만 한 게 아니라는 실질적인 근거를 원하셨어요. 결국 잘된 일이었죠. 부모님은 마침내 제가 왜 그럴 수밖에 없었는지 이해하셨고 저 또한 그 상태로도 괜찮다는 자유를 얻은 셈이었으니까. 연기를 하고 있었던 게 아니라 그게 바로 제 모습이었으니까요."

—~~—

마지막 도미 요리는 단순함으로 시선을 끌었다. 작은 생선 살 두 조각과 식물 플랑크톤 크림이었는데 생선 껍질이 얼마나 보기 좋게 구워졌는지 마치 그렇게 파는 걸 사 온 것 같았다. 웨이터가 '올리브 오일로 향을 냈다'고 설명해주었다.

도미는 부드러운 흰 살 때문에 유럽에서 인기 많은 생선이었다. 또한 남획으로 위협받지 않는 몇 안 되는 종 중 하나였으며 내가 그 생선이 메뉴에 있는 이유가 바로 그 때문이냐고 물었을 때 앙헬은 어깨를 들썩이며 이렇게 말했다. "도미를 보면 아버지 생각이 나요. 어렸을 때 도미를 잡으러 가곤 했어요. 도미는 영리한 생선이에요. 매우 예민하죠. 그래서 도미를 잡으러 갈 때는 규칙이 얼마나 많았는지 모릅니다. 배 위에서 말도 하면 안 됐어요. 사실 아무 소리도 내면 안 됐죠. 낚시 줄을 던질 때는 150미터 이상 밖으로 던져야 합니다. 1미터도 부족하면 안 돼요. 아버지가 얼마나 깐깐하게 구셨는지 몰라요. 도미가 얼마나 영리한 생선인지 알고 계셨으니까."

나는 앙헬에게 도미의 향에 대해 물었다. 마치 올리브 기름의 바다에서 헤엄치다 나온 것 같은 향이었다. 앙헬은 올리브 씨로 만든 숯으로 도미를 구웠다고 설명해주었다. 스페인 문화에서 올리브는 햄 다음으로 가장 기본적인 재료 중 하나다.

"그리고 그게 무슨 뜻인지 아십니까?" 앙헬은 이번에도 생각할 시간조차 주지 않고 말을 이었다. "올리브 향이 엄청 오래간다는 겁니다."

앙헬은 나무를 구워 숯으로 만들듯 올리브 씨를 숯으로 만들었다. 나무보다 훨씬 더 높은 온도로 탈 수 있을 때까지 그는 숯을 개량했다. 그리고 드라이기를 사용해 보통 섭씨 750도에서 1000도 사이까지 온도를 높였다. 생선은 금방 구워졌다.

"껍질은 바삭바삭한 게 좋지만 살은 자체 기름으로 천천히 부드럽게 구워져야 합니다." 앙헬이 말했다. 그것이 바로 도미를 구울 때는 온도를 75도까지만 올리는 이유다. "부드러운 오일의 풍미와 구운 맛의 균형을 맞추기가 얼마나 까다로운지 몰라요."

웨이터가 접시를 치우는 동안 앙헬은 의자에 기대 마지막 담배에 불을 붙였다. 나는 그에게 도미를 먹을 때 아버지와 함께 낚시하던 시절이 떠오르는지 물었다. "최근에 제가 하고 있는 모든 일이 아버지를 떠올려요." 앙헬이 대답했다.

"아버지에 대한 첫 번째 기억은 아버지의 영웅 같은 모습이었어요. 아버지는 한쪽 귀가 안 들렸고 그래서 절대 배 멀미를 안 하셨어요. 파도가 심할 때 낚시를 하러 가도 아버지는 늘 멀쩡하셨죠. 한번은 파도가 엄청나게 쳤는데 배에 탄 모든 사람이, 한 열 명쯤 되었을 겁니다, 여기저기 구토를 하고 난리였습니다. 다들 쉴 새 없이 멀미를 했어요. 하지만 그때도 아버지는 천천히 맥주를 마시며 바다를 보고 웃고 계셨어요. 자라면서 그런 모습을 몇 번 봤어요. 어렸으니까 정확한 이유는 몰랐죠. 중이의 액체가 균형 감각을 통제한다는 그런 사실을요. 그저 '아빠는 슈퍼맨이야'라고만 생각했어요."

앙헬은 갑자기 똑바로 앉으며 시계를 확인했다. "어쨌든 제가 하고 싶은 말은 아버지가 이 모든 것이 가능하다는 생각을 심어주셨다는 겁니다."

―ɯɯ―

부엌 앞에서 앙헬에게 작별 인사를 할 때는 오후 다섯 시가 다 되어가고 있었다. 그는 저녁 장사 준비를 시작해야 한다고 걱정하고 있었고 나도 더 이상 시간을 뺏고 싶지 않았다. 우리는 곧 다시 만나기로 약속했다.

웨이터가 가방을 가져오길 기다리는 동안 나는 앙헬의 오징어 사진을 다시 한번 보았다. 그리고 스톤 반스로 돌아오고 나서 한참이 지나서야 그 사진이 하고 싶은 말이 무엇인지 알 것 같았다. 미국 어디서든 해산물 레스토랑에 가면, 흰 테이블보가 깔려 있는 곳이든 격자무늬 비닐 테이블보가 깔려 있는 곳이든 반드시 요리사나 주인장이 직접 잡은 물고기를 들고 환히 웃고 있는 사진이 있다. 황새치도 있고 엄청나게 큰 줄무늬 배스도 있다. 그 의기양양한 표정의 사진에는 바다가 가득하고 생선도 좋았던 시절, 인간의 자만심이 드러나 있다.

하지만 앙헬의 모습은, 약간 느끼하긴 했지만, 그와는 퍽 달랐고 그 효과는 미미했지만 의미심장했다. 앙헬은 거대한 오징어의 주인이 아니라 (혹은 그가 평생 잡은 수백 마리, 혹은 수천 마리 물고기의 주인이 아니라) 그 오징어 한가운데서 솟아나고 있었다. 말 그대로 오징어와 한 몸이었다. 정복의 사진도 기념의 사진도 아니었다. 앙헬의 겸손한 요리처럼 겸손한 사진이었다.

그리고 잘난 척하지 않는 클라스의 자세를, 혹은 데에사에 대한 에두아르도의 말없는 존경심을 떠올리게 했다. 그 사진에는 왕성한 열정에 버무려진 자연에 대한 숭배의 마음이 담겨 있었다. 앙헬은 그 사진으로, 자신의 요리에서처럼, 물고기들을 대변하고 있었다.

17장

광범위한 물고기 양식, 생태 네트워크

아포니엔테에서 깜짝 놀랄 생선을 먹고 얼마 지나지 않아 나는 블루 힐 엣 스톤 반스에 돌아와 납품업체에서 배달해 온 생선을 확인하고 있었다. 운전사 중 한 명인 하워드는 언제나 트럭을 입구 가까이 주차했고 나는 습관처럼 다른 레스토랑으로 배달될 생선을 구경하고 있었다. 그날은 우리가 마지막이었다. 대구 머리와 뼈가 담긴 커다란 통 하나만 구석 자리를 차지하고 있었다.

"차이나타운으로 갈 겁니다." 그가 내 질문을 예상하고 웃으며 말했다. 나는 판매용이냐고 물었다. "머리를 팔아요? 말도 안 되죠. 그냥 버려요."

나는 갑자기 앙헬이 생각나 그걸 다 달라고 했다. 우리는 그때부터 찐 대구 머리 하나를 2인분으로 제공하고 있다. 이를 바다에 대구가 더 이상 남아 있지 않다는 정치적 발언으로 해석하는 손님도 있고 대구에 대한 찬양으로 받아들이는 손님도 있다. 기분 나빠하는 손님도 있는데 그건 바로 식사의 가격 때문이었다. 어떤 손님은 '모욕적'이었다는 의견을 남겼다. 나는 지금껏 많은 양의 생선 머리를 요리해왔다. 머리는 맛도 있고 콜라겐도 풍부해 너무 익히는 것조차 불가능했다. 결국 진짜 모욕은 그 거대하고 맛있는 부위를 그냥 버리는 것이라는 생각이 생선을 배달받을 때마다 든다.

미국인은 해산물도 육류처럼 섭취한다. 우리는 레스토랑에서 닭고기나 돼지고기를 주문하듯 농어나 연어나 대구를 주문하고 살코기 200그램을 기대한다.(기대는 반드시 충족된다.) 다시 말하자면 우리는 생선도 육류처럼 아무 생각 없이 사치스럽게 먹는다.

그 두 가지 사치는 환상으로만 유지된다. 우리 세금으로 보조되는 곡물이 산업 효율성을 높여 육류를 무한해 보일 만큼 제공해 저급 부위는 아무렇지도 않게 버리고 만다.(혹은 튀김 닭과 개 사료로 가공할 수 있게 만든다.) 해산물 역시 끝없어 보이는 공급량 덕분에 그와 같은 사치를 부릴 수 있게 되었는데, 공급량이 무한해 보이는 이유는 바로 다른 단백질처럼 해산물 또한 가두어 기르고 있기 때문이다.

—ʍ—

양식업[22]은 전혀 새로운 산업이 아니다. 중국에서는 기원전 5세기부터 생선을 양식해왔다. 하지만 양식업은 지난 50년 동안 전례 없는 호황을 누렸다. 1980년대 이래 양식업의 연평균 성장률은 8.8퍼센트로 이는 전 세계인의 확장되는 입맛을 겨우 따라잡는 속도였다.(21세기 중반까지 수요를 따라잡으려면 생산량은 어떻게든 두 배가 되어야 할 것이다.) 전문가들은 갈수록 그것이 해산물 섭취의 미래라고 믿는다. 실제로 2018년이 되면 우리 식탁에 올라오는 해산물은 바다가 아니라 양식장에서 오게 될 확률이 더 높을 거라고 최근의 한 조사에서 밝혀졌다.

물론 양식에 반대하는 목소리도 높다. 첫 번째 이유는 대부분의 양식장이 해안 근처에 자리하고 있기 때문이다. 파도가 더 잔잔하고 접근이 쉬운 곳에 양식장을 설치하는 것이 경제적으로는 그럴듯하지만 생태적으로는 전혀 말이 되지 않는다. 해안가는 활발한 주변 효과로 다양한 생명이 넘쳐나는 곳이기 때문에 해안가의 양식장은 마치 거대한 단일 경작지를 취약한 다양성의 요람에 집어넣는 것과 마찬가지다. 뿐만 아니라 병충해를 예방하기 위한 항생제 등 단일 경작에 수반되는 모든 요구 또한 따라오기 때문에 대부분의 양식장은 가축 사육장처럼 끊임없는 공급을 필요로 하고 그 공급은 고농축 쓰레기로 해안을 더럽히는 파괴적인 결과를 초래한다.

그뿐만이 아니다. 어류 양식에 관한 더 큰 논란은 따로 있다. 바로 낮은 효율성이다. 빨리 무게를 늘려 수익을 얻으려면 보통 생선 무게의 두 배에서 다섯 배까지 야생 물고기를 먹이로 제공해야 한다. 이 정도의 사료 요구율feed conversion ratio(먹는 사료의 양과 증가하는 무게의 양 비율로 FCR이라고 한다)은 곧 생선을 양식하기 위해 야생 물고기를 고갈시켜야 한다는 뜻이자 양식도 결국 바다의 생산 능력에 기댈 수밖에 없다는 뜻이다. 철수한테 돈을 빌려 영희한테 갚는 것과 매한가지다. 최근 들어 양식장들은 어분 가격이 상승함에 따라 곡물과 씨앗으로 이를 대신하기 시작했다.[23] 하지만 곡물 가격 상승과 축산업계와의 경쟁은 (농업 구조의 결점은 차치하고라도) 그와 같은 대안마저 장기적으로는 지속 가능하지 않다는 것을 보여준다.

요리사들은 보통 값도 싸고 양도 많고 안정적으로 공급되는 양식 생선으로 요리를 하지만 나는 양식 어류를 널리 알리는 존경할 만한 요리사를 한 명도 모른다. 양식 어류는 요리사들 사이에서 맛이 좋지 않다는 평가를 받고 있다. 음악가가 컴퓨터로 제작한 음향 효과에 대해 좋은 말을 하지 않는 것과 같은 이치다. 우리는 진짜를 선호한다.

생선과 사랑에 빠지다

아포니엔테에서 돌아온 지 얼마 되지 않아 리사가 전화를 했다. 최근에 한 음식 박람회에 다녀왔는데 스페인 마르베야 출신의 다니 가르시아라는 젊은 요리사가 지금까지 자기가 요리해왔던 어떤 자연산 농어와 비교해도 뒤지지 않을 만큼 맛있는 양식 농어에 대해 이야기했다고 전해주었다. 나는 그도 아마 진심은 아니었을 거라며 더 알아보고 싶어했던 리사의 의욕을 꺾었다.

하지만 흥미로운 이야기를 들으면 딱 감이 오는 리사는 내 조언을 무시하고 더 자세히 알아보았다. 며칠 후 다시 이야기를 나눌 때 리사는 의욕에 넘쳐 있었다. 리사는 베타 라 팔마라는 그 양식장이 지속 가능한 어류 양식의 모범이라고 칭송했다. 환경도, 어류 자체도 해치지 않는 방식으로 양식을 하고 있으며 생선도 정갈하고 맛있다고.

몇 달 동안 포기하지 않고 시도한 끝에 리사는 마침내 베타 라 팔마의 방문 허가를 받았다. 우연히도 그 시기는 내가 스페인에서 참석해야 할 콘퍼런스 일정과 에두아르도의 거위를 다시 보러 가기로 했던 때와 겹쳤다. 콘퍼런스 장소와 에두아르도의 농장은 모두 베타 라 팔마에서 그리 멀지 않았다. 나는 같이 가지 않으려고 했지만 리사가 에두아르도와 나 사이의 다리였기 때문에(에두아르도는 내가 아니라 리사와 연락을 한다), 하는 수 없이 에두아르도를 만나러 가기 전에 양식장에 들렀다 가기로 했다.

콘퍼런스는 세비야에서 열렸고 나는 발표를 끝내고 참가자들과 함께 시내에 있는 레스토랑으로 저녁을 먹으러 갔다. 리사가 메뉴를 보고 베타 라 팔마에서 공급한 농어를 가리켰다. 다음 날 양식장에 가보기로 했기 때문에 나는 그 농어를 먹어보기로 했다.

웨이터가 농어를 내 앞에 내려놓던 순간이 기억난다. 아주 깨끗한 흰 살은 밑에 깔린 진한 초록색 허브 소스와 대비되어 환히 빛나고 있었다. 껍질은 푸른빛이 도는 검은색이었다. 구운 껍질은 포크를 대자 쩍 갈라졌고 바로 드러난 흰 살을 보니 너무 익힌 것 같았다. 우선 촉촉함이 거의 없었고 굳어버린 단백질은 포크로 만져보니 꼭 긴장한 이두박근 같았다. 너무 높은 온도에 구웠거나 너무 오래 구웠을 텐데 눈으로만 봐서는 둘 다 같았다.

나는 포크로 껍질을 벗겨 먼저 맛보았다. 흔치 않은 일이었다. 나는 생선 껍질을 좋아하지 않았다. 나는 타르 같은 그 역한 맛을 좋아하지 않았고 생선살의 부드러움을 느끼기 위해 바삭한 껍질이 필요하다고도 생각하지 않았다. 블루 힐에서는 껍질을 거의 요리하지 않는다. 하지만 농어의 껍질은 웨이퍼 같았다. 바삭했고 쉽게 부서졌다. 재빨리 생선 옆구리 살을 한입 먹어보니 역시 맛있었다. 나는 곧 전속력으로 생선을 입에 쑤셔넣기 시작했다.

정말 맛있었다. 너무 익혀 질겼지만, 말하자면 생선이 너무 많은 열기를 쐬었을 때 보조요리사들이 하는 말인 "D.O.A(dead on arrival)"였지만 그래도 입에서 침이 줄줄 흘렀다. 생선의 풍미가 진해 천천히 구운 양 어깨살이나 푹 고은 소갈비와 비교해도 손색이 없었다. 나는 농어가 그렇게 맛있을 수 있다고는 생각지도 못했다.

—∾—

우리는 다음 날 아침 베타 라 팔마에 도착했다. 베타 라 팔마의 생물학자 미겔 메디알데아가 250제곱킬로미터에 달하는 도냐나 국립공원 가장자리에 있는 이슬라 마요르 시의 한 술집에서 우리를 맞이했다.

미겔은 청바지를 입고 면으로 된 셔츠 소매를 걷어 올리고 있었는데 낡은 작업 부츠를 신고 있는 모습이 꼭 내가 에두아르도를 상상했던 모습이었다. 그는 농부 같았다. 신중하고 과묵했으며 행동도 마치 소를 끄는 목동 같아서 시내 중심가의 텅 빈 술집에 마치 목장의 풀이라도 날려야 할 것 같았다.

우리는 에스프레소를 한 잔씩 주문했고 미겔은 우리가 양식장을 보게 될 첫 번째 방문객이나 다름없다며 다시 한번 우리를 환영했다. 베타 라 팔마를 소유하고 있는 회사 피스마PISMA(페스케리아스 이슬라 마요르)는 양식장 방문을 좀처럼 허락하지 않았다.(하지만 리사처럼 끈질기게 졸라댄 사람도 아마 없었을 것이다.) 우리가 양식장을 둘러볼 수 있어 기쁜 것보다 미겔이 우리를 만나게 되어 더 기뻐하는 것 같았다.

미겔은 데킬라를 마시듯 에스프레소를 한입에 털어 넣고 간략한 역사부터 설명하기 시작했다. 미겔에 따르면 1960년대부터 1980년대까지 그 땅은 아르헨티나의 한 대기업 소유였다. 영국이 1920년대에 건설했던 수로를 그들이 손보고 확장했다. 물이 넘치지 않게 제방을 쌓고 배수 시스템을 정비해 습지의 물을 뺀 다음 소를 기를 수 있는 방목장으로 만들었다. 하지만 어느 모로 보나 실패한 사업이었다. 경제적으로도 큰 이득을 보지 못했고 환경적으로는 재앙이었다. 조류가 90퍼센트나 감소한 것만 봐도 알 수 있었다. 스페인 남쪽 끝에 위치한 그곳은 아프리카로 이동하는 길에 마지막으로 들르는 기착지로 새들이 많은 곳이었다. 스페인 정부와 아르헨티나 기업의 관계가 날카로워지며 정치적으로도 문제가 되었다. 1982년, 결국 그들은 스페인 정부의 소유권 몰수가 두려워 부지를 헐값에 팔아넘기기로 했다. 베타 라 팔마의 탄생이었다.[24]

우리는 작은 차로 자리를 옮겼고 미겔은 양식장 주변을 보여주며 이야기를 계속했다. "우리는 대서양으로 물을 빼기 위해 만든 운하를 그대로 사용했습니다. 단지 흐름만 반대로 돌렸죠." 그가 그만큼 간단했다는 의미로 손을 시계 반대 방향으로 돌리며 말했다. 강어귀의 물을 밀어내는 대신 바닷물을 끌어들여 마흔 다섯 개의 양어지에 물을 채우고 32제곱킬러미터의 양식장을 만들었다.

피스마는 1989년까지 도냐나 국립공원을 관리했던 스페인 정부와 함께 공원 보호 윤리와 양식장의 경제 활동을 통합시켰다.

"보존하기 위한 활용 혹은 사용의 개념입니다." 미겔이 비포장도로를 달리며 말했다. 길 양쪽으로 긴 수로가 평평한 습지를 가로지르고 있었다. "우리는 인간의 활동 영역이 포함된 국립공원이라고 말하길 좋아합니다."

리사와 미겔이 스페인어로 이야기를 나누는 동안 나는 뒷좌석에 앉아 끝없이 펼쳐진 습지를 바라보았다. 진한 갈색빛이 풍경을 적시고 있었다. 저 멀리서 자동차 몇 대가 또 다른 비포장도로를 따라 흙먼지를 날리며 달리고 있었다. 창문에 반사된 스페인 남부의 태양도 함께 달렸다. 마치 사막 한가운데 있는 느낌이었다. 초록색 풀과 식물에 둘러싸여 있고 사방에 물이 흐르는 수로가 있다는 것만 빼면.

하지만 그 차분한 풍경이 전부가 아니었다. 또 다른 모습이, 어쩌면 전혀 다른 풍경이 그 습지 안에 있을지도 몰랐다. 베타 라 팔마는 두 생태계, 즉 바다와 땅이 만나는 경계로 그 결과 생명이 넘쳐나는 곳이었다. 그 차분한 겉모습은 바로 아래서 벌어지는 격렬한 활동을 살짝 덮고 있을 뿐이었다.

—꩜—

우리는 보통 해변을 육지와 바다를 가르는, 땅이 점차 파도에 자신을 내어주는 경계로 생각한다. 하지만 땅과 바다를 딱 잘라 구분하기는 힘들다. 스노클링이나 다이빙을 해보았다면 알겠지만 땅은 쉽게 자신을 내주지 않는다. 대륙붕은 바다 밑에서 점차 경사져가다가 마침내 사라질 때까지 수 킬로미터 지속된다.

바다의 끄트머리는 "뭍과 물의 요소가 태곳적부터 만나 서로 충돌하고 타협하며 끝없이 변화하는 장소"[25]라고, 영문학자에서 해양동물학자로 변신해 『침묵의 봄』을 집필한 레이철 카슨은 말했다. 카슨은 DDT 금지를 이끌어내는 데 공을 세우고 미국의 환경 운동을 촉발시켰다고 널리 알려져 있지만 그녀의 삶 대부분을 차지했던 대상은 따로 있었다. 바로 바다였다. 『침묵의 봄』을 출간하기 전에 카슨은 바다에 관한 책을 세 권 집필했는데 『바다의 경계The Edge of the Sea』를 포함한 그 세 권은 전부 베스트셀러가 되었다. 카슨은 『바다의 경계』를 통해 독자들을 해안선과 그 너머로 데려간다.

카슨은 메인 주 해변에 살았는데 그 집은 현장 조사를 위한 전망대이자 집필실이었다. 『바다의 경계』 서문에서 해양학자 수 허벨은 카슨이 수년 동안 해안에서 볼 수 있는 것들에 대한 현장 가이드 작업을 해왔다고 설명했다. 해안에서 멀리 나간 것은 아니었다. 카슨은 아무리 노력해도 아무것도 쓸 수 없었다며 편집자에게 불만 섞인 편지를 보내기도 했다. 결국 '잘못된 책'[26]을 쓰고 있다는 사실을 깨닫고 현장 가이드 프로젝트 대신 유기체 간의 상호 작용에 집중하기로 결심했다. 독자가 무언가를 보호하게 만들려면 감정적인 연결을 느끼게 해줄 필요가 있다는 사실을 깨달은 것이다.

허벨은 이렇게 말했다. "카슨은 곧 관계에 대해 쓰는 것이 더 흥미롭다는 사실을 발견했다."

베타 라 팔마는 그 관계에 대한 특별한 교훈을 전해주는 곳이다. 내륙 몇 킬로미터에서 바다와 해안의 다툼이 벌어지고 있다. 주변 효과가 왕성해 생명으로 넘쳐나는 곳이다. 미겔의 일은 그 역동적인 생태계를 최대로 활용할 수 있는 환경을 조성하는 것이었다.

—ꟽ—

우리는 차에서 내려 수로를 따라 걸으며 양어지를 가까이서 살펴보았다. 미겔은 마치 이웃집 잔디밭을 거니는 악어 사냥꾼처럼 두터운 수풀을 손쉽게 헤치며 길을 안내했다. 그리고 희귀한 새들과 수생 식물을 가리키며 베타 라 팔마의 생물 자원이, 내가 겨우 헤쳐나가고 있는 식물과 내가 볼 수도 없는 수중 식물이 어떻게 양식장의 건강을 좌우하는지 설명해주었다. 양식장의 건강은 다시 물고기의 개체 수와 건강을 좌우한다. 물고기가 너무 많으면 자연 사료의 밀도는 급격히 감소한다.

"자연 사료요?" 내가 물었다. "예를 들면요?"

"음, 식물 플랑크톤 같은 겁니다."

"하지만 농어는 식물 플랑크톤을 안 먹지 않습니까?" 내가 물었다.

"안 먹어요. 하지만 새우를 먹죠. 새우가 식물 플랑크톤을 먹고요." 우리는 어린 새우 양어지 옆에 쭈그리고 앉았다. 그가 새우 맛을 한번 보라고 했다. 새우 한 마리가 쌀 한 톨보다 더 작아서 맛을 느끼려면 몇 마리를 한꺼번에 먹어야 했다. 새우는 달콤하고 매끈했다. 전날 밤 내가 농어에서 느꼈던 바로 그 풍부한 맛이 있었다.

나는 미겔이 들을 수 있도록 짐짓 크게 감탄사를 내뱉었다. "놀랍네요, 미겔. 정말로요. 하지만 농어에게 먹이는 건 뭐예요? 어분?"

미겔이 인내심 있게 대답했다. "댄, 우리가 먹이를 주지는 않아요. 특히나 지금 같은 시기에는요. 양식장의 자연 생산능력이 높아서 먹이를 줄 필요가 없어요." 그가 잠시 뜸을 들이다가 말을 이었다. "하지만 8월과 9월은 몹시 건조하죠. 그래서 생산능력이 떨어져요. 물론 그때는 먹이를 보충해줍니다. 알아서 먹는 방식이에요. 원하는 만큼 먹으러 와요. 먹으려면 당연히 움직여야 하고요."

"자연과 양식장의 생산능력은 상호 진화해요." 미겔이 말을 이었다. "함께 살아가죠. 자연의 반응은 우리 생각보다 훨씬 더 강합니다. 우리는 좋은 파트너예요."

미겔은 수로 가장자리에서 멈춰 서서 리사를 바라보았다. 리사는 마치 양식장을 직접 디자인한 사람처럼 양식장에 대해 완전히 이해하고 있는 것 같았다. 미겔은 바닥에 스페인 지도를 대충 그렸다. 그의 예술적 상상력에 따르면 스페인 지도는 꼭 사람의 심장과 비슷한 모양이었다. 그리고 한쪽 구석에 나뭇가지로 X를 그리며 말했다. "우리가 있는 곳이 여기에요." 그리고 스페인 동남쪽부터 우리가 서 있는 서남쪽 구석까지 대동맥처럼 흐르는 과달키비르 강을 그렸다.

"과달키비르 강은 우리의 생명선입니다. 우리를 통과해 흐르고 여기서 바다로 나가죠." 미겔이 흙 위에 대서양의 약자 A를 쓰며 말했다. 그리고 A에서부터 처음 X 표시를 했던, 지금 우리가 서 있는 곳까지 나뭇가지로 선을 그렸다. "바닷물은 이렇게 양식장으로 흘러들어옵니다." 그리고 근처에 또 다른 X를 그리며 말했다. "여기가 펌프장이에요. 여기서 바닷물을 양식장 전체로 내보내죠."

양식장의 물은 파도가 높을 때 들어와 펌프장을 통과해 흐르는 바닷물과 과달키비르 강물이 섞여 있기 때문에 소금기가 있다. 넘쳐나는 미세 조류와 그 반투명한 아주 작은 새우가 양식 어류의 먹이가 된다. 그리고 양식 어류는 원래 강 어귀에 살던 종이었다.

1200톤의 회색 숭어, 새우, 장어, 가자미, 도미 그리고 내가 그 레스토랑에서 사랑에 빠졌던 농어였다. 미겔은 생산량의 절반 이상이 농어라고 했다.

부지가 넓다는 것은 곧 어류 밀도가 전혀 높지 않다는 뜻이었다. 베타 라 팔마의 물고기들은 일반 양식장에서는 흔한 부상, 질병, 기생충 감염 등의 문제를 겪을 일이 없었다.(베타 라 팔마는 질병으로 물고기의 1퍼센트를 잃는다. 양식업 전체로는 평균 10퍼센트 이상이다.) 그리고 기발한 수로 구조가 오염 물질을 여과하는 장치의 역할을 했다.

나는 미겔에게 깊은 인상도 남기고 정말 궁금한 문제도 해결하기 위해, 그러니까 농어가 어떻게 그렇게 맛있을 수 있는지 알아내기 위해 아무렇지도 않은 듯 농어가 내다 팔 만큼 자라는 데 얼마나 걸리는지 물었다. 하지만 정확한 대답은 듣지 못했다. 미겔은 양어지에서 작은 그물을 걷어 올리고 있는 직원 몇 명을 가리켰다. 그물을 들어 올리자 커다랗고 우락부락한 농어 세 마리가 빠져나가려고 힘차게 발버둥치고 있었다. 나는 그 농어의 크기에 깜짝 놀라 무슨 생각을 했는지도 잊어버리고 너무 아름답다고 말했다.

"30개월이죠." 미겔이 딱히 누구에게랄 것도 없이 중얼거렸다.

"30개월이요?" 내가 외쳤다. "농어를 기르는 데 2년 하고도 반년이 더 걸린다고요?"

"네, 그게 평균이에요. 보통 양식장의 두 배 이상이죠." 나는 그렇게 해서 어떻게 돈을 벌 수 있는지 물었다.

"지금까지는 수익이 남았어요. 최대까지는 아니지만 적절하게 일할 수 있을 만큼은 벌었지요." 그는 우리 앞에서 벌어지는 의식을 존중하는 뜻으로 잠시 말을 끊었다. 그중 한 명이 물속에서 나와 바닷물에 얼음을 넣은 플라스틱 양동이에 농어를 머리부터 집어넣었다. 농어는 차가운 물에서 거칠게 퍼덕이며 잠깐 몸부림치다가 곧 고요해졌다. 몇 초 만에 잠이 든 듯 했다.

"저게 우리가 찾아낸 가장 인간적인 방법입니다." 미겔이 말했다. "버둥거릴 새도 없이 의식을 잃어요. 저 방법이 생선 맛에 큰 영향을 끼치죠." 리사가 웃었다. 아마 가스로 부드럽게 거위를 잡는 에두아르도의 방법에 대해 생각하고 있었을 것이다.

"저는 운이 참 좋은 사람이에요." 그리고 미겔은 회사의 경영진에 대해 언급했다. "그들은 인간이 자연의 능력을 넘어설 수 없다는 사실을 알고 있고 또 넘어서고 싶어하지도 않아요. 그래서 우리는 생산성을 낮게 유지합니다. 자연스러운 생태계의 한계를 인정하는 거죠."

내가 끝없이 펼쳐진 수로를 둘러보며 말했다. "하지만 미겔, 이건 진짜 자연스러워 보이지는 않아요." 밑도 끝도 없이 불쑥 말하는 요리사의 습관이 튀어나온 것이었지만 실제 내 감정보다 훨씬 냉소적으로 들렸을 것 같았다.

"건강한 인공 시스템입니다. 맞아요. 인공이에요. 하지만 더 이상 어떻게 자연스러울 수 있을까요?"

관계의 교훈

우리는 다시 차로 돌아왔고 나는 양식장의 거대한 크기에 다시 한 번 놀라며 풍경이 매우 아름답다고 말했다. 미겔은 고개를 끄덕였다.

미겔은 캘리포니아 사람처럼 단어를 공중에 띄우듯 천천히 말하는 습관이 있었다. 뭔가 강렬한 것이 숨어 있다가 금방이라도 튀어나올 것 같지만 막상 또 특별한 건 없었다. "예전에는 지금처럼 이렇게 부지를 운전하면서 창밖에 얼룩말이나 코끼리가 있을 것 같다고 생각하다가 정신을 차리곤 했어요. 정말 그랬어요. 왜 그런 속담이 있지 않습니까? '아프리카 땅을 한 번 밟으면 계속 밟게 된다'는? 미겔은 탄자니아에서 오랫동안 공부했다고 했다.

나는 탄자니아에서 어떤 양식에 대해 공부했는지 물었다. "아니요. 물고기가 아니에요. 저는 미쿠미 국립공원에서 기린의 사회화 방식에 대해 공부했어요."

"기린이요?"

그가 고개를 끄덕이며 대답했다. "기린은 널리 알려진 동물은 아니죠. 과학적인 관점으로 보자면요. 하지만 가장 아름답고 잘생긴 동물이에요. 저는 기린한테 완전히 반했어요. 그리고 오랫동안 기린을 관찰하면서 무리의 구성원들이 좀처럼 상호 작용을 하지 않는다는 사실을 발견했어요. 어떻게 그럴 수 있을까요? 기린은 모여 살아요. 함께 이동하고 같이 먹고 자요. 하지만 서로 섞이지 않아요. 사회화가 거의 없어요. 그래서 궁금했죠. 도대체 왜? 방어적인 행동인가? 아니면 딱히 힘들거나 에너지를 소비할 필요가 없기 때문에 여전히 유지되고 있는 행동 양식일 뿐인가?"

미겔이 잠시 말을 멈췄다. 그리고 몇 초 동안, 자동차가 수로를 따라 달리며 바퀴가 튕겨내는 자갈 소리만 들렸다. 미겔은 공상에 빠진 듯했다. "그런데 어떻게 물고기 전문가가 되었나요?" 내가 물었다.

"물고기요?" 미겔은 백미러로 내 얼굴을 보며 말했다. 몹시 당황한 표정이었다. "여기서 일하기 시작했을 때 물고기에 대해서는 아무것도 몰랐어요. 저는 관계 전문가라 채용된 거였거든요."

—∞—

나는 미겔의 철학에 감명받기도 했지만 현실적인 질문도 참을 수 없었다. 이런 곳의 성패는 어떻게 판단하는가? 나는 간의 크기가 곧 자연의 선물의 크기라던 에두아르도의 믿음이 떠올랐다.

내가 물었다. "미겔, 이렇게 자연스러운 장소에서 성공은 어떻게 측정합니까?"

미겔은 마치 그 질문을 예상했다는 듯 고개를 끄덕였다. 그리고 (믿기 힘들 만큼) 정확한 시점에 마치 준비했다는 듯 낮은 제방 옆에 차를 세웠다. 홍학 수천 마리가 우리 앞에 늘어서 있었다. 그야말로 분홍색 카펫이 깔린 듯 했다.

"저게 바로 성공입니다." 미겔이 말했다. "저 홍학의 분홍색 배를 보세요. 포식하고 있지 않습니까."

나는 완전히 혼란스러웠다. "포식이요? 먹고 있는 게 전부, 여기 있는 물고기 아닙니까?"

"맞아요!" 하루 종일 들었던 예의 그 자신 있는 말투였다. 리사와 나는 함께 웃었다. 하지만 그는 우리는 안중에도 없이 홍학 무리만 바라보았다. "홍학이 3만 마리예요. 전체적으로 보자면 물고기 알과 갓 부화한 물고기 20퍼센트가 홍학의 먹이가 되죠."

"하지만 미겔, 새의 개체 수가 늘어나는 것이야말로 어류 양식장에서 가장 원치 않는 일 아닌가요?"

그는 천천히 고개를 저었다. 거위 알의 절반을 매가 먹어치운다는 사실에 에두아르도가 보여주었던 바로 그 평온한 수용의 표정으로. 미겔이 말했다. "우리는 집약적이라기보다는 광범위하게 양식을 합니다. 생태 네트워크죠. 홍학은 새우를 먹고 새우는 식물 플랑크톤을 먹어요. 그러니까 홍학 배가 분홍색이 될수록 시스템이 더 잘 돌아가고 있다는 뜻이에요." 곧 관계의 질이 수확량보다 더 중요하다는 뜻이다.

홍학 떼는 늘어가는 조류의 일부일 뿐이었다. 현재 약 50만 마리의 새가 베타 라 팔마에 서식한다. 250여 종이 넘는다. 아르헨티나 사람들이 물을 빼내 방목장으로 사용했던 1982년에 50여 종이 안 되었던 것에 비하면 엄청난 증가다. 미겔은 새가 지낼 수 있는 3제곱킬로미터의 습지 루시오 델 보콘도 만들었다. 그곳에서는 물고기도 잡지 않는다. 그곳은 유럽 전체에서 물새를 위한 가장 중요한 사유지가 되었다.[27]

정확히 따지자면 내 말이 맞다. 배고픈 홍학 3만 마리는, 전 세계에서 가장 거대한 무리라고 할 수 있는 그 홍학 떼는 어류 양식장에서 가장 피하고 싶은 손님일 것이다. 하지만 베타 라 팔마는 단순한 양식장이 아니다. 미겔은 가장 넓은 의미로 '광범위한' 양식이라는 단어를 사용했다. 나는 두 가지로 그 의미를 이해했다.

첫 번째는 현실적인 문제다. 어류의 배설물은 질소를 생성한다. 식물 플랑크톤과 동물 플랑크톤, 그리고 미세 무척추동물이 그 질소를 먹고 다시 물고기의, 그리고 홍학처럼 여과 섭식하는 조류의 먹이가 된다. 사슬이 너무 튼튼하기 때문에 어류와 조류의 먹이는 먹고도 남을 만큼 충분하다. 사실 조류가 없다면 반드시 문제가 생길 수밖에 없다. 옥수수 생산 과정에서 과도한 질소가 미시시피 강 하구로 흘러들어가는 것처럼(회복할 수 없을 만큼 녹조가 심한 데드존이 되었다) 웅장한 과달키비르 강은 스페인의 심장에서 대서양으로 질소를 실어 나르며 베타 라 팔마를 지난다. 여과 섭식 조류는 그 과다 질소를 퍼 올리며 물을 정화하고 생태의 균형을 맞춘다.

내가 여과 섭식 조류를 제외한 온갖 다른 새의 역할에 대해 재차 묻자 미겔은 다른 때보다 더 겸손한 목소리로 말했다. "베타 라 팔마에서 서로 다른 종 사이에 일어나는 일의 90퍼센트는 우리 눈으로 확인할 수 없습니다. 하지만 모두 전체 구조에 기여하는 동맹인 건 확실합니다."

베타 라 팔마의 기본 전제는 다음과 같다. 생명을, '모든' 생명을 받아들여야 한다. 기르려고 하는 생명뿐만 아니라, 실제로 볼 수 있는 생명뿐만 아니라 클라스가 건강한 토양에 대해 언급할 때 말했던 것처럼, 보이지 않는 생명까지 전부를 말이다.

새의 눈으로

주가 지수를 읽을 수 있으면 증권 시장의 전반적인 동향을 파악할 수 있다. 농사에도 그와 같은 지표가 있다. 클라스의 잡초가 바로 토양의 건강에 대해 알려주는 지표다. 잡초가 하는 말을 이해하는 것이 불균형을 바로잡는 첫 걸음이며 어쩌면 더 맛있는 음식을 위한 첫걸음인지도 모른다.

조류도 그와 같은 역할을 할 수 있을까? 미겔을 만나기 전이었다면 나는 아니라고 대답했을 것이다. 새라는 것에 대한 내 첫 번째 기억은 어렸을 때 코네티컷 주 콘월에 있는 친구 존 엘리스의 집에서 저녁을 먹을 때였다. 존의 아빠는 정원을 끔찍이 아끼셨는데 모든 새의 노래를 꿰고 계셨다. 저녁을 먹는 동안 어떤 새가 지저귀거나 휘파람을 불면 엘리스 씨는 눈썹을 추켜올리거나 손가락을 들어올리며 그 새가 어떤 종인지 말씀해주셨다. 그는 저녁을 먹는 내내 "휘파람새!" 혹은 "큰어치!" 등의 새 이름을 알려주셨다. 한창 열띤 논쟁을 벌이고 있든 조용히 음식을 먹고 있든 상관없었다. 새가 노래하면 바로 새의 이름이 나왔다. 그때는 그게 정말 웃겼다. 나중에 존은 여학생에게 잘 보이기 위해 그 기술을 사용했다.(새의 이름은 가짜로 지어냈다.) 하지만 지금은 존의 아빠가 하고 싶었던 말이 무엇이었는지 알 것 같다. 그는 자연 세계에 대해 많이 알수록 세상을 더 유쾌하게 살아갈 수 있다는 사실을 알려주고 싶으셨던 것 같다.

대부분의 요리사처럼 나 역시 늘 환경에 관심을 갖고 있다고 스스로 생각했다. 슬로푸드의 설립자 카를로 페트리니는 이렇게 말했다. "환경주의자가 아닌 미식가는 어리석은 사람이다."[28] 나도 그 말에 동의한다. 요리사의 첫 번째 임무는 최고의 재료를 찾아내는 것이다. 맛있는 재료는 좋은 농장에서 나온다. 그리고 좋은 농장은 건강한 환경을 만들어가는 농장이라고 정의할 수 있다. 어떻게 그렇지 않을 수 있겠는가? 잘 관리하지 못하는 농장에서 훌륭한 재료를 지속적으로 생산할 수는 없다. 요리사가 미식가가 되고 자연스럽게 환경 보호론자가 되는 것은 그때문이다.

하지만 베타 라 팔마와 같은 곳은 '환경 보호론자'의 (그리고 '요리사'의) 정의를 더 확장한다. 베타 라 팔마에 따르면 건강한 생태계는 대부분 주변 생태계에 의해 결정된다. 땅에 주는 물이 깨끗하지 않은데 어떻게 땅이 건강하겠는가? 모든 농장은 본질적으로 더 큰 생태계와 연결되어 있다. 그 더 큰 생태계는 레오폴드가 말한 "대지the land"이자 우리가 환경이라고 부르는 것이다. '광범위한' 농사는 이 세상 전부를 포함하는 개념이다.

조류는 그 환경의 길잡이다. 그것이 바로 두 번째 의미였다. 식물 플랑크톤이 바다의 건강과 풍토에 대해 알려주고 클라스의 잡초가 토양의 상태에 대해 말해주듯, 새는 우리에게 말하자면 거의 모든 것의 상태에 대해 알려준다. 새는 어디에나 산다. 농지와 초원, 숲과 도시에도 살고 그 사이 사이에도 산다. 그처럼 다양한 생태계를 망라하며 사는 종은 드물다. 어쩌면 그렇기 때문에 새가 환경에 가장 민감한 지표가 되는지도 모른다. 그리고 새는 어느 모로 보나 급격히 감소하고 있다.

오늘날, 특히 서방 국가에서 새를 가장 위협하는 것은 사냥도 포식자도 아니다. 새의 가장 큰 적은 가차 없는 집약 농업이다. 비료, 살충제, 개량 품종, 기계화는 풍경을 급격하게 변화시켰고 그 결과 새의 먹이가 줄어들었다.(곤충도 줄어들었고 잡초의 씨앗도 줄어들었다.) 새가 둥지를 틀고 살 수 있는 서식지도 점점 줄어들고 또 작아지고 있다.(동물이 살 수 있는 자연 그대로의 땅과 비경작지가 사라지고 있으며 농작물은 빠른 속도로 잇달아 수확되어 새가 옮겨갈 곳이 없어진다.)

1980년 이래로 유럽에서만 농장의 새 개체군은 50퍼센트 감소했다.[29] 가장 위험에 처한 몇 가지 종의 개체 수가 늘어나긴 했지만 특히 북아메리카에서 새의 미래는 암울하다. 집약 농업이 증가할수록 새의 서식지는 줄어들고 새도 줄어든다.*

과도한 어획으로 새가 겪고 있는 문제는 그보다 더 심각하다. 연구에 따르면 바다 새 개채군의 건강은 먹이의 풍족함과 직접적인 관련이 있지만 최근의 피해는 쉽게 이해가 되지 않는다. 전 세계 바다 새 개체군의 거의 절반이 감소하고 있는 것이다.[30]

동물 개체군의 감소, 특히 조류 개체군의 감소는 농업의 산업화 훨씬 이전에 시작되었다.[31] (수산업의 역사가 보여주듯) 자연을 파괴하는 데 꼭 기술이 필요했던 것은 아니었으니까. 하지만 생물학자 콜린 터지는 그 파괴를 역사적인 관점에서 바라보았다. 그는 한때 15만 종의 조류가 있었는데 그중에서 13만 9500종이 1억4000만 년을 거치며 멸종했다고 계산했다. 평균 1000년에 1종이 멸종했다는 뜻이다. 터지는 이렇게 말했다. "그에 반해 현대의 기록에 따르면 전 세계적으로 최소 80종의 새가 지난 400년 사이에 멸종했다. 5년에 1종씩 사라진 것이다."[32]

터지의 예측은 미겔 페레르 같은 다른 과학자들에 의해 구체화되었다. 그는 스페인의 선구적인 조류학자로 전 지구적 기후 변화가 새의 비행 양식에 대혼란을 야기할 거라고 믿었다. 페레르는

* 레이철 카슨은 미국에서 가장 유명한 환경 보호론자가 되기 전에 조류학자였다. 그녀는 친구 로저 토리 피터슨과 함께 자주 조류 관찰 여행을 떠났다. 로저는 『휴대용 조류 도감A Field Guide to the Birds』(1934)이라는 책으로 조류 관찰에 대변혁을 일으킨 인물이었다. 1958년 카슨이 매사추세츠주 덕스베리에 있는 한 조류 보호구역으로부터 편지를 받았을 때 그때의 조류 관찰 경험이 큰 도움이 되었다. DDT 과다 살포 후 조류 사망률에 대한 편지였다. 그때까지 카슨이 짐작만 했던 사실의 첫 번째 증거였다. 무차별적인 살충제와 제초제 살포가 장기적으로 환경에 피해를 가져올 것이며 결국 동물과 인간에게도 엄청난 해가 될 것이라는 생각이었다. 카슨은 그 문제에 대한 연구를 계속했고 더 많은 자료를 수집하고 점들을 연결해 결국 『침묵의 봄』이라는 혁명적인 책을 통해 자신의 발견을 널리 알렸다.

200억 마리의 새가 벌써 기후 변화 때문에 이동 경로를 변경했다고 추산했다. 그리고 그와 같은 현상은 "번식과 섭식 습관 등 새의 거의 모든 행동은 물론 유전적 다양성에까지 연쇄적인 영향[33]을 끼친다. 결국 새의 먹이 사슬 안에 있는 다른 유기체까지 영향을 받게 된다." 에두아르도의 거위가 가을에 게걸스레 먹는 본능을 잃어가고 있는 것 역시 한 가지 예다.

조너선 로젠은 자신의 저서 『하늘의 삶The Life of the Skies』에서 하나의 농장이라는 것은 존재하지 않는다고 말한다. 미국의 모든 조류 관찰자가 알고 있듯 이동하는 새에게는 겨울을 피해 찾아갈 수 있는 중앙아메리카와 남아메리카의 숲이 필요하다. 물론 북아메리카에도, 더 멀리 북쪽에도, 내려앉아 둥지를 틀기에 적당한 숲과 들판이 (그리고 농장이) 필요하다.

> 월든의 새[34], 소로의 눈에 토종으로 보였던 그 새들은 수천 킬로미터 이상을 날아 그곳에 도착했을 것이다. 그 새들은 이 세상의 한 부분이 이 세상의 다른 부분에 대해 들려주는 이야기다. 그것이 바로 뒷마당의 새라는 말이 틀린 이유다. 새는 공중의 성과 같아서 반드시 토대를 쌓아줘야 한다고 소로는 말했다. 그렇게 책으로 시작했지만 책에서 만족할 수 없어 새를 관찰하다가 환경 보호론자가 된다. 우리가 대지를 떠받들지 않으면 하늘은 텅텅 비게 될 것이다.

어쩌면 우리의 접시도 비어갈지 모른다. 나는 훌륭한 음식과 새의 관계에 대해 결코 완벽하게 이해하지는 못할 것이다. 하지만 미겔이 말했듯이 조류 또한 전체 구조의 동맹군임은 확실하다.

증거를 원한다면 베타 라 팔마 홍학 3만 마리의 분홍색 배를 보라. 그 홍학 무리는 애초에 베타 라 팔마에 있을 이유가 없었다. 그 홍학 무리는 농장에서 약 160킬로미터 떨어진 말라가 주의 푸엔테 데 피에드라라는 도시에서 적당한 곳을 발견하고 둥지를 틀어 알을 낳았다. 하지만 매일 아침 베타 라 팔마로 날아왔다가 매일 저녁 갓 태어난 새끼가 있는 말라가의 둥지로 돌아간다. 수컷과 암컷이 교대로 날아온다.

그렇다면 홍학은 어떻게 농장을 찾아올까? 과학자들이 발견한 바에 따르면 홍학은 A-92 고속도로의 황색 선을 따라온다고 미겔이 말해주었다. 베타 라 팔마와 말라가를 잇는 가장 빠른 길이다.

흥분한 나는 미겔에게 왜 홍학이 날마다 그 먼 거리를 날아오는지 물었다. "미겔, 새끼를 위해 그런 걸까요?"

그는 당황한 듯 나를 바라보았다. 대답은 뻔했다. "먹을 게 더 많으니까 날아오지요."

18장
해산물 시장을 뒤집은 요리사들의 업적

거의 20여 년 전 어느 분주했던 초여름 오후, 데이비드 불레이가 커다란 택배 한 상자를 들고 자기 레스토랑 부엌에 나타났다. 그는 신이 나 있었다. 당시 부주방장 중 한 명이었던 브라이언 비스트롱이 내가 그곳에서 일을 시작한 지 얼마 되지 않았을 때 그 순간에 대해 말해주었다. "계속 뭐라고 중얼거리면서 실실 웃고 계셨어."

불레이는 요리사들에게 훈계하기를 좋아했다. 나는 그 시간이 몹시 좋았다. 그런 시간은 종종 풀턴 수산시장 문이 열리길 기다리는 동안 차이나타운에서 매콤한 간장 새우나 땅콩 국수를 앞에 두고 일어났다. 농익은 부엌의 지혜와 무용담이 뒤섞인 영감과 교육을 위한 일종의 요리 교리문답이었다. 그것이 바로 불레이가 신문지에 쌓인 생선을 상자에서 꺼낼 때 요리사들이 재빨리 그 주위로 짱짱한 원을 만든 이유였다.

불레이는 생선에 대해 설명했다. 알래스카 코퍼 강에서 잡은 연어였다. 코퍼 강 연어는 두툼한 지방과 태어난 곳으로 돌아오기 위해 바다에서부터 수천 킬로미터를 이동하는 걸로 유명했다. 소금기 없는 강물로 들어올 때쯤부터 전혀 먹지 않고 산란을 위해 고향으로 돌아가는 것에만 집중한다. 불레이는 코퍼 강 연어의 맛은 그 지방에 달려 있으며 지방의 양은 언제 잡히느냐에 달려 있다고 설명해주었다. 연어를 잡기 가장 좋은 시기는 (늦가을 에두아르도의 거위처럼) 연어가 막 강 어귀로 들어섰을 때, 즉 살에 지방이 가득할 때다.(그 지방의 힘으로 물살을 거슬러 헤엄쳐온다.) 불레이가 가져온 연어는 전날 밤에 잡힌 연어였는데, 이는 그 당시에 흔치 않은 일이었다.

"연어가 도착할 때쯤이면 열여섯 시간 정도 물 밖에 있는 상태지." 브라이언이 말해주었다.

불레이는 연어를 싼 신문지를 벗기고 선명한 눈알에 가만히 빛나고 있는 생선을 테이블 위에 차곡차곡 올려놓았다. 요리사들은 다시 각자 하던 일로 돌아갔지만 그는 아직도 연어 앞에 서서 구두 뒤축을 흥겹게 까딱이고 있었다. 불레이는 평생 훌륭한 생선을 많이 봐온 사람이었다. 매사추세츠 주 하이애니스의 부두에서도 일했고 메인 주에서 갓 잡아 올린 생선을 운송할 특별기에서도 일해 본 불레이는 지금 막 세계 최고의 해산물을 자기 부엌으로 배달받은 참이었다. 그럼에도 그는 마치 고대의 두루마리 문서라도 되는 양 연어를 자세히 관찰했다.

브라이언은 불레이의 입술이 조용히 움직였고 그의 몸은 마치 끝이 두 갈래로 갈라진 지팡이 같았다고 했다. "우리는 마치 그 생선이 세상에서 제일 굉장한 것인 듯 바라보았지." 그리고 이렇게 덧붙였다. "정말 그랬으니까."

신선한 생선

요리사는 신선한 생선에 집착한다. 예로부터 생선에는 스물네 가지 매력이 있다고 전해진다. 그리고 생선은 한 시간에 하나씩 그 매력을 잃는다. 하지만 그 속담을 알 만큼 나이 많은 미국 요리사도 가장 신선한 생선에 대한 개념은 별로 없었다. 선뜻 이해하기 힘든 일이다. 당연히 50여 년 이상 동안 미국 대부분의 지역에서 요리사는 신선한 생선, 즉 건조되거나 훈제되거나 냉동되지 않은 해산물을 쉽게 구할 수 있었으며 간혹 일반 대중도 마찬가지였다. 하지만 오늘날의 기준에 따르면 정말 신선하다고 하기는 어려운 생선이었다.

"선택권은 늘 다양했습니다." 1970년대에 별을 네 개 받은 요리사이자 지금은 국제요리센터 부사장인 알라인 사일핵은 말했다. "그건 전혀 문제가 아니었어요. 문제는 기준이 없다는 것이었죠. 예를 들어 도미를 주문했다고 해봅시다. 어떤 날은 몹시 신선하고 맛있지만 또 어떤 날은, 세상에, 믿기 힘들 만큼 형편없습니다. 어떤 생선이 도착할지 전혀 모른다는 겁니다."

오늘날 다양한 종류의 최상급 해산물을 요리할 수 있다 보니 40년 전만 해도 신선한 생선을 구하기 힘들었다는 사실은 금방 잊게 된다. 대규모 공급업체도 없었고 하룻밤 만에 생선이 도착한다는 것도 불가능했으며 미국인들은 해산물을 그리 많이 먹지도 않았다.(오늘날 미국인의 한 해 평균 해산물 소비량은 일인당 약 7킬로그램 정도로 40년 전보다 20퍼센트 증가했다.[35]) 이는 닭이 먼저냐 달걀이 먼저냐의 문제와 비슷하다. 수요가 적기 때문에 공급이 적은가 아니면 해산물이 그만큼 신선하지 않기 때문에 수요가 적은가.

신선한 생선에 대한 정의는 큰 문제도 아니었다. 생선은 그냥 생선이었다. 수산업계 내에서조차 생선 품질의 차이를 구분하지 않았다. 최고급 레스토랑에 해산물을 공급하는 유명한 공급업체 블루 리본 시푸드의 4대 소유주 데이브 새뮤얼스에 따르면 1980년대 초까지 수산업계에는 생선의 등급조차 존재하지 않았다. "배가 부두로 돌아오기 전에 가장 마지막으로 잡아 올린 '최상급' 생선은 늘 있었습니다. 그 생선은 몇 센트 더 비싸게 팔렸죠. 하지만 보통 대구나 가자미나 온갖 생선을 잡아서 캔으로 만들 생각밖에 못 했어요."

1986년 메인 주 포틀랜드에 있는 포틀랜드 수산물 거래소는 미국 최초로 신선한 생선과 해산물을 늘어놓고 경매를 하기 시작했다. 그 전에는 대규모 생선 물류 센터, 가장 유명한 두 곳만 말하자면 매사추세츠의 글로스터와 뉴베드퍼드였는데, 전부 블라인드 경매로 대량으로 구매할 수밖에 없는 구조였다.

"시카고의 수산물 거래소를 생각해보십시오." 새뮤얼스가 그 유명한 시카고 경매장을 언급하며 말했다. "가격만 부르면 끝이었죠."

대부분의 해산물 공급 업체가 데이브 새뮤얼스와 역사적 관점을 공유하는 것은 아니겠지만 지난 수십 년 동안 연승어업의 도래로 수산업이 급격한 변화를 겪었다는 데에는 동의할 것이다. "어렸을 때 아버지가 '이 많은 생선을 어떻게 다 처분하지?'라고 말씀하셨던 게 희미하게 기억납니다." 새뮤얼스의 말이다. "1980년대 초 사업을 이어받고 저도 그 말을 달고 살았어요. 그런데 세상이 순식간에 뒤집힌 겁니다. 갑자기 사람들이 돈을 더 주고 더 신선한 생선을 사기 시작했어요. 지금은 그 신선함에 대한 무리한 요구를 어떻게 충족시킬까가 고민입니다. 암흑시대에 잠이 들었는데 깨어나 보니 계몽주의 시대가 되어 있는 거예요. 시장 전체가 변했어요."

수산 기술의 발전, 해산물이 건강에 미치는 효과에 대한 인식 증가 그리고 신선한 생선을 찬양해왔던 요리와 문화의 전파 등 그 변화의 이유는 많았다. 하지만 그 모든 이유도 거의 독보적으로 해산물 산업을 뒤집은 요리사 몇 명의 업적에는 비할 수 없다. 그중에서도 최고봉은 아마 뉴욕에 있는 르 베르나르댕의 질베르 르 코즈일 것이다.

르 코즈는 장루이 팔라댕처럼 폴 보퀴즈, 알랭 샤펠, 트루아그로 형제와 같은 누벨 퀴진의 위대한 선구자들 밑에서 요리 수업을 받았다. 그들은 가벼움과 단순함을 강조하며 프랑스 전통 요리를 현대화시켰고 농장과의 직거래를 성사시켰다. 팔라댕과 마찬가지로 르 코즈의 가장 큰 유산은 바로 미국의 천연자원에 눈을 뜨게 만든 것이었다. 그는 미국의 자연이 무엇을 제공할 수 있을지 바라보았고 이를 토대로 공급 양상을 급격하게 변화시켰다. 팔라댕과 르 코즈는 자신이 원하는 것이 무엇인지 파악한 다음 그것을 찾아나섰다. 르 코즈에게 그것은 바로 생선이었다.

"질베르가 풀턴 수산시장에 처음 왔던 그날 아침은 절대 잊을 수가 없습니다." 새뮤얼스가 말했다. "그는 눈알이 튀어 나올 듯 두 눈을 치켜뜨고 판매대 사이를 거닐었습니다. 세상에서 가장 큰 사탕 가게에 처음 온 어린아이 같았어요." 때는 1986년이었고 르 코즈와 그의 여동생 마기가 파리의 해산물 전문 레스토랑 르 베르나르댕을 뉴욕에 오픈한 직후였다. 르 코즈는 어부였던 할아버지를 지켜보면서, 그리고 브르타뉴 해안의 작은 호텔 레스토랑에서 일하던 아버지 곁에서 해산물에 대한 지식을 쌓았다.

"질베르는 결국 저한테 왔어요." 새뮤얼스가 그때를 떠올리며 말했다. "서로 소개를 받았는데 커다란 홍어 상자에 코를 처박고 저를 완전히 무시하더라고요. 상자에 바로 손을 집어넣었어요. 홍어는 배에서 방금 내린 것이었습니다. 아직도 미끈거리는 게 얼마나 신선했는지 몰라요. 그런데 그 홍어를 보고 쓰레기라고 했다니까요. 상태가 전혀 좋지 않대나 뭐래나. 고개를 절레절레 흔들면서 말이죠. 저는 이렇게 말했어요. '도대체 뭐하는 사람이야?'"

르 코즈는 다른 생선을 조금 더 살펴보다가 다른 홍어 상자를 찾았다. 다른 어부가 잡은 것이었는데 첫 번째 상자의 홍어와 완전히 똑같았다. 그는 다시 한번 코를 가까이 대고 냄새를 맡더니 환히 웃으며 고개를 들고 손을 흔들기 시작했다. "그 홍어는 최고라더군요. 왜냐고요? 저는 모르죠. 영어를 한 마디도 안 했으니까. 하지만 확신에 차 있었어요. 활짝 웃으며 내게 여기 있는 홍어를 더 구해줄 수 있냐고 물었지요. 두 번째 상자에 있는 홍어를 말이에요. 저는 원한다면 당연히 구해줄 수 있다고 대답했어요. 하지만 똑같은 걸 구할 수 있을지 장담할 수 없었죠. 그가 어떤 홍어를 찾는지 전혀 몰랐으니까. 그냥 홍어 아니잖습니까! 킬로에 몇 푼 받고 파는데. 지금 생각하면 어처구니가 없지만 그때는 두 상자의 홍어가 다르다고는 생각지도 못했어요."

곧 르 코즈는 영업을 마치고 날마다 수산시장을 찾기 시작했다. "기억나요. 어느 날 오빠가 신이 나 있더라고요." 마기 르 코즈가 말했다. "이렇게 말했어요. '마기, 이제 유럽에서 생선을 받을 필요가 없겠어!' 저는 말도 안 되는 소릴 한다고 생각했죠. 뉴욕의 모든 요리사는 유럽에서 생선을 수입했으니까. 당연한 일이었어요. 수입하지 않으면 요리할 수 없었죠. 하지만 오빠가 원했던 건 바로 이거였어요. 아귀, 홍어, 성게 시장을 개척한 거죠. 그게 어떤 생선인지 아는 사람조차 없던 시절에 말이에요." 마기는 르 코즈와 손님 사이의 다리 역할을 맡았다. "레스토랑 문을 열 때 오빠가 원했던 건 딱 두 가지였어요. 하루 밤에 여든 명의 손님만 받을 것. 단 한 명도 더 받지 말 것. 그리고 손님들에게 희귀한 생선을 먹어보라고 적극 권할 것" 그녀의 자신감과 재치가 의심 많은 뉴욕의 대중을 사로잡았다.

르 베르나르댕이 문을 열고 얼마 지나지 않아 르 코즈는 미국의 생선이 훨씬 더 낫다고 생각하게 되었다. 생물학적으로 봐도 그가 옳았다. 동쪽 해안에 해안선만큼 길게 뻗어 있는 대륙붕은 넓이가 약 100킬로미터가 넘었다. 주변 효과가 활발했고 다양한 서식지가 존재했다. 대륙붕이 태평양으로 향하면서 절벽처럼 갑자기 꺾이는 서해안이나 프랑스와 비교해보면 르 코즈의 흥분을 이해할 수 있을 것이다. 그는 그렇게 많은 생선은 한 번도 보지 못했다.

르 코즈는 다른 요리사들이 절대 사지 않을 생선을 샀다. 그는 까만 농어와 아귀 시장을 개척하는 데 공을 세웠다. 둘 다 그가 가장 좋아하는 생선이었다. 홍어와 성게 시장도 개척했다. 그 당시 그런 생선은 너무 하찮고 맛도 없어서 고급 요리에는 적당하지 않다는 인식이 지배적이었다. 참치도 마찬가지였다. 새뮤얼스가 설명했듯이 1960년대와 1970년대에 참치는 도끼로 대충 잘라 통조림이나 고양이 사료로 만들었다. 일본 스시 요리사들이 뉴욕으로 건너와 많은 돈을 주고 죽은 참치를 구입해 곧바로 해체하기 시작하기 전까지는. 르 코즈는 참치 회를 메뉴에 올린 최초의 고급 프랑스 요리사였다. 1980년대와 1990년대 미국 전역에 퍼진 타르타르소스와 카르파초 붐을 일으킨 주역이기도 했다.

"웃긴 일이었죠." 뉴욕의 요리사이자 한때 르 코즈의 후배였던 빌 텔레판이 그때를 회상하며 최근에 내게 한 말이다. "사람들은 르 코즈가 스시의 영향을 받았다고 생각해요. 하지만 그 반대입니다. 르 코즈가 스시에 영향을 끼쳤어요. 변화는 순간이었어요. 1980년대 뉴욕에는 스시 레스토랑이 넘쳐났지만 르 코즈가 등장해 완전히 '날 것'인 메뉴를 제공하기 전까지는 크게 유행하지 못했어요. 갑자기 미국 전역의 요리사들이 날 생선을 제공하기 시작한 겁니다. 스시의 성공은 르 베르나르댕의 가장 큰 업적이었어요."

처음에 공급업체는 요리사들의 그런 요구를 달가워하지 않았다. "그가 마음에 들어 했던 건 별로 없었습니다." 새뮤얼스가 말했다. "꼭 그와 거래를 해야 할 필요는 없었기 때문에 웃으며 돌려보내면 그만이었죠. 그런데 말이에요, 그가 우리보다 아는 게 더 많았어요." 그래서 새뮤얼스는 어부들에게 전화해 르 코즈가 배 위에서 생선을 어떻게 다루길 원하는지 설명하기 시작했다. 예를 들면 가자미의 피는 어떻게 빼는지, 또 농어와 아귀는 어떻게 냉각시키는지. 내장을 뺄 때는 어떻게 해야 하는지도 구체적으로 일러주었다. 르 코즈는 연중 어느 때에 어떤 생선을 원하는지, 어떤 지방을 찾고 있는지도 설명했다. 마침내 어부들도 관심을 기울이기 시작했다. 신경 쓰는 대가를 지불할 시장이 형성되었기 때문이었다.

르 코즈에 대한 새뮤얼스의 가장 인상적인 기억은 르 베르나르댕에서 처음으로 저녁을 먹을 때였다. 그는 돔 페리뇽 한 잔을 앞에 두고 앉았고 메뉴는 받지 못했다. 르 코즈는 여러 가지 생선 코스요리를 내왔다. 새뮤얼스는 그중 하나였던 대구 요리를 아직도 기억하고 있었다. "우리 생선이었습니다. 할아버지와 아버지가 팔던 생선이었지만 꼭 그날 처음 본 생선 같았어요. 어찌나 빛이 나던지, 촉촉하고 부드러운 건 말할 것도 없었고요. 몇 입 먹고 아내를 보며 이렇게 말했다니까요. '저 사람, 세상을 바꿀 사람이야.'"

1980년대 말까지 장조지 봉게리히텐과 데이비드 불레이가 르 코즈를 따라 비슷한 품질의 생선을 찾으며 시장은 더 커졌다. 그들 역시 데이브 새뮤얼스의 단골 고객이 되었다.

"그 두 사람이 공을 이어받아 달리기 시작했어요." 새뮤얼스가 말했다. "특히 불레이가요. 그는 생선을 잡는 위치에 대해서도 지나칠 정도로 깐깐했습니다. 대서양에서 잡은 가자미냐 아니냐가 아니라 대서양 어디에서 잡았는지까지요. 다른 요리사들에게 그가 끼친 영향은 그야말로 엄청났죠." 불레이는 온도와 조류, 어획 시기가 맛에 영향을 끼친다는 사실을 발견했다. 그는 세세한 것까지 전부 기억하는 사람이었다. "이름은 기억 못 해도 노래는 딱 한 번 듣고 가사를 다 기억하는 사람들 있잖아요?" 새뮤얼스가 내게 말했다. "불레이가 바로 그런 사람이었어요. 생선에 대해서는 전부 다 기억했어요."

불레이는 곧 직접 어부들을 찾아 나서기 시작했다. 그리고 웨이터와 요리사들을 부두로 보내 생선을 직접 사 오게 했다. 불레이의 요리사들은 빨간색 작은 트럭을 타고 와서 배가 부두로 들어오길 기다리는 동안 꾸벅꾸벅 졸고 있기 일쑤였다. 그리고 불레이는 어디서 잡은 생선인지 메뉴에 명시하기 시작했다. 그냥 연어나 오징어가 아니라 코퍼 강 연어 혹은 로드아일랜드 오징어였다.

"저는 생선이 상하기 전에 내다 팔기만 하면 되는 생선 장수였어요." 케이프 코드의 한 어부는 내게 이렇게 말했다. "그런데 불레이가 나타나서 내 생선을 보고 이것저것 따지기 시작한 겁니다. 그리고 갑자기 그의 요리사들이 저한테 오기 시작했어요. 다른 요리사들도 전화를 하기 시작했고요. 어느 날 메뉴를 봤는데 이렇게 쓰여 있었습니다. '채텀에서 어부가 낚시로 오늘 잡은 대구' 이런 식으로요. 세상에! 그게 바로 저였어요. 그 어부가요! 왕따였다가 갑자기 파티의 주인공이 된 느낌이었다니까요!"

불레이는 출처를 강조하면서 생선의 수준을(그리고 어부의 수준을) 높였다. 앨리스 워터스가 마스 마스모토의 복숭아를 한 단계 끌어올렸던 것처럼.

—~—

1992년 그날 밤, 코퍼 강 연어를 산 불레이는 그중 한 마리를 골라 손님들에게 선보였다. 웨이터가 은 쟁반에 연어를 담아 식당을 한 바퀴 돌았다. 웨이터들은 언제 연어의 지방과 맛이 최고인지, 어떻게 잡은 연어인지 자세히 설명했다. 브라이언 비스트롱에 따르면 연어 2인 분이 그날 밤의 첫 주문이었다.

불레이는 직접 연어를 요리했다. 식당은 아직 한산했고 브라이언에 따르면 요리사들은 불레이가 요리하는 모습을 보려고 또 몰려들었다. 그는 연어를 껍질 채 구운 다음 낮은 온도로 오븐에 살짝 구워 살에 수분과 붉은 기가 남아 있게 했다. 그는 부드러운 물냉이 밥과 콩, 콩 즙 퓌레로 만든 소스를 함께 냈다. 요리사들은 고개를 끄덕이며 멋진 요리라고 칭송했고 불레이도 특별히 만족스러워하는 것 같았다.

접시가 나가고 5분 후, 웨이터가 손도 대지 않은 연어를 들고 되돌아왔다. 그는 패스 앞에 서서 불레이가 올 때까지 기다렸다. 갑자기 부엌이 고요해졌다. 웨이터는 손님들이 연어를 좋아하지 않는다며 전채 요리로 연어 대신 새우를 요구했다고 말했다.

"좋아하는 않는다니?" 불레이가 패스로 다가와 연어를 너무 오래 익힌 건 아닌지 확인하며 말했다. 요리 상태는 완벽했다. 불레이는 웨이터에게 다시 가서 물어보라고 했다. 웨이터가 접시를 들고 설거지 구역으로 가려 하자 불레이는 그냥 패스에 놓고 가라고 했다. 불레이의 기분은 어두워졌다. 그는 작은 소리로 투덜거렸고 요리사들에게 신경질을 냈다. 어느새 식당에 손님이 가득했기 때문에 불레이의 기분을 상하게 만든 손도 안 댄 연어 접시는 패스의 다른 요리들 사이에서 옹색하게 자리만 차지하고 있었다.

웨이터가 돌아와 새우를 더 좋아해서 그렇다는 커플의 말만 반복하자 불레이는 레스토랑 매니저 도미니크 사이먼을 불러 손님들이 왜 연어를 돌려보냈는지 그 이유를 알아오라고 시켰다.

몇 분 후, 그가 답을 갖고 돌아왔다. 도미니크가 강한 프랑스 억양으로 말했다. "셰프, 연어가 신선하지 않다고 생각한답니다. 신선한 생선에 대해 잘 아는데 이 연어는 신선하지 않다네요. 약간 변한 것 같답니다."

"셰프는 다른 요리를 마무리하느라 바빴어. 하지만 얼굴이 벌겋게 달아오르는 게 보였지." 브라이언이 말했다. "그리고 도미니크가 이렇게 말했어. '생선에서 냄새가 나는 것 같답니다.' 도미니크가 말하는 동안에도 셰프는 계속 일을 했어. 그 순간이 얼마나 길었는지 몰라."

그다음에 일어난 사건은 요리사의 특권을 고스란히 보여주었다. 1960년대와 1970년대 누벨 퀴진 요리사들이 주장하기 전까지 아무도 생각지 못했던 특권이었다. 불레이는 도미니크에게 이렇게 말했다. "식사는 끝났다고 전하게." 공손함과 평온함의 화신이던 도미니크는 순간 당황했다. 불레이는 패스에 걸려 있는 그 테이블의 주문서를 들어 구겨버린 다음 부엌으로 돌아갔다. 요리사들은 다 같이 환호했다.

식당에 도착한 순간부터 요구가 많고 무례했던 그 무뚝뚝한 커플은 도미니크의 말을 듣고 어리둥절해했다. 나가달라는 매니저의 부탁에 당연히 농담인 줄 알고 웃기까지 했다. 그리고 새우를 먹고 싶었던 것뿐이라고, 이제 막 식사를 시작했을 뿐이라고 말했다. 도미니크는 고개를 저으며 이렇게 말했다. "신사 숙녀 여러분, 셰프 불레이께서 끝났다고 하십니다."

19장

자연계의 다양성을 포용하라

6개월 후 리사와 나는 베타 라 팔마를 다시 찾았다. 이번에는 세계 최고의 바다 권위자이자 『푸른 대양을 위한 노래』의 저자 칼 사피나와 함께였다.

나는 바다나 양식 전문가 몇 명을 찾다가 칼과 계속 연락을 하고 있었다. 나는 베타 라 팔마의 생선을 미국 요리사들에게 소개하고 싶었고 그 생선의 훌륭함에 대해 모르는 것도 아니었지만 베타 라 팔마의 운영 방식에 대해서는 실수하고 싶지 않았다. 리사에게 말하자 리사도 『타임』에 베타 라 팔마에 관한 기사를 쓸 생각이라며 역시 확인이 필요하다고 했다. 그 와중에 칼은, 내가 전화와 이메일로 아무리 노력해도 스페인 남부의 양식장이 진정으로 지속 가능한지 그리고 자기 시간을 투자할 가치가 있는지 쉽게 납득하지 못하고 있었다. 나는 충동적으로 칼에게 같이 가서 직접 보자고 제안했다.

빌린 자동차를 베타 라 팔마 정문 앞에 주차할 때 나는 멋진 군단을 이끌고 온 내 자신이 자랑스러웠다. 나는 지속 가능한 수산업 전문가를 지속 가능한 양식을 선도하는 유럽의 본거지로 데려온 것이었다. 어쩌면 나의 바람일 뿐이었을지라도. 그런데 양식장 안으로 들어서자마자 나는 혹시 실수한 것은 아닌지 걱정이 되기 시작했다.

나는 한 걸음 앞으로 나가 다소 어색하게 미겔과 포옹을 했다. 나는 6개월 전의 투어와 지속적인 연락에 대한 감사의 뜻을 전하고 싶었다. 하지만 미겔을 안으면서도 불안했다. 만약 베타 라 팔마의 접견실에 서 있는 칼이 양식장과 주변 국립공원의 3.6미터 길이 복제 모형, 그러니까 한없이 복잡해 보이는 수로와 드넓은 습지, 45개의 양어지, 새만을 위한 3제곱킬로미터의 습지를 대충 한 번 둘러보고 트집을 잡으면 어쩌지? 그의 날카로운 시선이 내가 찾지 못한 결점을 찾아내면 어쩌지? 너무 말도 안 되는 생각인가? 아니, 아니었다. 말도 안 되는 생각은 바로 세상에서 가장 영향력 있는 해양보호론자를 설득해 수천 킬로미터를 날아서, 내가 전혀 모른다고 해도 할 말 없는 장소로 데려온 것이었다. 나는 내가 무엇을 모르고 있는지조차 몰랐다.

미겔은 복제 모형 앞에서 긴 지시봉을 들고 베타 라 팔마의 가상 투어를 시작했다. 가장 먼저 물이 어떻게 흐르고 대서양으로 빠져나가는지, 그리고 어떻게 펌프의 도움을 받아 다시 들어오는지 설명했다. 미겔은 그 일생일대의 작업에 자신이 없었다면 칼 사피나에게 보여주지 않았을 것이다. 미겔은 신중하고 박식하고 열정이 넘쳐 보였다. 반대로 칼은 약간 지루해하는 것 같았다. 어쩌면 약간 짜증이 난 것 같기도 했다.

나는 1960년대에 소를 방목하기 위해 물을 전부 뺐었다는 미겔의 설명을 들으면 칼의 기분이 나아질 거라고 확신했다. 하지만 칼은 마치 부엌 싱크대의 배수 구조에 대해 듣고 있는 듯 예의바르게 고개를 끄덕일 뿐이었다. "습지는 완전히 말라버렸습니다." 미겔이 말했다. "질병에 대한, 특히 말라리아에 대한 두려움 때문이었습니다."

미겔은 양식장 주변 들판에서 소를 방목한다는 사실 등 내가 모르는 자세한 부분까지 설명했다. 나는 소 방목이 양식장에 당연히 도움이 될 거라고 확신하고, 동시에 그 연관 관계에 칼이 감동을 받을지도 모른다고 생각하며 어떤 도움이 되는지 물었다.

"완전히 다른 영역입니다." 미겔이 대답했다. "물고기와는 아무 관계가 없어요. 하지만 그 결과 부지의 북쪽도 가치를 갖게 되죠."

칼이 비웃는 듯한 어투로 말했다. "다시 말하자면, 재정적 관계일 뿐 생태학적 관계는 전혀 아니라는 거죠."

"네, 맞습니다." 미겔이 답했다. "덕분에 전체 구조가 더 부드럽게 돌아갑니다. 가축 사육은 이 지역의 오래된 전통이기도 합니다. 생태 문화적 풍경의 일부를 형성하죠. 뿌리가 아주 깊은 관습이니까요." 칼은 고개를 끄덕였다. 나는 미겔을 바라보았다.

미겔이 희망적으로 덧붙였다. "미래에는 농업과 양식업을 개별적으로 바라봐서는 안 됩니다. 두 가지 모두 한 생태계의 일부로 봐야 합니다. 그리고 저희는 그렇게 할 것입니다." 베타 라 팔마의 모형 앞에 서 있는 것뿐이었지만 나는 플라시도와 로드리고의 지붕에서 데에사를 바라볼 때와 비슷한 느낌이 들었다. 모든 것은 연결되어 있었다.

칼은 농어 양어지 하나를 가리키며 물었다. "밀도가 어떻게 됩니까?"

"양어지 밀도는 낮습니다. 물 1세제곱미터당 대략 4킬로그램 정도의 물고기가 살죠. 그래서 기생충 피해가 없습니다."

칼이 끼어들었다. "잠깐만요. 그게 아무것도 아니라고요? 엄청 복잡한 겁니다!" 칼은 종이를 가져와 그 숫자를 12세제곱피트로 변환시키면서 외쳤다. '복잡'하다는 단어를 듣고 나는 심장이 철렁했다. "공간이 전혀 넉넉하지 않아요." 칼이 발걸음으로 12세제곱피트를 대충 그리고 그 안에 서서 마치 갇혀 있는 듯 어깨를 움츠렸다. 새장에 갇힌 새 같았다. 나는 몹시 민망했다.

하지만 미겔이 다가와 친절하게 그의 계산을 고쳐주었다. 1세제곱미터는 12세제곱피트가 아니라 35세제곱피트였다. 미겔은 더 큰 네모를 그렸고 칼은 만족스러운 듯 그 네모를 바라보았다. "오, 그렇군요. 나쁘지 않네요."

나는 양식장을 거닐 때까지도 긴장이 풀리지 않았다. 더 정확히 말하자면 칼이 양식장을 거닐 때까지도 편해 보이지 않았다. 덩달아 나도 편할 수 없었다. 칼의 기분을 바꾼 것은 군데군데 움푹 들어간 곳에 초록 식물이 무성하고 물이 흥건한 평원도 아니었고 펌프장의 대단한 기술도 아니었으며 식물 플랑크톤과 미세 무척추동물에 대한 언급도 아니었다. 바로 새였다. 지난 번 방문했을 때보다 새가 수천 마리는 더 많아 보였다. 마치 히치콕 영화에서처럼 새가 하늘을 뒤덮고 있었다.

칼은 목을 길게 빼고 부지런히 여기저기 살피며 외쳤다. "와우!

붉은발도요!" 얼마 안 가 또 외쳤다. "연노랑솔새도 있네!" 그 순간 칼은 수염을 기르고 두 눈은 짓궂게 빛나는 엘리스 씨였다. 나는 웃었다. 미겔도 웃었다. 미겔은 조금 더 걸으며 물고기로 우리의 관심을 돌리려고 했지만 칼은 완전히 흥분해 두 눈을 동그랗게 뜨고 새만 관찰했다. "세상에!" 칼은 미겔은 안중에도 없이 외쳤다. "흑색솔개잖아!"

그 모습을 보니 잭 알제리가 짜증을 내며 내게 했던 말이 떠올랐다. 그는 스톤 반스 센터의 2000제곱미터 온실을 방문하는 사람들이 도착하자마자 고개를 들고 공중에서 컴퓨터로 조작되는 관개시설, 접이식 지붕 창, 여기저기 뻗어 있는 구조만 본다고 말했다. "사람들은 멋있어 보이는 부수 장치만 봐요. 정말 봐야 하는 건 발밑에 있는데." 잭이 흙과 그 표면 아래 살아 숨 쉬는 수십 억 유기체를 가리키며 말했다. "이것만 보면 전부 알 수 있어요."

칼은 하늘만 보고 있었다. 새만 보면 전부 알 수 있었기 때문에.

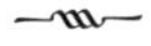

자동차로 돌아온 칼은 조수석에 앉아 커다란 카메라를 들고 몸을 앞으로 기울였다. 그리고 6월부터 9월까지의 건기에 새 개체 수가 어떻게 변하는지 물었다.

"도냐나 국립공원은 건조하지만 베타 라 팔마는 일 년 내내 습합니다." 미겔은 칼이 혹시 잊어버렸을까 봐 강조하며 말했다. "여긴 양식장이니까요. 그렇기 때문에 베타 라 팔마에만 물새들이 내려앉아 쉴 수 있는 겁니다." 칼은 창문을 열고 카메라를 들이댔다. 그리고 근처에 둥지를 틀고 있는 노랑부리저어새 몇 마리를 찍었다.

우리는 칼의 요청대로 펌프장으로 가고 있었다. 근처의 논에 쌀을 수확하고 있는 트랙터가 보였다. 미겔은 거의 400제곱킬로미터의 논이 베타 라 팔마를 둘러싸고 있다고 말해주었다. 베타 라 팔마가 속해 있는 세비야 주는 전 세계에서 쌀을 가장 많이 생산하는 지역 중 하나였는데 유기농은 거의 없었다. 나는 그와 같은 집약 농업이 베타 라 팔마의 수질에 어떤 영향을 끼치는지 큰 소리로 물었다.

"늘 전쟁이죠." 미겔이 대답했다. "하지만 그때 드셨던 농어 껍질, 그 달콤하고 청량한 맛이 곧 양식장이 잘 돌아가고 있다는 뜻입니다." 미겔은 불순물이 해를 끼치기 전에 생선 껍질이 이를 빨아들이도록 진화했다며 껍질은 오염에 대한 마지막 방어 장치라고 설명했다. 그리고 이렇게 덧붙였다. "하지만 우리 양식장에는 불순물이 없습니다."

베타 라 팔마는 지속적으로 수질의 영양 상태를 점검한다. 수로의 물은 결국 과달키비르 강에서 흘러온다. 화학 물질과 농약은 물론 오늘날 강에 흐르는 모든 것을 운반하며 양식장을 통과한다. 하지만 양식장의 시스템이 너무 건강해서, 즉 끊임없이 흐르는 물, 식물 자원, 여과 섭식 어류와 조류, 그리고 플랑크톤까지 전부 체의 역할을 한다. 양식장으로 흘러 들어와 대서양으로 빠져나갈 때 물은 심지어 원래보다 더 깨끗해진다.

"자연이 길 건너 땅의 인공적인 관리까지 흡수한다는 것을 보여주는 훌륭한 예로군요." 칼이 말했다. 그는 강어귀라는 지리적 위치에서 베타 라 팔마의 가치에 대해 설명했다. 강어귀는 바다에서 가장 생산성이 높은 지역으로 외해에 비해 스무 배 정도다.(칼은 미국의 100여 군데 강어귀는 안타깝게도 대부분 생산성이 급격히 떨어지고 있다고 지적했다.)

나는 처음으로 강어귀의 폭발적인 생식능력에 대해 이해할 수 있었다. 모든 해양 생명체가 의지하고 있는 유기체 식물 플랑크톤은 일조량이 풍부해야만 잘 자란다. 그리고 일조량은 해수면 근처에서만 풍부하다. 바다의 최상층은 일광 지역으로 해양 생명체의 90퍼센트가 서식하는 곳이다. 표토가 땅속 생명체 대부분의 서식지인 것과 마찬가지다. 그렇기 때문에 심해는 생산능력의 관점으로 볼 때 사막과 비슷한 곳이라고 할 수 있다. 태양도 없고 먹이도 없다.

플랑크톤에게 필요한 것은 일조량뿐만이 아니다. 칼은 질소와 인 등 플랑크톤에게 꼭 필요한 영양소도 알려주었다. 강의 역할이 중요한 것은 바로 그때문이다. 영양소가 풍부한 토양이 비에 씻겨 강으로 흘러 들어오면서 강어귀는 비타민이 풍부해지고 이는 결국 바다로 흘러간다.

다시 말하자면 강은 땅과 바다를 이어주는 것만이 아니다. 강은 바다의 생명줄이다. 그러고 보면 다양성이 넘쳐나는 멕시코 만도 그 행운의 일부를 미시시피 강에 빚지고 있었다. 미국의 심장부는 우리에게 새우와 농어를 제공해주는 시스템을 지탱하기 위해 매해 조금씩 생식력을 양보해왔다. 최근에 들어서야 바다로 흘러드는 비료가 너무 많아 영양소 과다로 만의 넓은 지역이 질식해가고 있는 것이다. 칼은 언젠가 오염 물질은 “땅에서 온다. 중력이 바다의 적이다”[36]라고 말했다. 하지만 중력은 바다의 생명줄이기도 하다. 만이 질식해가고 있는 이유는 바로 만을 비옥하게 만드는 그것을 남용했기 때문이었다.

'해양 윤리'에 대한 칼의 요구는 우리가 땅과 바다의 지속 가능성을 별개로 추구하고 있다는 뜻이기도 했다. 하지만 화학약품이 넘쳐나는 400제곱킬로미터의 논으로 둘러싸인 베타 라 팔마의 한가운데 서 있다 보면, 그리고 이를 통과해 흐르는 오염된 생명줄 과달키비르 강을 바라보다 보면, 전부 연결되어 있다는 사실을 뼈저리게 느낄 수 있을 것이다. 미겔이라면 더 온몸으로 느낄 것이다.

베타 라 팔마의 건강한 시스템 덕분에 깨끗해진 물은 대서양으로 흘러간다. 조너선 로젠이 새에 대해 말했던 것처럼 그 또한 세상의 한 부분이 세상의 다른 부분에 대해 들려주는 이야기와 같다.

심장은 펌프가 아니다

오스트리아의 철학자이자 교육자인 루돌프 슈타이너는 언젠가 한 가지 질문을 받았다. '광물 비료' 혹은 화학비료의 효능에 놀란 농부들이 그 새로운 방식이 토양의 건강에 어떤 영향을 끼칠지 걱정되어 슈타이너에게 조언을 구한 것이다. 1924년이었으니 꽤 선견지명이 있는 농부들이었다.

그에 대한 답으로 슈타이너는 몇 차례에 걸친 강연과 수업을 진행했고 이는 나중에 생명 역동농법의 토대가 되었다. 슈타이너는 땅은 살아 있는 유기체이며 지구의 더 큰 유기체 안에서 작동한다고 말했다. 슈타이너는 정말로 모든 것이 연결되어 있다고 생각했다. 그리고 자연과 조화롭게 농사를 지으려면 파종과 수확 또한 달의 주기에 따라야 한다고 생각했다. 그와 같은 생각은 암소 뿔 비료 제작법(진흙을 잘게 빻아 물을 섞고 암소의 뿔에 넣어 묻는다)이나 '초감각적 세계 인식'이라는 개념 등과 함께 생명역동농법 옹호자를 괴짜나 신기한 사람으로 바라보게 만들기 쉽다. 유기농 운동 정신의 역사에도 그와 같은 인식이 존재했지만 한 농부가 내게 말했듯이 "훌륭한 유기 농부는 전부 신비주의에서 갓 태동한 생명 역동 농법의 규칙을 따른다."

그런데 그날 오후 베타 라 팔마의 그 유명한 펌프장 앞에서 나는 슈타이너가 떠올랐다. 미겔은 하루에 2억5000만 갤런이 넘는 물을 뿜어내는 펌프가 지리적으로 양식장 중앙에 위치해 있다고 설명했다. 펌프는 물의 양과 날씨 조건에 따라 완전히 열리거나 부분적으로 열리거나 닫힐 수 있었다. 가까이서 보니 펌프는 놀라웠고 미겔의 열정도 대단했지만 나는 그의 말이 뜻하는 바에 정신이 팔려 있었다. 펌프는 물을 뿜는 장치라기보다는 보조 장치였다. 만조 때는 물이 흘러 들어오고 간조 때는 물이 강으로 돌아간다. 이는 펌프와 상관없이 파도의 힘으로 벌어지는 일이다. 전 세계의 모든 강어귀에서 그렇다. 차이가 있다면 물을 관개 수로 안으로 끌어올려야 한다는 것이다. 양어지로 물을 끌어당기는 것은 결국 중력이다. 펌프장의 역할은 물의 수위 변화를 파악해 그에 맞게 자동으로 물을 뿜어내는 것이다.

"끊임없이 움직이지요. 펌프는 하루 종일, 일 년 내내 쉬지 않고 작동합니다." 미겔이 말했다.

그것이 바로 루돌프 슈타이너가 떠오른 이유였다. 언젠가 한 학생이 슈타이너에게 인간성의 개선에 무엇이 필요하다고 생각하는

지 물었다. 슈타이너는 세 가지 대답을 했고 그 세 번째 대답에 나는 놀랐다. 슈타이너는 인간이 진정한 진보를 이루기 위해서는 심장이 펌프가 아니라는 사실을 이해할 필요가 있다고 말했다.

수년 전, 오랫동안 전통적인 식단을 주장해온 샐리 팰런 모렐의 강연[37]에서 들은 이야기였는데 나는 그 이야기를 듣고 두 가지 생각이 들었다. 첫 번째는 '정말?'이었다. '위대한 철인왕 슈타이너가 인간성의 개선을 위해 세 가지를 제안했는데 그게 하이쿠처럼 명료하다고?' 그때 나는 창의적이고 도발적이고 약간 이상하다는 슈타이너에 대한 대중의 생각을 이해하게 되었다.

두 번째 든 생각은 다음과 같았다. '정말? 심장이 펌프처럼 작동하지 않으면 무슨 일을 하는 거지?' 팰런의 제안에 따라 나는 토머스 카원의 『치유를 향한 네 갈래 길The Fourfold Path to Healing』을 읽었다. 카원은 그 질문에 대해 20년 동안 고심했고[38] 그의 분석이 슈타이너의 말을 해석하는 데 도움이 되기는 했지만, 미겔이 '베타 라팔마의 뛰는 심장'이라고 언급했던 펌프장 앞에 선 후에야 나는 그 말의 뜻을 이해할 수 있었다. 슈타이너는 이렇게 말했다. 과학자는 "심장을 몸 전체로 피를 뿜어내는 펌프라고 생각한다. 그렇게 어리석은 생각도 없다. 심장은 피를 뿜어내는 것과 아무 상관이 없기 때문이다."[39]

카원은 슈타이너가 옳다고 주장했다. 첫째, 피는 심장으로 들어올 때와 나갈 때 속도가 똑같기 때문이다. 피는 작은 모세혈관에 영양소를 전달할 때는 속도를 늦춘다. 그리고 점점 더 넓어지는 고속도로인 정맥을 따라 심장으로 되돌아간다. 심장에 가까이 다가갈수록 속도가 높아진다. 이 시점이 되면 심장은 댐의 역할을 한다고 할 수 있다. 심장은 각 실에 피가 가득 찰 때까지 피를 모았다가 피가 다 모이면 그때 문을 열고 피는 다시 순환을 시작한다.

슈타이너의 말대로 "피의 순환이 먼저다. 수축하고 이완하는 규칙적인 박동을 통해 심장은 피의 순환 과정에 '반응'한다. '피가 심장을 움직인다. 그 반대가 아니라.'"40 심장은 피를 뿜어내지 않는다. 피가 심장을 뛰게 만든다.

그렇다면 심장이 하는 일은 무엇인가? 카원에 따르면 심장은 듣는다. 이는 슈타이너 이론의 확장이기도 하다. 심장은 신체 내에서 가장 감각적인 장기이며 세포 활동의 리듬을 조절하는 안내자 역할을 한다. 과학자들은 이를 항상성 유지라고 부를 것이다. 어느 쪽이든 심장이 세포의 뜻에 따르는 것이지 그 반대가 아니다.

베타 라 팔마의 펌프도 같은 방식으로 작동한다. 펌프는 대서양의 파도와 과달키비르 강의 힘찬 물살의 뜻에 따른다.(강은 모세혈관처럼 가는 지류 수천 줄기가 모여 양식장으로 들어오는 가장 큰 정맥의 역할을 한다.) 펌프는 양식장을 통과하는 물 자체의 흐름을 주시한다. 펌프는 물의 흐름을 통제하는 것이 아니라 물의 흐름에 반응하도록 설계되어 있다. 그 차이는 결코 작지 않다.

첫 번째 차이는 다음과 같다. 베타 라 팔마의 기술은 자연의 활동을 돕기 위해 존재한다. 미겔이 편지로 내게 말했듯이, "이는 기술과 생태가 서로 나란히 작용하는 것입니다. 기술적인 측면이 없다면 베타 라 팔마의 생물학자들도 양식의 성공 가능성을 보장할 수 없을 겁니다. '부가가치'는 물론이고요.(그 부가가치는 바로 새다. 여름에는 베타 라 팔마가 물이 있는 유일한 곳이기 때문이다.) 그리고 우리의 생물학적·생태학적 지식이 없다면 기술자들 역시 그 복잡한 장치를 설계할 수 없었을 겁니다."

두 번째 차이는, 슈타이너의 말을 빌리자면, 정신적인 것이며 이는 이해하는 데 더 많은 시간이 필요하다. 슈타이너는 소위 과학에 대한 기계론적 접근에 가장 먼저 의문을 제기한 저술가 중 한 명이었다. 기계론적 접근은 환경의 작용을 서로 별개의 활동으로 바라본다. 생명이라기보다는 기계로 바라본다. 지속 가능한 농업에 대해 글을 쓰는 신학자이자 스톤 반스 센터 이사회 회장인 프레드 커셴먼에 따르면 그와 같은 사고방식은 17세기 과학혁명 시기에 뿌리를 두고 있다. 자연을 의지로 정복할 수 있다고 믿었던 프랜시스 베이컨 경, 인간을 자연의 주인이자 소유자로 보았던 르네 데카르트 등이 주도했던 사고방식이다.[41] 지금 살펴보면 지극히 단순한 사고지만 교회의 신학이 시대의 지혜였던 시기에 누가 그들을 탓할 수 있었겠는가. 그 과학자들 역시 슈타이너처럼 반동주의자들이었다. 그들은 사물을 가장 단순한 형태로 분석하기 위해 당시 당연하게 여겨졌던 신학의 가르침에 의문을 제기했다. 그들은 세상이 실제로 어떻게 작용하는지 보여주고 싶어했다. 합리성과 물질성이 그들 사고의 핵심이었다.

슈타이너 사상의 핵심은 생물학이 그보다 훨씬 더 복잡하다는 것이다. 선형적인 것이 아님은 확실하다. 그는 자연에 단순한 인과관계를 적용할 수 없다고 생각했다. 미겔처럼 슈타이너 또한 관계를 중시했고 그런 의미에서 그는 자연의 작용을 지속적인 흐름으로 바라보는 일종의 복잡한 이론가였다.

"슈타이너는 그 당시 과학계에서 들을 준비가 안 된 것들을 주장했어요." 프레드가 언젠가 내게 한 말이다. "자연은 우리가 한 가지 생각 혹은 한 가지 해결책을 적용할 수 없게 만들어요. 그렇게 되면 판이 변할 수밖에 없으니까요." 자연을 이해하는 유일한 방법은 자연의 작용에 존재하는 본래의 정신을 인식하는 것이다.

그 정신은 늘 내 신경을 거슬리게 만들었다. 하지만 베타 라 팔마 한가운데의 거대한 펌프 앞에 서서 보니 슈타이너의 메시지가 옳다는 생각이 들기 시작했다. 기계적인 세계관은 오늘날 이미 구시대적인 사고로 여겨진다. 예를 들면 이제는 어떤 병에 대해서도 그 병을 치료할 수 있는 단 한 가지 유전자를 찾으려 하지 않는다. 하지만 지난 반세기 동안에는 바로 그 한 가지 유전자, 그 한 가지 특성을 찾으려고 했다. 유전자를 찾아 이를 억누르고 문제를 해결하려 했다. 하지만 지금은 그것이 틀렸다는 사실을 알고 있다. 유전자는 독립적으로 활동하지 않는다. 더 중요한 것은 어떻게 특정한 유전자가 발현되고 억제되는지 결정하는 복잡한 관계다.

발전한 것은 의학뿐만이 아니다. 비즈니스, 정부 기관, 교육계 역시 아이디어가 연결되고 재결합될 때 혁신은 꽃핀다는 논리로, 부처 간의 담을 무너뜨리며 창조성을 장려하고 있다. 그것이 당연한 수순이었지만 농업만은 여전히 17세기 관념의 늪에서 헤어나지 못하고 있다. 전문화가 다양성을 대신했다. 소규모 지역 네트워크는 통합되었다. 농업은 수확을 높인다는 목적 아래 조각조각 분해되었다.

100년 전부터 슈타이너는 이를 어리석은 짓이라고 생각했다. 낡은 시계를 고치기 위해 부품을 분해하듯 문제를 해결하기 위해 자연을 그 구성 요소로 나누는 것은 완전히 잘못된 접근 방식이다. 그것은 컴퓨터 프로그램이 작동하는 방식이지 유기체가 작동하는 방식이 아니다.

나는 미겔과 클라스, 에두아르도 같은 농부들과 시간을 보내면서 점차 확신하게 되었다. 자연의 골치 아픈 복잡성을 포용해야, 특히 어떤 구조의 적이라고 할 수 있는 부분까지 끌어안아야 성공할 수 있다고. 물론 그와 같은 구조(펌프가 작동하는 베타 라 팔마의 강어귀, 클라스의 복잡한 순환 농법, 사람이 만든 에두아르도의 데에사 등)는 '인공'이지만 각각의 경우처럼 인간의 개입은 생태에 도움이 되는 방향이어야 한다. 자연 세계의 다양성을 포용해야 한다. 그리고 자연의 제약 안에서 활동해야 한다. 그러면 결국 자연의 덕으로 더 맛 좋은 음식을 생산할 수 있게 된다.

나는 가끔 만난 지 얼마 되지 않았을 때 미겔이 내게 했던 말을 떠올린다. 너무 정확하고 또 당연했으며 생각해보면 정신을 강조하는 슈타이너다운 말이었다. 미겔은 베타 라 팔마의 종들 사이에서 일어나는 대부분의 일을 두 눈으로 확인할 수 없다고 했다. 그리고 이렇게 덧붙였다. "하지만 모두 전체 구조의 동맹군이라는 건 확실합니다."

20장
"생태가 없으면 문화도 없어요"

칼과 함께 베타 라 팔마를 방문한 다음 날, 리사는 상 파우라는 레스토랑에서 앙헬 레온과 점심을 함께할 수 있는 자리를 마련했다. 상 파우는 바르셀로나 근처 산 폴 데 마르에 있는 해산물 레스토랑이었다. 나는 앙헬을 다시 만날 생각에, 특히 칼 사피나와 함께 만날 생각에 몹시 들떠 있었다. 나는 칼이 앙헬의 영웅쯤 될 거라고 생각했다. 그리고 칼 역시 자신처럼 바다의 건강에 열정을 갖고 있는 요리사를 만나고 싶어할 거라고 생각했다. 리사 또한 칼의 저작을 열정적으로 읽은 독자였다. 중요한 만남이 될 조건이 충분했다.

메뉴를 받을 즈음 나는 그 순간을 금방 잊지 못할 것 같다는 확신이 들었다. 앙헬은 칼에 대해 들어본 적이 없었다. 내 맞은편에 앉은 앙헬은 정신이 다른 데 팔려 있는 것 같았다. 앙헬은 베타 라 팔마에 대해 한번 들어본 것 같다고 이야기했지만 자기 식당에서 한 시간이면 갈 수 있는 그곳을 찾아가본 적은 없었다. 나는 리사에게 어떻게 그럴 수 있는지 물었다. 바다를 지키는 스페인의 사도가 어떻게 그런 훌륭한 양식장을 모를 수 있단 말인가? 심지어 그렇게 가까운데? 그리고 무엇보다도 그렇게 맛있는 생선을 양식하는 곳인데? 리사는 앙헬이 양식을 완전히 반대하는 입장이라고 말해주었다. 바로 그때 맞은편에서 앙헬의 단호한 선언이 들려왔다.

"절대로, 절대로 안 됩니다." 앙헬은 말했다. 그의 진한 눈동자가 내 쪽을 향해 빛나고 있었다. 리사가 베타 라 팔마의 수질 정화, 자연 먹이, 조류 서식에 대해서 묘사했다. 그리고 내가 생선의 맛에 대해 설명했지만 앙헬은 고개만 저으며 이렇게 말했다. "저도 양식장들과 이야기는 해보았어요. 다들 균일성에 대해서만 이야기하죠. '언제나 똑같은 생선을 제공할 수 있다'고 말입니다. 늘 그 말이에요. 그게 뭐 대단한 일이라도 되는 것처럼." 앙헬의 윗입술에 땀이 맺혔다. 리사는 베타 라 팔마는 예외라고, 먹이를 제한하고 물을 정화하며 전 세계 양식장의 모범이 될 수 있는 곳이라고 설명했다. 앙헬은 어깨를 한 번 치켜 올리고 이렇게 대꾸했다. "생선은 이미 많아요. 부수어획물로만 요리해도."

앙헬이 전화를 하러 잠시 자리를 비운 사이 나는 칼에게 앙헬의 레스토랑 아포니엔테에서 먹었던 생선에 대해 이야기했다. 그 이름 없는 생선과 혁신적인 요리법에 대해, 그리고 부수어획물을 위한 시장을 만들기 위해 앙헬이 설립한 지역 어부 협회에 대해 설명했다. 칼은 메뉴판을 들여다보며 고개만 끄덕일 뿐이었다.

그리고 갑자기 안경 너머로 나를 뚫어져라 쳐다보며 이렇게 말했다. "문제는 여기 있는 당신 친구가 완전히 새로운 단계의 수요를 창출할 거라는 겁니다. 그 하찮은 생선이 유행하는 건 이제 시간문제죠."

사피나는 앙헬의 논리 이면을 보았다. 새로운 종을 널리 알림으로써 그 종 또한 감소하게 만든다는 것이다. "먹이 사슬을 타고 내려가는 식품 체계의 빤한 이야기죠."[42] 칼이 말했다. "우리는 큰 물고기를 없애고 이제 그 대안으로 더 작은 물고기를 먹어치우고 있어요. 물론 지난 50년 동안의 기술 발전으로 접근성이 증가해 사슬을 타고 올라가기도 하지만 어쨌든 쳇바퀴인 건 마찬가지예요."

칼에 따르면 우리가 할 수 있는 일은 그것밖에 없었다. 칼은 다음 세대는 해양 공동체가 급격하게 감소된 세상, 즉 해파리 같은 단순한 형태의 생명체만 남은 세상에 살게 될 거라고 예측했다.

바로 그때 두 번째 코스 요리의 형태로 미래가 우리에게 다가왔다. 스페인의 전통 면 요리 피데우아였는데 요리사 카르메 루스카예다가 특이하게도 해파리를 사용했다. 풍부한 상상력만큼 맛있는 요리였지만 바다에 해파리만 남아 있을 때도 그만큼 맛있고 신선한 요리가 될 수 있을지는 의문이었다.

앙헬은 자리로 돌아오다가 바다에 단순한 형태의 생명체만 남게 될 거라는 칼의 예측을 들었다. "그렇기 때문에 요리사가 중요한 겁니다." 앙헬이 끼어들어 말했다. "자원이 부족해지면 남아 있는 재료로 맛 좋은 요리를 해야 하는 사람이잖습니까." 그리고 맞은편에서 다시 한번 의미심장한 표정으로 나를 바라보았다. 칼은 당황한 것 같기도 했고 화가 난 것 같기도 했다.

"베타 라 팔마 같은 양식장이 더 생기지 않는다면 말이죠." 리사가 테이블의 긴장을 누그러뜨리며 재빨리 덧붙였다.

앙헬은 동의하지 않았다. 그리고 '양식' 참치 중 하나인 킨다이

블루 핀 참치 이야기를 꺼냈다. 줄어드는 야생 참치에 대한 지속 가능한 해결책으로 홍보되고 있는 참치이기도 했다. "맛이 끔찍합니다." 앙헬이 말했다. "지방이 너무 많아요. 손에 잠깐만 올려놓고 있어도 기름 범벅이 됩니다. 먹으면 더 하죠. 생각만 해도 저는 배가 아파요. 그건 참치에 대한 모욕이에요." 말하는 투가 에두아르도와 무척 비슷해서 나는 깜짝 놀라 그를 바라보았다. "자연의 뜻을 거스르면 늘 결과가 좋지 않아요. 저는 항상 진짜로만 요리합니다."

칼이 안경을 고쳐 쓰며 앙헬에게 물었다. "참치를 요리합니까?"

앙헬은 그 질문에 당황한 것 같았다. "네, 합니다." 그리고 혹시 잘못 들은 건 아닌지 확인하려고 리사를 바라보았다. "참치는 세계 최고의 생선이죠. 당연히 참치 철에는 메뉴에 올립니다. 우리는 참치를 찬양해요."

어색한 순간이었다. 칼과 앙헬 모두 나를 보며 '도대체 이 사람은 누구요?' 하는 표정을 짓고 있었다. 특히 칼이 더 당황스러워 하는 것 같았다. 나는 칼에게 앙헬을 바다의 건강과 지속 가능한 해산물의 미래에 대해 앞장서서 고민하는 요리사라고 묘사했었다. 그런데 그런 앙헬이 지금 가장 빠르게 사라져가고 있는 생선인 참치를, 칼이 일생 동안 보호하기 위해 노력해왔던 그 참치 요리를 찬양한다고 선언하고 있었다. 마치 제인 구달 앞에서 침팬지를 살육해도 좋다고 이야기하는 것과 마찬가지였다. 나는 물 잔을 부여잡았다.

결국 리사가 침묵을 깨고 입을 열었다. "앙헬의 참치는 알마드라바로 잡는 거죠?" 알마드라바는 예로부터 전해지는 스페인의 참치 조업 방식이었다.

"저는 알마드라바로 잡은 참치만 요리합니다. 최고의 참치죠." 앙헬이 말했다.

알마드라바는 베타 라 팔마에서부터 지브롤터 해협을 따라 스페인 남부 해안에 치는 커다란 그물의 일종이다. 그물은 참치가 지중해 연안에서 부화하기 위해 대서양을 떠날 시기인 5월부터 6월 중순까지 일 년에 한 번 친다. 해협을 지나면서 미로 같은 그물에 걸려 갇혀 있는 참치를 기다리고 있던 어부들이 해수면으로 끌어올린다. 수중 음파 탐지기를 동원해 전 세계 참치 개체 수를 급감시킨 저인망 어업에 비하면 소극적인 조업 방식이다. 알마드라바는 스페인의 뿌리 깊은 전통의 일부이기도 하다. 앙헬이 사는 카디스 해안에서 특히 유명한 전통이다.

칼은 그 조업 방식 차이에 크게 감동한 것 같지 않았다. 알마드라바에 대해서는 들어보았다고 했지만 참치의 감소가 너무 심각한 수준에 이르렀기 때문에 아무리 전통적이고 소극적인 조업 방식이라 해도 참치 어획은 지지할 수 없다고 말했다. 앙헬은 테이블 쪽으로 가까이 당겨 앉았다. 그의 날카로운 눈동자에 경계심과 짓궂음이 동시에 담겨 있었다.

"보여드릴 게 있습니다." 앙헬이 주머니에서 동전을 꺼내며 칼에게 말했다. "이게 뭔지 아십니까? 진짜 페니키아 동전입니다. 여기를 보세요." 앙헬이 몸을 앞으로 기울이며 다시 한번 반복했다. "페니키아 동전이요." 참치가 알마드라바 그물에 걸려 있는 모습이 바래가고 있었다. "감상적이라 해도 좋지만 저는 늘 이 동전을 지니고 다녀요. 알마드라바 참치는 전 세계에서 잡히는 참치의 2퍼센트입니다. 저는 그 2퍼센트를 보호하는 사도가 되고 싶어요. 알마드라바는 문제가 아닙니다. 수중 음파 탐지기를 동원한 저인망 어업이 문제죠." 앙헬은 그렇게 생각하지 않는 사람도 문제일 수 있다는 말투로 못 박았다.

리사는 통역을 끝내고 고개를 끄덕이며 덧붙였다. "알마드라바를 하는 사람에게 조상 대대로 1000여 년 동안 해왔던 일을 하지 말라고 하는 건 근본적으로 부당한 일이긴 해요. 참치를 멸종 위기로 몰아넣고 있는 건 참치를 남획하는 다른 조업자들이니까요. 앙헬 말이 맞아요. 알마드라바가 문제가 아니죠. 그건 마치 일부 남자가 강간을 할 수 있기 때문에 섹스 자체를 금지하는 것과 마찬가지 아닐까요."

칼은 토론 가치도 없는 문제라고 딱 잘라 말했다. 참치는 멸종 직전이다. "우리 때문이 아니라고 주장할 수는 있어요. 일본 사람도 그렇게 말하더군요. 그것이 바로 어업권의 비극입니다. 모든 사람이 참치 멸종에 책임이 있기 때문에 결국 아무도 책임지지 않아도 된다는 뜻이지요. 이유야 어쨌든 멸종 위기 어종을 계속 잡아도 된다는 건 말도 안 되는 생각입니다."

칼에게는, 그 문제 때문에 흥분했는지 아니면 더 생산적인 일을 하지 않고 토론만 하고 있기 때문에 흥분했는지 궁금해지는 순간이 있다. 그 순간에는 둘 다라는 느낌이 들었다. 리사가 칼의 말을 통역하는 동안 나는 앙헬이 너무 앞으로 바짝 당겨 앉아 있다가 의자에서 떨어지지 않을까 걱정스러웠다. 두 사람 다 화가 난 것 같았다.

"한 가지만 더 말씀드리죠." 앙헬이 힘주어 말했다. "알마드라바 어부에 대해서 말입니다. 저는 어부들을 많이 알아요. 특히 나이 많은 어부들을요. 그 사람들이 참치 껍질을 만집니다." 앙헬은 손가락

끝으로 식탁보를 문지르며 말했다. “그리고 코를 대고 지방 냄새를 맡아요.” 앙헬은 손가락을 코끝에 대고 과장되게 숨을 들이마셨다. “냄새만으로 참치가 몇 살인지, 시장에서 어떤 등급을 받을 수 있는지 알 수 있단 말입니다.” 앙헬은 손을 내리고 다시 말을 이었다. “얼마나 오랜 문화가 쌓여야 그렇게 될 수 있을지 상상이나 하시겠습니까?” 앙헬은 대답도 기다리지 않고 담배를 피우러 나갔다.

칼은 차분하게 식사를 마쳤다. 리사는 의자에 기대 앉아 고개를 흔들며 내게 이렇게 말했다. “카디스 사람에게 참치를 그만 먹으라는 말은 카디스 사람이기를 포기하라는 뜻인 것 같아요. 알마드라바는 해마다 지켜오던 관습 이상이에요. 자세히 살펴보면 계급 구조와 여가 활동, 종교적 신념, 요리 방법, 어쩌면 결혼 문화에까지 영향을 끼쳤어요. 이 지역 전통과 윤리의 핵심이라 단지 문화의 일부라고만은 할 수 없어요. 문화 그 자체죠.” 리사가 웨이터를 부르려고 고개를 돌렸다.

그때 칼이 내 쪽으로 몸을 기울이며 말했다. “맞아요. 하지만 생태가 없으면 문화도 없어요.”

21장

어획량 감소가 던져준 고민

1990년대 초, 앨리스 워터스와 데이비드 불레이 같은 요리사의 재료 원산지 표기는 참신하고 새로운 시도였다. 하지만 그와 같은 원산지 선언에 대중은 어리둥절해했다. 사람들은 웃어야 할지 말아야 할지 모르게 작성된 메뉴를 받게 되었다. 레스토랑들은 신성한 발표를 하듯 재료의 출처를 표기했다.("농부 데이브의 생명 역동 순무") 아니면 마치 걸 스카우트처럼 진지하고 어색하게 좋은 일을 하는 레스토랑인 척했다. 어떻게든 착해지고 싶어 안달이 난 것 같았다.("우리는 지구에 좋은 재료만 사용합니다.")

물론 나도 메뉴에 대해 생각해보았다. 몇 개월 동안 고민한 끝에 마침내 미겔이 미국의 해산물 공급 업체와 베타 라 팔마의 생선 수출 건에 대해 논의하기 위해 뉴욕을 방문하기로 했기 때문이었다.

블루 힐 뉴욕은 여전히 전통적인 알 라 카르트 메뉴를 선보이고 있었기 때문에 베타 라 팔마의 생선을 묘사할 단어를 찾아야 했는데 그게 쉽지 않았다. 그냥 '농어'라고 할 것인가? 농어는 그 이름만으로도 잘 팔린다. 이미 오래전에 르 베르나르댕의 르 코즈가 농어를 대중화시킨 덕분이다. 하지만 나는 그 농어가 그저 환상적으로 맛있는 생선이 아니라 양식의 미래이자 희망이기도 하다는 사실을 알리고 싶었다. 결국 '지속 가능한 농어sustainable sea bass'로 하기로 했다. 가장 덜 얄밉기도 하거니와 두운 효과도 있었으니까.

하지만 쓸데없는 고민이었다. 만남이 계획대로 진행되지 않았다. 첫 번째 공급 업체와 회의를 마친 미겔과 통화를 했는데 미겔은 그저 일이 잘 진행되었다고만 했다.(미겔은 누구에 대해서든 부정적인 말을 하는 것이 체질적으로 불가능한 사람 같긴 했다.) 계속 추궁하자 가져온 농어에 대해서는 말도 못 꺼냈고 맛도 보여주지 못했다고 했다. 그리고 농어 수출이 언제쯤 가능할지, 과연 가능하긴 할지 확신할 수 없다고 덧붙였다.

나는 미드타운 맨해튼에 있는 데이비드 패스터낵의 해산물 레스토랑 에스카에서 미겔 일행을 만나 점심을 먹기로 했는데 늦은 아침 블루 힐에 문제가 생겨 약속을 지킬 수 없게 되었다. 나는 패스터낵에게 전화해 누가 갈 건지 설명을 해놓았다.

내가 말을 끝내기도 전에 그가 내 말을 끊으며 이렇게 말했다. "이탈리안 양식업자를 보낸단 말입니까?" 앙헬 레온처럼 그도 양식 자체에 반대하는 입장이었다. 롱아일랜드 북쪽 해안에서 평생 어부로 살아왔던 패스터낵은 최고의 해산물에 병적으로 집착하는 사람이었다. 그는 정기적으로 몬톡과 로커웨이까지 낚시를 하러 다녔고 롱아일랜드에서 기차를 타고 얼음이 가득 든 통에 전날 잡은 생선을 담아오는 것으로 유명했다.

패스터낵은 미겔이 도착하자마자 입장을 분명히 했다. 미겔은 양식장에 관한 그의 질문에 대답하고 가져온 농어 몇 마리를 그에게 건넸다. 그는 부엌에서 바로 요리를 해 맛보고는 그 즉시 내게 전화를 했다. "완전 대박이야!" 낮고 차분한 목소리였다.(마치 직원들 앞에서 양식 생선에 감동받았다는 사실을 인정하고 싶어하지 않는 것 같았다.)

패스터낵은 조금도 지체하지 않았다. 베타 라 팔마의 농어를 맛본 그는 양식 생선의 미래에 대한 '작은 깨달음'을 얻었다고 했다. 그리고 미겔이 아직 식사를 끝내기도 전에 메인 주 포틀랜드에 있는 브라운 무역회사 소유주 로드 미첼에게 전화해 이 생선은 즉시 수입해야 한다고 그를 설득했다. 미첼은 미국에서 가장 중요한 해산물 공급업자 중 한 명이었는데 자기는 그저 '생선을 고르는 사람'일 뿐이라고 늘 겸손하게 주장했지만 사실 맞는 말이기도 했다. 미첼은 메인부터 캘리포니아까지 미국 최고의 요리사를 위해 생선을 엄선하는 사람이었다.

1998년 장루이 팔라댕을 만나면서부터였다. 팔라댕은 미첼을 알고 있는 지인을 통해 그가 다이빙을 한다는 사실을 알게 되었고 그래서 당시 미첼이 일하고 있던 메인 주 캠던의 한 와인 가게를 찾아갔다. 팔라댕은 가게를 살펴보았지만 미첼에 따르면 계속 창밖만 보았다고 했다.

"안개가 자욱하고 비가 오던 날이었어요." 미첼이 말했다. "그가 해변을 가리키며 가장 먼저 한 말은 그곳에 오니 고향 생각이 난다는 말이었어요. 그리고 틀림없이 맛있는 가리비가 있을 거라고 했지요. 저는 정말 그렇다고 대답했고요."

팔라댕은 그 시기에 가리비 맛이 최고라는 사실을 알고 있었다. 10월과 11월에 대서양의 물이 차가워지면 식물 플랑크톤은 해수면에서 바닥으로 가라앉는다. 가리비는 거위처럼 살을 찌워 겨울을 나기 위해 엄청난 양을 먹기 시작한다.

그다음 날, 미첼은 가리비를 따려고 만에서 가장 좋아하는 지역으로 가서 잠수를 했다. "장루이는 가리비를 보자마자 눈물이라도 흘릴 것 같았어요. 그 굵고 낮고 쉰 소리가 나는 프랑스 억양으로 이렇게 말했죠. '또 어떤 생선을 구해줄 수 있습니까?' 그게 사업의 시작이었죠." 그리고 사업은 점점 커졌다. 존과 서키 제이미슨의 풀만 먹인 양고기 사업을 도우며 소규모 농부들에게 영향을 끼쳤던 것처럼, 그리고 취미로 버섯을 키우는 사람을 버섯 농장 주인으로 만들고 소규모 우유 공급자를 치즈 장인으로 만들었던 것처럼 팔라댕은 미첼을 취미로 다이빙하는 사람에서 미국에서 가장 중요한 해산물 공급업자로 만들었다.

"갑자기 수요가 넘쳐나기 시작했어요." 미첼이 말했다. "장루이가 모든 요리사가 보는 조간신문 첫 면에 광고라도 실은 줄 알았다니까요. 저는 계속 다이버를 고용했죠. 그들도 믿기 힘들어했어요. 평생 재미로 가리비를 따왔는데 이제 뉴욕과 보스턴의 요리사들이 큰돈을 주고 그 가리비를 사려고 하잖아요."

이제 미국 전역의 수많은 레스토랑에서 '통통배로 잡은' 혹은 잠수부가 딴 가리비가 가장 달콤하고 맛있다는 인식이 자연스러워졌다. 물론 가장 지속 가능하기도 하다. 미첼이 다이버를 고용하기 전까지 가리비는 대부분 한 번에 길게는 한 시간까지 해저를 그물로 긁어 올리는 과정에서 잡힌 것들이었다. 다이버는 더 적은 양을 채취하겠지만 그들의 가리비는 딱 봐도 달랐다.(물론 손상도 적었다.)

가리비 철이 지나면 미첼은 요리사들에게 팔 다른 생선을 찾았다. "저는 그중에서도 최고만 확보했어요." 미첼이 말했다. "요리사들은, 미국 최고의 요리사들은 생선살에 비늘이 얼마나 붙어 있는지까지 알고 싶어하죠. 그들은 속일 수가 없어요. 그래서 우리는 늘 경매장에 붙어 있어요. 언제나요. 최고의 제품을 확보하지 않을 수 없으니까."

미첼은 그것이 특수 해산물 사업의 시작이었다고 말했다. 소규모 농부들을 위한 판로로 농산물 직거래 장터가 만들어진 것처럼 영세 어부들을 위한 판로가 개척되었다. 얼마 지나지 않아 미첼은 50개 주 전체에 해산물을 공급하게 되었다. 1990년대 초까지 미첼에게 별 관심이 없었던 질베르 르 코즈도 결국 그를 르 베르나르댕으로 초대했다.("그는 절 부엌으로 데려가서 빤히 쳐다봤어요. 긴장할 때 늘 그러듯 오른쪽 눈을 씰룩거리면서요. 그리고 이렇게 말했죠. '최고의 생선을 갖고 온 게 아니라면, 바로 잡아온 생선처럼 보이지 않으면 내 이름은 기억도 하지 마세요. 그냥 없는 사람이라고 생각하세요.'") 르 베르나르댕은 곧 브라운 무역회사에서 가장 많은 해산물을 구입하는 레스토랑이 되었다. 그리고 지금도 마찬가지다.

—m—

특수 해산물 시장을 통해 미국 요리사들은 완벽한 생선을 얻을 수 있게 되었다. 이는 영세 어부들에게도 좋은 사업이었다. 하지만 그들의 깐깐한 어획도 수산업의 일반적인 풍토에 반항을 일으키지는 못했다.

해저를 초토화시키는 저인망 공법 기술로 잡아 올린 해산물은 뭐든 먹을 수 있는 뷔페식당에 산처럼 쌓인 새우와 비슷하다. 줄어들지 않는 풍요로움의 상징이었다. 1980년대의 수산업 붐과 1990년대의 쇠퇴는 아름답게 끝나지 못한 파티나 마찬가지였다. 하지만 어부들은 좋은 생선을 너무 많이 먹어치우고 있다는 사실을 알고 있었다. 그리고 미래에 문제가 될 거라고 경고했다. 많은 어부가 규제를 주장했다.(어부들이 정부의 적극적인 개입을 원했을 때는 이미 심각한 상태였다.)

미첼은 팔라댕과 르 코즈가 그리고 두 사람의 뒤를 따르는 다른 요리사들이 특수 해산물 시장을 개척하지 않았다면 대형 어선이 예전에 바다를 싹쓸이해버렸을 거라고 확신했다. "아마 아직도 그러고 있었을 겁니다." 미첼이 말했다. "요리사들은 훌륭한 영세 어부들이 자기 역할을 깨달을 수 있도록 도와주었어요. 영세 어부들은 문제가 아닙니다. 해결 방법의 하나지요. 그들은 아직 어리거나 맛이 없거나 산란이 불가능한 생선이 아니라 지방이 많고 맛 좋은 생선을 제때에 잡아요. 대형 어선으로는 불가능한 일이지요."

하지만 요리사 또한 책임이 있다. 팔라댕과 르 코즈는 수요를 창출하고 공급처를 확보함으로써 수산업을 뒤흔들었다. 아이러니한 일이다. 그 두 남자는 요리사가 질 좋은 해산물에 접근하는 데 가장 큰 공을 세우고 미국인에게 새로운 바다의 맛을 소개했지만 그들이 홍보했던 수많은 생선의 감소에 촉매 역할을 했다.(하지만 두 사람은 이를 목격하기 전에 세상을 떠났다. 르 코즈는 1994년 마흔아홉의 나이로 심장마비에 걸렸고 팔라댕은 2001년 쉰다섯에 폐암으로 사망했다.)

아무도 생선의 가파른 감소를 예측하지 못했다. 어쩌면 앙헬에게 그 인기 없는 생선도 곧 유명해질 거라고 경고했던 칼이 유일했는지도 모른다. 하지만 칼마저도 그 급속한 속도에 놀랐다. 아귀나 홍어처럼 한때 풍요로웠던 생선이 그렇게 빨리 사라진 것은 20년 전 르 코즈의 공이 컸다. 요리사의 영향력은 심오했다. 그리고 여전히 그렇다.

얼마 전 미첼이 포틀랜드 수산물 거래소를 방문한 후 내게 전화를 했다. 요즘은 하루에 약 3000킬로그램의 생선을 잡는다고 했다. "9000킬로그램을 잡은 날에는 어부들이 이렇게 말해요. '와, 생선이 엄청나구먼!' 1988년에 하루에 9만 킬로그램씩 잡고 우리가 하던 말이었죠."

그와 같은 생선 양의 감소는 요리사에게 새로운 고민거리를 던져주었다. 생선 양의 가파른 감소에 따라 가격이 급격히 상승하면서 젊은 요리사 세대는 생선 수급에 어려움을 겪고 있다. 그들은 암울한 미래에 대해 이렇게 묻는다. 수산업 발전의 답은 관리인가? 아니면 생선 요리를 덜 해야 하는가? 아니면 지역 생선을 줄여야 하는가? 덜 유명한 생선을 더 먹어야 하는가? 아니면 양식 생선을 더 먹어야 하는가?

지난 20여 년 동안 요리사들은 특정한 생선의 섭취량을 줄이는 데 영향력을 발휘해왔다. 이 생선에는 엄지를 들고 저 생선에는 엄지를 내렸다. 1990년대 말 큰 효과를 발휘했던 '황새치에게 휴식을!' 캠페인이 바로 그 예다. 미국 전역에서 700명 이상의 요리사가 가장 인기 있던 그 메뉴를 없애기로 약속했고 곧이어 수천 명의 요리사가 뒤따랐다.

잘 관리되고 있는 특정한 어장을 알리며 (“통통배로 잡은 채텀 대구” “알래스카 킹 연어” “다이버가 딴 메인 가리비” “낚싯줄로 잡은 대구” “지속 가능한 농어” 등) 불레이를 따라 여기저기서 시도했던 다양한 형식의 메뉴도 다소 억지스러운 감이 없지 않지만 대중의 인식을 높이고 올바른 수산업을 지켜나가기 위한 또 다른 방법이다.

그럼에도 불구하고 문제는 남는다. 그처럼 맛있고 지속 가능한 대안을 널리 알리며 우리도 모르게 그들의 미래 또한 암울하게 하고 있는 것은 아닌지.

22장

참치를 보호하는 길

리사, 칼과 점심을 함께하는 자리에서 앙헬이 고대의 참치 조업 방식인 알마드라바에 대해 언급했을 때, 알마드라바는 마치 중요하고 가치 있지만 꼭 가서 볼 필요는 없는 박물관 전시품처럼 들렸다. 앙헬과 칼의 점심 토론을 관망하며 나는 앙헬의 의도는 좋지만 그가 알마드라바에 대해 잘못 생각하고 있을지도 모른다는 생각이 들었기 때문이었다. 결국 알마드라바에 대해 제대로 모른 채 나는 참치 조업(하지 말라)과 지속 가능성(생태가 문화에 우선한다)에 대해 단호한 입장을 갖고 있는 칼의 편을 들었다. 멸종해가고 있는 종의 어획을 불법화하자는 데 어떻게 동의하지 않을 수 있단 말인가?

그런데 6개월 후, 앙헬이 리사에게 전화를 해 베타 라 팔마의 미겔과 손을 잡고 흥미로운 새 프로젝트를 준비하고 있다고 알렸다. 손을 잡았다고? 내가 앙헬에게 마지막으로 들은 말은 베타 라 팔마는 찾아가볼 가치조차 없는 곳이라는 말이었다. 처음에는 약간 질

투가 나더니 나는 곧 더 알고 싶어 안달이 났다. 그리고 앙헬과 미겔의 동업은 상호 보완적인 당연한 결과라는 생각이 들었다.

약 일주일 후 앙헬이 내게 직접 전화를 해 '그 혁명적인 새 프로젝트를 세상이 알기 전에' 내가 가장 먼저 두 눈으로 확인하길 바란다고 말했다. 그리고 내게 그가 존경하는 알마드라바 어선의 선장 한 명이 참치를 잡으러 나갈 때 내가 배에 타도 좋다고 허락했다는 사실을 알려주었다.

앙헬과 통화를 마치자마자 리사에게 전화가 왔다.(리사도 탑승 허락을 받았다.) "외부인이 알마드라바를 체험할 수 있는 정말 흔치 않은 기회예요!" 리사가 말했다. "게다가 다른 나라 사람이!"

나는 미겔에게 연락을 해 그 기회에 대해 어떻게 생각하는지 물었다. 수화기 너머로 침묵이 흐르더니 미겔이 이렇게 말했다. "당연히 강요하는 건 아니지만 저도 같이 갈 수 있는 방법이 혹시 없겠습니까? 그건 제 꿈이었어요."

며칠 후 앙헬이 마지막으로 내게 전화해 이렇게 말했다. "오세요. 로마식대로 합시다." 그래서 나는 갔다.

리사, 미겔, 나는 알마드라바 탐험 전날 저녁 스페인 최남단 지역 카디스 주 바르바테 시에 있는 레스토랑 엘 캄페로에서 만나기로 했다. 대서양과 지중해 사이의 '구둣주걱'인 그 지역은 해변이 값싼 여행자 거리가 되기 전, 작은 마을과 그림 같은 해안선이 있는 옛 시절을 떠올리게 했다. 카디스에는 온기도 있었는데 그건 타들어가

는 지중해의 태양 때문만은 아니었다. 사람들은 친절하고 편안해 보였다. 어찌 보면 너무 늘어져 있는 것 같기도 했다. 카디스의 어마어마한 실업률은 수십 년 동안 스페인 최고를 기록하고 있었다.

해안을 따라 늘어선 알마드라바 지역 중 가장 유명한 곳이 바르바테였고 레스토랑 중에서는 엘 캄페로가 참치 요리의 시작이었다. 브루클린이나 버클리라면 엘 캄페로 같은 곳을 노즈 투 테일 레스토랑이라고 할 것이다.(어쩌면 과소평가일지도 모른다. 엘 캄페로에서는 참치 머리, 심장, 귀, 정소까지 주문할 수 있으니까.) 하지만 밝은 실내는 별 특징도 과한 치장도 없었다. 동물 전체를 활용해 요리한다는 법석도 호들갑도 없었다.

미겔을 기다리고 있을 때 리사가 블루 핀 참치가 어떻게 그곳 삶의 방식을 결정하는지 설명해주었다. "이누이트에게 눈을 묘사하는 단어가 50개가 넘는 것처럼 바르바테 사람들에게는 참치 부위를 지칭하는 단어가 25개나 있어요. 그건 유행도 아니고 까다로워서도 아니에요. 바르바테 사람에게 참치는 스페인 사람에게 하몬 이베리코와 같으니까요. 그 지역의 정체성과 깊이 연결되어 미식으로 발현되는 문화죠."

리사의 이야기를 들으며 나는 그때까지 몰랐던 사실을 깨달았다. 미겔과 베타 라 팔마는 (그리고 에두아르도와 데에사는) 내게 엄청난 인상을 남겼다. 거기에 리사의 공이 있었다. 애초에 리사가 통역해주었기 때문에 방문할 수 있었지만 그 이상으로 더 잘 이해할 수 있었던 것은 리사가 제공해준 요리와 역사·종교·문화적 배경에 대한 방대한 지식 덕분이었다.

팜 투 테이블 요리 혹은 어떤 형태로든 지속 가능성을 고려하는 요리는 보통 맛있는 음식 이상의 의미를 내포하고 있다. 농부와 요리사의 관계 혹은 공동체와 생태의 관계, 즉 음식 이면의 이야기가 음식 자체보다 더 중요할 수 있다.(하몬은 맛있지만 2000년간 변치 않은 풍경의 표상인 하몬은 그 맛 이상의 가치가 있다.) 주로 웨이터와 요리 저술가들이 리사처럼 통로의 역할을 한다. 스톤 반스에서는 교육 센터가 농장과 레스토랑 사이의 간극을 이어주는 다리의 역할을 수행한다. 하지만 여기 스페인에서 경험의 의미를 깨우치기 위해서는 언어와 문화에 대한 폭넓은 지식을 깊이 이해하고 있는 리사 같은 통역자가 필요하다.

미겔이 도착했다. 그는 기운이 넘쳐 보였다. 그리고 중국에서 여자아이를 입양해 최근까지 중국 역사 강의를 듣느라 몹시 바빴다고 했다. 중국어를 배운 지도 1년이 다 되어가는데 어렵고 힘들었지만 노력할 가치가 있다고 말했다. “아기는 물론 스페인 사람이 되겠지요. 하지만 자기가 누구인지도 알아야 하니까요.”

아름다운 초저녁이었다. 밝은 태양빛이 건물 사이사이로 숨어들고 있었다. 내가 웨이트리스에게 텅 비어 있는 야외 좌석으로 자리를 옮겨도 되는지 묻자 그녀는 당황한 듯 나를 바라보았다. 우리가 밖으로 나간 후에도 정말로 밖에 앉으려고 하는지 믿을 수 없어하는 눈치였다. 그리고 스페인어로 뭐라고 빠르게 말하더니 이렇게 외쳤다. “레반테(돌풍이라는 뜻의 스페인어)!” 이번에는 내가 당황한 것처럼 보였는지 그녀는 ‘관광객이죠?’하는 표정으로 리사와 미겔을 바라보았다.

우리를 만나러 오는 길에 미겔도 돌풍에 관한 경고를 들었다며 역사적으로 그 지역 어부들을 괴롭혀온 강한 바람이라고 설명해주었다. 바람이 최고로 강할 때 죽은 자들의 혼이 무덤에서 빠져나와 불어온다고 믿는 어부도 있다고 했다. 프랑스 남부에서 주로 겨울에 부는 춥고 거센 바람 미스트랄처럼 그 바람이 사람을 이상하게 만든다고 믿는 곳도 있다. 어쨌든 바람의 방향에 따라 규정되는 그 돌풍의 존재는 어부의 수확량과 그에 따른 생존 방식, 즉 어부의 운명을 결정한다.

웨이트리스가 맥주를 가져오면서 불편한 건 없는지 물었다. 나는 바람 한 점 못 느꼈다. 곧 바람이 불어닥칠 것 같은 조짐도 없었다. 하지만 그녀는 몹시 걱정했고 우리가 괜찮다고 안심시킨 후에야 책임감에서 벗어난 듯 어깨를 들썩이며 사라졌다.

맥주를 두 잔 마신 미겔은 의자에 몸을 파묻고 시내를 바라보았다. 저물어가는 빛이 바르바테의 쓰러져가는 집들의 벽에 색을 입히고 있었다. 나는 베타 라 팔마에 대해 물었다. 농어를 곧 뉴욕에 선보이려면 급격한 변화가 있어야 할 것이다. 하지만 미겔은 그 가능성에 대해 그렇게 신나하는 것 같지 않아 보였다.

"서류만 준비되면 당장 가능합니다." 미겔이 말했다. "이제 빠져나올 수 없는 소용돌이에 휘말린 셈이죠." 그리고 갑자기 정신을 차린 듯 이렇게 덧붙였다. "좋은 쪽으로요."

미겔이 화장실에 다녀오겠다며 자리를 비웠다. 나는 리사에게 어떻게 소용돌이가 좋을 수 있을지 물었다. 어쩌면 미겔은 농어 수출 건으로 스트레스를 받고 있는지도 몰랐다. 웨이트리스가 음료를 더 들고 왔을 때 리사가 어깨를 들썩이며 이렇게 속삭였다. "바람 때문일 수도 있죠."

미겔이 돌아오자 나는 생선 수출 건에 대해 혹시 마음이 바뀐 건 아닌지 물었다. "아니, 아닙니다. 몹시 흥미로운 일이에요. 하지만 얼마나 많은 농어를 팔아야 할지가 걱정이죠." 나는 수요만 많다면 베타 라 팔마가 생선 판매량을 늘릴 수 있을 거라고 생각했기 때문에 그의 말에 약간 놀라 더 정확히 말해달라고 부탁했다.

"맞습니다. 확실해요. 판매량을 늘릴 수 있죠. 요리사들이 농어만 원하는 게 아니라면 말이죠. 지금 당장은 해마다 1200톤의 생선을 출하할 수 있습니다. 그중 900톤이 농어예요. 농어를 파는 데는 전혀 문제가 없어요."

나는 뭐가 문제인지 모르겠다고 말했다. "양식장의 자연 복원력을 유지하며 최대로 생산할 수 있는 양이 약 2000톤 정도 될 겁니다." 그가 말했다. "그 이상이 되면 질이 떨어지거나 양식장에 피해가 될 거고요." 2000톤은 많은 양은 아니다. 뉴욕의 요리사들이 그 맛을 본다면 공급량은 며칠 만에 동이 날 것이다. 라스베이거스나 샌프란시스코, 로스앤젤레스에 있는 로드 미첼의 유명한 거래처까지 전부 포함한다면 몇 시간 만에 동이 날지도 모른다. 미겔이 고개를 끄덕였다.

리사가 가만히 듣고 있다가 이렇게 물었다. "다른 생선이 잘 팔리면 생산량을 늘릴 수 있나요?"

"맞아요." 미겔이 당황스러움과 안도감이 뒤섞인 표정으로 리사를 보며 말했다. 어쩌면 그렇게 빤한 질문을 드디어 받았기 때문에 안도했는지도 몰랐다. "맞아요. 정확합니다. 농어는 전에도 설명 드린 것처럼 오래 길러야 합니다. 적어도 3월부터 10월까지요. 양식장의 자연 생산능력에 따라 더 오래 걸릴 수도 있고요. 농어는 식물 플랑크톤, 동물 플랑크톤, 새우 같은 갑각류, 작은 야생 어류를 먹고 살아요. 물론 마른 사료나 어분으로 대체되는 시기도 있고요."

"모든 생선에 해당되는 것 아닙니까?" 내가 물었다.

"아니요. 전혀 그렇지 않아요." 미겔이 맥주잔을 옆으로 치우고 앞으로 당겨 앉았다. "예를 들면 숭어는 아무거나 잘 먹어요." 미겔은 내가 이해했는지 확인하려고 잠시 말을 멈췄다. "사료는 안 줘요. 아무것도요. 농어가 적극적인 포식자라는 사실을 기억해야 합니다. 농어는 육식이고 생태 네트워크 꼭대기에 있어요. 농어를 기르려면 초식인 숭어보다 훨씬 많은 에너지가 필요합니다. 숭어는 기르는 데는 물론 산란하는 데에도 에너지가 덜 필요해요. 열역학 제2법칙이 생태계에도 마찬가지로 적용되죠. 사실 그게 생태학의 근본입니다. 생태계에는 그다지 많은 규칙이 필요하지 않으니까요."

바로 그때 갑자기 강한 바람이 들이닥쳤다. 마치 누가 전원을 켠 것 같았다. 순간 굉장한 공기의 흐름이 우리 셋과 테이블을 동시에 들어 올릴 뻔했다. 그리고 갑자기 아까처럼 바람이 뚝 멈췄다. 다시 고요해지자 무시무시한 느낌만 남았다.

미겔은 태평해 보였다. "숭어는 여과 섭식 생선입니다. 과도한 영양소를 처리해줘요. 가장 중요한 두 가지만 말하자면 질소와 인입니다. 숭어나 다른 여과 섭식 생물이 영양소를 먹어치우지 않으면 그 영양소가 점점 쌓이게 되죠."

"조류가 생기는 거죠." 내가 잘 이해하고 있다는 뜻으로 말했다.

"맞아요." 미겔이 다시 의자에 등을 기대며 말했다. "숭어가 우리 일을 대신해줍니다. 그게 바로 생태 네트워크죠. 숭어가 네트워크의 주춧돌이에요. 숭어를 팔 시장만 존재한다면 그 네트워크 안에서 숭어 생산 비율을 두 배로 늘릴 수 있을 겁니다."

"그게 문제네요." 내가 말했다. "숭어라…… 팔기 쉽지 않죠." 미겔이 공감의 뜻으로 고개를 끄덕였다.

"제가 아무래도 엉뚱한 생선과 사랑에 빠진 것 같네요." 내가 말했다.

"상업적 가치는 최고지만 생태학적 가치는 가장 낮은 생선과 사랑에 빠진 거죠. 말하자면 엉뚱한 생선이라고 할 수 있겠네요." 그가 말했다.

—ɯ—

저녁 식사는 안에서 하기로 했다. 저녁을 먹을 때 바르바테 시장이 우리를 환영하러 오기로 했다고 앙헬이 전해주었다. 식당에서 기다리는 동안 리사가 그와 통화를 했다.

"지금쯤이면 이미 들으셨겠지만" 시장이 자기소개도 생략하고 말했다. "돌풍 때문에 난립니다."

"알마드라바가 불가능할 수도 있다는 말인가요?" 리사가 다그쳤다. "그걸 보려고 멀리서 여기까지……."

시장이 말을 끊었다. "리사 씨, 여기는 바르바테입니다. 불가능한 건 없어요." 그리고 곧 우리가 있는 곳으로 오겠다고 약속했다.

메뉴를 기다리는 동안 리사가 알마드라바에 대해 설명해주었다. 리사는 냅킨 뒷면에 스페인 남부의 윤곽선을 대충 그렸다. 그리고 스페인 남쪽 끝에 X를 그리며 말했다. "우리가 있는 곳이 여기에요. 아프리카가 바로 아래에 있고요." 리사는 아프리카 대륙 서북쪽 끝에 있는 모로코 해안선을 그렸다. 그리 멀지 않았다. 지브롤터 해협이 두 나라를, 두 대륙을 가르고 있었다. 거리가 13킬로미터밖에 되지 않아 지리적 구분이 무색할 정도로 물길은 강과 비슷했다.

"지브롤터 해협은 물론 여기서 대서양과 만나죠." 리사가 바르바테의 왼쪽에 대서양을 표시했다. "그리고 지중해는 여기고요." 해협 너머 바르바테 동쪽으로 멀리 떨어진 곳에 X를 그렸다. "그러니까 참치는 본능에 따라 대서양에서 지중해로 들어와 알을 낳으려고 하죠. 알마드라바의 미로 같은 그물은 해안을 따라 이렇게 쳐지는 거고요." 리사는 바르바테를 포함해 해안을 따라 늘어선 도시를 선으로 연결했다.

"참치가 해협으로 들어올 때, 물론 요즘에는 그렇게 많이 들어오진 않지만, 그중 일부가 해안 가까이 헤엄쳐 와요. 그때 그물 안으로 들어오게 되고 그물은 5월 중순부터 어획 가능량과 날씨, 참치 개체 수에 따라 6월이나 7월까지 물속에 쳐져 있게 되죠. 참치는 점점 더 구멍이 작은 그물로 이동하다가 마지막 구역에 다다라요. 그게 대충 축구장만 한 크기고요. 그때 레반타('들어 올리다'라는 뜻으로 돌풍이라는 뜻의 레반테levante와 잘 구분할 것)가 시작되죠. 그물을 들어 올리는 거예요."

그물눈이 커서 아직 산란하지 못하는 작은 참치는 빠져나가 지중해로 계속 헤엄쳐 나갈 수 있다. 거기서 산란을 하고 다시 대서양으로 되돌아간다.

웨이터가 얇게 잘린 참치 뱃살을 가져왔다. 이상하게도 젓가락, 간장, 고추냉이와 함께였다. 스페인 남부 전통 요리 전문 레스토랑에 어울리지 않는 조합이었다. 나는 캐럴라인 베이츠를 위해 참치를 요리했던 그 운명적인 날 이후로 참치를 요리하지 않았다.(먹지도 않았다.) 그 기억과 지난 몇 년간 배운 모든 지식 때문에 그다지 배가 고프지 않았다. 나는 손도 대고 싶지 않았지만 그렇다면 블루핀 참치만 제공하는 레스토랑에서 도대체 뭘 한단 말인가?

미겔은 전혀 죄책감 없는 모습으로 내가 젓가락을 들기도 전에 접시를 거의 다 비웠다. "아주 좋아합니다." 그가 열심히 먹으며 말했다. "고추냉이를 먹으면 탄자니아에서 먹었던 인도 음식이 생각나요. 정말 맛있었는데!"

지속 가능성을 외치며 토로에 달려드는 것만큼 황당한 장면이 있다면 아마 나도 그 장면의 주인공쯤 될 것이다. 엘 캄페로의 요리사 페페 멜레로가 갑자기 우리 앞에 나타났다. 페페는 키가 작고 땅딸막했으며 비바람에 거칠어진 얼굴은 동그랬다. 작고 우묵한 두 눈 때문에 콧수염이 더 덥수룩해 보였다. 우리가 소개를 하는 동안 페페의 눈동자가 부지런히 움직였다. "앙헬이 참치 맛보기 메뉴를 준비해달라고 부탁했습니다." 그가 수줍어하며 말했다. 미겔도 찬성의 뜻으로 고개를 끄덕이며 웃었다.

나는 내 접시 위에 놓인 간장 종지를 가리키며 일본의 영향에 대해 물었다. 페페에 따르면 약 30년 전, 동해에서 참치를 구하기가 점점 힘들어지면서 일본 사람들이 바르바테와 인접 도시로 들어오기 시작했다. 알마드라바 참치의 품질에 감동받은 일본 사람들은 곧 많은 양을 수입하기 시작했고 일본에서 현장을 조사하기 위한 배도 도착했다. 그 당시 스페인에서는 여전히 참치를 통조림이나 보존식품으로 만들고 있었다. 날 참치를 먹는 전통은 없었다. 기회라고 생각한 페페는 일본에서 온 배 선장의 개인 요리사를 부엌으로 초대했다.

"보는데 정말 놀라웠습니다." 보고 있을 수밖에 없었다고 하긴 했다. 일본 사람들은 스페인어를 못 했고 그도 일본어를 몰랐으니까. 일본 요리사는 참치를 배부터 가르는 완전히 새로운 방법을 보여주었다. "일본 사람들은 지방을 따라 칼질을 해야 한다고 강조하고 또 강조했어요. 그게 모든 부위의 맛을 바꾸었죠."

죽이는 방법도 마찬가지였다. 약 3000년 동안 참치는 목에 갈고리가 걸려 배로 끌려와 죽을 때까지 심하게 맞았다. 잔인한 방식이었다. "끔찍하고 잔인했어요." 페페가 애처롭게 말했다. 하지만 일본 사람들이 새로운 방법을 보여주었다. 그물을 올려 꼬리에 줄을 묶은 다음 참치를 들어 올려 목을 따기 전에 얼음 통에 집어넣었다.

"그게 바로 베타 라 팔마의 방식입니다." 미겔이 황급히 끼어들며 말했다. "그게 가장 중요하지요." 스트레스를 최소화해 생선을 잡으니 맛이 월등해졌고 그에 따라 가격도 상승했다.

"이제 참치의 최후는 달콤함과 차가움입니다. 그 전에는 훨씬 잔인했죠." 페페가 참치 마지막 순간의 역사를 되짚으며 말했다. "더 볼 만하기도 했고요."

리사가 일본 사람들이 알마드라바 참치를 선호하는 이유에 대해 말한 적이 있는지 페페에게 물었다. "지방 때문이죠!" 페페는 그렇게 대답하더니 갑자기 진지해졌다. "전설에 따르면 참치는 살다가 어느 때가 되면 지중해에서 들려오는 노랫소리를 듣는답니다. 그때가 살이 최고인 때이자 참치를 먹기 가장 좋은 때죠. 어쨌든 노랫소리를 듣고 알을 낳으러 갑니다. 그런데 참치가 그물 안으로 들어오는 건 왜일까요?" 그가 그 자리에 모인 사람을 둘러보며 물었다. 아무도 짐작조차 하지 못한다는 사실에 신이 난 것 같았다. "그에 관한 전설도 있어요. 지방이 두둑한 참치 뱃살이 마치 임신한 여자처럼 가려워진다는 겁니다. 그래서 가려움을 해결하려고 더 낮은 쪽으로 헤엄쳐오는 거지요. 그때 그물에 걸리는 겁니다."

페페가 참치에 대한 전설을 들려주고 있을 때 나는 충동적으로 토로 한 조각을 간장에 찍어 입속에 넣었다. 믿을 수 없는 맛이었다. 지금까지 먹어본 어떤 참치보다 더 진하고 풍부한 맛이었다. 나는 페페에게 그렇게 말했다.

"음, 맞아요." 그가 이해한다는 듯 말했다. "알마드라바 참치는 맛이 최고죠. 모든 에너지가 근육 내 지방을 만드는 데 쓰여 완벽한 풍미를 자랑하는 참치가 되니까요." 나는 데이비드 불레이가 선보였던 코퍼 강 연어가 떠올랐다. 나는 일본 사람들이 알마드라바 참치를 사는 이유가 점차 줄어드는 어획량 때문이라고 생각했었다. 참치를 세상에서 가장 사랑하는 입맛을 만족시키기 위한 어쩔 수 없는 선택이라고. 하지만 그 순간, 뛰어난 맛 때문이기도 할 거라는 생각이 들었다.

페페도 힘차게 고개를 끄덕였다. "하지만 최근 몇 년 동안 지방의 양이 심각하게 줄어들고 있어요. 믿기 힘들지만 사실이에요. 며칠 전에 우리 요리사 한 명이 참치 목살을 구웠는데 팬을 예열하고 올리브 오일을 붓는 게 아닙니까. 뭐가 문제겠습니까, 안 그래요? 그런데 저는 너무 화가 나서 그 요리사를 부엌에서 내쫓을 뻔했지 뭡니까. 그의 잘못은 아니었어요. 제가 약간 흥분했던 겁니다. 제가 그 친구 나이였을 때 모리야는 지방이 충분하다 못해 넘쳐흘러 전혀 기름을 두를 필요가 없었으니까요. 천연 지방이 굽고도 남을 정도로 빠져나왔어요. 참치는 저절로 구워졌죠."

시장이 도착했다. 그는 신속히 식당을 가로질러 오면서 손님들과 악수를 하고 나이 많은 남자의 머리를 뒤에서 붙잡고 양 볼에 키스를 하면서 또 다른 손님에게 집게손가락을 총처럼 겨누었다. 그리고 리사의 양 볼에 키스를 하는 동안 한쪽으로 손을 내밀어 내게도 악수를 청했다.

"감사합니다." 그가 소개의 의미로 나를 향해 말했다. "말씀 많이 들었습니다. 오늘은 바르바테에 몹시 중요한 날입니다. 내일 3000년 동안 내려온 우리 전통을 보존하는 데 도움을 주시게 될 겁니다. 전통을 지키기 위해 싸워야죠. 물론 싸우고 있습니다." 그는 마치 신도들에게 착석을 명하는 목사처럼 우리에게 앉길 권했다. "물론 바람만 방해하지 않으면요." 그가 겉옷을 벗으며 리사에게 말했다. "영어로 뭐라고 하죠? 완전 미치겠습니다."

다른 웨이터가 와서 빈 토로 접시를 치웠다. 시장이 물었다. "마음에 드셨습니까?" 그리고 대답도 기다리지 않고 말했다. "훌륭해요. 정말 훌륭하지요. 제가 어렸을 때 매년 이맘때면 참치가 어찌나 많은지 해변으로 줄줄이 떠밀려 와 쌓이던 게 아직도 생각납니다. 배에 큰 이빨 자국이 나 있었지요. 상어도 알았던 겁니다!"

두 번째 코스가 도착했다. "모하마입니다." 웨이터가 소금에 절인 참치를 가리키며 말했다. 모하마는 유명한 스페인 요리로 며칠 동안 소금에 절인 다음 씻어 지붕 위에서 뜨거운 태양과 강한 바람에 말린다. 미겔이 얇게 썬 참치를 집어 들며 말했다. "바다의 햄이죠." 시장은 미겔에게 바로 그렇다는 눈빛을 날렸다.

손가락으로 한 조각을 들어 살펴보니 모세 혈관처럼 가늘고 흰 지방 무늬가 놀라웠다. 보통 기름기가 적은 그 부위에 지방이 있는 건 처음 보았다. 그것을 보니 에두아르도가 빛을 향해 들어 올렸던 하몬 이베리코가 또 떠올랐다. 거미줄 같은 지방의 줄무늬는 '대지의 완벽한 표상'이었다. 나는 바다의 완벽한 표상을 허겁지겁 먹어치웠다.

시장이 말을 이었다. "그때는, 1960년대까지는 모든 사람이 참치로 먹고 살았습니다. 생선을 잡고 가공하고 절이고 캔에 담는 그런 곳이 엄청나게 많았지요. 바르바테 사람들은 팔고 남은 것만 먹었어요. 팔 수 있는 건 전부 스페인 전역으로 팔려 나갔고. 누가 돈이 되는 걸 먹겠습니까? 하지만 남은 것도 환상이었어요. 모리야처럼 말입니다. 늘 인기가 많았어요. 모리야에 지방이 풍부해서 기름도 필요 없다는 말을 페페가 이미 했습니까?" 우리는 고개를 끄덕였다. "페페는 그 이야기를 얼마나 좋아하는지 몰라요. 저도 동의하는 바고요."

시장은 갑자기 자리에서 일어서더니 막 식당 안으로 들어온 지역 주민 두 명을 맞이했다. 그리고 웨이터가 접시를 치우는 동안 다시 자리에 앉아 이야기를 시작했다. "우리는 참치에 흠뻑 빠져 있었어요. 그런데 1960년대 말에 참치 산업이 갑자기 망해버렸습니다."

"참치가 줄어들어서요." 내가 아는 체를 했다.

"아닙니다. 멸치 때문이었어요!" 그렇게 말하더니 또 자리에서 일어나 나이가 지긋한 손님과 악수를 했다.

그리고 다시 자리에 앉으며 웨이터에게 맥주를 더 가져오라는 신호를 보냈다. "아닙니다. 바르바테 사람들이 멸치를 잡기 시작했어요. 더 수익이 좋았거든요. 그렇게 된 겁니다. 멸치가 훨씬 돈이 됐고 게다가 참치는 일 년에 석 달밖에 잡을 수 없으니까요. 석 달간 힘들긴 또 얼마나 힘든지 몰라요. 최근에 들어서야, 정부가 참치 조업 날짜를 규제하기 시작한 후부터, 그리고 세상이 참치 조업을 금지하라고 적극적으로 나서기 시작한 후부터 여기 사람들은 이렇게 말하죠. '잠깐, 이건 우리 전통이라고!' 전통을 없애려고 하니까 다시 중요해진 겁니다."

다음 요리는 참치 심장이었다. "이걸 드셔보십시오." 시장이 말하는데 그의 휴대전화가 울렸다. "엄청 좋아하실 겁니다." 심장은 반들반들했고 얇게 썰려 있었다. 마치 질긴 소고기에 마지막으로 바다의 풍미를 더한 것 같았다.

"내일 탈 배의 선장이에요." 시장이 휴대전화 송화기를 막으며 말했다. "바람이 너무 심하답니다."(리사가 내게 손짓을 하더니 이렇게 속삭였다. "바람은 무슨 바람, 망할 돌풍이지.")

웨이터가 이번에는 막대기에 막대사탕처럼 줄줄이 꽂힌 우에바(어란)를 들고 나타났다. 우에바가 정확히 무엇인지 리사와 미겔의 의견이 달랐지만 논란은 곧 그것이 생식샘(정소)이냐 아니냐로 변했다. "아닙니다. 정소는 아니에요. 이건 분명히 그것보다는 더 고상한 겁니다." 미겔이 말했다.

시장이 다시 송화기를 막고 단언하듯 말했다. "불알."

"시장님." 미겔이 몹시 진지하게 대꾸했다. "포유동물과 비교할 수는 없어요."

시장은 어깨를 들썩이며 전화 통화를 마쳤다. "제 권한은 아닙니다. 정말로. 내일 아침에 결정을 내린답니다. 열 시까지요. 바람이 불지 않길 기도하세요."

또 다른 참치 요리가 도착했다. 요리사 페페가 말했던 대로 엄청난 기름에 구워진 것 같은 모리야였다. "저도 한입 들겠습니다." 시장이 말했다. "이건 인정하지 않을 수 없으니까요." 웨이터가 시장 앞에 접시를 놓아주었다. "저는 참치를 사랑합니다." 시장이 말했다. "하지만 일 년에 석 달만 먹지요. 부활절부터 해가 가장 긴 산후안 날까지는 온통 참치만 생각해요. 그때가 아니면 안 먹어요. 생각조차 안 합니다."

나는 그의 아이들 세대도 블루 핀 참치를 즐길 수 있을 것 같은지 물었다. 그는 신중하게 대답했다. "기본적으로 참치 산업 자체는 문제가 아닙니다. 어획량이 정해져 있고 개체 수도 크게 늘었어요."

어쩌면 내일 아침에 알마드라바가 취소될지도 모른다고 아직도 속상해하고 있었을 리사가 블루 핀 참치의 감소에 관한 여러 통계 자료를 제시하며 의문을 제기하자 시장은 혹시 누구한테 이야기가 새 나갈까 초조하게 식당 안을 둘러보며 말했다.

"우리는 누구의 사업도 빼앗고 싶지 않아요. 우리는 3000년 동안 이 일을 해왔어요. 일본 사람들은 30년이죠. 그리고 그때부터, 어쨌든 사람들이 그렇게 얘기해요. 참치가 90퍼센트 이상 감소하기 시작한 겁니다." 시장은 상식적으로 생각해보라는 표정으로 리사를 바라보았다. "알마드라바로 잡는 참치는 한 해 700톤입니다. 거대 트롤어선이 하루에 잡는 양과 같죠. 말해보세요. 우리가 문제입니까?"

나는 최근에 알마드라바 참치를 거의 다 사 가고 있는 일본 사람들에게 좋지 않은 감정이 있는지 물었다.

"일본 사람들은 아무 잘못이 없습니다." 그가 큰 소리로 말했다.

"좋은 파트너예요. 훌륭하지요. 문제는 없어요. 전혀. 도쿄에서 카디스까지 직항기라도 운행하고 싶어요. 일본 사람들이 모자를 쓰고 카메라를 들고 해변을 거닐면서 참치도 잡을 수 있겠죠." 그는 모리야 접시가 비워지는 동안 잠깐 말을 멈췄다. "몇 년 전에 일본 대사가 바르바테에 왔습니다. 저는 대사 부인의 양 볼에 키스를 했어요. 그랬더니 몹시 화가 났나 봐요. 그런데 말입니다? 상관없어요. 스페인에 왔으니 우리 방식대로 해야죠. 물론 제가 일본으로 초대된다면 그땐 달라야겠지만."

마지막으로 통째로 구운 생선 요리가 나오는 동안 시장은 카디스의 미래에 일본 사람들이 끼칠 영향력에 대해 감사하는 마음과 유감스러워하는 마음 사이를 갈팡질팡하는 듯했다. 그와 같은 양면 감정을 느낄 법도 했다. 카디스는 최고가로 참치를 사가는 일본 사람들에게 의지하고 있었다. 동시에 그 수요는 참치의 멸종을 부추기고 알마드라바라는 전통과 그 도시 자체를 위협하고 있었다.

"개체 수를 늘리기 위해 몇 년 동안 알마드라바를 중단해야 할지도 모릅니다. 하지만 우리가 중단하면 모든 사람이 중단해야 합니다." 시장은 불가능을 인정한다는 표정으로 조용히 덧붙였다. "우리가 어떻게 할 수 있겠습니까? 우리는 일 년에 삼 개월만 우리 생선을 잡는 것뿐입니다." 시장은 말을 멈추더니 나를 보며 말했다. "3000년 동안 그렇게 해왔어요."

다음 날 아침 리사, 미겔, 그리고 나는 바르바테의 부둣가에 있는

한 바에서 시장을 만나기로 했다. 벽돌이 깔린 텅 빈 거리에 바람이 휘몰아치며 쓰레기만 날리고 있었고 배들은 해변에 묶여 있었다. 그날 조업에 관한 결정은 열 시에 내릴 테지만 시장은 알마드라바 선박 네 척을 갖고 있으며 그물의 중요한 부분을 관리하는 디에고 크레스포 세비야와 아침 식사를 함께할 수 있는 자리를 마련했다.

바는 거의 비어 있었다. 나이 많은 어부 몇 명만 에스프레소 잔을 들고 담배를 피우고 있었고 전날 밤의 구깃구깃한 영수증만 바닥에 굴러다니고 있었다. 1940년대와 1950년대의 흑백 사진이 벽에 나란히 걸려 과거의 영광을 뽐내고 있었다. 왼쪽에는 칼을 휘두르는 투우사와 다친 황소가 비참하게 쓰러져 있는 투우 사진이 걸려 있었고 오른쪽에는 알마드라바 사진이 걸려 있었다. 피를 흘리는 참치를 몽둥이로 내려치는 어부의 영웅 같은 모습이 거대한 흰 파도를 배경으로 담겨 있었다. 그 사진 역시 자연에 대한 인간의 승리를 뽐내고 있었지만 이른 아침 텅 빈 바에서 나이 많은 참치 어부들을 보니 나는 그 어느 쪽도 승리하지 못했다는 확신이 상한 생선에서 나는 지독한 악취처럼 강하게 들었다.

시장과 디에고가 잇달아 도착했다. 두 사람은 늙은 어부들과 악수를 하며 우리에게 다가왔다.

시장이 우리를 소개했다. "디에고, 제 친구들과 인사하십시오. 위대한 알마드라바를 체험하러 왔습니다. 디에고의 허락을 기다리고……."

디에고는 시장을 무시하고 우리에게 악수를 청했다. "몇 분이면 결정할 수 있을 겁니다. 하지만 보기에 썩 좋지는 않을 거라는 걸 미리 알아두십쇼." 그가 위압적으로 말했다. "해마다 바람이 더 심해지고 있어요."

"알마드라바에는 좋지 않지만 윈드서퍼들에게는 몹시 좋은 현상이죠." 시장이 바르바테의 또 다른 고객에 대한 감정을 조심스레 덧붙이며 말했다.

디에고는 체격을 보면 셰리를 좋아하고 오후에 부두에서 한가롭게 게으름을 피울 사람 같았지만 노련한 사업가처럼 차가웠고 쉽게 속을 내보이지 않았다. 그는 정장 대신 카키 바지와 스카이 블루 폴로 티셔츠를 입고 있었고 양말 없이 로퍼를 신고 있었다. 나는 그에게 한창 때 알마드라바 조업을 중단하면 어부들이 경제적으로 어려움을 겪지는 않는지 물었다.

"지금까지 전체 조업 양의 78퍼센트를 달성했습니다." 그가 대답했다. "적어도 한 달은 더 알마드라바를 진행할 수 있습니다. 어쩌면, 그래봤자 하루 이틀이지만 더 길어질 수도 있고요. 그리고 마무리합니다." 바텐더가 디에고에게 에스프레소를 가져다주고 돈은 받지 않으려고 했다. 시장은 그 모습에 기분이 상한 것 같았다. "제가 어렸을 때는 스페인 해안을 따라 열일곱 척의 알마드라바 배가 있었습니다." 디에고가 설명했다. "그런데 이제 네 척뿐입니다."

"그런데 그 네 척도 이제 그만둬야 할 지경입니다!" 시장이 컵을 테이블에 세게 내려놓으며 사람들의 주목을 끌었다. "모든 수단을 동원해 남은 걸 지켜야 합니다."

디에고는 이번에도 시장을 무시했다. "알마드라바는 몹시 수동적인 기술입니다. 그래서 예측하기도 힘들고 우리 뜻대로 할 수도 없죠. 하지만 급격한 하락 추세인 건 확실합니다."

40년 전, 줄어드는 참치 개체 수를 관리하고 감독하기 위해 대서양참치보존위원회ICCAT가 설립되었다. 하지만 48개 국가의 서로 다른 영향력과 복잡한 요구를 대변하려던 위원회는 어쩌면 처음부터 실패할 운명이었는지도 몰랐다. 그리고 결국 처참하게 실패했다.(몇 년 전, 칼 사피나는 ICCAT을 국제참치박멸단으로 개명해야 한다고 주장하기도 했다.[43]) 아직까지도 ICCAT 소속 과학자들이 제안하는 어획량은 공개적으로 무시되고 심지어 그 두 배 이상이 어획되기도 한다. 통제는 못하지만 파괴에는 일조할 수 있고 또 일조하고 있는 조직이었다.

나는 대서양참치보존위원회의 일에 대해 어떻게 생각하는지 디에고에게 물었다.

"좋은 조직입니다." 시장이 나섰다. "좋은 사람들이에요. 위원회가 많은 일로 비난을 받고 있지만 그들도 노력하고 있다는 건 확실해요. 아, 물론 일을 더 복잡하게 만들긴 했지만요."

디에고가 손을 내저으며 말했다. "두 가지를 기억해야 합니다. 첫째, 위원회가 제시하는 수치는 최대한 높게 책정된 것인데 그마저 지켜지지 않고 있어요. 모든 나라가 그 말도 안 되는 어획량이라도 지켰다면 큰 문제는 없었을 겁니다. 하지만 스페인도 그 양을 넘겼고, 프랑스도 마찬가지고, 리비아 또한……."

그때 시장이 두 눈을 부라리며 두 손을 번쩍 들고 외쳤다. "리비아!"

"리비아도 양을 훌쩍 넘겼습니다." 디에고가 말을 이었다. "자, 알마드라바는 가장 정직한 조업 방식입니다. 그럴 수밖에 없거든요. 부두에서 감시관이 기다려요. 그리고 우리가 건져 올리는 생선의 수를 세죠. 우리는 숨길 게 없어요. 아무것도 숨길 수 없으니까." 시장은 바지 주머니에 손을 넣더니 안감을 뒤집어 빼며 숨길 게 없다는 게 무슨 뜻인지 확실히 보여주었다. "일본 선박은 바다 한가운데서 헬리콥터로 참치를 빼돌려요. 아니면 베트남으로 가던가. 베트남에서는 참치를 얼마나 잡는지 따위 신경 쓰지 않거든요."

주의 깊게 듣고 있던 미겔이 상황을 깔끔하게 요약했다. "알마드라바는 참치가 얼마나 남았는지 보여주는 정확한 지표입니다. 뇌를 절개해 전두엽을 살펴보듯 바다에서 무슨 일이 벌어지고 있는지 정확하게 보여주죠."

"정확해요." 시장이 선언했다. "다시 말하자면 바다의 온도를 재는 겁니다."

나는 칼 사피나 같은 생물학자가 약 15년 전에 지금 그 바다의 온도가 어떻게 될지 예측하지 못했다면 어땠을지 물었다.

디에고가 재빨리 대답했다. "사피나 박사는 『푸른 대양을 위한 노래』를 썼죠. 참치 양식이 시작되기 전이었습니다. 막 시작되려던 참이었어요. 그는 상황이 얼마나 끔찍해질지 예측조차 할 수 없었어요. 그게 바로 기억해야 할 두 번째입니다." 디에고가 냅킨으로 입을 깔끔하게 닦으면서 내가 잘 이해했는지 확인하려고 나를 똑바로 쳐다보았다. "양식장들이 참치의 운명을 단축시키고 있어요."

디에고에 따르면 양식 참치는 알에서 부화한 것이 아니다. 양식 참치는 바다에서 보통 15킬로그램 정도 나가는 참치를 잡아 무게가 두 배가 될 때까지 양식장에서 살을 찌운 것이다. 그와 같은 방식은 줄어드는 참치 개체 수를 늘리는 데 도움이 되기는커녕 감소만 재촉할 뿐이다. 블루 핀 참치는 알을 낳아보기도 전에 바다에서 사라지고 있다.*

디에고는 참치 양식이 대규모 저인망 어업보다 더 나쁘다고 했다. 처음에는 선뜻 믿기 어려웠다. 하지만 사실이었다. "큰 선박에서도 참치를 잡으면 고기를 내리러 부두로 와야 합니다. 잡고 들어와 내리고 다시 나가죠. 자연스러운 휴식 기간이 보장됩니다. 하지만 양식은 거대한 그물을 쳐 엄청난 양을 끌어올린 다음 다시 나가 또 그만큼을 잡아들이는 겁니다. 회복할 시간이 없어요."

시장이 말했다. "역시나 미친 짓이죠."

"그런 곳은 참치 양식장이라고 불러서도 안 돼요." 미겔이 말했다. "양식이 아니죠. 양식은 닫힌 시스템입니다. 생선이라면 부화시키고 기르고 먹이를 줘야 합니다. 참치 양식은 참치를 끝장내기만 하는 곳이죠."

나는 양식 참치가 곡물을 먹인 미국식 소고기와 비슷하다고는 한 번도 생각해보지 못했다. 하지만 미겔이 옳았다. 우리는 소 떼를 들판에서 데려와 엄청난 양의 곡물을 먹여 재빨리 살찌운 다음 도살한다. 우리는 소가 갇혀 있는 그 공간을 '농장'이라고 부르지 않는다. 농장이 아니라 사육장일 뿐이다.

디에고가 잠시 실례하겠다며 전화를 받았다. 알마드라바 최종 결정을 내리기 위한 통화였다.

* 킨다이 참치는 2002년 일본의 과학자들이 '양식'에 성공한 블루 핀 참치로 (앙헬은 칼과 식사를 할 때 킨다이 참치를 비판했다) 어린 참치를 잡아 양식하는 대신 한때 불가능하다고 여겨졌던 알을 통한 부화에 성공한 것이다. 하지만 그 성공도 양식 본연의 문제를 해결하는 데에는 도움이 되지 않았다. 블루 핀 참치를 가둬놓고 살찌우기 위해 필요한 야생 물고기의 양이 양식 자체를 얼토당토않게 만든다. 양식 새우 450그램을 얻기 위해 필요한 물고기 먹이의 양은 900그램이다. 그에 비하면 사자나 호랑이 같은 최종포식자 참치의 사료 요구량은 20대 1까지 치솟는다. 게다가 참치는 아무 먹이나 먹지 않고 정어리, 멸치, 청어 같은 맛있는 생선을 선호한다. 킨다이 참치가 몇 가지 문제는 해결했을지 모르지만 이는 늘어가는 수요에 따라 바다의 제한된 자원이 줄어드는 것을 보고 있는 환경주의자들을 끊임없이 괴롭히고 있다.

나는 미겔에게 양식 블루 핀 참치를 먹어본 적이 있냐고 물었다. 미겔은 한 번 먹어보았는데 별로였다고 대답했다. 내 경험도 비슷했다. 사육장에서 기른 이베리안 피그와 진짜 이베리안 피그만큼이나 맛이 달랐다. 도토리 덕분에 풍부해진 지방은 자유롭게 돌아다닐 수 없으면 결코 근육에 자리 잡지 못한다. 가두어 기른 참치도 지방이 많긴 하지만 고르게 분포되어 있지 않다. 근육 활성도가 지방을 골고루 분포시키고 맛을 내는 데 꼭 필요하다. 돼지고기든 소고기 스테이크든 참치 뱃살이든 마찬가지다.

"근육 활성도는 물론 아주 중요합니다." 미겔이 말했다. "스트레스도 마찬가지고요. 어쩌면 그게 더 중요할 겁니다. 근육 활성도가 지방의 분포에 영향을 끼친다면 스트레스는 지방의 종류에 영향을 끼치죠. 스트레스를 받은 생선의 지방 맛은 아주 달라요."

"베타 라 팔마의 생선도 마찬가지입니다. 특히 어제 이야기했던 숭어가 그렇습니다. 베타 라 팔마 생선은 아마 전 세계에서 스트레스를 가장 덜 받는 생선일 겁니다." 리사가 웃었다. "정말입니다." 미겔이 말을 이었다. "생선들은 스스로 베타 라 팔마에 들어와요. 배가 고프고 강어귀에 먹을거리가 많다는 사실을 알기 때문이죠. 그게 아주 중요합니다. 우리는 생선을 바다에서 잡아와 가두지 않아요. 제 발로 오고 싶어서 오는 겁니다. 물론 몇 종류의 새만 제외하면 포식자로부터도 자유롭죠. 포식자만 아니라면 아주 편안한 곳입니다. 물고기들은 양식장의 건강한 환경을 즐기면서 동시에 양식장의 건강을 유지하는 데 도움을 줍니다. 가끔 저는 물고기들이 그 모든 걸 알고 우리에게 맛으로 보답한다는 느낌을 받기도 해요." 나는 마치 플라시도와 그의 햄에 관해 혹은 에두아르도와 그의 간에 관해 이야기하고 있는 것 같은 느낌이 들었다.

디에고가 돌아와 미안하다는 듯 고개를 저으며 말했다. "정말 죄송합니다."

시장이 두 손을 들어 올리며 외쳤다. "망할 바람 같으니라고!"

참치를 위한 두 가지 기념물

그에 대한 위로로 디에고와 시장은 우리를 박물관으로 데려갔다. 바르바테 구시가와 어울리지 않는, 관광객을 불러 모을 법한 아주 현대적인 건물로 알마드라바만을 위한 전 세계 최초이자 어쩌면 마지막이 될 박물관이었다.

왜 그렇게 거대한 박물관이 필요한지 선뜻 이해가 되지 않았다. 그리고 솔직히 말하자면 약간 애처롭기도 했다. 관람객은 우리뿐인 듯했다. 박물관 안내인의 환대로 미루어볼 때 우리가 오기 전에도 한동안 관람객은 없었던 것 같았다. 아무리 생각해도 그 박물관이 바르바테에 단 한 명의 관광객이라도 더 끌어들일 것 같지는 않았다. 우리는 곧 블루 핀 참치의 무덤이 될지도 모르는 곳에 서 있었다.

먼저 참치 그물을 전시해놓은 방으로 갔다. 두꺼운 밧줄을 엮어 만든 그물이었다. 디에고는 알마드라바의 지혜를 보여주기 위해 구멍 하나를 잡아당겼다. "보입니까? 작은 참치는 빠져나가요." 디에고는 항공기 승무원이 안전벨트 착용 법을 깔끔하게 보여주듯 다른 손을 구멍으로 천천히 통과시키기를 반복했다. "큰 고기만 걸리죠. 여든 살이 된 여자가 아기를 낳을 가능성은 없지 않습니까? 참치도 마찬가지입니다."

또 다른 작은 방에서는 영화가 상영되고 있었다. 그곳에 다른 관람객이 있었다. 어린 아들과 함께 온 일본인 부부였다. 그들은 조용히 앉아 거대한 블루 핀 참치가 가득 채운 화면을 바라보고 있었다. 마치 유치원 선생님이 '여러분, 이런 거예요!'라며 블루 핀 참치에 대해 설명해주는 것 같았다. 내가 거의 모르던 사실이었다.

예를 들면 나는 참치가 3.6미터까지 자랄 수 있고 무게는 평균 250킬로그램까지 나갈 수 있다는 사실을 몰랐다. 30년이나 살 수 있다는 사실도 몰랐고, 상어처럼 헤엄을 멈추면 숨이 막혀서 기계처럼 쉬지 않고 움직여야 한다는 사실도 몰랐다. 참치의 어두운 붉은 살이, 요리사가 고기 같은 질감 때문에 좋아하는 그 살이 근육으로 피를 공급하느라 생긴 것이라는 사실도 몰랐고, 대부분의 어류와 달리 블루 핀 참치는 온혈 동물이라 체온을 조절할 수 있다는 사실도 몰랐다. 그래서 체온이 언제나 바닷물보다 더 따뜻하다. 피가 따뜻한 게 중요한 이유는 먹이를 찾을 때 에너지를 덜 소모하기 때문이다. 먹이를 찾을 때 참치는 시속 48킬로미터까지 속도를 낼 수 있다.

박물관을 나서면서 나는 디에고에게 큰 참치가 배가 가려워 그물로 들어온다는, 페페가 들려준 전설에 대해 물어보았다.

"페페요?" 그가 웃으며 대답했다. "아닙니다. 말도 안 돼요. 꾸며낸 이야기죠." 그는 주차장에서 내 팔에 손을 얹어 나를 멈춰 세웠다. "참치가 왜 그물로 들어오는지 알고 싶습니까?" 나는 당연히 그렇다고 대답했다. "멋진 삶을 살았기 때문에 들어오는 겁니다. 알도 낳았고 잘 먹었고 여행도 해봤으니까요. 이제 존엄한 죽음을 원하는 거죠. 참치는 정중하게 다뤄질 거라는 사실을 압니다. 품격 있는 죽음이 중요하지요. 그런 삶을 살아왔으니까요."

—

어렸을 때 보았던 흑백 사진 한 장이 떠올랐다. 한 무리의 남자들이 어깨에 총을 메고 잔뜩 거드름을 피우며 죽은 들소 앞에 서 있는 사진이었다. 그 사진을 보면 이런 생각이 들 수밖에 없을 것이다. '도대체 무슨 생각을 하고 있을까?'

『푸른 대양을 위한 노래』에서 사피나는 한때 미국의 대평원을 누볐던 (그리고 수세기 동안 아메리카 원주민의 문화를 뒷받침했던) 들소 6000만 마리의 대량학살을 오늘날 블루 핀 참치의 무차별적인 남획과 비교한다. 나는 몇 년 전 엄청나게 거대한 참치가 일본의 한 경매장에 누워 있는 사진을 보고 그 의미를 뼈저리게 느꼈다. 주변에 서 있던 생선장수 대여섯 명은 전부 그 사진 속 남자들처럼 만족스러운 표정을 짓고 있었다. 우리의 탐욕적인 입맛이 들소의 대량학살을 초래했다. 그리고 지금 우리는 참치에게도 그와 똑같은 짓을 하고 있다.

나는 리사와 함께 바르바테 서쪽이자 스페인 남부 해안에 있는 알마드라바의 또 다른 거점 타리파를 찾았다. 그곳에 있는 로마 시대 유적지 바엘로 클라우디아 앞에 서니 칼의 예측이 떠올랐다. 그날 저녁 식사는 아포니엔테에서 할 예정이었고 그 자리에서 앙헬과 베타 라 팔마가 함께 준비하고 있는 '혁명적인 새로운 아이디어'에 대해 듣기로 했다. 나는 앙헬의 음식을 먹을 생각에 빠져 있었거니와 또 다른 역사 강의에는 흥미가 없어서 바엘로 클라우디아에 대한 마음의 준비 같은 건 전혀 없었다. 그런데 그게 아니었다. 차를 주차하고 해변을 따라 잠깐 걸으니 해변과 전혀 어울리지 않는 거대한 유적이 모습을 드러냈다. 알마드라바 참치를 보관하기 위해 소금에 절이던 2200년 된 공장의 잔해였다. 거대한 기둥과 소금 웅덩이, 관처럼 생긴 넓은 건조 구역을 갖춘 광대한 공장 부지는 한때 번영을 누렸던 로마 제국 항구도시의 또 다른 유적에 둘러싸여 있었다. 마치 고전극의 무대 같았다.

그와 같은 풍경이 초현실적으로 다가왔던 것은 바엘로가 그 역사에 비해 잘 보존되어 있었기 때문만은 아니었다.(유럽인은 아무렇지도 않은 듯 태연하게 바라보는 광경을 미국인은 늘 믿을 수 없다는 듯 넋을 잃고 바라본다. 예상대로 우리가 실제로 그곳을 둘러보고 있는 유일한 관광객이었다. 해변에는 구릿빛 살결을 자랑하며 일광욕을 하고 있는 사람들이 줄줄이 누워 있었다.) 그 초현실성은 리사가 가까이 다가가면서 알려주었던 참치 보존 공장의 중요성 때문이었다. 공장 주변으로 도시가 건설되어 있었다. 불어나는 제국의 인구를 먹여 살리는 데 알마드라바 참치가 얼마나 중요했는지 보여주는 장면이었다. 참치가 얼마나 풍부했는지도 알 수 있었다. 내가 지금 로마 시대의 유적을 보고 있는가 아니면 폐허가 된 바르바테의 미래를 보고 있는가?

해변에 나란히 누운 사람들 너머로, 지브롤터 해협의 파도와 남색 바닷물 너머로 아프리카 대륙의 광대한 실루엣이 보였다. 우리가 서 있는 곳에서 얼마 떨어지지 않은 곳이었다. 아주 단순하게 보자면 그것이 바로 촘촘히 연결되어 있는 세상을 상징하는 것 같았다. 해협의 세찬 물살은 물론 지중해와 대서양을 잇는 대동맥이다. 그리고 결국 더 넓은 바다로 흘러 들어간다. 태평양으로 인도양으로 남극으로 북극으로. 결국 바다는 하나다.

블루 핀 참치가 알을 낳기 위해 전력 질주하고 있을 해협을 바라보며 베타 라 팔마로 날마다 날아가는 새들 아래에 서 있자니 루돌프 슈타이너의 말처럼 자연의 그 어떤 것도 따로 떼어놓고 바라볼 수 없다는 생각이 들었다. 바다 속 참치와 하늘 위 새들은 미겔이 확신하는 생태 네트워크의 살아 있는 본보기였다. 그리고 갑자기, 우연은 아니었지만, 나는 더 큰 네트워크를 보았다. 생태뿐만이 아니라 문화까지 포함하는 네트워크였다. 문화 네트워크는 우리 주변 어디에나 있었다. 바엘로의 퇴락해가는 대리석에도, 엘 캄페로의 메뉴에도 그리고 앙헬이 늘 지니고 다니던 페니키아 동전에도 깃들어 있었다. 리사의 말대로 참치는 이 사람들 그리고 이곳과 불가분의 관계였다.

줄어들고 있는 알마드라바 배를 보라. 알마드라바 배는 자연과 조화롭게 진화한 문화의, 계절과 생태에 귀 기울여 결국 최고의 맛으로 보답받는 식단의 마지막 자취다. 사라져가는 선박은, 토양을 남용했던 우리 역사처럼, 미래를 내다보기보다는 즉각적인 목표(더 값싸고 더 풍부한 음식)를 추구했던 결과다. 그 역시 에두아르도의 '역사에 대한 모독'이자 문화 자체에 대한 모독이다.

바엘로를 떠날 때쯤 바르바테 박물관에 대한 생각이 바뀌었다. 만약 알마드라바가 미겔의 주장대로 바다의 뇌를 절개해 전두엽을 살펴보는 것이라면 박물관은 바로 그 수술실이나 다름없었다. 사라져가는 기술에 대한 사람들의 열정이 방마다, 책 속에, 3000년 된

동판에, 지난 세기 말 찍힌 흑백 사진에 스며들어 있었다. 박물관이 참치의 멸종을 막을 수는 없다. 하지만 아직 태어나지 않은 바르바테의 아이들에게 그들의 문화에 대해서는 알려줄 수 있을 것이다.

23장

거대하지만 겸손한 숭어

아포니엔테 앞에서 앙헬이 두 손으로 나를 부여잡았다. "댄!" 그리고 고개를 흔들며 알마드라바를 놓쳐 아쉬운 마음을 전했다. "제길 바람 같으니라고!"

식당 내부는 지난 번 왔을 때와 달랐다. 앙헬이 마침내 미슐랭 별을 따고 싶은 마음이 들었다고 했다. 지금까지는 음식 때문이 아니라 식당 분위기 때문에 따지 못한 것 같다고 은근히 내비치면서. 하지만 이번에도 손님은 우리뿐이었다.

앙헬은 내 건너편에 구부정하게 앉아 담배에 불을 붙였다. 그는 지쳐 보였다. 움푹 들어간 작은 두 눈 주변이 거무죽죽했다.

"정말 정신없었어요." 그가 말했다. 나는 텅 빈 식당을 보며 왜 정신이 없었을지 궁금해했다. "이런 느낌이에요. 그 생각을 떨쳐낼 수가 없어요. 뭔가 막 일어날 것 같고 머릿속에서 아이디어가 막 떠올라요. 내 안에서 그런 게 막 터져 나오는데 또 쉬어야 한다는 생각도 들어요. 하지만 새로운 탄생을 앞두고 누가 쉴 수 있겠습니까?"

나는 잠은 충분히 자고 있는지 물었다. "잠이요? 잠이야 잡니다. 세 시간 반 정도. 그게 최선이에요. 그 정도는 잡니다. 적어도 그만큼은 자야죠." 그는 담배를 비벼 껐다. "그보다 더 잤다가는 짜증이 솟구쳐요."

리사가 어떻게 베타 라 팔마와 함께 일하게 되었는지 물었다. 어쨌든 그것이 바로 우리가 스페인에 온 이유였으니까. 앙헬은 어깨를 으쓱하더니 베타 라 팔마가 먼저 제안했다고 말했다. "말하자면 '유기농'이잖아요." 그가 말했다. 나는 칼과 점심을 먹을 때 생선 양식에 반대하지 않았냐고 물었다.("절대로, 절대로 안 됩니다.") 베타 라 팔마에 가보지도 않겠다던 사람이 어떻게 그곳 생선을 옹호하는 사람이 된 것일까?

"사실 벌써 계약서도 작성했습니다." 그가 곤란해하는 기미조차 없이 말했다.

알마드라바 참치 껍질과 토마토 마멀레이드 요리가 나왔다. "알마드라바를 못 보게 되었으니 제가 알마드라바를 가져다 보여드리죠." 앙헬이 말했다. 그는 껍질에서 지방과 불순물을 분리해 살짝 튀긴 후 끓였다고 했다. 부드러운 젤라틴 같았다. 앙헬은 우리에게 고대 로마 사람은 껍질을 말려 문장紋章으로 사용했다고 알려주었다.

토마토 마멀레이드는 아주 진했다. "참치 피예요." 내가 몇 입 먹는 걸 보고 앙헬이 말했다. "토마토를 졸이면서 피를 섞었어요. 부모님이 혈액학자셨으니까 뭐." 앙헬이 갑자기 튀어나온 말에 놀란 듯 말을 이었다. "요리사는 죽음을 알아요. 우리는 죽은 재료를 알죠. 하지만 죽음을 알기 위해서는 삶 또한 알아야 합니다." 앙헬은 내가 마멀레이드를 마저 먹는 동안 잠시 기다렸다. "그러니까 우리는 법의학자나 마찬가지죠."

동시에 우리는 동식물 연구자이기도 하다. 그렇다고 잘난 척할 필요는 없지만 요리사는 사람들이 자연 세계를 이해하는 데 큰 도움을 줄 수 있다. 맛있는 당근이 자랄 때 토양과 나누는 이야기를, 풀만 뜯는 양이 풀과 나누는 이야기를 들려줄 수 있다. 잘 차려진 한 끼의 식사는 그와 같은 관계를 명확하고 확실하게 보여줄 수 있다.

나는 앙헬의 레스토랑에서 식사를 하면서야 그 막강한 영향력을 깨달을 수 있었다. 참치 껍질과 피 요리는 대담하고 자극적이며 최신 유행에 맞는 요리다. 앙헬의 요리가 바다에서 나는 노즈 투 테일 요리로만 규정된다면 그야말로 대담하고 자극적이고 유행에 민감한 요리가 될 것이다. 하지만 앙헬의 요리는 한 접시의 요리 그 이상의 온전함을 내포하고 있었다. 물론 요리의 기술 또한 넘어서는 것이었다. 하몬과 같이 각 부분의 조합을 뛰어넘는 요리가 된다. 그러면 음식을 앞에 놓고 앉아 그 음식을 통해 새로운 사실을 깨달을 수 있다. 새로운 생선에 대해서는 물론, 고갈되어가는 바다의 상태와 바다의 건강에 대한 우리의 책임에 대해서까지.

그런 의미에서 앙헬과 같은 요리사의 요리는 예술작품일 뿐만 아니라 우리 식품 체계의 변화를 촉발시킬 수단이 되기도 한다. 물론 지구를 반 바퀴 돌아온 (게다가 해산물만 취급하는) 레스토랑에서 한 접시의 요리가 미국의 식품 체계를 바꿀 힘을 갖고 있다고 깨달았다는 고백이 얼토당토않은 소리 같기도 할 것이다. 하지만 정말 그랬다.

에두아르도처럼 앙헬 역시 인식이 대안의 출발이라고 했다. 레스토랑은 종종 탈출의 공간으로 여겨지지만 앙헬을 통해 나는 그곳이 연결의 공간이기도 하다는 사실을 알게 되었다. 말하자면, 이름 모를 생선을 먹어보고 그 생선을 더 먹고 싶어진다. 더 먹고 싶으면 어떻게 그 생선을 보호해야 하는지 관심을 가질 수밖에 없다. 어떤 종이 어떻게 살아남는지 알기 위해서는 해양생물학(식물 플랑크톤)에 대한 이해가 필요하고 수산업을 둘러싼 정치적 이해관계(부수어획물)에 대해서도 알아야 한다. 곧이어 다른 종(블루 핀 참치)을 보호하는 것이 문화적으로 얼마나 중요한지까지 관심을 갖게 된다. 그와 같은 의식은 알도 레오폴드의 대지 윤리에 준하는 것을(그리고 칼 사피나가 해양 윤리라 칭한 것을) 낳는다. 그들이 그와 같은 의식을 윤리라고 칭한 이유는 윤리가 방향을 제시하고 행동을 촉구할 수 있다는 사실을 알고 있었기 때문이었다.

내가 그려보는 제3의 식탁이 고급 요리에만 해당된다는 뜻은 아니다. 그보다는 앙헬 같은 요리사가 기회를 갖고 있다는 뜻일 것이다. 어쩌면 책임 또한 갖고 있다는 말일 수도 있다. 요리를 통해 문화를 형성하고 무엇이 가능한지 보여주고 그렇게 함으로써 새로운 식탁의 윤리에 영감을 줄 수 있는 기회와 책임 말이다.

바다의 하몬

웨이터가 수레를 끌고 작은 레스토랑을 가로질러 오고 있었다. 앙헬이 자리에서 벌떡 일어나 수레를 받았다. 환히 웃으며 수레에 코를 박았다가 두 눈을 반짝반짝 빛내며 우리 테이블까지 신나게 끌고 왔다.

수레 위에는 도마가 세 조각 있었고 각각의 도마 위에 세 가지 절인 생선 소시지가 있었다. 부티파라(카탈로니아 돼지로 만든 전통 소시지), 전통 방식으로 만든 초리조(햄을 만들고 남은 돼지고기를 다져 각종 양념과 향신료로 맛을 낸 소시지), 살짝 변형한 카냐 데 로모(절인 돼지 등심) 소시지를 앙헬은 전부 육류 대신 생선으로 만들었다.

"바다의 하몬 이베리코입니다." 앙헬이 반짝이는 소시지를 조금씩 썰어 접시에 담아 건네며 말했다. 돼지고기로 만든 원래 소시지와 거의 흡사했다. 스페인 초리조의 독특한 향신료인 말린 붉은 고추 피멘톤에서는 고기 냄새가 났다.

그 자리에서 앙헬에게 해주지 못한 말을 이 책을 통해 하고 싶다. 내가 알기로 요리 역사상 그 누구도 생선을 돼지고기처럼 요리할 생각은 못 했다. 물론 절인 생선도 있고 달걀 흰자와 걸쭉한 크림을 섞어 껍질 안에 넣어 데친 생선 무스, 즉 생선 '소시지' 비슷한 것도 있었다.(1970년대 초 누벨 퀴진 요리사들이 발명한 요리였다.) 하지만 크림이나 돼지 지방을 생선 지방으로 대체해 실제로 걸어놓고 말린 요리사는 없었다. 그것만으로도 몹시 새로운 시도였다.(하지만 리사의 생각은 달랐다. "스페인 사람들은 모든 요리를 돼지고기처럼 하려고 하는 것 같아요. 돼지고기를 최고로 치니까. 그래서 이런 경우에 대해서는, 글쎄 잘 모르겠어요. 어떻게 보면 앙헬은 충분히 예측 가능한 요리를 한 것 같아요.")

그때 앙헬이 정말 놀라운 말을 했다. "댄!" 소시지 수레 앞에 서 있는 어린아이 같은 표정이었다. "이건 숭어예요!" 앙헬은 맛과 지방을 위해 숭어를 골랐다고 했다. "사실, 이제 농어 요리는 더 이상 안 합니다." 그가 말했다. "비교가 안 돼요. 숭어가 아마 지금껏 가장 큰 오해를 받아온 생선일 겁니다."

그 말이 무슨 뜻인지 이해하려면 소 등심보다 뼈도 껍질도 없는 닭 가슴살을 더 좋아한다고 말하는 텍사스 농장 주인을 상상해보면 된다. 그게 농어 대신 숭어를 요리하면서 다른 요리사에게 자랑까지 하는 것과 비슷한 경우다.

나는 파리에서 일할 때 은색으로 빛나는 가늘고 푸른 숭어가 시장 생선 가게에 빽빽이 포장되어 있는 모습을 처음 보았다.(그 숭어는 붉은 숭어가 아니라 회색으로 부드러워서 사람들이 좋아하는 지중해 회색 숭어였다.) 해양 가이드이자 요리책 『북대서양 해산물North Atlantic Seafood』의 저자 앨런 데이비드슨은 이렇게 말했다. 숭어는 "바닥에 머리를 박고 헤엄친다. 가끔 진흙을 한입 먹기도 한다. 일부는 입속에서 가려낸다. 동물의 작은 잔해나 식물은 남겨두고 나머지는 도로 뱉는다. 숭어 한 마리가 먹을거리가 많은 곳을 발견하면 농장의 닭이 서로 모이통에 머리를 집어넣듯 다른 숭어도 즉각 몰려온다."44

썩 보기 좋은 장면은 아니겠지만 사실이다. 숭어가 초식이라는 말은 종종 그래서 숭어 맛이 진흙탕처럼 기름지고 형편없다는 뜻으로 받아들여지기도 한다. 밑바닥 인생이니 어쩌면 당연한 일이다. 우리는 우리가 먹는 것이므로. 그것이 바로 앙헬의 말대로 베타 라 팔마의 숭어가 다른 숭어보다 더 월등한 이유다. 깨끗한 환경에 살며 숭어는 물론 다른 물고기도 쉽게 찾기 힘든 다양한 먹이가 풍부하기 때문이다.

"절인 소시지 만들기가 쉽지 않았어요." 앙헬이 말했다. "복잡했고 지방의 질이 정말 중요했어요. 그런데 숭어가 바로 그 지방을 갖고 있었죠."

앙헬은 (리사와 내가 그때쯤 이미 짐작한대로) 베타 라 팔마와 그 프로젝트에 힘을 합치기로 했다고 알려주었다. 앙헬의 기막힌 아이디어가 마음에 든 베타 라 팔마의 주인이 숭어를 제공하고 280제곱미터의 건조실을 만들어주겠다고 약속했고, 앙헬은 지식 자본을 제공하기로 했다. 그는 1년 안에 일주일에 4000킬로그램을 생산할 수 있을 거라고 예상했다.

다음 요리는 구운 숭어 살, 파래와 식물 플랑크톤 퓌레였다. 그 요리는 숭어의 먹이에게 바치는 송시였다. 미각 충족과 정보 제공을 위해 곁들인 야채도 맛이 아주 좋았다. 하지만 숭어의 맛은 그야말로 환상이었다.

나는 약간 혼란스러웠다. 지금껏 베타 라 팔마의 농어가 내가 맛본 최고의 생선이라고, 세상을 바꿀 생선이라고 단언해왔으니. 그런데 최근에 미겔에게 초식 생선인 숭어 양식이 농어 양식보다 훨씬 더 지속 가능하다는 사실을 배웠다. 그리고 지금 앙헬 덕분에 맛 또한 월등하다는 사실을 깨달았다. 더 달콤하고 풍부했으며 생선에서, 특히 숭어에서 떠올리기 힘든 맛이 있었다.

앙헬은 맥주를 두 모금 벌컥벌컥 들이켰다. "숭어는 처음 만나는 여느 생선들하고 달라요. 어떻게 다른지는 아실 겁니다. 처음에는 완전 신이 나서 바로 이거라는 생각이 들지만, 시간이 갈수록 그저 그런 마음도 들고 다른 생선 생각도 나잖아요. 그런데 숭어는 요리하면서 그런 생각이 들 때마다 다시 날 놀라게 해요. 꼭 마법처럼요. 그래서 다시 사랑에 빠지죠."

"그러고 보니 댄이 만나보면 좋을 것 같은 사람이 생각나네요." 앙헬이 말했다. "산티아고라는 친구예요. 하루는 그가 카디스 만에서 잡은 새우를 들고 우리 레스토랑을 찾아왔어요. 꼭 해변에서 먹고 자는 사람 같았죠. 냄새도 약간 나는 것 같았고. 그래서 가여운 생각이 들어 새우를 샀어요. 그리고 그날 밤 그냥 궁금해서 새우를 요리해봤어요. 그런데 그냥 보통 새우가 아니었던 겁니다. 맛이 지금까지 먹어본 새우 중 단연 최고였어요. 믿기 힘들 정도로. 그날 밤 새우를 팔았어요. 손님들은 우리가 반죽에 설탕을 넣어 튀겼다고 생각했다니까요. 며칠 후에 그가 새우를 더 많이 들고 다시 나타났어요. 내가 분명히 더 살 거라고 생각했던 거죠. 그래서 전부 샀어요. 그리고 이렇게 말했죠. '만에서 잡은 새우 아니죠?' 저는 평생 동안 만 구석구석에서 잡은 새우는 다 먹어봤어요. 그 새우는 분명 만에서 잡은 새우가 아니었어요. 그런데 그는 틀림없다고 했어요. 저는 '아니야, 그럴 리가 없어'라고 했고, 그는 '정말입니다. 만에서 잡았어요'라고 했어요. 두 번째 새우는 심지어 첫 번째 새우보다 더 맛이 좋았어요. 세상에 있을 수 없는 새우였다니까요! 어쨌든 얼마 동안 계속 새우를 샀어요. 그러다가 한 1년 쯤 전에, 베타 라 팔마와 동업을 시작한 직후였어요. 갑자기 뭔가 떠올랐죠." 앙헬이 이마를 툭툭 치며 말했다.

"어느 날 산티아고가 새우를 가져오자 아무렇지도 않게 말했어요. '잘 지냈는가, 산티아고? 내가 술 한잔 사지.' 그래서 같이 술을 마시러 갔어요. 가서 한 잔을 사고 연거푸 또 샀죠. 그러다가 불쑥 물었어요. '만에서 잡은 새우 아니지?' 그러자 그 불쌍한 친구가 말을 더듬기 시작하더라고요. 딱 느낌이 왔어요. 그래서 이렇게 말했죠. '베타 라 팔마에서 훔친 거지?' 산티아고는 잠시도 주저하지 않고 이렇게 말했어요. '20년 동안 훔쳤어.'

산티아고는 노 젓는 작은 배 한 척에 몇 가지 낚시 도구와 와인 한 병을 챙겨 베타 라 팔마로 갔다. 그리고 그곳에서 먹고 살기에 충분한 물고기를 빼돌렸다. 베타 라 팔마에 대한 해박한 지식은 주변 논에서 수년 동안 농부로 일하면서 얻은 것이었다. 산티아고는 농사로 가족을 먹여 살리기 힘들다는 생각에 불법 어획을 시작했다. 특별한 일이 있을 때 가끔 해오던 일이었다. 그는 근처 보는 눈 있는 요리사에게만 생선을 팔았지만 앙헬 이전에 어디서 가져온 생선이냐고 물은 요리사는 단 한 명도 없었다.

"산티아고는 철마다 다른 양어장으로 갔어요. 늘 보름달이 뜰 때였죠." 앙헬이 말했다.

나는 슈타이너의 달의 주기에 따른 파종을 생각하며 이렇게 말했다. "보름달이 뜰 때 생선 맛이 더 좋으니까요."

"아니에요." 그가 어리둥절한 표정으로 대답했다. "잡는 물고기를 볼 수 있으니까요. 하지만 그는 언제 어디로 가야 가장 맛있는 생선을 구할 수 있는지 정확히 알고 있었어요. 정말 최고일 때를요. 그가 가져온 생선은 베타 라 팔마가 직접 보내준 생선보다 늘 조금씩 더 나았어요."

"어떻게 걸리지 않을 수 있죠?" 리사가 물었다.

"걸려요? 어떻게요? 수천 헥타르예요. 어디 가서 찾는단 말입니까? 어쨌든 베타 라 팔마가 수영장만 하다고 해도 산티아고는 잡을 수 없었을 겁니다. 미겔도 다른 직원들도 전부 산티아고를 알아요. 누가 몰래 빼돌린다는 사실을 알지만 딱히 막지 않죠. 존중의 뜻이기도 했을 겁니다. 사실 베타 라 팔마는 산티아고한테 빚을 지고 있어요. 미겔이 생선을 죽이는 그 얼음물 이야기를 많이 하지 않습니까? '고기를 진정시키고 대사를 늦춰요. 그러면 맛이 훨씬 나아집니다.' 이러잖아요. 그런데 인간적이라는 그 방법을 베타 라 팔마가 개발한 게 아니에요. 일본 사람한테 배운 것도 아니고요. 산티아고한테 배운 겁니다! 어느 날인가, 아마 10년 전이었을 겁니다. 산티아고가 농어 몇 마리를 잡아 그 사람들 보라고 얼음 양동이에 담아두고 갔어요. 올바른 방법을 알려준 거죠."

리사는 나중에 이렇게 말했다. "꼭 악한 소설의 주인공 같네요. 스페인에는 악당이 주인공인 문학적 전통이 있어요. 주인공은 훔치고 속이고 흥청망청 마시지만 똑똑하기만 하면 존경받고 무슨 일이든 대부분 용서가 되죠."

"산티아고 같은 사람은 본 적이 없어요." 앙헬이 말을 이었다. "그는 베타 라 팔마에 대해 미겔보다 더 잘 알아요. 와인 한 병을 들고 산티아고와 한 시간 이야기하는 게 미겔과 석 달 동안 붙어 있는 것과 비슷할 겁니다." 그가 웃으며 고개를 저었다. "산티아고는 생물학 따위는 쥐뿔도 모르죠. 생태학도 마찬가지고. 베타 라 팔마라는 회사에 대해서도, 그 회사가 뭘 해왔는지에 대해서도 마찬가지에요. 산티아고에게 거긴 엄청난 물고기가 있는 강이고 호수일 뿐이니까. 앙헬은 다시 담배에 불을 붙였다. 그리고 잠깐 동안 생각에 빠진 듯했다. 그러다가 탁자를 탁 치며 정신을 차렸다.

"자자, 어쨌든, 제가 왜 산티아고 얘기를 이렇게 장황하게 늘어놓느냐고요? 산티아고 때문에 숭어에 관심이 생겼으니까요. 그가 편견을 버릴 수 있게, 완전히 오해받고 있는 생선에 대한 요리사의 편견을 버릴 수 있게 만들어주었어요. 어느 날인가, 크리스마스 직전이었을 겁니다. 그가 한 번도 보지 못한 거대한 알주머니를 가지고 왔어요." 앙헬은 두 손으로 얼마나 컸는지 보여주며 말을 이었다. "그러니까 그걸 보고 완전히 흥분했죠. 그가 무슨 알인지 알겠냐고 묻더라고요. 분명히 참치일거라고 생각했어요. 그렇게나 컸으니까. 그런데 '아니에요. 참치는 아닙니다.' 하지 뭡니까. 저는 온갖 생선 이름을 다 댔고 그가 절 보며 이렇게 말했어요. '숭어요.' 믿을 수 없었죠. 저는 그건 불가능하다며 그를 주정뱅이 취급했어요. 그런데도 고집을 안 꺾지 뭡니까. 그리고 숭어는 물이 따뜻해지는 여름에 알을 배고 가을 내내 엄청나게 먹어댄다고 합디다. 알을 지키고 겨울을 나려고요."

"설마 그 숭어 알주머니가 푸아그라처럼 되었다고 말씀하실 건 아니죠?" 리사가 물었다.

"바로 그거예요! 맞아요. 정말 푸아그라 같았어요. 숭어는 늘 먹어요. 눈앞에 보이는 건 전부 먹어치워요. 그래서 알주머니가 부풀고 주머니 주변 지방이 비대해져요. 알을 보호하려고 그렇겠죠, 아마. 그리고 10월이나 11월쯤 알을 낳기 전 10일 동안 먹는 걸 딱 멈추고 바닥에서 올라와요. 그러면 준비가 된 겁니다. 그리고 지느러미를 퍼덕이며 돌아다녀요. 푸아그라보다 더 맛있는 숭어알을 맛보고 싶다면 그 10일 동안 잡으면 됩니다."

리사가 고개를 흔들며 말했다. "바다의 자유로운 푸아그라네요." 리사와 나는 에두아르도의 거위와 그 숭어가 기가 막히게 똑같다는 사실을 믿기 힘들어 할 말을 잃고 그 자리에 앉아 있었다.

"산티아고가 그걸 팔았나요?" 내가 물었다.

"아뇨. 그냥 줬어요. 돈을 주니까 안 받더라고요. 화까지 내면서. 자기 선물에 돈을 준다고 기분이 나빴는지 어쨌는지. 그리고 둘이 바에 가만히 앉아 있었어요. 짧은 시간이었는데 얼마나 길게 느껴지던지. 그러다가 갑자기 산티아고가 나를 손가락으로 가리키며 이렇게 말했어요. '앙헬 레온, 당신은 아무것도 몰라!' 제가 물었죠. '무슨 말이야, 산티아고?' '숭어를 잡아 그 끈적끈적한 껍질을 만져 보고 물이 얼마나 깨끗했는지, 숭어 부모가 몇 살인지, 물의 온도는 얼마였는지, 숭어가 평생 봐온 달이 몇 번이었는지 알기 전까지, 그 모든 걸 알 수 있기 전까지 당신은 아무것도 모른다고!'"

앙헬은 의자에 기대며 이마를 훔쳤다. "그런데 말입니다. 산티아고 말이 맞았어요. 저는 아무것도 몰라요."

다음 날 아침, 베타 라 팔마로 향하는 우리 차에 탄 앙헬을 보며 나는 그가 우울증을 앓고 있을지도 모른다고 생각했다. 숭어 소시지 수레를 끌고 테이블로 오던 그 혈기 왕성한 남자, 그 순간 앙헬 레온임을 자랑스러워하던 그 남자는 지금 절망의 계곡에 빠져 있었다. 앙헬은 발가락에 피를 흘리고 있는 마라톤 선수 같은 괴로운 표정을 짓고 있었다.

"아침에 일어날 때 해결해야 할 온갖 문제를 과연 해결할 수 있을까 확신하지 못하던 때가 있었어요." 그가 담배에 불을 붙이며 말했다. 나는 그 순간 좌석이 서른 개인 레스토랑은 일 년에 석 달은 문을 닫고 내가 갔던 두 번 다 손님이 한 명도 없었다고 비아냥거리고 싶은 마음이 들었지만 괜히 마음이 쓰여 그가 만든 생선 소시지를 언급하며 당신은 천재라고 말해주었다.

"맞아요. 천재라는 소리 많이 들었죠." 앙헬이 최대한 겸손한 척 말했다. "친구들은 전부 다 내가 백만장자가 될 거라고 했어요. 그런데 왜 그런지 몰라도 아직도 이러고 있네요." 그는 창밖을 내다보았다. "10년 동안 사랑하는 사람들과 너무 멀어졌어요. 늘 일과 사업 생각만 했으니까. 그런데 문제는 애초에 그 모든 걸 왜 시작했는지 기억도 안 난다는 겁니다. 그걸 알게 되면 자유로워지겠죠."

그가 나를 보며 말했다. "댄, 부엌에서 발가벗고 요리해본 적 있나요?"

"발가벗은 것 같은 느낌인 적은 있었죠." 내가 진지하게 말했다.

"내 친한 친구 중에 모레노 체드로니라는 놈이 있는데 이탈리아 해변에서 작은 레스토랑을 하고 있어요. 그 친구가 몇 년 전에 그렇게 해보라더군요. 제 상태가 안 좋을 때였죠. 거의 요리를 그만둘 생각까지 했으니까. 한 콘퍼런스에서 만났는데 그 친구가 말했어요. 그게 인간의 가장 근본적인 행위라고. 호모 사피엔스처럼. 불이 있고 발가벗은 인간이 부엌에서 혼자 요리를 하는 거, 그걸 한번 해보면 마음가짐이 달라질 거라고. 모레노 그 친구는 진짜 괴짜예요. 정신세계가 정말 독특해요. 하지만 어느 날 밤 다들 집에 간 후에 저도 짐을 싸다가 이런 생각이 들었어요. 내가 잃을 게 뭐야? 그래서 커튼을 치고 불을 다 껐어요. 부엌 불만 남겨놓고. 그리고 옷을 벗었죠. 전부 다. 양말도 신발도. 그리고 칼을 들고 요리를 시작했어요."

나는 어떤 느낌이었는지 물었다. "바보 멍청이가 된 느낌이었죠." 그가 솔직하게 대답했다. "그런데 한 시간쯤 지나니 기분이 좀 나아지더군요. 그리고 뭔가 깨달았어요." 그는 잠깐 말이 없었다. 나는 그가 믿는 대로 그 경험이 실제로 그를 변화시켰다기보다는 그가 오랫동안 갈구해왔던 어떤 자유에 대한 갈증이 해소된 것에 지나지 않았을 거라는 생각이 들었다. "어쨌든 내가 하고 싶은 말은, 댄도 한번 해보라는 겁니다. 온갖 감정이 다 드러날 테니까."

구시가와 베타 라 팔마를 가르고 있는 커다란 철문을 통과하자 갑자기 익숙한 비포장도로에 들어섰다. 양쪽에 늪과 수로와 빽빽한 초록이 있었다. 끝이 없을 것처럼 펼쳐진 뻥 뚫린 공간의 광대함은 세 번째 찾아오는 것임에도 전혀 현실 세계 같지 않은 풍경으로 여전히 나를 압도했다. 나는 그와 같은 풍경을 어디서도 보지 못했고 앞으로도 보지 못할 것이다. 앙헬은 갑자기 편해진 듯 두 손을 들어 올려 좌석 목 받침에 걸쳤다.

미겔이 조금 전에 전화해 숭어 양어지에서 만나자고 했다. 우리는 차를 왼쪽으로 돌려 홍학 몇 마리가 모여 있는 얕은 웅덩이에 도착했다. 앙헬은 몸을 똑바로 세우더니 재빨리 창문을 내렸다. 그리고 손을 흔들며 외쳤다. "올라!" 홍학 무리가 아무 반응이 없자 그는 운전대로 손을 뻗어 경적까지 울리며 다시 한번 근엄하게 외쳤다. "올라!"

미겔이 숭어 양어지에서 우리를 기다리고 있었다. 세 사람이 양어지에 커다란 그물을 드리운 채 걷고 있었다. 가슴까지 차는 잔잔한 물결을 헤치며 천천히 부드럽게 그물을 끌고 있었다. 주변은 고요했다. 그물에 물살이 갈리는 소리뿐이었다. 마치 세례식처럼. 나는 알마드라바는 놓쳤지만 베타 라 팔마에서 그와 비슷한 전통 낚시 기술을 목격하고 있었다.

미겔도 확인해주었다. "숭어가 베타 라 팔마로 들어와요. 대서양에서 들어와 물살을 거슬러 헤엄치죠."

"알마드라바와 비슷하네요." 내가 말했다.

"맞아요. 알마드라바와 똑같습니다. 베타 라 팔마는 삼각주 한가운데 있는 큰 양식장이에요. 숭어는 바다에서 강 하류로 헤엄쳐 옵니다. 스스로 내린 결정이죠." 미겔이 말했다. 나는 혹시 양식장에서 부화하는 숭어가 있는지 물었다.

"없진 않습니다. 하지만 양어지에서 부화하는 숭어는 대부분, 약 99퍼센트 정도가 새 먹이가 되요. 하지만 기온이 갑자기 변할 때 숭어를 잃을 일이 없습니다. 예를 들면 한 여름에 기온이 최고일 때 농어는 40퍼센트가 죽어요. 양식장 안에서 그 충격에 적응하지 못하는 거죠. 하지만 숭어는 아주 잘 적응합니다." 나는 미겔에게 물고기가 수온의 급격한 변화에 적응할 수 있는지 몰랐다고 말했다.

"적응할 수 있는 물고기는 정말 몇 종 안 됩니다." 그가 말했다.

양어지 안의 사람들이 서로 가까이 다가갔다. 두 손을 머리 위로 올리며 한 치의 오차도 없이 그물을 당기는 모습이 마치 수중 발레 선수들 같았다. 그들은 엄청나게 큰 숭어 세 마리를 들고 올라왔다.

앙헬이 서둘러 다가가 숭어를 살펴보았다. "댄!" 그리고 웃으며 나를 불렀다. "이 숭어 좀 봐요. 날씨에도 적응하고 환경 영향도 덜 받고, 아니 그러니까 생태학적으로도 이롭고 지방이 이렇게 잘 분포되어 있는 이 바다의 푸아그라를 좀 봐요. 이런 생선을 무시하는 건 최악의 비극이에요." 그가 멀리 있는 농어 양어지를 향해 손을 흔들며 말했다. "안녕, 농어! 더 이상 너한테 관심이 없단다. 다시는 보지 말자!"

나는 거대한 숭어를 바라보았다. 그리고 미겔에게 (앙헬이 듣지 못하게 조심하며) 숭어가 농어만큼, 심지어 그 절반의 기간에 그렇게 크게 자랄지는 몰랐다고 말했다.

"양식장의 바닥을 책임지는 1차 소비자는 농어를 비롯한 육식 물고기보다 더 많은 에너지를 흡수할 수 있어요." 미겔이 말했다. "그게 바로 농어를 기르는 절반의 기간에 숭어를 기를 수 있는 이유죠. 어떤 생태 네트워크에서도 마찬가지입니다. 사자는 풀을 먹는 얼룩말보다 음식에서 더 적은 에너지를 흡수하니까." 나는 생태에 좋은 영향을 끼치는 숭어를 보며 미겔이 자기를 지금 이 자리에 있게 만들어준 미쿠미 국립공원에서 공부했던 기억을 떠올렸을지도 모른다고 생각했다.

"게다가……" 그가 덧붙였다. "그러니까 이건 제 이론이지만 사실이라고 확신하는데, 스트레스를 받으면, 예를 들면 숭어는 밀도가 높을 때 스트레스를 가장 많이 받아요. 그럴 때 숭어가 가장 먼저 하는 일은 자연 먹이를 딱 끊는 겁니다." 나는 그럼 무엇을 먹는지 물었다. "웃기지만 인공 먹이를 먹어요. 닭고기 알갱이 같은 거. 제가 알기로 대부분의 양식장에서 숭어 먹이로 제공하는 것들이죠."

"그러니까 숭어가 자연 먹이 대신 맥너깃을 먹는다는 말인가요?"

내가 물었다.

"맞아요. 어이없는 일이죠. 하지만 공간이 넉넉하고 베타 라 팔마처럼 복잡한 생태계에서 숭어를 기르면 자연 먹이만 먹어요. 그래서 정말 커지고 단단해지죠. 병에도 전혀 안 걸리고."

나는 미겔에게 베타 라 팔마에 처음 왔을 때 내가 그렇게 농어에 열광했는데 왜 아무 말도 안 했는지 물었다. 그때도 진짜 주인공은 숭어라는 게 확실했는데! "우리는 숭어에 대해 많은 걸 알고 있었지만, 특히 생태에 얼마나 도움이 되는지 아주 잘 알고 있었지만 우리에게 필요했던 건……" 미겔이 앙헬을 보며 말했다. "숭어가 맛도 좋다고 말해줄 사람이었어요."

앙헬이 팔 길이만 한 숭어를 들고 마치 토끼를 든 마법사처럼 활짝 웃고 있었다. 그 둘의 모습을 보면 누구라도 감탄할 것이다. 자랑스러움과 힘이 넘치는 앙헬 레온과 거대하지만 겸손하고 바람직한 그 숭어. 누가 주인공인지 쉽게 가리기 힘든 장면이었다.

24장

저급한 생선에서 끌어낸 바다의 냄새

약속했던 대로 로드 미첼은 베타 라 팔마의 생선을 수입하기 시작했다. 데이비드 패스터낙과 에스카에서 점심을 하고 몇 달쯤 지나서였다. 7월 중순 즈음부터 우리는 숭어를 정기적으로 배달받았다. 다시 한번 말하지만 전부 내가 기억했던 대로 환상적인 맛이었다. 다른 레스토랑도 미첼에게 베타 라 팔마의 생선을 주문했다. 농어가 대부분이었다. 몇 주 안에 미첼은 뉴욕, 라스베이거스, 샌프란시스코의 요리사들에게까지 수천 킬로그램의 생선을 팔게 되었다.

가격은 저렴하지 않았다. 농어는 450그램당 18달러였는데 450그램당 7달러인 야생 농어와 비교하면 엄청난 가격이었다. 하지만 요리사들은 맛을 위해 기꺼이 그 돈을 지불했다. 질베르 르 코즈가 세상을 떠난 후 그 자리를 대신한 르 베르나르댕의 에리크 리페르 Eric Ripert 같은 유명인사도 베타 라 팔마의 농어는 특별하다고 선언했다.

앙헬은 앙헬대로 1년 넘게 베타 라 팔마와 소시지 프로젝트에 전념하고 있었다. 또한 플랑크톤 실험을 더 깊이 파고들어 여섯 가지 새로운 종류의 플랑크톤 재배에 성공했다. 그중 노란색 플랑크톤에는 당근보다 카로틴이 확실히 50퍼센트 이상 많았고 앙헬에 따르면 깨끗한 조개 진액을 깜짝 놀랄 만큼 많이 함유한 플랑크톤도 개발했다고 했다.

"그렇게 작은 것이 맛은 물론 생태학적으로도 얼마나 기특한지 정말 대단합니다." 그가 내게 전화해 전에 없던 열정적인 목소리로 말했다. "그게 그런 맛을 내주면 바다의 이야기를 훨씬 쉽게 할 수 있죠."

앙헬은 아포니엔테에 새로운 메뉴를 도입해 이를 더 쉽게 만들었다. 그래서 훌륭한 이야기라면 어디든 달려가는 리사가 다시 아포니엔테를 찾았다. 비수기였지만 이번에는 다른 손님이 있었다. 앙헬은 2010년, 바라던 미슐랭 별을 받았다. "모든 게 변했어요." 앙헬이 리사에게 말했다. "사람들이 이제 제 말을 듣고 저를 믿어요."

메뉴는 바다의 단면을 보여주며 여러 가지 생선을 다양한 수준으로 제시하고 있었다. 생선 이름 옆에 요리 이름이 적혀 있었고 알마드라바 참치가 가능할 때는 메뉴의 윗부분에 기재했다.(앙헬은 알마드라바 철이 되면 참치를 요리했다. 칼 사피나는 여전히 이를 인정하지 않았다. 최근에 특히 대서양 연안에서 참치 개체 수가 늘었다는 조사에도 칼은 참치 개체 수 회복을 위해 블루 핀 참치 소비는 완전히 금지되어야 한다고 생각했다. "저는 역사상 참치 개체 수가 지금 최저이거나 최저에 가깝다고 확신합니다. 수만 년 동안의 역사상 말입니다." 그가 전화로 격분하며 내게 한 말이다. "저는 어떻게 잡은 블루 핀 참치라도 지금은 윤리적인 선택이 아니라고 생각합니다.")

베타 라 팔마의 숭어는 메뉴의 맨 아랫부분에 자리했다. 앙헬은 그 천한 생선을 찬미할 새로운 방법을 계속 찾았다. 몇 가지 요리에 넣어보기도 했고 꿩처럼 요리해보기도 했다. 맛을 풍부하게 만들고 고기의 질감을 얻기 위해 9일 동안 걸어놓고 말려보기도 했다.

그런데 어느 날, 앙헬은 갑자기 숭어 요리를 그만두었다. 베타 라 팔마와 다툼이 있었다고 했다. 정확히 무슨 일이었는지는 분명하지 않았다. 베타 라 팔마가 그에게 배달하는 생선의 양을 줄였고 앙헬이 전화를 해 화를 내고 험한 말을 주고받은 다음 다시는 그곳에서 생선을 주문하지 않겠다고 다짐했다고 들었다. 앙헬은 예전부터 관계가 위태로웠다고 했다. 오랫동안 자기를 무시하고 또 오해하고 있었다면서. 이유야 어쨌든 그는 자기 아이디어가 베타 라 팔마에서 한 번도 제대로 실행되지 않았다고 했다.(내가 예를 들어 달라고 부탁했지만 예는 들어주지 않았다. 그저 베타 라 팔마의 문화에 대해 이해할 수 없는 비난만 했다. "완전 히피예요. 밥 말리나 흥얼거리고 말이야.")

생선 소시지 사업도 앙헬과 베타 라 팔마가 기대했던 것만큼 성공하지 못했고 그것이 관계 악화의 이유가 되기도 했을 것이다. 몇 달 후, 나락으로 떨어진 스페인의 경제 상황을 이기지 못하고 베타 라 팔마는 문을 닫았다.

앙헬은 스톤 반스를 찾아와서 그 모든 이야기를 내게 들려주었다. 앙헬은 스톤 반스 농장을 둘러보고 레스토랑에서 특별 메뉴를 준비했다. 그는 평소보다 더 지쳐 보였다. 두 눈은 시커멓게 움푹 꺼져 있었고 보이는 건 모두 먹어치웠다. 그리고 줄담배를 피웠다.

마치 창조성을 얻은 대가로 악마에게 잡아먹히고 있는 것 같았다.

—

그로부터 1년이 지나기 전, 사진이 첨부된 이메일이 한 통 도착했다. 앙헬이 고대 건물의 잔해 앞에서 양팔을 크게 벌리고 얕은 물속을 걷고 있었다.

나는 앙헬에게 전화를 했다. 여전히 어쩔 줄 몰라 불안해하는 목소리가 남아 있었지만 이야기를 나누다보니 차분하게 뭔가에 집중하고 있는 것 같기도 했다. 심지어 약간 행복감이 묻어나는 것도 같았다.

새로운 프로젝트 앞에서 찍은 사진이라고 했다. 베타 라 팔마에서 아주 가까운 곳에 버려진 습지를 양식장으로 전환하는 프로젝트였다. 대서양과 지중해가 만나는 바다와 곧장 연결되는 곳에 조류의 힘으로 깨끗한 바닷물을 끌어올 작은 수로도 만들 계획이었다. (내가 사진에서 본 유적인) 2000년 전 페니키아인들의 소금 공장 안에 새로운 레스토랑도 열 생각이고 바닥은 유리로 깔아 손님들이 발밑에서 헤엄치는 물고기를 볼 수 있으며 염전도 직접 운영하고 레스토랑을 위한 채소밭도 만든다고 했다.

앙헬은 내면의 악마를 진정시켰고 열렬한 창조성도 여전히 갖고 있었다. 그는 아포니엔테의 새로운 요리 '당근이 되고 싶었던 오징어, 댄 바버에게 바치는 송시'에 대해서도 설명해주었다. 오징어를 며칠 동안 당근 주스에 담가 밝은 주황색이 되면 삶은 당근을 잘게 다져 채워넣고 돌돌 만다. 허브로 신선한 당근 꼭지도 만들어 붙인다. 스톤 반스에 왔다가 영감을 얻어 만든 요리라고 했다. 잭이 온실에서 뽑아 셔츠에 닦아 건네준 모큼 당근이 무척 달콤해 믿을 수 없었다면서.

"이 말은 처음 하는 거지만" 앙헬이 말했다. "그때까지 야채를 그다지 좋아하지 않았어요. 거의 안 먹었죠. 그런데 그 당근 때문에 변했지 뭡니까."

—ɯ—

우리가 사랑하는 활달한 생선 숭어로 말할 것 같으면 큰 성공은 거두지 못했다. 앙헬은 정말 이유를 모르겠다고 했다. 미첼에 따르면 베타 라 팔마의 숭어 가격은 농어 가격의 절반밖에 되지 않았지만 판매량은 농어가 50배나 많았다. 숭어가 지방이 부족하고 진흙 맛이 나는 저급한 생선이라는 요리사들의 인식이 너무 뿌리 깊어 극복하기가 쉽지 않았다. 손님들을 설득하기도 쉽지 않기는 마찬가지였다.

하지만 미겔은 실망하지 않았다. 누구보다 긍정적이었던 미겔은 결국 숭어도 많이 팔릴 거라고 확신했다. 그러는 동안 미겔은 다른 양식 생물학자들을 만나러 다니기 시작했는데 최근에 내게 보낸 이메일에 따르면 한 자선 사업가가 자신의 양어장으로 일주일 동안 초대해 지금 코스타리카에 있다고 했다.

이메일에는 이렇게 적혀 있었다. "댄, 지금 무척 기뻐요. 솔직히 말하자면 열대 우림은 처음이거든요. 깊은 숲속의 험한 진흙 길을 헤쳐 나가는 느낌, 온갖 소리를 듣고 무지개빛깔 개구리, 뱀, 손바닥만큼 큰 나비, 새 그리고 이름 모를 온갖 생명체를 보는 느낌은 정말이지 환상 그 자체예요. (…) 야노마미 족이 신은 위대하다고 했다지요. (…) 하지만 숲은 그보다 더 위대합니다."

12월 초의 어느 날 저녁, 나는 내 사무실에서 우리의 생선 요리사 스티브가 새로 도착한 베타 라 팔마의 숭어를 다듬는 모습을 보았다. 스티브는 비늘을 벗기고 조심스럽게 한 덩이를 잘랐다. 그리고 또 한 덩이를 자르기 위해 생선을 뒤집었다. 지금까지 수없이 많이 해왔던 작업이었다.

그런데 이번에는 갑자기 작업을 멈추고 썰다 만 숭어를 자세히 들여다보았다. 그는 마치 주차장에서 차를 못 찾고 있는 사람처럼 두 눈을 크게 뜨고 머리를 긁적였다. 그리고 칼을 내려놓고 조심스럽게, 장담컨대 푸아그라처럼 보이는 커다란 주머니를 숭어 배에서 꺼냈다. 그리고 팔을 뻗으면 닿을 거리에서 그걸 들어올려 내게 보여주었다.

정말 보기 드문 장면이었다. 베타 라 팔마의 숭어를 거의 6개월 동안 요리해왔지만, 날마다 요리하고 맛을 보고 직원들과 손님들에게 널리 알려왔지만 나도 앙헬처럼 아주 약간은 지겨워진 것도 사실이었다. 늘 같은 옷을 입고 늘 같은 이야기를 하는 연인과 함께 있다 보면 눈동자가 자꾸 다른 곳을 향하는 것처럼. 그러던 그녀가 어느 날 알로 터질 듯한 주머니 지갑을 들고 흰 기름이 번드르르한 캐시미어 코트를 입고 나타난 것이다. 그러면 다시 처음처럼 사랑에 빠진다.

나는 스티브에게 맛을 보게 살코기 한 점을 구워달라고 했다.(알은 몇 달 동안 말려 간간한 당근 쿠키에 발랐다. 앙헬에게 되갚는 송시였다.) 스티브는 평소처럼 포도씨 오일을 아주 조금 두르고 숭어를 팬 위에 올려놓았다. 그리고 돌아서서 요리사들을 불러 모았다. 그는 신이 나서 그 거대한 주머니가 그렇게 크지도 않은 숭어 몸속에 어떻게 들어있었는지 보여주었다. 그리고 지금까지 봤던 그 어떤 알주머니보다 스물다섯 배는 더 크다고 주장했다. 지금까지 요리사로 일해오면서 보조요리사가 허풍을 떨지 않는다고 생각한 것은 그때가 처음이었다.

스티브는 알주머니를 숭어 안에 넣었다 뺐다 하면서 설명을 반복했다. 그럴 때마다 요리사들은 깜짝 놀랐고 나는 팬 위에 올라가 있는 숭어 살코기가 숭어에서 빠져나온 기름에 자작하게 담겨 있는 것을 보았다. 스티브가 돌아서더니 두 손을 머리 위로 올리고 외쳤다. "하느님 아버지! 자기 기름으로 튀겨지고 있어요!" 그 순간 나는 저급한 숭어가 스스로 구워지는 모리야 참치의 전통으로 부활하는 그 장면을 페페가 보았으면 좋겠다고 생각했다.

나는 팬 옆에 놓인 흰 살코기를 자세히 살펴보았다. 부엌의 조명을 받아 빛나고 있는 단단한 기름 덩어리였다. 그 어떤 고기 요리 전문가가 와도 최고급 돼지기름과 구별하기 힘들 것 같았다. 손 위에 올려놓자 천천히 녹았다. 나는 바다의 냄새를 맡았다.

요리사의 삶은 소소한 즐거움으로 가득하다. 새 요리가 성공했을 때도 그렇고 행복한 저녁 식사를 했을 때도 그렇다. 하지만 진짜 만족스러운 순간은 흔치 않은 것이 사실이다. 나는 그 순간, 스트레스에서 자유롭고 긴 겨울을 나기 위해 베타 라 팔마의 풍족한 먹이를 닥치는 대로 먹으며 동시에 양어지의 생태까지 개선하는 그 숭어의 모습을 떠올렸다. 최고라고 할 수 있는 순간이었다. 산티아고의 말이 옳았다. 에두아르도의 말도 마찬가지였다. 그것이 바로 자연의 선물이었다.

제4부

종자

미래를 위한 청사진

25장

씨 뿌리는 농부 이야기

클라스와 메리하웰의 농장에서 54번 도로를 타고 곧장 내려가면 펜 얀이 나온다. 도로는 다닥다닥 이어진 들판과 목장을 가로지르고 있었고 수평선은 날카로운 능선으로 물결치고 있었으며 핑거 레이크스 중 가장 큰 세니커 호수가 그 한가운데 자리 잡고 있었다.

클라스는 세니커 호수가 날씨를 온화하게 만들어준다고 생각했다. 호수 효과라는 작용인데 호수 때문에 늘어난 강수량이 추울 때는 공기를 따뜻하게 만들어주고 더울 때는 공기를 식혀준다. 아무리 그렇다고 해도 그날 아침의 기온은 벌써 섭씨 35도까지 올라 있었다.

에어컨을 켜려고 손을 뻗는데 건너편에서 마주 달려오는 경찰차가 보였다. 재빨리 속도를 줄였지만 경찰관은 차를 돌려 깜빡이를 켜고 내 차를 세웠다. 백미러로 경찰이 다가오는 모습을 보았다. 키가 180센티미터는 충분히 넘어 보였다. 경찰 모자를 쓰고 검은색

선글라스를 낀 모습이 제대로 근무 중이었다. 창문을 내리자 뜨거운 바람이 훅 불어 닥쳤다.

"55에서 85로 달리셨습니다." 경찰이 말했다. 나는 깜짝 놀라는 척 했다.(정말이요, 경관님?) 그리고 당황한 모습을 보였다.(세상에! 절대로 85까지는 안 달리는데!) 하지만 결국 다 포기한 목소리로 사과를 했다. 내가 운전면허증과 자동차 등록증을 찾으려고 허둥대는 동안 그는 말없이 가만히 서 있었다. "죄송합니다. 경관님. 오늘 클라스 마틴과 밀을 수확하는 날이거든요. 조금 급했습니다." 그가 창문으로 얼굴을 들이밀며 물었다.

"클라스를 아십니까?" 나는 고개를 끄덕였다.

그가 웃으며 말했다. "좋아요. 그럼, 좋은 하루 되십시오!"

그곳은 클라스와 메리하월의 영향력이 대단한 곳이었다.

두 사람은 그 지역에서 대규모 화학비료 농사를 처음으로 그만둔 사람들이었다. 처음에 이웃들은 두 사람이 살아남기 힘들 거라고 생각했지만 그들의 성공은 회의하던 사람들의 마음을 천천히 돌려놓았다. 클라스와 메리하월이 유기 농사를 시작한 지 1년 정도 지났을 때 클라스의 초등학교 동창이자 클라스의 땅 바로 서쪽에 농장을 갖고 있던 가이 크리스티안슨이라는 낙농업자가 클라스가 기르는 작물의 성공을 알아채기 시작했다. 가이의 소 사료용 옥수수 밭이 클라스의 유기농 옥수수 밭 바로 옆에 있었으니 알아채지 못할 수가 없었다.

"가이가 제 옥수수를 보게 될 수밖에 없었기 때문에 결국 여기까지 오게 된 것 같아요." 클라스의 옥수수는 무럭무럭 자라고 있었다.

가이는 수익이 위험할 정도로 낮았던 자기 낙농장을 완전히 유기농으로 전환하기로 결심했다. 그리고 오래 지나지 않아 가이의 농장에 면한 또 다른 농장주인 플로이드 후버가 옥수수와 콩, 소 방목장을 유기농으로 전환했다. 그의 이웃이던 낙농업자 에런 마틴 역시 가이가 유기농 우유로 올리는 수익을 눈여겨보다가 전환에 동참했다. 가이의 농장과 클라스의 농장에 면하고 있던 메노파 낙농업자 에디 호스트와 클라스의 농장 바로 북쪽에 땅을 갖고 있던 론 시크 역시 마찬가지였다. 펜 얀의 농부들은 클라스를 중심으로 점점 더 큰 원을 그리며 잇달아 화학 농법을 그만두기 시작했다. 모두 이웃의 성공을 보고 따라온 경우였다.

메리하월은 자기 집 부엌에서 막 유기농으로 전환한 농부들을 위한 모임을 열기 시작했다. "아시겠지만 그때는 모든 게 정말 새로웠어요." 그녀가 말했다. "그저 정보를 모으려고 했던 건데 곧 서로 돕는 작은 공동체가 되었죠."

1990년대 중반, 그 선구적인 유기 농부들에게 행운이 찾아왔다. 농화학 생명공학 기업 몬산토가 유전공학의 힘을 빌려 BST라는 성장 호르몬을 개발해 젖소의 우유 생산량을 늘린 것이다. 이는 이윤이 낮기로 유명한 낙농업계 입장에서는 수익을 높일 수 있는 절호의 기회였다. 하지만 많은 소비자가 화학물질이 첨가된 우유를 믿지 못했다. 결국 인공 호르몬에서 자유롭다고 할 수 있는 유기농 유제품에 대한 수요가 치솟기 시작했다.

"모든 게 급작스러웠어요. 유기농 우유를 찾는 사람이 갑자기 늘었고 젖소에게 먹일 유기농 곡물에 대한 수요 역시 급등했죠." 클라스가 그때를 회상하며 말했다. "늘 이런 마음이었어요. '고마워, 몬산토!'"

유기농으로 전환을 고민하던 다른 농부들도 메리하월의 부엌 모임에 참가해 듣고 배우기 시작했다. 모임이 점차 커져감에 따라 그들은 여러 집을 옮겨 다니며 모임을 열었고, 그러다가 몇 년 전 메리하월이 코넬대 지인을 동원해 제네바에 있는 뉴욕 주 농업시험장 강당을 확보했다. 요즘은 거의 100여 명의 농부가 정기적으로 모임에 참석하고 화상 회의를 통해 뉴욕 북쪽 끝 시골까지 정보를 전달하며 더 많은 농부에게 유기농으로의 전환을 촉구하고 있다.

펜 얀으로 들어가기 전 54번 도로의 마지막 구간이 바로 그 번성하고 있는 공동체의 증거였다. 20제곱킬로미터가량 끊이지 않고 이어져 있는 유기 농지는 전부 지난 20여 년 안에 전환된 농지였다.

농부들의 성공으로 펜 얀도 덕을 보았다. 펜 얀은 1700년대 후반 펜실베이니아Penn와 뉴잉글랜드Yankee 출신들이 농지를 찾아 그 지역에 정착하면서 생긴 이름이다. 사람들은 정착지의 이름을 두고 싸우지 않고 절반씩 절충해 합의를 보았다. 오늘날 펜 얀은 미국의 더 단순하고 좋았던 시절을 담은 엽서에 꼭 맞는 이미지를 간직하고 있다. 평화로운 거리에 정겨운 이름의 상점이 늘어서 있다. 신호등도 거의 없고 횡단보도는 넓으며 상점들은 깔끔하고 친근하다. 1797년에 영업을 시작해 펜 얀에서 가장 큰 사업체가 된 버킷 제분소는 건물 한 쪽에 약 8미터 길이의 까만 철판을 전시해놓고 있다. 1987년 거대한 팬케이크를 구워 세계 신기록을 수립했을 때 사용했던 바로 그것이었다.

미국 문화에서 소도시는 언제나 상징적인 장소였다. 미국 최고의 가치로 여겨지는 공동체 정신과 직업윤리, 확실한 도덕적 기준이 깃들어 있는 곳이다. 하지만 그 소도시가 더 이상 미국을 대변하지 못하기 때문에, 즉 미국 인구의 80퍼센트 이상이 대도시에 살고 있기 때문에 소도시는 엄청난 향수를 불러일으키는 곳이기도 하다. 하지만 오늘날 소도시는 대부분 싱클레어 루이스의 『메인 스트리트Main Street』나 노먼 록웰의 지난 세기 그림 작품에서처럼 아름답지 않다. 허물어져가는 상점과 옛 극장 건물, 더러운 식당, 초라한 바가 작은 마을의 풍경을 이루고 있다. 대부분 학교도 우체국도 식품점도 없는 유령 도시가 되었다. 1950년대와 1960년대에 농업이 산업화되기 시작하면서, 그리고 가족 농장이 급속히 통합되기 시작하면서 소도시는 몰락하기 시작했다. 펜 얀도 예외는 아니었다. 나이 많은 농부는 은퇴했고 다음 세대는 다른 곳으로 떠나거나 농사 자체를 짓고 싶어하지 않았다. 메리하월은 한때 펜 얀이 '시내 한가운데 폭탄을 맞은 도시'[1] 같았다고 묘사했다.

메리하월은 몇 가지 일련의 사건 때문에 펜 얀의 대규모 유기농 전환이 가능했다고 생각했다. 1970년대와 1980년대 저렴해진 땅값 덕분에 펜실베이니아 메노파 농부들이 많은 땅을 사들일 수 있었다. 그리고 1976년 포도원법Farm Winery Act이 통과되어 뉴욕의 와인 제조업자들은 포도를 직접 길러 양조장에서 바로 포도주를 팔 수 있게 되었다. BST에 대한 반격으로 지역 낙농업자들이 살아나기 시작한 1990년대에 펜 얀에는 늘어가는 농장과 와인 산업을 뒷받침할 새로운 사업, 예를 들면 물품 창고, 농기계 수리, 용접 서비스 등의 사업이 되살아나기 시작했다.

펜 얀의 경제에 가장 큰 기여를 한 사람이 바로 클라스와 메리하월이었다. 2001년, 두 사람은 쇠락해가는 중심가 근처의 애그웨이 제분소를 사들여 레이크뷰 오가닉 그레인으로 이름을 바꾸었다. 유기농으로 전환하고 싶지만 기간 시설 때문에 전환할 수 없다던 이웃들을 돕기 위해서였다. 유기농 곡물을 위한 제분소가 부족했고 적당한 저장 시설도 없었다. 일반 제분소는 유기농 곡물을 잘 받으려 하지 않았다. 유기농과 일반 곡물을 둘 다 취급할 경우 장비를 완전히 청소하는 과정이 반드시 필요했는데 그게 귀찮기도 하고 돈도 많이 드는 작업이었기 때문이었다. 클라스와 메리하월은 레이크뷰 오가닉 그레인에서 유기농 곡물을 제분하고 저장해 이를 커져가는 유기 낙농 시장에 판매함으로써 공동체의 또 다른 구멍을 메꿀 수 있었다.

"'만들어놓으면 온다'는 표현 아시죠?" 클라스가 물었다. "꼭 그랬다니까요. 2년 넘게 수익이 매달 20퍼센트씩 증가했어요. 얼마 안 가 정직원 여섯 명을 고용했고요. 말 그대로 수요를 따라잡을 수 없었습니다."

클라스와 메리하월은 제분소를 사업적 측면으로 바라보기도 했지만 (제분소의 수익을 위해 이윤을 높게 잡았다) 주로 땅에 대한 책임을 다하는 과정으로 바라보았다.

"토양을 비옥하게 해주는 곡물 시장을 만들어가면서 농부들에게 토양의 질을 개선하라고 장려합니다." 클라스가 말했다. "그래서 그 '다른' 곡물, 말하자면 라이밀, 귀리, 보리 등을 정말 비싸게 사들였어요. 토양의 건강 유지에 꼭 필요한 작물이니까. 살 사람이 없으면 그런 작물을 심을 수가 없죠. 그러면 바로 토양의 생식력이 떨어지고요."

클라스는 토양의 비옥함이 떨어지면 제분소의 이윤도 줄어들 거라고 했다. "그러니 어떻게 보면 우리 이윤을 위해 움직이는 것이기도 했어요."

수요가 낮은 곡물 시장이 만들어지면 그 지역 소들도 덕을 본다.

레이크뷰에서 판매하는 기본 혼합 사료에는 아홉 가지 다양한 곡물이 섞여 있다. 낙농산업 기준으로는 대부분 불필요한 곡물이지만 그 다양성이 장기적으로 소에게 큰 도움이 된다.

"우리 곡물 사료를 먹는 소는 옥수수 사료로는 얻을 수 없는 비타민과 무기질도 섭취하는 거예요." 메리하월이 설명했다. "우유 양이 줄어들 수는 있겠지만, 아, 물론 장기적으로 보자면 아직 논란이 많은 지점이긴 해요. 아무튼 소가 확실히 더 건강해요. 증명할 수 있냐고요? 없어요. 하지만 다양한 곡물을 먹으면 아미노산과 무기질을 더 많이 섭취할 수 있고 산성이 넘칠 일도 없어요."

하지만 나는 증명할 수 있다. 맛이 더 좋다는 것을. 크레이그는 몇 년 전부터 클라스와 메리하월의 혼합 사료를 돼지에게 먹이고 있다. 지금 돼지고기는 그 어느 때보다 더 맛있다.

—ʍ—

메리하월이 경영하는 제분소는 이제 여덟 명의 정직원을 두고 있으며 종자 사업도 함께 하기 시작했다. "자연스러운 과정이었습니다." 클라스가 말했다. 새로운 유기 농부에게 유기 종자를 제공해줄 사람이 필요했으니까.

그렇다면 최근에 유기 농사가 확장되어가는 데도 종자가 부족한 이유는 무엇일까? 역시 몬산토 때문이다. 1990년대를 거치며 몬산토는 중소 규모 종자 기업을 사들여 유기 종자 공급처를 감소시켜 왔다.

“생각해보면 얼마 전까지만 해도 모든 농업 공동체에는 씨앗을 관리하는 사람이 있었습니다. 여러 명인 경우도 있었죠.” 클라스가 말했다. “가장 해박하고 정직한 농부만 할 수 있는 일이었어요. 사실 종자개량조합에 가입하려면 표결을 통과해야 했죠.” 그들은 발아 비율 문제 등을 자세히 살피고 병충해나 잡초, 다른 오염 가능성 등에 특별한 주의를 기울였다.

클라스는 젊었을 때부터 그들의 지혜와 정직에 관심이 있었다. “농장에서 할 일이 없을 때에는 최대한 시간을 내 그들에게 배웠습니다.” 클라스가 말했다.

1983년 어느 날 아침, 농장에서 콩을 수확하던 클라스는 콩밭에서 눈에 띄는 다른 식물을 하나 발견했다. 가까이 다가가서 보니 콩이었지만 지금까지 알던 콩은 아니었다. “완전히 달랐어요.” 클라스가 말했다. “일종의 돌연변이였는데 정말 놀라웠어요. 제때 콤바인을 멈춰 얼마나 다행이었는지 몰라요.” 그는 그 콩 줄기를 뿌리 채 뽑아 씨앗을 보존했다가 다음 해 봄 정원에 심었다. 무엇이 나올지 보고 싶었다. 하지만 한 시간도 안 걸리는 코넬대의 젊은 여성 육종자를 찾아가 의견을 구해볼 구실을 만들고 싶기도 했다.

“종자 번식에 대해 아무것도 몰라 도움이 필요한 척했어요.” 클라스가 말했다. “그녀에 비하면 많이 모르는 게 사실이었죠. 그녀는 정말 훌륭한 육종자였어요." 그녀가 바로 메리하웰이었다.

두 사람이 공유하던 육종에 대한 관심이 막 시작한 종자 사업에 도움이 되었다. 제분소는 더 많은 농부가 유기농으로 전환하는 데 도움이 되었고 종자 사업은 그들이 토양을 비옥하게 만들어줄 다양한 유기 작물을 재배할 수 있도록 도와주었다. 네트워크는 스스로 굴러가며 점차 확장되었다.

어디에도 속하지 않는 농업

클라스를 더 자주 만날수록 나는 그가 농사의 어떤 범주에 속하는지 단정 짓기 어렵다는 생각이 들었다. 특히 우리가 가장 선호하는, 수확물을 직거래 장터에서 직접 판매하는 소규모 가족 단위 농부라고 규정하기가 애매했다. 그런 농부를 돕는 것은 좋다. 우선 더 맛있는 음식을 생산하기 때문이고 현재 농사로 먹고 사는 인구가 1퍼센트도 안 되기 때문에 직접적인 거래로 그들의 노력에 보답해주는 것이 큰 차이를 만들기 때문이기도 하다. 하지만 그게 전부는 또 아니다.

2007년, 미국 농무부는 전국 농산물 직거래 장터의 수가 4년 동안 두 배로 늘었다고 발표했다. 오랫동안 비주류로 머물러왔던 지속 가능한 음식 운동이 인기를 얻고 있다는 신호였다. 나는 미국공영방송 PBS 뉴스에서 기업식 농업을 적극적으로 옹호하는 농업 전문가이자 『농약과 플라스틱으로 지구 구하기: 고수확 농업의 환경적 업적Saving the Planet with Pesticides and Plastic: The Environmental Triumph of High-Yield Farming』의 저자 데니스 에이버리와 인터뷰를 한 적이 있다.

만약 이 세상이 완벽하다면 우리가 모든 음식을 직거래 장터에서 사게 될 것 같은지 진행자가 물었다. 나는 질문이 약간 바보 같다고 생각하며 잠깐 대답을 고심하다가 결국 그럴 것 같다고만 대답했다. 진행자가 이번에는 버지니아 스우프에 있는 자기 사무실에 벽을 가득 채운 전문 서적을 배경으로 가죽 의자에 근엄하게 앉아 있는 에이버리를 바라보았다. 그는 웃으며 이렇게 말했다.

"저도 직거래 장터를 좋아합니다." 그는 종종 집 근처의 직거래 장터에서 장을 본다고 했다. 시나몬 롤이나 소시지, 복숭아 같은 걸 산다고. 다른 모니터를 보니 진행자도 웃고 있었다. 에이버리가 말을 이었다. "하지만 이 나라에는 매일 수백만 톤의 음식이 필요합니다. 뉴욕 전체가 모든 음식을 농산물 트럭에서만 공급받다가는 교통 체증으로 도시 전체가 마비될 겁니다." 그는 능란한 말솜씨로 내 완벽한 세상을 재앙으로 만들어버렸다. 나는 시나몬 롤 때문에 논쟁에서 지고 말았다.

대규모 기업식 농업을 옹호하기는 어렵다. 기업식 농업은 상상조차 못 했던 엄청난 생태학적 문제를 초래했다. 토양의 비옥함에 대한 손실만 해도 너무 커서 결코 장기적인 대안이 될 수 없다. 하지만 직거래 장터가 (그리고 에두아르도 같은 창의적인 농부가) 우리 모두를 먹여 살릴 수 있다고 주장하는 것 또한 너무 순진하고 어처구니없는 생각이다. 모든 농부에게 씨를 뿌리고 수확하고 트럭을 몰고 시장으로 가서 직접 판매하라고 요구하는 것은 요리사에게 매일 밤 요리하고 서빙하고 설거지까지 다 하라는 것과 다르지 않다.

클라스와 펜 얀 공동체의 농부들을 더 자주 만날수록 나는 그 인터뷰 질문에 대한 답이 내 이상과 에이버리의 현실 사이 어디쯤에 있다는 생각이 강해졌다. '중간' 규모 농업은 실제로 존재하고 또 살펴볼 가치도 있다. 직거래 장터로 가기에는 규모가 크지만 대규모 식품 산업과 경쟁하기에는 또 작은, 클라스 같은 중간 규모의 농장주들이다. 불행하게도 그들은 클라스와 달리 대부분 상품 생산이라는 한계에 갇혀 있었다. 그들은 한 가지 작물만 심는다. 돈이 되기 때문이다.(콤바인을 구입할 때 받은 은행 대출에다 주택 융자까지 있다면 안전한 길을 택하지 않을 사람이 과연 얼마나 될까?)

스톤 반스 센터 이사회 회장이자 직접 유기농 밀을 재배하기도 하는 프레드 커셴먼은 그 중간 규모 농장이 점점 사라지고 있다고 강하게 소리 높여 주장하는 사람이기도 하다. 그는 중간급 농장이 미국 농지의 40퍼센트 이상을 차지하고 있지만 10년 안에 대부분 사라질 거라고 말했다.[2] 대규모 농장으로 통합되고 작물의 다양성은 점차 줄어들 거라고.

우리는 클라스와 메리하월 같은 중간 규모 농부들의 영리함과 창의성을 농업의 미래에 대한 가능성의 하나로 고려하면서, 해결하기 힘들어 보이는 현대 농업 문제에 대한 답을 찾아야 한다. 지속가능한 식품 체계는 데에사와 베타 라 팔마가 보여주었듯이 농업 방식 이상이자 음식 생산과 소비에 대한 태도 이상이다. 물론 그 두 가지가 가장 중요하지만 전부는 아니다. 문화 또한 필요하다. 소규모 농부를 특별한 개인으로 이상화시킬 수도 있겠지만 변화를 촉발할 수 있는 그들의 힘은 제한되어 있다.

나는 클라스와 메리하월의 제분소를 처음 방문했을 때 그 문화를 확실히 느꼈다. 어느 봄날 아침이었다. 주차장은 트럭으로 가득했다. 커다란 플랫베드 트럭이 물건을 가득 싣고 주차를 하고 있었고 더 큰 트럭 한 대는 주차장을 나서고 있었다. 메리하월은 제분소 안에서 전화로 주문을 받고 종자 검사 날짜를 잡고 농부들에게 조언을 해주고 있었다. 지게차가 어지러운 바닥에 십자 모양으로 쌓인 곡물 포대를 나르고 있었다. 클라스는 곡물을 기르는 농부들에게 재미있는 이야기를 들려주고 있었고 농부들은 토양만 잘 관리하면 식물을 급격히 쇠약하게 만드는 붉은 곰팡이 균 감염을 피할 수 있다는 클라스의 확신에 놀라고 있었다. 또 다른 농부 몇 명은 양손에 커피와 도넛을 들고 제분소 관리자와 유기농 콩 시장의 미래에 대해 토론하고 있었다. 한 남자가 커다란 메모판에서 중고 기계 판매 광고를 뒤지고 있었다.

나는 제분소가 펜 얀의 유기 농업 성공을 넘어선 목적에 부합하고 있다는 사실에 적잖이 놀랐다. 제분소는 일종의 사회적 직물을 창조하고 있었다. 마치 옛날 조합처럼 제분소는 불안한 마음을 털어놓고 아이디어를 공유하고 농장 생활의 외로움에서 탈출할 수 있는 장소였다. 공동의 관심사라는 실타래가, 목표를 공유한다는 느낌이 있었다. 트럭 운전사부터 제분소 직원, 농부 그리고 다시 살아난 펜 얀 마을 자체까지 문화가 어디에나 활발히 살아 숨 쉬고 있었다.

—∞—

펜 얀에서 스톤 반스로 차를 몰고 돌아오는 길에 나는 클라스의 이야기가 마치 러시아 마트료시카 인형처럼 하나의 이야기 안에 또 다른 이야기가 들어 있는 복잡한 이야기라는 생각이 들기 시작했다. 내가 가장 먼저 쓰려고 생각했던 맨 바깥쪽 이야기는 형제들과 갈라서며 유기 농사를 시작하기로 결심했던 이야기였다. 그 이야기 자체만으로도 할 말은 충분히 많았다. 하지만 그의 농사 방식과 토양을 건강하게 만드는 훌륭한 순환 농법이 문득 또 다른 이야기를 탄생시켰다. 같은 생각을 갖고 있는 농업 공동체에 관한 이야기였다. 물론 그 이야기 안에 또 다른 이야기들이 들어 있다. 씨 뿌리는 농부 이야기, 제분업자와 도매업자 이야기 등이다. 그 모두를 하나로 모으면 지속 가능한 식품 체계가 갖추어질 수 있다.

하지만 전혀 그렇게 생각하지 않았던 웨스 잭슨과의 대화가 떠올랐다. 그는 내게 이렇게 말했다. "지속할 수 없으니까요." 농업의 역사가 보여주듯 얼마 안 가 누군가가 근시안적인 결정으로 토양의 건강을 위협할 거라고 그는 지적했다. 클라스와 메리하월의 좋은 의도와 힘든 노력에도 불구하고 결국 그와 같은 구조는 흐트러질 수밖에 없을 거라고 웨스는 예측했다.

그의 말도 일리는 있었다. 어쨌든 여기는 역사와 문화의 근본인 땅을 수 세기 동안 보호해온 스페인의 데에사도 아니지 않은가. 리사가 말했듯이 데에사는 하몬 이베리코와 이를 중심으로 발전된 농사와 식습관 그리고 스페인 사람들의 상상력까지 보태진 신화적 풍경으로 작용한다. 펜 얀과 같은 곳이나 중간 규모의 그 어느 농장도 미국인에게 그만큼 커다란 울림은 제공하지 못한다. 그곳과 긴밀하게 연결된, 하몬에 견줄 만한 음식 문화가 없기 때문이다.

사실 펜 얀의 유기 농부들은 음식을 제공하지는 않는다. 적어도 직접적으로는. 그들은 사람이 먹는 동물에게 먹일 곡물을 생산한다. 클라스는 내가 찾아갈 때마다 그 말을 했다. 하지만 펜 얀에서 54번 도로를 따라 남쪽으로 내려가기 전까지는 그 말이 크게 다가오지 않았었다. 증거는 어디에서 있었다. 젖소가 있었고 (유기농 우유는 여전히 그 지역 많은 농부의 수입 원천이었다) 사료용 곡물과 피복 작물 밭이 끝없이 펼쳐져 있었다. 지붕 위에서 바라본 데에사와 비교해도 부족하지 않을 만큼 아름다웠다. 하지만 내가 직접 요리할 수 있는 작물은 없었다. 다시 말하자면 여전히 이야기의 핵심이 빠져 있다는 뜻이었다.

만약 식품 체계의 진정한 지속 가능성이 구성 요소 각각의 탄탄함에 달려 있고 그 탄탄함의 기준이 문화를 얼마나 깊이 관통하고 있느냐 하면, 웨스의 말이 옳을지도 모른다. 유기농 우유의 판매가 폭발적으로 증가했던 것처럼 갑자기 다른 것이 유행하게 되면 어떨까? 혹은 땅값이 저렴한 중서부 농부들이 유기농으로 전환하면 뉴욕 북부의 낙농업자들은 과연 경쟁에서 살아남을 수 있을까?

클라스와 메리하월은 오늘날 곡물 시장이 거부했던, 토양을 더 건강하게 만들어주는 작물을 순환 재배함으로써 농업 경영의 문제를 제기했고 제분소를 만들고 종자 사업을 시작함으로써 농부들의 경제적 문제를 확실하게 해결했다.(그뿐만 아니라 우연이긴 했지만 더 맛 좋은 우유와 돼지고기를 생산할 수 있는 사료 배합 방법을 찾았다.) 하지만 웨스의 주장대로 지금으로부터 100년이 지나기 전에 클라스의 농장은 완전히 반대 방향으로 뒤집힐 수도 있다.

클라스의 이야기에서 부족한 부분, 즉 우리 문화의 전통과 관습에 스며있는 작물이 없는 것은 그의 잘못이 아니다. 책임의 일부는 나 같은 요리사나 레스토랑 경영자에게 있다. 밀과 기장, 아마, 콩,

메밀, 호밀 그리고 10여 가지 다른 작물과 콩류, 즉 토양을 비옥하게 해주고 맛있는 음식이 되는 다양한 곡물이 대부분 동물 사료를 위해 재배되기 때문이다. 하지만 우리가 먹을 요리를 위해 그런 작물을 재배할 수도 있다. 그리고 그 과정에서 농부는 훨씬 더 큰 수익을 얻을 수 있다.

클라스는 언젠가 내게 이렇게 말했다. “충분한 수요와 기반 시설만 있다면 펜 얀의 농부들이 뉴욕 시민 전부를 먹여 살릴 수 있을 겁니다.” 그의 말이 과장이 아니라는 건 그간의 경험으로 충분히 알 수 있었다.

앙헬 레온은 상업 어선에서 일하면서 산더미 같은 생선이 버려지는 것을 목격했다. 그리고 그 생선의 가치를 널리 알리는 요리를 개발하고 이를 위한 시장을 창조했다. 펜 얀의 토양을 비옥하게 만드는 다양한 곡물과 콩류가 바로 농사의 부수어획물이다. 시장에 내다 팔 수 없는 생선을 다시 바다로 던져버리지 않고 더 나은 목적을 위해 활용하듯 그와 같은 곡물을 동물 사료로만 사용하지 말고 지속 가능한 식품 체계를 만드는 방향으로 활용해야 한다. 정말로 제3의 식탁을 차리고 싶다면 나는 앙헬처럼 수요가 적은 그 곡물을 블루 힐의 요리에 녹여낼 수 있는 방법을 찾아야 한다. 아니, 녹여내는 것 이상으로 그런 작물이 클라스의 순환 농법에 꼭 필요하듯 우리 요리에도 꼭 필요한 것으로 만들어야 한다.

나도 클라스처럼 밀로 시작해 보기로 결심했다. 에멀룸 에머 밀과 스펠트 밀로. 클라스는 우리가 곡물의 맛을 잃어버렸다고 했다. 그 잃어버린 맛을 과연 내가 되찾을 수 있을 것인가?

26장
우리가 잃어버린 곡물의 맛

클라스의 밀이 처음 레스토랑에 도착했던 날, 아무도 그 밀로 무엇을 해야 할지 몰랐다.

"솔직히 말씀드리자면 말이죠." 오스트리아 출신 페이스트리 셰프 알렉스가 나중에 내게 이렇게 털어놓았다. "그날 에머 밀과 스펠트 밀이 든 포대를 받았을 때 그게 뭔지조차 몰랐어요. '좋아. 뭔가 만들어보자'고 말하긴 했지만 떠오르는 건 크뇌델(고기, 감자, 빵 부스러기 등으로 만든 경단 혹은 만두—옮긴이) 뿐이었어요." 알렉스는 통밀 만두가 스톤 반스의 메뉴에 어울리지 않는다는 듯 엄청나게 무거운 것을 들어 올리는 시늉을 하며 말했다.

"그래서 우선 할머니한테 전화부터 했어요. 도와달라고. 할머니는 그 밀로 요리를 해보셨을 테니까. 그런데 할머니가 아니라고 하시는 거예요! 당신 할머니한테 여쭤봐야 한대요. 통밀에 대해 알려면 그만큼 시간을 거슬러 올라가야 한다는 뜻이죠."

그날 밤 알렉스는 잠을 이루지 못했다. "제가 페이스트리 셰프니까요. 그러니 당연히 밀가루에 대해 알아야죠. 목수가 망치를 잘 아는 것처럼. 목수한테 아무리 더 오래되고 길고 무겁고 이상하게 생긴 망치를 줘도 뭐 시간은 약간 걸리겠지만 결국 망치는 망치잖아요? 목수가 망치를 내려놓고 '죄송하지만 이걸로 테이블을 만들 수 없겠는데요'라고 말하지 않죠."

다음 날 알렉스는 아이디어를 떠올렸다. 백밀가루 대신 통 에머 밀을 사용해 전통 브리오슈를 만들었다. 만들기 전에 내게 물어보았다면 아마 만들지 말라고 했을 것이다. 브리오슈는 코코뱅(닭고기와 야채에 포도주를 넣어 졸인 프랑스 전통 요리—옮긴이)이나 타르트 타탱(설탕과 버터에 사과를 넣고 구운 프랑스 사과 파이—옮긴이)처럼 재창조할 필요가 없는 전통의 일종이다. 왜 완벽한 빵을 망친단 말인가?

알렉스는 에이트 로 플린트 옥수수를 갈 때 사용했던 바로 그 휴대용 제분기로 에머 밀을 갈았다. 그리고 이렇게 말했다. "갈면 갈수록 부엌에 먼지 냄새 같은 게 진동했어요. 아니, 먼지라기보다는 자연, 맞아요, 자연의 냄새 같았어요. 어렸을 때 부모님과 여름휴가를 가서 맡았던 냄새처럼. 밀밭 사이로 불어오는 바람 냄새 같은 거 있잖아요."

알렉스는 며칠 동안 맛을 보라고 아무것도 가져오지 않았다. "첫 번째 빵은, 그건 정말 끔찍했어요. 뭐랄까…… 너무, 꼭 돌덩어리처럼 무거웠어요." 알렉스가 그 무게를 떠올리며 말했다. "배우는 과정이죠. 브리오슈는 늘 기본에 충실하게 만들어요. 달걀, 밀가루, 이스트와 버터를 다 잘 섞은 다음 발효시켜 굽죠. 그게 다예요. 늘 완벽해요. 하지만 이건, 지금 좀더 복잡해요." 그는 재료를 섞어 반죽을 조금 더 오래 발효시켰다. 그리고 버터(약간 줄이고)와 달걀(약간 더)의 양을 조절했다.

일주일 후 저녁 영업을 시작하기 직전, 알렉스가 마침내 따뜻한 통밀 브리오슈를 두툼하게 자르며 노력의 결실을 보여주었다. 빵에서 뜨거운 김이 피어나 마치 만화의 한 장면에서처럼 천장으로 뭉게뭉게 날아갔다. 견과류와 살구 향이 주변을 감쌌다. 빵은 전통 브리오슈처럼 가볍고 푹신해 보였으며 겉은 진한 적갈색이었다.

알렉스는 주변에 모여든 요리사들에게 빵 조각을 건넸다. 배고픈 요리사에게 아무거나 먹이기는 식은 죽 먹기지만 버터향이 나는 따뜻한 빵이라면 더욱 그렇다. 알렉스가 바삭하게 구운 얇은 토스트를 준다 해도 편견 없는 요리사들은 보통 격려하고 ("오늘 기분 끝내주는데, 알렉스!") 진심으로 감동받는다.("독일 사람이 빵을 구울 거라고 누가 생각이나 했겠어?")

브리오슈는 정말 맛있었다. 빵 본연의 모습으로 위안을 주었지만 약간 자극적이기도 했다. 구운 견과류와 젖은 풀 향이 났다. 에이트로 플린트 폴렌타에서 옥수수 맛이 났던 것처럼, 그래서 말린 옥수수에서도 실제로 옥수수 맛이 나야 한다고 깨달았던 것처럼(반드시 깨달아야 했다), 통밀 브리오슈에서는 확실히 밀의 맛이 났다.

그 맛을 보니 생우유를 처음 마셔봤을 때가 떠올랐다. 나는 형 데이비드와 함께 블루 힐 농장에서 몇 킬로미터 떨어진 미첼 씨네 부엌에 있었다. 아침 작업을 막 끝낸 우리를 위해 미첼 씨 아들 데일이 냉장고에서 초콜릿 칩 쿠키 상자를 꺼냈다. 열 살이던 내게 아침 식사로 초콜릿 쿠키는 꿈이나 마찬가지였다. 우리가 쿠키로 달려드는 사이 데일의 누나 재닛이 그날 아침에 짠 우유를 철 주전자에 담아 들고 나타났다. 저온 살균을 하지 않은, 버터처럼 노란, 아직 따뜻한 우유였다. 데일은 한참 꿀꺽꿀꺽 마시더니 마치 밀주라도 되듯 내게 주전자를 건네며 말했다. "끝내주는 젖통이야." 나는 쿠키에 딱 달라붙은 채 한 모금 마셨다. 믿을 수 없는 맛이었다. 부드럽고 달콤했지만 동시에 싸하기도 했다. 아침 들판의 향기가 났다. 얼린 오렌지주스와 갓 짠 오렌지주스를 비교할 수 없듯, 그 생우유는 진하지 않은 저온 살균 우유를 형편없는 가짜로 만들었다. 알렉스의 브리오슈가 꼭 그랬다. 그때까지 내가 알던 브리오슈가 아니었다.

세 번째인가 네 번째 뜯어 먹을 때 나는 '통밀'이라는 단어에 대해 완전히 새롭게 이해하게 되었다. 통밀의 기술적 정의는 알갱이 전체가 가루 안에 보존된 밀이라는 것이다. 그런데 그 정의에는 통곡물이 제공하는 포만감이 빠져 있었다. 전통 브리오슈는 풍부하고 심지어 달콤하지만 먹을 것에 대한 갈망만 채워줄 뿐이다. 기쁨이지만 만족은 아니다. 나는 알렉스의 통밀 브리오슈가 클라스가 밀을 제대로 재배하고 그 밀을 갓 제분해 만든 빵이라는 이유 이상으로 너무 맛있어서 충격을 받았다. 알렉스의 브리오슈는 그 이름에 내포되어 있듯 완전한 포만감을 제공했다. 한 끼의 식사였다.

블루 힐 엣 스톤 반스는 그 새로운 브리오슈를 코스 요리에 제공하기 시작했다. 나는 그 브리오슈가 빵 바구니 안에 섞여 들어가

거나 코스 중간에 그냥 생각나 주문하는 빵으로 취급받길 원하지 않았다. 그래서 앨리스 워터스가 셰 파니스에서 선보였던 그 완벽한 복숭아 하나처럼 브리오슈를 잘라 가볍게 구운 다음 소금을 약간 뿌려 작고 흰 접시에 딱 그것만 담았다. 그 빵은 클라스의 밀을 완벽하게 선보였다. 빵이 직접 말할 기회를 당연히 줘야 하지 않겠는가?

하지만 웨이터들의 벽을 먼저 넘어야 했다. 테이블과 부엌 사이의 그 좁은 중간 지대 패스에서 빵을 선보였을 때 웨이터들은 의심 많은 표정으로 그 벌거벗은 빵 한 조각을 노려보았다. 웨이터들은 클라스를 알고 있었고 통밀의 중요성에 대해서도 충분히 인지하고 있었지만 안 된다는 뜻으로 고개를 절레절레 흔들었다. '안 될 것 같아요.' 웨이터들의 말이었다. '손님들이 이해하지 못할 겁니다.' 반대가 있을 거라고 예상했기 때문에 나는 너무 완벽하게 기대를 뛰어 넘었던 마스 마스모토의 복숭아 이야기를 들려주었다. 수석 웨이터 중 한 명이 나를 한쪽으로 데리고 가더니 단호하게 이렇게 말했다. "그건 캘리포니아에서나 통하는 겁니다."

요리사의 권위에 대한 오해가 있다. 자기 레스토랑에서도 마찬가지다. 요리사는 군대를 이끌고 저녁 식사라는 기습을 지휘하는 장군으로 여겨진다. 하지만 장군이라기보다는 이사회 회장과 더 비슷하다. 웨이터들이 바로 그 이사회 구성원들이다. 블루 힐 엣 스톤 반스에는 메뉴가 없기 때문에 권력이 이사회 쪽으로 약간 기울어 있었고 웨이터들도 그 사실을 알고 있었다. 그들은 각 테이블의 손님들과 직접적인 관계를 맺는다. 친구가 되어 편안하게 해주고 정보를 제공하고 심지어 조금씩 자극하기도 한다. 웨이터들은 양쪽

모두를 대표하는 사절단이다. 스톤 반스에서 웨이터들은 레스토랑을 대표하기도 하지만 손님의 취향을 전달하는 사자가 되기도 한다. 웨이터가 주문서를 들고 패스로 와서 직접 메뉴를 작성하는 경우도 많다. 그래서 웨이터들이 내가 그날 생각해낸 메뉴에 별 흥미를 보이지 않을 때, 예를 들면 통째로 구운 비트와 당밀 요거트 요리를 내놓았을 때, 부엌으로 도착하는 주문서에는 다음과 같은 메시지가 적혀있기 십상이었다. "비트에 대한 거부감 있음."

나는 어쨌든 그 발가벗은 브리오슈를 밀어붙였지만 그날 밤 손님들은 불가사의하게도 전부 '통밀 거부'를 외치고 있었다.

그래서 접근방식을 수정했다. 며칠 후 막 출근한 웨이터 몇 명과 이야기를 나누며 막 오븐에서 꺼낸 통밀 브리오슈 맛을 보여주었다. 직접 만든 리코타 치즈와 온실에서 기른 샐러드용 녹색 채소로 만든, 아직 따끈한 마멀레이드도 곁들였다. 웨이터들은 브리오슈에 치즈와 마멀레이드를 펴 발랐다. "이건 되겠네요." 그중 한 명이 마침내 손님에게 제공해도 괜찮겠다고 인정하며 성유를 발라주었다.

진짜 문제는 그때 발생했다. "브리오슈 요청"이라는 메시지가 날아들기 시작했다. 웨이터들이 클라스의 밀을 테이블마다 보여주며 손님들에게 코스 요리 중 하나로, 웨이터 한 명의 메모처럼 '갓 간 통밀의 축복'을 맛보는 것이 어떻겠냐고 열정적으로 선전했기 때문이었다.

클라스의 밀은 금방 동났다. 그래서 알렉스는 클라스의 밀을 기다리며 시중에 파는 이미 제분된 통밀가루를 구입했다. 하지만 처음 브리오슈를 구워보고 전부 갖다 버렸다.

"'보기에는' 괜찮았어요." 알렉스가 말했다. "부풀기도 잘 했고요.

하지만 오븐을 열어도 향이 안 났어요." 그는 브리오슈에서 "오래된 옷장에서 나는 먼지 냄새"가 났다고 투덜댔다.

우리는 클라스의 에머 밀이 도착할 때까지 브리오슈를 제공하지 않기로 했다. 그런데 그것 또한 문제가 없는 건 아니었다. 새로 온 밀은 수확 시기가 달라 알렉스가 완벽하게 만들어놓은 레시피와 어울리지 않았다. 반죽은 더 끈적끈적했고 모양을 내기도 쉽지 않았다. 처음에는 부풀지도 않았다. 겨우 부풀려도 금방 꺼져버렸다.

"밀이 말이에요. 제 관심을 원하는 것 같아요." 알렉스가 말했다. 그는 레시피를 조절했다. 물의 온도를 높였고 반죽을 더 오래 섞었으며 틀의 크기를 바꾸었다. 며칠 동안의 실험 후에 그는 마침내 새로운 밀을 이해하게 되었다고 전했다.

"꼭 좋은 와인 같아요." 알렉스가 말했다. "매해 다르잖아요. 그래서 조절해야 해요. 매번 다시 배워야 해요. 하지만 그게 이 통밀가루의 좋은 점이죠. 기본적으로 자연이 하는 말을 듣기만 하면 되니까요." 며칠 만에 그의 노력이 빛을 발했다. 그는 맛을 보라고 브리오슈를 가져왔다.

첫 번째 브리오슈에서 맛보았던 견과류 맛은 그대로였지만 또 독특하게 그 빵에서만 느낄 수 있는 달콤한 맛이 있었다. 그리고 약간 더 가벼워 보였다. 빵 안에 공기가 더 많았다. 한 조각 들고 자세히 보며 나는 잭의 야채밭 땅속을 떠올렸다. 미생물이 만들어놓은 길고 긴 그 길을 말이다. 그때 잭은 유기체가 어떻게 끊임없이 움직이며 식물이 맛있는 맛을 내기 위해 필요한 모든 것을 제공해주는지 설명해주었다. 나는 브리오슈를 한 입 더 먹으며 그가 했던 말이 무슨 뜻이었는지 정확히 음미할 수 있었다.

—ℳ—

우리는 통 곡물에 대한 편견에 사로잡혀 있다.

그렇게 태어났다고 말하는 사람도 있을 것이다. 우리는 흰 밀가루를 선호한다. 통밀보다 더 달콤하기 때문이다. 인간은 에너지가 풍부한 음식을 필요로 했기 때문에 당분에 강하게 끌리도록 진화해왔다. 인지 과학자 대니얼 데닛은 자신의 저서 『주문을 깨다Breaking the Spell』에서 단 것을 좋아하는 인간의 성향이야말로 진화생물학의 결과라고 주장했다. 설탕 분자에 '본질적으로 달콤한' 것은 없다.[3] 그보다 우리는 단 것이 더 많은 에너지를 제공하기 때문에 본능적으로 단 것에 끌리도록 진화해왔다. 그것이 바로 칼로리 사냥에 대한 뇌의 보상 방식이다. 정제된 백밀가루는 통 곡물보다 더 효과적으로 글루코스를 전달해줌으로써 그와 똑같은 욕구를 충족시켜준다. 섬유질이 풍부한 밀겨가 없으면 녹말의 당분 전환이 빨라진다. 내가 아는 한 영양학자는 언젠가 정제된 백밀가루는 즉각적으로 더 많이 탐닉하게 만드는 순수한 코카인 덩어리와 비슷하다고 말했다.

정제된 밀에 대한 우리의 선호를 사회문화적 관점에서 바라보는 이론도 있다.[4] 수천 년 동안 지속되어온 요리 양식이라는 것이다. 고대 로마인은 밀을 제분한 다음 촘촘한 아마를 사용해 걸러냈다. 가장 하얗고 부드러운 빵은 귀족 계급만 맛볼 수 있었다. 가난한 소작농은 잡곡으로 만든 거친 빵을 먹었다. 시간이 흐르면서 이와 같은 사회적 구분이 공고해졌다. 정직하지 못한 제분업자는 짓이긴 감자나 분필, 석회 가루, 톱밥, 심지어 말린 뼈를 첨가하거나 어떻게든 흰 밀가루를 얻기 위해 독성이 있는 흰 납까지 섞기도 했다.

하지만 백밀가루 선호는 훌륭한 빵은 밀보다 기술이 더 중요하다고 믿는 오늘날 제빵사들의 설득에 넘어갔기 때문이기도 하다. 뉴욕에 있는 설리번 스트리트 베이커리의 경영자이자 수석 제빵사 짐 레이히는 언젠가 제빵사와 농부들 앞에서 이렇게 말했다. "엉터리 밀을 준다 해도 저는 맛있는 빵을 만들 수 있습니다." 나는 그 말을 믿는다. 뛰어난 제빵사의 손에서는 밀겨와 배아까지 벗겨진 밀(그래서 결국 풍미를 잃은 밀)도 장애가 될 수 없다. 사실 그 제빵사가 야들야들한 '프랑스 풍 빵부스러기'를 만들려고 한다면 정제된 밀가루가 더 도움이 된다.

밀가루는 글루텐이라는 마법 같은 물질을 생산하는 단백질을 함유하고 있다. 글루텐은 조건만 갖춰지면 고무줄처럼 늘어나는 성질을 갖고 있다. 여기서 마법은 글루텐이 원래의 형태로 되돌아가지 않고 모양을 유지하는 것이다.(파스타 반죽 또한 글루텐 때문에 다시 줄어들거나 부서지지 않고 얇게 펼쳐질 수 있다.) 보통 단백질 함량이 높을수록 글루텐이 풍부하고 반죽이 부풀고 다시 나눠지는 과정에서 이스트에서 나오는 이산화탄소를 붙잡아놓을 공간이 더 많아진다. 그렇기 때문에 가벼운 질감의 빵을 만들 수 있는 것이다.

통밀가루의 밀겨는 글루텐으로 파고드는 작은 유리 조각의 역할을 하며 더 무겁고 단단한 빵을 만든다.(하지만 알렉스의 브리오슈는 버터와 달걀, 우유 때문에 무척 가벼웠다.) 아무리 경험 많은 제빵사라도 통밀 빵을 가볍게 굽는 것은 어려워한다.

빵을 포장해 판매하는 제빵업계는 우리가 가벼운 질감의 빵을 좋아한다고 강조하며 단백질 함량이 높고 글루텐이 강해 반죽의 강도를 최대로 높일 수 있는 밀을 심으라고 밀 재배 농가를 압박해왔다. 반죽의 강도가 신속한 제빵에 필수적이라는 사실도 한몫했다. 시중 빵집은 반죽이 강철 비계의 역할을 해주기를 바란다. 많은 양의 반죽과 번개처럼 빠른 발효 공습에도 그 모양을 유지해 보송보송한 빵을 만들어낼 수 있도록. 밀가루가 반죽에서 빵으로 더 빨리 변할수록 시간당 더 많은 빵을 구울 수 있다.

그런데 어쩌면 그들이 우리 선호도를 '너무' 많이 고려했는지도 모른다. 1969년 시어도어 로작은 『반문화의 형성The Making of a Counter Culture』이라는 책을 통해 식품 산업이 우리의 가장 기본적인 음식을 파괴했다고 고발했다. "빵은 솜털처럼 부드럽다."[5] 그는 이렇게 말했다. "애써 씹을 필요가 없지만 비타민으로 넘쳐난다."

오늘날 포장된 빵이 미국인의 미각을 어떻게 무감하게 만들었는지 아무 요리사나 붙잡고 물어보라. 로작의 주장이 그리 터무니없는 말은 아닐 것이다.

—~~—

1960년대와 1970년대의 카운터 퀴진 운동countercuisine movement[6]은 통밀을 되찾기 위한 노력이었다. 카운터 퀴진 운동은 흰 음식을 악마로 만들며 산업화되기 이전의 식품 체계가 제공했던 맛을 되살리고자 했다. 흰 음식은 과도한 가공과 살균, 재료의 감소뿐만 아니라 현대 미국 문화의 초라함을 상징했다.("흰 음식을 먹지 말라. 올바른 음식을 먹어라. 그리고 싸워라.") 그 새로운 철학은 베스트셀러 『타사자라 브레드 북Tassajara Bread Book』으로 성문화되었다. 부드러운 성명서인 동시에 요리책이던 그 책은 산업화된 식품과 농사에 대한 건강한 대안이라는 열망을 완벽하게 공략했다.(그 책에는 웃고 있는 부처와 고양이 그림이 그려져 있다.)

카운터 퀴진은 넓은 의미의 윤리적 식생활을 구현했다. 특정한 음식이나 식습관을 포용했을 뿐만 아니라 (채식주의, 공동 식사) 식품 체계 전체를 꼼꼼히 살폈다. 누가 우리 음식을 기르는가? 어떻게 우리에게 도착하는가? 모든 것이 중요했다. 하지만 전부 맛있었던 것은 아니었다. 특히 빵이 그랬다. 카운터 퀴진 시대의 통밀 빵은 요새를 쌓아도 될 벽돌만큼 단단했다. 올바른 빵이었지만 늘 맛있지는 않았다.

"'통밀' 혹은 '통 곡물'이라는 단어가 쓰여 있으면 누구나 곧장 맛없는 자연식이라고 생각했어요." 로스앤젤레스의 라 브리 베이커리 설립자 낸시 실버턴이 내게 한 말이다. "실제로 대부분 맛이 없었고요."

『보그』의 음식 평론가 제프리 스타인가르튼은 언젠가 통 곡물 빵을 구웠던 경험에 대해 이렇게 말했다. "내가 지금까지 구워봤던 최악의 빵[7]은 『타사자라 브레드 북』에 있던 티베트 보리빵이었다. (…) 너무 무겁고 딱딱해 자르는 데에도 엄청난 힘이 들었고 버터를 듬뿍 바르지 않고는 도저히 먹을 수가 없었다." 스타인가르튼은 그 책에 다른 맛있는 빵도 있었다고 했다. 하지만 그는 맛이 형편없다는 카운터 퀴진의 아킬레스건을 건드렸다.

하지만 카운터 퀴진을 그렇게까지 비난할 이유는 없다. 내가 그런

생각을 한 이유는 알렉스가 일반 통밀가루로 구운 먼지 냄새 나는 브리오슈 때문이었다. 그 브리오슈도 맛이 없었다. 사실 미국에서 기르는 대부분의 통밀은 맛이 없다. 그리고 맛이 뛰어나지 않는 한 우리는 통밀에 끌리지도 않고 빵에 대한 선호도도 쉽게 바뀌지 않는다.

그렇다면 문제는 왜, 그 이미 제분된 일반 통밀가루로 구운 빵의 맛이 클라스의 밀로 구운 빵의 맛과 그렇게 다른 것일까? 만약 재료가 (어느 정도) 같다면 직접 갈아 만든 빵과 비슷하지조차 못한 것일까?

먼저 신선한 제분 때문이기도 할 것이다. 맛은 밀 배아의 천연 기름에서 나오는데 이는 오래 보관할 수 없다. 보관 기간이 정말 짧다. 기름이 나오자마자 상하기 시작한다. 이는 곧 곡물의 풍미를 간직하기 위해서는 밀가루가 신선해야 한다는 뜻이다. 영양학적 관점으로 봐도 마찬가지다. 밀가루는 제분한 지 24시간만 지나면 영양소의 거의 절반을 잃는다고 한다. 그러니 진짜 정말 '통'밀 가루는 직접 가는 수밖에 없다고도 할 수 있다. 너무 까다롭다는 생각이 든다면 커피를 생각해보라. 자존심 있는 바리스타라면 누구나 이미 갈린 콩을 사용하지 않는다. 집에서 진지하게 커피를 갈아 마시는 사람들도 점점 직접 콩을 갈고 있다.

또 다른 답은 토양에 있다. 클라스가 밀의 풍미를 최고로 만들기 위해 순환 재배에 공을 들이며 토양을 관리하는 것과 달리, 일반 밀은 전부 화학약품에 오염되고 영양분이라는 없는 땅에서 자란다.

하지만 나는 토양이 그리 큰 이유는 아니라는 사실 또한 깨달았다. 미생물이 넘쳐나는 토양에서 자란 밀도 맛이 없을 수 있다. 현대의 밀은 (클라스의 토종 품종과 달리) 맛을 위해 재배하는 품종이 아니기 때문이다. 단일 경작과 높은 수확, 산업화된 제분과 제빵을 위해 기르는 밀이기 때문이다.

우리가 밀의 맛을 잃어버린 이유는 더 이상 맛을 위해 밀을 재배하지 않기 때문이기도 하다.

27장
통밀가루의 비밀

유전학이 어느 정도까지 밀의 맛을 좌우할 수 있을까?

나는 특정한 품종, 예를 들면 에얼룸 토마토나 몇 년 전에 맛보았던 에이트 로 플린트 옥수수는 확실히 맛이 다르다는 사실을 경험을 통해 알고 있었다. 하지만 밀의 세계에서 어떤 것이 좋은 품종인지 이해하기 위해서는 또 다른 계시가 필요했다.

그리고 그 계시는 클라스의 에머 밀이 또 다 떨어졌을 때 받을 수 있었다. 알렉스는 클라스의 밀을 대체할 통밀가루를 한 번 더 주문했는데 이번에는 글렌 로버츠가 운영하는 최고의 곡물 회사 앤슨 제분소의 밀가루였다. 우리에게 에이트 로 플린트 옥수수를 보내준 종묘상이자 자선 사업가였던 바로 그 글렌 로버츠 말이다.

"좋아요. 한번 해봅시다." 남북전쟁 이전 방식으로 거칠게 간 그레이엄 밀가루가 도착한 날 알렉스가 말했다. "'그레이엄'이라. 잘 모르는 품종이지만 한번 해보죠."

나는 그레이엄 밀가루 브리오슈에 대해 큰 기대는 하지 않았다. 누구라도 그렇지 않겠는가? 19세기에 굵게 간 통밀가루의 장점을 널리 알리며(가족의 영양 상태를 고려하는 주부가 집에서 직접 구울 때 장점이 특히 돋보였다), 식생활 개선에 앞장섰던 실베스터 그레이엄의 이름을 딴 그레이엄 밀가루는 맛이 훌륭하다기보다는 금욕 생활에 더 어울리는 밀가루였다. 그레이엄 밀가루는 무미건조한 맛에 소화는 잘 되지만 갈증이 나게 만드는 밀가루라는 인식이 강했다. 나는 우리가 결국 알렉스가 몇 달 전에 사용했던 먼지 냄새 나는 통밀가루를 더 선호하게 될 거라고 생각했다.

하지만 그날 늦게 알렉스가 빵을 가져오며 말했다. "정말 마음에 들어요." 한 입, 또 한 입, 그리고 한 입 더, 오븐에서 막 꺼낸 그 빵은 멈출 수 없었다. 나는 그레이엄에 대해 생각했다. 더 단순한 삶을 위한 그의 유익한 처방은 알고 보니 맛도 아주 좋았다. 더 부드럽고 달콤했으며 어떻게 보면 클라스의 에머 밀보다 풍미가 뛰어났다. 그레이엄 밀가루는 우리가 레스토랑 바로 옆에서 운영하는 작은 제과점으로 가게 되었다. 거기서 그레이엄 쿠키, 납작한 빵이나 스콘, 그리고 과거 남부에서 널리 먹던 그레이엄 비스킷을 새롭게 변형한 비스킷으로 다시 탄생했다.

나는 그레이엄 밀가루 제분 과정에 대해 더 배우기 위해 글렌에게 전화를 했고 그는 그레이엄의 원래 의도대로 맛과 영양을 보존하기 위해 낮은 온도에서 손으로 간다고 말해주었다. 산업화된 제분 과정에서는 둘 다 하지 않는다.

하지만 그게 전부가 아니었다. 글렌에게 '그레이엄'은 그와 같은 제분 방식 이상을 뜻했다. 글렌에게 그레이엄은 특정한 종류의 밀을 뜻하기도 했다. 글렌의 그레이엄 밀가루는 레드 메이Red May로 만든 것이었는데 글렌의 설명에 따르면 레드 메이는 19세기부터 즐겨 먹던 품종이었다. 레드 메이는 롤러 제분기에 적당하지 않아 집 안의 작은 텃밭에서 길러 손으로 직접 갈아 먹던 품종이었다. 레드 메이는 글렌이 다시 부활시키기 전까지 거의 사라진 상태였다.

글렌은 맛이 뛰어난 품종을 되살리는 것뿐만 아니라 애초에 그런 품종이 어떻게, 그리고 왜 만들어졌는지 탐구하는 것이 목표라고 했다. "어떤 요리가 특정한 지역에서 어떤 의미인지까지 생각하는 사람은 거의 없죠. 왜 어떤 빵이 유행했는지, 왜 서로 다른지, 심지어 왜 그곳에서는 그런 모양인지까지 말입니다." 글렌이 말했다. "그런 점을 고려하지 않고 선택하면, 다시 말해 맛을 위해 선택하지 않으면 밀가루 맛이 좋을 리가 없죠." 레드 메이 같은 품종에 대한 글렌의 관심은 한때 남부 음식 문화의 토대를 형성했지만 지금은 사라져가고 있는 곡물 전체를 되살리려는 더 큰 프로젝트의 일부였다. 밀뿐만 아니라 옥수수, 콩, 쌀까지 말이다. "제 삶의 목표는 잃어버린 요리를 되찾는 겁니다." 글렌이 말했다. 바로 그때 어떤 깨달음이 왔다. 내가 맛 좋은 밀을 찾을 뿐만 아니라 클라스가 윤작하는 모든 작물을 내 요리에 통합시킬 방법 또한 찾고 있다면 이를 위해 꼭 필요한 통찰력을 어쩌면 글렌이 제공해줄 수 있을지도 몰랐다.

라이스 키친

글렌은 한때 남부 요리에 대해 자기가 모르는 것은 없다고 생각했다. 1997년 봄, 대규모 호텔 체인의 컨설턴트로 일하던 그는 조지아주 서배너에서 스미스소니언 이사회를 위한 역사적인 만찬 준비를 맡게 되었다. 글렌은 그 중요한 만찬을 성공시키기 위해 열심히 노력했다. 지역 주민과 이야기를 나누고 최근 남부 요리서적을 읽고 서배너 레드 라이스를 포함한 화려한 메뉴를 구상했다. 서배너 레드 라이스는 한때 전 세계 최고의 쌀 곡창 지대에서 맛으로뿐만 아니라 문화적으로도 중요한 품종이었다. 글렌은 지역 최고의 토마토와 돼지고기를 구입했고 쌀은 스토브 위에서 천천히 익히다가 마지막으로 오븐에서 마무리했다.

글렌은 쌀에 대해 잘 알았다. 글렌은 캘리포니아 라호이아에서 자랐지만 그의 어머니는 캐롤라이나 라이스 키친[8]이라고 알려진 남부 요리의 중심지, 사우스캐롤라이나에서 자랐다. 요리 역사가 캐런 헤스는 라이스 키친을 쌀을 경배하는 장소이자 쌀이 매끼 식탁에 오르는 곳이라고 했다. 그것이 바로 글렌의 어린 시절이었다.

글렌은 이렇게 말했다. "아침, 점심, 저녁, 무엇을 먹든 언제나, 언제나 쌀이 나왔어요. 스토브 위에는 늘 쌀이 있었고요." 글렌은 개밥을 만들 때와 가끔 고양이 밥을 만들 때만 쌀을 요리할 수 있었다. "스토브 위 쌀 냄비에 손만 대도 어머니는 저녁을 안 주셨어요. 여행을 갈 때는 더 끔찍했죠. 참고로 말씀드리자면, 다들 핫도그를 먹고 싶어하는데도 어머니는 쌀 스튜를 끓여주시니까요."

글렌은 슈퍼마켓에서 파는 쌀에 대해 불평하던 어머니 모습을 기억하고 있었다. "어른들이 곧잘 하시던 그런 괜한 트집은 아니었어요. 그보다는 진지하셨죠." 로컨트리(사우스캐롤라이나와 조지아의 낮은 해안 지역) 지역에서 재배해 손으로 도정한 캐롤라이나 골드 라이스를 먹고 자란 그녀는 '기계로 도정한 쌀'을 끔찍이 싫어했다. 하지만 1950년대 캘리포니아에는 전부 그런 쌀뿐이었다. “어머니는 쌀 포장을 뜯자마자 풍겨 나오는 그 냄새를 싫어하셨어요. 쌀에서 꼭 비타민 알약 같은 냄새가 난다면서요.”

스미스소니언 이사회를 위한 만찬은 순조롭게 진행되었다. 아니 어쩌면 글렌만의 착각이었는지도 몰랐다. 며칠 후 편지가 한 통 도착했다. “그 편지를 읽던 순간이 아직도 생생합니다.” 글렌이 말했다. “가차 없는 비판이었어요. ‘남부의 요리 문화에 대해 도대체 아는 게 무엇입니까?’ 확실히 하나도 몰랐죠.” 편지를 쓴 사람은 글렌이 준비했던 모든 요리를 혹평했다.

글렌은 너무 부끄러워져서 남부 요리의 역사에 관한 책을 읽기 시작했다. 그리고 알게 된 사실들에 충격을 받았다. “세상에, 완전히 놀라웠어요. 이 모든 게 여기서 벌어진 일이라고? 전 세계 최고의 와인이 한때 서배너에서 만들어졌다고? 훌륭한 요리들이 여기서 전 세계로 퍼져 나갔다고? 바로 여기서? 흰쌀에 케첩을 섞어 만든 게 아니라 실제로 붉은색이었던 레드 라이스처럼?”

글렌은 더 많은 책을 파고들었다. 140여 권 이상을 읽으며 자료를 수집했다. 더 많이 알게 될수록 점점 더 놀라웠다. 남부는 뛰어난 요리의 산실이었을 뿐만 아니라 19세기 미국 그 어느 곳과 비교해도 훨씬 월등한 농업 구조를 갖고 있었다.

“지금껏 존재했던 최고의 시장이 굴러가고 있었어요.” 글렌이 말했다. “모든 사람이 배우러 모여들었죠. 우리가 바로 지구의 종묘상이었습니다. 전 세계에서 우리 요리를 부러워했어요. 젠장! 어떻게 그럴 수 있었을까요?”

—ɯ—

일단 필요했기 때문이었다. 1820년대까지 남부에서 현금이 되는 주요 작물이던 담배, 면화, 옥수수 등은 토양을 황폐하게 만들었다. 동쪽의 넓은 땅이 힘을 잃자 많은 농부가 서쪽으로 옮겨갔고 그곳에서 땅을 착취하는 농업 방식을 그대로 반복했다.(이는 다른 비극과 함께 대초원의 파괴로 이어졌다.)

글렌은 바로 그 토양 위기 때문에 한 발 늦은 농부들이 새로운 것을 시도하게 되었다고 말했다. 1820년부터 1880년까지 남부는 다양한 실험의 장이었다.[9] 농사 잡지가 창간되어 널리 읽혔고 농업 공동체가 형성되었으며 정기적인 박람회나 품평회에서 최고의 품종을 찾아 상금을 지급했다. 모범이 되는 농장은 윤작, 간작, 녹비의 장점을 선전했다. 그 시기의 농부는 육종자이기도 했을 것이다. 동시에 토양과학자의 역할도 어느 정도 수행했다. 그 모든 것이 토양의 비옥함을 되살리기 위해 꼭 필요한 일이었다.

"그 시기를 과학 농법의 시기라고 합시다. 더 이상 물러설 곳이 없던 시기라고 해도 좋지요." 글렌이 말했다. "하지만 남북전쟁 이전의 남부는 광란에 가까운 열띤 실험의 장이었습니다. 그리고 그 시기가 미국 채소 육종 역사에서 가장 중요한 시기로 이어졌고요."

성공할 작물을 심어야 한다는 절박한 시도와 토양을 되살리려는 노력이 찰스턴과 주변의 로컨트리 지역을 다양한 종자의 중심지로 만들었다. 다양한 작물이 새롭게 시도되었다. 아프리카 쌀, 이탈리아 올리브, 남아메리카 키노아, 스페인 세비야 오렌지 등이었다. 글렌이 찾아본 농업 잡지에 따르면 40여 가지 순무나 10여 가지 참깨가 동시에 자라던 밭도 있었다. 성공은 금방 전파되어 새로운 품종의 채소나 곡물의 유행을 선도했다.

글렌이 말했다. "정말 흥미로운 점은 미국 역사의 다른 어느 때와 달리 맛이 결정적인 요소였다는 겁니다. 딱 그때뿐이었어요. 맛이요. 수확량이 좋아도 맛이 없으면 다시 심지 않았어요."

로컨트리 요리는 그 풍요로움의 통합에서 나왔다. 아메리카 원주민 문화와 유럽, 아프리카 문화의 충돌을 통해 탄생한 것이기도 했다. 미식 사회가 형성되었고 요리법을 기록하기 위해 요리서적들이 재빨리 집필되었다.

물론 그 짧은 역사적 시기에 편치 않은 이중성 또한 존재했다. 어디서든 맛있는 음식을 먹을 수 있었고 맛있는 음식'밖에' 없는 곳이 많았다. 하지만 그때 남부는 아직 노예 제도에서 벗어나기 전이었다.

글렌이 말했다. "적어도 처음에는, 집 안 텃밭에서 하는 모든 실험을 노예들이 했어요. 요리도 마찬가지고. 정말 똑똑한 흑인이 하는 일에 대해 책을 쓸 수 있는 돈 많고 여유로운 백인이 있었던 겁니다."

글렌이 '훌륭한 요리의 벨 에포크belle epoque'라고 칭했던, 쌀 중심의 캐롤라이나 라이스 키친은 고갈된 토양과 노예 제도 덕분에 발전할 수 있었다. 말하자면, 생태학적 위기와 인간의 필요에 의해 미국 최초로 완벽하고 독특한 지역 요리가 탄생한 것이다. 글렌의 엄마에게는 그게 바로 어린 시절의 요리였다.

하지만 사랑받던 요리와 이를 뒷받침하던 농업 구조는 오래 가지 못했다. 금방 사라져버렸다. 첫째, 1800년대 동해안에 농산물을 공급하던 대규모 농장들이 규모를 키우며 시장을 잠식했다. 그리고 남북전쟁 시기에 거의 450제곱킬로미터의 쌀 논이 버려지면서 완전히 사라졌다. 화학비료의 출현으로 농부들은 시간이 걸리는 윤작을 포기하고 돈이 되는 안정적인 작물에 집중하기 시작했다. 해충이 생겼고 잇달아 살충제도 필요해졌다. 토양의 건강은 악화되었다.

다른 문제도 있었다. 캘리포니아와 뉴저지가 가장 많은 농산물을 공급하는 주가 되었다. 옥수수와 밀이 중서부로 옮겨 가 한때 수익성 좋던 남부의 작물 가격이 하락했다. 목화씨를 식용유로 만드는 데이비드 웨슨의 방법으로 목화가 주요 작물로 자리 잡으며 실험농업의 시대는 완전히 끝났다. 대공황이 시작될 즈음 글렌의 어머니가 사랑했던 캐롤라이나 골드 라이스는 완전히 사라지고 말았다.

캘리포니아에서 서핑을 즐기고 프렌치 호른과 수학에도 재능을 보였던 글렌은 전액 장학금을 받고 노스캐롤라이나대에 입학하고 나서야 어린 시절에 먹었던 요리를 다시 맛볼 수 있게 되었다. 그는 어머니에게 포장된 옥수수 가루나 밀가루 등을 보내기 시작했다. 그리고 찾을 수 있으면 어머니가 있는 캘리포니아로 토종 쌀을 보내기도 했다. 하지만 어머니가 알던 그 쌀은 아니었다.

글렌은 이렇게 말했다. "어머니는 '엉망이야'라고 하셨어요. 그래서 정말 좋아 보이는 칼러드를 보내기 시작했어요. 가끔 완두 같은 것도요. 하지만 어머니는 아무것도 좋아하지 않으셨어요. 맛이 다 사라진 겁니다."

글렌은 그제야 비로소 무슨 일이 일어난 것인지 깨닫기 시작했다. 어떤 맛이 사라진 것뿐만이 아니라 요리 전체가 사라졌다. 스미스소니언 만찬과 그 후로 그가 진행했던 연구는 전부 이를 확인하는 과정일 뿐이었다.

"전부 사라졌다니 믿을 수가 없었습니다." 글렌은 그래서 호텔업계를 떠나기로 결심했다며 내게 말했다. "그렇게 간단했어요. 순간이었죠. 제가 해야 할 일을 깨달았으니까요."

—∞—

글렌은 1998년 앤슨 제분소를 설립했다. "앤슨 제분소를 통해 쌀을 되찾고 재배하고 판매할 생각이었어요. 가능성도 살펴보지 않았고 아무 계획도 예산도 없었어요. 자신감이 넘쳤던 거죠. 그리고 너무 무지했어요. 그런데 몇 주 만에 쌀 종자를 갖고 있는 사람이 아무도 없다는 사실을 발견했어요. 세상에, 아무도 쌀을 기르지 않았으니까요!" 그가 이마를 치며 말했다.

글렌은 재빨리 계획을 수정해 에얼룸 옥수수를 길러 가루를 팔기로 했다. 결국 돈도 많이 들고 오래 걸리는 쌀을 재배할 수 있을 만큼 수익을 남길 수 있길 바라면서. "정말 어처구니없는 계획이었죠." 글렌이 말했다. "하지만 그게 제 계획이었습니다."

그는 곧 에얼룸 옥수수 종자 또한 구하기 힘들다는 사실을 발견했다.

그런데 밀주업자들이 수 세대 동안 옥수수를 직접 재배해 밀주를 만들어왔다는 사실을 발견하고 그 지역 밀주업자를 찾아가보기로 했다. 어렸을 때 먹어본 최고의 옥수수 가루는 해안에서 온 것이었다고 어머니가 말씀하셨던 게 기억났다. "그래서 당연히 해안으로 갔어요." 글렌이 맞장구치듯 고개를 끄덕이며 말했다. "누가 해안에 밀주업자가 있다고 생각하겠어요? 물론 어머니는 그렇게 생각하셨죠. 그런데 그게 맞았어요!"

글렌은 기반 시설을 전혀 사용하지 않는 완벽하게 '독립적인' 한 밀주 공장을 찾았다. 1600년대 말부터 가족 대대로 농사를 짓고 있는 땅이었다. 하지만 그곳은 단순한 밀주 공장이 아니었다. 그들은 돼지, 염소, 양도 기르고 있었다. 그리고 수많은 식용 작물 또한 기르고 있었다. 모든 것이 얽혀 있었고 모든 것이 함께 자라고 있었다.

"완두가 완두밭에서 자라는 게 아니에요. 한 밭에서 완두도 자라고 옥수수도 자라죠. 밀만 기르지 않아요. 밀을 예로 들면 70~80센티미터까지 기르고 그 위에 2미터 정도 되는 호밀을 길러요. 윗부분만 잘라 호밀을 먼저 추수하고 아랫부분을 잘라 밀을 추수합니다. 그리고 바닥에는 클로버든 완두든 뭐든 있어요. 한 가지만 자라는 밭은 없어요."

그곳은 글렌이 지금까지 봐왔던 곳과 전혀 다른 곳이었다. "바보처럼, 저는 사장님께 이렇게 말했어요. '기계를 쓸 수 없잖아요.' 그러니까 그걸 추수하기 위해 트랙터 콤바인을 쓸 수 없다는 말이었죠. 사장님이 웃긴다는 표정으로 절 보더니 이렇게 말하더군요. '왜 기계를 쓰겠습니까? 우리가 먹을 음식인데.' 사료용 곡물이 아니었어요. 그가 이렇게 말했죠. '우리 부엌에서 요리할 작물이에요. 우리 입으로 들어가죠.' 만약 유전자 조작 옥수수를 기르고 있다면 기꺼이 콤바인을 사용했겠죠. 그곳은 꼭 시간이 멈춘 곳 같았어요."

글렌은 그들과 점심을 함께 먹었다. "그런데 말입니다! 세상에,

식탁 위의 모든 음식이 정말 전부 다 그 농장에서 자라고 재배한 것이었습니다. 정말 믿을 수 없었어요. 빵, 버터, 잼, 햄, 심지어 와인까지. 말만 해봐요. 다 있었으니까. 오! 옥수수 가루는 지금껏 먹어본 것 중 최고였어요. 와! 단순하고 소박한 요리였지만 정말 믿기 힘든 맛이었어요. 저는 그 요리 천국에서 밀주업자 가족과 함께 앉아 남부의 가족 텃밭에 대해, 어머니가 먹고 자랐던 음식에 대해 늘 하셨던 말씀을 온몸으로 깨달았어요. 얼마나 황홀했는지 몰라요. 최고의 순간이었죠. 어머니 말씀이 진리였다는 걸 온몸으로 깨달았어요."

그들은 글렌에게 옥수수 종자를 팔기로 했다. 그리고 옥수수를 기를 땅까지 내주었다. 글렌은 쌀을 기르기 시작할 수 있을 만큼 수익을 내려면 옥수수를 얼마나 심어야 할지 계산했다.

첫 해, 옥수수는 맛있었지만 수확량은 많지 않았다. 그리고 직접 갈아 가루로 만들었기 때문에 가격이 높았다. 슈퍼마켓이나 특수 소매점에서조차 가격에 난색을 보이며 신선한 가루니 냉장고에 보관해야 한다는 글렌의 주장에 어리둥절해했다.

"마치 외계인 보듯 하지 뭡니까. 옥수수 가루를 냉장고에 넣으라고? 무엇이든 갓 간 것이라고는 본 적이 없으니 그게 상할 수 있다고, 그것도 아주 빨리 상한다고는 생각조차 못하는 거죠. 저는 우리 할아버지 할머니 세대가 먹었던 에얼룸 옥수수 가루만 판 게 아니었어요. 맛 좋은 옥수수 가루와 그 맛을 보존하기 위한 신선한 제분 과정까지 함께 판매했던 겁니다. 하나가 없으면 다른 하나도 없어요. 그런데 그게 무슨 뜻인지 아는 사람이 단 한 명도 없었습니다. 옥수수 가루는 그냥 가루였으니까요."

글렌은 자기 옥수수 가루의 품질을 묘사할 단어가 필요하다고 생각했다. 그리고 그 단어가 통용될 시장 또한 필요했다. 그래서 마치 최고급 와인만 판매하는 고급 양조장의 소믈리에처럼 요리사에게 접근했다. 남부의 요리사 몇 명이 옥수수 가루를 구입했지만 그들의 영향력은 크지 않았고 1990년대 당시 최고급 남부 레스토랑도 몇 개 되지 않았다. 결국 글렌은 당시 미국 최고의 레스토랑으로 널리 알려져 있던 나파밸리의 프렌치 런더리의 요리사 토머스 켈러에게 전화를 했다.

글렌이 자신의 최고급 옥수수 가루에 대해 선전하기 시작했을 때 켈러가 말을 끊고 이렇게 말했다. "제가 옥수수 가루를 팔 수는 없지 않습니까." 이에 글렌은 최고급 폴렌타를 제안했고 켈러도 폴렌타에는 관심을 보였다. 글렌은 아메리카 원주민도 사용했던 옥수수 씨앗으로 재배해 갓 제분한 유기농 폴렌타를 보내주기로 약속했다.

"그가 시도해보기로 했어요." 글렌이 말했다. "그때 이제 팔 수 있다는 생각이 들었죠. 요리사가 일단 요리를 해보면, 일단 요리를 해서 맛만 보면 팔리는 거니까요. 토머스 켈러 같은 요리사의 혀로 검증이 되는 거죠. 그의 말 한마디면 충분해요."

글렌의 생각은 적중했다. 일주일 후, 폴렌타는 프렌치 런더리의 메뉴에 올랐다. 그리고 몇 달 안에 미국 전역의 다른 요리사들도 폴렌타를 주문해오기 시작했다. 앤슨 제분소는 레스토랑 메뉴에, 요리책 레시피에 등장하기 시작했다. 글렌의 사업은 번창하기 시작했다.

그런데 다른 문제가 있었다. 그 당시 글렌을 사실상 양자로 삼았던 그 밀주 가족이 밭에서 옥수수만 기를 수는 없다고 한 것이다. 최고의 맛을 내는 옥수수를 재배하려면, 그리고 나중에 맛 좋은 쌀을 재배하려면, 토양을 비옥하게 만들기 위해 윤작을 시작해야 한다고.

"그 농장에 있었으면서도, 이건 입 밖에 꺼내기도 창피한 이야기인데, 그만큼 다양한 작물이 자라고 있었고 토양의 상태도 놀라웠고 또 거기서 입이 떡 벌어질 정도로 맛있는 음식이 나오는데도, 그때까지도 그 큰 그림을 못 봤던 겁니다." 글렌이 말했다. "그렇게 미련할 수가 있습니까?"(나는 클라스를 만나기 전까지 나 역시 마찬가지였다고 털어놓지 않았다.)

글렌은 사교 클럽을 조사하고 교회의 기록을 뒤지고 그 지역 요리사와 농부, 시아일랜드Sea Island 어부들의 이야기를 들으며 19세기 라이스 키친의 재료 목록을 작성했다.

그 작업을 통해 글렌은 캐롤라이나 라이스 키친의 핵심을 놓치고 있다는 사실을 깨달았다.

—〰—

남부 사람들이 쌀에 대한 과도한 집착에 사로잡혀 있는 것 같지만 사실 그 집착은 서로 밀접한 관계가 있는 다양한 작물의 토대 위에 세워진 것이다. 1800년대 초 토양 위기 후에 농부들은 어떤 식물과 동물이 서로 도움이 되는지 배웠다. 메밀, 콩, 옥수수, 보리, 호밀, 고구마, 참깨, 칼러드 그리고 가축은 함께 힘을 모아 토양을 개선하고 수확물의 질을 높였다.

예를 들어보자. 농부들은 쌀을 수확한 다음 고구마와 참깨를 심으면 다음 해 쌀의 수확량이 많아지고 병에도 걸리지 않고 해충도 줄어든다는 사실을 발견했다. 그래서 더 맛 좋고 수확량 많은 쌀을 위해 새로운 품종의 고구마를 개발했다. 윤작은 계속 늘어났고 그와 함께 캐롤라이나 골드 라이스도 점차 나아졌다. 고운 알갱이 때문에 사람들이 선호했던 캐롤라이나 골드는 중국, 인도네시아, 스페인, 심지어 프랑스로까지 수출되었다.[10] 그리고 마리앙투안 카렘과 오귀스트 에스코피에 같은 전설적인 프랑스 요리사들 덕분에 유명해졌다.

"크렘 데 리? 그건 쌀의 달콤함으로 만든 디저트죠. 달콤함은 토양의 비옥함 덕분이고 토양의 비옥함은 적절한 윤작 덕분이에요." 글렌이 말했다.

윤작을 하기로 한 글렌은 토양에 질소를 공급하기 위해 완두를 심었다. 그리고 시아일랜드 붉은 콩도 심었다. 어머니는 쌀 요리 중에서 쌀과 콩으로 만든 남부의 전형적인 요리 호핑 존을 가장 좋아하셨는데 그 요리의 재료가 바로 붉은 콩이었기 때문이었다. 호핑 존의 요리법은 쌀 다음에 콩을 심었던 윤작법에서 나왔을 가능성이 컸다.

글렌은 곧이어 보리와 호밀도 포함시켰다. 그리고 앤슨 제분소는 콩과 다른 곡물까지 공급하기 시작했다. 회사가 성장해감에 따라 글렌은 마침내 수익을 쌀에 투자할 수 있게 되었다. 하지만 이번에도 역시 종자를 먼저 찾아야 했다.

—ꟺ—

로컨트리에서 재배하던 캐롤라이나 골드 라이스 품종은 한때 100여 가지가 넘었다. 하지만 글렌이 찾을 때는 하나도 남아 있지 않았다.

"처음부터 다시 시작해야 했습니다." 글렌이 말했다. 그는 텍사스 쌀 개량 협회의 종자은행에서 캐롤라이나 골드 씨앗을 얻었지만 길러보니 자신이 찾고 있는 특징이 전혀 없었다. 수십 년 동안 신경 쓰지 않는 사이 캐롤라이나 골드는 비슷한 품종이지만 맛은 덜한 캐롤라이나 화이트 품종과 크게 다르지 않은 상태가 되어 있었다.

글렌은 미국 최고의 쌀 유전학자들에게 전화해 자신이 하고자 하는 바를 설명했다. 캐롤라이나 라이스 키친의 쌀 문화를 되살리고 한때 전 세계에서 가장 많은 사람이 찾았던 그 맛을 되찾고 싶다고. 글렌은 바로 그 유전자를 밝혀내는 데 도움을 요청했다. 하지만 반응은 미지근했고 심지어 무시하는 사람도 있었다.

"전부 시장에 내다 팔 쌀만 연구하고 있었어요. 오래 보관할 수 있는, 기계로 가공한 쌀을 말입니다. 어머니가 비타민 알약 맛이 난다고 하셨던 바로 그런 쌀이죠. 그들은 쌀겨를 보존하면 맛이 좋아질 수 있다는 점에 대해 생각조차 안 해요. 그런 특징을 살려 품종을 개량할 생각은 전혀 안 합니다."

글렌은 유전학자들이 맛의 차이에 대해 얼마나 무지한지 금방 알게 되었다. "그들은 입에 닿는 느낌, 가공 경도, 요리 가능성에 대해서만 연구해요. 맛의 다양성은 절대 고려하지 않죠. '향이 좋은' 쌀 그 이상의 다양한 맛은 몰라요." 글렌이 말했다. "다양한 책에 한

가지 내용만 담는 셈이죠. 그리고 그 내용은 절대 바뀌지 않고요. 유전자는 딱 하나만 봅니다. 오직 그것밖에 몰라요."

캐롤라이나 골드는 '향이 없는 쌀'로 분류된다. 다시 말하자면 재스민 쌀 같은 향기가 나지 않는다는 뜻이다. 하지만 글렌이 직접 수확해 손으로 제대로 도정한 최고의 캐롤라이나 골드 중에는 꽃향기와 견과류 향이 나는 것도 있었다. 그리고 연구를 통해 글렌은 토양의 변화와 심지어 물의 질이 쌀의 맛을 다르게 발현시킬 수 있다는 사실을 발견했다.

"남부의 모든 쌀은 어떤 강물을 먹고 자라는지에 따라, 그리고 토양이 어떻게 관리되는지에 따라 풍미가 독특했어요." 글렌이 말했다. "기록에 따르면 맛만 보고 그 쌀이 어디서 왔는지 알아낼 수 있는 사람도 있었고요. 어느 강에서 자랐는지, 심지어 강의 어느 부분에서 자랐는지까지도 알았답니다."

글렌은 어머니가 일러준 방법을 시도해보았다. 다양한 품종의 쌀을 요리해 유전학자들에게 각각의 맛을 묘사했다. 과학자들은, 그 중에는 평생 쌀만 연구해온 과학자들도 있었는데, 결코 생각지 못했던 특징을 알게 되었다. 글렌은 품종 개량을 위해 유전학자들과 함께 작업하면서 쌀의 풍미가 더 잘 발현되도록 밀어붙였다. 그리고 동시에 자기만의 종자 작업을 시작했다. 다양한 캐롤라이나 골드 품종 중에서 어머니의 기억에 새겨진 맛을 충족시키지 못하는 것을 하나하나 세심하게 골라냈다.

"결국 품종 개량자가 된 겁니다." 글렌이 말했다. "어쩔 수 없이 말입니다."

글렌이 윤작에 밀도 포함시키기로 한 것은 거의 우연이나 마찬가지였다.

"나이 많은 남부 할머니들에게 제 옥수수 가루가 어떤지 묻고 다니길 좋아했어요. 이렇게들 말씀하시더라고요. '좋아, 맛있어. 그런데 그레이엄 비스킷 만들 그레이엄 밀가루는 없어?' 저는 이랬죠. 뭐라고? 통밀가루로 비스킷을 만든다고?"

글렌은 놀랐다. 모두들 남부의 비스킷은 백밀가루로 만든다고 생각했다. 그는 할머니들에게 시내에서 조금만 나가면 큰 제분소에서 통밀가루를 구할 수 있다고 알려드렸다. 하지만 그들은 통밀가루는 싫다고 대답했다. 그들은 그레이엄 밀가루를 원했다.

"제가 알던 바에 따르면" 글렌이 말했다. "그레이엄 밀가루나 통밀가루나 마찬가지였어요. 그런데 어느 날 문득, 세탁소에서 옷을 찾으려고 기다리고 있다가 어머니가 그레이엄 비스킷에 대해 하셨던 말씀이 떠올랐어요. 갑자기 생각난 거예요. 그래서 세탁소에서 일하시던 할머니 몇 명에게, 다들 아흔 살은 되어 보이셨어요, 어렸을 때 그레이엄 밀가루를 드셔본 적이 있냐고 여쭤봤어요. '그럼 당연하지!' 하고 대답하셨죠. '그레이엄 비스킷. 그걸 먹고 자랐지.' 그때 거의 기절할 뻔했어요."

글렌은 남부 그레이엄 밀가루의 역사에 대해 조사했다. 알고 보니 밀은 거의 모든 텃밭의 윤작물 중 하나였다. 19세기 남부의 텃밭은 실베스터 그레이엄의 아이디어를 현실로 만들어주었다. 처음에 밀은 쌀을 기르면서 잃은 탄소를 공급하기 위해 심었다. 하지만 맛을 위해 레드 메이라는 품종을 선택했다. 전통적으로 낟알을 수확한 다음 마당에서 맷돌로 직접 갈았다. 비스킷은, 그리고 나중에 트리스킷이나 그레이엄 크래커 같은 것은 바로 집에서 간 그 밀로 만든 것이었다. 백밀가루 비스킷은 사실 그리 즐겨 먹는 것은 아니었다. 혹은 남부의 부유한 백인들만 먹었다.

"당연히 시도해봐야 했죠." 글렌이 말했다. "우리는 레드 메이를 재배해 거칠게 잘 갈아서 비스킷을 구울 그레이엄 밀가루를 만들었습니다. 완전 환상이었죠."

28장
사라진 지역 작물, 무너진 문화 정체성

7월 초의 무덥고 후덥지근한 아침, 나는 사우스캐롤라이나의 찰스턴에 도착했다. 글렌이 작은 자동차 한 대를 빌려 터미널 앞에서 나를 기다리고 있었다. "저는 늘 이래요. 차를 빌려 타죠." 글렌이 말했다. "며칠 동안 타다가 가서 다른 차로 바꿉니다."

글렌은 이상한 사람들이 아름다운 잡초처럼 자라는 로컨트리 같은 곳에서도 괴짜 같은 사람이었다. 그는 큰 키에 은발 머리였고 표정에는 늘 열정이 흘러넘쳤다. 카키 바지와 흰 반팔 폴로셔츠를 입고 있던 그날은 그야말로 일요일에 요트를 타러 가는 사람 같았다. 정확히 말하자면 우리는 클렘슨대의 해안연구교육 센터로 가는 길이었으니 글렌에게는 주말 나들이와 비슷했는지도 모른다. 앤슨 제분소는 그 학교에 돈을 기부했고 그 대가로 학교는 글렌에게 작물 실험을 위한 땅을 제공했다.

차 안에서 그날 일정에 대해 신이 나 말해주는 글렌을 보니 불가사의한 사실들과 머리를 어지럽게 만드는 불합리한 추론을 속사포처럼 쏘아대며 정보를 전달하는 그의 버릇이 금방 생각났다. 글렌은 나쁜 뜻은 없다는 듯 어깨를 들썩이며 꼭 알아야 할 것 같은 여러 가지 이름과 역사적 사건들을 쏟아냈다. 정말 나쁜 뜻은 없었다. 글렌은 사람들을 놀라게 하는 걸 즐겼다. 지식에 대한 그의 갈증은 이를 자랑하고 싶다는 그의 욕구하고만 결합되었다. 그는 수력을 활용한 기계에 대해(글렌은 한동안 방직공장에서 일했다), 위상수학에 대해(대학 전공이었다), 디아스포라에 대해(유대인의 디아스포라가 아니라 아브나키 아메리카 원주민의 디아스포라다), 그리고 최근 관심을 갖게 된 (곡물의 역사에 대해 연구한 영국의 천문생물학자) 존 레츠에 대해서도 떠들 수 있을 것이다. 글렌과의 대화는 비행 중에 갑자기 예상치 못한 세찬 난기류의 공격을 받는 느낌이다.

내가 차에 타서 얼마 되지 않아 물었던 단순한 질문, "찰스턴까지 왔으니 옥수수를 기를 수 있게 해준 그 가족을 만나보는 것도 가능할까요?" 그 단순한 질문에 글렌은 ATF라는 것에 대해 언급했고 곧이어 1820년대 사우스캐롤라이나 농업 시장의 간략한 역사에 대해, 그리고 하더를 관찰했던 일에 대해 설명하다가 갑자기 팔을 뻗으며 "그런데 여기 이 길을 따라가면 파사벤토 박사의 폴리 아일랜드 올리브 나무가 나와요"라고 했다.

ATF? 하더? 파사벤토 박사? 나는 그중 하나를 골라 질문했다. "하더가 누구죠?"

"줠 하더." 그가 대답했다. "브래드쇼 컬렉션의 그 줠 하더요."

"누군지 모르겠는데요." 내가 말했다.(그런데 그가 새로 언급한 브래드쇼 컬렉션의 의미도 궁금했다.)

"하더는 델모니코스의 요리사였어요." 글렌이 부드럽게 일러주었다. "1870년대 초에 말입니다."

우리가 나누는 대화에서 명확성이란 사돈의 팔촌쯤 될 것이다. 나는 첫 질문으로 다시 돌아가려고 노력했다. "그래서 글렌의 그 농장 가족을 만나는 건……."

"제 말이 그 말입니다. 별로 좋은 생각이 아니라는 거죠. ATF도 있고 하니."

우리는 커다란 자물쇠로 잠긴 문 앞에 도착했다. 나는 ATF가 무슨 뜻이냐고 물었다. "주류Alcohol, 담배Tobacco, 화기Firearms 단속국." 그들이 하는 일이 밀주 제조라는 사실을 상기시키며 글렌이 말했다. 우리가 지금 막 도착한 곳과는 전혀 상관없는 설명이었다.

글렌이 운전대를 두드리며 양쪽의 드넓은 들판을 보고 환히 웃을 때 나는 고개를 흔들며 지금까지의 대화를 떨쳐냈다. "혁명 이후에 세워진, 세계에서 두 번째로 오래된 농업연구센터에 오신 걸 환영합니다." 그가 말했다. "끝내주죠."

—∾—

글렌은 광활한 들판을 향해 속도를 내며 신이 나서 말했다. 정확하지 않을지도 모르지만 현재 동부 콩으로 진행하고 있는 실험에 대한 이야기였다. "잡초 성장을 억제하고 토양을 비옥하게 만드는 콩 품종이 열네 가집니다." 글렌이 말했다. "우리는 그 품종을 섞어요. 즉 대규모 유전학이죠. 전부 밀을 위한 준비 작업입니다. 클로버 없이 가는 게 목표입니다. 완전히 콩 밀로 갈 거거든요."

나는 이를 글렌이 동물 사료로 사용되는 다양한 품종의 동부 콩을 섞어 실험하고 있다는 뜻으로, 그리고 잡초를 억누르는 콩과 식물의 능력을 평가하고 있다는 뜻으로 해석했다. 글렌은 밀을 심기 전에 콩과 식물을 심었을 때 토양이 얻을 수 있는 이점에 대해서도 연구하고 있었다. 클라스가 윤작을 통해 보여주었듯이, 유기 농법의 전통에 따르면 밀과 옥수수 같은 작물 이전에 질소 수치를 조절해주는 클로버를 먼저 심지만 글렌은 동부 콩 역시 효과가 좋을 거라는 느낌이 들었다. 게다가 글렌은 동부 콩이 밀의 맛까지 더 좋게 해줄 수 있을 거라고 생각했다.

교육 센터는 가지런히 정돈된 넓은 들판과 상업용 작물 육종 실험실이기도 한 최첨단 온실로 둘러싸여 있었다. 그 한가운데 글렌의 무성한 실험 부지가 있었다. 호밀 사이사이에 심은 동부 콩과 고대 밀 품종이 여기저기서 자라고 있었다. 그중에서도 밀밭은 완전히 놀라웠다. 에머 밀처럼 성경에도 언급되는 유구한 역사의 품종이 각각의 독특한 특징을 발현시키면서 자랄 수 있도록 적극 장려하고 있었다. 그 옆에는 대학의 엄격한 관리와 통제 아래서, 아직 이름도 없는 새로운 품종들이 자라고 있었다.

"작물은 작물대로, 저는 저대로 각자 할 일을 하고 있는 겁니다." 글렌이 말했다. "랜드레이스landrace 농법을 널리 알리고 선사시대까지 거슬러 올라가는 종자 보존과 개량의 전통을 지켜나가는 거죠."

—∞—

글렌에 따르면 '랜드레이스'는 통일성을 지양하고 서로 비슷한 다양한 변종을 권장하는 농법이다. 글렌의 말은 과장이 아니었다. 아침 첫 바람이 여기 저기 뒤섞인 고대 품종을 살랑살랑 흔들어 바스락거리는 소리가 나고 있었지만 단결과 통일의 모습은 전혀 아니었다. 그곳이 전부 그런 것 같다고 생각하는 것도 무리는 아닐 것이다. 그게 바로 랜드레이스 농법의 핵심이니까. 글렌은 그 다양성을 전혀 개의치 않았다. 사실 그 다양성에 투자를 하고 있었다.

랜드레이스 농법으로 자라는 식물은 전부 다르지만 또 아주 약간만 다를 뿐이다. 모든 개체의 크기와 모양, 성장 방식이 완전히 똑같은 현대의 밀밭과 달리(혹은 옥수수나 인간이 재배하는 어떤 작물과 달리) 랜드레이스 작물이 보일 수밖에 없는 변화는 그 작물이 다양한 환경에서도 살아남을 수 있게 해준다. 이는 개체의 보존을 위한 자연적인 보험 정책으로 개체의 일부가 질병이나 자연재해로 피해를 보더라도 또 다른 일부는 살아남을 수 있다. 예를 들어 가뭄이 오면 밀은 대부분 죽지만 가뭄 저항력이 큰 개체는 살아남아 다음 세대에 자신의 우월한 유전자를 전달해준다.

언젠가 미국 농무부의 농학자 압둘라 자라다트의 곡물 예찬론자를 위한 강연을 들은 적이 있다. "밀과 같은 작물은 길들이면 망치는 겁니다." 그가 말했다. "필요한 건 전부 제공해줘야 합니다. 그렇지 않으면 기대한 만큼 생산하지 않을 겁니다."

글렌의 옛날식 무성한 밭이 바로 그랬다. 전혀 길들여지지 않은 밭이었다. 그 밭의 작물들은 최근까지도 이어져왔던 단 하나의 농업 방식이 무엇이었는지 얼핏 보여주었다.

종자 보존

처음부터, 그러니까 말하자면 농업이 시작되었다고 여겨지는 기원전 8000년부터 농부들은 나중에 수확할 작물을 심기 위해 종자의 최소 일부는 남겨두어야 한다는 사실을 알고 있었다. 인간의 주요 음식 공급 방식이던 사냥과 수렵을 농업이 대신할 즈음, 종자 보존은 공동체의 가장 중요한 일 중 하나가 되었다. 모든 공동체가 각자의 종자를 선택해 보존하면서 그 지역에 적응한 수천 종의 다양한 품종이 전 세계에서 발전했다. 그리고 모든 품종은 점차 변했다. 환경과 선호하는 문화에 따라 적응하고 변하며 그 당시 상황에서 가장 잘 드러날 수 있는 특성을 발현시켰다. 하지만 그 풍부한 다양성은 갑작스럽게 종말을 맞이하게 된다.

20세기에 들어서면서 육종자들은 더 효과적으로 농사를 지을 수 있는 방법을 발견했다.[11] 두 가지 서로 다른 품종의 옥수수를 이종교배하면 '잡종 강세' 효과가 확실히 드러나 자연스럽게 수분된 옥수수보다 더 균일하고 튼튼하게 빨리 자라는 옥수수를 재배할 수 있다는 사실을 알게 된 것이다.(푸아그라를 위한 물라드 오리와 같은 경우다.) 하지만 강세는 일 년밖에 지속되지 않았다. 다음 해에는 그만큼 성공적이지 않았다. 그래서 농부들은 수확을 최대로 높이기 위해 매해 새로운 잡종 종자를 구입하며 고대의 종자 보존 전통에 등을 돌렸다. 상업적 종자 회사가 옥수수 시장을 점유하게 되었고 잡종 종자 유행이 지속되면서 점차 대부분의 다른 곡물, 과일, 야채 시장까지 장악하게 되었다.

그런데 밀은 예외였다. 빵 밀은 육배체인데 이는 곧 여섯 쌍의 염색체를 갖고 있다는 뜻이다.(그러므로 각각의 유전자마다 여섯 개의 복사본이 있는 셈이다.) 옥수수와 대부분의 야채, 심지어 인간도 이배체인데! 그래서 밀은 유전자 조작이 쉽지 않았다. 또한 밀은 암술과 수술이 한 줄기에 있어 자가 수분이 가능했다. 스스로 수정이 가능했기 때문에 자연적으로든 의도적인 개입을 통해서든 서로 다른 종과의 교배 가능성이 낮았다. 그래서 유전 형질을 보존하는 종자 보존이 늘 가능했다.

그렇다고 농부들이 계속 그렇게 했다는 뜻은 아니다. 더 발전된 새로운 품종이 개발되기 시작하면서(비록 잡종 옥수수가 엄청난 성공을 거둔 것은 아니었지만), 밀 종자를 구입하는 농부들이 많아지기 시작했다. 수확량 많고 튼튼한 작물의 종자를 쉽게 구입할 수 있는데 왜 굳이 힘들게 종자를 보존한단 말인가? 유전적 균일성이 만연하게 되었다.

반대로 글렌의 랜드레이스 농법에서 모든 밀은 저마다 독특한 특성을 가진 배아를 함유하고 있다. 그래서 땅에 씨를 뿌려 자랄 때까지 어떤 밀이 나올지 정확히 아는 것은 불가능했다. 대부분은 단일 경작 같다는 생각이 들 정도로 비슷했지만 '체세포 돌연변이'라고 불리는 자유로운 변종, 즉 새로운 개체가 반드시 나타났다. 그 새로운 개체는 작물의 보존을 위한 보험이었을 뿐만 아니라 새로운 맛에 대한 가능성이기도 했다.

그 돌연변이를 찾아 밭으로 나가는 것은 역사적으로 농부들이 쭉 해왔던 일이었다. 밭에서 전체 작물과 다른 한 줄기 식물을, '미운 오리 새끼'를 찾아내 그 다름을 찬미하는 것이다. 그 새로운 개체가 맛이 좋아 이를 장려하면 작물 전체는 물론 요리법까지 적어도 약간은 변하게 된다. 그 색다른 친구를 받아들이기 위해서.

돌연변이를 인정하는 것은 동시에 가장 민주적인 농업 방식이기도 하다. (우리 안 어딘가에 누구나 갖고 있는) 열성 유전자를 발현시킬 수 있게 해주기 때문이다. 특정한 유전자가 왜 수백 년 혹은 수천 년 동안 활동을 중단한 채 잠만 자고 있는지는 아무도 모른다. 하지만 랜드레이스 농법은 예상치 못한 그 특성이 언제든 스스로 드러날 수 있다는 가능성을 열어둔다. 지속되는 더위나 가뭄 끝에 찾아온 가랑비 한줄기 같은 환경적 변화가 유전자 발현의 계기가 될 수 있다.

글렌의 목표는 효율성이 아니다. 만약 자연을 특정한 방향으로 몰아가지 않고 종자가 스스로 진화하며 그런 변화에 적응하게 만들면 어떨지 그가 물었다. 그러면 각각의 작물이 더 다양해질 것이고 숙성 시기와 낟알의 크기 또한 달라질 수 있다. 그렇게 다양해지면 질병과 해충을 더 잘 견디고 더 튼튼하며 장기적인 회복력 또한 클 것이다. 동시에 뛰어난 맛까지 얻을 수 있다. 잭이 스톤 반스에서 재배하는 데 성공한 에이트 로 플린트 옥수수가 글렌의 랜드레이스 농법에서 온 것이라는 말을 듣기 전까지 그 말이 구체적으로 다가오지 않았었다. 수 세기 동안 농부들은 손으로 낟알을 따 맛을 봐왔었다.

"농부들이 늘 해오던 일이었죠. 예로부터 농부들은 유전학적 토대를 넓혀가며 풍요로운 다양성의 뿌리를 찾아왔습니다." 글렌이 말했다. 그러고 이렇게 덧붙였다. "다양성을 단순히 찾기만 하는 건 아니었어요. 그 다양함을 찬미했죠."

하지만 수천 년 동안 수 세대를 거치며 전해져 내려온 그 풍요로운 다양성의 뿌리는 20세기 중반, 돌이킬 수 없는 변화를 겪는다. 밀은 전 세계에서, 그야말로 하룻밤 만에 완전히 변해버렸다. 난쟁이들이 야기한 말도 안 되는 혁명 때문이었다.

난쟁이의 시대

처음에는 아무도 키 작은 밀을 기를 생각이 없었다. 녹색 혁명[12], 즉 농업의 현대화와 전 세계적인 곡물 생산량 증가는 난쟁이 밀로부터 시작되었다고 하지만 난쟁이 밀은 사실 한 미국인의 즉흥적인 멕시코산악지대 방문으로 탄생한 것이었다.

1940년, 미국 부통령 당선자 헨리 월리스Henry Wallace는 멕시코 대통령 마누엘 아빌라 카마초Manuel Ávila Camacho의 취임식에 참석했다. 취임식 참석은 멕시코에 대한 미국의 지원을 보여주기 위한 것이었고 미국 농무부 장관을 역임했던 월리스는 멕시코산악지대 농부들의 초대를 받았다. 월리스는 정계에 입문하기 전에 하이브레드 콘 컴퍼니Hi-Bred Corn Company를 설립해 뛰어난 잡종 옥수수 종자 기술로 시장을 장악했던 경험이 있었다. 월리스는 돈이 많았고, 일찍부터 시민권과 정부 차원의 건강보험 도입을 주장할 만큼 시대에 비해 진보적인 사람이었다. 멕시코를 방문한 월리스는 열악한 조건에서 힘들게 일하고 있는 멕시코 소작농들을 그냥 지나칠 수 없었다. 토양은 힘을 잃고 있었고 종자는 생산성이 낮았다. 농기계도 비료도 없었다.

미국으로 돌아온 월리스는 농부들의 수확량을 증가시킬 수 있는 멕시코와의 특별 공동 연구를 지원하라고 록펠러 재단을 설득했다.(의회를 설득하는 데는 실패했다.) 그때까지 원조는 늘 기부의 형태였다. 월리스의 생각은 미국 최고의 농업 과학자들을 보내 멕시코의 과학자들에게 최신 육종학을 전파하는 것이었다. 월리스의 생각이 마음에 들었던 듀퐁DuPont의 젊은 과학자이자 농약 개발자도 합류하기로 했다. 그의 이름은 노먼 볼로그Norman Borlaug였다.

볼로그는 아이오와에서 태어나 모래 폭풍이 최고이던 시절 중서부에서 대학을 다녔다. 많은 사람이 모래 폭풍이라는 끔찍한 재앙을 겪으며 기업식 현대 농업에 대해 재고하게 되었지만, 그렇기 때문에 볼로그는 기술과 높은 수확량을 강조하는 농법이 미래 식량 생산의 유일한 대안이라고 생각했다. 록펠러 재단과 멕시코 정부의 합작으로 설립된 국제옥수수밀개량센터The International Maize and Wheat Improvement Center(CIMMYT)가 볼로그의 아이디어를 실현시킬 수 있도록 도와주었다.

볼로그는 몹시 헌신적이었다. 그는 하루에 열다섯 시간을 들판에서 보내며 다양한 작물과 토양의 상태를 조사했고 육천 종이 넘는 서로 다른 품종의 밀 교배 연구팀을 이끌었다. 볼로그의 연구에 따라 비료를 주면 밀의 성장이 세 배로 증가할 수 있지만 효과가 너무 커 밀 줄기가 무척 빨리 자라버렸다. 완전히 성장해 무거운 낟알을 지탱할 수 있을 만큼 튼튼해지지 않으면 밀은 쓰러져 땅에서 썩어버린다. 수확은 거의 불가능했다.

그런데 1952년, 일본에서 노린 10이라는 키 작은 밀이 새로 개발되었다는 소식이 들려왔다. 볼로그는 노린 10의 견본을 사용해 새로운 반왜성 잡종을 기르기 시작했고 화학비료가 밀을 넘어뜨리지는 않으면서 더 빨리 자라게 할 수 있다는 사실을 발견했다.[13] 그로부터 몇 년이 지나기 전에 볼로그는 앞선 품종보다 수확량이 세 배나 더 높은 밀을 개발했다. 1963년까지 멕시코에서 자란 밀의 95퍼센트가 볼로그의 반왜성 품종이었고 멕시코의 밀 수확량은 그가 처음 왔을 때보다 여섯 배 증가했다. 그 결과에 탄력을 받아 볼로그는 자신의 반왜성 품종을 대기근 직전이던 인도로 보냈다.[14] 농부들은 새로운 씨앗을 심고 화학비료를 뿌렸다. 몇 년 안에 놀라운 결과가 드러났다. 수확량이 세 배 이상 증가했고 인도는 밀 수출국이 되었다.

새로운 품종은 아시아 전역으로 퍼져 같은 효과를 발휘했다. 각 지역의 랜드레이스 품종이 (그리고 수천 년 동안의 유전학적 개량이) 사라졌고 수백만의 농부가 전통적인 농업 방식과 결별했다. 새로운 '기적'의 쌀도 잇달아 개발되었다. 새로운 쌀은 한 해에 두 번 수확할 수 있을 만큼 빨리 자랐다.

그것이 바로 녹색 혁명의 힘이자 목표였다. 더 넓은 땅을 개간할 필요 없이 농업 생산량을 높이는 것. 1950년부터 1992년까지 수확량은 170퍼센트 증가했지만 개간된 땅은 단 1퍼센트 증가했다.[15] 오늘날 개발도상국에서 재배되는 밀의 70퍼센트 이상에 볼로그가 멕시코에서 개발한 유전자가 담겨 있다.[16] 그리고 그 반왜성 품종이 미국 밀의 대부분도 차지하게 되었다.

—ʌʌʌ—

노먼 볼로그의 업적은 10억 명의 목숨을 구했다고 평가된다. 그래서 녹색 혁명의 성공에 쉽게 의문을 제기할 수 없게 한다. 10억 명의 목숨을 구한 농업 방식을 어떻게 반대할 수 있단 말인가?

하지만 1970년대 이래로 전 세계의 식습관 관련 질병이 얼마나 늘어났는지 살펴보는 방법이 하나 있다.[17] 특정 종류의 암, 심장혈관 질환, 당뇨, 그리고 비만은 많은 사람이 논쟁하고 있지만 녹색 혁명이 야기한 막대한 부작용이다. 살기 위해 칼로리가 필요하지만 녹색 혁명은 우리 식습관을 궁극적으로, 더 중요하게는 나쁜 방향으로 변화시켰다.

녹색 혁명이 우리가 음식을 마련하는 방식 또한 엄청나게 변화시켰다는 것은 의심할 여지없는 사실이다. 온 세상이 화학비료 덕분에 유전적으로 통일된 단일 경작에 휩쓸렸다. 그리고 화학비료는 토양의 건강에 치명적이었다. 난쟁이 밀은 키가 작은 만큼 뿌리도 짧았다. 내가 본 웨스 잭슨의 그림에서처럼, 세균과 곰팡이가 활동하는 데 중요한 고속도로는 사라지고 샛길만 남은 가는 뿌리다. 토양은 엉성해졌고 나빠졌다.

“이런 아름다움을 빼앗아간 겁니다.” 글렌이 자신의 실험 부지를 가리키며 말했다. “그리고 작게 만들었어요. 뿌리까지. 결국 토양에서 무기염류를 흡수하기 힘들게 되었죠. 영양소도 의심스럽고 맛은 전혀 없습니다.” 글렌의 밀은 전혀 작아지지 않았다. 전부 내 가슴까지 자라 있었고 머리를 넘어선 줄기도 가끔 있었다. “줄기는 크고 뿌리는 깊어요.” 글렌이 말했다.

짧은 뿌리 조직은 수분을 덜 함유해 이를 만회하기 위해 많은 나라에서 정부 주도의 대규모 관개 사업에 나섰다. 1950년부터 2000년까지 관개 농지는 세 배 증가했다.[18] 미국에서 재배하는 곡물의 5분의 1이 관개 농지에서 자란다. 인도는 5분의 3정도로 전국의 지하수를 빠른 속도로 고갈시키고 있다. 작가이자 활동가 반다나 시바Vandana Shiva에 따르면 인도의 물 위기는 볼로그의 녹색 혁명 품종의 도입과 확실한 연관이 있다. 그녀는 이렇게 말했다. "개량된 품종이 전통 품종보다 수확량이 40퍼센트 높을지 모르지만 물도 세 배 가량 더 필요로 한다."[19]

녹색 혁명 품종은 합성 비료의 형태로 화석 연료도 엄청나게 소비한다. 케리 파울러Cary Fowler와 패트릭 무니Patrick Mooney가 공저 『충격: 음식, 정치 그리고 유전적 다양성의 실종Shattering: Food, Politics, and the Loss of Genetic Diversity』에서 주목했듯이 난쟁이 종자와 화학비료의 관계는 "닭과 달걀의 관계와 비슷하다.[20] 화학비료는 새로운 품종을 가능하게 만들었고 새로운 품종은 화학비료를 필요로 한다."

적게 잡아본다 해도 녹색 혁명으로 얻은 수확량의 3분의 1 이상이 합성 비료 덕분이며 합성 비료는 많은 사람이 지적했듯이 환경적인 측면에서 꼭 '녹색'인 것만은 아니다.[21] 상업적 목적을 위해 개량된 현대 종자는 오늘날 그 어느 때보다도 화학약품 의존 비율이 높다. 싹을 틔우기 위해 화학약품이 필요하고 한 번 화학약품을 사용하게 되면 토양의 유기 물질이 감소하고 영양소를 식물에 효과적으로 전달하는 능력 또한 줄어든다. 결국 같은 결과를 얻기 위해 더 많은 화학 물질이 필요하게 된다.[22]

전부 맞는 말이다. 하지만 10억 명의 목숨을 살렸다지 않는가.

수년 동안 볼로그와 함께 연구했던 육종자의 전 조수 수전 드워킨Susan Dworkin은 언젠가 배불리 먹지 못하며 일하는 육종자들은 문제를 오로지 수확량의 관점으로만 바라보는 경향이 있다고 말했다.

"4000제곱미터의 땅에서 얼마나 많은 음식을 얻을 수 있는가? 얼마나 많은 사람을 먹일 수 있는가? 그들은 그것만 고민해요. 그 생각밖에 안 하죠. 식탁은 바라보지 않고 부른 배만 바라봅니다."[23]

10억 명의 목숨이 위험에 처해 있을 때 수확량만 바라보는 것은 당연하고 또 중요하다. 하지만 지금까지 우리가 했던 계산이 틀렸다면? 지금까지 '진정한' 수확량을 잘못 계산한 채 생산량만 높이기 위해 돌격했다면?

난쟁이 밀을 재배하는 농부를 생각해 보자. 그는 적정량의 화학비료를 뿌리고 가만히 앉아 수확량이 (그리고 수익이) 늘어나길 바라고 있다. 하지만 줄기의 키가 작다는 것은 땅으로 갈아엎을 양이 더 적다는 뜻이고 토양 유기체를 위한 먹이도 줄어든다는 뜻이다. 또는 밀이 소 사료로 사용된다면 소의 먹이도 줄어든다는 뜻이다. 어느 쪽이든 이는 누군가를 위한 음식이 줄어든다는 뜻이다. 먹을 음식만 줄어드는 것은 아니다. 클라스가 즐겨 말했듯 토양 유기체와 소는 힘을 모아 건강한 구조가 작동하게 만든다. 하지만 효율성을 강조하는 현대 농법에서 그와 같은 요소는 (적어도 직접적으로는) 우리 배를 채워주지 않기 때문에 전혀 고려되지 않는다. 그것이 바로 결정적으로 간과되고 있는 점이다.

계산 착오는 더 있다. 언젠가 한 농업 회의에 참가했는데 그때 어떤 과학자가 유기 농법으로는 늘어나는 인구를 먹여 살릴 수 없다고 주장했다. 그는 화학비료를 뿌린 옥수수 밭과 유기농 옥수수 밭을 비교한 연구를 예로 들며 바로 옆에 나란히 붙은 두 밭의 사진을 보여주었다. 같은 품종, 같은 토양이었다. 개량 옥수수는 키가 크고 튼튼하게 잘 자라고 있었고 유기농 옥수수는 바짝 마르고 줄기가 굽은 듯 골골해 보였다. 그 사진은 다년생과 한해살이 밀 뿌리를 나란히 놓고 비교했던 웨스 잭슨의 사진처럼 현대식 옥수수 수확량이 유기농 옥수수 수확량을 훨씬 더 앞지른다는 설득력 있는 증거처럼 보였다.

그런데 글렌이 보여준 랜드레이스 농지와 군대처럼 균일했던 대학 실험 부지를 연달아 보고 나니 또 다른 비교를 해볼 수 있었다. 랜드레이스는 달랐다. 글렌의 밀은 허리가 굽은 골골한 사촌이 아니었다.(키도 들쑥날쑥한 것이 꼭 괴짜 삼촌 같았다.) 왜냐하면 글렌은 토양을 준비했기 때문이었다. 그는 토양의 비옥함을 위해 동부콩, 보리, 귀리 등 다양한 작물을 번갈아 심었다. 그는 밀이 잘 자랄 수 있는 환경을 제공했다.

물론 아무리 잘 자라는 랜드레이스 밀도 현대 품종만큼 수확량이 높지는 않을 것이다. 적어도 지속적으로는 말이다. 단일 품종을 화학비료로 기르는 것이 언제나 이긴다. 그렇다고 그 옥수수 연구가 옳다는 뜻은 아니다. 그 연구는 틀렸다. 가장 큰 계산 착오는 바로 이것이다. 보리와 귀리는 좋은 먹을거리가 된다. 맛도 있고 영양소도 풍부하다. 그러니 개량 품종 밀밭 4000제곱미터에서 유기농 밀밭 4000제곱미터보다 더 많은 밀을 수확할 수 있지만 그것이 더 많은 '음식'을 생산할 수 있다는 뜻은 아니다. 더 많은 밀을 생산할 뿐이다. 우리는 부분의 합을 잘못 계산했다. 보리 더하기 귀리 더하기 밀은 밀 한 가지보다 더 많은 음식이 될 수 있다.

반다나 시바는 이렇게 말했다. "산업화된 현대 농업의 기적이라 불리는 녹색 혁명 품종이 높은 수확량으로 기근을 예방했다고 한다. 하지만 그 높은 수확량은 농장 작물 전체의 수확량을 놓고 보면 아무것도 아니다."[24]

하지만 농장의 모든 작물의 전체 수확량은 우리가 그 모든 작물을 먹을 때에만 가치가 있다. 우리가 보리와 귀리를 먹어야만 그 식이 유효하다. 수요가 충분하지 않아 보리와 귀리를 팔 수 없다면 단일경작 밀 재배의(혹은 옥수수, 혹은 콩 재배의) 타당성에 맞서기 쉽지 않다. 그렇게 악순환이 지속된다. 우리가 다양한 작물을 섭취하지 않는 한 주요 작물을 더 많이 재배하고자 하는 마음은 강해질 수밖에 없다.

그렇기 때문에 요리가 문제가 된다.

다양한 재료를 맛있게 활용하는 것이 모든 위대한 요리의 목표였고 그 다양성이 요리가 발전할 수 있는 토대였다. 요리는 보통 알려진 것처럼 땅이 제공하는 것을 통해 발전한 것이 아니라 땅이 요구하는 것을 통해 발전했다. 그런데 녹색 혁명은 그 식을 거꾸로 뒤집어 그 다양성을 값비싸게 만들었다. 녹색 혁명은 몇 가지 작물에만 힘을 실어주었다. 그리고 그 과정에서 요리를 단순하게 만들었다.

녹색 혁명에 대한 모든 논쟁 중에서도 요리의 단순화는 가장 하찮은 문제 같을 것이다. 석기 시대의 농업에서 벗어나 배고픈 사람을 배불리 먹이는 과정에서 그 정도 희생은 어쩔 수 없었다고. 하지만 생물학자 콜린 터지는 1만 년 전 농사가 시작되었을 즈음 전 세계 인구는 약 1000만 정도였다고 말한다. 1930년대 농업이 산업화

될 즈음에는 30억 명이었다. 구시대의 농업 기술로 300배가 증가한 것이다. '유기농'이라는 것이 등장하기도 전의 유기 농사였다.[25] 현재 구식이라고 여겨지는 농업 기술로는 나쁘지 않은 성과다. 하지만 더 중요한 것은 따로 있다. 구시대의 소규모 농부는 많은 음식만 생산한 것이 아니라 정말 맛있는 음식을 많이 생산했다.

소련의 전설적인 식물학자 니콜라이 이바노비치 바빌로프Nikolai Ivanovich Vavilov는 20세기 초 전 세계를 여행하며 다양한 작물의 표본을 모았는데 이를 통해 자신이 발견한 랜드레이스 작물이 "지성과 혁신의 결과이자 일부는 천재의 작품"[26]이라고 믿게 되었다.

역사상 그 천재들은 자연과 함께 일하며 수천 가지 새로운 품종을 개발했던 소작농들[27]이었다. 그 다양성은 다시 수천 가지 가장 독특한 요리로 탄생했다. 단지 인도, 이탈리아, 중국에서가 아니라 그 요리의 본산지라고 할 수 있는 펀자브, 시칠리아, 쓰촨 등지에서. 글렌의 로컨트리 역시 두 말 하면 잔소리다.

문화로서의 요리는 유행과 선호도에 따라 변하지 않았다. 지난 60년 동안 최고급 요리가 발전하면서 겨우 변하기 시작한 것뿐이다. 오늘날 요리사들은 전 세계의 재료와 요리법을 한 끼의 식사로, 한 접시의 요리로 만들 자유를(그리고 가식이 아니라면, 상상력을) 갖고 있다. 하지만 우리는 아무것도 새로 만들지 않고 있다. 새로운 아이디어를 실현시키고 있을지 모르지만 새로운 요리 문화를 창조하지는 않는다. 다른 문화가 수천 년 동안 쌓아온 토대 위에, 농부가 땅을 갈아 그 땅에서 나는 것이 사람들의 먹을거리를 결정했던 그 문화의 토대 위에 올라서 있을 뿐이다. 과거에는 장소가 전부였다. 지금은 또 한 가지 재료일 뿐이다.

진정한 요리 문화는 요리 스타일 혹은 요리법과 맛의 독특한 조합 이상이다. 요리가 문화의 토대고 요리가 삶의 방식을 결정한다. 우리는 우리가 기르는 음식과 먹는 음식만큼 복잡하다. 혹은 그만큼 단순할 수 있다. 위대한 미식가 장 앙텔므 브리야사바랭도 이렇게 말하지 않았는가. "당신이 무엇을 먹는지 말해달라. 그러면 당신이 어떤 사람인지 말해주겠다."

하지만 녹색 혁명은 이를 어렵게 만들었다. 녹색 혁명 때문에 농부들은 작물의 다양성을 포기해야 했다. 특수화하고 상품화하고 현대화할 수밖에 없었다. 녹색 혁명은 아프리카와 라틴 아메리카 국가들이 병아리 콩 같은 지역 작물을 포기하고 영양소가 부족한 (그리고 맛도 덜한) 곡물에 의존하게 만들었다.

지역 작물의 상실은 요리만 변화시킨 것이 아니었다. 지역의 문화적 정체성 또한 흔들었다. 멕시코의 소규모 농부들이 처한 상황을 보고 부통령 헨리 월리스가 울린 경종이 녹색 혁명에 불을 지폈을지 모르지만 바로 그 농부들이 대규모 단일 경작에 찬성하지 않는 한 혁명은 불가능했다. 볼로그의 현대 품종은 좁은 랜드레이스 부지에서 효과가 없었고 값비싼 합성 질소가 많이 필요했기 때문에 전 세계의 농부들이 자기 땅을 떠날 수밖에 없었다.* 농업이 시작되었을 때부터 농부는 육종자이기도 했지만 수 세기 동안 종자를 보존하고 새로운 품종을 개발해왔던 수백만의 농부를 이제 몇 백 개

* "그것이 바로 의도하지 않은 결과의 전형적인 경우입니다." 록펠러 가문의 역사가 피터 존슨이 내게 말했다. "록펠러 재단은 볼로그의 농업에 투자했습니다. 기아와 그로 인한 정치적 혼란이 그 당시 절박한 문제였으니까요. 아무도 그 때문에 그렇게 빨리 도시화가 진행될 거라고는 생각하지 못했습니다. 아무 기술도 없이 땅을 잃은 소작농은 땅에서 쫓겨나 결국 도시 빈민가에 정착해 겨우 먹고 살았습니다. 기계화의 결과, 즉 멕시코시티와 상하이의 빈민가나 반왜성 면화로 인한 흑인의 남부 대탈출은 전부 녹색 혁명의 직접적인 결과였고 여전히 우리에게 영향을 끼치고 있습니다."

의 종자 회사가 대신하게 되었다.

유전학이 점령한 밭을 되살리려고 글렌이 아무리 노력해도 시계는 되돌아가지 않는다.

글렌은 다시 차로 돌아가면서 잠깐 멈춰 겉옷 주머니를 뒤지더니 휴대 전화를 꺼냈다. 그리고 다른 밭에서 실험하고 있는 랜드레이스 귀리 사진을 보여주었다. "이 사진이 있어서 다행입니다. 수천 마디 말이 필요 없으니까요." 다른 귀리보다 우뚝 솟은 귀리 한 줄기가 있었다. 마치 갑자기 키가 불쑥 큰 게 몹시 어색한 청소년 같았다. "한 여섯 줄기 정도는 있을 겁니다." 글렌이 말했다. "낟알이 세 배는 더 달려 있어요. 세 배요. 상상해보십시오. 그냥 나타났어요. 잠복해 있다가 말입니다. 이유는 아무도 모르죠. 내 말을 믿어요. 앞으로도 알아낼 사람이 없을 겁니다. 스스로 나타나기로 결심한 거죠. 전기 울타리도 설치하고 기도도 하면서 그걸 잘 키워 수확할 겁니다. 그리고 종자를 따서 도대체 이게 뭔지 밝혀내야죠."

그의 목소리에 담긴 조급함과 흥분은 그것이 단순한 발견 이상이라는 뜻이었다. 글렌은 내게 완전히 새로운 가능성을, 지금까지 아무도 몰랐던 사실을 보여주었다. 귀리뿐만 아니라 모든 작물에서 말이다.

글렌은 클라스의 아내 메리하월에게 그 사진을 보냈다. 육종자로서 그녀의 전문지식을 높이 산다고 했다. "제가 물었어요. '도대체 이게 뭡니까?' 그녀가 이렇게 답하더군요. '제가 어떻게 알겠어요. 처음 보는 건데요.'" 글렌은 막 한 골을 넣었거나 생일 선물 상자를 열어보는 어린아이처럼 신이 나 주먹을 마구 흔들며 말했다. "이게, 이게 바로 랜드레이스 농법입니다."

❏

29장
종자, 요리 문화의 청사진

점심을 먹으러 찰스턴으로 돌아가는 길에 글렌은 서배너 고속도로를 빠져나와 커다란 밭이 만나는 교차로에서 차를 멈췄다. 무거운 공기가 밭을 질식시키고 있는 듯했다. 사우스캐롤라이나에 오랜 가뭄이 지속되고 있었고 그게 바로 글렌이 나를 그곳으로 데려간 이유였다. 그곳은 평생 소를 몰며 한때 사료용 옥수수와 콩만 길렀던 트리스 웨이스택의 밭이었다. 트리스는 몇 년 전부터 앤슨 제분소에 납품할 작물을 기르고 있었다.

"어느 날 트리스가 와서 이렇게 말하더군요. '아버지가 암으로 아프십니다. 유기농으로 전환하고 싶습니다.' 딱 그렇게요. 트리스는 공훈 배지를 21개도 넘게 받은 보이스카우트 단원으로, 화살처럼 정확한 청년이었죠. 그놈이 농사는 지을 수는 있었겠지만 그 당시에는 가스를 살 돈도 없었지 뭡니까."

글렌은 트리스에게 콤바인과 곡물 저장 통을 사주고 씨도 뿌리기 전에 대금을 전액 지불해주었다. 그리고 작물 심는 방법도 알려주겠다고 했지만 트리스는 실험해볼 종자만 달라고 했고 앤슨 제분소가 무엇을 기르든 구입해주겠다는 보장만 요구했다. 글렌은 그에게 호피 블루Hopi Blue 옥수수 종자를 주었다. 블루 토르티야를 만드는 것으로 유명한 에얼룸 종자였다.

"1년 후 수확 직전의 옥수수 밭으로 갔죠." 글렌이 말했다. "정말 놀라웠어요. 7만2000제곱미터의 블루 옥수수가 눈부시게 자라고 있지 뭡니까. 트리스는 옥수수를 전부 다 팔지 않고 수확물의 일부를 호피 족에게 기증하기로 했어요. 그들이 신비한 힘을 갖고 있다고 믿었으니까. 호피 족은 옥수수를 돈으로 바꾸지 않거든요. 트리스는 좋은 카르마를 쌓고 싶었던 겁니다."

우리는 두 밭이 교차하는 지점에 서 있었다. 글렌이 동부 콩, 수수, 사탕수수, 참깨가 동시에 자라고 있는 오른쪽 밭을 가리켰다. 나는 한 밭에 네 가지 서로 다른 작물을 심을 수 있다는 사실조차 몰랐다. 작물이 토양의 영양소와 수분을 두고 경쟁하지 않을까? 전혀 아니었다. 글렌은 모든 작물이 서로 다른 속도로 자란다고 설명해주었다. 그리고 예로부터 농부들이 알고 있었듯 각각의 작물은 서로 다른 것을 필요로 한다. 그 밭의 네 가지 작물은 전부 찌는 듯한 더위에도 활기가 넘쳐 보였다.

100여 발자국 정도 떨어져 있는 왼쪽 밭은 확실히 힘들어 보였다. 흙은 쩍쩍 갈라져 있었고 듬성듬성 빈 곳이 많았으며 한때 초록을 자랑했을 많은 잎이 갈색으로 변해 있었다. 나는 글렌에게 무슨 밭인지 물었다.

"콩이요." 글렌이 대답했다. "현대 품종이죠." 글렌은 트리스가 갑자기 네 가지 작물을 한꺼번에 심는 것에 겁이 났는지 나머지 한 밭에는 콩만 심었다고 말해주었다.

글렌은 건강한 밭과 허약한 밭을 번갈아 가리키며 말했다. "콩은 아마 다 갈아엎어야 할 겁니다. 아무것도 못 얻겠죠. 단 한 줄기도. 값비싼 새 종자를 사느라 돈만 날린 겁니다." 현대 품종은 뿌리가 너무 짧아 가뭄을 견딜 수 없다고 글렌이 말했다.

내가 그날 아침 옛날 방식이라고 생각하며 바라본 것이, 다시 말해 사라져버린 농법을 되살리려는 글렌의 향수 어린 시도가 이제는 어쩌면 더 현대적이고 복잡하며 심지어 더 미래적인 방법인지도 모른다. 예측하기 힘든 사나운 날씨 앞에서 그 지역에 잘 적응하는 다양한 작물이 바로 농부의 손실을 최소화할 수 있는 한 가지 방법일 것이다. 글렌의 랜드레이스 농법은 잃어버린 요리 문화를 되찾기 위한 것만이 아니었다. 미래의 먹을거리를 위해 종자를 모으는 일이기도 했다.

더 글래스 어니언

글렌은 점심 식사 장소 더 글래스 어니언으로 나를 데려갔다. 간판에 파와 양파가 그려진 샛노란 레스토랑으로 서배너 고속도로를 벗어나자마자 있었다. 고속도로 출구를 나서자마자 있는 흔한 체인 레스토랑 같았지만 칠판에 적힌 메뉴는 뜻밖이었다. 양고기 굴 버섯 스튜, 튀긴 버터밀크 메추라기, 농부 벤턴의 베이컨과 옥수수 가루를 곁들인 근해 새우 등이었다. 근처의 소형 양조장에서 온 맥주와 바이오다이내믹 와인도 있었다. 10달러가 넘는 요리는 몇 가지 없었다.

"주인장이 고급 레스토랑에서 경력을 쌓았어요." 글렌이 설명했다. "한동안 줄선 쥐(경험 있는 레스토랑 보조요리사를 이른다)였죠. 그러다 소박한 남부 요리를 좋아하기로 마음먹었어요. 엉터리 탕요리(이미 만들어진 소스나 고명을 중탕 혹은 이중냄비로 끓이는 요리)는 집어치운거죠." 우리는 앤슨 제분소의 옥수수 가루를 포함해 거의 모든 메뉴를 시켜 나눠 먹기로 했다.

요리는 지금까지 내가 맛본 요리 중 남부 요리에 가장 가까웠고 주변 환경만큼이나 소박했다. 모든 요리 하나하나가 훌륭한 건 기본이었다. 글렌은 급하게 음식에 달려들었지만 씹을 때는 경건할 정도로 골똘히 생각에 잠겼다. 이 버섯 수프 한 그릇이, 아니면 양배추 샐러드가, 그것도 아니라면 김이 나는 칼러드가 맛있는 음식에 대한 그의 높은 기대를 확실히 충족시켜주었다는 듯. 그의 얼굴은 긴 전투로 초췌했지만 낙관적이었다.

"제가 미식가는 아닙니다." 글렌이 말했다. "음식 중독자죠."

글렌은 가공이 거의 없는 식물 자체에서 직접 맛을 보는 원시적인 행동에 흥미를 느꼈지만 동시에 "미각 이전의 감각sub-taste threshold"을 느끼려고 했다. 나는 그것이 무슨 뜻인지 물었다. "미각의 범위에 속하지 않는다는 말이에요. 훌륭한 요리사만 본능으로 느낄 수 있죠. 맥기McGee 같은 겁니다."(해럴드 맥기는 작가이자 식품과학자다.)

나는 예를 들어 달라고 부탁했다. "음, 댄이 우리 그레이엄 밀가루에 보였던 반응을 생각해봐요. 맛은 건강한 토양에서 나오죠. 그건 확실합니다. 하지만 그 위에 두 번째가 필요하겠죠? 우리는 줄기에서 난알이 마르기 전에 밀을 수확하기 때문이에요. 초록으로 완전히 덜 자랐을 때는 아니고요. 그때는 수분이 20퍼센트 정도 될 겁니다. 하지만 어쨌든 완전히 마르기 훨씬 전에 수확을 해요. 수분이 약 14퍼센트 정도일 때. 공중에서 공을 잡아채듯 수분이 떨어질 때 수확하는 거죠. 미국에서 재배되는 밀의 99.9퍼센트와 다릅니다. 일반 밀을 수확하는 게 목표라면, 흰 밀가루든 배아를 죽인 다음에 만든 통밀가루든, 죽은 밀을 원한다면 안정적인 밀을 원하는 겁니다. 상할 위험이 적은, 밀 종자에서 얻을 수 있는 죽음에 가장 가까운 건조한 밀이란 말입니다."

"그러니까 밭에서 몇 주 더 지난 밀 맛의 차이를 느낄 수 있다는 겁니까?"

"물론이죠. 하룻밤만 지나도 차이가 느껴져요. 맛 좋은 밀을 원한다면, 그러니까 아주 옛날부터 밀을 파종하고 수확하고 제분했던 대로 하려면 아주아주 자세히 살펴봐야 해요. 그건 미각 이전이고 뭐고 없어요. 아주 확실한 겁니다. 애들도 그 차이는 알 수 있을 걸요." 글렌이 새우 한 마리가 남은 접시를 내 쪽으로 밀며 말했다. 내가 거절하자 글렌은 다시 접시를 당겨 외로운 갑각류 한 마리를 한참이나 바라보았다.

"자, 이제 제분을 해볼까요? 우리는 주문이 들어오면 제분합니다. 전화로 그레이엄 밀가루를 주문하면 다음 날 제분해 하룻밤 만에 보내줘요. 사람들이 우유나 복숭아 맛을 따지는 것과 비슷하죠. 밀은 신선한 제품이니까. 살아 있으니까요."

"다른 사람들은요?" 내가 물었다.

"전부 보존하려고 하죠. 밀가루는 대부분 가볍게 구워 보존해요.

배조焙燥, kilning라고 하죠. 그런데 다들 완전히 말려 수분이 전혀 없게 만들어버려요. 우리가 먹는 게 바로 그런 겁니다. 익은지 한참 지나 수확해 잘게 부순 다음 바짝 말려요. 제분소는 밀의 도살장이나 마찬가집니다."

나는 글렌에게 사람들의 태도가 변할 수 있을지, 사람들이 신선한 제분의 중요성을 인식할 수 있을지 물었다.

"글쎄요. 그건 댄이 더 잘 알겠죠." 글렌이 말했다. "댄 같은 요리사가 그걸 주도하고 있으니까. 댄이 요구하고 가능하게 만들고 있잖아요. 저는 소매는 할 수 없어요. 밀을 냉장하고 싶어하는 사람이 없으니까. 그냥 선반에 올려놔요. 그럼 제가 가서 그걸 보고 이렇게 말하죠. '감사합니다. 이제 그만 뵙죠.'"

웨이트리스가 김이 모락모락 나는 옥수수 가루를 가져오고 다른 접시를 치우려고 했다. 글렌이 그녀를 잡더니 외로운 새우 한 마리를 얼른 입속에 집어넣었다.

"우리는 사람들을 일깨우는 일을 하고 있어요. 그건 절대 포기하지 않을 겁니다." 글렌이 말했다. "우리가 지금 하는 일이 조금만 달라져도 요리사들은 절대 같은 돈을 지불하지 않을 겁니다. 이 일은 그렇게밖에 돌아가지 않아요. 맛으로 요리사를 사로잡으면 끝나요. 요리사들은 꼭 싸움개 같다니까. 최고의 맛을 찾을 수 있다면 담이라도 무너뜨릴 사람들이에요. 요리사랑 부딪히면 토대가 사라져요. 나머지 사람들은 그저 난데없이 나타나는 거고. 저는 날마다 이런 생각을 해요. 글렌, 사람들에게 깨달음을 줘야 해."

그렇다면 옥수수 가루는 어느 정도까지 맛있어질 수 있을까? 남부 요리 문화 중심지의 구석 식당에서 최고의 곡물을 기르고 수확하고 제분하고 저장하는 사도와 함께 앉아 나 역시 어떤 깨달음을 기대했는지 모른다. 옥수수 가루는 정말 맛있었다. 하지만 내 인생 최고의 그 옥수수 가루가 내 인생 최악의 옥수수 가루보다 월등히 더 맛있었던 건 아니었다. 나는 전문가의 의견을 구했다.

"나쁘지 않아요." 글렌이 완전히 불만스러운 표정으로 고개를 돌리며 말했다. 나는 그 순간 글렌이 어머니에게 쌀을 보냈을 때 어머니 표정이 어땠을지 짐작할 수 있었다. 나는 이유를 캐물었다.

남부 신사라서 그랬는지 제분소 고객의 기분을 상하게 하고 싶지 않아서 그랬는지 글렌은 목소리를 낮춰 불만을 늘어놓았다. 글렌은 요리사가 옥수수 가루를 너무 강한 불에서 너무 빨리 요리했다고 했다. "강한 불에서 하는 요리는 결코 예술이 될 수 없어요." 포장된 옥수수 가루는 백밀가루와 비슷하다. "맛도 없고 죽은 가루니 그냥 끓이기만 하면 되죠." 하지만 이것처럼 막 제분한 신선한 곡물을 "강한 불로 끓이는 건 모든 맛을 날려버리는 가장 확실한 방법입니다."

깨달음은 거기에 있었다. 잃어버린 종자를 찾기 위해 지구 끝까지 갈 수도 있다. 종자의 역사를 조사하고 작물의 복잡한 모체를 파악해 가장 비옥한 토양에서 기른 다음 완벽한 시기에, 심지어 완벽한 시각에 수확할 수 있다. 하지만 바쁜 점심시간에 요리사가 불을 확 올려 끓여버리면 게임은 끝난다. 글렌은 의자에 몸을 파묻었다. 명랑했던 표정은 일생의 작업이 한 순간에 망쳐질 수 있다는 근심 어린 표정으로 변해 있었다.

그는 다시 기운을 차리고 옥수수 가루를 식탁 한쪽으로 치웠다. "이탈리아 사람들이 이걸 아는 단 한 가지 이유는 바로 그 누구도 폴렌타를 만들려고 물을 끓이지 않았기 때문이에요." 글렌이 말했다. "나무가 엄청나게 필요하죠. 바소(이탈리아어로 낮다라는 뜻—옮긴이), 바소 폴렌타. 기본적으로 천천히 하는 요리예요. 클라우디오는 그 말을 달고 살았어요. 바소, 바소, 바소."

나는 참을 수 없었다. "클라우디오가 누군데요?"

"크리스의 요리사죠."

"크리스는 누굽니까?"

"클라우디오의 상관." 글렌은 마지막 메추라기를 먹으며 맛있다고 감탄했다.

공동체 형성

점심을 먹고 나서 글렌은 찰스턴 근처에서도 꽤나 오래된 농장으로 차를 몰았다. 7만2000제곱미터에 달하는 그의 캐롤라이나 골드 라이스가 최근의 가뭄을 어떻게 견디고 있는지 확인하기 위해서였다. 우리는 고속도로에서 빠져나와 가로수가 늘어선 길을 달리며 농장들을 지나쳤다. 식물이 무성하게 자란 벽이 부지를 둘러싸고 있었다. 커다란 열린 문 안으로 긴 자동차 길이 이어져 있었고 간혹 완벽하게 보존된 저택도 보였다. 노예 제도의 자취가 진하게 남아 있는 남부의 모습이었다.

"400미터만 가면 어머니가 자라셨던 곳이에요." 글렌이 말했다. "아름답지 않나요?"

글렌의 어머니는 대공황이 닥쳐 그녀의 아버지가 실직했을 때 열네 살이었다. "어머니는 아직도 그때를 생생히 기억하세요. 가끔 그때 이야기를 해주시죠." 글렌의 어머니는 지금 치매로 라호이아에 있는 요양원에서 생활하신다고 했다. "어머니는 풍족하게 사시다 이젠 가진 게 아무것도 없으세요." 글렌이 손가락으로 딱 소리를 내며 말했다. "갑자기 그렇게 됐어요. 외할아버지가 전화로 이렇게 말씀하셨대요. '자동차도 팔고 옷도 팔아야 해. 지금 살고 있는 집도 없어질 거야.'" 글렌은 초록으로 무성한 주변을 가리키며 말을 이었다. "사실 이게 바로 어머니의 어린 시절이에요. 저는 아니죠. 저는 이야기만 듣고 음식만 먹었을 뿐이니."

나는 차를 타고 달리며 놀랐다. 글렌은 캘리포니아에서 자랐다고 해도 결국 이 모든 환경에서 자란 것이나 마찬가지였다. 나는 약간의 심리학적 지식을 동원해 쌀에 대한 그녀의 집착이 잃어버린 어린 시절에 대한 향수일지도 모른다고 생각했다. 그녀에게 쌀은 그냥 쌀이 아니었다. 쌀은 에이스ACE 유역(아셰푸Ashepoo 강, 컴비Combahee 강, 에디스토Edisto 강이 만나는 하구 지역—옮긴이)의 로컨트리에서 보냈던 그녀의 눈부시던 젊음이었다. 그런 의미에서 글렌의 일생 작업은 그녀의 상실과 그녀가 겪었던 문화적 경험 모두를 회복하고 이제 자신의 것이 된 그 공허함을 채우기 위한 것이었다.

"글쎄요. 모르겠네요." 글렌이 나의 이론에 대해 잠시 생각하다 말했다. 글렌은 그것을 넘어서고 싶어하는 것 같았다. "이미 말씀드렸지만 캐롤라이나 골드를 원래 그대로 되살리는 건 불가능해요. 과거의 그 무엇이든 종자만 있다고 되살릴 수 있는 건 아니죠. 계속 살아남길 바란다면요. 그게 핵심이에요. 우리 아이들의 아이들에게까지 전해주고 싶다면, 그러면 그림을 더 복잡하게 바라봐야 해요. 그게 제가 지금까지 해온 일이고요. 더 복잡하게 만드는 일말입니다."

"'복잡하게 만든다'는 게 정확히 무슨 뜻이죠?" 내가 물었다. "클렘슨에서의 윤작 실험? 쌀 유전학자들과의 종자 연구? 제분 기술?"

"네, 지금 말씀하신 것 전부요. 그리고 더 있어요. 제가 발견한 건 쌀만 쫓아다닌다고 쉽게 볼 수 있는 게 아니에요. 농사가 문화에서 완전히 분리되어버린 현대 농업이 문제예요. 농업의 의미가 죽어가고 있어요. 지난 30년 동안 완전히 분리되어버렸죠. 우리는 곡물을 상품으로만 바라보잖아요. 문화적 유산은 전혀 고려하지 않고. 월등함은 통일성으로 대체되고 지역적 특성은 사라져버렸어요." 그가 잠시 생각을 가다듬으며 말을 멈췄다. "에얼룸 채소만 한가득 기를 수는 없어요. 계속 심고 싶다면요. 그게 핵심입니다."

글렌은 한 번도 '에얼룸 채소만' 길러보지 않았기 때문에 그게 스톤 반스에 대한 언급이라는 건 쉽게 알 수 있었다. 충분히 그럴 수 있었다. 그 당시 우리는 에얼룸 채소가 대부분이었지 곡물은 기르지 않고 있었으니까.

"그렇다면 우리에게 에이트 로 플린트 옥수수를 보냈을 때, 그걸 바라고…… 그러니까 우리가 곡물을 기르길 바랐던 건가요?" 나는 잭이 농장에서 활용할 수 있는 땅이 3만2000제곱미터밖에 되지 않는다는 사실을 상기시키며 물었다.

"제가 원했던 대로 된 겁니다. 무언가를 경험하고 랜드레이스 요리에 대해 깨닫게 만드는 것 말입니다." 글렌은 랜드레이스 요리는 신선한 제분으로 시작된다고 말했다. "주문 제분, 즉시 제분, 제분에서 바로 요리." 그가 옳았다. 글렌이 에이트 로 플린트를 보낼 때까지 나는 그 어떤 작물도 직접 갈아볼 생각은 하지 못했다. 에이트

로 플린트를 갈아봤기 때문에 나중에 밀도 갈아볼 수 있었다. 그것이 우리를 쳇바퀴에서 빠져나올 수 있도록 도와주었다.

"잭이 3만2000제곱미터의 땅에다 실제로 곡물도 기를 수 있을 거라고 생각했나요?" 내가 물었다.

"당연하죠. 당연히 그렇게 생각했어요. 심지어 세 자매 농법으로 했잖아요." 글렌은 그게 아메리카 원주민들의 농법이라는 잭의 지치지 않던 설명을 떠올리며 웃었다. "하지만 어느 날 갑자기 곡물을 재배하고 제가 스톤 반스에서 폴렌타나 다른 곡물까지 살 수 있을 거라고는 기대하지 않았어요. 그게 이유는 아니었으니까. 그보다는 공동체를 만들기 위해서였습니다."

내가 혼란스러운 표정이었는지 글렌이 이렇게 덧붙였다. "트리스 기억나죠? 같은 거예요. 우리는 이웃이었어요. 우리가 트리스한테 호피 옥수수 종자를 주었고 트리스도 이제 그걸로 수익을 내며 매해 종자를 보존하고 있어요. 트리스 주변 농장도 점차 합류하고 있고. 트리스가 하는 걸 보고 뛰어든 겁니다. 처음에 종자를 되살릴 때 문제는 이웃이 없다는 겁니다. 하지만 우리가 이웃이었어요. 공동체였죠."

"하지만 스톤 반스는 이미 공동체였잖아요." 내가 말했다.

글렌은 아래턱을 빙빙 돌리며 어떻게 대답해야 할지 고심했다. "이렇게 말해봅시다. 댄은 이미 공동체에 속해 있어요. 그건 맞아요. 하지만 난 곡물을 요리 문화의 중요한 요소로 바라보는 더 큰 공동체를 원해요. 그게 바로 아까 말했던, 더 복잡하게 만들어야 한다는 뜻이에요. 그리고 그게 바로 내가 에이트 로 플린트를 직접 심지 않은 이유에요. 저를 추동하는 게 변한 이유이기도 하고요. 올바른 윤작 방법을 찾아내고 유전학자들과 힘을 합쳐 캘리포니아 골드를 되살리는 건 지속 가능하지 않으면 아무 의미도 없으니까요. '지속'된다는 건 수백 년 이상을 가야 한다는 뜻이고요."

"그렇다면 우리에게 돈을 주고 에이트 로 플린트를 심으라고……."

"이웃이 되려고요. 댄이 횃불이 되길 바란 거죠. 댄은 제가 어둠 속에 켜놓은 작은 촛불이에요."

—ﾜ—

우리는 가뭄으로 고생하고 있는 캐롤라이나 골드 논에 도착했다. 1800년대 내내 그 농장에서는 쌀과 면화, 옥수수, 밀을 재배했다. 글렌은 트리스에게 옥수수를 기르라고 설득했던 것처럼 농장 주인들에게 7만2000제곱미터에만 쌀을 길러보라고 설득했다. 글렌은 종자와 장비를 제공했고 시장을 보장했다.

나는 글렌에게 재배에 성공하면 캐롤라이나 골드 라이스가 어떻게 될지 물었다. "제가 보낸 에이트 로 플린트와 비슷하게 되겠죠. 누군가에게 돈을 주면서 이걸 기르라고 할 겁니다." 글렌은 지금 미국 30여 개 주와 멕시코는 물론 캐나다에까지 곡물 종자를 나눠주고 있다.

"그럼 그 모든 일을 위한 비즈니스 모델은?" 내가 물었다. "그러니까, 앤슨 제분소 입장에서요. 종자를 기증하고 농부에게 그걸 기르라고 돈까지 주는 회사가 된다는 소린데, 수익은 어디서 나죠?"

"수익은 없어요. 요리사 3200명에게 판매하는 고정 수익이 300만 달러는 나옵니다. 요리사들이 말 그대로 엔진이죠. 우리는 매년 은

행 계좌를 탈탈 털어요. 지금은 모든 돈이 종자 연구에 들어갑니다." 글렌의 손에서 요리사의 힘이 그렇게 좋은 일에 쓰일 수 있다니 갑자기 부끄러워졌다.

자동차로 돌아오면서 글렌은 앤슨 제분소의 역할에 대해 설명해주려고 노력했다. "지금부터 50년은 지나야 제 작업이 의미를 가질 수 있을 겁니다. 제가 지금 이 순간 그만둔다 해도 계속될 거고요. 이미 진행되고 있으니까요. 지금은 누가 제 쌀을 기르는지 다 알 수도 없어요. 얼마나 멋집니까? 돈도 안 받고 수천 톤의 종자를 나눠줬어요. 5년 전에는 공짜로 준다 해도 아무도 안 받았어요. 그러니 지금은 잘 되고 있다는 뜻이죠. 빛의 속도로 벌어지고 있어요. 사람들이 모여 이렇게 말하고 있거든요. '오, 이건 수천 년 동안 망치려고 해도 살아남았어. 그리고 와, 이건 이 세상 맛이 아니야.'"

글렌이 나눠주는 종자는 특정한 농업 방식의 청사진이자 어떤 문화의 청사진이기도 하다. 다시 말해, 시간이 흐르면 특정한 요리 문화의 청사진이 될 수도 있다는 뜻이다.

요리 문화가 없다면 농업 방식 또한 지속될 수 없다고 글렌은 말했다. "그럴 수 없어요. 우리가 살아 있을 때까지는 가능할 수도 있겠죠. 혹은 우리 아이들 세대까지는. 하지만 결국 사라질 겁니다. 요리는 문화의 중요한 부분이 되어야 해요. 문화를 일방적으로 먹여 살리기만 해서도 안 됩니다. 음식을 에너지원으로만 바라보는 개념은 위험해요. 하지만 그게 바로 지금 우리 수준이에요. 에너지원으로서의 음식. 그게 바로 요리에 맛이라고는 없는 이유이자 지금의 농업 방식이 실패하고 있는 이유죠."

글렌은 차에 타기 전에 잠깐 멈추더니 다시 한번 강조했다. "가장 중요한 건 지금 제가 하는 일이 효과를 발휘하려면 음식 문화를 음식의 생산만큼은 중요하게 여겨야 하더라는 겁니다."

—∞—

찰스턴을 방문하고 나서 몇 달이 지났다. 나는 글렌에게 전화 해 클라스가 최근에 배달해준 웝시밸리 옥수수에 대해 물었다. "웝시밸리 옥수수는 자연 수분(인공이 아닌 새나 벌에 의한 수분)을 다시 중요하게 만들어주고 있어요." 글렌이 말했다. "그 점에 대해서는 스테인브론에게 감사하세요." 아돌프 스테인브론은 지난 세기 중반 아이오와 주 페어뱅크스에서 활동한 옥수수 육종자다.

글렌은 지금 라호이아에 있다고 했고 그래서 나는 남부 캘리포니아에서 랜드레이스 실험이라도 하고 있냐고 농담을 했다. "언젠간 하겠죠." 글렌이 대답했다. "지금은 어머니가 돌아가셔서 와 있어요. 오늘 아침에 보내드렸습니다." 마치 그런 소식을 전하게 되어 미안한 듯한 목소리였다.

나는 고인의 명복을 빌었다. 그리고 그녀가 결국 캐롤라이나 골드 라이스를 맛보실 수 있었는지 물었다.

"아, 물론이죠. 먼저 옥수수 가루를 보내드렸더니 아주 좋아하셨어요. 그리고 이렇게 말씀하셨어요. '이제 제대로 된 옥수수는 구했으니 제대로 된 쌀도 좀 구해주겠니?' 정말 어머니다운 말씀이셨죠. 저는 그러겠다고 대답했어요. 그리고 몇 년이 더 걸렸어요. 생각보다 훨씬 더 오래 걸린 셈이죠. 하지만 결국 막 수확한 캘리포니아 골드를 들고 어머니에게 날아갔어요. 물론 어머니는 제가 요리를 하게 놔두지 않으셨죠. 당신께서 직접 요리하셨어요."

나는 그녀가 그 쌀에 대해 뭐라고 하셨는지 물었다.

글렌은 잠시 말이 없었다. 글렌의 그런 모습은 지금까지 본 적이 없었다. "어머니는 사실 아무 말씀도 안 하셨어요." 그가 마침내 입을 열었다. "단 한마디도. 그저 마주 앉아 함께 먹었어요. 고요하게 밥 한 그릇을 음미할 순간도 있어야 하니까."

30장

오로지 맛을 위한 육종

2009년 봄, 앨라배마의 모종밭에서 토마토 모종을 실은 대형 트럭 몇 대가 미국 동북부의 월마트, 홈데포, 케이마트 같은 대규모 소매점을 향해 출발했다. 토마토 모종을 가득 실은 대형 트럭은 매년 봄 늘 있는 일이었으니 특별히 이상할 건 없었다. 대형 소매점은 직접 씨를 뿌리는 대신 대규모 종자 상에서 모종을 공급받았고 2009년은 미셸 오바마의 백악관 정원 프로젝트가 처음으로 실시된 해였기 때문에 직접 정원을 가꾸려는 사람의 숫자가 갑자기 늘어 토마토 모종은 그 어느 해보다 더 많이 실려나가고 있었다.

하지만 그 트럭의 행진에 문제가 하나 있었다. 감자와 토마토를 공격하는 잎마름병이라는 곰팡이 병이 모종에 잠복해 있었던 것이다. 잎마름병은 치명적인 병이다. 처음에는 갈색 점 몇 개와 병든 기미만 약간 보이다가 갑자기 퍼져나간다. 열매가 주렁주렁 달리고 줄기도 튼튼해 비교적 건강해 보이던 식물도 며칠 만에 체르노빌의 식물 같은 모습으로 변해버린다. 아일랜드의 감자 기근도 바로 그 병 때문에 일어난 일이었다.

다양한 병에 익숙한 동북 지역 농부들은 보통 여러 가지 형태의 잎마름병을 어느 정도는 예측한다. 햇볕에 탄 것 같거나 모기 물린 자국 같은 형태로 조만간 발병할 거라고. 잎마름병의 피해를 줄이기 위해 할 수 있는 일도 있고 가끔은 완전히 피해갈 수도 있지만 잎마름병은 왕성하진 않더라도 거의 언제나 존재했다.

하지만 2009년은 달랐다. 첫째, 잎마름병이 평소보다 훨씬 더 일찍 발병했다. 잎마름병은 보통 식물이 한창 성장할 때 곰팡이 포자가 퍼져나가며 늦게 발병하는 편이다. 그래서 2009년에는 아무도 대비하지 못했다. 그리고 그 피해는 어느 때보다 더 컸다. 병이 퍼져 나가는 속도(보통은 몇 주가 걸리는데 며칠 만에 동북 지역 전체를 뒤덮었다)와 엄청난 파괴력(편리한 유기농 방지법인 국소 구리 분사는 그 어느 해보다도 효과가 없었다)은 허드슨밸리의 경험 많은 농부에게도 충격이었다. 마치 '성경에 나오는' 재앙 같았다고 묘사한 농부도 있었다.

유기 농부들은 잔인한 선택을 해야 했다. 토마토에 살진균제를 뿌리거나 그렇지 않으면 토마토가 죽어가는 모습을 그저 지켜봐야 했다.(자기 밭에 한 번도 화학약품을 뿌린 적이 없던 한 농부는 내게 "토마토 농사를 망치면 딸이 올해 대학에 못 갑니다"라며 주저 없이 약을 뿌렸다고 했다.) 하지만 살진균제는 잎마름병을 억제할 뿐 치료하지는 않는다. 정기적으로 약을 치거나 예방 차원에서 어쩔 수 없이 소량을 살포했던 밭도 잎마름병으로 인해 수확량이 현저히 줄어들었다.

많은 사람이 잎마름병의 이른 발병 원인으로 날씨를 지목했다. 그해 6월의 기록적인 폭우와 높은 습도가 곰팡이 균에게 사성급 호텔이 되어준 것이나 마찬가지였다. 하지만 그 심각한 피해가 전부 날씨 때문이었다고 하기는 힘들다. 초여름은 그 전에도 덥고 습했다. 잎마름병은 늘 치명적이었지만 그렇게 끔찍했던 경우는 거의 없었다.

또 한 가지 의견은 토마토 모종을 실은 트럭이 곰팡이 포자의 부화기 역할을 했다는 것이다. 이미 감염된 식물이 이동 중에 곰팡이 포자를 대대적으로 흩뿌리며(포자는 64킬로미터까지 이동한다) 북동 지역을 완전히 잠식했다. 감염되어 균을 가득 실은 모종이 가게에 도착했고 누구도 그 위험을 인지하지 못한 채 팔리고 심어지며 아주 작은 트로이 목마처럼 균을 뒤뜰로 밭으로 퍼뜨렸다.

—~—

6월 둘째 주, 잭은 역사상 유례없는 잎마름병이 발병할지도 모른다는 소식을 들었다. 토요일 잭은 식물을 주의깊게 살펴보고 내게 말했다. “괜찮아요. 열매도 잘 열렸어요. 올해 수확은 좋을 것 같은데요.” 하지만 그로부터 4일 후, 그가 전해준 이야기는 사뭇 달랐다. “발병했어요. 메뚜기처럼 번지고 있어요.”

몇 주 후 비가 오던 우중충한 날, 나는 잭과 채소밭에 서 있었다. 엘리엇 콜먼이 몇 년 전 칭찬해 마지않았으며 한때 브랜디와인, 체로키 퍼플즈, 블랙 크림스 등의 에얼룸 토마토로 완전히 뒤덮여 있던 밭이었다. 지금은 마치 폭탄을 맞은 듯 초토화되어 있었다. 잭은 곰팡이가 감자로 퍼지지 않게 감염된 토마토를 대부분 들어냈지만 결국 감자에도 전염되고 말았다. 나는 밭을 살펴보며 토마토를 완전히 줄인 여름 메뉴를 생각하다가 갑자기 밭 한쪽 구석에서 무언가를 발견했다. 완벽한 모습의 새빨간 토마토 줄기가 죽은 줄기 사이에 우뚝 솟아 있었다. 나는 가까이 다가가 더 자세히 살펴보았다.

"이상하죠?" 잭이 나를 뒤따라오며 말했다. "이걸 보여주려고 기다리고 있었어요. 마운틴 매직Mountain Magics, 코넬대에서 받은 실험 종자에요. 잎마름병을 이겨낼 수 있게 개량된 종자죠."

그 새로운 품종은 농부들에게 도움을 주기 위해 랜드 그랜트 대학의 식물 육종자들이 개발해 실험해보고 있는 품종이었다.[28] 그런데 나는 얻어먹는 주제에 쓰다 달다 따지듯 그 토마토를 회의적인 눈빛으로 바라보고 있었다. 그 토마토는 잘 익어 딸 준비가 다 되기도 했지만 상태가 '정말이지' 좋았다. 너무 반질반질하고 균일했으며 한 줄기에 열린 열매 양도 너무 많았다. 다시 말하자면 슈퍼마켓에서 파는 토마토와 너무 비슷했다. 맛 좋은 토마토의 기준은 여기저기 울퉁불퉁 튀어나온 못생긴 에얼룸 토마토였다. 우리는 토마토든 복숭아든 콩이든 에얼룸 과일과 채소의 얼룩이나 결점을, 대량 생산되는 품종의 반질반질함보다 더 자연스럽고 맛있는 지표로 바라보았다.

잭은 잘 익은 마운틴 매직 열매를 몇 개 따면서 내 편견을 없애주려고 노력했다. 잭은 에얼룸이 할머니가 대대로 전해주는 순은 쟁반과 비슷하다고 했다. "보존할 만하고 또 그럴 만한 이유가 있으니 전해져 내려오는 게 아니겠어요? 하지만 은쟁반은 어떤 순간을 붙잡아놓죠. 그건 기쁨도 될 수 있지만 짐도 될 수 있어요."

나는 여전히 큰 기대는 하지 않았다. 진짜 잘생긴 토마토는 고무 지우개 같은 맛이 날 거라며 소스나 만들자고 생각했다. 하지만 마운틴 매직은 달콤하고 과일 같았으며 에얼룸 토마토에서도 잘 나지 않는 향과 신맛도 났다. 에얼룸 토마토보다 물기도 적었고 맛은 더 진했다. 그리고 일주일 이상 멍이 들지도 주름이 생기지도 않았다. 2주까지 가는 놈도 있었다. 그 기준이라면 그 토마토는 정말 마법이나 마찬가지였다.

손님들까지 토마토가 너무 맛있다며 질문을 해오기 시작했다. 많은 손님이 잎마름병이 번졌는데도 어떻게 유기농으로 토마토를 기를 수 있었는지 알고 싶어했다. 우리는 작은 접시 위에 마운틴 매직과 잎마름병에 감염된 에얼룸 토마토를 나란히 놓고 손님들에게 보여주며 우리 실험에 대해 설명했다. 그런데 우리가 마운틴 매직의 기술적 위대함에 대해 너무 심하게 자랑을 늘어놓았는지 의외로 부정적으로 반응하는 손님도 있었다. '음, 다음 코스를 빨리 먹고 싶군요'가 아니라 '뭐, 유전자 변형 식품이 다 그렇죠'라고. 어쩌다 보니 우리는 손님들이 마운틴 매직을 유전자 변형 토마토로 생각하게 만들고 있었다.

그렇게 오해했다면 그런 반응이 나올 만했다. 다양한 품종이 자연스럽게 교배되도록 놔두지 않고 실험실에서 유전자를 조합해 만든 유전자 변형 식품[29]은 1980년대에 처음 도입되었을 때부터 논란이 많았다. 미국의 소비자들은 1994년 이름도 한심스러운 플라브 사브Flavr Savr라는 품종의 토마토로 그 새로운 기술의 맛을 처음 보았다. 생물공학 기업 칼젠의 유전 공학자들은 토마토를 익게 만드는 유전자를 조작해 자연스러운 부패를 지연시켰다. 그래서 농부들은 토마토가 아직 초록일 때 따 에틸렌 가스로 억지로 익게 만들 필요 없이 다 익을 때까지 기다렸다가 수확할 수 있었다. 그 당시에는 다들 에틸렌 가스를 사용했기 때문에 새로운 토마토는 농부들에게는 물론 소비자들에게도 유익한 성공으로 여겨졌다. 하지만 유전공학에 대한 정치적, 생명윤리적 논란이 거세진 것과는 별개로(그 당시 새로 생겨난 유명한 단어 프랑켄푸드Frankenfood는 기술로 조작된 자연에 대한 대중의 막연한 두려움을 반영한 것이었다), 플라브 사브는 아주 단순하지만 중요한 이유로 실패했다. 바로 맛이 하나도 없다는 것이었다. 1995년 몬산토가 칼젠을 인수하면서 그 혁명적인 토마토는 생산이 중단되었다.

나는 손님들이 오해하지 않도록 더 잘 설명해야 한다는, 그리고 나부터 더 잘 이해해야 한다는 생각이 들었다. 코넬대 같은 랜드 그랜트 대학에서 전통 방식으로 재배한 마운틴 매직과 몬산토 같은 기업에서 만든 유전자 변형 토마토의 차이를 말이다.

랜드 그랜트

랜드 그랜트 육종 프로그램은 수년 동안 혁신적인 아이디어로 여겨져 왔다. 어느 정도는 잎마름병이 우리 토마토에 끼친 재앙과 같은 것을 피하기 위해 만들어졌다고도 할 수 있었다.

1860년대 중반, 사람들은 농업을 연구할 가치가 없다고 생각했고 농업에 대해 배울 수 있는 곳도 거의 없었다. 1860년 미국의 300개 대학은 거의 대부분 사립이었고 교양 과목 중심이었다. 의회는 마침내 농업 효율성을 높이기 위한 조치가 필요한 때라는 사실을 인식했다.

의회의 결정으로 관련 법안이 차례로 통과되었다. 1862년 홈스테드 법이 발효되어 서부 지역으로의 정착이 줄을 이었다. 그리고 같은 해, 의회는 농무부를 창설했다. 하지만 여러 가지 측면에서 가장 중요했던 법안은 미국인에게 농업과 공학 같은 '기술 교육'을 할 수 있도록 미국 전역에 공유지를 불하해 대학을 설립하게 만든 모릴 랜드 그랜트 법이었다.[30] 오늘날 모든 주에 적어도 한 군데의 랜드 그랜트 기관이 있다.

1887년 해치 법이 발효되어 새로운 작물 윤작부터 식물병리학까지 모든 것에 대해 연구할 수 있는 자금이 농업 '실험연구소'에 제공되기 시작했다. 그리고 1914년, 스미스레버 법을 통해 랜드 그랜트 기관은 세 번째 변화를 맞게 된다. 대학의 강의와 실험실의 연구 성과를 현장의 농부에게 직접 제공할 수 있는 확장 사업이 가능해진 것이다. 확장 사업부는 농장을 방문해 최신 기술을 전파하고 당연히 질병의 초기 징후를 발견하기 위해 밭을 조사했다.(우리의 잎마름병 재앙과 같은 경우도 크게 달라졌을지 모른다. 정원을 가꾸어본 경험이 거의 없는 초보 정원사에게도 그 토마토 모종이 결코 트로이의 목마가 아니라 위험이 다가온다고 알려주는 병든 식물일 뿐이었을 것이다.)

미국 농무부와 주립 농업대 식물 육종자는 농부의 노력이 성과를 볼 수 있길 바라며 과학적 선발 방식을 사용해 수확량을 높이고 해충과 질병에 대한 저항력을 증가시켰다. 새로운 품종의 곡물과 야채, 과일이 개발되어 지역에서 실험되었고 성공을 공유해 정보를 교환하며 더 나은 품종을 장려했다.

1862년의 대대적인 입법으로 미국 방방곡곡의 농부들을 위한 실험과 배움의 순환 고리가 만들어졌다. 하지만 종자 개량과 최신 기술의 적용으로 한 가지 중대한 변화가 생겼다. 수확량이 증가하고 가격이 폭락한 것이다. 음식의 질은 나아졌다. 물론 그와 같은 발전이 아무런 담보 없이 가능했던 것은 아니었다. 결국 화학농업의 도래와 함께 엄청난 환경 파괴가 이어졌다. 하지만 공익을 위해 만들어진 랜드 그랜트 제도는 100년 이상 엄청난 성공을 거두었다.

—~—

마운틴 매직에 감탄하고 몇 주가 지난 후, 잭은 새로운 품종의 과일과 채소에 대해 공동 연구할 기회가 더 있을지 알아보기 위해 코넬대 식물육종센터를 찾아갔다.

돌아온 잭은 내게 이렇게 말했다. "그 사람들도 이야기에 굶주려 있더라고요. 다들 미식가들이었어요." 잭에 따르면 육종자들은 우리 이야기를 더 듣고 싶어했고 우리는, 그러니까 농부와 요리사, 웨이터들은 또 그들의 이야기가 더 듣고 싶었다. 그래서 잭이 그들을 저녁 식사에 초대하자고 제안했을 때 마다할 이유가 없었다. 왜 지금까지 그런 생각을 못 했을까?

두 달 후, 코넬대 육종자들이 스톤 반스를 찾았다. 그들은 영업시간 전에 농장을 둘러보고 농부와 요리사, 웨이터들에게 육종 사업에 대해 설명해주었다. 그들은 각자 전문 분야가 있었다. 브루스 콰이시(포도), 마거릿 스미스(옥수수), 코트니 웨버(딸기와 래즈베리), 월터 드 용(감자), 그리고 떠오르는 젊은 스타 마이클 마조렉(호박,

멜론, 후추)이었다.

마이클은 음식과 단절된 세상에서 새로운 품종을 만들어내는 것이 얼마나 힘든 일인지 이야기했다. "육종자들은 어느 방향으로 품종을 개량해나갈지 결정해야 합니다. 운전대를 잡고 어디로 갈지 결정하는 것처럼 말입니다. 그런데 우리가 가야 할 방향은 바로 이겁니다. 수확량과 균일성." 다른 육종자들이 고개를 끄덕였다.

하지만 마운틴 매직은 예외라고 마이클은 강조했다. 보통 육종자들은 대규모 시장을 먼저 찾아야 한다. "사실 어떻게 개량할지 생각도 하기 전에 시장이 있다는 걸 먼저 증명해야 합니다." 그가 말했다. "100년 전에는 같은 지역 농부들을 위해서만 종자를 개량했어요. 하지만 지금은 뉴욕에서뿐만 아니라 텍사스와 오리건에서도 재배할 수 있다는 생각을 해야 합니다. 인구의 1퍼센트가 나머지 99퍼센트를 먹여 살리고 있으니 그럴 수밖에 없죠." 동료들이 더 힘차게 고개를 끄덕였다.

마이클이 말을 이었다. "얼굴을 맞대고 종자를 개량해주는 게 아니니까 포장지에 두 문장으로 묘사할 수 있는 품종을 개발합니다. 품종 개발의 가능성 전체가 그렇게까지 줄어든 겁니다. 단 두 문장으로. 그리고 그중 한 문장은 수확량에 관한 것, 또 한 문장은 균일성에 관한 것이어야 합니다."

글렌에 따르면, 육종자는 건축가고 종자는 농업 구조의 설계도다. 농부가 실제로 농사를 짓는 것보다, 윤작과 토양 관리, 품종 선택보다 종자가 우선이다. 그런데 수확량과 균일성이 결정적인 요소라면 밭에서 공급자로, 다시 시장으로 가는 구조는 더 손볼 것이 없다. 흔히 "종자에서 시작된다"고 말한다. 그리고 정말 그렇다. 하지만 종자에 관한 아이디어부터 시작할 수도 있다.

지금 싹트고 있는 지역 음식 운동에서 육종자들은 간과되고 있다고 말한다 해도 큰 무리는 아닐 것이다. 그리고 그날 밤 요리를 하면서 나는 요리사에게도 어느 정도 잘못이 있다는 생각이 들었다. 요리사는 부엌을 혁신하고 현대화시켰을지 모르지만 재료만 놓고 보자면 과거에 얽매여 있는 경향이 없지 않았다. 우리는 에얼룸이나 전통 품종의 맛을 최고로 여겼다. 그리고 농부를 그 맛을 관리하는 주체로 여겼다. 하지만 가장 먼저 레시피를 작성하는 육종자는 간과했다. 그리고 그들을 무시함으로써 특정한 지역에서 잘 자랄 수 있는 새롭고 맛있는 품종의 개발을 막아왔다.

식사가 끝날 무렵 나는 마이클을 찾아가 겨울 호박도 마운틴 매직처럼 진한 맛이 나도록 개량할 수 있을지 물었다. "크기는 줄이고 맛은 더 좋게 하는 게 가능하겠습니까?"

마이클은 사실 그런 품종을 이미 개발하고 있다며 가을에 견본을 보내주겠다고 했다. 그리고 갑자기 웃더니 안경을 만지작거리며 바닥을 내려다보다가 이렇게 말했다. "웃기는 일인데, 어쩌면 슬프면서 웃긴 일인지도 모르겠지만, 수년 동안 수천 번 새로운 품종 개발을 시도해왔는데 맛을 위해 품종을 개량해달라는 사람은 지금까지 아무도 없었어요. 단 한 사람도요."

맛을 위한 육종

밀도 맛을 위해 개량할 수 있을까?

코넬대 육종 팀이 스톤 반스를 방문하고 얼마 지나지 않아 리사에게 전화를 받고 그런 생각이 들었다. 리사는 에두아르도나 미구엘에 관한 새로운 소식을 기대하고 있던 내게 자신이 들은 스페인의 고대 밀 품종이자 지난 50년을 거치며 완전히 사라진 아라곤03에 대한 이야기를 꺼냈다.

1980년대 스페인 농부들은 현대 품종보다 수확량이 낮은 아라곤03을 포기했다. 하지만 스페인 동북쪽의 어느 작은 마을에 사는 한 가족이 집에서 먹기 위해 그 밀을 계속 길러오고 있었다. 심지어 매해 가장 좋은 종자를 골라 다음 해 씨를 뿌리며 점점 맛있는 밀로 만들어오고 있었다. 최근 들어 그 밀이 재발견되고 제빵사들도 그 밀을 원해 농부들이 그 밀을 기르고 싶어했다.

아라곤03은 수확량이 비교적 낮은 것만 제외하면 현대의 육종자들이 추구하는 모든 특성을 갖추고 있었다. 단백질 함량이 높았고(17퍼센트에 달한다) 질병 저항력도 컸으며 가뭄도 잘 견뎠다.(리사는 아라곤03이 '아침 이슬에서도 영양을 섭취하는' 밀이라고 했다.) 심지어 맛까지 있다고 했다.

리사는 아라곤03이 훌륭한 기사 소재가 될 수 있을 거라고 생각했다. 수확량만 추구하는 농업의 편향된 시각 때문에 거의 사라진 가치 있는 에얼룸 품종이니까. 그리고 나는 아라곤03을 우리 메뉴에 추가해도 좋겠다고 생각했다. 아라곤03을 지키는 것은 그렇지 않으면 사라져버릴 맛을 지켜나가는 것이니까. 그 프로젝트는 글렌에게 딱 맞는 일 같았지만 내 마음은 여전히 육종자들에게 가 있었고 그들이 도와준다면 멸종 위기에 처한 품종을 되살리고 어쩌면 다시 창조할 수 있을지도 모른다는 생각이 들었다.

그래서 나는 스티브 존스에게 이메일을 보냈다. 그는 내가 글렌을 비롯한 몇 사람에게 전해들은 워싱턴주립대의 육종자였다. 스티브는 소규모 밀 종자 개량에 관심이 많고 맛에 집착하는 것으로 업계에서 유명했다. 나는 내 소개를 하고 그의 작업에 대해 더 알고 싶다고 말했다. 같은 날 오후 그의 답장이 도착했다.

스티브는 농부들이 직접 품종을 개량할 수 있도록 도와주고 있다며 10년 전에 비극적인 사고로 아들을 잃은 지역의 한 농부 이야기를 들려주었다. 그는 어떻게 하면 열두 살 손녀 렉시를 농장에서 일하게 만들 수 있을지 스티브에게 조언을 구했다고 했다.

스티브는 답장에 이렇게 썼다. "저는 이렇게 말했습니다. 새로운 밀 품종을 개발하게 하면 어떨까요?" 스티브는 렉시를 자기 온실로 불러 몇 가지 품종 교배를 돕게 했다. 결국 렉시는 여름마다 가장 좋은 밀을 골라 품종을 개량해가며 할아버지의 밀농사를 돕게 되었다. 몇 년 후, 스티브는 태평양 연안 서북부에서 주마다 최고의 품종 예순 개를 가리는 프로그램에 렉시의 새로운 품종 렉시2를 출품했다. 몬산토와 신젠타 같은 기업에서도 종자를 출품했고 여러 대학 육종 프로그램에서도 마찬가지였다. 렉시2는 더글러스 카운티에서 수확량이 가장 높은 품종으로 다른 59개 품종을 제쳤다.

스티브는 이렇게 말했다. "평생 밀을 개량하고도 지금까지 한 번도, 그리고 앞으로도 결코 수확량이 최고인 품종을 만들어내지 못할 나이 많고 변덕 심한 육종자들이 있지요."

나는 적임자를 찾았다는 확신이 들어 다음날 그에게 아라곤03에 관한 정보를 보냈다. 그리고 리사가 그 품종을 보존하고 있는 그 스페인 가족과 다리를 놓아줄 수 있을 거라고 덧붙였다. 하지만 그는 도움은 필요 없다고 잘라 말했다. 며칠 후 그가 연락을 해왔다. "아라곤03은 이미 확보했습니다. 댄도 잘 아는 품종과 교배를 시켜보려고 합니다. 혹시 생각나는 게 있으면 말씀해주세요." 그리고 이렇게 덧붙였다. "흥미로운 작업이 될 것 같네요." 하지만 나는 그가 이 일을 이웃에게 화분을 돌봐주겠다고 약속하듯 가볍게 여긴다는 느낌이 들었다.

나는 다음 날 오후 그에게 전화를 해 어떻게 종자를 구했는지 물어보았다. "댄의 메일을 받은 후에 종자은행에 있는 친구에게 전화를 했어요. 그가 우편으로 보내주었습니다." 스티브가 대답했다. 갑자기 그의 열의가 진지하게 느껴졌다. "아라곤03의 영광을 되찾아주고 싶습니다. 고대 품종이 가진 가치를 보여주면 그렇게 할 수 있을 것 같아요." 그는 리사가 언급했던 특징을 보존하면서 더 좋은 품종으로 개량할 수 있다고 말했다. 지역 밀 품종과 교배시켜 뉴욕에서 그 장점이 더 잘 드러날 수 있도록 말이다. "댄이 원하는 밀을 만들려면 삼각관계도 시도해볼 수 있을 겁니다."

그래서 나는 스티브에게 클라스를 소개시켜주었다. 두 사람은 이미 서로에 대해 들어 알고 있었지만 한 번도 만난 적은 없었다. 클라스는 몇 주 동안 아라곤03과 잘 어울릴 것 같은 품종을 찾았다. "훌륭한 배우자처럼 세계관은 같지만 독특한 특성을 가진 놈이 좋겠죠." 농경학계의 제인 오스틴인 클라스가 말했다. 마침내 클라스는 존스 파이프를 추천했다. 동북 지역의 날씨와 토양의 상태에 아주 잘 적응하는 품종이었다. "존스 파이프하고 교배를 시켜볼 만하겠네요."

나는 반대하지 않았다. 두 가지 흥미로운 품종을 교배시켜 더 나은 품종을 만든다는데 내가 누굴 반대하겠는가? 하지만 우리가, 그러니까 스티브가 순수한 아라곤03의 종자 보존을 포기한다고 생각하니 한 가지 고민이 머릿속에서 영 떨쳐지지 않았다. 혹시 내가 현대의 종자 개량에 거부감을 갖고 있는 건 아닌가? 에얼룸 토마토도 좋지만 마운틴 매직을 재배하는 것은 신선하고 현대적인 느낌이었다. 하지만 실제로 종자를 개량한다고 생각하니 갑자기 너무 냉정하고, 또 솔직히 말하자면 약간 오싹한 느낌도 들었다.

나는 글렌과 그의 랜드레이스 밭을 떠올렸다. 아무것도 예측할 수 없는 무질서 안에서 공들여 훌륭한 특성을 가려내면서 품종을 개량하는 것 말이다. 그 모든 것을 무시하고 한 번도 같은 바람을 맞아본 적 없고 한 번도 같은 땅에 뿌리내려본 적 없는 두 가지 품종을 강제로 '번식'시키는 작업에 대해 나는 그 일이 과연 올바른 일인지 확신할 수 없었다. 글렌은 자연의 의도를 존중하며 일한다. 에두아르도와 미구엘처럼. 그것이 바로 가장 맛있는 음식을 위한 최고의 레시피가 아닌가? 그런데 스티브라는 마법사의 제자로 내가 그 자연의 의도를 방해하고 있는 건 아닌가?

몇 주 후, 스티브가 아라곤03과 존스 파이프가 얇은 플라스틱 피복 온실에서 함께 자라고 있는 사진을 보내왔다. "교배 중입니다. 와서 직접 보세요."

내가 시애틀에서 북쪽으로 한 시간 거리의 마운트버넌에 있는 워싱턴주립대 연구확장센터에 도착한 때는 늦은 오후였다. 스티브가 건물 입구에서 카키색 바지 주머니에 두 손을 집어넣고 진지한 표정

으로 서 있었다. 키가 2미터에 거의 가까웠는데 야구 모자를 뒤로 약간 젖혀 쓰고 있어서 그런지 훨씬 커 보였다. 반갑게 나를 스캐짓 밸리로 안내하는 스티브는 훌륭한 육종자나 대학원 교수라기보다 마치 고등학교 야구 코치 같았다.

스티브는 호화로운 사무실과 카펫이 깔린 복도, 화려한 조명이 있는 새로 지은 연구센터를 통과해 앞장섰다. 마치 막 기업 공개를 마치고 흥분해 있는 기술 스타트업 회사 같았다. 사실 그곳에서 그와 비슷한 일이 일어나고 있긴 했다. 보통은 주의 랜드 그랜트 기관에서 보조해주는 연구자금이 부족해 스캐짓밸리의 농부들은 거의 직접 센터를 운영하고 있는 것이나 마찬가지였다. 그들은 수익의 일부를 재단에 기부해 스타트업 기업처럼 그 돈을 작물 조사, 새로운 품종 개발, 해충 저항성 연구 등에 다시 투자했다. 모든 수익은 농부들에게 되돌려줘 그들이 시장에서 살아남을 수 있도록 돕는다.

미국 최고라고 할 수 있는 364제곱킬로미터의 순수한 농지(스캐짓밸리의 토양은 전 세계 상위 2퍼센트 안에 들 만큼 훌륭하다)가 있으면 성공은 확실하지 않느냐고 말할 수 있겠지만 스캐짓의 농부들은 거대 식품기업이 갖고 있는 홍보에 대한 근육이 부족했다.

"여기 농부들은 대부분 조부모 때부터 농사를 짓던 사람들입니다." 스티브가 말했다. "기부금이나 특별보조금을 받지 못하니까 서로 힘을 모아 미래에 투자해야 하죠. 어떻게 보면 그렇기 때문에 한 가지 작물만 심고 또 심어야 하는 말도 안 되는 방식에서 자유로울 수 있어요. 창의력을 발휘할 수밖에 없지요."

나는 스캐짓밸리의 얼마나 넓은 지역이 유기농인지 물었다. 그가 넓지는 않다고 대답하면서 내게 농사의 질에 대해 선불리 결론을 내리지는 말라고 주의를 주었다. 스티브에 따르면 모든 농부가 혼합 농업을 하고 있으며 영리한 윤작으로 토양을 살찌우고 있었다. 농부들은 밀이 질병을 막아주고 과일이나 야채, 꽃과 같은 현금이 되는 주요 작물을 잘 기를 수 있도록 토양에 공기를 불어넣어주기 때문에 윤작에 꼭 필요하다고 생각하고 있었다.

"제 목표는 밀을 단지 윤작하기 좋은 작물이 아니라 지속 가능한 농업의 필수 요소로 만드는 겁니다." 스티브가 말했다. "그러기 위해서는 맛이 좋고 빵을 구울 때 쓰기에도 좋은 밀을 만들어야죠. 심는 양으로 따지자면 여기서 밀은 그리 많이 심는 작물은 아닐 겁니다. 수익이 가장 큰 작물도 결코 될 수 없고요. 하지만 저는 밀을 '중요한' 부작물로 만들고 싶어요. 댄이 도와준다면 말입니다. 토마토는 아니지만 밀도 토마토처럼 바라볼 필요가 분명 있다고 생각합니다. 그게 제 목표이자 제가 여기 있는 이유죠."

존스 박사

밀에 대한 스티브의 관심은 대학 때 시작되었다. 학생들에게 땅을 2만 제곱미터씩 나눠주면서 관심 있는 작물은 무엇이든 길러 수익을 남기라는 프로그램에 참가하면서부터였다.

스티브는 밀과 마른 콩류 그리고 한쪽에 대마초를 심었다. 스티브가 내게 이렇게 속삭였다. "전부 열매를 맺었어요. 쏠쏠했습니다." 스티브는 대마초로 400달러를 벌었다. 콩은 잘 되지 않았다. "정말 열심히 일했어요. 새벽 두 시에 일어나 물도 주고. 그만큼 열심히 일했던 적은 없었죠. 그런데 한 푼도 못 벌었지 뭡니까." 하지만 밀은 11월에 심었는데도 6월에 수확할 준비가 되어 있었다. 물론 스티브의 노력 때문이기도 했다. 스티브는 밀로 450달러를 벌었다. "그때, 그게 바로 제가 가야 할 길이라는 생각이 들었어요."

스티브가 농사에 관심을 갖게 만들어준 사람은 폴란드 이민자였던 할머니였다. 그의 가족이 브루클린으로 이사를 하고 일주일 후, 할아버지와 할머니가 새 집 앞마당의 잔디와 주차장을 없애고 감자와 양배추를 심었다. 할머니는 가끔 동유럽식 빵을 구워주셨다. 여덟 살 때 할머니와 함께 살기 시작하면서 할머니에게 베이글 굽는 법을 배웠고 스티브는 꽤 오랫동안 직접 베이글을 구웠다. "대학에서 밀을 기르기도 했지만 베이글을 엄청나게 구웠죠. 아마 사람들은 이상하다고 생각했을 겁니다."

할머니의 영향을 제외하면, 그리고 근처 골프장에서 잔디 깎는 일에 재능을 발휘했던 일을 제외하면 스티브의 어린 시절에 그가 나중에 농업에 뛰어들 계기가 될 만한 사건은 없었다. 미국에서 가장 중요한 밀 육종자가 될 만한 조짐은 더더욱 없었다. 하지만 바로 그런 일이 일어났다.

스캐짓밸리로 오기 전, 스티브는 거의 20년 동안 워싱턴주립대의 밀 육종 프로그램을 이끌었다. 그 와중에 동부 워싱턴에서도 일을 했는데 그곳의 밀 농장은 캔자스의 광활한 밀 단일 경작지 같은 모습이었다. 처음에 스티브는 밀을 대규모로 재배해 내다파는 농부들이 수확량을 늘리고 수익을 높일 수 있도록 돕는 데서 에너지와 도전 정신을 느꼈다. 스티브는 누가 봐도 그 일에 재능이 있었다. 하지만 농장이 너무 작아 시장에서 경쟁하기 힘든 소규모 농장의 농부들 그리고 해충과 질병을 방지하기 위해 누구보다 새로운 종자가 필요한 유기 농부를 돕는 데에도 관심이 있었다. 하지만 대학 측에서는 그와 같은 노력을 장려하지 않았다.

"어쩌면 제가 너무 순진했는지도 모르죠. 하지만 저는 제 일이 공익에 복무하는 일이라고 생각합니다. 그러니까 '전체' 대중을 위한 일이죠." 스티브가 말했다. "하지만 대학은, 현재 모든 랜드 그랜트 대학은 대규모 후원자들에게 얽매여 있어요. 우리에게 그건 동부 워싱턴의 대규모 농장주들이죠. 1만 제곱킬로미터의 밀밭이 상업용 밀가루를 위한 밭입니다. 대부분 수출용이고요. 제가 계속 개량하고 싶었던 밀은 알려지지 않은 밀이었습니다." 스티브는 구조 자체를 바꾸려는 노력은 하지 않았다. 적어도 처음에는. 하지만 유기 농부와 소규모 농부들에게 대안이 될 수 있는 밀 종자를 조용히 연구하기 시작했다.

연구를 시작하고 몇 년 정도 지났을 때 하루는 회의실에 불려 들어갔다. "학과장과 부학장 그리고 몬산토에서 온 세 사람이 앉아 있었습니다. 회의실에 들어가면서 이렇게 생각했죠. 제기랄. 그들이 절 보자마자 맨 처음 한 말이 뭔지 아십니까? 모든 랜드 그랜트 농지에서 밀에 라운드업 유전자를 집어넣을 거라는 겁니다. 마치 '당신도 하게 될 겁니다. 멋지지 않습니까?' 뭐 이런 식이었어요. 수만 년 동안 밀을 재배해온 방식을 근본적으로 바꿔버리겠다는 거죠."

라운드업Roundup은 1970년대에 개발되어 전 세계에서 널리 쓰이고 있는 몬산토의 가장 유명한 제초제였다. 그 회의 당시 스티브의 거의 모든 밀 농부도 밀을 심기 전에 밭에 라운드업을 뿌리고 있었다.(오늘날 현대적인 밀 재배 방식에서는 사실 대안이 없다.) 하지만 그들의 제안은 밀에게 중대한 사건이 되기에 충분했다. 스티브에게 밀의 유전자를 조작해 라운드업에 내성이 생기게 만들라는 것이었다. 그렇게 되면 농부들은 제초제를 밭에는 물론 작물에도 직접 뿌릴 수 있다. 그래도 작물은 죽지 않고 잡초만 죽는다. 잡초와 밀의 경쟁이 가장 치열할 때 잡초를 제거하고 수확량을 높인다는 단순한 논리였다.

제초제를 견딜 수 있도록 유전자 조작에 성공한 작물로는 이미 면화, 옥수수, 콩, 자주개자리 등이 있었다. 유전자 조작 밀은 아직 판매 승인이 나지 않은 상태였지만 몬산토를 비롯한 기업들이 이를 위한 로비를 진행하고 있었다. 스티브는 그들이 미국 전역의 대학교 밀 육종자들에게 곧 정책에 변화가 있을 거라고 당당하게 말하고 다닌다는 소리를 들었다. 그래도 몬산토 측의 어조는 놀라웠다. 그들은 스티브가 당연히 협조할 거라고 생각하고 있었다.

"몬산토 사람들은 이렇게 말했어요. '이 유전자를 밀에 넣어요. 상품화는 우리가 할 테니.' 몬산토에도 과학자들이 있지만 그들은 유전물질이 없어요." 스티브가 씨앗에 들어 있는 유전 정보가 없다며 내게 말했다. "그게 그들의 문제였죠."

민간 기업은 공개된 유전정보밖에 활용할 수 없었다. "그래서 유전자 풀에 접근할 수 있는 대학 육종자들이 필요한 거죠. 그리고 우리가 농부들과 유지하고 있는 신뢰도 필요하고요. 우리는 1894년부터 워싱턴주립대에서 밀을 길러왔어요. 100년 동안 신뢰를 쌓아온 겁니다. 그 신뢰 때문에 몬산토는 제가 필요했던 거죠. 그리고 사용료를 제공한다는 이유로 제가 기꺼이 참여할 거라고 생각했던 거고요."

그 당시 공공 육종자들에게 종자 사용료를 지불한다는 것은 비교적 새로운 개념이었다. 1980년, 베이돌 법 덕분에 가능해진 일이었다. 랜드 그랜트 역사상 처음으로 육종자들은 종자를 농부에게 무상으로 나눠주는 대신 자신의 연구 결과를 상업화할 수 있게 되었다. 스티브의 말대로 베이돌 법은 공적 연구를 자연스럽게 개인의 손에 넣을 수 있게 만들었다. 그리고 의도하지 않았겠지만 그 결과는 끔찍했다. 결국 대학이 수익 창출을 위한 프로젝트로 전향하게 된 것이다.*

1990년대까지 랜드 그랜트 기관의 농업 연구를 위한 자금 지원[32]은 미국 농무부보다 민간 기업에서 훨씬 컸다. 그리고 그 지원금 차이는 계속 벌어졌다. 한 세기가 조금 넘는 동안 랜드 그랜트 대학이 장려했던 지역 먹을거리 정신은 사실상 완전히 뒤집히고 말았다.

—~—

스티브는 몬산토 관계자들이 일생일대의 제안을 했던 자리에서 더 직접적인 그리고 여러 방면에서 파장이 더 클 걱정을 하고 있었다.

밀은 예로부터 (그리고 지금도 여전히) 기업 자금의 영향력을 받지 않고 랜드 그랜트 기관을 통해 거의 대부분 육종되는 마지막 주요 작물이었다. 왜일까? 종자 회사는 수확량이 높고 더 균일하게 자라는 잡종 종자를 판매하면서 농부에게 매해 새로운 종자를 구입

* 1983년 미국 농무부 장관 존 블록은 지금부터 연방정부의 식물 육종 연구는 민간기업 분야와 경쟁하지 않도록 단계적으로 축소될 거라고 발표했다. 그와 같은 흐름은 오늘날까지 지속되고 있다. 종자 기업 관계자들은 "공공기관이 개발한 육종 연구 자료가 '시장에서 최종적으로 사용'될 수 있도록 기업에 이양되는 '분업'의 가치를 높이 산다"[31]고 케리 파울러와 패트릭 무니는 말했다. "다시 말하자면 비용이 많이 드는 기본적이고 혁신적인 연구는 정부가 하고 시장에서 그 이윤을 챙기는 것은 대기업이라는 뜻이다."

하게 만든다. 하지만 밀은 자가 수분이 가능하기 때문에 다음 농사를 위해 종자를 보존하는 것이 값싸고 쉬웠으며 민간기업으로부터도 자유로웠다.

"밀은 마지막 보루입니다." 스티브가 말했다. 그는 밀 농부 절반 이상이 여전히 종자를 보존한다고 말했다. "만약 그렇지 못하면 랜드 그랜트 기관이 농부를 위해 종자를 보존하고 개량해줍니다. 현대 농업이 처한 상황에서 보자면 엄청난 수치죠."

몬산토는 라운드업에 내성이 있는 밀로 수확량을 높이고, 적어도 처음에는 농부의 수익도 늘려줄 것이다. 하지만 몬산토는 종자에 대한 특허를 받을 것이고 농부는 더 이상 종자를 보존할 수 없게 된다. 전통을 잃고 다시 되돌릴 수 없게 되는 것이다.

"밀을 통제하는 유일한 방법은 농부가 직접 생산하지 못하는 것을 제공하는 겁니다." 스티브가 말했다. "라운드업에 내성이 있는 밀을 개발하면 순식간에 시장을 장악할 수 있어요. 그러니 그러고 싶어한다고 그들을 비난할 수 있을까요? 매해 열리는 이사회에서 주주들에게 '내년에 우리 회사는 전 세계 밀 시장을 궁지에 몰아넣을 겁니다'라고 말하면 그들은 이렇게 말하겠죠. '좋아요. 훌륭한 생각입니다. 추진합시다.'"

스티브가 몬산토의 제안에 솔깃해하지 않고 시간만 끌수록 그들은 더 혼란스러워했다. 라운드업에 내성이 있는 밀 개발에 성공한다면 스티브는 종자 사용료로 엄청난 수익을 올리게 될 것이었다. 대

학도 종자 사용료의 일부를 받기 때문에 스티브의 학과장 역시 이기는 게임이었다. 가파르게 감소하고 있는 정부자금을 보충하는 데 큰 도움이 될 테니까. 그러니 몬산토가 그 자리에서 그렇게 의기양양할 수 있었던 것이다. 몬산토가 지금까지 방문했던, 그리고 스티브 이후에 찾아갔던 모든 육종자는 자신의 연구를 통해 수익을 올릴 수 있는 동업 관계를 흔쾌히 수락했다. 내가 이 책을 집필하던 당시에는 아직 상업적으로 승인도 받기 전이었지만 10년 안에 금방이라도 유전자 조작 밀이 시장에 쏟아져 들어와 시장을 장악할 기세였다.

어색한 침묵이 그들을 감쌌다. "그들은 기본적으로 내가 기회를 줘서 감사하다며 좋아 날뛰길 기대했을 겁니다. 학과장님은 아마 저를 죽이고 싶으셨겠죠. 하지만 저는 농부들이 1만 년 동안 밀을 개량해왔고 그 개량된 종자를 보존해 다음 해 또 심어왔다고 말했습니다. 수확한 것을 다시 심을 권리는 인간의 가장 오래된 권리 중 하나예요. 그런데 생명공학은 바로 그 권리를 박탈합니다. 랜드그랜트 대학이 1만 년의 전통을 훼손하는 데 과연 적극적으로 나설 수 있을까요? 답은 간단해요. 아주 쉽게 나설 수 있죠. 하지만 저는 공범이 되고 싶지 않았습니다. 그래서 싫다고 대답하고 나와버렸어요. 그것이 바로 11년 불화의 시작이었죠."

그러고 나서 스티브는 일종의 배반자라는 오명을 얻었다. 그는 유전자 변형 작물을 반대한다고 공개적으로 말하고 다녔고 대규모 농장주들은 점차 그의 연구에 의문을 제기하기 시작했다. 곧 유전자 변형 밀이 널리 퍼지고 다른 대학의 육종 프로그램도 종자 배급 준비를 마칠 거라고 생각한 그들은 워싱턴 주의 밀이 뒤쳐지지는 않을까 두려워했다.

스티브의 동료들은 동료들대로 그의 리더십에 반대 입장을 표명하기 시작했다. "결국 어느 날 학과장한테 가서 이렇게 말했습니다. '저는 20년이라도 더 싸울 수 있지만 제가 물러나고 다른 사람에게 자리를 내주는 게 좋을 것 같습니다.' 학과장도 동의했어요. 그게 끝이었죠."

스티브는 그 일을 그만두기로 했다. 워싱턴주립대와의 관계는 비록 나빠졌지만 서쪽으로 자동차로 여섯 시간 걸리는 마운트버넌 연구확장센터 관리자로 관계를 이어가게 되었다. 메인 캠퍼스의 그 유명한 밀 육종 프로그램 관리자였던 점을 생각해보면 마치 디트로이트의 제너럴모터스 부회장이 캘러머주의 한 대리점주가 된 것과 비슷한 일이었다.

그 자리는 밀 육종에 대한 전문 지식이 필요하지 않은 자리였다. 사실 그 연구센터는 지금껏 밀 육종과 관계된 일을 한 번도 해본 적이 없었다. "그 센터 운영을 맡았습니다. 밀 연구는 그만하고 싶었어요. 그곳에서 특수 과일과 채소를 재배하는 경험 많은 농부들과 일하고 싶었습니다."

하지만 최종 인터뷰를 위해 그곳으로 가는 길에 스티브는 밀밭을 발견하고 고속도로 한쪽에 차를 세웠다. 아내 하넬로어가 사진을 찍었다. 몇 백 미터 너머도 마찬가지로 밀밭이었다. 끝없는 밀밭이었다. "세상에, 여긴 온통 밀밭이잖아! 왜 지금까지 이걸 몰랐지?

그런 생각이 들더라고요."

알고 보니 스캐짓밸리의 밀은 부드러운 밀로 전부 한국이나 싱가포르 등지로 수출되어 국수나 연한 빵을 만드는 데 쓰였다. 스캐짓의 농부들은 값비싼 비료 대신 밀 윤작을 활용하고 있었다.

스티브는 이렇게 말했다. "여기 농부들은 최근에 생긴 날치기 농부가 아니라 토양의 비옥함에 목숨을 거는 농부들이기 때문에 알고 있었을 겁니다. 소규모 밀 재배가 토양에도 아주 좋고 수익도 꽤나 높다는 사실을 말입니다."

그렇기는 하지만 스티브가 오기 전에 농부들은 그렇게 큰 수익을 올리지는 못했다. 밀을 싼 값에 수출하는 것이 비료를 구입하는 것보다 더 경제적이었지만 그것도 빠듯했다. 한 농부는 스티브에게 이렇게 말했다고 한다. "밀로 돈을 덜 잃기만 바랄 뿐이죠."

스티브는 다양한 가정을 해보기 시작했다. 지역에서 밀을 소비할 수 있다면? 스캐짓에서 특색 없는 밀 말고 수확량도 높고 맛도 좋은 밀을 기를 수 있을까? 그 특별한 품종을 위한 시장이 지역에 존재한다면? 농부의 수익도 높이고 제빵사에게 더 질 좋은 밀가루도 공급할 수 있을까? 지금까지 아무도 해보지 않은 질문이었다. 전제가 지나치게 단순했기 때문이었다. 즉 밀은 밀일 뿐이다. 질베르 르코즈와 장루이 팔라댕 같은 요리사가 소규모 어부를 위한 시장을 만들기 전까지 신선한 생선에 대한 정확한 기준이 없었던 것과 마찬가지였다.

사실 알고 보니 그 지역 밀은 역사가 꽤나 깊었다. 1850년부터 1950년까지 워싱턴에서 143개가 넘는 밀 품종이 재배되고 있었고 스캐짓밸리 바로 서쪽의 휘드비 섬은 1000제곱미터에서 815킬로그램의 밀 생산으로 세계 신기록을 세운 적도 있었다.

스티브는 이렇게 말했다. "사람들은 이 지역에서 밀이 '부적절'하다고 말해요. 저는 그 말이 얼마나 재밌는지 몰라요. 사람들은 캔자스 같은 곳이야말로 밀을 기르기 적당한 곳이라고 생각하죠. 하지만 그렇지 않아요. 캔자스가 밀을 기르기에 최적의 장소가 아니라 거기서 재배할 수 있는 '유일한' 작물이 밀이거든요."

스티브는 스캐짓에서 특별한 밀을 길러보고 싶었다. 겪어보니 그곳 농부들은 놀랄 만큼 마음이 열려 있었다. 잃을 게 하나도 없기 때문이기도 했지만 전통적으로 혁신의 분위기가 강한 곳이기도 했다.

"일을 시작하고 나서 곧 모든 농부와 아침 식사를 함께하는 자리를 마련했습니다." 스티브가 말했다. "덩치 크고 무섭게 생긴 농부 한 명이 일어서더니 한 가지만 말하겠다고 하더군요. 제가 이렇게 말했어요. 몬산토와 제휴를 한다거나 뭐 그런 게 아니라면 뭐든 말씀하십시오. 그 사람이 마이크를 받기도 전에 절 손가락으로 가리키며 이렇게 말하더군요. '당신이 무슨 짓을 하든, 무슨 연구를 하든 그 연구가 공익을 위한 일이길 바랍니다. 우리는 아무것도 상업화하고 싶지 않습니다.' 방에 모인 농부들도 전부 고개를 끄덕였어요. 그런데 저는 웃음이 터졌지 뭡니까. 최고였어요. 제가 바로 그것 때문에 20년이나 싸워왔으니까요. 그리고 그 싸움에서 지고 있었으니까요. 그런데 그 사람들이 저에게 올바른 일을 하라고 채근하고 있는 겁니다. 그러니까 저는 달려가서 그 사람을 확 안아주고 싶었지 뭡니까."

에얼룸을 넘어서

아라곤03의 교배를 보기 위해 온실로 가는 길에 스티브는 나를 자기 사무실에서 몇 발자국 떨어진 3만2000제곱미터의 실험 부지로 데려갔다. 그곳은 내가 그때까지 본 곳 중 농업의 다양성이 가장 매력적으로 드러난 곳이었다. 밭은 1.2미터 곱하기 3.6미터로 가지런했지만 전체적으로 보면 화려할 정도로 다채로웠다. 고랑마다 색도 모양도 다른 독특한 밀이 다양성을 창조하고 있었다. 그곳에 비하면 글렌의 밭도 단조로워 보일 것 같았다.

스티브는 나를 멈춰 세우고 말했다. "여기 나올 때마다 저는 역사의 한가운데 서 있다는 느낌을 받아요." 그의 말투는 꼭 내가 클라스의 밭을 처음 방문했을 때 클라스의 말투 같았다. 엄밀히 말하자면 우리가 대부분 아직 검증되지 않은 품종이 자라고 있는 실험 부지의 한가운데 서 있었기 때문에 나는 그 말이 무슨 뜻인지 물어야 했다. "여기 있는 모든 품종에 고대까지 거슬러 올라가는 유전자가 들어 있습니다. 그러니 그 종자를 보존해왔던 농부들이나 공동체가 생각나죠. 토마토 밭에서는 '좋아, 먹음직스럽게 잘 익었네.' 뭐 이런 생각만 들뿐 장구한 역사는 느껴지지 않잖아요."

나는 스티브에게 얼마나 많은 품종을 추적하고 있는지 물었다. 몇 천 종은 되어 보였다. "4만 종은 넘을 겁니다." 스티브가 말했다.

"4만 가지나 되는 품종을 되살리는 실험을 하고 있다는 말입니까?" 내가 물었다.

"정확히 말하자면 이건 실험 종자예요. 아직까지는 품종이라고 할 수 없어요. 하지만 이것만으로도 충분히 아름답죠." 밭의 유전학적 다양성 그리고 내 앞의 모든 식물이 더 나은 품종으로 다시 태어날 수 있는 가능성은 무한했다. 다양함의 극치를 보여주는 놀이동산이었다.

그 모든 종자에 대한 스티브의 해박한 지식은 어린 종자를 돌보는 보모로서 느끼는 순수한 기쁨에 가려 있는 듯했다. "이걸 한 번 보시죠." 스티브가 몇 년 동안 작업해온 품종의 아직 덜 여문 씨앗머리를 조심스럽게 잡으며 말했다. 스티브의 말은 찌르고 건드리고 만지는 그의 반사적인 행동으로 더욱 강조된다. 스티브는 밀의 성공과 실패를 자신의 성공과 실패로 여기는 듯했다. "얼마나 예쁜지 한번 보세요. 정말 아름답지 않나요? 레드 치프Red Chief라는 종이에요. 품질이 최상은 아니죠. 하지만 이 정도면 그냥 기를 수밖에요. 너무 예쁘잖아요. 정말 환상이에요. 이 노르스름한 붉은 빛 좀 보세요. 어떻게 이렇게 예쁜지."

육종자들은 종자를 위한 일종의 플레이북을 작성한다. 육종자마다 서로 다른 플레이북을 갖고 있다. 스티브는 주로 다양한 유전학적 계통에서 원하는 특성을 교배시켜 새로운 품종을 만들어내는 방식으로 접근한다. 원하는 방향으로 이끌긴 하지만 종자의 미래를 통제하지는 않는다. 그리고 다음 세대는 어떻게 자랄지 놀랄 만큼 정확히 예측할 수 있다. 그에 비하면 글렌은 더 자유롭게 놔두는 편이다. 그는 이종교배에는 별로 관심이 없다. 그가 바라는 바는 순리대로 자연이 어느 방향으로 갈지 스스로 결정하게 놔두는 것이다. 돌연변이나 이종교배가 나타나면 환호한다. 노먼 볼로그는 어떻게든 수확량과 효율성을 높이기 위해 극단적인 통제와 지휘에 뿌리를 두고 있는 완전히 다른 플레이북을 갖고 있었다.

그렇다면 누구의 전략이 가장 성공에 가까울까? "글렌의 작업도 나쁘지 않은 것 같네요." 내가 그에 대해 한마디 해달라고 끈질기게 조르자 스티브가 한 말이다. "저는 오래된 방식과 오래된 것을 좋아해요. 하지만 오래된 품종이 전부 좋지는 않다는 사실도 고려하면 좋겠죠. 그리고 랜드레이스 밀은 예나 지금이나 처한 환경에 대한 적응력이 높아요. 우리도 어느 정도는 그 방식을 활용하고 또 추천도 하지만 농업경제학적 관점으로는 위험해요. 글렌은 밀을 자기 환경에 맞게 적응시키고 있지만 이 세상에는 글렌 로버츠 같은 사람이 그리 많지 않잖아요."

내가 한 번도 생각해보지 못한 관점이었다. 나는 요리사가 더 오래된 품종을 찾으면 농부에게도 도움이 된다고 생각했다. 하지만 스티브는 '꼭 그렇지는 않다'고 말하고 있었다. 농부가 환경에 맞게 품종을 개량하는 수고를 하지 않으면 낮은 수확량이나 낮은 질병 저항력의 형태로 엄청난 위험이 따를 수 있다.

내가 스티브에게 그의 전략이 노먼 볼로그보다 글렌의 전략과 더 비슷한지 묻자 스티브는 주저하며 이렇게 말했다. "사실 저는 약간 더 광범위한 것 같아요." 스티브는 글렌의 랜드레이스가 수확량을 우선순위에 두지 않는다고 설명했다. "수확량 높은 품종을 재배한다고 애써 변명할 생각은 없어요. 고대 품종의 유전자를 살펴보면서 변명을 늘어놓을 필요가 없는 것처럼. 질병 저항력, 맛, 기능성, 우리는 그걸 다 봅니다. 꼭 하나를 희생해야 다른 하나를 얻을 수 있는 건 아니니까요."

"수확량이 낮으면 맛이 더 좋지 않나요?" 내가 물었다.

"그러게 말입니다." 스티브가 말했다. "요리사들은 전부 그렇게 생각하더군요."

"에얼룸 토마토는 정말 그래요." 내가 말했다.

"밀은 수확량과 맛이 반비례하지 않아요. 맛도 충분히 좋아질 수 있어요." 수확량과 맛의 반비례는 주로 수분을 많이 함유하고 있는 길들여진 작물에서 발생한다고 스티브가 설명했다. "진짜 야생 토마토는 체리보다 더 작아요." 그가 집게손가락으로 꼬집는 시늉을 하며 말했다. "길들여지지 않은 거친 음식 맛이 보통 더 좋죠. '물에 씻기지' 않았으니까."

스티브는 잘 정돈된 밀 구역을 가리켰다. 교배하는 데 사용했던 고대 프랑스 품종이었다. "지난해에 이걸로 정말 맛있고 단백질 함량도 높은 훌륭한 밀 4.6톤을 생산했어요." 스티브가 말했다. "1000제곱미터당 1.25톤 정도죠. 대단하지 않습니까?" 캔자스의 평균 수확량은 1000제곱미터당 0.37톤이라고 그는 강조했다.

"밀이 좋은 점은 케이크를 가질 수도 있고 먹을 수도 있다는 겁니다." 스티브가 말했다. "맛 유전자도 하나가 아니에요. 맛은 유전자의 상호 작용과 조합으로 나타나죠. 그게 바로 신에게 감사드려야 할 부분이에요. 그게 아니었다면 하나의 유전자만 골라야 했을 것이고 그러다 보면 언젠가는 재앙이 닥칠 수밖에 없으니까요."

나는 스티브에게 밀의 영양소도 같은 방식으로 작용하는지 물었고 그는 그렇다고 대답했다. 하지만 그의 연구에 따르면 더 오래된 품종이, 녹색 혁명으로 반왜성 품종이 도입된 후에 새로 개발된 품종보다 미량 영양소를 더 많이 함유하고 있었다.[33] 스티브가 발견한 바에 따르면 고대 밀 품종은 칼슘, 철분, 아연을 많게는 50퍼센트 이상 더 함유하고 있었다. "밀은 제곱미터당으로 먹지 않잖아요.

조각으로 먹죠. 고대 품종으로 만든 빵 반 덩어리의 영양소를 섭취하려면 현대 품종으로 만든 빵 한 덩어리를 다 먹어야 할 겁니다." 스티브가 말했다.

그는 새로운 실험에 대해 대학원생과 이야기를 나누기 위해 잠깐 멈췄다. 나는 계속 걸었다. 몇 발자국 지날 때마다 완전히 다른 밀이었다. 색이 진하고 거의 다 자란 것, 색이 연하거나 거의 흰 색인 것, 씨앗 머리가 이제 막 자라기 시작한 것도 있었다. 어떤 밀은 키가 너무 커서 캐노피처럼 내 머리 위로 드리워졌다. 그렇게 키가 큰 밀을 마지막으로 본 건 글렌과 함께 클렘슨대 실험 부지에서였다.

스티브가 학생과 이야기를 나누고 있었기 때문에 나는 갑자기 글렌에게 전화해 그 풍경을 묘사하고 싶은 생각이 들었다. 글렌은 기분이 몹시 좋아 보였다. "당연하죠. 맞아요. 밀은 커요. 하지만 진짜는 그게 아니에요." 그가 말했다. "정말 놀라운 건 바로 뿌리거든요."

나는 글렌에게 랜드레이스 농법을 통해서가 아니라 실험실에서 이종교배되는 밀에 대해 어떻게 생각하는지 물었다. "어떻게 생각하나고요? 대단하다고 생각하죠. 밀에 맛과 영양소를 되살릴 수 있다면, 실은 요리사들이 다 알고 있는 것처럼 그 두 가지가 같은 말인데, 어떤 방법이든 시도해볼 수 있죠. 제가 하는 랜드레이스든 지금 보고 계신 것처럼 실험실에서 새로운 품종을 개발하든 모두 찬성입니다. 밀은 근본 중의 근본이니까요. 우리 문화 어디에나 있잖아요. 그게 똑바로 서지 않으면 문화가 휘청거리기 시작할 겁니다."

그는 잠시 말을 멈추었다. "사람들은 늘 이렇게 물어요. '이봐요,

글렌. 랜드레이스로, 혼합 농업으로 어떻게 세상을 먹여 살릴 겁니까?' 그럼 저는 이렇게 대답해요. '어떻게 세상을 먹여 살릴지는 저도 모르죠.' 답이 없어요. 하지만 댄이 지금 서 있는 스캐짓의 그곳이 아마 우리 미래에 대한 한 가지 답일지도 모르죠."

—∞—

스티브가 대화를 마치고 다가오자 나는 고대 품종이 밀의 맛을 보장하는 유일한 방법이라는 내 생각에 대해 재고해보기 시작했다고 말했다. 4만 가지 흥미롭고 새로운 품종이 자라는 밭에서 어떻게 그러지 않을 수 있겠는가?

"에얼룸도 괜찮아요." 그가 말했다. "에얼룸에 꼭 반대할 필요는 없죠. 하지만 넘어설 수 있어요. 어떤 에얼룸 품종도 이미 멈춰버린 겁니다. 유전적으로 말이죠. 누군가 어느 시점에 그걸 얼려버렸어요. 하지만 그건 애초에 에얼룸이 전해져온 방식이 아니에요. 토마토든 곡물이든 사과든 마찬가지예요. 끊임없이 나아져 왔어요." 스티브는 랜드레이스 교배를 통해, 그리고 에얼룸 밀과 그 지역의 현대 밀 품종과의 교배를 통해 그 발전을 지속시키기 위해 노력하고 있다고 말했다.

"아라곤03처럼 말이죠?" 내가 말했다.

"맞아요. 문제는 이겁니다. 아라곤03의 맛을 더 좋게 만들 수 있는가? 농부를 위해 질병 저항력을 높일 수 있는가? 영양학적 가치를, 예를 들면 철분과 아연 수치를 높일 수 있는가? 우리는 아라곤03을 살펴보고 신중한 선택만으로 그 수치를 거저 두 배로 높였

어요."

"거저?" 내가 물었다.

"수확량에 영향을 끼치지 않으면서라는 뜻이죠." 스티브가 설명했다. "그리고 해파리 유전자를 꺼내다가 밀에 심을 필요가 없다는 뜻이기도 해요. 밀 품종만 해도 이미 엄청나게 많으니까. 어떤 계통은 영양소가 더 많고 다른 건 또 적어요. 원하는 특징을 잘 잡아내기만 하면 됩니다. 1만 년 동안 밀을 재배해왔던 방식과 기본적으로 전혀 다르지 않아요. 환경에 맞게 개량해가는 거죠. 그게 모든 농부가 해왔던 방식이기도 하고요."

스티브는 그런 작업이 지역 곡물의 르네상스를 위해 꼭 필요하다고 말했다. "100년 전 메인 주의 밀밭은 약 121제곱킬로미터였어요. 전부 지역에서 제분되고 소비되었죠. 요즘은 메인 주에서 밀을 전혀 재배하지 않는다고 봐도 무방해요. 버몬트나 뉴햄프셔도 마찬가지고. 그런데 갑자기 농부들이 적은 양이나마 윤작에 밀을 끼워 넣기 시작한 겁니다. 아마 열정적인 요리사와 제빵사들이 맛 좋은 통곡물 시장을 만들었기 때문일 겁니다."

문제는 농부들이 클라스처럼 (모든 에얼룸의 문제인) 수확량 낮은 고대 품종을 심는 거라고 혹은 맛이 전혀 없는 현대 품종을 심는 거라고 스티브가 지적했다. "밀을 지속적으로 개량하려는 육종자들 없이는 현대의 밀에 대한 대안은 결코 나타나지 않을 겁니다."

나중에 세련된 반론을 기대하며 클라스에게 그 말을 전해주자 클라스는 진심으로 동의하며 이렇게 말했다. "맞아요. 선택의 폭이 그리 넓지는 않죠. 종자회사에 전화해 옛날 종자를 구할 수 있는 게 아니니까. 에얼룸이든 랜드레이스든 뭐든 0.8제곱킬로미터를 심지 않을 거라면 말입니다. 0.2제곱킬로미터를 심을 거라면 턱도 없죠."

클라스는 메리하월과 함께하는 종자 사업이 어떤 면에서 그 빈 자리를 채우는 데 도움을 주고 있지만 종자 실험을 하기에는 시간도 자원도 부족하다고 했다. 나는 클라스가 있는 뉴욕 주에도 스티브 존스 같은 육종자가 있으면 되는 문제인지 물었다.

클라스는 이렇게 대답했다. "모든 주 구석구석에 스티브 존스 같은 사람이 필요하지요." 150년 전, 의회가 바로 그 목적을 위해 랜드 그랜트 제도를 고안했다는 아이러니를, 그때는 우리 둘 다 깨닫지 못하고 있었다.

바버 밀

스티브의 온실은 3만2000제곱미터의 실험 부지 한쪽에 길게 자리 잡고 있었다. 온실은 병원처럼 깔끔하고 깨끗하게 청소되어 있었고 신선한 공기를 순환시키는 머리 위의 선풍기 돌아가는 소리만 빼면 조용했다. 새롭게 교배된 100여 가지 품종이 마치 신생아처럼 줄줄이 자라고 있었다. 씨앗 머리는 투병한 비닐로 싸여 있었다.

잡티 하나 없이 깔끔한 신생아실 몇 개를 통과한 후 스티브가 멈춰 서서 아라곤03 교배 구역을 가리켰다. 아름다웠다. 새로 태어난 우리 아기는 10여 가지 다른 교배종에 둘러싸여 있었지만 단연 돋보였다. 키가 크고 비율도 좋았으며 줄기 끝은 약간 구부러져 있었다.

"바버 밀이네요." 내가 말했다.

"그럼요. 당연하죠." 스티브가 웃으며 대답했다. "솔직히 말씀드리면 존스바버라는 이름도 생각하고 있었어요."

그때 나는 20년 전 프랑스 남부에서의 길고 힘들었던 레스토랑 인턴십을 끝내고 처음으로 그 지역 농산물 직거래 장터를 찾아갔을 때가 떠올랐다. 가판대 사이를 돌아다니다가 붉은 점이 있는 살구를 발견했다. 그 완벽함에 놀라(먹어보니 맛도 환상이었다), 나이 많은 프랑스 여자 농부에게 이렇게 불쑥 물었다. "어디서 자란 살구입니까?" 스티브의 온실에서 인큐베이터 안에 있는 바버(혹은 존스바버) 밀을 내려다보며 나는 그때만큼의 진한 감동을 느꼈다.

"어떻게 만들어진 겁니까?" 내가 물었다.

나는 꽤나 쉽게 이해했다. 생물학은 9학년 때 잠깐 배운 게 전부인 요리사에게도 육종의 기술은 쉽게 다가왔다. 스티브는 밀을 '완벽한 꽃'이라고 했다. 식물학적 명칭으로는 많은 사람이 동의하지 않겠지만 말이다. 밀은 자가 수분이 가능하기 때문에 암술과 수술, 즉 꽃가루 주머니인 꽃밥과 암술머리를 모두 갖고 있다. 첫 번째 단계가 아라곤03과 존스 파이프의 결혼을 주선하는 것이라면 다음 단계는 남성과 여성을 지정하는 것이다. 스티브는 아라곤03의 수술 부위인 꽃밥을 제거하고 (꽃밥은 아직 그대로인) 존스 파이프의 머리 부분을 아라곤03 위쪽에 자리 잡아주었다. 남성이 여성을 지배한다는 구태의연하고 성차별주의자 같은 소리로 들릴지 모르겠지만 그렇게 해야만 하는 기술적인 이유가 있다. 꽃가루가 반드시 암술머리 위에 직접 떨어져야 하기 때문이다. 스티브는 밀 두 줄기의 위치를 잘 잡아 작고 투명한 비닐봉투를 씌웠다.(투석 소매라는 것인데 플라스틱 같지만 공기가 통한다.) 다음 날 그는 '담배 불을 끄듯' 비닐봉투를 가볍게 튕겨 존스 파이프의 꽃가루가 아라곤03의 암술머리에 떨어지게 했다. 신방이 차려진 것이다. 5주 후, 바버 밀이 태어났다. 씨앗은 금방이라도 다시 심을 수 있는 상태였다.

"어떻게 해야 반드시 싹이 날 수 있을까요?" 나는 부성애를 느끼며 물었다.

"뭐, 심어야죠. 첫 번째 수확물이 바로 잡종 제1세대입니다. 부모의 특성을 절반씩 갖고 있죠." 스티브가 설명했다. "그걸 다시 심으면 변하기 시작하는 잡종 2세대가 나와요. 그때부터가 작업이 어떻게 진행될지 알 수 있는 진짜 시작이에요."

"그러니까 원하는 특징을 고를 수 있는 때라는 말이죠." 내가 말했다.

"먼저 2세대를 심고 길러요." 그가 말했다.

"그런 다음에 원하는 걸 고르나요?"

"튼튼해 보이는 놈을 골라요. 당연히 그래야죠. 그리고 또 심어야 합니다."

"그다음은요?"

"계속 반복하죠."

"반복이요?"

"네. 계속 반복해요. 몹시 지루할 수 있어요."

몇 세대에 걸쳐 선택한 다음에 재배하는 밀은 완전히 균일할 수 있다. 완벽하게 '순수한' 품종이 된다. 하지만 대부분의 육종자들과 달리 스티브는 그중 일부를 일부러 다양하게 유지한다. 자연스러운 변화를 유지하기 위해 일부에서만 선택을 한다. 식물에 내재한 유전학적 다양성이 보험의 역할을 해주고 환경에 더 쉽게 적응할 수 있도록 도와준다는 글렌의 논리와 비슷하다. 스티브는 자신이 개량한 많은 품종이 미국의 다양한 지역을 위한 것이기 때문에 특히 걱정이 많았다.

나는 일부를 다양하게 유지하는 것이 랜드레이스 농법과 어떻게 다른지 스티브에게 물었다.

"음, 우선 우리는 적극적으로 교배를 시켜요." 그가 대답했다. 그에 비해 랜드레이스 농법은 자연의 뜻에 더 따른다. 그리고 지난 반세기 동안에는 도구를 사용하기도 했다.

사람들은 육종자를 원하는 품종을 얻기 위해 평생 끈기 있게 교배를 시키며 기다리는 고리타분한 사람이나 단추를 눌러 유전자를 정렬시키면서 새로운 품종을 척척 만들어내는 몬산토의 과학자처럼 생각하는 경향이 있다. 스티브는 그중간 어디쯤에 있었다. 그는 전통적인 육종 방식을 받아들이지만 이를 유전체지도 작성, 표지인자 의존선발, 염색체 채색 등 '식물의 내부'를 들여다볼 수 있는 다른 기술과 결합시켜 밭에서 몇 세대를 기다리지 않고도 식물의 특성이 어떻게 드러날지 파악한다.

나는 벌써 내년 봄에 볼 수 있는 혁명적인 새로운 품종의 밀을 상상하고 있었다. "하루라도 빨리 그 밀로 요리해보고 싶어요." 나는 스티브에게 비용은 조금도 아끼고 싶지 않다고 말했다.

"당연히 그래야죠." 스티브가 맞장구쳤다. "그런데 좋은 걸 전부 갖다 붙이기는 쉬워요. 하지만 결국 밭에서 무슨 일이 일어나는지에 달려 있어요." 우리가 방금 지나온 밭을 가리키며 스티브가 말했다. "댄의 밀도 결국에는 밭에서 자라야 합니다. 밀이 원래 그래야 하듯 겨울과 봄을 거치고 가뭄과 홍수도 이겨내면서요. 시간이 걸리는 일입니다. 사람들이 흔히 듣기 싫어하는 말이죠. 기술이 현실을 단축시켜주길 바라지만 그럴 수 없어요. 그게 자연의 이치예요."

우리는 온실에서 나와 3만2000제곱미터의 실험 부지로 돌아갔다. 나는 이 세상에 처음 태어날 내 이름을 딴 밀이 곧 저 4만 가지 품종에 섞여 제 길을 찾아야 한다는 사실이 걱정스러웠다. 엉터리 여름 캠프에서 끔찍한 시간을 보내야 하는 것보다 더 심한 운명 같았다고나 할까.

"직접 개발해 이름까지 붙여준 품종한테는 늘 아빠 같은 마음이 들죠." 스티브가 내 걱정을 눈치 채고 말했다. 스티브는 공항으로 돌아가려고 짐을 싸는 내게 바버 밀을 잘 보살펴주겠다고 약속했다.

31장

하나로 연결된 공동체 만들기

약간의 바버 밀이 내 높은 기대치를 넘어서지는 않았지만 충족시키기 시작해서 나는 모든 제과점에서 그 밀가루를 혹은 스티브가 밭에서 기르고 있는 다른 새로운 품종을 사용하지 못하는 이유가 무엇인지 궁금해졌다.

장애물은 단 한 가지였다. 스티브 존스 같은 육종자가 미국에 단 한 명뿐이었다.(정말이다. 딱 한 명. 미국 내 밀 재배 면적이 22만 제곱킬로미터에 달한다는 사실을 고려하면 믿기 힘들 정도다.) 그리고 클라스 같은 농부도 찾기 힘들었다. 그러니 여전히 부수적으로밖에 공급되지 않았고 가격 또한 비쌌다.

뉴욕에 있는 발타자르 베이커리 설립자 폴라 올랜드는 클라스 같은 소규모 농부를 모른 체 할 수밖에 없는 이유가 바로 가격 때문이라고 말했다. "사람들은 큰돈을 주고 빵을 사먹지 않아요." 그녀가 말했다. "빵 값은 이미 충분히 높아요. 그래도 수익은 신통치 않고요." 시장을 넓히고 가격을 낮추기 위해서는 클라스 같은 농부가 더 많이 필요하지만 그런 농부는 판매할 시장이 있어야만 나타난다. 결국 이는 다시 제빵사의 몫이 된다.

가격을 넘어도 (제빵사가 소비자를 설득해 더 맛있는 빵에 더 많은 돈을 지불하게 할 수 있다고 가정하고) 자연에서 재배되는 모든 작물처럼 밀은 예측 불가능하고 날씨와 지역 토양의 상태에 영향을 받는다. 당연히 한결같지 않을 수밖에 없다. 블루 힐은 클라스가 배달해주는 밀이 수확 시기마다 다르다는 사실을 알고 있다. 밀의 특성에 따라 레시피를 조절하는 것은 우리가 매일 빵을 스무 덩어리씩 굽기 때문에 가능한 일이다. 생산량이 그 정도이면 그 다양성에 감사하는 법까지 배우게 된다. 하지만 빵을 하루에 2000개씩 굽는데 배달 될 때마다 다른 밀가루가 온다면 오래 사업을 하기는 힘들 것이다.

그렇기 때문에 거의 모든 제빵사가 대규모 제분소에서 밀가루를 구입한다. 대규모 제분소는 50군데 다른 농장에서 배달받은 밀가루를 섞어(예를 들면 단백질 함량이 높은 밀가루와 낮은 밀가루를 혼합해), 늘 균일한 밀가루를 만든다.

로스앤젤레스 라 브리 베이커리의 전 소유주 낸시 실버턴은 손님들이 매번 같은 빵을 기대하며 베이커리를 찾기 때문에 그와 같은 구조에 의존할 수밖에 없다고 말한다. "좋은 제분소에서 밀가루를 주문하면 우리가 찾는 바로 그 밀가루를 만들어줘요. 크게 변하는 일이 없죠." 그녀가 설명했다. "늘 같은 빵을 만들 수 있는 밀가루 칵테일을 만들어주는 겁니다."

동네에 있는 작은 제과점도 대규모 기업식 제과점처럼 늘 같은 빵을 원하고 같은 곳에서 밀가루를 구입한다. 필수 조건? 물과 섞었을 때 늘 같은 작용을 하는 밀가루다.

"제빵사로서 저는 오븐에서 무엇이 나올지 전혀 모르던 그때 그 시절을 사랑했어요." 낸시가 말했다. "그러니까 제게 빵을 굽는다는 건 바로 그런 거였어요. 하지만 사람들은 계절의 변화에 따라 구할 수 없는 과일이나 야채가 있다는 건 이해하지만, 계절마다 다른 치즈가 나온다는 건 이해하지만 빵은 일종의 상품이라고 생각해요. 빵 자체는 변하지 않는다고 생각하죠. 그건 맞춰줄 수밖에 없어요."

설리번 스트리트 베이커리의 짐 레이히는 제빵사의 문화, 빵 소비자의 문화가 변해야 한다고 믿는다. 그는 언젠가 이렇게 말했다. "재료가 어디서 왔는지 이야기하고 요리사는 밭으로 나가 허브를 따고 손님들은 소믈리에에게 고급 와인을 주문하는 그런 레스토랑 있잖아요? 저는 빵을 둘러싼 문화에도 그런 자신감이 필요하다고 생각해요."[34]

어느 해에 포도가 홍수로 잠겨버리면 와인 맛이 달라지지만 사람들은 맛이 다르다고 그 와인을 거부하지 않는다고 그는 말했다. "빵에는 그런 관대함을 보이지 않아요. 사람들은 빵 굽는 일이 낭만적이라고 생각하지만 우리도 알고 보면 결국 노동자예요. 세차가 끝나면 차를 닦아주는 청년들 바로 위에 있는 것뿐이죠. 규칙을 따를 뿐 우리가 규칙을 정할 순 없어요."

브레드 랩

규칙은 변하고 있다. 어쩌면 속도가 너무 느릴지 모르겠지만 밀의 세계는, 밀 자체는 물론 농부, 제분소, 제빵사, 그리고 육종자까지 포함하는 밀의 세계는 조금씩 틀에서 벗어나고 있다. 지금 이 순간 밀은 조지 버나드 쇼의 희곡 『투 트루 투 비 굿Too True to Be Good』에 나오는, "마치 기차를 놓친 사람처럼, 너무 늦어 이미 떠난 기차는 놓치고 다음 기차를 기다리기엔 너무 이른, 젊음과 노년의 중간에 어정쩡하게 서 있는"35 설교자와 비슷하다.

녹색 혁명과 같은 사고방식은 이미 힘을 잃었다고 확신하는 스티브는 내게 이렇게 말했다. "40제곱킬로미터에서 한 가지 품종의 밀만 재배하는 대규모 단일 경작지는 물론 있어요. 하지만 그 유행은 이미 지났어요. 우리 미래, 즉 새로운 패러다임은 지역에서 밀을 기르는 겁니다. 어디서든 아주 작은 땅에서도 지역에 꼭 맞는 밀을 기르는 거예요. 그 방향으로 가고 있어요. 하지만 지금은 과도기예요. 생산 방식 전체가, 망할 식품 체계 전체가 여전히 구태의연한 패러다임에 갇혀 있기 때문에. 같은 걸 더 많이 생산하려는 사람은 늘 있을 겁니다. 몬산토도 곧 사라지지 않을 거고 저도 싸우고 있지 않으니까요."

스티브는 직접 싸우고 있는 것은 아니었다. 하지만 변방에서 밀의 미래를 위해 싸우고 있었다. 워싱턴을 방문하고 몇 달이 지난 어느 날 아침, 그가 새벽 네 시에 보낸 이메일을 읽고 나는 확신하게 되었다.

어느새 나는 그런 새벽 편지를 종종 기다리게 되었다. 스티브는 낮에는 실험실이나 밭에서 시간을 보내고 밤에는, 가끔은 밤새도록, 밀로 실험을 하거나 뒤뜰의 장작 오븐에서 빵을 구웠다. 나는 지금까지 스티브처럼 불면증이 심한 사람은 한 번도 보지 못했다.

새벽 한 시에서 여섯 시 사이에 스티브는 가끔 내게 이메일을 보냈다. 직접 만든 맥아 추출물부터("정말 환상이었어요. 신의 음식이에요!") 맛을 좋게 하려고 만든 발효 종을 건조시켜 여행 중에 원상복귀시킬 수 있도록 사탕만 한 크기로 만들었다는 이야기까지("여행 도중에 잠이 안 오면 가끔 빵을 굽고 싶어서 어쩔 줄 몰라요.") 주제도 다양했다. 한 번은 "밀 워터 보딩water boarding my wheat"이라는 제목의 장문의 편지를 보내기도 했다. 새로운 품종의 맛을 개선시키기 위해 물에 담그고 굶겨 일부러 싹이 나게 했다고.("두 시간마다 자명종을 맞춰야 했어요. 아내는 물론 싫어했죠.")

하지만 그날 아침에 열어본 이메일에는 그만의 엉뚱한 유머가 없었다. 일생일대의 작업을 위해 새로운 실험실을 만들기로 결정했다고 힘차게 선언하는 편지였다. 스티브가 수락한 마운트버넌의 일자리는 대학에서 제공하는 스타트업 지원금을 받을 수 있는 자리였다. 그런데 그 지원금을 몇 년간 보류해달라고 부탁했다고 스티브는 설명했다. 그는 편지에 이렇게 썼다. "그때는 제가 뭘 하고 싶은지 확실히 몰랐어요. 이제 그 일을 찾았어요."

스티브는 제빵사가 자기 밀가루로 빵을 굽고 싶어 해야만 농부에게 그 밀을 기르라고 설득할 수 있다는 사실을 깨달았다. 제빵사들이 흥미를 보이기는 했다. 하지만 열정적으로 달려드는 제빵사는 거의 없었다. 나도 이미 알고 있듯이 제빵사는 잘 모르는 밀가루로 위험을 감수하고 싶어하지 않는다. 제분소도 보수적이기는 마찬가지다. 제분소는 제빵사가 구입하지 않을 밀은 찾지도 않는다. 수요가 없으면 농부를 움직이는 데에는 한계가 있었다.

"그렇게 빙글빙글 돌겠죠?" 내가 그날 아침 전화를 했을 때 스티브가 말했다. “제빵사는 어떤 빵이 나올지 아는 밀가루만 요구해요. 제분소는 제빵사가 뭘 원하는지 알고요. 늘 같은 걸 원하니까. 그리고 농부는 음…… 뭘 길러야 할지 듣는 입장이죠. 수요에 따라서. 그렇게 계속 돌고 돌아요.” 그 고리를 깨기 위해 스티브는 관련된 모든 사람에게 자기 밀의 월등한 품질을 널리 알리고 싶어했다.

“제빵사에게 밀가루를 파는 건 쉐비와 포드한테 강철을 파는 것과 비슷해요.” 스티브가 말했다. “기준이 확실하죠. 육종자는 필요한 밀 종자를 만들어요. 나머지는 전부 갖다 버리죠. 수확량이 충분하지 않으면? 끝장이에요. 적당히 부풀지 않으면? 질감을 예측하기 힘들면? 그중 뭐든 하나라도 충족시키지 못하면 내던져요. 밀가루가 약간 노랗게 나오면? 당연히 버려야죠! 그런데 이제 내다 버리는 데 지쳤어요. 그리고 궁금했어요. 이 일을 하는 내내 실은 궁금했어요. 내가 방금 갖다버린 저 노란 것 안에 뭐가 들어 있을까? 그 안에는 분명 뭔가가 들어 있으니까요. 기가 막히게 맛있거나 건강에 최고인 게 들어 있을 수도 있잖아요. 이제 더 이상 그 짓은 못 하겠어요. 평생 강철만 만들고 싶지는 않아요.”

스티브는 대학에서 제공하는 자금으로 유전자의 특성을 분석하는 실험실을 만들지 않고 지금까지 미국에, 어쩌면 전 세계에도 존재하지 않는 새로운 실험실을 만들었다. 농부와 요리사, 제빵사, 육종자가 모두 모여 새로운 밀 품종을 자유롭게 실험할 수 있는 열린 연구 공간이었다. 그는 그 연구 공간을 브레드 랩Bread Lab이라고 불렀다.

—∞—

몇 달 후, 나는 바바 밀을 살펴보기 위해 다시 워싱턴으로 날아갔다. 첫 번째 교배종이 3만2000제곱미터의 실험 부지로 막 옮겨 심어진 후였지만 내가 도착했을 때 스티브는 아기 바바 밀이나 그 4만 가지 품종 어느 것에도 흥미가 없어 보였다. 스티브는 내게 브레드 랩만 보여주고 싶어 복도를 거의 달리다시피 하면서 막 완성된 그 새로운 공간으로 나를 데려갔다.

작은 동네 빵집에서 볼 수 있을 법한 믹서와 커다란 덱 오븐이 있었다. 그리고 그 옆에 내가 잘 모르는 기계들이 어울리지 않게 자리 잡고 있었다. 알베오그래프(밀가루의 글루텐 품질 측정기—옮긴이) 같은 것들이었다. 스티브는 작고 오목한 반구 한가운데에 빵 반죽을 약간 집어넣으며 기계 사용법을 보여주었다. 기계에서 나오는 공기의 압력이 빵을 구울 때 나오는 이산화탄소 역할을 하며 반죽을 소프트볼 크기로 부풀렸다. 스티브는 그 기계로 밀의 '확장성 extensibility' 즉 공기 방울을 붙들어 훌륭한 장인의 손길로 구운 빵에서 기대할 수 있는 구멍이 숭숭 뚫린 보송보송한 질감이 가능한 정도를 측정했다. 스티브는 손을 불쑥 내밀어 부푼 빵 반죽을 터트리며 만족스럽게 활짝 웃었다.

"이게 없으면 중세 시대로 되돌아가는 겁니다." 스티브가 말했다.(말투가 약간 거만했는데 스티브의 기분이 딱 그런 것 같았다.)

그가 다음 기계를 가리켰다. "이건 저하 수falling number를 측정하는 기계에요." 저하 수는 수확 직전의 습도나 비로 인한 발아 정도를 측정한 수치다. 싹이 자라면 녹말을 당분으로 전환시키는 액화

효소가 활성화된다. 스티브는 저하 수를 측정하기 위해 커다란 실험관에 정해진 양의 밀가루와 물을 넣고 흔들어 맷돌로 간 귀리 같은 냄새가 약간 나는 탁한 액체를 만들었다. 그리고 실험관에 플런저를 넣고 그 전체를 뜨거운 물이 담긴 통에 넣었다.

"발아로 파괴되지 않고 녹말이 남아 있으면 플런저가 천천히 떨어집니다." 스티브가 플런저에서 손을 떼며 말했다. 플런저는 보다가 잠이 들 정도로 천천히 탁한 액체를 통과해 떨어졌다. 다 내려올 때까지 몇 분은 걸린 듯했다. "녹말이 점성을 만들죠. 밀가루가 충분히 찰진 반죽이 될 수 있다는 뜻입니다." 스티브가 말했다.

이미 발아한 밀이었다면 녹말이 당분으로 전환되어 플런저는 묽은 액체 사이로 더 빨리 떨어질 것이다. 그렇게 만든 빵은 잘 들러붙고 물렁물렁해 모양이 잘 잡히지 않는다. 낮은 저하 수는 대규모 제빵업계에는 큰 문제가 될 수 있다. 반죽이 잘 들러붙으면 기계로 빵을 균일하게 자를 수 없기 때문이다. 물론 솜씨 좋은 제빵사에게도 문제가 된다. 달콤하지만 고무 같은 빵은 밀이 과도한 발아로 녹말을 잃었기 때문이다. 낮은 저하 수는 아무리 빨리 삶아도 면을 흐물흐물하게 만들기 때문에 알 단테 파스타의 적이기도 하다.

나는 육종자들이 왜 저하 수에 관심을 기울여야 하는지 궁금했다. 저하 수는 수확 직전의 강수량만 측정하는 게 아닌가? 그리고 발아 정도는 자연의 손에 달려 있는 게 아닌가?

"꼭 그렇지는 않습니다." 스티브가 말했다. "수천 종의 서로 다른 밀을 나란히 재배해보면 며칠 비를 맞아도 모든 품종의 발아 정도가 각기 다릅니다." 어떤 밀은 습할 때 더 발아가 잘 된다. 스티브는 그런 식물을 조생早生 식물이라고 했다. "신기하게 보고만 있어도 발아를 하는 것 같아요." 그가 말했다. "다른 품종은 그렇게 쉽지 않거든요. 종류가 다양해요."

그렇다면, 유전학이 발아를 결정한다면, 왜 더 맛있는 빵을 만들 수 있는, 쉽게 발아하지 않는 밀을 선택하지 않는가?

"복잡한 문제죠." 스티브가 말했다. "그 한 가지 특성으로만 밀을 선택하면 수많은 다른 특성은 무시하게 되는 거니까요. 기억하세요. 한 가지만 고려할 수는 없어요. 중요한 건 다양한 특성의 상호작용이에요. 균형이 핵심입니다. 균형을 잘 맞춰야 해요." 하지만 대규모 제빵업계는 그와 같은 균형을 우선순위에 두지 않는다. 그들은 생산 조립 라인에 잘 어울리는 글루텐 함량이 높은 밀을 육종하고 재배하게 만든다. 스티브는 이를 빵의 "원더 브레드(북아메리카 지역에서 널리 팔리는 빵 브랜드-옮긴이)화"라고 했다.

"기본적으로 20만 내지 24만 제곱킬로미터 정도의 밀이 빠른 반죽을 위해 육종되고 재배되고 판매됩니다." 스티브가 말했다. 효율적이고 안정적이며 미국인이 빵에 기꺼이 지불할 만큼의 가격 범위 안에서 굴러가는 구조다.

스티브는 또 다른 기계를 가리켰다. 단백질 함량을 측정하는 근적외선 분석기였다. 알베오그라프와 저하 수 측정기처럼 근적외선 분석기도 왠지 그곳에 어울리지 않아 보였고 디자인은 마치 1960년대 저예산 공상과학영화에서 영감을 받은 것 같았다. "이건 빛 흡수율을 측정합니다." 스티브가 설명했다. "흡수율이 높을수록 단백질 함량이 높다는 뜻이죠."

스티브는 10여 년 전에 직접 개발한 바워마이스터 밀가루 한 주먹을 깔때기에 부었다. 버튼을 누르자 가루가 기계 안으로 빨려 들어갔다. 기계 안에서 둔탁한 소리가 윙 하고 들렸고 16초 후 결과가 나왔다.

"10.5퍼센트입니다. 나쁘지 않죠. 바워마이스터는 매력도 넘치지만 사람들 말에 따르면 초콜릿 맛이 난다고 해요. 하지만 이걸 대규모 제빵 회사로 가져가면 바로 비웃음을 살 겁니다. 10.5퍼센트는 턱도 없는 수치죠. 14퍼센트 정도가 나와야 남자답게 박력 있는 밀이라고 할 수 있으니까. 이건 다른 밀과 섞어버리거나 돼지 사료로나 쓸 겁니다."

나는 스티브에게 프랑스에서 11.5퍼센트 이상인 빵 밀은 쓰레기로 간주한다는 글을 읽은 적이 있다고 말했다. "맞아요." 그가 말했다. "하지만 프랑스 사람들은 형편없는 밀이라고 함부로 하지 않아요. 다들 프랑스 사람 트집 잡기를 좋아하지만 '이봐, 저 프랑스 사람, 빵도 맛있게 구울 줄 모르나?' 이런 말은 안 하잖아요?"

문제는, 스티브가 말했던 대로 대규모 제빵업계가 가장 큰 힘을 갖고 있다는 것이다. 그들의 관심사가 밀 육종자의 선택은 물론 밀 재배 방식까지 결정한다. "그 정도 수치를 얻으려면 토양이 비옥해야 해요. 토양이 건강하면 단백질 수치가 충분히 높아지지만 농부들은 늘 어떻게든 똑같은 수치를 얻기 위해 움직일 수밖에 없어요." 스티브가 말했다. "자연의 방식은 아니죠."

그런 구조에서는 밀 농부가, 그리고 그 논리에 따라 움직이는 제빵사와 소비자도 환경을 망치는 데 일조하는 것이라고 스티브는 말했다. 많은 농부가 단백질 함량을 높이기 위해 수확 직전에 합성 질소를 추가로 더 뿌린다. "그들은 24만 제곱킬로미터를 과도하게 비옥하게 만들고 있어요." 스티브가 말했다. "왜 그럴까요? 시간당 더 많은 빵을 구울 수 있고 '영양가가 더 풍부한' 빵으로 더 많은 돈을 벌 수 있으니까요. 합성 쓰레기로 영양가를 높이니 빵이 그렇게 탄탄할 수밖에요."

스티브는 그 존재에 감사하듯 바워마이스터 밀을 손가락으로 몇 번 툭툭 쳤다. "정말 그래요." 그리고 혼자 말인 듯 말을 이었다. "모든 사람이 유기농으로 밀을 길렀으면 좋겠어요. 하지만 제빵업계에서 단백질 수치 14퍼센트를 원하면 어쩔 수 없어요. 끝이죠. 질소 없이는 절대 불가능하니까."

그것이 바로 스티브가 브레드 랩을 만든 이유였다. 단백질 함량이나 저하 수보다는 빵의 품질에 대해 고민하는 사람에게 호소하기 위해서. 스티브가 빵 장인이라고 부르기 좋아하는 사람은 대부분 프랑스 전통을 발전시켜 설탕을 거의 넣지 않고 빵을 굽는다. 장인 중의 장인은 이스트도 사용하지 않고 소금도 과하게 넣지 않는다. 밀가루에 존재하는 천연 효모와 박테리아가 발효 중 활성화된다.(밀가루와 물을 섞고 기다린다. 그 '기다림'이 바로 결정적인 재료다.) 녹말이 분해되고 당분이, 대규모로 생산한 빵에는 존재하지 않는 깊고 풍부한 맛을 만들어준다.

"맞아요." 스티브가 말했다. "20분이면 족할 작업에 하루 하고도 반을 투자해 빵 한 덩어리를 만들어요. 하지만 질감도 맛도 뛰어나고 영양소도 분명 더 풍부할 겁니다."

글렌 로버츠와 마찬가지로 스티브도 이웃을 만들었고 어떻게 보면

공동체를 꾸려가는 사람이 되었다. 자연스러운 과정이었다. 스티브는 특별한 밀을 개발하려면 육종자로만 머물러서는 안 된다는 사실을 깨달았다.

그의 목표를 위해서는 동심원을 넓혀가며 공동체를 확장해야 했다. 가장 안쪽의 원은 농부다. 어쨌든 새로운 품종을 개발하려면 가장 먼저 농부를 설득해야 하니까. 하지만 농부를 설득하려면 제빵사에게 더 좋은 밀가루가 필요하다는 믿음을 심어줘야 한다. 그는 옛날 방식처럼 제빵사에게 밀가루를 주면서 어떻게 활용할지 알아내라고 하지 않았다. 그 방식을 뒤집어 제빵사에게 '어떤 밀가루를 원하나요?'라고 먼저 물었고 농업경제학적으로 이를 어떻게 가능하게 할 수 있을지 고민했다.

"그게 필요했어요." 스티브가 말했다. "어떤 특성이나 맛, 특별한 기능 등 정확한 목표를 두고 적극적으로 밀을 개량하지 않으면 그걸 찾을 수 있는 가능성이 거의 제로에 가까울 테니까."

스티브는 곧 농부와 마찬가지로 제빵사 역시 시작일 뿐이라는 사실을 깨달았다. 그는 내게 브룩 브라우워를 소개시켜주었다. 최근에 보리로 몰트를 만드는 작업을 위해 채용된 대학원생이었다. 보리는 튼튼하고 질병에 강했고 이미 동물 사료로도 가치가 높은 작물이었다. 하지만 스티브는 보리의 가치를 그보다 훨씬 더 높일 수 있을 거라고 확신했다. 한 해에 몰트를 2만5000톤 이상 사용하지만 전부 다른 지역에서 구입해왔던 워싱턴 주의 소형 양조장들이 특별한 몰트를 요구하기 시작했기 때문이었다.

"소형 양조장은 제빵 장인과 비슷해요. 지역에서 난 맛 좋은 재료를 원하죠." 스티브가 말했다. "금주법 이전에 맛볼 수 있었던 독특하고 풍부한 맛을 되살릴 수 있는 절호의 기회가 온 겁니다." 하지만 몰트 제조업자들은 대형 양조장에 판매하는 데 더 관심이 있다고 스티브가 말했다. "버드와이저 같은 곳이죠." 지난 수십 년 동안 미국 전역의 농부들은 별 특징 없는 보리를 재배해왔는데 이 역시 그 순환 논리의 또 다른 예다. 몰트 제조업자가 그것밖에 구입하지 않기 때문이고 몰트 제조업자는 또 맥주업계에서 주문하는 것만 생산하기 때문이다.

스티브는 새로운 것을 시도해보고 싶었다. "우리는 맛이 끝내주는 보리 품종을 재배하고 있어요." 그가 말했다.

스티브는 최근에 제분업자까지 브레드 랩에 끌어들여 공동체를 더 확장하기로 결심했다. 지역 제분소는 도살장처럼 구시대의 유물이 되어가고 있다고 스티브는 말했다. "여기서 가장 가까운 제분소는 1920년대에 지어진 겁니다. 지금은 이탈리안 레스토랑이에요. 바로 옆 동네 제퍼슨 카운티에 있는 옛날 제분소? 역시 이탈리안 레스토랑이죠. 시애틀 근처의 제분소? 다 허물어져 시애틀과 포틀랜드의 부엌 싱크대나 나무 바닥이 되고 있어요."

아직까지 남아 있는 소규모 제분소는 전부 같은 방식으로 돌아가고 있다. 매해 같은 농장에서 한 가지 종류의 밀을 가져다 제분해 그 지역 제빵사에게 판매한다. 대규모 제분소에서처럼 밀가루를 섞지는 않는다. 다시 말하면 밀가루의 질이 늘 변한다는 뜻이다.

"농부 한 명에게서 밀을 구입하는 건 낭만적일지 모르지만 지속 가능하지 않아요." 스티브가 말했다.

그때 나는 이렇게 생각했다. 그런가? 나와 클라스의 관계 아닌가? 제분만 직접 할 뿐?

"스톤 반스는 제과점이 아니잖아요." 스티브가 말했다. "우리와 함께 일하는 제빵사들도 그렇게 큰 파격은 감당하기 힘들어합니다. 실제로 빵은 맛도 좋아야 하고 잘 부서져서도 안 됩니다. 질감도 색도 맛도 적당해야 하죠. 언제나." 나는 낸시 실버턴의 말이 떠올랐다. '빵 자체는 변하지 않는다고 생각하죠. 그건 맞춰줄 수밖에 없어요.'

스티브는 대규모 제빵업계처럼 제빵사가 구미에 맞는 밀가루를 직접 요구하기 전까지, 어떤 특성을 원하는지 제분업자에게 설명하기 전까지 지역 곡물 네트워크는 작동하기 힘들다고 말했다. "그러기 위해서는 전부 모여야 해요. 브레드 랩이 하려는 일이 바로 그겁니다. 제분소가 그런 일을 할 수 있도록 돕는 거지요. 그러면 전체 구조가 아름답게 발전해가겠죠."

스티브는 내게 완전히 제분만을 위한 구석 공간을 보여주었다. 작은 맷돌 제분기, 강철 제분기, 실험용 해머 제분기가 있었다. "요 강아지의 분당 회전수가 1만9000까지 올라갑니다." 그가 해머 제분기를 가리키며 말했다. "곱고 깔끔하게 밀을 갈아주죠."

스티브는 밀가루의 품질을 개선시키는 데 열정을 보이면서도 빵 문화를 바꿀 기회 역시 세심하게 살폈다. 스티브는 브레드 랩을 실험을 위한 보금자리로 바라보았다. 요리사와 제빵사가 밀의 다양성과 복잡성을 받아들일 수 있는 배움의 장이 되길 원했다.

"제빵사는 어떤 빵이 나올지 아는 밀가루를 주문합니다. 하지만 어떤 밀가루가 '가능'한지는 몰라요." 스티브가 말했다. "밀에 어떤 특성을 더할 수 있을까요? 이를 위해서는 요리사와 제빵사가 적극적으로 제안하고 밀어붙여야 합니다. 그런데 수익률이 너무 낮으니

함부로 덤빌 수가 없어요. 실수를 하면 안 되니까. 하지만 브레드랩에서는 실수를 환영합니다. 적극 장려하죠."

—∞—

에디슨이라는 아주 작은 동네(인구 133명)에 브레드팜이라는 빵집이 있다. 스티브의 연구센터에서 몇 킬로미터 떨어진 곳이었는데 나는 그곳에서 그의 새로운 패러다임이 작동하고 있다는 사실을 확인했다. 우리는 길가에 주차를 했다. 근처의 풀밭은 잘 손질되어 있었고, 갓 구운 빵 냄새가 젖은 흙과 잘린 풀 향기에 진하게 섞여 있었다. 체 게바라의 사진이 걸린 포스터를 지나며 스티브가 내게 말했다. "혁명에 오신 걸 환영합니다."

스티브의 작은 근교 연구센터는 지역 음식 혁명이 그야말로 주민들에게 직접 영향을 끼치게 만들고 있었다. 스티브는 랜드 그랜트 제도의 약속을 가장 충실하게 따르고 있었다. 심지어 밭의 농부만 찾아가지 않고, 스티브의 말을 빌리자면 "실제로 그 영향력을 확인할 수 있는" 브레드팜 같은 빵집에까지 손을 내밀고 있었다.

빵집 안 카운터로 다가간 스티브는 갑자기 다른 사람이 된 것 같았다. 프랑스 작가 오노레 드 발자크의 한 친구는 그 유명한 미식가가 식사하는 모습을 다음과 같이 묘사했다. "아름다운 복숭아나 산처럼 쌓인 배를 보면 '그의' 입술이 떨렸고 두 눈은 환희로 가득 찼으며[36] 손은 기쁨으로 요동쳤다. (…) 넥타이는 거칠게 풀어헤쳤고 셔츠는 열어젖히고 손에 칼을 들고, (…) '그는' 마치 폭탄이 터지듯 웃음을 터뜨렸다. (…) 그는 행복으로 녹아내렸다."

스티브가 좋아하는 시식용 빵을 하나씩 설명하며 즐겁게 맛보고 있는 모습에 나는 발자크가 생각났다. "사미시Samish 강 감자 빵이에요. 천연 발효에 지역 감자죠. 정말 맛있어요. 너무 시지도 않고. 그리고 이걸 봐요." 그가 손을 흔들며 말했다. "맷돌로 갈아 만든 큼직한 밀 빵. 이 안에 이 지역에서 생산한 밀이 있어요. 제가 기른 것도 있고요. 영양이 풍부하죠. 큼직한 게 진짜 빵 같죠?"

스티브는 빵을 자세히 살펴보다가 고개를 절레절레 흔들기 시작했다. 흔들림 없이 현명해 보이면서도 체념한 듯했지만 근본적으로 실망이 가득한 표정이 그의 기분을 말해주고 있었다. 도대체 왜 더 많은 사람이 이렇게 맛있는 빵을 안 먹는 걸까?

"사람들이 왜 휘트 랩Wheat Lab이 아니라 브레드 랩Bread Lab이냐고 묻기도 해요. 더 직설적으로 도대체 당신이 하려는 일이 뭐냐고 묻는 사람도 있어요." 스티브는 잠시 말을 멈추고 사워도 빵을 맛보았다. 옆에 놓인 올리브 오일은 찍지 않았다. "문제는 랜드 그랜트 대학이 전부 특정한 산업을 위해 실험실을 운영하고 있다는 겁니다. 스트레스를 받으면 고기가 질겨지는 돼지를 원해요? 아니면 1만 년이 지나도 상하지 않는 치즈 스틱? 습도가 높아도 바삭바삭한 감자칩? 우리도 그런 종자를 만들 수 있어요! 랜드 그랜트는 농업에 복무해야 하지만 실제로는 거대 음식산업에 복무하고 있어요." 브레드 랩은 상업적인 기준에 맞춰 일하지 않는다고 그가 말했다. "우리는 우리만의 기준을 창조하죠."

그때 빵집 주인이자 직접 빵을 굽는 스콧 맨골드가 밀가루를 뒤집어 쓴 헝클어진 모습으로 나타났다. 빨리 다시 들어가 반죽을 만지고 싶어하는 표정이었다. 그는 우리에게 재빨리 여기저기 보여주고 몇 가지 질문에 대답했고 스티브는 시간을 내줘서 고맙다고 말했다. 떠나기 전에 빵을 몇 개 담으면서 나는 그에게 새로운 품종의 밀에서 어떤 다른 맛을 발견했는지 물었다.

처음에는 스콧도 밀에 우리가 아직 발견하지 못한 맛이 있을 수 있다는 말에 회의적이었다고 했다. 스티브가 묘사했던 그런 수준까지는 더더욱. "처음에 워싱턴 주로 이사를 왔을 때 '여기서 나는 밀은 살구나 초콜릿 맛이 나기도 한다'는 어처구니없는 말을 들었죠. 왜 완전 뻥 같은 거 있지 않습니까."

스티브의 곡물로 실험을 시작한 후에도 스콧은 여전히 밀의 기술적인 측면, 즉 기능에 중점을 두고 있었다. 그러던 어느 날 직원들과 함께 블라인드 테이스팅을 해보기로 했다.

스콧은 이렇게 말했다. "다 같이 여기 서 있었어요. 아무도 말을 안 했습니다. 오랫동안 어색한 침묵이 흘렀죠. 결국 제가 이렇게 말했어요. '초콜릿 맛이 난다!' 사람들 눈이 다 같이 반짝이기 시작했어요. '와! 맞아요. 바로 그거예요! 초콜릿!' 그리고 다 같이 하이파이브를 하기 시작했어요. 정말 멋진 순간이었습니다."

나는 스콧에게 어떤 품종이었는지 기억하냐고 물었다. "기억하냐고요? 당연하죠. 스티브의 밀이었어요. 바워마이스터."

클라스가 옳았다. 우리는 밀의 맛을 잃어버렸다. 하지만 그곳에는, 에디슨이라는 작은 마을에는 있었다. 과거의 맛뿐만 아니라 미래의 맛도.

공항으로 떠나기 전에 스티브와 함께 4만 가지 품종을 실험하고 있는 3만2000제곱미터의 실험 부지를 한 번 더 찾았다. 내가 기억하고 있던 모습 그대로 장관이었다.

그 다양한 품종의 밀을 보니 밀은 평범하고 별 특징도 없으며 토마토처럼 맛이 다양하지도 않고 다양할 수도 없다는 생각은 완전 엉터리였다. 가능성은 무한해 보였다. 그것이 바로 그 모든 품종의 가능성을 놓지 않고 있는 이유라는 생각이 들었다. 다양한 품종이 존재할수록 기회는 더 많다. 생각해보니 그곳은 잭이 땅속에 존재해야 한다고 했던 유기체가 땅 위에 드러난 모습 같았다. 건강한 토양의 다양한 미생물은 건강한 식물을 만든다. 하지만 그 정확한 과정과 방식은 여전히 수수께끼다. 그 다양한 밀을 바라보면서 나는 그 안에 내재되어 있는 모든 가능성 역시 수수께끼라는 생각이 들었다.

바바 밀이 전 세계에서 가장 인기 있는 밀이 되었으면 좋겠다던 내 바람이 갑자기 너무 순진한 생각 같았다. 바바 밀이 지금 내가 보고 있는 모든 밀처럼 무한한 가능성을 품는 것이 아마 가장 좋은 시나리오일 것이다. 어떤 환경에서도 살아남아 그 지역에 가장 알맞은 품종으로 자리 잡았으면 좋겠다. 어디서든 잘 자라야 해서 모든 개성을 잃어버린 볼로그의 밀과 달리 각자의 독특한 개성을 제대로 꽃피웠으면 좋겠다.

스티브의 밭과 그 밭을 둘러싸고 있는 농부, 제빵사, 요리사, 제분업자, 양조업자와 육종자의 공동체는 고대의 유전자를 미래에도 왕성하게 활동하게 함으로써 과거를 보존하는 혁신적인 식물학적 노아의 방주다. 그 노아의 방주는 밀과 우리의 관계를 다시 창조하라고, 다음 세대를 위해 진정으로 원하는 일을 하라고 우리를 부추긴다. 그것은 바로 성공할 수 있으면서도 각각의 독특한 개성을 찬미할 수 있는 유전자를 제공하는 것이다.

—∞—

나는 몇 년 전 지붕 위에서 데에사를 바라보던 것처럼 그 다양성을 새의 시점으로 바라보고 싶었다. 지붕 위에서 나는 농업이 어떻게 풍경을 만들어가는지 확인할 수 있었다. 돼지가 춤추는 소 떼와 양 떼를 이끌며 풀을 뜯었고 거대한 오크 나무가 그 유명한 푸르른 초원에 듬성듬성 우뚝 서 있었으며 집과 교회의 공동체가 점점이 풍경을 장식하고 있었다. 지붕 위에서 나는 그 모든 것이 어떻게 서로 촘촘히 연결되어 있는지 바라보았다.

하지만 스티브의 실험 부지는 지붕 위에 올라가서 보지 않아도 알 수 있었다. 그 촘촘한 힘은 밭에 있지 않고 스티브의 브레드 랩 운영 방식에 있었다. 그는 새로운 밀 품종 개발에 집중하는 실험실을 만드는 데 그치지 않고 그 비전을 확대했다. 더 복잡한 구조를 만들었다. 브레드 랩은 에드아루도가 빛을 향해 들어 올렸던 하몬 이베리코의 그 풍부한 지방 무늬 같은 역할을 하고 있었다. 브레드 랩은 각각의 부분을 하나로 엮었다. 그리고 서로 잘 섞이게 만들었다.

자연의 모든 것은 '이 우주의 다른 모든 것과 얽혀 있다'고 했던 존 뮤어도 우리의 현재 식품 체계를 보면 그렇게 말하지 않을 것이다. 분절되어 있기 때문이다. 우리의 식품 체계는 야채는 여기서, 고기는 저기서, 곡물은 또 다른 곳에서 생산하고 소비하는 각개전투다. 모든 요소는 서로 분리되어 있고 어떤 문화와도 연결되어 있지 않다.

스티브는 사회적 작물인 밀이 늘 해왔던 역할을 되살리기 위해 브레드 랩을 만들었다. 바로 공동체를 만드는 일이다. 스티브는 클라스와 메리하월의 곡물 제분소가 펜 얀 농부들의 공동체에 아이디어 교환의 장이 되어준 것처럼 약간의 사회화를 강제했다. 모든 것이 연결될 수 있도록 길을 내주었다. 서로 얽힐 수 있도록 도와주었다.

스티브의 연구는 캔자스의 거대한 단일 경작지와 다양성이 넘쳐나는 그 실험 부지의 차이를 좁히기 위한 것만이 아니었다. 그의 연구는 뿌리 깊은 농업 방식과 맛있는 음식의 미래가 만날 수 있는 가능성이었다.

에필로그

지속 가능한 식탁을 위한 제안

전문적으로 요리를 시작한 후 나는 늦봄부터 초가을까지 다섯 시 반부터 일곱 시 사이의 저녁 영업시간만 되면 예민해졌다. 사진작가나 영화감독은 그 시간대를 골든아워라고 부른다. 태양이 하늘에 낮게 걸리며 부드러워진 빛이 모든 것을 포근하게 감싸주는 마법의 시간이다.

요리사는 그 골든아워를 놓친다. 레스토랑 부엌에는 보통 창이 없기 때문이다. 하지만 골든아워를 놓친다고 불평하는 요리사를 나는 한 명도 보지 못했다. 나는 늘 아쉬워하는 그 시간에 대해 아무도 언급조차 하지 않았다. 내 인생의 거의 전부인 이 일이 하루 중 가장 마법 같은 그 순간을 놓치게 될 뿐만 아니라 심지어 그 시간에 가장 스트레스를 많이 받게 될 거라고 아무도 내게 귀띔해주지 않았다. 오후 다섯 시 반이 지나면 첫 번째 주문이 패스에 도착한다. 요리사는 준비를 마치고 요리를 시작한다. 긴장감 넘치는 우리의 작은 세계는 우리가 보지 못하는 그 골든아워에 훨씬 더 치열해진다.

내가 스톤 반스를 처음 방문했을 때는 센터가 공식적으로 문을 열기 4년 전 늦은 오후였다. 나는 예전에 소젖을 짜던 곳이자 그 당시 이미 블루 힐의 부엌 부지로 결정되어 있던 곳으로 걸어 들어갔다. 나를 사로잡은 것은 공간의 크기나 멋지게 탄생할 부엌에 대한 기대감이 아니었다. 태양빛으로 흠뻑 젖은 다섯 개의 남향 창문이었다. 창문 바깥쪽의 안뜰은 돌로 지은 노르만 스타일 헛간으로 둘러싸여 있었다. 창문, 나는 그게 가장 중요하다는 듯 중얼거렸다. 이 부엌에는 창이 있겠구나. 나는 세상에서 가장 운 좋은 요리사가 된 것 같았다.

그러니 그 황금빛이 고색창연한 헛간을 비추는 모습을 바라본지 일주일 만에 창에서 등을 돌리는 내 모습을 발견하고 내가 얼마나 놀랐겠는가. 창은 나를 더 비참하게 만들기만 했다. 내가 무엇을 놓치고 있는지 고스란히 볼 수 있었으니까.

얼마 전 어느 여름 날 저녁, 클라스와 메리하월의 집에서 저녁을 먹으며 나는 내가 놓치고 있는 그 시간에 대해 생각하고 있었다. 2년 만에 두 사람의 농장을 다시 찾았을 때였다. 뒤쪽으로 난 창으로 태양이 에머 밀밭에 황금빛을 흩뿌리고 있었다.

내 경험에 따르면 요리사는 특히 농장의 그런 풍경에 넋을 잃는다. 요리의 성공 여부가 그 밭에서 나는 재료의 품질에 달려 있기 때문이 아니라(물론 당연히 그렇기는 하지만) 창 없는 요리사의 치열한 작은 세계 안에서 농장은 우리가 흔히 볼 수 없는 변치 않는 풍경이기 때문이다. 저물어가는 태양빛으로 마법에 걸린 밀밭을 바라보며 나는 고요함과 평온함을 느꼈다.

하지만 매일 저녁 그 자리에서 메리하월과 저녁을 먹는 클라스는 그 풍경을 전혀 다르게 바라보았다. 클라스는 수년 동안 밀밭을 바라볼 때마다 초조했다고 했다. 그가 간절히 원하던, 가축이 풀을 뜯는 풍경이 아니었기 때문이었다. 나는 메리하월이 집에서 만든 스펠트 빵으로 손을 내밀면서 그 말이 무슨 뜻인지 정확히 알 것 같았다. 지금 창밖에는 젖소가 풀을 뜯고 있었고 초원 바로 아래의 무너질 듯한 헛간에서는 돼지가 요란하게 여물을 먹고 있었다. 메리하월이 내온 빵은 그 소의 젖으로 만든 버터와 커다란 돼지고기 세 덩이와 함께였다.

지난 1년 동안 클라스는 농장을 더 확장해 가축을 기르기 시작했다. 한때는 원치 않던 일이었다. 블루 힐에서 그가 기르는 것을 대부분을 구입하기 때문에 나는 대부분의 농부가 은퇴까지는 아니더라도 한 발 물러서는 나이인 50대 후반에 클라스가 아는 바 거의 없는 분야에 뛰어들면서 농장을 '약간 더 복잡하게' 만든 이유와 이미 자리 잡은 농장에 가축이 어떻게 더해지는지 그 과정을 고스란히 확인할 수 있었다.

저녁을 먹으면서 나는 이미 획기적인 실험을 하고 있는 거라고 클라스에게 다시 한번 상기시켜주었다. 복잡한 윤작으로 토양을 관리하고 중요한 고대 곡물 품종을 널리 알리고 있을 뿐만 아니라 화학약품 없이 농사를 짓자고 공동체 전체를 설득하고 이를 가능하게 하는 기간 시설을 메리하월과 함께 제공하면서. 거기서 얼마나 더 잘할 수 있단 말인가?

클라스는 장난치듯 빵에 버터를 엄청나게 바르며 담담하게 말했다. "우리가 만난 지 10년째죠. 그때는 이렇게 외쳤어요. 유기농으로 세상을 바꾸자! 반은 농담이었지만 그 이후로 세상을 바꾸기 위해 실제로 필요한 것이 무엇인지 알게 되었어요."

농부가 토양의 건강을 위해 아무리 윤작을 하고 아무리 넓은 땅에서 음식을 생산한다 해도 최대한 많은 사람을 직접 먹이지 못한다면 여전히 부족한 거라고 클라스는 말했다.

"부족하다는 건 할 일이 더 있다는 뜻이죠." 클라스와 메리하월은 사람이 직접 먹을 수 있는 음식을 최대한 많이 생산할 수 있도록 의식적으로 노력해왔다. 처음에 빵 밀을 기르기 시작한 것도, 또 수익이 쏠쏠하지 않아도 강낭콩 같은 작물을 계속 기르고 있는 것도 바로 그 때문이었다.

"도덕과 수익의 균형을 맞추고 싶었어요." 클라스가 말했다. "세금도 낼 만하고 아이들도 다 자랐으니 이제 그쪽으로 생각을 넓힐 수 있게 된 겁니다. 그래서 농장을 더 비판적으로 바라보면서 제대로 균형을 맞추려면 어떻게 해야 할지 궁리했어요. 사람들을 먹이고 토양도 기름지게 하고 이윤도 남기기 위해서 말입니다. 답은 바로 눈앞에 있었어요. 제가 보지 못한 것뿐이죠."

그 전 해 여름, 클라스와 메리하월은 유럽으로 여행을 갔다가 그 답을 찾았다. "어딜 가든 가축이 있었어요. 특히 소가요. 그야말로 비옥한 땅에서 거닐고 있었습니다. 제가 본 최고의 기름진 땅이었어요."

클라스는 메리하월을 레이버스토크로 데려갔다. 거의 10여 년 전, 내가 미래를 내다보던 열두 사도와 클라스를 처음 만난 곳이었다. 자동차 경주 선수에서 최고의 농부로 변신한 조디 섹터는 지금 수천 명을 먹여 살리는 거대한 농장을 운영하고 있다. 클라스와 메리하월은 조디의 부엌 식탁에서 곡물 밭과 소, 닭, 돼지를 위한 방목장을 바라보았다. 들소 떼도 조금 있었다. 흙은 진하고 기름졌다. 그리고 점심은 전부 그 농장에서 기른 재료로 만든 것이었다.

조디는 열두 사도의 조언을 제대로 들었던 게 분명했다. 클라스는 조디가 그렇게 짧은 시간에 그렇게 확실한 '영양소 순환 구조'를 만들었다는 사실에 깜짝 놀랐다. 농장 한쪽에서 나온 쓰레기가 다른 쪽에서 양분이 되며 스스로 지속 가능한 농장이 되어 있었다. 작물의 윤작과 동물의 방목은 아귀가 딱딱 맞았다. 농장 전체가 토양의 생물학적 건강을 뒷받침하는 방향으로 운영되고 있었다.

클라스에게는 가장 모범적인 혹은 가장 따라하고 싶은 농장이었다. 스승을 능가해버린 제자를 보며 클라스는 한시 바삐 자기 농장으로 돌아가고만 싶었다. '더 할 일이 있다'는 사실을 깨달았기 때문이었다.

"점심을 먹는 내내 그 생각만 했습니다. '우리 부엌 창밖도 이런 풍경이어야 해. 부족했던 건 바로 이거였어.'

―∞―

클라스와 메리하월은 우선 젖소부터 몇 마리 기르기 시작했다. 두 사람의 딸 엘리자베스는 특히 소에 관심이 많아 언젠가부터 수의사가 되고 싶어했다. 곧 소의 수가 늘어났다. 클라스는 소에게 원래는 토양을 위해 심었던 클로버 같은 피복 작물을 뜯게 했다. 클라스가 '반추동물을 위한 최고의 연료'라고 했던 피복작물의 윗부분을 소가 먹었고 나머지는 소의 배설물과 함께 토양 미생물을 위해 뒤집어엎었다.

놀랍게도 클라스의 형제들도 그 새로운 농장의 덕을 보고 있었다. 낙농장에서 얻는 형제들의 수익은 사료 값이 계속 증가함에 따라 몇 년째 줄어들고 있었다. 결국 그들은 우유 값을 높이기 위해 유기농으로 전환하기로 결심했다.

나는 클라스가 마침내 정당성을 인정받았다고 느꼈을지 궁금했다. 어쨌든 자신이 유기농으로 전환할 때 비웃던 사람들이었으니까. '형제들이여, 예전에는 다 싫다고 했잖아'라고 말하고 싶지는 않았는지 내가 묻자 클라스는 아무렇지도 않은 듯 이렇게 말했다. "결국 모두에게 좋은 일이었어요."

클라스는 피복 작물의 일부를 수확해 품질 좋은 사료로 형제들에게 팔았다. 그리고 유기농 규정에 따라 일정 기간 우유를 짤 수 없었던 형제들은 그 '젖이 마른' 소들을 클라스에게 보내 엘리자베스의 소와 함께 풀을 뜯게 하면서 더 많은 거름을 토양에 뿌렸다.

"지금 우리는 공생 관계예요." 클라스가 웃으며 말했다. "조엘 샐러틴이 레이버스토크에서 말했던 것처럼 목표는 '부분의 합 이상'이어야죠. 저도 그렇게 생각합니다. 10년 전에는 몰랐던 그 지혜를 이제는 정확히 알 것 같아요."

—𝔪—

저녁을 먹고 나서 클라스와 메리하월은 커다란 치즈 몇 덩어리를 내왔다. 독일의 유기 낙농장에서 인턴으로 일하고 있는 장남 피터가 그날 아침 일찍 보낸 치즈였다. 클라스는 그 농장을 재생 에너지를 사용해 생우유 치즈를 만드는 훌륭한 농장이라고 칭찬했다.

"치즈는 부가가치가 아주 높은 상품이죠." 피터가 어느 날 낙농장을 더 확장할 수도 있다는 뜻을 내비치며 클라스가 말했다.

나는 클라스가 단지 피터만 바라보고 있는 것은 아니라는 생각이 들었다. 가축을 들여오고 치즈 생산을 위한 기반 시설을 만들고 농장이 어떻게 에너지를 재창조할 수 있는지까지 생각하는 것은 몇 세대를 위한 프로젝트다. 지금으로부터 100년 동안 가족을 먹여 살릴 농장을 준비하는 메노파식 사고방식이었다.(언제부터 아기를 키우기 시작합니까?)

지난 몇 년 동안 나는 바로 그 농업 구조가, 오크 나무가 늘어선 데에사의 초원이 그리고 베타 라 팔마의 복잡하게 얽힌 수로가, 생태계의 건강도 유지하고 사람도 먹여 살리기 위해 필요한 균형을 끊임없이 변화하며 어떻게 맞춰왔는지 목격했다. 부엌 식탁에 앉아 클라스의 창밖 풍경을 바라보며 나는 클라스의 농장도 바로 그렇게 진화하고 있음을 확인할 수 있었다. 그것은 (어쨌든 내게는) 평화로운 풍경이었지만 정지 상태는 아니었다.

클라스와 메리하월은 몇 가지 유기농 곡물 재배부터 시작해 지난 20여 년 만에 땅을 새로 빌려가며 에얼룸 밀과 채소, 콩류까지 아우르는 복잡한 윤작을 하게 되었다. 나중에는 종자 생산까지 했고 제분소 운영과 곡물유통 사업은 물론 종자유통 회사까지 운영하게 되었다. 그리고 지금 거기에 소규모 낙농장까지 더했다.

나는 지금으로부터 100년 후, 클라스의 자손들도 아마 비슷한 풍경을 보게 될 거라는 생각이 들었다. 내 추측이 맞다면 그건 변화에 맞서 싸우는 사람들 때문이 아니라 각각의 세대가 이를 받아들였기 때문일 것이다.

어쩌면 가장 역동적인 변화는 아직 오지 않았다. 클라스는 농장이 스스로 모든 것을 해결할 수 있는 독립적인 존재라고 더 이상 생각하지 않는다.(예전에 그렇게 생각했다는 뜻은 아니다.) 서로 촘촘히 연결된 더 큰 공동체의 일부로 바라본다.

"모든 농장에서 모든 걸 운영해야 할 필요도 없고 해야 하는 것도 아니라는 생각이 들어요." 클라스는 커다란 치즈 한 덩이를 먹으며 잠시 말을 멈췄다. "그게 정말 중요해요. 서로 다른 기업이 조화를 이루며 자원을 더 잘 활용할 수 있는 공동체를 만들 수 있을까요? 그게 바로 도전일 겁니다." 그 '도전'은 클라스에게 미래를 위한 '자신의' 도전이기도 했다. 각 부분의 합 이상의 역량을 지속적으로 발휘할 수 있도록 농장을 꾸려가는 것 말이다.

—𝔪—

이 책을 집필하기 위한 사전 조사과정에서 나는 농부, 육종자, 요리사들을 관찰하며 많은 깨달음을 얻었는데 그중에서 내 안에 가장 무겁게 내려 앉아 계속 떠올리게 되는 생각이 하나 있다.

웨스 잭슨에게 클라스의 농장이 지속 가능성의 좋은 예라고 말했을 때였다. 웨스는 동의하지 않으며 이렇게 말했다. "지속되기 힘들 겁니다." 그리고 클라스의 작업뿐만 아니라 비슷한 방식으로 농장을 변화시키려는 농부 세대 또한 인정하지 않았다. 나는 까다로운 늙은이처럼 그의 생각을 바꾸고 싶기도 했지만 한편으로는 그의 말이 맞을지도 모른다는 의심을 떨쳐버릴 수 없었다. 역사는 훌륭한 농업이 어느 시점에 근시안적인 결정 몇 가지로 파괴되었다는 사실을 준엄하게 보여준다.

엉뚱한 음식에 대한 미국인의 선호도 한몫했다. 팜 투 테이블 운동이 한창인 지금 이 시점에도 우리는 여전히 저녁거리를 구입하면서 지속 가능성 따위를 고려하지 않는다. 우리는 좀처럼 큰 그림을 바라보지 않는다. 다시 말하면 진정으로 지속 가능한 식품 체계는 그리 간단하지 않다는 사실을 깨닫게 될 기회가 거의 없다는 뜻이다. 지속 가능성은 한두 가지 농업 원칙으로 이룰 수 있는 것도 아니고 한두 가지 맛있는 음식을 생산한다고 이룰 수 있는 것도 아니다.

그 큰 그림은 아마 지붕 위에서 바라본 데에사의 풍경과 비슷할 것이다. 2000년 역사의 다양한 농업 방식과 잘 보존되어온 그 풍경을 보고, 웨스도 데에사는 지속되어왔고 실제로 세대를 거치며 더 발전하고 있다고 인정했다.

스티브 존스가 작업을 지속한다면 스캐짓밸리도 그 예외 중 하나가 될 것이다. 스티브가 농부들과 함께 하는 작업과 그의 브레드랩 창설은 올바른 농업과 제빵을 위한 공동체를 건설해가는 과정이다.

스티브의 꿈은 아마 착착 실현될 것이다. 하지만 어처구니없게도 나는 스티브와 함께 있으면서도 웨스의 주장이 자꾸 떠올랐다. 농부, 요리사, 육종자의 협업은 토양의 건강을 담보하는 복잡한 관계의 그물망을 어느 정도는 만들어낼 수 있다. 하지만 스티브가 알고 있듯이, (그리고 데에사가 내게 일깨워주었듯) 그 관계는 이를 뒷받침하는 변치 않는 음식 문화가 없으면 지속될 수 없다. 그 구멍을 메꿔줄 스티브 존스 같은 사람을 만날 수 있는 농부는 극소수일 뿐이다.

조금 더 자세히 핵심을 들여다보자. 클라스도 스티브가 창조한 것만큼 중요하고 지속 가능한 무언가를 창조할 수 있는 기회를 갖고 있다. 하지만 클라스에게 부족한 것은 훌륭한 요리의 형태로 우리 문화에 깊이 새겨진 작물이다. 그것이 바로 오직 나만이, 우리 요리사들과 직접 요리를 하는 사람들만이 제공해줄 수 있는 것이다.

생각해보면 나는 그 일을 썩 훌륭하게 해내고 있지는 않다. 요리사의 역할이 지휘자의 역할과 비슷하다면 우리의 목표는 조화를 만들어내는 것이다. 오케스트라에서 어떤 악기는 무시하고 어떤 악기만 돋보이게 하지 않듯. 나의 밀 실험은 성공적이었고 깨달음을 주기도 했지만 그 영향력은 클라스의 농장에서 단 한 가지 작물만 홍보하는 데 그칠 뿐 지극히 미미했다. 클라스의 통밀을 아주 맛있게 만들어주는 수많은 '부수' 작물, 곧 기장, 아마, 콩, 메밀, 호밀 등 수십 가지 곡물과 콩류에 대해서는 아직 말도 꺼내지 못하는 수준이다. 그리고 낙농장까지 그 외에 고려해야 할 것이 이제는 더 많아졌다. 그와 같은 작물을 기르는 것은 기회일 수도 있지만 더 곰곰이 생각해볼수록 땅의 생태적 건강을 장기적으로 뒷받침해야 할 책임이기도 하다.

이는 나와 스톤 반스의 관계에서도 마찬가지고, 블루 힐에 재료를 공급하는 수많은 다른 농장과의 관계에서도 마찬가지다. 모든 팜 투 테이블 요리사가 그렇듯 나는 그들의 수확물을 구입함으로써 구조의 유지에 기여하고 있다. 하지만 중요하지만 아직 빛을 보지 못하고 있는 수많은 작물이나 다양한 고기 부위를 위해 나서지 못하고 내가 요리하고 싶은 재료에만 특권을 줌으로써 가장 맛있는 음식을 생산하기 위해 정말 필요한 것을 무시하고 있었다.

그와 같은 농장을 지속시키기 위해, 진정으로 지속 가능하게 만들기 위해 나는 농장 전체로 요리하는 법을 배워야 했다.

—∞—

농장 전체를 활용한 요리는 어떤 모습일까?

그에 대해 고민하면 할수록 나는 전 세계의 농부들이 수천 년 전에 개발한 요리가 바로 그런 모습이라는 생각이 들었다. 그들은 오늘날 우리가 하듯 유행이나 다수의 의견에 따라 음식을 선택하지 않았다. 사실 그들은 그와 같은 자유를 한 번도 누리지 못했다. 그들은 오직 풍경이 제공하는 것에 따라 요리 문화를 발전시켜왔다.

지역마다 다양한 엑스트레마두라의 요리 미가스를 살펴보자. 미가스는 오래된 빵을 튀겨 가끔 그 유명한 돼지의 잘 사용하지 않는 갈비 부위와 함께 내놓는 전통 요리다. 맛도 있고 경제적이기도 하다. 미국 로컨트리 요리로 쌀과 콩, 칼러드 같은 배추속 녹색채소를 (돼지고기 약간과 함께) 섞어 만든 호핑 존도 역시 같은 논리다. 호핑 존은 토양의 비옥함을 향한 송시다. 콩은 토양에 질소를 공급해 쌀이 잘 자랄 수 있게 해주고 칼러드는 보통 흘러들어온 바닷물에서 남은 염분을 흡수한다. 수없이 많은 예를 들 수 있지만 모두 그 지역의 풍경이 제공하는 재료가 요리의 형태와 모양을 형성했다.

얼마 전, 나는 그와 비슷한 원칙으로 제3의 식탁을 위한 요리를 구상해보았다. 육즙이 많은 등심처럼 당근을 납작하게 눌러 굽고 (사람들이 별로 좋아하지 않는) 소의 정강이뼈를 푹 삶아 만든 소스를 뿌린 '당근 스테이크'였다. 나는 우리의 서구화된 육류 중심 요리 문화를 뒤집고 싶었다. 당근 스테이크는 올바른 요리의 미래에 대해 고민하는 첫 번째 시도로 썩 나쁘지 않았다. 하지만 한 가지 요리일 뿐이었다. 뒷받침해줄 앨범이 없는 히트 싱글 한 곡일뿐이었다. '그렇다면 과연 한 끼의 식사는 어떤 모습이어야 할까?'

아기가 태어나기 훨씬 전부터 아기를 키우기 시작하는 것이라는 메노파의 믿음에 동의하며 나는 블루 힐이 지금 이 시점부터 제공할 수 있는 메뉴를 새로 만들어가기 시작했다. 나는 메뉴에 지붕 위에서 본 데에사의 기운을 불어넣고 싶었다. 농장이 혹은 농장 공동체가 제공할 수 있는 모든 요소를 아우르는 그 기운을 말이다. 그 메뉴는 토양을 개선시키는 작물의 수요를 창출하고 맛있는 음식에 대한 우리 감각을 확장하기 위한, 새로운 요리를 위한 플레이북이었다.

나는 구체적인 요리도 그려보았지만 이는 그 새로운 요리가 우리 메뉴에 자리잡아가면서 내 부엌 창밖 풍경이 어떻게 변할지 상상해보는 연습이기도 했다. 새로운 요리는 아마 다음과 같은 모습일 것이다.

—ɯɯ—

2050년의 메뉴

부드러운 귀리 차와 부들 스낵

식사를 어떻게 시작하는가?

앙헬 레온은 생선으로 시작하지 않고 직접 끓여 만든 플랑크톤에 적신 빵으로 시작한다. 그것이 바로 인식의 확장을 위한 첫 번째 한입이다. 플랑크톤이 없으면 바다에 생선이 한 마리도 남아나지 않을 테니까.

앙헬처럼 나 역시 인식의 확장을 위해 두 가지를 먼저 선보일 것이다. 첫 번째는 부드러운 귀리를 우려내 만든 차의 형태가 될 것이다. 거의 성숙했지만 아직 부드럽고 달콤한 어린 귀리가 주인공이다. 클라스를 비롯한 많은 농부가 피복 작물로 귀리를 길러 다 자라기 전에 갈아엎어 토양을 비옥하게 만든 다음 다른 작물을 심는다.

토양의 비옥함을 회복시켜주지 않으면 맛있는 음식은 불가능하다. 그것이 바로 부드러운 귀리가 주는 메시지다. 재료는 달콤한 즙이 풍부한 향을 내는 아직 덜 자란 귀리의 윗부분 약간이다. 나머지는 클라스의 밭에 남아 토양을 살찌울 것이다.

이는 에두아르도의 거위가 잘 알고 있는 '절반은 먹고 절반은 남기는' 법칙과 같다. 에두아르도는 거위가 올리브와 무화과의 반을 먹고 반은 수확을 위해 남겨놓는다며 이렇게 말했다. "거위들도 꽤나 공정한 편이에요." 우리도 마찬가지다.

그게 효과가 있다면, 다시 말해 차가 맛있고 기억에 남는다면 우리는 피복 작물을 위한 시장을 창조해 더 많은 농부가 귀리를 재배하게 만들 수 있다. 하지만 더 중요한 것은 따로 있다. 우리를 먹여 살리는 토양을 우리가 먹여 살려야 한다는 의식을 일깨우는 것이다.

두 번째는 더 야생의 형태가 될 것이다. 두 번째 아이디어는 누군가 연못이나 호수 옆에서 자라는 야생 식물인 어린 부들을 갖고 우리 부엌에 나타났을 때 떠올랐다. 부들은 여과식물이라 물이 있는 곳 근처에서 몹시 중요하다. 부들은 토양으로 흘러 들어온 화학 물질을 스펀지처럼 흡수해 물의 오염을 줄인다. 그래서 오염된 연못에서 자란 숭어를 먹지 않듯 오염된 곳에서 자란 부들도 먹지 않는 것이 좋다. 숭어와 부들의 맛은 환경의 건강을 반영한다.

부들을 깨끗이 씻어 이끼가 낀 껍질을 버터와 레몬주스에 살짝 튀기면 스크램블 에그처럼 부드럽고 영양이 풍부하고 단순하고 완벽한 전체 요리가 된다. 부들이 전하는 메시지는 다음과 같다. 긴장을 푸세요. 이제 곧 건강한 토양에서 자란 음식을 먹게 될 겁니다.

부드러운 귀리가 밭을 튼튼하게 한다면 부들은 자연을 건강하게 한다. 그 두 가지로 준비한 맛있는 요리는 자연을 더 잘 이해할 수 있는 길잡이가 되어줄 것이다. 그것이 바로 농장 전체를 활용하는 요리의 기준이다.

첫 번째 코스 통밀 블루 브리오슈와 블루 힐 농장의 한 소젖 버터

공식적인 식사는 지금보다 맛이 훨씬 좋아질 통밀 브리오슈 한 조각으로 시작된다.

어떻게 맛이 더 좋아질 수 있을까? 맛있는 빵을 만들려면 바버 밀의 품질이 더 나아져야 한다고 생각하는가? 맞는 말이다. 어느 정도는. 2050년까지 우리는 맛있고 영양이 풍부하고 질병에도 강한, 블루 힐을 위해 개발된 블루 밀로 빵을 구울 것이기 때문이다.

설명하자면 이렇다. 스티브 존스가 브레드 랩에서 몇 년 동안 주의깊게 관찰하며 바버 밀을 선택 재배했고 바버 밀은 비슷한 야생 밀과 만나 훨씬 발전했다.(그래서 맛있는 블루 브레드를 만들 수 있게 되었다.)

"100년 전에 육종자들은 늘 혁신을 했어요." 스티브의 말이다. "우리도 그래야죠." 더 많은 연구와 선택 재배 그리고 그 결과 얻은 블루 밀은 구운 견과류 맛이 났고 싱싱한 풀 맛으로 마무리되었다.

스티브는 스톤 반스를 방문했던 2013년에 그 밀에 대한 윤곽을 그렸다. 스티브에게 뉴욕으로 날아오라고 설득할 때 사실 나는 더 큰 계획을 품고 있었다. 나는 스톤 반스에서 밀을 기르고 싶었다. 클라스한테만 의존하지 않고 집에서 더 가까운 곳에서 밀을 기르고 싶었다. 괴짜 같은 생각이었다. 3만2000제곱미터밖에 되지 않는 잭의 채소밭에서 밀을 기른다는 건 빵 공장 안에 자동차 공장을 집어넣는 것과 마찬가지였다. 그런데 스티브와 시간을 보내면서 깨달은 게 있었다. 단일 경작 작물이라는 밀에 대한 우리 인식이 스테이크 200그램이라는 소고기에 대한 기대와 마찬가지로 하루빨리 뒤집혀

야 한다는 사실을. 이를 위해 맨해튼 중심에서 48킬로미터 떨어진 뉴욕의 포캔티코힐스보다 더 적당한 장소가 과연 있을까?

하지만 스티브가 스톤 반스를 둘러볼 때 잭은 더 현실적인 고민을 하고 있었다. 정확히 어디서 밀을 기른단 말인가?

답은 스티브가 갖고 있었다. 심지어 여러 군데였다. 스티브는 스톤 반스를 잠깐 둘러본 후 온실 바로 건너편에 있는 빈 땅을 가리키며 밀을 기르기 좋은 곳이라고 했다. 레스토랑 앞의 잔디 구역을 지나면서도 큰 체구를 숙이고 순간의 정적을 깨며 이렇게 말했다. "여기에 밀을 심으면 어때요?" 몇 발자국을 걷더니 또 다른 곳을 가리켰다. "아니면 여기?" 그리고 내 어깨를 툭툭 치며 들릴 듯 말 듯 중얼거리기도 했다. "저기도 참 보기 좋을 것 같고." 나는 밀을 호박처럼 줄줄이 심을 수도 있다는 사실을 깨달은 후 잭을 바라보았는데, 잭은 조언도 조언이지만 하룻밤 묵는 손님이 주인 행세를 한다며 못마땅해하는 표정이었다. 그런데 그때 스티브가 주머니에서 플라스틱 병을 꺼내 잭에게 건넸다. 푸른빛이 도는 진한 회색 씨앗이 가득 들어 있었다. 스티브는 색깔이 영 선명하지 않다고 사과하며 이렇게 말했다.

"더 손을 볼 겁니다. 조만간 이렇게 파란 색이 될 거에요." 스티브가 잭의 셔츠를 가리키며 말했다. "맛은 훌륭합니다. 항산화 물질도 끝내주죠. 이런 놈은 정말 처음이에요." 그리고 유전자를 조작했거나 대학이 특허권을 갖고 있지 않으니 곧 누구나 사용할 수 있게 될 거라고 덧붙였다.

그렇게 된 것이었다. 잭은 가을에 블루 밀을 심었다. 그때부터 우리 브리오슈는 푸른색이다.

—ɯ—

언젠가 블루 밀이 매사추세츠의 블루 힐 농장에까지 전해질 수 있을까? 어쩌면 그럴 수 있을 것이다. 하지만 그동안 우리의 파란 브리오슈는 우리가 이미 사용하고 있는 블루 힐 농장의 '한 소젖' 버터로 만들어질 것이다.

한 소젖 버터는 새로 손을 본 우리 농장에서 풀만 먹여 기른 소의 우유를 처음 배달 받았을 때 떠오른 생각이었다. 하지만 그보다 몇 년 전, 형 데이비드와 내가 숲이 블루 힐의 풀밭으로 야금야금 번지고 있다는 사실을 알아차렸을 때 떠오른 아이디어라고 주장할 수도 있다.

할머니 앤이 돌아가신 지 20여 년이 지났을 즈음이었다. 소떼는 이미 없었고 내가 어렸을 때 트랙터 위에 앉아 유심히 살피던 그 활력 넘치던 야생의 경계는 점차 무성해져갔다. 가시나무도 더 많이 자랐고 양치류도 더 두터워졌다. 할머니가 아끼던 초원은 천천히 줄어들었다. 그래서 데이비드와 나는 2006년, 농장 전체를 낙농장으로 바꾸기로 결심했다. 풀을 뜯는 소떼가 광활한 목장 본래의 모습을 되찾아주었고 우리는 거기서 풀만 먹고 자란 소젖 우유를 공급받기로 했다.

첫 번째 우유가 도착했다. 우리가 낙농장을 관리하라고 고용한 농부는 한 가지 질문을 했다. 이름 있는 소가 이름 없는 소보다 우유를 더 많이 생산한다는 사실을 알고 있냐고. 그도 당연히 그 정도는 알고 있었고 그래서 모든 외양간마다 이름표를 걸어놓았다. 애나벨, 대포딜, 질리언, 선샤인, 그리고 스무 마리가 넘었다. 이름도 달랐지만 품종도 달랐고 잡종도 있었다. 낙농장은 소의 유엔이나 마찬가지였다.

나는 그 모습을 보며 비슷하지만 또 다른 의문이 생겼다. 이름 있는 소가 이름 없는 소보다 더 '특별한' 우유를 생산할까? 만약 그렇다면 왜 그 모든 특별함을 한 통에 담아 섞어버린단 말인가? 사실 하루에 두 번씩 헛간으로 밀려들어오는 소 떼의 다양한 색깔과 크기의 향연을 보고 있자면 당연히 그럴 거라는 생각이 들 수밖에 없을 것이다.

우유를 섞지 않고 따로 관리하기 시작하자마자 그 차이는 확실히 드러났다. 다양한 풀을 가리지 않고 뜯는 더치 벨티드 소 애나벨의 우유는 밝은 노란색 버터가 되었다. 케리와 쇼트혼의 잡종 선샤인은 더 까다롭게 풀을 뜯었는데 선샤인의 버터는 상아빛이 도는 흰색으로 여름에 더워지면 황금빛으로 변했고 파운드케이크 맛이 났다.

버터는 소 품종의 특성과도 관련이 있지만 풀의 상태와도 관련이 있다. 곡물 사료로 맛을 평범하게 만들어버리지 않으면 버터의 특성은 풀의 질에 따라 달라진다. 우리는 이미 계절에 따른 버터 맛의 차이를 확인했다. 아마 다음 세대는 그 맛의 차이를 더 확연히 느낄 수 있을 것이다. 이는 최근에 스톤 반스를 방문한 경험 많은 한 프랑스 요리사로부터 배운 것이었다.

애나벨의 버터를 맛본 그는 약간 실망했는지 그저 평범한 것 같다고 했다. 그리고 어쩌면 비 때문일지도 모른다는 의견을 제시했다.(그 주 초에 정말로 블루 힐 농장에 비가 왔다.) 그리고 소 떼가 헛간 가까이에서 풀을 뜯었는지 아니면 멀리 떨어진 초원에서 풀을 뜯었는지 물었고 아마 멀리서 뜯었을 거라고 추측했다. 농부에게 전화를 걸어 확인해보니 헛간에서 가장 먼 풀밭에서 풀을 뜯었다고 했다.

어떻게 알았을까? 엘리엇 콜먼이 언젠가 내게 가르쳐주었듯이, 낙농장에서 가장 먼 풀밭은 보통 소가 가장 덜 가는 곳이다. 그래서 그곳의 토양은 비옥함이 떨어지고 풀도 덜 무성하고 영양가도 부족하다. 그는 그 맛의 차이를 느꼈던 것이다.

클라스의 밭을 찾았을 때 클라스는 건강한 풀밭을 알아내는 방법에 대해 이렇게 일러주었다. "비결은 토양의 언어를 배우는 겁니다."

한 소젖 버터가 그 언어를 이해할 수 있도록 도와줄 것이다. 풀만 뜯는 소는 계절이나 주에 따라서뿐만 아니라 풀밭이나 풀의 종류에 따라서도 다양한 버터를 생산한다. 그 맛의 차이를 느낄 다음 세대는 그 점에 대해 더 확신하게 될 것이다.

두 번째 코스 로테이션 리소토와 898 호박

두 번째 코스는 첫 번째 코스에 대한 송시다. 맛있는 밀의 비결은 밀에만 숨어 있지 않다고 나는 배웠다. 클라스의 밀 맛을 월등하게 만들어주는 여러 가지 비인기 작물과 콩류 역시 각자의 맛을 뽐낼 기회가 필요했다. 부드러운 귀리는 이미 메뉴에 올릴 생각이었다. 그것 말고도 덜 알려진 나머지 작물을 위해 과연 어떤 요리를 개발할 수 있을까?

최근에야 나는 쌀 대신 곡물을 사용한 리소토 형태로 그 요리를 개발했다. 호밀(토양에 탄소 보충), 보리(잡초 억제), 메밀(토양에 쌓인 독소 제거), 기장(날씨가 건조할 때 유용)을 활용했다. 그리고 붉은 강낭콩(질소 수치 조절)과 대두 같은 콩류도 포함시켰다.

다른 곡물은 쌀처럼 점성이 크지 않아 크림 같은 농도가 부족했다. 그래서 나는 케일, 브로콜리, 양배추 등 클라스의 윤작에서 겨자(또 다른 질소 촉진제)로 대표되는 배추속 식물 퓌레를 활용했다. 덕분에 리소토 같은 농도를 얻을 수 있었고 맛 또한 10여 가지 곡물과 콩으로 풍부해졌다.

우리는 그 요리를 로테이션 리소토라 불렀고 그때부터 로테이션 리소토는 뉴욕 시내의 블루 힐 메뉴에 올라 있다. 어느 날 밤 나는 홀을 가로지르다가 한 손님이 이렇게 묻는 것을 들었다. "로테이션 리소토가 뭐죠?" 웨이터는 그 질문에 자세하게 답하고 이렇게 덧붙였다. "식물의 '노즈 투 테일' 요리라고 생각하시면 될 겁니다." 정말 적절한 비유라는 생각이 들었다. 노즈 투 테일 요리가 가장 선호하는 부위뿐만 아니라 동물 전체를 요리한다는 뜻이라면 로테이션 리소토는 곧 농장 전체로 요리한다는 뜻이다.

나는 시간이 갈수록 더 다양한 형태의 로테이션 리소토가 만들어질 거라고 확신한다. 클라스가 윤작을 멈추지 않고 그의 아들 피터가 이를 더욱 발전시킬 것이기 때문이기도 하지만 블루 힐이 이미 스톤 반스에 완전히 새로운 윤작 체계를 정착시켰기 때문이기도 하다.

잭은 그 프로젝트를 위해 목초지를 4000제곱미터만 양보하라고 크레이그를 겨우 설득했고 밀 다음에 심을 작물도 생각했다. 물론 토양에 대해, 토양을 살찌울 가장 좋은 방법에 대해서도 궁리했다.

나는 나대로 메뉴에 대해, 얼마나 많은 다양하고 새로운 곡물을 로테이션 리소토에 활용할 수 있을지 생각하고 있었다.

내가 뭘 기대하면 될지 묻자 잭은 이렇게 대답했다. "몇 가지는 가능할 겁니다. 한번 두고 보죠. 하지만 클라스의 농장에만 너무 빠져 있지 말아요. 거긴 곡물농장이지만 우리는 아니잖아요." 그리고 잭은 아주 다른 윤작물을 제안했다. "밀을 수확한 다음에 호밀과 피복작물을 심어 토양을 쉬게 해줄 겁니다. 어느 정도는 요리에 쓰고 또 일부는 돼지 먹이로 줘야겠죠. 돼지가 노닐 크레이그의 목초지를 빌려온 거니까 어떻게든 크레이그도 덕을 봐야죠. 그다음에는 마조렉의 겨울 호박을 심을 겁니다."

코넬대 육종자 마이클 마조렉, 몇 년 전에 맛을 위해 품종을 개량해달라고 부탁한 사람이 지금까지 아무도 없었다고 한탄했던 바로 그 마이클이었다. 마이클은 우리 요청에 따라 당도가 월등한 겨울 호박을 개발했다. 실험 번호 898로 잭은 그 호박을 몇 년째 실험하고 있었다. 당도가 높고 푸딩 같은 질감의 그 호박은 쪼그라든 버터넛 호박처럼 생겼다.

나는 내 행운을 믿을 수 없었다. 4000제곱미터 전체에 겨울 호박이라니. 곡물도 훌륭하지만 그 호박의 맛은 다른 호박과 비교가 불가능했고, 잭의 입장에서 보자면 곡물보다 훨씬 높은 수익도 보장했다. 게다가 보통 버터넛 호박과 수확량 차이도 전혀 크게 나지 않을 거라고 마이클이 장담했다. 마운틴 매직 토마토처럼 수확량을 높이는 방향으로 개량되었기 때문이었다.

미래의 요리사는 에얼룸만 찾지 않을 것이다. 이것 하나는 확실하다. 우리와 뜻이 같은 육종자가 많아지기만 한다면 늘어나는 인구를 먹여 살리기 위해 맛을 포기하고 수확량을 증가시켜야 한다는 생각은 50년도 지나기 전에 어리석은 구시대의 사고방식으로 여겨질 것이다. 어디서든 기를 수 있는 한 가지 품종을 개발해야 한다는 생각 또한 마찬가지다. 요리사와 육종자가 힘을 모으면 맛있고 영양가도 높고 그 지역에 꼭 맞는 작물을 생산할 수 있을 것이다.

그것이 바로 898 호박 퓌레를 섞은 로테이션 리소토가 전달하는 메시지다.

세 번째 코스 돼지 뼈 숯으로 그릴에 구운 크로사보 돼지고기와 돼지 피 소시지

노즈 투 테일 요리의 미래? 뼈부터 피까지다. 그리고 지금으로부터 수십 년 안에 블루 힐에서 그것을 맛볼 수 있을 것이다. 스톤 반스가 곧 더 많은 돼지를 기를 것이기 때문이다.

이는 스티브 존스가 스톤 반스를 방문했을 때 했던 말을 고려해 보면 엉뚱한 확신이지만 그래도 나는 그에 대비하고 있었다. 우리는 버크셔 돼지가 곡물 통에 코를 박고 점심을 먹고 있는 곳에 멈춰 섰고 나는 돼지가 거름으로 밀을 기를 땅을 비옥하게 만들어줄 거라고 말했다.

"대부분의 농부가 가축 거름이 있으면 토양을 비옥하게 만들어 줄 질소와 인은 충분할 거라고 생각하죠." 스티브가 잭 옆에서 조심스럽게 말을 골라가며 말했다. "하지만 거름이 어디서 옵니까? 바로 곡물이에요."

스티브가 지적한 대로 우리는 여전히 거름을 얻기 위해 (그래서

토양을 비옥하게 만들기 위해) 다른 농장에서 곡물 사료의 형태로 양분을 들여오고 있었다. "석탄 채굴과 비슷하지요." 스티브가 흥겹게 말했다. 그의 말은 이런 구조가 얼마나 오래 지속될 수 있을까? 라는 웨스의 고민에 대한 무의식적 동의였다.

하지만 그 후로 몇 달간 나는 또 다른 작업이 진행되는 것을 보았고 그 작업의 결과는 생태학적으로뿐만 아니라 요리에도 신나는 영향을 끼쳤다. 우리의 아킬레스건을 건드린 스티브의 말을 들었는지 안 들었는지 모르겠지만 크레이그는 온실 바로 뒤 숲 한쪽의 죽고 힘없는 나무들을 베어내기 시작했다. 그리고 돼지가 덤불을 청소하고 여기 저기 풀을 뜯게 만들면서 돼지가 다니는 곳에 목초 종자를 심었다.

다음 해 봄 어느 날 오후, 나는 근처를 지나다가 내 눈을 믿을 수 없었다. 맹세컨대 내가 본 것은 데에사의 모습 그대로였다. 오크 나무는 없었지만, 아니 더 정확히 말하자면 깔끔하게 손질되고 도토리를 엄청나게 많이 생산하는 엑스트레마두라의 오크 나무는 아니었지만 오크 나무가 있었고 먹이가 될 풀과 뿌리도 풍부했으며 나무들은 엑스트레마두라와 똑같은 서배너 효과를 내고 있었다.

아직 널리 알리지는 않았지만 크레이그는 오래전부터 목초지 둘레를 전부 데에사 같은 풍경으로 만들 생각을 해오고 있었다. 외부에서 들여오는 곡물의 양을 줄이고 부지 내에서 먹이를 공급할 수 있는 가능성을 높이기 위해서였다.

스톤 반스 센터의 회장 질 이젠바거는 그 프로젝트에 대해 이렇게 말했다. "개입을 통한 지속 가능성!" 즉 생산성을 높일 수 있는 방향으로 땅을 교란시키되 동시에 환경이 제공하는 것과 균형을 맞추라는 뜻이었다.

나는 베타 라 팔마가 "건강한 인공 시스템"이라던 미구엘의 말이 떠올랐다.("맞아요, 인공이에요. 하지만 더 이상 어떻게 자연스러울 수 있을까요?") 그가 내게 보여주었듯이 최고의 생태계는 인간의 개입을 미리 배제하지 않는다. 사실 최고의 생태계는 종종 인간의 개입으로 완성된다. 우리가 생태계에 도움이 되는 방향으로 움직인다는 전제 하에서. 짐의 생각이 맞는 것 같았다.

여기에 크레이그는 두 가지 아이디어를 더했다. 환경에도 좋고 요리에도 좋은 아이디어였다. 첫째, 미니 데에사에서 영감을 받았는지 육종 천재 스티브에게 영감을 받았는지 어쩌면 둘 다였는지 모르겠지만 크레이그는 오사보 섬 수퇘지를 구입해 버크셔 암퇘지 두 마리와 교배시켰다. 데에사 이베리안 피그의 직계 자손인 오사보 돼지는 이베리안 피그처럼 드럼통 모양이었고 근육질의 다리에 주둥이는 도토리를 찾아 먹기 알맞게 길고 뾰족했다.

그 결과 태어난 새끼돼지를 우리는 "크로사보Crossabaws"라고 불렀는데 지금까지 내가 요리해본 돼지 중 맛이 최고였다. 뚜렷한 지방이 근육 전체에 확실하게 분포해 있는 그 모습에 빛을 향해 하몬 한 조각을 자랑스럽게 들고 있던 에두아르도의 모습을 떠올리지 않을 수 없었다. 크레이그가 조만간 블루 힐을 위해 얼마나 많은 크로사보를 기르게 될지 상상해보지 않을 수 없었다. 풍경이 자리를 잡아 갈수록 맛도 점점 좋아질 것이다.(맛에 대해서는 상상해보려 해봐야 소용없었다.)

두 번째 아이디어는 소스에 적용되었다. 그렇게까지 느낄 필요는 없었겠지만 나는 그것을 돼지고기 소스로 활용할 수 있어서 몹시 운이 좋다고 생각했다. 시작은 그 죽고 시든 나무를 숯으로 만들겠다는 크레이그의 생각이었다. 그때까지 숯을 사다 쓰고 있던 블루 힐의 그릴도 굉장한 덕을 보게 될 터였다.

나무마다 향기가 독특한 숯을 직접 만들어 사용하다 보니 다른 것도 숯으로 만들 수 있겠다는 생각이 들었다. 처음 떠오른 것은 남은 돼지 뼈였다. 뼈는 수프와 소스를 만드는 데 사용했는데 늘 맛을 우려낸 다음에 버렸다. 그런데 버리지 않고 나무처럼 숯으로 만들 수 있다면? 나무로 숯을 만들 때처럼 태우면서 맛의 일부를 보존할 수 있다면? 우리는 두 가지 모두 성공했다. 숯불에 구운 크로사보 돼지는 뼈로 만든 숯으로 요리하는 과정에서 정말 놀라운 맛이 들었다.

그렇다면 돼지의 피는? 블루 힐의 돼지고기 가공 전문가 애덤 케이는 돼지의 그 간과되고 있는 부위로 부댕 누아르를 만들었다. 부댕 누아르는 곡물이나 쓰고 남은 고기를 섞어 만든 프랑스 전통 돼지 피 소시지다. 애덤은 응고의 기적과 비범한 기술을 결합시켜 오직 피로만 소시지를 만들었다. 소시지는 강렬했다. 입장이 확실했다. 다음 세대는 아마 그 소시지에 익숙해질 것이다. 동물 전체를 활용한다는 건 동물의 '모든' 부위를 활용한다는 뜻이 될 것이다. 피와 뼈까지.

네 번째 코스 식물 플랑크톤을 곁들인 송어

이 책을 쓰기 전에 나는 우리 세대부터 메뉴에 올릴 생선이 몇 가지 남지 않는 슬픈 일이 일어날 거라고 생각했다. 하지만 앙헬을 만나고 바다가 제공하는 것에 대한 앙헬의 접근 방식을 보며 다소 희망을 갖게 되었다. 상상력이 넘쳐나는 앙헬의 재료 수급 방식과 요리법은 우리가 아직 잘 모르는 영양 단계가 낮은 대안을 찾고 선보이는 데 다른 요리사들에게 영감을 줄 것이다.(그리고 그 다른 요리사들은 또 집에서 요리하는 많은 사람에게 영감을 줄 것이다.)

지난해 우리도 멋진 대안을 하나 발견했다. 잭이 스톤 반스 주변의 숲을 거닐다가 오래된 송어 사다리를 발견한 것이다. 송어 사다리는 물의 자연스러운 흐름을 이용해 송어를 상류로 끌어올리는 단순한 장치다. 그 사다리는 1940년대 록펠러 가문이 송어를 끌어올리기 위해 만든 것이었다.

오늘날 미국의 양식 송어는 대부분 대규모 양식장에서 자라는데 그 양식장의 상태가 생선의 질만큼이나 문제가 크다. 하지만 자연을 모방한 환경에서 적절한 먹이를 먹고 자란 송어는 그 맛이 뛰어날 수 있다.

잭은 나중에 블루 힐에 민물 송어와 무지개 송어를 공급할 수 있다는 희망으로 부풀었다. 먹이는 온실 근처에서 만드는 퇴비의 벌레가 될 것이다. 레스토랑에서 나오는 야채 껍질을 분해하며 약간의 부엌 위생 서비스를 제공하는 벌레가 나중에는 양식 송어도 제공해줄 것이다.

나는 우리도 앙헬처럼 송어에 식물 플랑크톤 소스를 곁들일 수 있다고 생각했다. 운이 좋았는지 다트머스대에서 생물학을 전공한 한 학생이 최근에 식물 플랑크톤에 대한 내 관심에 대해 전해 듣고 집에서 직접 기른 식물 플랑크톤을 판매하겠다고 제안해왔다. 첫 번째 식물 플랑크톤은 괜찮았다. 물론 앙헬이 만든 것에 비하면 한참 뒤떨어졌지만 나는 앞으로 수십 년 안에 양식장과 식물 플랑크톤 설비를 갖춘 앙헬의 새로운 레스토랑이 '생명의 근원'을 보호하고 널리 알리는 데 전 세계적인 관심을 불러일으킬 거라고 확신한다.

식물 플랑크톤도 미래의 메뉴에 포함될 것이다. 앙헬 말대로 식물 플랑크톤 없이는 바다가 텅텅 비어갈 것이기 때문이다.

다섯 번째 코스 파스닙 스테이크와 풀 먹인 소고기

아직은 테이스팅 메뉴를 야채로 마무리하지 않지만 아마 다음 세대부터는 점차 그렇게 되어갈 것이다. 내가 당근 스테이크를 준비하는 것처럼.

미래의 메뉴가 전부 그렇듯이 육류 중심 전략에서 등을 돌리는 것 역시 생태학의 요구 때문일 것이다. 땅이 제공하는 것과 손을 잡고 메뉴를 만들어간다면 결국 야채와 곡물이 중심적인 위치를 차지하게 될 수밖에 없다.

내가 꿈꿔오던 야채 스테이크는 얼마 전 잭이 한겨울에 수확한 파스닙으로 실현되었다. 파스닙은 보통보다 다섯 달 정도 더 오래, 그러니까 약 1년 동안 땅속에 있었다. 파스닙은 거대한 티본 스테이크만 했고 날씨가 추워 녹말이 거의 당분으로 변해 있었다.

파스닙은 디저트로 나가도 충분할 만큼 달콤했지만 우리는 스테이크처럼 구워 손님들 앞에서 그 위풍당당한 뿌리를 직접 잘랐다. 우리는 수십 년 후에도 여전히 그런 요리를 하고 있을 것이다. 이번에는 비록 소 정강이뼈를 충분히 끓여 맛을 낸 보르들레즈소스(프랑스 보르도 지방의 대표적인 레드 와인 소스로 주로 육류에 곁들인다—옮긴이)와 함께 제공했지만.

소고기는 스톤 반스에서 소를 기르겠다는 크레이그의 결심 덕분이었다. 스톤 반스의 환경이 더 건강해질수록, 복잡한 윤작으로 풀이 더 무성해질수록 양 떼를 따라다닐 초식동물을 더해가면서 농장을 확장해갈 수 있을 것이다.

하지만 농장의 확장은 이를 뒷받침할 적절한 요리 없이는 불가능하다. 그래서 (먹기도 팔기도) 힘들고 초라한 부위인 정강이는 파스닙을 위한 소스가 되는 것이다. 장루이 팔라댕이 그랬던 것처럼 소스 만들기는 인기 없는 부위로 맛도 풍부하고 사람들의 마음도 움직이는 요리를 창조하는 완벽한 방법으로 그 중요성을 회복할 것이다.

디저트 쌀 푸딩과 맥주 아이스크림

며칠 전 나는 부엌 창문으로 글렌 로버츠가 뜰에 서 있는 모습을 바라보았다. 글렌은 늘 입는 흰 폴로 티셔츠와 카키 바지를 입고 돌로 지은 건물을 바라보며 혼자 웃고 있었다.

늦은 봄 일요일이었고 글렌은 아내 케이와 오전에 스톤 반스 주변을 산책했다. 글렌은 밭에서 일하고 있지 않은 자기 모습이 영 어색한 듯했다. 그래서 그런지 대화의 주제가 스티브 존스와 그가 새로 개발한 블루 밀로 옮겨가자 마치 두 눈이 튀어나올 듯 관심을 보였다.

남에게 뒤지고 싶지 않았는지 글렌은 무심코 자기도 뭔가를 제안했다. "잭에게 검은 쌀을 심으라고 하면 어때요?" 남편을 잘 알고 있는 케이가 이야기를 하라고 자리를 비워주었다.

"쌀이요?" 내가 되물었다. "잭이 논까지 꾸릴 수 있는지는 잘 모르겠는데요."

"마른 벼농사죠." 그가 말했다. 나는 그런 게 있는지도 몰랐다고 했다. "오, 당연히 있어야죠. 히말라야에서도 물을 끌어올 수 있을까요?"

나는 하마터면 히말라야에서 쌀을 재배하는지조차 몰랐다고 말해버릴 뻔했다. 하지만 마침 잭이 지나갔고 기회라고 생각한 나는 두 사람을 레스토랑으로 데려와 글렌에게 설명을 부탁했다.

알고 보니 글렌에게 향이 좋은 단립종으로 일반 상층토에서 줄줄이 심을 수 있는 흔치 않은 검은 쌀 종자가 있었다. 물이 필요 없는 종자였다. 글렌은 잭에게 미국 최초로 그 종자를 심어볼 농부가 될 수 있는 기회를 제공했다. 스톤 반스가 문을 연 지 얼마 되지 않아 에이트 로 플린트 옥수수를 가장 먼저 심어볼 수 있게 해주었던 것처럼.

잭은 동의하기 전에 약간 주저했다. 어쩌면 옥수수를 심을 때처럼 글렌이 몇 천 달러는 제안하길 내심 바랐는지도 몰랐다. 결국 잭은 손을 내밀며 이렇게 말했다. "해보겠습니다." 두 사람은 악수를 했다.

3주 후, 나는 온실로 잭을 찾아갔다. 벌써 싹이 난 벼가 모판에서 흙으로 옮겨 심어지길 기다리고 있었다. 잭은 야채밭 맨 가장자리에 벼를 심을 생각이었다. 10년도 훨씬 전 추웠던 11월 어느 날 오후, 엘리엇 콜먼이 돌아서서 노을을 향해 두 팔을 치켜들었던 바로 그곳이었다.

미래를 예측할 때는 10년 전만 해도 현재를 그려보기 힘들었다는 사실을 주지해볼 만하다. 엘리엇은 이 작은 농장에서 다양한 가축과 야채는 물론 전 세계 3대 주요 작물인 옥수수와 밀, 쌀까지 기르게 될 거라고 상상이나 할 수 있었을까?

상상조차 못 했겠지만 그 세 가지 작물은 다른 작물과 함께 우리 농장에 꼭 필요한 요소가 되었다. 잭이 밀과 쌀을 심은 지 몇 달이 지나지 않아 우리는 연달아 세 통의 전화를 받았다. 한 통은 스톤 반스에서 8킬로미터 떨어진, 18세기 곡물 제분소를 박물관으로 개조한 필립스버그 매너였는데 새로 정비한 맷돌로 우리 밀을 갈아주고 싶다고 했다.

또 한 통은 새로운 몰트 회사로 맥주를 만들 보리 몰트를 요청했다. 동북쪽에 소형 양조장이 우후죽순 생겨나고 있었는데 대부분 즐겨 마시는 맥주의 품질을 개선하고자 하는 젊은 사업가들이 경영하고 있었다. 그리고 지역 보리는 심각하게 부족한 수준이었다. 그들은 잭이 밀 윤작에 보리도 추가할 생각은 없는지 궁금해 했다.

그리고 근처의 소형 양조장에서 새로운 맥주를 개발하려고 하는데 잭이 밀을 팔 생각이 없는지 물었다. 그리고 크레이그에게 맥주 제조 과정에서 남은 밀을 돼지에게 먹이는 데 관심이 있는지도 물었다.

나는 글렌의 검은 쌀이 농장의 곡물 윤작에서 제 역할을 찾아가며 자리를 잡을 것처럼 그 다양한 기회도 여러 가지 방식으로 충분히 실현될 수 있을 거라는 생각이 들었다.

그날이 오면 우리는 맥주와 쌀을 결혼시켜 디저트로 내놓을 것이다. 우리 메뉴에 마지막으로 더해진 재료와 이를 중심으로 다시 살아난 제조업자와 유통업자의 공동체를 기리기 위해서 말이다.

—ᴡ—

그날 오후 셋이 모인 자리에서 나는 쌀이 스톤 반스에서 약간 변형된 '네 자매 농법'의 일원이 될 수 있을지 글렌에게 물었다. 옥수수와 호박, 콩을 나란히 심는 아메리카 원주민의 지혜를 빌려서 말이다. 쌀이 그 상징적인 관계의 일부가 될 수 있을까?

"그야 당연히 저도 모르죠." 글렌이 손을 치켜들며 말했다. "하지만 세 자매도 없었으니 잘 모르겠네요." 나는 글렌이 농담을 하고 있다고 생각했지만 잭을 바라보니 그도 동의한다는 표정이었다.

"무슨 뜻이죠?" 내가 마치 산타클로스는 존재하지 않는다는 말을 들은 어린아이 같은 표정으로 물었다.

"세 자매 농법은 좋아요. 시간이 흐르면서 누구나 쉽게 이해할 수 있도록 발전해왔죠. 가장 근본이에요. 그게 뼈대죠." 글렌이 말했다. "하지만 완전히 단순하기도 해요."

잭은 글렌의 "완전히 단순"하다는 말에 힘차게 고개를 끄덕였다. 그리고 나를 보며 이렇게 말했다. "무슨 생각을 하신 거예요? 아메리카 원주민이 작물을 나란히 줄줄이 심었다고 생각하신 거예요?" 그가 고개를 저으며 말했다. "절대 아니죠. 어디서든 길렀어요. 어느 것 하나도 따로 떨어져 있는 건 없었어요. 전부 하나의 커다란 농장이었으니까."

—ɯɯ—

하지만 이 책을 위한 연구는 여러 가지 면에서 그와 정반대의 아이디어로 시작되었다. 한 가지 훌륭한 재료를 놓고 그 재료가 어떻게 재배되고 마련되는지 살펴보면서, 레시피를 배우면서 내 주변의 농부들이 더 맛있고 환경에도 도움이 되는 재료를 수확할 수 있도록 도우면서 말이다. 하지만 가장 큰 교훈은 맛있는 음식은 단 한 가지 재료로 압축할 수 없다는 것이었다. 맛있는 음식은 이를 뒷받침하는 관계의 그물망이 반드시 필요했다.

알도 레오폴드에 따르면 올바른 농사는 자연의 어떤 구성 요소도 버리지 않는다. 그는 이렇게 말했다. "모든 톱니바퀴를 잘 관리하는 것이 영리한 수선공이 첫 번째로 주의해야 할 점이다."[1] 올바른 요리도 마찬가지다. 올바른 요리는 맛있는 음식의 근본인 땅 위는 물론 땅속 공동체까지 활발히 유지되도록 돕는다.

그것이 바로 내가 요리사로서 그리고 음식을 먹는 사람으로서 제3의 식탁을 상상하며 원했던 것이다. 재료의 조합뿐만 아니라 그 재료가 어떻게 조합되는지 그리고 그 조합이 더 큰 그림을 어떻게 반영하는지까지 생각해보는 것.

그 관계는 식탁 이전에 시작되고 식탁을 넘어선다. 그 관계는 부분의 합 이상이다. 그리고 문화를 바꾸고 풍경을 만들어갈 힘을 갖고 있다.

어쩌면 그날 잭이 글렌과 나눈 이야기가 바로 미래를 위한 제3의 식탁을 구상하는 가장 정확한 방법일지도 모른다. 자연에 깊이 뿌리 내린 제3의 식탁은 '하나의 커다란 농장'을 위한 청사진이다. 늘

역동적이며 더 큰 공동체와 연결되어 있는 '하나의 커다란 농장' 이야기에, 음식을 통해 요리사가 들려주는 그 이야기에 귀 기울여 보자.

감사의 말

이 책은 블루 힐 레스토랑 주방에서 쓰였지만 그 시작은 아마 블루 힐 농장의 초원이었을 것이다. 그런 점에서 우리 가족을 위해 그 농장을 가꾸고 물려주신 할머니 앤 말로 스트라우스 여사께 감사드린다.

어떻게 보면 이 책은 할머니가 물려주신 농장의 또 다른 풍경이던 저녁 식탁에서 시작되었다고도 할 수 있다. 그곳에서 나는 토비 이모가 중탕으로 요리한 스크램블 에그 같은 프랑스 음식을 맛보았고 미식가이자 대식가인 스티브 삼촌이 막 딴 토마토는 헬먼즈 마요네즈를 곁들여야 제 맛이라며 열을 올리던 모습을 지켜볼 수 있었다. 무엇보다도 삼촌은 내게 요리사나 작가에게 필요한 최고의 선물을 안겨주었는데 그건 바로 마르지 않는 호기심이었다.

나중에 훌륭한 영문학 교수님을 여럿 만나게 되었고 그분들이 내게 불어넣어주신 용기로 그 호기심을 글로 풀어낼 수 있었다. 읽는 즐거움에 눈을 뜨게 해주신 두 분이 특별히 마음에 남는다. 소로와 에머슨 같은 미국 자연주의 작가의 글을 쉽게 읽으면서도 깨달음을 얻을 수 있도록 가르쳐주신 앤드루 글라스먼 교수님과 필립 로스의 천재성을 볼 수 있도록 도와주신 솔 기틀만 교수님께 감사드린다.(아무렴, 필립 로스에게도 감사하고말고.)

작가가 글을 쓰려면 일단 소재가 필요한 것처럼 셰프가 요리를 하려면 음식을 만들 장소가 필요하다. 그런 의미에서 내 머릿속에만 존재하던 레스토랑이라는 뜬구름을 형 데이비드가 현실로 만들어준 날도 아마 이 책의 시발점이 아닐까 한다. 데이비드는 내 사업 파트너가 되어 레스토랑 운영을 도와주었다. 젊은 요리사들이 종종 어떻게 자기 레스토랑을 열어야 하는지 조언을 구하면 나는 데이비드만큼만 셈에 밝으면 잘할 수 있다고 대답해준다. 거기에 형수 로렌의 재능만 첨가하면 성공에 한발 더 다가갈 수 있다. 로린은 뛰어난 안목으로 블루 힐을 하나부터 열까지 통째로 디자인해주었다. 마지막으로 내 동생 캐럴린 같은 믿을 만한 변호사가 있다면 성공은 거의 확실하다. 캐럴린은 눈썹까지 찌푸려가며 진심 어린 조언과 지혜를 나눠주었고 내 삶의 위안이 되어주었다.

마지막으로 운도 있어야 한다. 정말이지 나는 운이 무척 좋은 편이었다. 스톤 반스 센터 부지의 임대차 계약을 맡았던 제임스 포드가 글쎄 어느 날 내게 데이비드 록펠러 씨를 소개해주는 것이 아닌가. 게다가 그의 딸 페기까지도. 그 부녀는 우리 프로젝트에 축복을 빌어주었고 이 책에 대해 고민해볼 계기를 마련해주었다. 그 후로도 내 무지를 계속 일깨워준 스톤 반스의 수많은 농부와 질 이젠바거를 필두로 한 모든 직원은 내가 일일이 기억하지도 못할 다양한 방식으로 블루 힐을 함께 이끌어오고 있다. 그들에게도 큰 빚을 진 셈이다.

이 책은 공식적으로 약 10여 년 전에 시작되었다고도 할 수 있다. 어느 날 어맨다 헤서가 한 잡지에 월간 칼럼을 써보지 않겠냐고 제안했을 때였다. 칼럼 승인을 받으려면 내가 처음에 쓴 에세이 열두 개 중 여덟 개가 필요했는데 그때 어맨다의 편집자였던 그 위대한 제리 마조라티가 내 글을 전부(그 뿐만 아니라 칼럼 자체까지) 퇴짜 놓는 올바른 판단을 하지 않았더라면 이 책은 세상에 나오지도 못했을 것이다.

그렇게 엉망이던 초기 에세이들을 보고 데이비드 블랙은 너그럽게도 이 책에 대한 가능성을 알아봐주었다. 데이비드는 내 에이전트였지만 동시에 스승이었고 내 사랑스러운 오른팔이자 치어리더였고 코치였다. 경기에 나갈 때마다 꼭 데려가야 할 사람이다.

앤 고도프는 위험을 감수하며 나와 계약을 진행해주었다. 앤은 127년쯤 지나면 내게 고마워할 수 있으려나. 앤의 인내심과 직언에 감사한다. 그녀는 내가 엉뚱한 방향으로 가려고 할 때마다 핸들을 바로잡아주었다. 그리고 펭귄출판사의 모든 직원, 특히 벤 플랫과 트래이시 록, 세라 헛슨에게 감사의 말을 전한다.

이 책에 등장하는 농부들이 내게 너그럽게 시간을 내주고 자신이 하는 일에 대해 인내심 있게 설명해준 이유를 내가 온전히 이해할 날이 과연 올까. 이 책에서 언급한 요리사, 생태학자, 육종자, 과학자들과 함께 내가 그들에게 고마움을 표현할 수 있는 한 가지 방법은 이 책을 통해 그들의 업적을 기리는 것이라고 생각한다. 내가 그 일을 해냈길 바랄 뿐이다.

책을 쓰는 동안 보이지 않는 곳에서 많은 사람의 훌륭한 가르침을 받았다. 농부이자 학자이며 내 좋은 친구인 프레드 커셴먼이 내게 가장 큰 영향을 끼쳤고 마이클 폴란은 저널리즘과 관용에 대한 기준을 세울 수 있도록 도와주었다. 잉그리드 벤지스, 밥 캐너드, 베티 퍼셀, 토마스 하르퉁, 샘 카스, 리지 신, 게리 내브한, 매리언 네슬, 빌 니만, 프레드 매그도프, 오타 머투, 빌 매키븐, 캐슬린 메리건, 존 미새닉, 프랭크 모턴, 조엘 샐러틴, 에릭 슐로서, 릭 슈니더스, 거스 슈마허, 숀 스탠턴에게도 감사의 마음을 전한다.

리사 아벤드가 없었다면 나는 어디서 그녀를 만들어 오기라도 해야 했을 것이다. 이 책의 많은 일이 스페인의 두 농장에서 벌어진 일이다. 리사의 고집이 없었다면 나는 그 농장에 발도 한 짝 들여놓지 못했을 거다. 그녀의 끝없는 번역과 통역, 역사적 배경 지식이 얼마나 고마웠는지 모른다.

샬럿 더글러스는 이 책을 쓰기 시작했을 때부터 나와 함께 일해왔다. 샬럿은 늘 정확히 들었고 그녀의 판단은 틀린 적이 없었으며 예의 바르게 한 문단을 통째로 들어내는 그녀의 능력은, 심지어 내가 험한 말을 하며 길길이 날뛸 때도 결코 차분함을 잃지 않던 그녀의 능력은 이미 예술의 경지였다. 그녀는 나만큼 이 책을 많이 읽었다. 그녀의 비판과 지지로 모든 문장이 더 나아졌다.

내 글을 꼼꼼히 읽어준 세라 볼린, 메리 듀엔월드, 마이클 기터, 케럴 햄버거, 리즈 샐든브랜드, 웬디 실버트에게 감사하며 중요하고 깊이 있는 조언을 해준 두 현자 데이비드 시플리와 제이컵 와이스버그에게도 감사드린다.

부엌을 책임진다는 것은 매일 밤 미식축구에서 쿼터백을 하는 것과 비슷하다. 어떤 요리사도 헌신적으로 도와주는 동료 요리사 군단이 없으면 성공은커녕 살아남을 수도 없다. 그들은 내가 포기하고 싶어할 때마다 어떻게든 나를 득점 라인까지 밀어주었다. 특히 다 합치면 45년이나 되는 시간 동안 내 곁에서 부엌을 함께 지켜 온 애덤 케이, 트레버 컹크, 조엘 드 라 크루즈, 마이클 갤리나에게 감사의 마음을 전한다. 내가 맛있는 요리를 했다면 전부 그들의 관심과 보살핌이 그 안에 녹아 있었기 때문일 것이다.

블루 힐의 동료, 프랑코 세라핀, 필리프 구즈, 크리스틴 랑젤리에, 케이티 벨, 미셸 비실리아, 찰스 풀리아, 찰리 버그, 대니엘 해리티, 피터 브래들리, 존 제닝스는 소위 '레스토랑의 얼굴'들로 누구보다 마음이 넓은 사람들이자 최고의 전문가들이다. (몇 주 동안 일손을 도와주기로 계약했다가 지금까지 무려 16년이나 우리와 함께 해온) 아이린 햄버거는 세세한 것 하나하나까지 일일이 신경 써주었다. 그녀의 변치 않는 헌신에는 평생 감사해도 모자랄 것이다.

대학을 졸업하고 레스토랑 주방에서 요리를 하겠다고 아버지께 처음 말씀드렸을 때 아버지가 이유를 물으셨다. 내가 요리를 사랑해서라고 대답하자 아버지는 이렇게 말씀하셨다. "나도 책을 사랑하지만 책만 읽으면서 먹고 살 순 없잖니." 하지만 아버지는 정말 늘 책을 읽으셨고 결국 내 일을 적극 지지해주셨다. 아버지는 내가 이 책을 다 쓰기 전에 돌아가셨지만 독서에 대한 그 열정이 바로 내가 글을 쓸 수 있었던 원동력이었다.

내가 네 살 때 돌아가신 어머니도 책을 사랑하셨다고 한다. 그리고 어머니도 작가가 되고 싶어하셨다는 사실을 최근에야 알게 되었다. 그 누구보다 어머니를 위한 책이 되었길 바라냐고 묻는다면 답은 하지 않겠다. 두말하면 잔소리니까.

요리사의 삶은 쉽지 않지만 요리사와 함께 사는 것도 분명 몹시 힘겨운 일 중 하나일 것이다. 마찬가지로 작가와 함께 사는 삶도 결코 쉽지 않다고 들었다. 그 이중고를 견뎌냈을 뿐만 아니라 내 요리와 내 글을 완벽하면서도 애정 어린 손길로 다듬어주는 아내 아리아가 곁에 있으니 나는 세상에서 가장 운 좋은 사람이다.(이 감사의 말에도 그녀의 흔적이 배어 있다.) 내 삶에 기쁨과 사랑이 넘친다면 바로 그녀가 그리고 우리의 딸 이디스가 있기 때문이다.

주석

서문

1 **"die of its own too much"**: Aldo Leopold, "Wilderness" (1935), in *The River of the Mother of God and Other Essays*, ed. Susan L. Flader and J. Baird Callicott (Madison: University of Wisconsin Press, 1992), 228–9. Leopold borrowed the phrase from Shakespeare's *Hamlet*.

2 **"inescapably an agricultural act"**: Wendell Berry, "The Pleasures of Eating," in *What Are People For?* (New York: North Point Press, 1990), 149.

3 **For more on colonial American agriculture, see:** Willard W. Cochrane, *The Development of American Agriculture: A Historical Analysis* (Minneapolis: University of Minnesota Press, 1979); Arnon Gutfeld, *American Exceptionalism: The Effects of Plenty on the American Experience* (Brighton, UK: Sussex Academic Press, 2002); and Steven Stoll, *Larding the Lean Earth: Soil and Society in Nineteenth Century America* (New York: Macmillan, 2003).

4 **American cooking was characterized, from the beginning**: See Harvey A. Levenstein, *Revolution at the Table: The Transformation of the American Diet* (New York: Oxford University Press, 1988), 7. Levenstein writes, "To nineteenth-century observers, the major differences between American and British diets could usually be summed up in one word: abundance. Virtually every foreign visitor who wrote about American eating habits expressed amazement, shock and even disgust at the quantity of food consumed." For more on early American cooking, see: James McWilliams, *A Revolution*

in Eating: How the Quest for Food Shaped America (New York: Columbia University Press, 2005); Trudy Eden, *The Early American Table: Food and Society in the New World* (Dekalb: Northern Illinois University Press, 2008); Jennifer Wallach, *How America Eats: A Social History of U.S. Food and Culture* (Plymouth, UK: Rowman, 2013).

5 **"so much wasted from sheer ignorance, and spoiled by bad cooking"**: Juliet Corson, *The Cooking Manual of Practical Directions for Economical Every-Day Cookery* (New York: Dodd, Mead & Company, 1877), 5.

6 **"the attitude of the farmer"**: Lady Eve Balfour, quoted in Eliot Coleman, *Winter Harvest Handbook: Year-Round Vegetable Production Using Deep-Organic Techniques and Unheated Greenhouses* (White River Junction, VT: Chelsea Green Publishing, 2009), 204–5.

7 **"hitched to everything else"**: John Muir, *My First Summer in the Sierra* (1911; repr., Mineola, NY: Dover Publications, 2004), 87.

8 **the "culture" in agriculture**: See Wendell Berry, *The Unsettling of America: Culture & Agriculture* (1977; rev. ed., San Francisco: Sierra Club Books, 1996).

제1부 토양
보고 있는 것을 보라

1 **pounds of grain to produce one pound of beef**: See Erik Marcus, *Meat Market: Animals, Ethics, and Money* (Ithaca, NY: Brio Press, 2005), 187–8.

2 **"whereas the foundations provided"**: Peter Thompson, *Seeds, Sex & Civilization: How the Hidden Life of Plants Has Shaped Our World* (London: Thames and Hudson, 2010), 31.

3 **we eat more wheat**: See "Wheat: Background," US Dept. of Agriculture, Economic Research Service, March 2009 briefing; and USDA, Office of Communications, *Agricultural Fact Book* 2001–2002 (Washington, DC: Government Printing Office, 2003).

4 **"the conjugation of seemingly unrelated events"**: Karen Hess, "A Century of Change in the American Loaf: Or, Where Are the Breads of Yesteryear" (keynote address at the History of American Bread symposium, Smithsonian Institution, Washington, DC, April 1994).

5 **The Spanish were the first to bring wheat**: See Charles Mann, 1493*: Uncovering the New World Columbus Created* (New York: Knopf, 2011).

6 **one for every seven hundred Americans in** 1840: See Dean Herrin, *America Transformed: Engineering and Technology in the Nineteenth Century: Selections from the Historic American Engineering Record, National Park Service* (Reston, VA: American Society of Civil Engineers, 2002), 18.

7 **grown in every county in New York**: See Jared van Wagenen Jr., *The Golden Age of Homespun* (Ithaca, NY: Cornell University Press, 1953), 66; and Tracy Frisch, "A Short History of Wheat," *The Valley Table*, December 2008.

8 **Massachusetts "Red Lammas"**: For more information on heritage New England wheats, see Eli Rogosa, "Restoring Our Heritage of Wheat" (working paper, Maine Organic Farmers and Gardeners Association, 2009).

9 **nutritional benefits of whole grains**: See David R. Jacobs and Lyn M. Steffen, "Nutrients, Foods, and Dietary Patterns as Exposures in Research: A Framework for Food Synergy," *American Journal of Clinical Nutrition* 78, no. 3 (September 2003): 508S–513S; and David R. Jacobs et al., "Food Synergy: An Operational Concept for Understanding Nutrition," *American Journal of Clinical Nutrition* 89,

no. 5 (2009): 1543S–1548S.

10 **"native to its place"**: See Wes Jackson, *Becoming Native to This Place* (Washington, DC: Counterpoint, 1994).

11 **Great American Desert**: See Walter Prescott Webb, *The Great Plains* (Waltham, MA: Ginn and Co., 1931), 152; and Henry Nash Smith, *Virgin Land: The American West as Symbol and Myth* (Cambridge, MA: Harvard University Press, 1950). In chapter 16, Smith has a good discussion of the prairie as both garden and desert in the American imagination.

12 **"Mistaking wisdom for backwardness"**: Janine M. Benyus, *Biomimicry: Innovation Inspired by Nature* (New York: HarperCollins, 2009), 16.

13 **"the failure of success"**: Jackson mentions this idea in his book *New Roots for Agriculture* (Lincoln: University of Nebraska Press, 1980).

14 **wave of settlement became a tsunami**: See Timothy Egan, *The Worst Hard Time: The Untold Story of Those Who Survived the Great American Dust Bowl* (New York: Houghton Mifflin Harcourt, 2006), 43.

15 **"The War integrated the plains farmers"**: Donald Worster, *Under Western Skies: Nature and History in the American West* (Oxford, UK: Oxford University Press, 1992), 99.

16 **The soil . . . turned to dust**: For more on the Dust Bowl, see Donald E. Worster, *Dust Bowl: The Southern Plains in the 1930s* (New York: Oxford University Press, 1979); and Egan, *The Worst Hard Time.*

17 **"A cloud ten thousand feet high"**: Egan, *The Worst Hard Time*, 113.

18 **"This, gentlemen, is what I'm talking about"**: Egan, *The Worst Hard Time*, 227–8. See also Wellington Brink, *Big Hugh: The Father of Soil Conservation* (New York: Macmillan, 1951).

19 **"We came with visions, but not with sight"**: Wendell Berry, "The Native Grasses and What They Mean," in *The Gift of Good Land:*

Further Essays Cultural and Agricultural (New York: North Point Press, 1981), 82.

20 **"have disregarded every means"**: George Washington, President of the United States, to Arthur Young, Esq., November 18, 1791, in *Letters on Agriculture from His Excellency, George Washington, President of the United States, to Arthur Young, Esq., F. R. S., and Sir John Sinclair, Bart., M. P.: With Statistical Tables and Remarks, by Thomas Jefferson, Richard Peters, and Other Gentlemen, on the Economy and Management of Farms in the United States*, ed. Franklin Knight (Washington, DC: Franklin Knight, 1847), 49–50.

21 **"presented the scares of fierce extraction"**: Stoll, *Larding the Lean Earth*, 19.

22 **"a spanning of the scale of genetic possibilities from A to B"**: Richard Manning, *Grassland: The History, Biology, Politics and Promise of the American Prairie* (New York: Penguin, 1997), 160.

23 **Wheat Belt is emptying out**: Wil S. Hylton, "Broken Heartland: The Looming Collapse of Agriculture on the Great Plains," *Harper's*, July 2012.

24 **enabling fewer farmers to farm even more land**: See William Lin et al., "U. S. Farm Numbers, Sizes, and Related Structural Dimensions: Projections to Year 2000," US Dept. of Agriculture, Economic Research Service, Technical Bulletin No. 1625 (1980).

25 **"what nature has made of us and we have made of nature"**: Verlyn Klinkenborg, "Linking Twin Extinctions of Species and Languages," *Yale Environment* 360, July 17, 2012.

26 **Leopold asked the same question**: Aldo Leopold, "What Is a Weed?" (1943), in *River of the Mother of God: and Other Essays by Aldo Leopold*, 306–9.

27 **pests overtake its natural defenses**: See Philip S. Callahan, *Tuning in to Nature: Infrared Radiation and the Insect Communication*

System, 2nd rev. ed. (Austin, TX: Acres U. S. A., 2001).

28 **"The organic farmer would look for the cause"**: Eliot Coleman, "Can Organics Save the Family Farm?" *The Rake*, September 2004.

29 **supposedly "dumb beasts"**: William A. Albrecht, *The Albrecht Papers, Volume I: Foundation Concepts*, ed. Charles Walters, Jr. (Metairie, LA: Acres U. S. A., 1996), 279, 282.

30 **walked past what was commonly considered "good grass"**: Charles Walters, Jr., "Foreword," *The Albrecht Papers, Volume I: Foundation Concepts*, x.

31 **"The cow is not classifying"**: Albrecht, *The Albrecht Papers, Volume I: Foundation Concepts*, 170.

32 **compared a good organic farmer to a skilled rock climber**: See Coleman, *Winter Harvest Handbook*, 202.

33 **Soil is alive**: For more on the life of soil, see William Bryant Logan, *Dirt: The Ecstatic Skin of the Earth* (New York: W. W. Norton Limited, 2007); Fred Magdoff and Harold van Es, *Building Soils for Better Crops*, 3rd ed. (Waldorf, MD: SARE Outreach Publications, 2010); David Montgomery, *Dirt: The Erosion of Civilizations* (Berkeley: University of California Press, 2007); and David W. Wolfe, *Tales from the Underground: A Natural History of Subterranean Life* (New York: Basic Books, 2002).

34 **"not a thing but a performance"**: Colin Tudge, *The Tree: A Natural History of What Trees Are, How They Live, and Why They Matter* (New York: Crown Publishers, 2006), 252.

35 **the Law of Return**: Sir Albert Howard, *The Soil and Health: A Study of Organic Agriculture* (1947; repr., Lexington: The University Press of Kentucky, 2007), 31.

36 **soil its "constitution"**: William A. Albrecht, *The Albrecht Papers, Volume II: Soil Fertility and Animal Health*, ed. Charles Walters, Jr. (Kansas City, MO: Acres U. S. A., 1975), 101.

37 **soils stopped producing**: See Evan D. G. Fraser and Andrew Rimas, *Empires of Food: Feast, Famine, and the Rise and Fall of Civilizations* (New York: Atria Books, 2010).

38 **dowry measured by the amount of manure**: Logan, *Dirt: The Ecstatic Skin*, 38.

39 **"Now a farmer just had to mix the right chemicals into the dirt"**: David Montgomery, *Dirt: The Erosion of Civilizations*, 184–5.

40 **"original sin" of agriculture**: Michael Pollan, *The Omnivore's Dilemma: A Natural History of Four Meals* (New York: Penguin Press, 2006), 258.

41 **In 1900, diversification**: See Bill Ganzel, "Shrinking Farm Numbers," in *Farming in the 1950s & 60s* (Wessels Loving History Farm, York, Nebraska, 2007), www.livinghistoryfarm.org/farminginthe50s/life_11.html.

42 **three billion people depend on synthetic nitrogen**: Fred Pearce, "The Nitrogen Fix: Breaking a Costly Addiction," *Yale Environment* 360, November 5, 2009.

43 **"treating the whole problem"**: Howard, *The Soil and Health*, 11.

44 **"learning more and more about less and less"**: Howard, *The Soil and Health*, 250.

45 **"professors of agriculture"**: Howard, *The Soil and Health*, 111.

46 **"tough, leathery and fibrous"**: Sir Albert Howard, *An Agricultural Testament* (1940; repr., London: Benediction Classics, 2010), 82.

47 **"The maintenance of soil fertility is the real basis of health"**: Howard, *Agricultural Testament*, 39.

48 **Artificial manures . . . "lead inevitably to artificial nutrition"**: Howard, *Agricultural Testament*, 37.

49 **"innate tendency to focus on life and lifelike processes"**: E. O. Wilson, *Biophilia* (Cambridge, MA: Harvard University Press, 1984), 1.

50 **more antioxidants and other defense-related compounds**: See Brian

Halweil, "Still No Free Lunch: Nutrient Levels in U. S. Food Supply Eroded by Pursuit of High Yields" (Washington, DC: The Organic Center, September 2007), 33; and Charles M. Benbrook, "Elevating Antioxidant Levels in Food Through Organic Farming and Food Processing," Organic Center, State of Science Review, January 2005.

51 "**more complex than we can think**": Frank Egler, *The Nature of Vegetation: Its Management and Mismanagement* (Norfolk, CT: Aton Forest Publishers, 1977), 2.

52 "**Imagine a wonderfully balanced Italian main course**": Thomas Harttung, "Sustainable Food Systems for the 21st Century" (Agrarian Studies Lecture, Yale University, New Haven, CT, October 2006).

53 "**substitute a few soluble elements**": Coleman, *Winter Harvest Handbook*, 197.

54 "**subterranean-impaired**": See David Wolfe, *Tales from the Underground*, 6.

55 **mycorrhizal fungus**: Wolfe, *Tales from the Underground*, and Albert Bernhard Frank, "On the Nutritional Dependence of Certain Trees on Root Symbiosis with Belowground Fungi (An English Translation of A. B. Frank's Classic Paper of 1885)," *Mycorrhiza* 15 (2005): 267–75.

56 "**industrial organic . . . shallow organic**": Pollan, *Omnivore's Dilemma*, 130; Coleman, *Winter Harvest Handbook*, 205–7.

57 "**To be well fed is to be healthy**": Albrecht, *Soil Fertility and Animal Health*, 45.

58 "**You are what you eat eats, too**": Pollan, *Omnivore's Dilemma*, 84.

59 **correlation between recruits . . . and soils**: See Steve Soloman, *Gardening When It Counts: Growing Food in Hard Times* (Gabriola Island, BC: New Society Publishers, 2005), 19.

60 **nutrient declines . . . "biomass dilution"**: See Donald R. Davis, "Declining Fruit and Vegetable Nutrient Composition: What Is the

Evidence?" *HortScience* 12, no. 1 (February 2009); Donald R. Davis, "Trade-offs in Agriculture and Nutrition," *Food Technology* 59 (2005); Donald R. Davis et al., "Changes in the USDA Food Composition Data for 43 Garden Crops, 1950–1999," *Journal of the American College of Nutrition* 23, no. 6 (2004), 669–82; and David Thomas, "The Mineral Depletion of Foods Available to Us as a Nation (1940–2002)," *Nutrition and Health* 19 (2007): 21–55 (Thomas traces similar trends in the UK).

61 840 **million people suffer from chronic hunger**: "The State of Food Insecurity in the World 2013: The Multiple Dimensions of Food Security," Food and Agriculture Organization of the United Nations, Rome, 2013.

62 **"If we humans have this same basic tendency"**: John Ikerd, "Healthy Soils, Healthy People: The Legacy of William Albrecht" (The William A. Albrecht Lecture, University of Missouri, Columbia, MO, April 25, 2011).

63 **"The sedentary lifestyles of many Americans"**: Ikerd, "Healthy Soils, Healthy People."

제2부 대지
자연의 선물

1 **equivalent to eating about forty-four pounds of pasta**: Lee Klein, "Foie Wars," *Miami New Times*, July 13, 2006.

2 **Palladin was smuggling**: See Stewart Lee Allen, *In the Devil's Garden: A Sinful History of Forbidden Food* (New York: Ballantine Books, 2002), 236.

3 **The French tradition of foie gras**: For more on the history of foie gras, see Mark Caro, *The Foie Gras Wars: How a* 5,000-*Year-Old*

Delicacy Inspired the World's Fiercest Food Fight (New York: Simon & Schuster, 2009); Michael Ginor with Mitchell A. Davis, *Foie Gras: A Passion* (Hoboken, NJ: John Wiley & Sons, 1999); and Maguelonne Toussaint-Samat, *A History of Food* (Hoboken, NJ: John Wiley & Sons, 2009), 385–94.

4 **"The goose is nothing"**: Charles Gérard, *L'Ancienne Alsace à Table: Étude Historique et Archéologique Sur L'Alimentation, Les Moeurs et Les Usages Épulaires De L'Ancienne Province D'Alsace*, 2nd ed. (Paris: Berger-Levrault et Cie, 1877). Quoted in Caro, *The Foie Gras Wars*, 35–6.

5 **thirty-five million Moulard ducks . . . eight hundred thousand geese**: Caro, *The Foie Gras Wars*, 33.

6 **"This cannot be called foie gras"**: Graham Keeley, "French Are in a Flap as Spanish Force the Issue over Foie Gras," *The Guardian*, January 2, 2007.

7 **"Nothing is more stupid than a cow"**: Alan Richman describes a similar diatribe in his article "A Very Unlikely Fish Story: Brother and Sister from Brittany Open Restaurant, Hook New York," *People*, August 4, 1986.

8 **"take half, leave half" rule of grazing**: Grass farmer Joel Salatin refers to this as the "law of the second bite." See Pollan, *Omnivore's Dilemma*, 189. In chapter 10, "Grass: Thirteen Ways of Looking at a Pasture," Pollan has an excellent discussion of grass farming and its history.

9 **"taste the misery"**: Garrison Keillor, "Chicken," *Leaving Home: A Collection of Lake Wobegon Stories* (New York: Penguin Books, 1990), 45.

10 **"The challenge of cooking in America"**: Eric Asimov, "Jean-Louis Palladin, 55, a French Chef with Verve, Dies," *New York Times*, November 26, 2001.

11 **"it trickles down to everybody"**: Thomas Keller, quoted in Dorothy Gaiter and John Brecher, "The Genius That Was Jean-Louis," *France Magazine*, Winter 2011–12. For more on Jean-Louis Palladin's influence, see Justin Kennedy, "Raising the Stakes: Jean-Louis Palladin Pioneered Fine Dining in D. C.," *Edible DC*, Summer 2012.

12 **mimic what bison herds had been doing**: See Allan Savory with Jody Butterfield, *Holistic Management: A New Framework for Decision Making*, 2nd ed. (Washington, DC: Island Press, 1999).

13 **Restaurants, after all, are named**: Rebecca L. Spang, *The Invention of the Restaurant: Paris and Modern Gastronomic Culture* (Cambridge, MA: Harvard University Press, 2000), 1. For more on the history of restaurants, see Elliott Shore, "Dining Out: The Development of the Restaurant," in *Food: The History of Taste*, ed. Paul Freedman (Berkeley: University of California Press, 2007); and Adam Gopnik, *The Table Comes First: Family, France, and the Meaning of Food* (New York: Knopf, 2011).

14 **"locked up, cloistered in his smoke-filled basement"**: Paul Bocuse, quoted in Nicolas Chatenier, ed., *Mémoires de Chefs* (Paris: Textuel, 2012), 21 (translated from French).

15 **"a stifling, low-ceilinged inferno of a cellar"**: George Orwell, *Down and Out in Paris and London* (1933; rev. ed., New York: Mariner Books, 1972), 57.

16 **la nouvelle cuisine française**: For more on nouvelle cuisine, see Chatenier, ed., *Mémoires de Chefs*; Alain Drouard, "Chefs, Gourmets and Gourmands: French Cuisine in the 19th and 20th Centuries," in *Food: The History of Taste*, 301–31; and David Kamp, *The United States of Arugula: How We Became a Gourmet Nation* (New York: Broadway Books, 2006).

17 **"Down with the old-fashioned picture of the typical bon vivant"**: Julia Child, "La Nouvelle Cuisine: A Skeptic's View," *New York*, July 4,

1977.

18 **"extends on either side of the borders of simplicity and artifice"**: Paul Freedman, "Introduction: A New History of Cuisine," in *Food: The History of Taste*, 29.

19 **"the bigness of modern agriculture"**: Berry, *The Unsettling of America*, 61.

20 **ancient Egyptians observed how wild geese**: See Caro, *The Foie Gras Wars*, 24–7.

21 **The story of the chicken in this country**: See Steve Striffler, *Chicken: The Dangerous Transformation of America's Favorite Food* (New Haven, CT: Yale Agrarian Studies Series, 2007); Donald Stull and Michael Broadway, *Slaughterhouse Blues: The Meat and Poultry Industry in North America* (Stamford, CT: Cengage Learning, 2003); Roger Horowitz, *Putting Meat on the American Table: Taste, Technology, Transformation* (Baltimore: Johns Hopkins University Press, 2005); and Janet Raloff, "Dying Breeds," *Science News* 152, no. 14 (Oct. 4, 1997), 216–8.

22 **Mrs. Cecile Steele**: Donald Stull and Michael Broadway, *Slaughterhouse Blues*, 38.

23 **Arthur Perdue went into the poultry business**: See Melaine Warner, "Frank Perdue, 84, Chicken Merchant, Dies," *New York Times*, April 2, 2005.

24 **"The barnyard chicken was made over"**: Striffler, *Chicken: The Dangerous Transformation*, 46.

25 **first poultry company to differentiate its product with a label**: See Stull and Broadway, *Slaughterhouse Blues*, 47.

26 **"He had a weird authenticity"**: "Frank Perdue: 1920–2005," *People*, April 18, 2005.

27 **sales of chicken rose by nearly 50 percent**: See U. S. Environmental Protection Agency, "Poultry Production," *Ag* 101, www.epa.gov/

agriculture/ag101/printpoultry.html.

28 **cost-effective way to feed the troops**: Horowitz, *Putting Meat on the American Table*, 119.

29 **about $18,500 per year**: See Jill Richardson, "How the Chicken Gets to Your Plate," La Vida Locavore, April 17, 2009, www.lavidalocavore.org/showDiary.do?diaryId=1479.

30 "**protein paradox**": Paul Roberts, *The End of Food* (New York: Houghton Mifflin Harcourt, 2009), 208–12.

31 **thirty-three minutes a day preparing food**: Karen Hamrick et al., "How Much Time Do Americans Spend on Food?" Economic Information Bulletin no. 86 (Washington, DC: US Dept. of Agriculture, November 2011). See also: Michael Pollan, "Out of the Kitchen, Onto the Couch," *New York Times Magazine*, August 2, 2009.

32 **By the end of the 1990s those numbers had completely reversed**: See Striffler, *Chicken: The Dangerous Transformation*, 19.

33 "**It's easy to cook a filet mignon**": Thomas Keller, "The Importance of Offal," *The French Laundry Cookbook* (New York: Artisan Books, 1999), 209.

34 **tripled its production of chickens**: See Roberts, End of Food, 71.

35 **falsely low prices**: See "China Launches Anti-Dumping Probe into US Chicken Parts," *China Daily*, September 27, 2009; and Guy Chazan, "Russia, U. S. Are in a Chicken Fight, the First Round of New Trade War," *The Wall Street Journal*, March 4, 2002.

36 **Jalisco's poultry workers**: See Peter S. Goodman, "In Mexico, 'People Do Really Want to Stay,'" *Washington Post*, January 7, 2007.

37 **Jamón ibérico's significance**: For this point and more on jamón ibérico, see Peter Kaminsky, *Pig Perfect: Encounters with Remarkable Swine and Some Great Ways to Cook Them* (New York: Hyperion, 2005), 66.

38 **The dehesa system originated**: See Vincent Clément, "Spanish Wood

Pasture: Origin and Durability of an Historical Wooded Landscape in Mediterranean Europe," *Environment and History* 14, no. 1 (February 2008): 67–87.

39 **"Any person caught chopping down"**: Quoted in Clément, "Spanish Wood Pasture."

40 **"immeasurable gift"**: Wendell Berry, "The Agrarian Standard," *Orion Magazine*, Summer 2002.

41 **"The bottom layer is the soil"**: Aldo Leopold, "The Land Ethic" (1948), in *A Sand County Almanac and Sketches Here and There*, 2nd ed. (New York: Oxford University Press, 1968), 215.

42 **"an extension of ethics"**: Aldo Leopold, Foreword, *A Sand County Almanac and Sketches Here and There*, viii–ix.

43 **Extremaduran food is unadorned and simple**: For more on this cuisine, see Turespaña, "The Cuisine of Extremadura," www.spain.info/en_US/que-quieres/gastronomia/cocina-regional/extremadura/extremadura.html.

44 **"a fountain of energy flowing"**: Aldo Leopold, "The Land Ethic," *A Sand County Almanac and Sketches Here and There*, 216.

제3부 바다
심장은 펌프가 아니다

1 **"like having a second tongue in my mouth"**: Jeffrey Steingarten, *It Must Have Been Something I Ate* (2002; repr., New York: Vintage, 2003), 11–12.

2 **Atlantic tuna populations dropped by up to 90 percent**: See Carl Safina, *Song for the Blue Ocean: Encounters Along the World's Coasts and Beneath the Seas* (New York: Henry Holt and Co., 1998), 8.

3 **The article ran that fall**: Caroline Bates, "Sea Change," *Gourmet*,

December 2005.

4 **"sea ethic"**: Safina, *Song for the Blue Ocean*, 440.

5 **"honest inquiry into the reality of nature"**: Ibid.

6 **"soft vessels of seawater"**: Ibid., 435.

7 **"nothing we do seriously affects the number of fish"**: Thomas Henry Huxley, "Inaugural Address" (Fisheries Exhibition, London, 1883).

8 **taking too many fish from the sea**: For information and statistics on the decline of world fish stocks, see FAO Fisheries and Aquaculture Department, *The State of World Fisheries and Aquaculture* 2012 (Rome: Food and Agriculture Organization of the United Nations, 2012); and Wilf Swartz et al., "The Spatial Expansion and Ecological Footprint of Fisheries (1950 to Present)," *PLOS ONE* 5, no. 12 (December 2010).

9 **depleting certain populations of fish for ages**: See W. Jeffrey Bolster, *The Mortal Sea: Fishing the Atlantic in the Age of Sail* (Cambridge, MA: Belknap Press, 2012). Bolster identifies the degradation of some fisheries as far back as the Middle Ages.

10 **"too far" and "too deep"**: Carl Safina and Carrie Brownstein, "Fish or Cut Bait: Solutions for Our Seas," in *Food and Fuel: Solutions for the Future*, ed. Andrew Heintzman and Evan Solomon (Toronto: House of Anansi Press, 2009), 75.

11 **"dragging a huge iron bar across the savannah"**: Charles Clover, *The End of the Line: How Overfishing Is Changing the World and What We Eat* (Berkeley: University of California Press, 2008), 1.

12 **Estimates of "bycatch"**: See Dayton L. Alverson et al., *A Global Assessment of Fisheries Bycatch and Discards*, FAO Fisheries Technical Paper no. 339 (Rome: Food and Agriculture Organization of the United Nations, 1994).

13 **dead zones worldwide**: See R. J. Diaz and R. Rosenberg, "Spreading Dead Zones and Consequences for Marine Ecosystems," *Science*

321, no. 5891 (August 15, 2008): 926–9.

14 **"decomposing bodies lying in sediment"**: Nancy Rabalais, quoted in Allison Aubrey, "Troubled Seas: Farm Belt Runoff Prime Source of Ocean Pollution," *Morning Edition*, National Public Radio, January 15, 2002.

15 **food web begins with phytoplankton**: For more on the role of phytoplankton, see Sanjida O'Connell, "The Science Behind That Fresh Seaside Smell," *The Telegraph*, August 18, 2009; I. Emma Huertas et al., "Warming Will Affect Phytoplankton Differently: Evidence Through a Mechanistic Approach," *Proceedings of the Royal Society B—Biological Sciences* 278, no. 1724 (2011): 3534–43; and John Roach, "Source of Half Earth's Oxygen Gets Little Credit," *National Geographic News*, June 7, 2004, http://news.nationalgeographic.com/news/2004/06/0607_040607_phytoplankton.html.

16 **decline in phytoplankton**: See Daniel G. Boyce, Marlon R. Lewis, and Boris Worm, "Global Phytoplankton Decline over the Past Century," *Nature* 466, no. 7306 (July 29, 2010): 591–6.

17 **El Niño climate cycles**: See Mike Bettwy, "El Niño and La Niña Mix Up Plankton Populations," NASA, June 22, 2005, www.nasa.gov/vision/earth/lookingatearth/plankton_elnino.html.

18 **Rising CO2 levels**: Bärbel Hönisch et al., "The Geological Record of Ocean Acidification," *Science* 335, no. 6072 (March 2012): 1058–63.

19 **one-third of the seafood . . . ordered in restaurants**: See *The Marketplace for Sustainable Seafood: Growing Appetites and Shrinking Seas* (Washington, DC: Seafood Choices Alliance, 2003), 9.

20 **rise in the trophic levels of the fish used in recipes**: See Phillip S. Levin and Aaron Dufault, "Eating up the Food Web," *Fish and Fisheries* 11, issue 3 (September 2010): 307–12.

21 **"Does this matter?"**: Clover, *End of the Line*, 189.

22 **The business of fish farming**: For statistics on aquaculture, see FAO Fisheries and Aquaculture Department, *The State of World Fisheries and Aquaculture* 2012; and R. L. Naylor et al., "Effects of Aquaculture on World Fish Supplies," *Nature* 405 (2000): 1017–24.

23 **substituting grains and oilseeds**: See Emiko Terazono, "Salmon Farmers Go for Veggie Option," *Financial Times*, January 21, 2013.

24 **Veta la Palma was born**: See J. Miguel Medialdea, "A New Approach to Ecological Sustainability Through Extensive Aquaculture: The Model of Veta la Palma," Proceedings of the 2008 TIES Workshop, Madison, Wisconsin; and J. Miguel Medialdea, "A New Approach to Sustainable Aquaculture," *The Solutions Journal*, June 2010.

25 "**the primeval meeting place**": Rachel Carson, *The Edge of the Sea* (1955; repr., New York: Mariner Books, 1998), xiii.

26 **writing "the wrong kind of book"**: Sue Hubbell, introduction to *The Edge of the Sea*, xvi–xviii.

27 **most important private estate for aquatic birds in all of Europe**: Carlos Otero and Tony Bailey, *Europe's Natural and Cultural Heritage: The European Estate* (Brussels: Friends of the Countryside, 2003), 701.

28 "**A gastronome who is not an environmentalist is stupid**": Carlo Petrini, Report from the European Conference on Local and Regional Food, Lerum, Sweden, September 2005.

29 **bird populations . . . have decreased**: See Robin McKie, "How EU Farming Policies Led to a Collapse in Europe's Bird Population," *The Observer*, May 26, 2012.

30 **seabird populations**: See Jeremy Hance, "Easing the Collateral Damage That Fisheries Inflict on Seabirds," *Yale Environment* 360, August 9, 2012.

31 **long before industrialized agriculture**: See Christopher Cokinos, *Hope Is the Thing with Feathers: A Personal Chronicle of Vanished*

Birds (New York: Penguin 2009), 53. As Cokinos observes, "Prehistoric islanders in the Pacific killed off some 2,000 bird species, diminishing by one-fifth the global number through a variety of activities, including habitat destruction."

32 **"the world has lost at least eighty species"**: Colin Tudge, *The Bird: A Natural History of Who Birds Are, Where They Came From, and How They Live* (New York: Random House, 2010), 400.

33 **"a knock-on effect"**: Alasdair Fotheringham, "Is This the End of Migration?" *The Independent*, April 18, 2010.

34 **"The birds of Walden"**: Jonathan Rosen, *The Life of the Skies: Birding at the End of Nature* (New York: Picador, 2008), 94.

35 **fifteen pounds per person**: Alan Lowther, ed., *Fisheries of the United States* 2011 (Silver Spring, MD: National Oceanic and Atmospheric Administration, 2012).

36 **"Gravity is the sea's enemy"**: Carl Safina, "Cry of the Ancient Mariner: Even in the Middle of the Deep Blue Sea, the Albatross Feels the Hard Hand of Humanity," *Time*, April 26, 2000.

37 **longtime advocate of traditional diets**: Sally Fallon Morell, "Very Small Is Beautiful" (lecture, Twenty-eighth Annual E. F. Schumacher Lectures, New Economics Institute, Stockbridge, MA, October 2008).

38 **Cowan spent twenty years contemplating the question**: See Thomas Cowan, *The Fourfold Path to Healing: Working with the Laws of Nutrition, Therapeutics, Movement and Meditation in the Art of Medicine* (Washington, DC: Newtrends Publishing, 2004). Cowan discusses Steiner's understanding of the heart in chapter 3.

39 **"the heart as a pump"**: Rudolf Steiner, "Organic Processes and Soul Life" (1921), in *Freud, Jung, and Spiritual Psychology*, 3rd ed. (Great Barrington, MA: Anthroposophic Press, 2001), 124–5.

40 **"It is the blood that drives the heart"**: Rudolf Steiner, "The Question

of Food" (1913), in *The Effects of Esoteric Development: Lecures by Rudolf Steiner* (Hudson, NY: Anthroposophic Press, 1997), 56.

41 **scientific revolution . . . masters and possessors of nature**: Frederick Kirschenmann, "Spirituality in Agriculture" (academic paper, Concord School of Philosophy, Concord, MA, October 8, 2005).

42 **"fishing down the food chain"**: For more on this idea, see Taras Grescoe, *Bottomfeeder: How to Eat Ethically in a World of Vanishing Seafood* (New York: Bloomsbury, 2008).

43 **"International Conspiracy to Catch All Tuna"**: Safina, *Song for the Blue Ocean*, 13.

44 **"reminding one of barn-yard fowls feeding from a dish"**: Alan Davidson, *North Atlantic Seafood: A Comprehensive Guide with Recipes* (New York: Ten Speed Press, 2003), 115.

제4부 종자
미래를 위한 청사진

1 **"a town with a bombed out center"**: Jim Hinch, "Medium-Size Me," *Gastronomica: The Journal of Food and Culture* 8, no. 4 (Fall 2008), 72.

2 **in another decade most of them will be gone**: For more on midsize farms, see Fred Kirschenmann et al., "Why Worry About the Agriculture of the Middle? A White Paper for the Agriculture of the Middle Project" (n. d.), http://grist.files.wordpress.com/2011/03/whitepaper2.pdf.

3 **nothing "intrinsically sweet" about sugar**: Daniel C. Dennett, *Breaking the Spell: Religion as a Natural Phenomenon* (New York: Viking, 2006), 59.

4 **refined wheat in sociocultural terms**: For more on the sociocultural

history of white bread, see Aaron Bobrow-Strain, *White Bread: A Social History of the Store-Bought Loaf* (Boston: Beacon Press, 2012); H. E. Jacob and Peter Reinhart, *Six Thousand Years of Bread* (New York: Skyhorse Publishing, 2007); Steven Laurence Kaplan, *Good Bread Is Back: A Contemporary History of French Bread, the Way It Is Made, and the People Who Make It* (Durham, NC: Duke University Press, 2006); Harold McGee, *On Food and Cooking: The Science and Lore of the Kitchen* (New York: Scribner, 2004); Michael Pollan, *Cooked: The Natural History of Transformation* (New York: The Penguin Press, 2013); and William Rubel, *Bread: A Global History* (London: Reaktion Books, 2011).

5 **"The bread is as soft as floss"**: Theodore Roszak, *The Making of a Counter Culture: Reflections on the Technocratic Society and Its Youthful Opposition* (Berkeley: University of California Press, 1969), 13.

6 **The countercuisine movement**: See Warren J. Belasco, *Appetite for Change: How the Counterculture Took on the Food Industry* (Ithaca, NY: Cornell University Press, 2006), 46–50.

7 **"The worst loaf of bread"**: Jeffrey Steingarten, "The Whole Truth: Jeffrey Steingarten Searches for Grains That Taste as Good as They Are Good for You," *Vogue*, November 2005.

8 **rice kitchen**: See Karen Hess, *The Carolina Rice Kitchen: The African Connection* (Columbia: University of South Carolina Press, 1992), 3.

9 **agriculture in the South became largely experimental**: For information on the South's age of experimental agriculture, see Burkhard Bilger, "True Grits," *The New Yorker*, October 31, 2011, 40–53; Interview with Glenn Roberts, "Old School," *Common-place* 11, no. 3 (April 2011); David Shields, "The Roots of Taste," *Common-place* 11, no. 3 (April 2011); and David Shields, ed. *The Golden Seed: Writings on the History and Culture of Carolina Gold Rice* (Charleston: The Carolina

Gold Rice Foundation, 2010).

10 **Carolina Gold was exported**: See Hess, *The Carolina Rice Kitchen*, 20; and Richard Schulze, *Carolina Gold Rice: The Ebb and Flow History of a Lowcountry Cash Crop* (Charleston, SC: The History Press, 2005).

11 **plant breeders discovered a way to farm more efficiently**: For more on the history of plant breeding, see Noel Kingsbury, *Hybrid: The History and Science of Plant Breeding* (Chicago: University of Chicago Press, 2009); Jonathan Silvertown, *An Orchard Invisible: A Natural History of Seeds* (Chicago: University of Chicago Press, 2009); and Jack R. Kloppenburg, *First the Seed: The Political Economy of Biotechnology*, 2nd ed. (Madison: The University of Wisconsin Press, 2004).

12 **the Green Revolution**: See Susan Dworkin, *The Viking in the Wheat Field: A Scientist's Struggle to Preserve the World's Harvest* (New York: Walker & Company, 2009); Cary Fowler and Patrick Mooney, *Shattering: Food, Politics, and the Loss of Genetic Diversity* (Tucson: University of Arizona Press, 1990); Richard Manning, *Against the Grain: How Agriculture Has Hijacked Civilization* (New York: North Point Press, 2004); Peter Thompson, *Seeds, Sex & Civilization; and Roberts, The End of Food.*

13 **Borlaug began growing new semidwarf crosses**: See Gregg Easterbrook, "Forgotten Benefactor of Humanity," *The Atlantic Monthly*, January 1, 1997; and Henry W. Kindall and David Pimentel, "Constraints on the Expansion of the Global Food Supply," *Ambio* 23, no. 3 (May 1994).

14 **Bourlag next sent his dwarf wheat to India**: Roberts, *The End of Food*, 148–9.

15 **From** 1950 to 1992, **harvests increased**: Easterbrook, "Forgotten Benefactor of Humanity."

16 **more than 70 percent of the wheat grown in the developing world**: See Maximina A. Lantican et al., "Impacts of International Wheat Breeding Research in the Developing World, 1988–2002," Impact Studies 7654 (Mexico City: International Maize and Wheat Improvement Center [CIMMYT], 2005), 30.

17 **global increase in diet-related diseases**: See Knut Schroeder et al., *Sustainable Healthcare* (Chichester, West Sussex: John Wiley & Sons, 2013).

18 **From 1950 to 2000, the amount of irrigated farmland tripled**: See Lester Brown, *Plan B 4.0: Mobilizing to Save Civilization* (New York: W. W. Norton & Company, 2009); and Sandra Postel, *Pillar of Sand: Can the Irrigation Miracle Last?* (New York: W. W. Norton & Company, 1999).

19 **"Although high-yielding varieties"**: Vandana Shiva, "The Green Revolution in the Punjab," The Ecologist 21, no. 2 (March–April 1991).

20 **"akin to the relationship of the chicken and the egg"**: Fowler and Mooney, *Shattering*, 60.

21 **synthetic fertilizers . . . not exactly green**: See Donald L. Plucknett, "Saving Lives Through Agricultural Research," Issues in Agriculture no. 1 (Washington, DC: Consultative Group on International Agricultural Research, May 1991).

22 **more chemicals are needed to get the same kick**: Stuart Laidlaw, "Saving Agriculture from Itself," in *Food and Fuel: Solutions for the Future*, 10–11. Laidlaw writes, "Decades of monoculture had robbed the soil of its nutrients so that it now needed regular nitrogen applications to keep productive. Nitrogen also increases soil acidity, which slows biologic activity, hurting the soil's ability to produce food on its own, so even more nitrogen must yet again be applied. The land, in short, is addicted to nitrogen."

23 **"They're looking at the swollen belly"**: Interview with Susan Dworkin, *Acres U.S.A.*, February 2010.

24 **"so-called miracle varieties"**: Vandana Shiva, *Stolen Harvest: The Hijacking of the Global Food Supply* (Cambridge, MA: South End Press, 2000), 12.

25 **achieved with old-world farming techniques**: See Colin Tudge, *Feeding People Is Easy* (Grosseto, Italy: Pari Publishing, 2007), 75–6.

26 **"the result of intelligent, innovative minds"**: Fowler and Mooney, *Shattering*, 139. For more on Vavilov, see Gary Paul Nabhan, *Where Our Food Comes From: Retracing Nikolay Vavilov's Quest to End Famine* (Washington, DC: Island Press, 2009).

27 **peasant farmers working with nature**: See Shiva, *Stolen Harvest*, 79. Shiva cites a few remarkable examples: "Indian farmers have evolved thousands of varieties of rice. Andean farmers have bred more than 3,000 varieties of potatoes. In Papua New Guinea, more than 5,000 varieties of sweet potatoes are cultivated."

28 **developed and trialed by land-grant university plant breeders**: The Mountain Magic tomato was developed by Dr. Randy Gardner at North Carolina State University's Mountain Horticultural Crops Research and Extension Center (hence the "Mountain" in its name).

29 **Genetically modified foods**: For more on the controversy surrounding genetically modified foods, see Daniel Charles, *Lords of the Harvest: Biotech, Big Money, and the Future of Food* (Cambridge, MA: Perseus Publishing, 2001); Brian J. Ford, *The Future of Food: Prospects for Tomorrow* (London: Thames & Hudson, 2000); Craig Holdrege and Steve Talbott, *Beyond Biotechnology: The Barren Promise of Genetic Engineering* (Lexington: University Press of Kentucky, 2008); Peter Pringle, *Food, Inc.: Mendel to Monsanto—The Promises and Perils of the Biotech Harvest* (New York: Simon & Schuster, 2003); Pamela C. Ronald and Raoul W. Adamchak,

Tomorrow's Table: Organic Farming, Genetics, and the Future of Food (New York: Oxford University Press, 2008); and Josh Schonwald, *The Taste of Tomorrow: Dispatches from the Future of Food* (New York: HarperCollins, 2012).

30 **land-grant colleges**: For more on land-grant institutions, see Jim Hightower, *Hard Tomatoes, Hard Times* (Cambridge, MA: Schenkman Publishing Company, 1973); George R. McDowell, *Land-Grant Universities and Extension into the 21st Century: Renegotiating or Abandoning a Social Contract* (Ames: Iowa State Press, 2001); and Roger L. Geiger and Nathan M. Sorber, eds., *The Land-Grant Colleges and the Reshaping of American Higher Education* (New Brunswick, NJ: Transaction Publishers, 2013).

31 **"prefer to talk in terms of a 'division of labor'"**: Fowler and Mooney, *Shattering*, 138.

32 **funding of agricultural research**: See Food and Water Watch, "Public Research, Private Gain: Corporate Influence on University Agricultural Research" (Washington, DC: Food and Water Watch, April 2012); P. W. Heisey et al., *Public Sector Plant Breeding in a Privatizing World* (Washington, DC: US Dept. of Agriculture, Economic Research Service, 2001); and Jorge Fernandez-Cornejo, "The Seed Industry in U. S. Agriculture: An Exploration of Data and Information on Crop Seed Markets, Regulation, Industry Structure, and Research and Development," US Dept. of Agriculture, Economic Research Service, Agriculture Information Bulletin No. 786 (2004).

33 **older varieties contained more micronutrients than newer breeds**: See Kevin M. Murphy, Philip G. Reeves, and Stephen S. Jones, "Relationship Between Yield and Mineral Nutrient Content in Historical and Modern Spring Wheat Cultivars," *Euphytica* 163, issue 3 (October 2008): 381–90.

34 "**I think that the bread community**": Gabe Ulla, "Pizzaiolo Jim Lahey on Fire, Craft, and Tactile Pleasure," Eater Online, May 8, 2012, http://eater.com/archives/2012/05/08/pizzaiolo-jim-lahey-on-fire-craft-and-tactile-pleasure.php#more.

35 "**midway between youth and age**": George Bernard Shaw, *Too True to Be Good* (New York: Samuel French Inc., 1956), 118.

36 "**his eyes lit up with delight**": Anka Muhlstein, *Balzac's Omelette: A Delicious Tour of French Food and Culture with Honoré de Balzac* (New York: Other Press, 2011), 7.

발문

1 "**keep every cog and wheel**": Aldo Leopold, "Conservation," in *Round River: From the Journals of Aldo Leopold* (1953; repr., New York: Oxford University Press, 1993), 147.

더 읽을거리

제1부 토양
보고 있는 것을 보라

Ausubel, Kenny, with J. P. Harpignies, ed., *Nature's Operating Instructions: The True Biotechnologies* (San Francisco, Sierra Club Books, 2004).

Balfour, Lady Eve, *The Living Soil* (London: Faber and Faber, 1943).

Buhner, Stephen Harrod, *The Lost Language of Plants: The Ecological Importance of Plant Medicines for Life on Earth* (White River Junction, VT: Chelsea Green Publishing, 2002).

Carson, Rachel, *Silent Spring* (New York: Houghton Mifflin, 1962).

Coleman, Eliot, *The New Organic Grower: A Master's Manual of Tools and Techniques for the Home and Market Gardener* (White River Junction, VT: Chelsea Green, 1989).

Fromartz, Samuel, *Organic, Inc.: Natural Foods and How They Grew* (Orlando, FL: Harcourt, 2006).

Gershuny, Grace, and Joseph Smillie, *The Soul of the Soil: A Guide to Ecological Soil Management*, 3rd ed. (Davis, CA: agAccess, 1995).

Graham, Michael, *Soil and Sense* (London: Faber & Faber, 1941).

Holthaus, Gary, *From the Farm to the Table: What All Americans Need to Know About Agriculture* (Lexington, KY: University Press of Kentucky, 2006).

Jackson, Wes, *Consulting the Genius of the Place: An Ecological Approach to a New Agriculture* (Berkeley: Counterpoint, 2010).

Mabey, Richard, *Weeds: In Defense of Nature's Most Unloved Plants* (New York: HarperCollins, 2010).

Morton, Oliver, *Eating the Sun: How Plants Power the Planet* (New York: HarperCollins, 2009).

Robinson, Raoul A., *Return to Resistance: Breeding Crops to Reduce Pesticide Dependence* (Davis, CA: agAccess, 1996).

Stoll, Steven, *The Fruits of Natural Advantage: Making the Industrial Countryside in California* (Berkeley: University of California Press, 1998).

Sykes, Friend, *Food, Farming and the Future* (Emmaus, PA: Rodale, 1951).

Tompkins, Peter, and Christopher Bird, *The Secret Life of Plants: A Fascinating Account of the Physical, Emotional, and Spiritual Relations Between Plants and Man* (1973; repr., New York: Harper Perennial, 1989).

Voisin, André, *Soil, Grass, and Cancer: The Link Between Human and Animal Health and the Mineral Balance of the Soil* (New York: Philosophical Library, 1959).

———, *Grass Productivity* (New York: Philosophical Library, 1959).

Walters, Charles, *Weeds: Control Without Poisons* (Kansas City: Acres U.S.A., 1991).

Wedin, Walter F., and Steven L. Fales, *Grassland: Quietness and Strength for a New American Agriculture* (Madison, WI: American Society of Agronomy, 2009).

Willis, Harold, *Foundations of Natural Farming: Understanding Core Concepts of Ecological Agriculture* (Austin, TX: Acres USA, 2007).

제2부 대지
자연의 선물

Fussell, Betty, *Raising Steaks: The Life and Times of American Beef*

(Orlando, FL: Harcourt, 2008).

Imhoff, Daniel, ed., *The CAFO Reader: The Tragedy of Industrial Animal Factories* (Berkeley: Watershed Media, 2010).

Lappé, Frances Moore, *Diet for a Small Planet* (1971; repr., New York: Ballantine Books, 1991).

Nierenberg, Danielle, *Happier Meals: Rethinking the Global Meat Industry* (Washington, D.C.: Worldwatch Institute, 2005).

Robinson, Jo, *Pasture Perfect: How You Can Benefit from Choosing Meat, Eggs, and Dairy Products from Grass-Fed Animals* (Vashon, WA: Vashon Island Press, 2004).

Schlosser, Eric, *Fast Food Nation* (Boston: Houghton Mifflin, 2001).

Sinclair, Upton, *The Jungle* (1906; repr., London: Penguin, 1985).

제3부 바다
심장은 펌프가 아니다

Bowermaster, Jon, ed., *Oceans: The Threats to Our Seas and What You Can Do to Turn the Tide* (New York: PublicAffairs, 2010).

Carson, Rachel, *The Sea Around Us* (New York: Oxford University Press, 1951).

Danson, Ted, *Oceana: Our Endangered Oceans and What We Can Do to Save Them* (Emmaus, PA: Rodale Books, 2011).

Ellis, Richard, *The Empty Ocean* (Washington, D.C.: Island Press, 2003).

Greenberg, Paul, *Four Fish: The Future of the Last Wild Food* (New York: Penguin Press, 2010).

Jacobsen, Rowan, *The Living Shore: Rediscovering a Lost World* (New York: Bloomsbury, 2009).

Molyneaux, Paul, *Swimming in Circles: Aquaculture and the End of*

Wild Oceans (New York: Thunder's Mouth Press, 2007).

Whitty, Julia, *The Fragile Edge: Diving and Other Adventures in the South Pacific* (New York: Houghton Mifflin, 2007).

제4부 종자
미래를 위한 청사진

Brown, Lester, *Full Planets, Empty Plates: The New Geopolitics of Food Scarcity* (New York: W. W. Norton, 2012).

Conway, Gordon, *The Doubly Green Revolution: Food for All in the Twenty-first Century* (London: Penguin Books, 1997).

Cribb, Julian, *The Coming Famine: The Global Food Crisis and What We Can Do to Avoid It* (Berkeley: University of California Press, 2010).

Eldredge, Niles, *Life in the Balance: Humanity and the Biodiversity Crisis* (Princeton, NJ: Princeton University Press, 1998).

Kunstler, James Howard, *The Long Emergency: Surviving the End of Oil, Climate Change, and Other Converging Catastrophes of the Twenty-first Century* (New York: Atlantic Monthly Press, 2005).

Manning, Richard, *Food's Frontier: The Next Green Revolution* (New York: North Point Press, 2000).

Nabhan, Gary Paul, *Coming Home to Eat: The Pleasures and Politics of Local Food* (New York: W. W. Norton, 2002).

———, *Why Some Like It Hot: Food, Genes, and Cultural Diversity* (Washington, D.C.: Island Press, 2006).

Pfeiffer, Dale Allen, *Eating Fossil Fuels: Oil, Food and the Coming Crisis in Agriculture* (Gabriola Island, BC: New Society Publishers, 2006).

Ruffin, Edmund, *Nature's Management: Writings on Landscape and Reform,* 1822–1859, Jack Temple Kirby, ed. (Athens, GA: University of

Georgia Press, 2000).

Solbrig, Otto, and Dorothy Solbrig, *So Shall You Reap: Farming and Crops in Human Affairs* (Washington, DC: Island Press, 1994).

그 밖의 읽을거리

Ackerman-Leist, Philip, *Rebuilding the Foodshed: How to Create Local, Sustainable, and Secure Food Systems* (White River Junction, VT: Chelsea Green Publishing, 2013).

Berry, Wendell, *The Gift of Good Land: Further Essays Cultural and Agricultural* (San Francisco: North Point Press, 1981).

Capra, Fritjof, *The Hidden Connections: Integrating the Biological, Cognitive, and Social Dimensions of Life into a Science of Substainability* (New York: Doubleday, 2002).

———, *The Web of Life* (New York: Anchor Books, 1996).

Diamond, Jared, *Guns, Germs, and Steel: The Fates of Human Societies* (New York: W. W. Norton, 1997).

Dubos, René, *The Wooing of the Earth: New Perspectives on Man's Use of Nature* (New York: Charles Scribner's Sons, 1980).

Dumanoski, Dianne, *The End of the Long Summer: Why We Must Remake Our Civilization to Survive on a Volatile Earth* (New York: Three River Press, 2009).

Fraser, Caroline, *Rewilding the World: Dispatches from the Conservation Revolution* (New York: Metropolitan Books, 2009).

Freidberg, Susanne, *Fresh: A Perishable History* (Cambridge, MA: Harvard University Press, 2009).

Goleman, Daniel, *Ecological Intelligence: How Knowing the Hidden Impacts of What We Buy Can Change Everything* (New York: Broadway Books, 2009).

Halweil, Brian, *Eat Here: Reclaiming Homegrown Pleasures in a Global Supermarket* (New York: W. W. Norton, 2004).

Jackson, Dana L., and Laura L. Jackson, ed., *The Farm as Natural Habitat Reconnecting Food Systems with Ecosystems* (Washington, D.C.: Island Press, 2002).

Jackson, Louise E., ed., *Ecology in Agriculture* (San Diego: Academic Press, 1997).

Kirschenmann, Frederick, *Cultivating an Ecological Conscience: Essays from a Farmer Philosopher* (Lexington, KY: University Press of Kentucky, 2010).

Lopez, Barry, ed., *The Future of Nature: Writing on a Human Ecology from Orion Magazine* (Minneapolis, MN: Milkweed Editions, 2007).

McKibben, Bill, *The End of Nature* (New York: Anchor Books, 1989).

McNeely, Jeffrey A., and Sara J. Scherr, *Ecoagriculture: Strategies to Feed the World and Save Wild Biodiversity* (Washington, D.C.: Island Press, 2003).

Meine, Curt, *Aldo Leopold: His Life and Work* (Madison, WI: University of Wisconsin Press, 1988).

Patel, Raj, *Stuffed and Starved: The Hidden Battle for the World Food System* (London: Portobello Books, 2007).

Smith, J. Russell, *Tree Crops: A Permanent Agriculture* (New York: Harcourt, Brace and Company, 1929).

Sokolov, Raymond, *Why We Eat What We Eat: How Columbus Changed the Way the World Eats* (New York: Touchstone, 1991).

Soule, Judith, and Jon Piper, *Farming in Nature's Image: An Ecological Approach to Agriculture* (Washington, D.C.: Island Press, 2009).

Stuart, Tristram, *Waste: Uncovering the Global Food Scandal* (New

York: W. W. Norton, 2009).

Tannahill, Reay, *Food in History* (New York: Stein and Day Publishers, 1973).

Taubes, Gary, *Good Calories, Bad Calories: Fats, Carbs, and the Controversial Science of Diet and Health* (New York: Anchor Books, 2007).

Tudge, Colin, *So Shall We Reap: What's Gone Wrong with the World's Food—and How to Fix It* (London: Allen Lane, 2003).

Wilson, Edward O., *The Future of Life* (New York: Vintage Books, 2002).

Wirzba, Norman, ed., *The Essential Agrarian Reader: The Future of Culture, Community, and the Land* (Lexington, KY: University Press of Kentucky, 2003).

옮긴이의 말

발리 우붓에서 즐겨 찾는 일식당이 있다. 초밥, 롤, 우동 등을 파는 곳인데 가격은 저렴하지 않지만 가끔 비슷하게라도 고향의 맛을 느끼고 싶을 때 찾는다. 다양한 초밥 세트도 있지만 그중에서도 참치회를 얹어주는 덮밥은 가격도 그리 비싸지 않아 종종 먹는 편이다.

하지만 이 책에 등장하는 해양 보호론자 칼 사피나는 이렇게 말한다. 참치는 결코 어획해도, 요리해도, 먹어서도 안 된다고!

바다의 생선이 줄어들고 있다는 사실도 어렴풋이 알고 있고 수십 년 뒤에는 바다에 물고기보다 플라스틱 쓰레기가 더 많아질 거라는 기사도 읽었지만 참치가 멸종 위기라는 사실은 몰랐다. 간혹 나를 위로해주는 참치회덮밥을 이제 먹으면 안 된다니!

그럼에도 나는 이 책을 번역하는 동안에도 몇 번이나 참치회덮밥을 먹었다. 초밥 만드는 모습을 볼 수 있게 해놓은 바 테이블에 앉아 이 책을 번역하면서 알게 된 참치의 부위나 지방의 모습이 저자 댄 바버가 묘사한 것과 비슷한지 살펴보는 재미도 쏠쏠했다.

새로 생긴 프랑스 카페도 즐겨 찾는다. 최고의 크루아상을 자랑하는 곳이다. 이 책을 통해 알게 된 브리오슈도 맛볼 수 있다. 깔끔한 인테리어 때문인지 커피 맛 때문인지 최고의 크루아상 때문인지 늘 사람이 북적인다.

그런데 이 책을 번역하다 보니 그 크루아상을 만든 밀가루는 어디서 왔는지 궁금해졌다. 댄 바버는 블루 힐 엣 스톤 반스에서 재배한 블루 밀로 브리오슈를 굽는다는데 이 맛있는 크루아상은 살아 있는, 말하자면 오래 보관하기 위해 생명을 죽여버린 밀가루가 아닌, 정말로 살아 있는 밀가루로 구웠기 때문에 맛있는 것인가, 아니면 그저 죽은 밀이 훌륭한 파티시에의 손에서 맛있는 빵으로 재탄생한 것뿐인가. 발리에 유기농 밀이 재배되고 있는가. 마트에 가면 유기농 쌀은 구할 수 있고 오가닉 마켓에는 유기농 밀가루도 팔지만 혹시 다른 나라에서 수입했다면 어디서 어떻게 재배되어 결국 여기 우붓의 한 카페까지 온 것일까. 궁금한 것이 많아졌다. 하지만 결국 다 알아낼 수는 없을 것이다.

책을 읽고 우리는 과연 얼마나 변할 수 있을까. 바버가 뉴욕과 스페인에서 현명한 농부들을 만나고 직접 농장을 찾아다니며 얻은 깨달음을 우리는 과연 이 한 권의 책으로 얻을 수 있을까. 몇 달 동안 이 책을 붙들고 있던 나도 이제 참치회덮밥은 그만 먹어야겠다는 생각은 (칼 사피나에게는 비밀이지만) 들지 않았으니 말이다. 그에게는 죄송하지만 나는 인식을 넘어 행동으로 나서지 못했다. 밀가루에 대한 궁금증도 해결하지 못할 것이다. 튼튼한 대지의 상태는 알게 되었지만 이를 위해 내가 무엇을 해야 하는지 생각해보고 이를 실천하는 건 또 다른 문제일 것이다.

하지만 인식이 시작이라고 이 책의 현명한 농부들도 말했다. 우리의 대지가 어떻게 힘을 잃었는지, 그래서 결국 지금 우리가 어떤 재료로 어떤 음식을 해 먹고 있는지, 바다는 어떻게 파괴되고 있으며 이를 막기 위해 우리가 해야 할 일은 무엇인지, 더 건강하고 맛있는 요리의 미래를 위해, 새로운 요리 문화를 위해 지금 우리가 할 수 있고 또 해야 할 일은 무엇인지 인식하는 것이 시작이라고 말이다. 그것부터 시작해보자. 댄 바버의 재미있는 이야기에 귀 기울이다보면 전혀 어렵지 않을 것이다.

인식을 넘어 행동으로 나서기에 여기 우붓은 어쩌면 좋은 곳이다. 가까이에 직거래 장터도 자주 서고 유기농 야채와 고기도 많다. 유기농만 취급하는 식당이나 카페는 물론 모든 야채를 텃밭에서 직접 길러 먹는 친구들도 있다. 가끔 유기농 야채를 사러 가보면 확실히 싱싱하고 맛있다.

하지만 치약이나 샴푸 따위를 사러 큰 슈퍼마켓에 갔다가 또 일주일에 몇 번 열리는 유기농 마켓을 찾아 다시 한번 장을 보러 가는 일은, 몇 번 해보았지만 내 일상으로 자리 잡지 못했다. 궁금해 찾아가보긴 했지만 지속하지 못했다. 나의 지속적인 행동이 얼마나 큰 힘이 될 수 있는지, 더 많은 사람이 동참할 때 얼마나 더 빨리 변할 수 있는지 몰랐으니까. 댄 바버는 말한다. 혼자서는 토양을 살리기도, 맛있고 건강한 유기농 품종을 개발하고 또 재배하기도 힘들다고. 이웃이 필요하고 공동체가 확장되어야 한다고. 그 공동체는 한 명 한 명의 손길로, 발걸음으로만 확장될 수 있다. 우리의 손길과 발걸음이 필요하다. 각자 자기가 있는 곳에서 무엇을 할 수 있을지는 독자들이 더 잘 판단할 수 있을 것이다.

여행 가고 싶은 곳이 많아졌다. 이제는 문을 닫은 스페인의 자연 친화적 양식장 베타 라 팔마는 못 가보겠지만 앙헬 레온의 해산물 레스토랑에서 신선한 해산물을 맛보고 싶다. 스페인 농부 에두아르도 소사의 푸아그라도 내 위시 리스트에 올랐다. 스페인에 가봐야 할 이유가 두 개나 더 생겼다.

뉴욕은 말할 것도 없다. 언젠가 이 책에 등장하는 훌륭한 요리사들의 유명 레스토랑을 순례하고 싶다. 그중에서도 블루 힐 엣 스톤 반스는 꼭 한번 찾아가봐야 할 곳이 되었다. 가서 댄 바버와 이야기를 나눠보고 싶다. 많은 이가 바버의 글 솜씨가 그의 요리 능력만큼 뛰어나다고 칭찬했다. 찬사를 읽어보라. 그의 유머 감각도 그에 못지않을 것 같다. 뉴욕에서 그가 개발한 2050년의 메뉴를 맛보며 유쾌한 대화를 나눌 날을 기대해본다. 기다려요, 바버 씨!

발리, 우붓에서

임현경

찾아보기

ㅈ

ㅎ

제3의 식탁

1판 1쇄 2016년 12월 5일
1판 3쇄 2020년 4월 13일
2판 1쇄 2024년 12월 31일

지은이 댄 바버
옮긴이 임현경
펴낸이 강성민
편집장 이은혜
기획 노만수
마케팅 정민호 박치우 한민아 이민경 박진희 황승현
브랜딩 함유지 함근아 박민재 김희숙 이송이 박다솔 조다현 배진성 이서진 김하연
제작 강신은 김동욱 이순호
독자모니터링 황치영

펴낸곳 (주)글항아리 | 출판등록 2009년 1월 19일 제406-2009-000002호

주소 10881 경기도 파주시 심학산로 10 3층
전자우편 bookpot@hanmail.net
전화번호 031-955-2689(마케팅) 031-955-5161(편집부)
팩스 031-941-5163

ISBN 979-11-6909-340-8 03520

잘못된 책은 구입하신 서점에서 교환해드립니다.
기타 교환 문의 031-955-2661, 3580

geulhangari.com